换个姿势学 C语言

何旭辉◎著

清華大学出版社
北 京

内 容 简 介

这是一本指引零基础读者使用 C 语言逐步完成一个完整项目的实践指导书。全书以完成“外汇牌价看板”项目为目标，将编程语言基础、程序设计及调试方法、软件工程实践的经验融入其中，帮助初学者度过最艰难的入门阶段。

全书共 11 课：编程基础（第 1 ～ 3 课）介绍了什么是程序、不同编程语言的特点、C 语言程序的结构以及使用 Visual Studio 2022 编写 C 语言程序的方法；C 语言核心知识（第 4 ～ 7 课）从实际需求出发介绍了 C 语言程序中常用的数据结构，包括变量、结构体、数组等，这部分还介绍了指针、动态内存分配和文件访问、自定义函数库的知识；图形用户界面实现原理和方法（第 8、9 课）以在屏幕上绘制“点”为基础，逐步介绍显示图形、位图的方法和原理，并将文本界面的“外汇牌价看板”程序升级到图形用户界面；“外汇牌价看板”程序的完成与交付（第 10、11 课），在前面已完成内容的基础上对“外汇牌价看板”进行重构，完善细节并使其达到交付标准。此外，在附录 A（电子版形式，请扫描第 1 页的二维码获取）介绍了一些有关计算机的基础知识。

本书不仅适合对学习编程感到困难的读者，也适合那些“看了很多书，听了很多课，但仍然没有编程思路，不会动手写程序”的读者，还适合没有编程经验的读者学习。

图书在版编目 (CIP) 数据

换个姿势学 C 语言 / 何旭辉著 . —北京：清华大学出版社，2022.7
ISBN 978-7-302-61324-4

Ⅰ . ①换… Ⅱ . ①何… Ⅲ . ① C 语言—程序设计 Ⅳ . ① TP312.8

中国版本图书馆 CIP 数据核字 (2022) 第 122352 号

责任编辑：杨如林
封面设计：杨玉兰
版式设计：方加青
责任校对：徐俊伟
责任印制：丛怀宇

出版发行：清华大学出版社
网　　址：http://www.tup.com.cn，http://www.wqbook.com
地　　址：北京清华大学学研大厦 A 座　　**邮　　编：**100084
社 总 机：010-83470000　　**邮　　购：**010-62786544
投稿与读者服务：010-62776969，c-service@tup.tsinghua.edu.cn
质 量 反 馈：010-62772015，zhiliang@tup.tsinghua.edu.cn
印 装 者：北京同文印刷有限责任公司
经　　销：全国新华书店
开　　本：188mm×260mm　　**印　　张：**30.5　　**字　　数：**671 千字
版　　次：2022 年 9 月第 1 版　　**印　　次：**2022 年 9 月第 1 次印刷
定　　价：118.00 元

产品编号：083731-01

· 致读者 ·

没有人仅仅通过阅读书籍就能学会编程，即使本书亦如此。

只有在实践中遇到问题并亲自动手解决它们，才是真正有效的学习。

这不是一本罗列C语言知识点的教材，而是一本帮助读者从零开始，循序渐进地开发一个实际项目的指导书。在项目开发过程中你将学会如何发现、思考和解决问题，从而摆脱“看了很多书，听了很多课，但一到自己写程序时就毫无思路”的窘境。

只有真正完成案例项目的开发，才不会浪费你购买本书的金钱。

我们建议你：

- 保持耐心，从头开始阅读本书，除非在书中某处明确说明了此段可以跳过；
- 书中所有案例的代码都要亲自输入计算机中并确保成功运行，但不要照抄或背诵代码，那不是有效的学习方法；
- 尽管我们已经详尽地考虑了读者可能遇到的困难并尽可能列举出解决方法，但你在实践时仍然可能遇到意外的问题，此时请务必坚持自己想办法并尝试解决它，必要时可在本书提供的网站上提出问题或参考他人的问答；
- 学习时请关闭微信、QQ以及一切不必要的App推送，这样会极大提高学习体验和效果。

感谢您购买本书，批评的、指正的和赞美的话，均可向出版社或作者反馈。

·前　言·

关于本书

从2002年开始，笔者陆续在培训机构、大学和企业里担任程序设计课程的教师，培训的对象包括在校大学生和已经工作了多年的程序员，也包括从其他专业转过来的学生。很多学生往往在入门阶段非常迷茫，感觉“看了很多书，听了很多课，但仍然没有编程思路，仍然不会动手写程序”，进而选择了“从入门到放弃”。这促使笔者开始思索是什么原因造成了这样的情况，学编程一定需要“天赋”吗？有没有一种学习路径可以在降低难度的同时训练学生的编程思维？

为了解决这些问题，在过去十几年里笔者和同事始终坚持带领学生以项目实训的方式展开学习，用项目需求来推动技术学习，取得了不错的教学效果，也积累了一些实训案例。

在2018年的某次授课中，一名学生提出“我们能不能不在‘黑框框’下编程”，这激发了笔者进行新课程设计的动力并设计了“外汇牌价看板”实训项目用于教学，同时也开始了这本实践指导书的编写。2019—2021年我们分别在多个教学班级进行了教学试点，取得了很好的教学效果，在此基础上最终完成了本书。

本书的读者

如果你符合下列条件之一：

- 准备开始学习软件开发，但不知道如何入门，也不知道方向；
- 学过某种程序设计语言，但不知道它有什么用，也无法将其应用于实践；
- 会做很多练习题，但从来没有从头至尾完成过一个项目；
- 之前学习的挫折让你产生学不会编程这样消极的念头。

那么这本书就是适合你的。本书使用最简单的 C 语言作为入门语言，对读者之前的专业、编程经验没有特殊要求。

本书特色

在本书的编写过程中，笔者始终把“急用先学、学以致用”作为最重要的原则，避免对语言细节的过多深究造成的学习压力和乏味感；按照“先在实践中发现问题，再学习相应的理论知识或技能来解决问题”的思路，让读者以最快的速度进入项目开发状态，并在这个过程中有意识地锻炼读者发现问题、分析问题和解决问题的能力。

因此，本书不是一本讲述C语言细节的专著，而是一本实践指导书。它着重帮助读者建立对程序设计的系统认知，并通过案例来培养和锻炼读者的编程思维，积累编程经验，从而度过最艰难的入门阶段。

本书所使用的案例放弃了传统C语言教学中纯文本模式下的编程，加入了对图形显示原理和方法的介绍，并最终完成基于图形用户界面的项目开发。

如何使用本书

本书是一本实践指导书，全书是完全围绕完成“外汇牌价看板”这个目标而设计的。因此，除了第1课是必备的背景知识外，从第2课开始每课都要解决一个或多个实际问题。

按照这种方式学习编程已经被大量学习者证明是最有效的，也最符合软件工程师日常学习和工作的模式，对锻炼读者的编程思维和习惯养成是非常有益的。

第2~9课课后都安排了“小结”和“进度检查表”，请读者务必确保在完成了“进度检查表”中每一个任务后再继续后续章节的学习。

更重要的建议是，读者在按照本书的指引完成实训项目的开发后，需要抛开这本书按照自己的思路和想法，尝试找到比本书更好的方式来重新设计和实现一次“外汇牌价看板”程序。如果读者真的这样做了，一定会有额外的收获。

本书的案例

在本书中，笔者将与读者共同从零开始逐步完成“外汇牌价看板”这个小型应用程序。

但“罗马不是一天建成的”，谁也不可能一开始就有能力完成整个程序的开发。在最终实现“外汇牌价看板”程序之前我们将要学习程序和计算机的基础概念、基础的C语言语法知识和数据结构，以及从文本界面逐渐过渡到图形用户界面，并且在这个过程中设计软件需要的基础功能，才可以最后将它们“组装”成可以交付的“外汇牌价看板”程序。在这个软件开发过程中读者需要先完成如表0-1所列的65个小任务，它们分布在第2~9课中。

表0-1　书中涉及的65个任务

任务编码	任务名称
L02_01_HELLOWORLD	第1个C语言程序
L03_01_PRINTF	printf函数的基本用法
L03_02_ESCAPE_CHARACTERS	在printf函数中使用转义符
L03_03_SAY_HELLO_FOR_MANY_TIMES	多次调用一个函数
L04_01_RATES_EXAMPLE	使用外汇牌价接口库获取指定外币中行折算价
L04_02_ADDRESS_OF_VARIABLE	显示变量的内存地址
L04_03_AVOID_OVERFLOW	使用更大的数据类型解决溢出问题
L04_04_CONDITIONAL_EXPRESSION	显示条件表达式的值
L04_05_IF_STATEMENT	使用if语句显示较大的数值

续表

任务编码	任务名称
L05_01_GET_RATES_BY_CODE	根据货币代码获得完整的外汇牌价数据
L05_02_TRAVERSAL_IN_ARRAY	使用goto语句遍历数组
L05_03_FOR_EXAMPLE	使用for循环遍历数组
L05_04_SIZEOF_OPERATOR	使用sizeof运算符计算数组大小
L05_05_OUT_OF_ARRAY	数组访问越界
L05_06_ARRAY_LIMIT	了解数组大小限制
L05_07_MALLOC	动态分配内存
L05_08_ADDRESS_OF_VARIABLE	获取变量的地址
L05_09_CHAGE_VARIABLE_WITH_POINTER	使用指针改变变量的值
L05_10_ACCESS_LARGE_ARRAY	“伪造”一个大数组
L05_11_FIND_MAX_IN_ARRAY	在数组中查找最大值的函数
L05_12_SWAP_ELEMENT	用函数交换变量的值
L05_13_SORT_ARRAY	数组排序
L05_14_CHAR	C语言中的字符编码
L05_15_KEY_IN_CHAR	从键盘输入字符
L05_16_STRING_CONST	C语言中的字符串常量
L05_17_STRING_VARIABLE	C语言中存储可变字符串的方法
L05_18_KEY_IN_STR	从键盘输入字符串
L05_19_GET_RATES_AND_CURRENCY_NAME_BY_CODE	获取和显示全部牌价数据
L06_01_STRING_LENGTH	计算字符串长度
L06_02_INDEX_OF_CHAR	在字符串中查找特定字符
L06_03_TO_LOWER_CASE	大写字母转换为小写字母
L06_04_STRING_COPY	字符串复制
L06_05_SCANF_NUMBER	使用scanf函数输入数值
L06_06_SCANF_STRING	使用scanf函数输入字符串的隐患及解决方法
L06_07_SCANF_MULTI_VARIABLES	使用scanf函数输入多项数据
L06_08_INPUT_FUNCTION	典型用户输入功能实现
L06_09_INPUT_INTEGER	输入整数并检查有效性
L06_10_INPUT_CHAR	输入字符并检查有效性
L06_11_INPUT_STRING	输入字符串并检查有效性
L06_12_USE_MARS_LIB	引用Mars函数库
L07_01_STRUCT	在程序中使用结构体
L07_02_SIZE_OF_STRUCT	计算结构体变量的大小
L07_03_DISPLAY_ADDRESS_OF_MEMBERS	显示结构体成员的内存地址
L07_04_MEMORY_ALIGNMENT	内存对齐
L07_05_TYPE_DEF	自定义数据类型
L07_06_GET_RATE_RECORD_BY_CODE	根据货币代码获取外币牌价
L07_07_OPEN_AND_WRITE_FILE	向文件中写数据

续表

任务编码	任务名称
L07_08_OPEN_AND_READ_FILE	从文件中读数据
L07_09_SAVE_USD_RATES	保存美元牌价数据到磁盘文件
L07_10_READ_RATES_FROM_FILE	从磁盘文件读取牌价数据
L07_11_READ_RATES_TO_STRUCTURE_ARRAY	将外币牌价读取到结构体数组
L07_12_READ_RATES_ONE_BY_ONE	逐一读取所有外币牌价
L07_13_GET_AND_DISPLAY_ALL_RATES	一次读取全部外币牌价数据并显示
L07_14_GET_AND_SAVE_ALL_RATES	一次读取全部外币牌价数据并保存到磁盘文件
L07_15_DISPLAY_RATES_IN_FILE	显示磁盘文件中的全部外币牌价数据
L08_01_PUT_PIXEL	在屏幕上绘制点
L08_02_DRAW_LINES	在屏幕上绘制线
L08_03_SET_COLOR	控制绘图颜色
L08_04_DRAW_BOX	绘制和填充矩形框
L09_01_DISPLAY_BMP	显示BMP图片
L09_02_DISPLAY_BMP_V2	改进显示BMP图片的程序
L09_03_DISPLAY_TEXT	在图形窗口中显示文本
L09_04_SET_AND_RESTORE_DISPLAY_MODE	设置和恢复屏幕分辨率
L09_05_NO_BORDER_AND_BUTTONS	实现无边框、无按钮的窗口
L09_06_SET_FULL_SCREEN_WINDOW	设置和恢复屏幕模式

完成这些任务后，我们将在第10课最终完成“外汇牌价看板”程序，在第11课通过改善程序的细节使其达到交付标准。“外汇牌价看板”最终运行效果如图0-1所示，并且每隔5分钟会自动刷新并显示最新的外汇牌价信息。

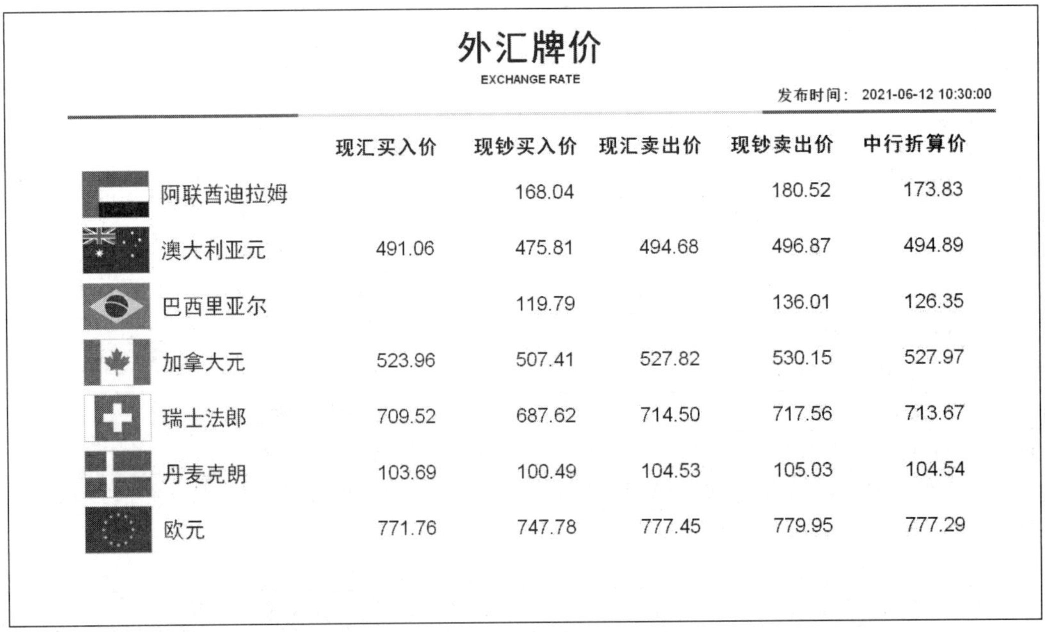

外汇牌价

EXCHANGE RATE

发布时间： 2021-06-12 10:30:00

	现汇买入价	现钞买入价	现汇卖出价	现钞卖出价	中行折算价
阿联酋迪拉姆		168.04		180.52	173.83
澳大利亚元	491.06	475.81	494.68	496.87	494.89
巴西里亚尔		119.79		136.01	126.35
加拿大元	523.96	507.41	527.82	530.15	527.97
瑞士法郎	709.52	687.62	714.50	717.56	713.67
丹麦克朗	103.69	100.49	104.53	105.03	104.54
欧元	771.76	747.78	777.45	779.95	777.29

图0-1　“外汇牌价看板”运行效果

本书的网络资源

本书案例所需的素材、程序文件、全部案例代码以及因篇幅原因未能收入书中的内容，读者可以从清华大学出版社的网站下载，下载请扫描下面的二维码。

欢迎各位读者通过电子邮件（hexh@163.com）与笔者联系，提出指正的意见、建议或在使用本书过程中遇到的问题。

本书的创作灵感来自日常教学中与学生们的交流和互动，他们的学习热情也感染和支持我完成这项工作。中国地质大学（北京）的项乐、浙江工业大学教科学院的廖伟霞参与了本书部分案例代码的编写和测试工作，并从读者的角度提出了很多有益的建议。

清华大学出版社的编辑老师在本书写作期间给予了很多帮助和指导，本书的很多修正来自于他们的宝贵意见，也是在他们的帮助下本书才得以出版。

何旭辉

2022年8月于武汉

·目　录·

第1课　开始之前

第2课　准备开发环境

第3课　分析第1个程序

第4课 获取和显示外汇实时牌价

第5课 获取完整的牌价数据

第6课 创建自己的函数库

第7课 获取全部外币牌价并保存为文件

第8课 图形编程基础

第9课 显示图形和文本元素

第10课 完成外汇牌价看板程序

第11课 达到交付标准

后记

| 第1课 |

01 开始之前

学习程序设计很难是很多人的共识，之所以人们会有这种体验多是因为学习方法不当造成的。有些“天才”在初中乃至更小年龄段就可以写出很复杂的程序，这并不是因为他们真的天赋异禀，而是某个偶然的原因使他们掌握了学习程序设计的正确方法，从而进入高效的学习状态。

在正式开始用C语言实现“外汇牌价看板”程序之前，本课将介绍以下内容：

- 为什么很多人学不会编程；
- 基于应用的学习方法；
- “外汇牌价看板”程序的设计目标；
- 找到程序设计的思路——概要设计。

如果读者此前从未学过编程，对计算机、程序的基本概念缺乏系统认知，或者想要了解软件开发的过程、不同编程语言的特点以及为何选择C语言作为入门语言，请扫码阅读本书的——《拓展阅读：重新认识计算机》。它们可以帮助你从程序员的角度重新认识计算机及其程序，了解软件工程师的工作目标、工作内容和工作步骤。

重新认识计算机

1.1 为什么很多人学不会编程

学习程序设计给很多人留下了痛苦的记忆，人们往往在兴致勃勃地学习了一段时间后遇到了挫折，就由此认定自己“基础太差，不适合学编程”，从而选择了“从入门到放弃”。但是另一方面，又有不少人从初中乃至更小的年龄段开始学习编程并取得了成功，这真的因为他们是“天才”吗？

程序设计是一种实践能力，而很多人学习编程的方法和习惯是错误的，主要体现在：

- 在他们看来编程是一门知识，学习过程就是学习编程语言的语法和知识点；听课时认为讲得多的老师就是好老师；习惯于老师讲授—课堂记笔记—课后做习题这样的学习方式。
- 他们把学习程序设计看成是模仿和记忆，做练习时急于查阅参考答案，找到答案也不深究原因，有些学生甚至用“背代码”的方式来应付考试。
- 他们总是在初学阶段就纠缠于语言的细节，例如研究“C语言表达式a=m+++m++执行后a和m的值分别是多少?”这类问题在实际工作中几乎不会出现。
- 他们出于通过考试、找工作的动机迫切地想要学好编程，对书本以外的思考和学习缺乏兴趣，认为那些无关紧要。
- 他们认为需要消耗大量时间的项目实践太费精力，抄一个最省事，而忽略了对于程序员来说也是最重要的编程思维和实践能力，只有在项目实践中才能得到锻炼和提升。

错误的观念会对初学者学习编程造成严重的障碍，这也是中小学阶段应试教育带来的后果。在日常教学中，笔者经常发现“老师教的、书上写的都会，但给一个新题目就没有了头绪”成为众多学生不可逾越的难关。

要克服这个困难，就必须换一种方式来学习程序设计，真正掌握程序设计的特点和学习规律。这也是本书命名为《换个姿势学C语言》的原因。

1.2 基于应用的学习方式

学习的目的是为了应用，应用的目的是为了解决实际问题。学习程序设计的目的是为了开发出可以实际应用的软件，而不是会做很多练习题。幼儿能在不识字、不懂语法的情况下快速掌握母语听说能力，就是因为他们的学习是基于应用目的的。

很多人陷入“我需要先读完很多书才能学以致用”的误区，这种学习方式有两个弊端：

- 学了后面的忘了前面的；
- 即使都学完了，也没有能力将零散的知识点连接起来加以运用，而应用时碰壁又会极大地打击积极性从而使自己无法坚持下去。

因此“学以致用，学了立即用”是最有效而且能最鼓舞人心的学习方式。边干边学、边学边干才会锻炼实战能力。基于应用的学习方式包括下列步骤：

- 理解要解决的应用问题；
- 思考和设计解决问题的方案并找出自己目前不能解决的问题（知识盲区）；
- 针对不能解决的问题开展学习（读书或查资料）；
- 用代码实现应用目标；

- 分析、排除程序的故障；
- 思考和寻找更好的解决方案，并对代码进行优化和迭代。

本书就是按照这种思路来组织案例和实践项目的，除了基础的语言知识外，你还会看到笔者是如何思考问题并设计解决方案的。读者可以先按照本书的方法完成每个案例和实践项目以增加编程经验，全部完成后还可以思考有没有比本书更好的方法。读者甚至可以尝试抛开本书再一次从零开始实现“外汇牌价看板”程序。在这个过程中不要再以本书的代码作为标准，而是尝试找出本书各种设计和代码的不足之处，并努力改善它。

完成这些步骤后，读者会发现自己逐渐具备了程序设计的能力，而不是仅限于了解编程语言本身或会做几个习题。

笔者在本书中要实现的“外汇牌价看板”是一个什么样的程序呢？

1.3 明确“外汇牌价看板”程序的设计目标

理解要解决的问题是解决问题的第1步。在普通人看来“外汇牌价看板”是一个很简单的程序，但作为它的设计者和实现者则需要了解更多相关的业务知识以及用户的需求，这项工作被称为“需求分析”；需求分析是否成功决定了软件开发的成败。

需求分析是一项需要理解业务需求并和用户反复沟通才能完成的工作。很多程序员认为只要掌握最先进的编程技术就可以了，不愿意与用户沟通，回避需求分析的环节或者敷衍了事；或者总是在第1次与用户交流时就在思考用什么语言、框架或数据库来完成系统，盲目地相信自己能做出用户满意的软件。但这种情形下做出的软件系统往往不能满足用户的需求，再加上有些不负责任的销售人员给客户承诺了一个根本不可能实现的工期，导致程序设计人员在多方压力下很快进入设计和开发阶段，最终“成功”地做出了一个客户不接受的软件系统。导致在交付项目以后反复加班修改，甚至项目失败。

另一个方面，需求分析不准确的责任也不全在软件工程师身上。因为很多时候客户自己也不清楚想要什么，这听上去很荒谬但事实经常如此，很多客户只有在看到产品后才能更精确地知道自己要什么，因此总是在开发基本完成时提出一些意见，这在软件开发领域有一个词叫做“需求变更”，所有人（除了客户）都很痛恨它却又无法避免。必须要说明的是——需求变更是一种非常正常的现象，所以在制订项目计划时要将需求变更考虑进去；同时还要采用一些手段尽可能深入地与客户反复确认他们的需求。

从开发者的角度进行需求变更不一定是坏事，因为很多客户是愿意为需求变更付钱并增加额外的工期。但如果事先没有对客户需求进行详细的调研和反复确认，也没有任何文档来说明客户需求，当需求变更时将无法证明客户需求和以前不一样，就只能为自己犯下的错误买单——在工期和经费不增加的情况下加班加点满足客户的新需求。

1.3.1 什么是“外汇牌价看板”

外国货币在大多数国家中是不可以在本国市场上流通的。如果人们手里有外币想在本国花掉，需要去银行把它兑换成本国货币，这个过程称为“结汇”；反过来，如果人们出国需要携带外币，就需要去银行办理“购汇”，用手中的本国货币兑换外币。

结汇与购汇业务一般是在银行进行的，所以在银行的大厅里一般都会有一个显示着各种外汇兑换比率（汇率）的显示屏。图1-1就是银行大厅中的外汇牌价看板。

图1-1　外汇牌价看板

本书中的实战案例将要实现的就是一个运行在计算机上的“外汇牌价看板”程序。如果你之前没有接触过购汇和结汇，会不明白这里的外汇买入价、现钞买入价、外汇卖出价的含义。除此以外，你会发现在同一时间不同银行的外汇牌价表上同种货币的价格是不一样的，这又是为什么？

1. 人民币汇率

无论是结汇还是购汇，兑换的比率都与汇率密切相关。汇率是指不同国家货币相互兑换的比率，这个比率不是两国政府坐下来开会协商决定的（那非得打起来），而一般是由外汇市场的供需关系决定的，通俗地说就是“行情”。具体而言，中国境内的银行结汇与购汇时采用的汇率是各家银行参考每天上午9时15分中国外汇交易中心公布的“在岸人民币汇率”，结合本行的具体情况确定的。

中国外汇交易中心是如何决定“在岸人民币汇率”的呢？每天上午中国外汇交易

中心会要求所有的“做市商”报价，“做市商”包括商业银行和中央银行（中国人民银行），他们根据多方面的因素向外汇交易中心报出愿意交易的**人民币兑美元**的价格。中国外汇交易中心将他们的报价去掉最高和最低报价后，对剩余的报价进行加权平均计算，得到当日**人民币兑美元**的“汇率中间价”（例如，1美元兑换6.77元人民币）。

但是，只得到人民币兑美元的汇率是不够的，其他国家的货币和人民币的汇率如何确定呢？因为美元是国际货币，所以在确定了人民币兑美元的汇率中间价后，结合当天上午9时国际外汇市场美元兑其他外币的价格，就可以套算出人民币兑其他外币的汇率了。

所以，每个工作日上午9时15分左右，中国外汇交易中心就会公布当天人民币兑各种外币的汇率中间价，也就是前面提到的“在岸人民币汇率”。

2. 汇率与银行牌价

然而人们到银行去办理外币兑换业务时银行采用的汇率往往不是当天中国外汇交易中心公布的汇率中间价，因为银行有权根据中间价在许可的范围内上下浮动（因为银行也要赚钱）。

银行的兑换价格被显示在银行大厅的牌子上，所以人们称它为“外汇牌价”。在几年以前，银行的外币牌价是“一日一价”，而随着信息传递的快捷，很多银行开始实行“一日多价”。同样拿100美元兑换成人民币，排队的次序先后可能导致兑换的人民币数量不一样。

不同银行的外汇牌价通常显示在大厅里的外汇牌价显示屏上，例如在2020年10月6日13时18分，中国银行（以下简称为“中行”）和招商银行人民币兑美元的牌价如表1-1所示。

表1-1　中行和招商银行外汇牌价

银行	交易币	交易币单位	现汇买入价	现钞买入价	现汇卖出价	现钞卖出价
中行	美元	100	677.72	672.21	680.60	680.60
招商银行	美元	100	674.47	669.06	678.87	678.87

为什么会有四个价格？在这里有“买入”和“卖出”的区别，“现钞”和“现汇”的区别。

1）买入和卖出

外汇牌价上的“买入”和“卖出”是从银行角度来定义的，人们用100美元兑换人民币，在银行看来是“买入”外币，而人们用人民币兑换美元在银行看来则是“卖出”外币。

无论现钞还是现汇，卖出的价格一般高于买入的价格。

2）现钞与现汇

在银行看来，同样是100美元，“钞”和“汇”是不同的概念。

“钞”是指现金，是实物，银行要为它付出保管和运输的成本；而“汇”则不同，它只须在银行的计算机交易系统内记录就可以了，银行因此付出的成本要低一些。银行会根据自己的成本来决定“汇”和“钞”的不同价格。

例如，在2020年10月6日13时18分用100美元现钞在中行可以兑换到672.21元人民币，此时如果你在海外的朋友或客户向你的外币账户汇款的100美元，银行会记作“美元现汇”，你把它兑换成人民币会得到677.72元，会存在差额。

这就是“钞”和“汇”的不同。

? 思考

现在，你可以看懂外汇牌价了吗？

如果你手里有10 000美元现金，按照表1-1的牌价去哪家银行兑换人民币会比较多呢？差额是多少？

1.3.2 通过需求会议确定软件功能要求

在学习了外币牌价的基础业务知识以后，开发人员就可以与客户沟通具体的产品需求了。沟通的内容包括：

- 了解、理解甚至修改（优化）客户原有的业务流程；
- 与客户一起讨论他们提出的需求合理性、可行性和可能的解决方案；
- 与客户一起讨论是否还有未考虑到的合理需求（需求挖掘）；
- 用文档、图表来描述客户需求并和客户确认。

这个过程往往很漫长，所有的客户都会认为他们需要的软件功能很简单。一方面是因为他们精通自己业务领域的知识所以自然觉得简单；另一方面是他们不了解软件开发需要关心更多的细节问题。他们会说：“这个很简单的，把我行外汇牌价显示出来就可以了。”但实际上软件工程师要考虑下面的问题：

- 要显示哪些外币的汇率？
- 汇率数据从哪里获取？要求多长时间更新一次？
- 用于显示汇率数据的计算机和网络怎么连接？
- 用什么类型的显示器来显示外汇数据？
- 如果是专用显示器，它支持什么样的显示方式和分辨率？接口是怎样的？
- 如果是通用显示器（比如计算机屏幕、液晶电视机等），显示器分辨率是多少？是否要求自动适应不同的分辨率？
- 显示器的尺寸会有多大？安装在什么地方？
- 对显示汇率的字体、字号和颜色有要求吗？
- 是否要用不同的颜色表示买入、卖出价格？
- 是否要在货币名称前面加上货币发行国家（地区）的国旗（行政区区旗）图片？
- 汇率变动的历史记录是否要保存？保存多久？

作为新手，提不出这些问题是正常的，这需要经验的积累。当软件设计人员向客户代表提出这些问题时，有些他们能够立刻回答你，而有些问题他们则要“问下领导”；也有一些不太负责任的客户代表会含糊地说出一个意见并试图让你“先做出来看看”。这些不确定的回答会带来成本增加、工期延长等后果，也可能会导致最终交付的软件与客户需求大相径庭。如果没有提前预料到这些风险并且采取有效的方法来控制，最后几乎一定要通过加班来确保交货。

为了控制这种专业能力和责任心因素带来的不确定风险，召开需求分析会议并形成会议纪要是必要的。将需求讨论的结果用标准的会议纪要格式记录下来，在会后及时要求与会代表签字确认（有时也通过电子邮件确认），这种“凡事有据可查”的工作方式会让每一个队友都明确自己的职责，提高他们的责任心和需求分析的有效性，确保项目的顺利交付。

软件开发不是一个纯粹的技术工作，而是需要与人打交道的工作。软件工程师要关注和关心客户的感受，而不是只站在自己的角度，用自己的好恶去处理问题。需求调研也不是把客户的需求简单复述一遍就算是完成了，而是要主动学习客户的业务流程甚至商业模式。有经验的工程师能想到客户前面去，想到客户心里去，也可以提前感知将来可能出现的需求变更，减少项目需求变更的风险。

1.3.3 编写需求规格说明书

在经历了多次客户访谈和会议后，软件工程师可以基本明确客户对于软件系统的需求了，此时可以开始编写“需求规格说明书”。需求规格说明书有时候也被称作“需求文档”。编写需求规格说明书是为了使客户和软件开发者双方对该软件的范围、功能和性能要求有一个共同的理解和约定，它是整个开发工作的基础和契约。需求规格说明书应包含硬件、功能、性能、输入输出、接口需求、警示信息、保密安全、数据与数据库、文档和法规的要求等。

需求规格说明书的读者是客户或产品经理、项目经理、系统设计师、开发人员、测试人员、交互设计师、运营以及所有与项目相关的角色。在项目开发开始之前，必须要让需求规格说明书通过评审和确认。几乎所有初级程序员都反感与客户交流和编写文档，他们认为“Talk is cheap，show me the code（谈话是廉价的，代码才有意义）”，然而针对大型软件项目或者功能比较复杂的系统，规范地编写各种文档是必不可少的工作。对于软件工程师的个人发展来说，编写文档的能力也是至关重要的。

1.3.4 设计原型系统

软件工程师通过与客户的多次沟通，确定了要开发的“外汇牌价看板”的具体功能需求。然而，仅仅使用文字和语言来描述客户对软件的功能需求是不够的，因为同样的文字不同的人有不同的理解，并且文字也无法直观地描述软件的视觉和交互效果。

基于这样的原因，为了使客户、软件工程师能更直观地对软件功能、外观和交互效果进行确认，设计人员会采用“原型系统”的方式来制作一个软件的“模型”，在正式开始系统设计与编码之前就让客户和软件工程师看到软件最终运行的样子。它类似于各种工程建设中的效果图，在开工之前就让人们看到最终建成的效果。图1-2是设计好的“外汇牌价看板”程序运行效果图。

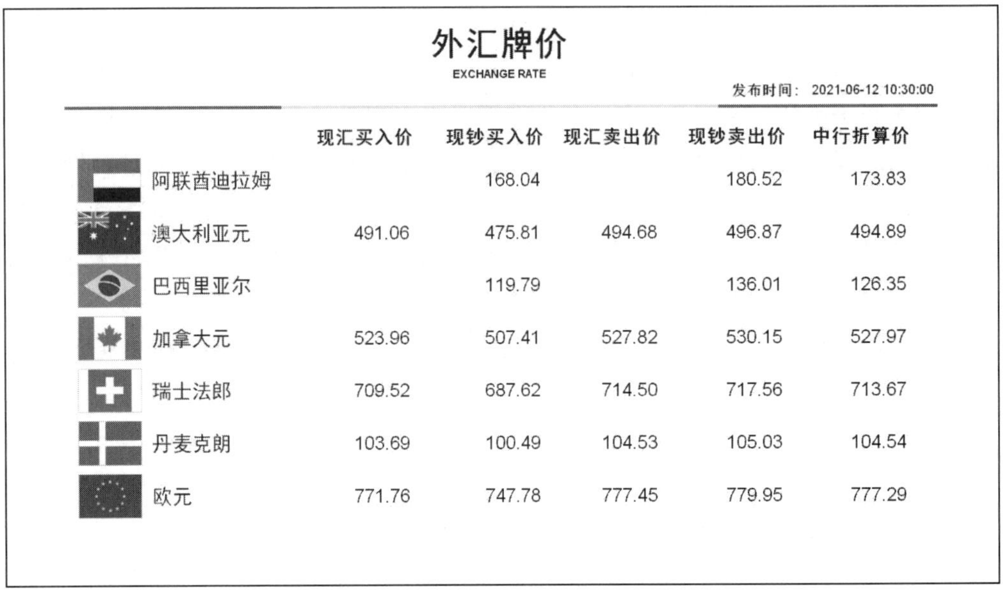

外汇牌价
EXCHANGE RATE
发布时间：2021-06-12 10:30:00

	现汇买入价	现钞买入价	现汇卖出价	现钞卖出价	中行折算价
阿联酋迪拉姆		168.04		180.52	173.83
澳大利亚元	491.06	475.81	494.68	496.87	494.89
巴西里亚尔		119.79		136.01	126.35
加拿大元	523.96	507.41	527.82	530.15	527.97
瑞士法郎	709.52	687.62	714.50	717.56	713.67
丹麦克朗	103.69	100.49	104.53	105.03	104.54
欧元	771.76	747.78	777.45	779.95	777.29

图1-2 “外汇牌价看板”运行效果图

原型图设计不是一蹴而就的，一般是产品经理先在纸张上绘制初稿（线框图），然后再使用专门的原型设计工具实现视觉效果或向客户展示交互效果。常用的原型设计工具包括Photoshop、Axure等，图1-2的运行效果图是用Photoshop设计出来的。

注 意

即使是用于确认软件界面设计的原型图，也要尽量采用真实的数据。胡乱编造的数据放在界面上固然能减少设计时的工作量，但只有最大程度接近软件最终运行时的设计稿才会引起客户深入讨论软件需求的兴趣并提出有价值的意见。

因此，在设计原型图和演示系统时不要使用“货币名称A”“货币名称B”甚至“ASDF”“QWER”“1234”这样随意输入的文字。

在软件的各个界面原型图设计和通过评审后，很多初学者认为可以直接开始写代码了，但很快会发现因为“没有思路”而进行不下去。这是因为对系统实现缺乏总体的思考，对要做的事有哪些，怎么做，以及做这些事步骤和完成标准都不够明确。

因此，即使是初学者也要先进行“概要设计”工作，它有助于开发者找到开发系统的思路并有条不紊地开展工作。概要设计并不需要太多编程经验，因为“设计”和“实现”是两回事。举个例子，如果你要设计办公室装修方案，并不需要具备砌墙的技能。

1.4　找到程序设计的思路

在明确了要开发的软件功能后就要思考如何实现它。有经验的工程师此时会考虑诸如系统架构（包括软件和硬件）、功能模块、内部与外部接口、数据库、系统安全等问题，然后针对这些问题进行概要设计并编写概要设计说明书（概要设计就是概括地说明系统应该如何实现）。初学者因为经验匮乏很难完成全面的概要设计，但下面的工作是必不可少的，也不难做到：

- 划分功能模块；
- 确定程序运行的硬件环境；
- 确定使用C/S结构或B/S结构；
- 选择程序设计语言。

1.4.1　划分功能模块

还以装修公司办公室为例，设计人员会根据人们的习惯将公司办公室划分成不同的区域：办公区、会议室、休闲区、会客区和茶水间等。可以试想一下，办公室如果没有合理划分和布局该会有多么混乱。

同理，在概要设计阶段首先就是对需求分析进行归纳和总结，再把系统划分为若干个功能模块。如果系统比较大，还应划分为几个子系统。随后还要确立模块之间、子系统之间的接口和通信方式与执行机制。

划分功能模块的思路是“自顶至下，逐步求精，分而治之”。这种方式可以将复杂问题分解成一个个独立的子问题，对每个子问题再进一步分解，直到问题简单到可以很容易地解决。

在此阶段不需要写代码，而是使用自然语言来描述和分解问题。以外汇牌价看板程序为例，先用一句话来总结它的功能：

> 实现显示实时外汇牌价的程序。

接下来对这句话进行细化和分解：

> 为了实现显示实时外汇牌价，先要**获取**最新的外汇牌价，然后才能将它们**显示**出来。

即使没有任何编程经验，也不难写出上面的语句，将其中包含动词的句子简化后就是一个功能模块的名称，例如“获取外汇牌价”和“显示外汇牌价”。可以用一个结构图表示系统的功能模块，图1-3描述了外汇牌价看板的二级功能。

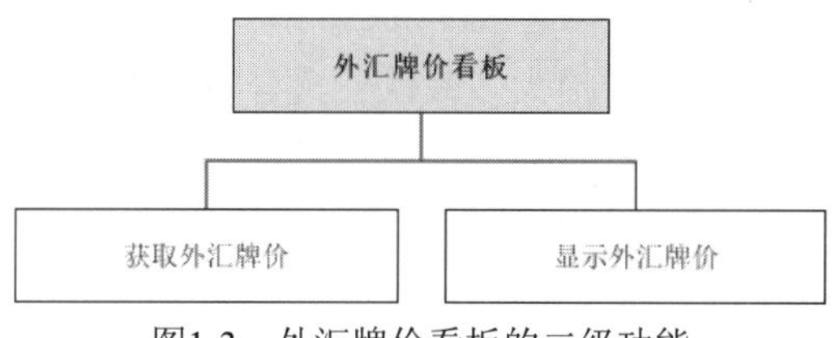

图1-3　外汇牌价看板的二级功能

根据前面的界面原型设计，还可以将“显示外汇牌价”这个功能分解成4个子功能，如图1-4所示。

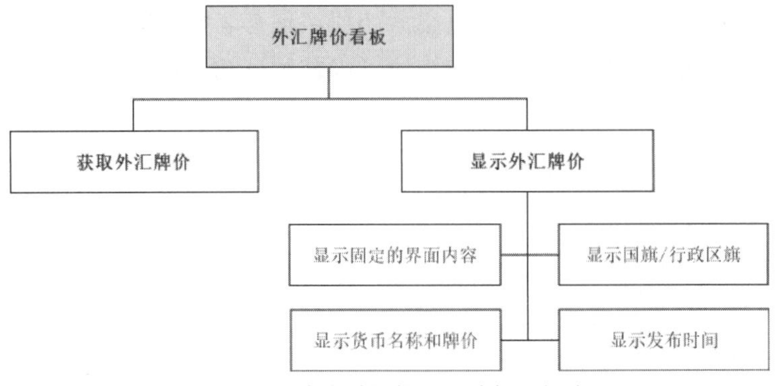

图1-4　外汇牌价看板的三级功能（部分）

图1-4中的功能还可以进行细分，例如“显示固定的界面内容”可以分为“显示程序标题（外汇牌价看板）”“显示程序副标题（EXCHANGE RATE）”。

尽可能地细分每一个功能模块，这样就能搞清楚程序中需要完成的工作。即使这些功能你目前不知道该如何实现，但至少知道自己要解决哪些问题了。

同一个软件系统的功能可以选择不同的技术来实现，接下来要确定技术方案。对于外汇牌价看板项目而言，技术方案的主要内容包括：

- 确定程序运行的硬件环境；
- 确定程序结构；
- 选择程序设计语言。

1.4.2　确定程序运行的硬件环境

在《拓展阅读：重新认识计算机》中介绍了各种类型的计算机。外汇牌价看板程序要在哪种计算机上运行呢？这涉及客户的预算，也决定了开发人员将要采用的技术方案。

1. 选择运行外汇牌价看板程序的计算机

外汇牌价看板程序显然不可能选用小型计算机或者大型计算机（太大、太贵），最适合的方案就是选用一台普通的台式计算机（微型计算机）。某些不方便单独摆放一台计算机的场合也可以使用嵌入式系统来显示外汇牌价。

在本教程中，笔者选择使用普通的x86/x64架构的台式计算机或笔记本式计算机来开发和运行“外汇牌价看板”。当今绝大多数的台式计算机和笔记本式计算机都是这种架构的，因此只要你有一台可以运行Windows操作系统的台式计算机或笔记本式计算机，就可以胜任系统的开发。

? 如果使用的是苹果计算机怎么办?

如果读者使用的是运行mac OS的MacBook笔记本系列或者Mac Mini、Mac Pro台式机，为确保与本书的一致性，可以在使用的苹果计算机上安装Windows操作系统和Visual Studio 2022 Community来编写本书的案例程序。

2. 为外汇牌价看板选择显示设备

外汇牌价看板系统运行时需要将汇率数据显示在大厅里。目前人们经常见到的显示方式包括如下三种。

（1）使用LED数码管的专用显示屏。图1-5是使用LED数码管作为显示器件的显示屏。LED数码管只能用于显示数字和小数点（有时也勉强用于显示字母）。

图1-5 使用LED数码管显示的外汇牌价看板

（2）LED大屏幕。LED大屏幕与LED数码管显示屏的显示原理相同，但是可以显示复杂的文字、图形和较丰富的色彩，面积也可以做得很大。图1-6所示就是置于户外的LED大屏幕。

图1-6 LED大屏幕

（3）液晶显示屏（或大屏幕电视机）。液晶显示屏、大屏幕电视机也可以作为外汇牌价看板的输出设备，它们都提供HDMI或者VGA接口，缺点在于受工艺限制导致显示面积不可能做得很大，一般是在室内使用。图1-7是人们日常使用的液晶显示器。

图1-7　液晶显示器

液晶显示器是很常见的显示设备，因此这里选择使用液晶显示器作为外汇牌价看板的显示设备（分辨率最小支持1366像素×768像素即可）。

1.4.3　选择程序架构

程序是分成多种类型的，我们需要决定外汇牌价看板采用何种类型。人们经常听说的“C/S（Client / Server，客户机 / 服务器）架构”和“B/S（Browser / Server，浏览器/服务器）架构”就是用于描述程序类型的。

在日常生活中，人们每天都在和各种程序打交道，这些程序运行在手机、计算机中，家里的路由器、电视机、机顶盒、冰箱、空调中也都有程序在运行。根据程序运行机制的不同，可以将应用程序分为如下3种。

- 单机程序；
- 客户机/服务器程序；
- 浏览器/服务器程序。

1. 单机程序

全部程序运行在本地计算机，运行时无须与其他设备或计算机通信的应用程序称为“单机应用程序”。例如计算机或手机中的“计算器”程序，它们完全独立地在计算机和手机上运行，并不需要连接网络。

在单机程序中，程序在本地运行，数据也保存在本地，与其他计算机和设备不进行通信。

2. 客户机/服务器程序

很多软件系统有与其他计算机交换数据、共享资源的需求，因此，除单机程序外，还有一种被称为“客户机/服务器”架构（简称C/S架构）的程序。

在客户机/服务器程序中，用户首先需要在自己的计算机上安装**客户端**软件（例如QQ客户端、“王者荣耀”客户端）。客户端软件需要与**服务器**连接才能正常运行，每一个客户端软件都可以向一个或多个服务器发出请求。数据在服务器上被集中处理、存储和分发，核心业务逻辑也在服务器上处理。客户机/服务器架构如图1-8所示。

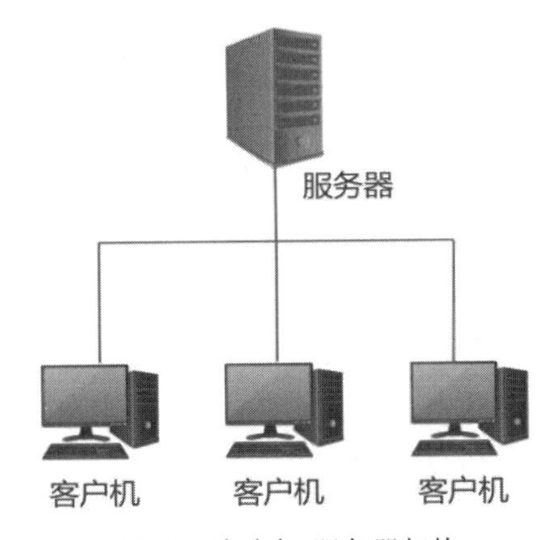

图1-8　客户机/服务器架构

我们日常使用的支付宝（手机版）、微信都属于C/S架构，一些需要下载安装的网络游戏也属于C/S结构。C/S架构应用程序的特点是：

- 客户机具备数据输入、数据处理、数据存储、数据输出的能力；
- 客户机上需要安装客户端软件；
- 服务器主要用于处理数据交换、数据存储和核心业务逻辑。

3. 浏览器/服务器程序

采用客户机/服务器架构的程序可以在多台计算机之间进行数据交换和资源共享，但需要事先在客户机上安装应用程序。但一些大型的应用程序往往需要花费很长时间进行下载和安装，并会在客户端计算机上占用很多资源（如硬盘空间、CPU等）；如果这些应用程序需要升级，还需要用户下载和安装补丁程序，有时候甚至需要重新下载整个安装程序。这些特点也给用户数量众多的系统带来很高的运维成本。

浏览器/服务器架构的出现解决了这一问题。采用这种架构的应用程序，客户机上只须安装浏览器即可，打开一个网站就是打开一个应用程序。

在B/S架构应用程序中，所有的程序都存储在服务器上，因此当程序需要升级时只须更新服务器上的程序即可。例如知乎网站（PC版）要改版时并不需要用户下载一个新的程序并安装。

B/S架构的程序有时也称为“Web应用程序”。B/S架构程序的特点是：

- 所有程序都存储在服务器上；
- 一部分用于显示界面和用户交互的程序在使用时由浏览器下载到客户机执行；
- 程序升级不需要客户端进行任何改动，只须将最新的程序部署到服务器上即可；
- 由于程序是通过浏览器运行的，客户端功能受到了一定限制。

4. 客户机/服务器与浏览器/服务器对比

目前，主流的应用系统基本上采用客户机/服务器架构或者浏览器/服务器架构。这两种架构的应用程序适用场景和特性不同。

C/S架构的应用程序缺点在于需要在客户端上安装软件，优点是代码可以直接操作硬件，所以性能更好，也可以最大限度地利用客户端的硬件资源；而B/S结构的应用程序无须安装客户端软件，客户端程序通过浏览器就可以运行，但出于安全性考虑B/S程序不能直接操作客户端硬件资源，程序的运行性能相对较差，功能也受到一定限制。

以网络游戏为例，一些视觉效果较好的游戏往往是C/S架构的，同时对客户端硬件配置有较高的要求（例如显卡），因为C/S架构可以最大程度利用客户端的硬件性能来实现游戏特效；而一些不需要较强特效的游戏（例如棋牌类游戏）则可以做成网页版（网页游戏）。

表1-2对比了两种架构程序的优点和缺点。

表1-2　C/S与B/S架构应用程序优缺点对比

程序架构	优点	缺点
客户机/服务器（Client/Server）	本地处理能力强；服务器负载较小	维护成本较高（需要安装和更新客户端软件）
浏览器/服务器（Browser/Server）	维护和升级方式简单；服务器负载较大	不能完全发挥客户端硬件的计算能力；各种浏览器所支持的标准在细节上不一致，带来浏览器兼容性问题

5. 为外汇牌价看板选择应用程序类型

首先可以确定外汇牌价看板**不是**一个独立运行的单机程序，因为它需要实时从一个统一的位置获取最新的外汇牌价数据，这个“统一的位置”通常是一台服务器或一个服务器集群。银行和金融机构有专门的服务器提供相关数据，并通过内部网络（例如数字广播卫星地面站、光纤网络等）为其他计算机提供数据服务。

普通用户的计算机不可能连接到银行的专用网络，但在互联网上有金融数据提供商，他们通过互联网为各行业用户提供数据服务。可以在阿里云市场上找到很多提供这些数据的服务商，在购买了服务后他们会提供服务器地址和访问接口，就可以方便地获得这些金融数据。

为了使读者的精力聚焦在“外汇牌价看板”程序的设计与实现上，本书配套网站的服务器提供了一个数据访问接口，因此读者无须购买这些服务商提供的数据服务，通过简单的几行代码就可以获得中行的实时外汇牌价。这些代码将在后面的章节中进行介绍。

确定了外汇牌价看板不是一个单机程序后，再确定它应该采用C/S架构还是B/S架构。由于这是一本讲述C语言的教程，而C语言并不适用于开发一般的B/S架构程序，因此本书选择C/S架构。图1-9所示是外汇牌价看板的系统架构。

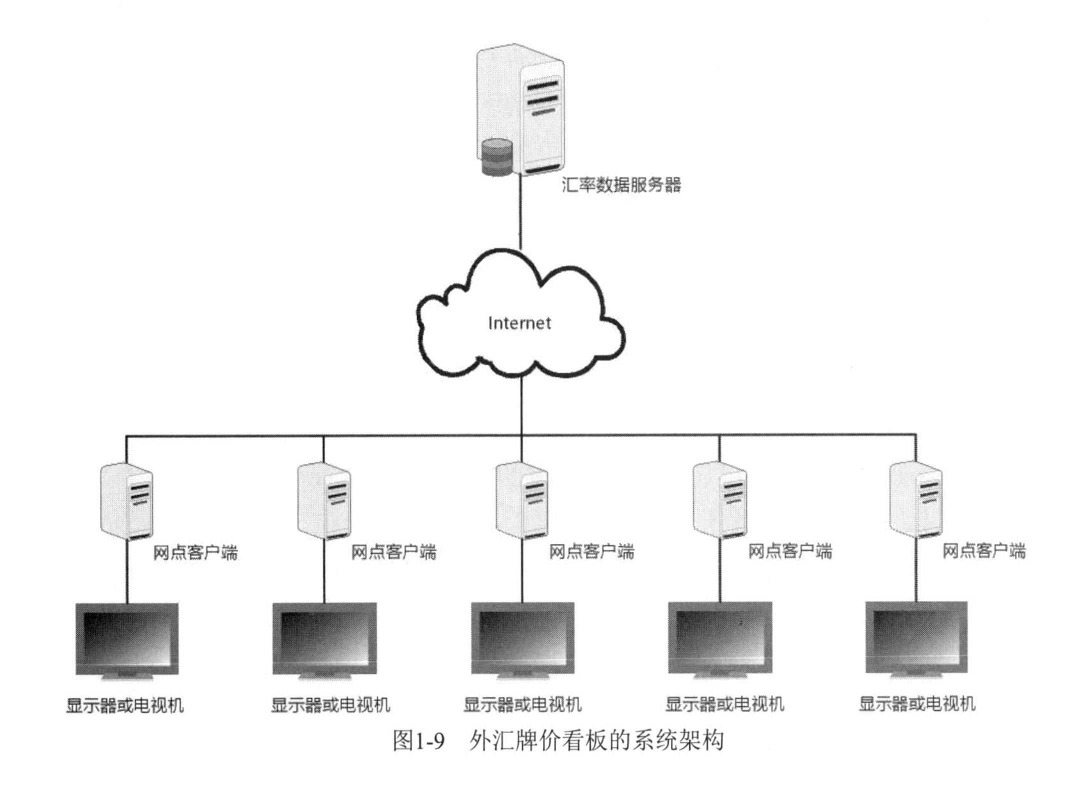

图1-9　外汇牌价看板的系统架构

1.4.4　选择程序设计语言

确定了一个系统运行的硬件环境和程序架构之后，接下来将要选择编程语言，这也是初学者首先要面对的问题。在很多时候，程序员们会争论各种语言的优劣（毫无意外几乎所有程序员都坚信自己使用的语言是最好的），但实际上每一种语言都有其适用和不适用的场景。例如用C语言开发前面提到的B/S架构程序就不太适合（开发效率低），而在一些对性能要求比较高的场景，使用C语言是为数不多的选择之一。

如果“外汇牌价看板”是一个正式的商业项目，“思维正常”的软件工程师都不会选择使用C语言。因为相比其他语言而言，C语言的开发效率是较低的。从学习的角度，学习C语言也是最让初学者感到痛苦的。但本书依然选择使用C语言入门，主要考虑如下因素。

1. 学习C语言会被迫学习计算机原理

如果初学者在一开始就使用一些很“高级”的语言，是可以快速得到结果并获得一些成就感，然而在整个过程中，初学者并不了解代码到底做了什么，是怎样做的，为什么这样做。当程序遇到问题时很难找到症结，可能只能和经理说：“我是按照例子写的代码，我不知道为什么会出问题”；并且在未来的工作中，换一种工作语言对你来说将是一件很困难的事。

相对于Java、Python这些更高级的语言，学习C语言要麻烦一些，它没有现成的、强大和丰富的功能库①，很多功能都需要自己动手编码实现。在这个过程中，读者将被迫学习计算机运作的底层知识，同时训练自己的编程思维，这对未来的学习和工作无疑是有益的。如果只是学了一些“高级”的语言和流行的框架，不了解计算机和程序的本质，也没有经历过较低层编程思维的训练，解决复杂问题的能力也会受到限制。

不要怕麻烦，越怕麻烦的人麻烦越大。

2. 学会C语言，就学会了一切

可以这样说——在熟悉C/C++的程序员看来，所有的编程语言都是一样的。到目前为止，C语言的基础语法广泛应用于主流的编程语言中，包括前文提到的C++、Java、C#、PHP、JavaScript、Python以及用于iOS开发的Objective C和Swift。

综上所述，学习C语言对专业程序员而言非常有必要，更何况一些大型公司在招聘程序员时往往重点考察程序员的C语言水平，并以此判断程序员的基本功底。

在本书中的案例使用C语言完成外汇牌价看板，并使用Microsoft Visual Studio Community 2022版作为开发工具。

1.5 小结

在本课中，介绍了以下知识点。

1. 程序设计是一门实践技术，它的学习方法与传统的学科知识大为不同。
2. 使用基于应用的方法学习程序设计是最有效的。
3. 需求分析和定义是软件开发的第一步，也是最重要的一步。
4. 学习业务领域的知识对程序员是必要和重要的。
5. 客户访谈是需求分析的重要手段；会议纪要是留存需求分析过程的重要依据。
6. 需求规格说明书是描述客户需求的重要文档。
7. 设计原型系统是确认客户对软件功能需求的重要手段，它由UI/交互设计师完成。原型系统比需求规格说明书更容易理解，因为它更容易展现和确认产品细节，模拟软件实际操作时的情况。
8. 应用程序可以分为单机程序、客户机/服务器程序（C/S）和浏览器/服务器（B/S）三种架构。
9. 外汇牌价看板程序将采用C/S架构，并使用C语言编写。

① 库（Library），是用于开发软件的子程序集合，目前不用了解。

02

| 第2课 |

准备开发环境

在确定外汇牌价看板的产品需求和运行环境后，接下来需要在计算机上安装一些用于编程的软件（开发工具），这个过程被称为“准备开发环境”。本课将介绍以下内容：

- 软件开发工具的用途；
- 安装集成开发环境Microsoft Visual Studio Community 2022版；
- 编写和运行第1个C语言程序。

在开发者选择了一种编程语言后，接下来就要在计算机上安装用以编写、调试程序的软件，这个过程称为“准备开发环境”。

不同的编程语言需要安装的开发环境不同，即使是同一种语言，也可以选择不同的开发环境。但不同的开发环境会导致在编程时产生细节的差异，这往往也是让新手感到困惑和麻烦的地方。为了减少这些不必要的麻烦，本书的案例都选用Microsoft Visual Studio Community 2022版（社区版）来开发。

2.1 软件开发工具的组成和用途

对于程序员来说，最基本的开发工具应该包括：

- 源代码编辑器；
- 编译器；
- 调试器；
- 版本管理系统。

2.1.1 源代码编辑器

所谓源代码编辑就是在一个文本编辑器里输入程序。Windows中的记事本程序可以用来输入源代码，如图2-1所示，在Linux操作系统中可以使用被称为vi的程序来输入源代码，如图2-2所示。

```
#include <stdio.h>
int main()
{
        printf("Hello,World\n");
        return 0;
}
```

图2-1　Windows中使用记事本编辑源代码

```
#include <stdio.h>
int main()
{
        printf("Hello,World\n");
        return 0;
}
```

图2-2　Linux中使用vi编辑源代码

但这些纯文本编辑工具的功能太单一，而使用专用的程序编辑器输入和编辑代码会更便捷。例如，程序编辑器会自动为代码中的关键字、操作符、数据类型加上不同的颜色，以方便区分，这个功能叫做“语法高亮”（syntax highlighting）。例如，图2-3所示的源代码编辑器就会用不同的颜色来区分不同的关键字。

图2-3　具有语法高亮功能的程序编辑器

除此以外，专用的编辑器还提供了“智能代码补全（intelligent code completion）”功能，编辑器可以猜测开发者在输入代码时可能要输入的内容，从而提高代码的输入效率。大多数编辑器还提供纠错功能，当输入代码时出现了低级的错误，例如丢失一个分号、变量多次声明等，它会马上提醒开发者此处存在错误，并给出纠错建议。

现代化的代码编辑工具还提供了更多提高程序员工作效率的功能，读者在使用中会用到它们。

2.1.2　编译器

在源代码输入完成后，需要把它们“转换”成机器可以识别的代码，此时就需要编译器了。编译器是把“源程序”转换为“目标代码”的工具。例如，图2-4所示就是通过调用一个名为gcc的C语言编译器将源程序文件HelloWorld.c转换为目标代码，编译后生成一个名为a.out的可执行文件；输入这个文件名就可以执行程序并输出“Hello，World”。图2-4展示了在Linux操作系统下编译和运行程序的过程。

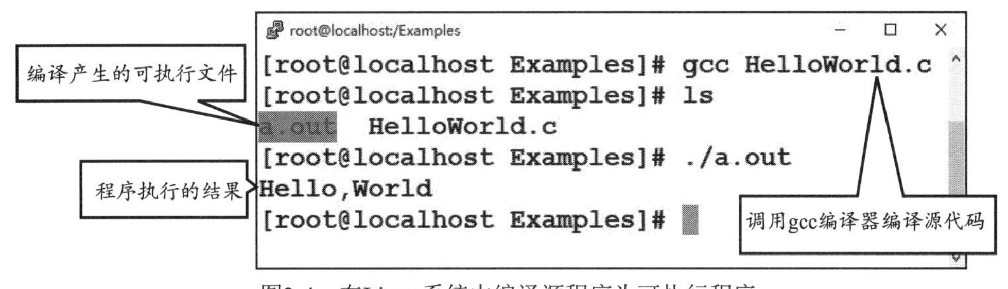

图2-4　在Linux系统中编译源程序为可执行程序

将源代码转换为目标代码的过程包括预处理、编译、汇编和链接等。有些编译器还会对程序进行优化以提高运行效率。

2.1.3　调试器

程序可以正常通过编译意味着这个程序没有明显的格式和语法错误，但并不意味着这个程序在功能和逻辑上一定正确。有些错误在开发阶段就可以发现，而有些错误则需要专门的软件测试人员和测试工具才能找到，一些错误甚至直到系统运行阶段才会被发现。

当错误发生时，有些错误通过阅读代码就可以被轻易定位，复杂的程序则需要使用调试工具跟踪代码的执行情况才能被找到。在开发过程中最常见的做法是让程序在某个步骤“暂停”或逐步执行代码，通过观察每一条语句运行的过程和结果、变量和表达式的值来找出程序的问题。所以，程序员需要调试器来调试程序，调试程序是程序员最重要的技能之一。本书将介绍使用Microsoft Visual Studio 2022 Community版调试C语言程序的方法。

2.1.4　版本管理系统

除了调试器，程序员还需要“版本管理系统”。

即使是一个人写程序，也会遇到昨天还正常运行的程序今天改了一下就不能运行的情况，但是又忘了备份昨天的版本，这个时候只想穿越回去找到之前的代码。有些程序员比较聪明，会在修改代码以前做备份，但是时间长了也会搞不清楚哪个文件夹里才是最新的版本，导致恢复起来很麻烦。

如果是团队协作项目，还需要将多个程序员的工作成果集中存储到一起，并对系统的版本、分支进行管理，记录每一个团队成员对软件系统的修改并保存历史记录，有时还需要控制不同成员对项目源代码的访问权限。这时就需要“版本管理系统”帮助开发者完成源代码的管理。每一次对程序的修改，在调试完毕后开发者都可以把它提交给版本管理系统进行保存，必要的时候同步到服务器与其他人共享（签入），除此以外，版本管理系统还可以撤销、更改和恢复到以前的版本。

图2-5所示是一个软件系统在开发过程中部分代码的提交记录。

图2-5　某项目的代码提交记录

有了版本管理系统，开发者就可以安心地修改自己的代码，保存每一次修改历史并与他人协作。在本书的网站资料中提供了最常使用的版本管理系统git的使用方法。

2.2　安装集成开发环境

通过前文的介绍，你了解程序员在开发程序时需要的软件如下：

- 一个带语法高亮、智能提示和自动补全功能的程序编辑器；
- 一个编译器；
- 一个调试器；
- 一个版本管理工具。

开发者可以自行选择不同厂商的工具搭配起来使用，但对于初学者而言，来自不同厂商的软件操作起来很麻烦，所以大多数人会选择一种被称为“集成开发环境”的软件来编写程序。

2.2.1　为何需要集成开发环境

集成开发环境（Integrated Development Environment，IDE），可以简单地将其理解为是一个包含了开发人员需要的大多数功能的软件套装，有利于快速编写、编译和调试程序。

集成开发环境通常包括源代码编辑器、编译器和调试器。主流的集成开发环境还包含版本控制系统，或者通过安装一个插件来实现版本管理。

2.2.2 选择集成开发环境

不同的语言使用不同的IDE，当然有的IDE也支持开发多种语言的程序。但是每一种语言都有一种或多种流行的IDE，以确保与其他人一致。

程序员们往往对自己所使用的IDE有“谜之信仰”——坚信自己使用的IDE是最好的，如同他们坚信自己使用的语言是最好的一样。但软件公司选择IDE是一件谨慎的事，它会涉及法律、成本甚至办公室政治。

首先，一个正常的、有道德的公司应该使用正版软件，否则可能会被厂商起诉。像Visual Studio企业版、IntelliJ IDEA这些软件都是付费软件，管理规范的公司不允许开发人员使用盗版软件，这是选择IDE的第1个要素。

软件公司里通常是由很多程序员在一起协同工作的，同一个团队使用不同的IDE可能会带来兼容性问题，因比软件公司一般会选用同一个版本的IDE并且对升级非常谨慎。未来如果你去一个软件公司上班，发现他们还在使用10年前发布的IDE是一点都不用奇怪的，遇到这种情况也不用去找你的上级要求升级为“最新版、最强大的”的IDE。

公司选择使用什么IDE往往在公司创建之初或项目开始的时候就决定了，有时候也是部门或项目领导的个人习惯，并不以这个IDE是否最好为标准。

以下是各种语言常用的IDE：

- Java语言。Java程序员大多选择使用IntelliJ IDEA①，或者Eclipse②来开发Java程序，后者是免费软件。
- C#语言。C#程序员会选择使用微软官方的Visual Studio（简称VS）开发程序，它有收费版本也有免费版本。
- C语言。对于C程序员来说，可供选择的IDE有很多。例如“上古”时代的Turbo C、20世纪90年代的Visual C++ 6.0（很多学校仍然在用），以及微软最新的Visual Studio③。

笔者在编写本书时使用的是最新的Visual Studio 2022 Community版（社区版）。

---

① IntelliJ IDEA是一款商业化销售的Java集成开发环境工具软件，由JetBrains软件公司（前称为IntelliJ）开发。

② Eclipse最初是由IBM公司开发的替代商业软件Visual Age for Java的下一代IDE开发环境，2001年11月贡献给开源社区，现在它由非营利软件供应商联盟Eclipse基金会（Eclipse Foundation）管理。

③ Microsoft Visual Studio（简称VS或MSVS）是微软公司的开发工具包系列产品。VS是一个基本完整的开发工具集，它包括了整个软件生命周期中所需要的大部分工具。

它是微软免费提供给学生、开源代码提供者和个人使用的，可以在https://visualstudio.microsoft.com/下载它。

2.2.3　安装Visual Studio Community 2022

进入Visual Studio的官方网站后（如图2-6所示），可以看到Visual Studio有多个版本。

- **Visual Studio**。用于Windows开发的Visual Studio，分为专业版（Professional）、企业版（Enterprise）和社区版（Community）。
- **Visual Studio for Mac**。用于macOS开发的Visual Studio。
- **Visual Studio Code**。用于跨平台的、免费源代码开发编辑器。

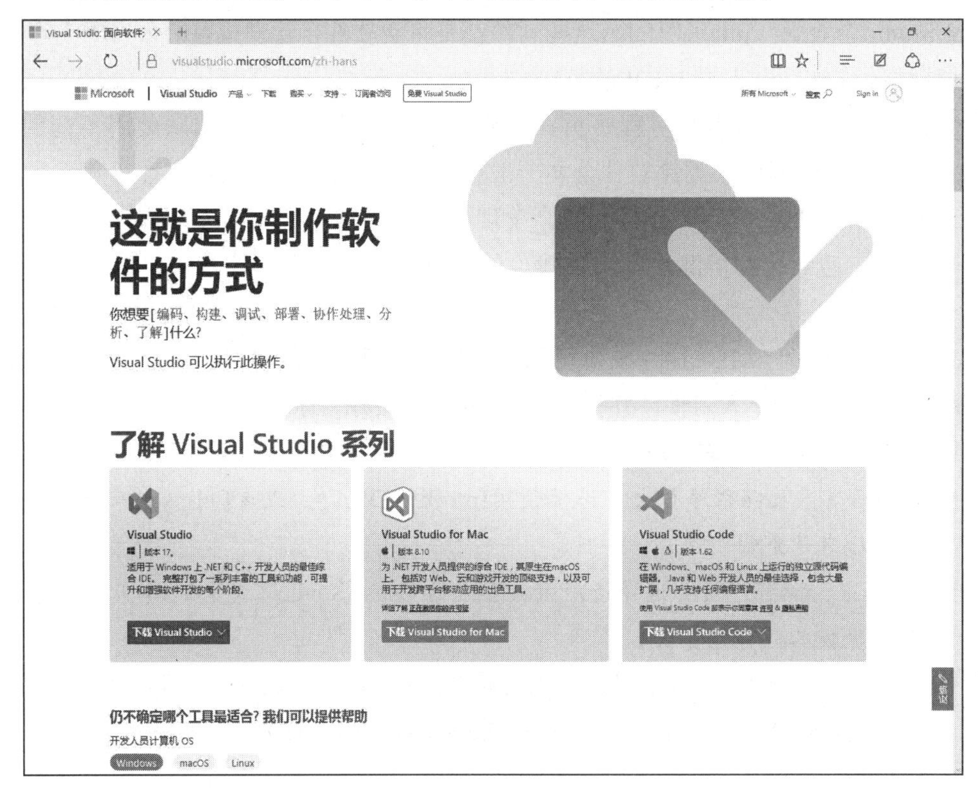

图2-6　Visual Studio 官方网站

在Visual Studio的下载链接中选择“Community 2022”即可下载安装文件。安装文件大小为1.6MB，但是安装所需的组件需要约10GB的磁盘空间。

请不要下载Visual Studio Code和Visual Studio for Mac版本，尽管它们也可以开发C语言程序，但本书的讲解都是针对Visual Studio Community 2022版本的。

注 意

Visual Studio Community 2022只能在Windows 10、Windows 11上安装和运行。在Windows 10上安装时需要将Windows 10更新到1909以上版本，否则会出现操作系统不受支持的提示并且不能完成安装。

未来微软可能会升级Visual Studio Community和变更下载地址，其安装步骤也可能发生变化。最新的下载地址可在微软官方网站获得，或者通过本书的支持网站查找下载地址和安装步骤。

下载安装文件后，读者只需按照安装向导一步步执行就可以了。

第1步: 双击刚下载的可执行文件，例如，vs_community_1237635810.1638677570.exe（文件名中的1237635810.1638677570表示不固定的版本号），文件名可能不同。

第2步: 出现“你要允许此应用对你的设备进行更改吗？”的提示（如图2-7所示），选择“是”按钮。

第3步: 开始解压缩文件，出现的提示框如图2-8所示。

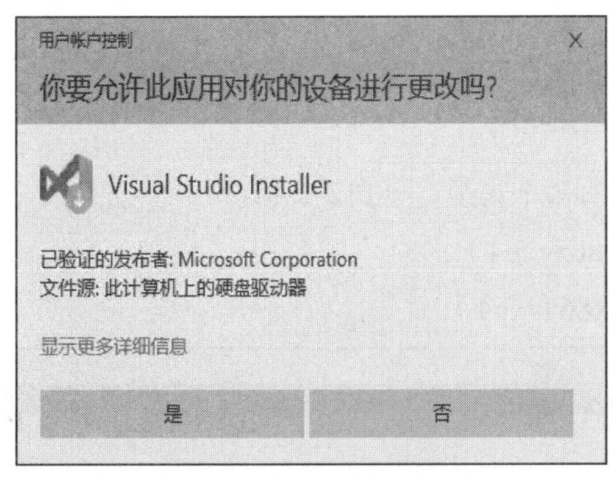

图2-7 允许安装程序运行

图2-8 启动Visual Studio安装程序

第4步: 出现如图2-9所示的界面，表示正在下载安装文件。

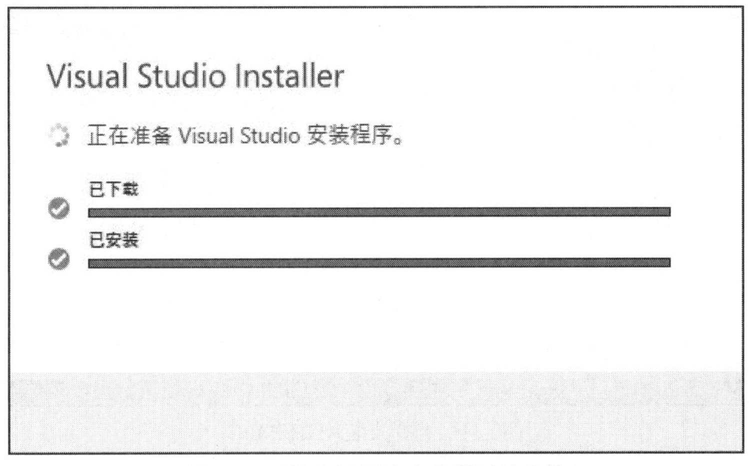

图2-9 下载和解压缩安装所需的文件

第5步：Visual Studio支持多种语言的开发，但本书只需要C++桌面开发组件，在图2-10所示的界面中找到并单击“使用C++的桌面开发”复选框。

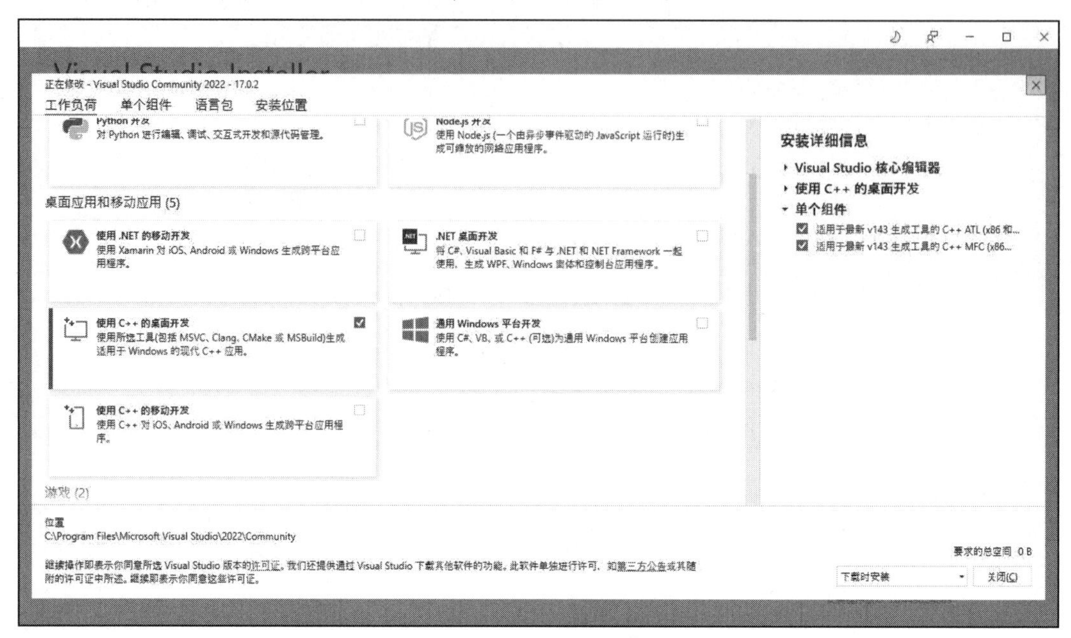

图2-10 选择要安装的组件

第6步：单击“单个组件”选项卡，并选择下面的两个选项，如图2-11所示：

- 适用于最新v143生成工具的C++ ATL（x86和x64）；
- 适用于最新v143生成工具的C++ MFC（x86和x64）。

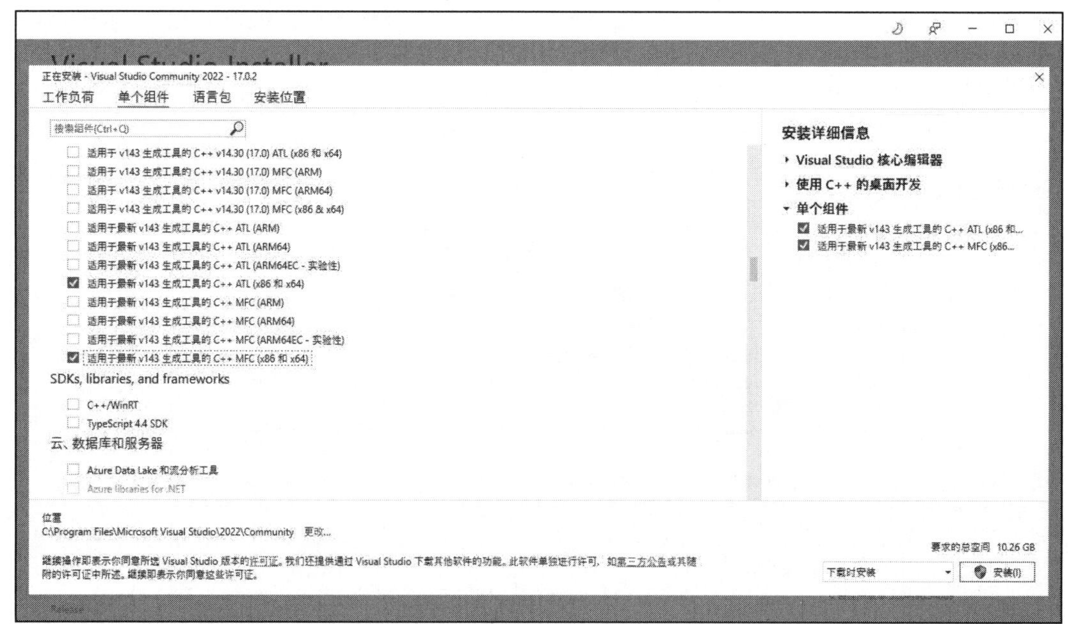

图2-11 选择安装ATL和MFC

由于上面两个组件存在多个平台版本，所以此处一定要谨慎、认真地确认自己选择了正确的选项，否则会在后面遇到错误。

第7步：单击界面右下角的“安装”按钮，开始下载和安装，如图2-12所示，这个过程可能需要半个小时或更长的时间。安装需要的时间取决于网速和计算机速度。

图2-12　正在安装Visual Studio

第8步：安装完成后会出现如图2-13所示的“安装完毕”提示框，按要求尽快重新启动Windows。

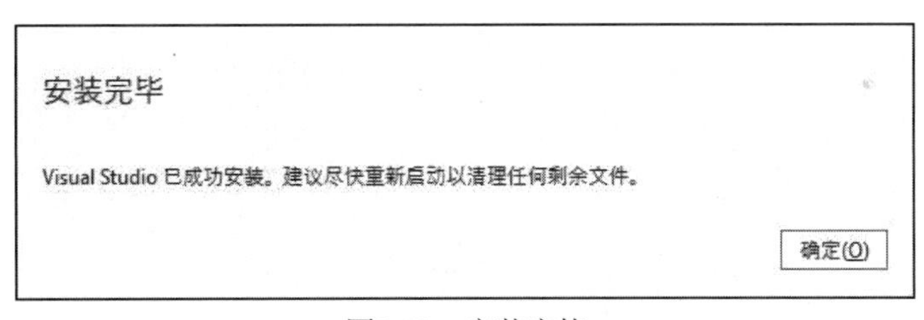

图2-13　安装完毕

第9步：重新启动Windows后，在程序菜单中找到 “Visual Studio 2022”选项，单击启动程序，出现要求登录的窗口。可以使用已有的微软账户登录或者注册一个微软新账户，也可以单击“以后再说”跳过登录步骤。

第10步：选择开发设置和颜色主题，在“开发设置”选项中选择“Visual C++”，颜色主题选择任何一个喜欢的即可，如图2-14所示。

到这里Visual Studio Community 2022就安装好了，单击窗口右下角的“启动Visual Studio”按钮就可以打开Visual Studio 2022的启动页面，如图2-15所示。

图2-14　选择开发设置和颜色主题

图2-15　Visual Studio 2022的启动页面

2.3　编写和运行第1个C语言程序

读者可能会感到疑惑：启动页面右侧的“克隆存储库”“打开项目或解决方案”“打开本地文件夹”和“创建新项目”各有什么用途，这里可以暂时忽略它们，本节主要关注“项目”和“解决方案”。

Visual Studio是用于开发大型应用系统的集成开发环境。大型应用系统往往需要拆分成若干个独立的项目（Project），每一个独立的项目中又包含一个或多个源程序文件；将多个项目组织到一起就称为解决方案（Solution）。解决方案类似于一个容器。

例如本书有多个案例，每一个案例都是一个单独的项目。笔者将它们组织到一个名为Examples的解决方案中，以便管理它们。所以，即使只编写一个练习程序，也需要遵循以下步骤：

（1）创建解决方案；

（2）在解决方案中添加项目；

（3）在C项目中添加源程序。

不要急于创建解决方案，先对存储解决方案、项目和源程序的目录结构进行规划是必要的。使用层次分明的目录结构、有意义的程序名会使未来的工作井井有条，而胡乱指定一个项目名和存储目录会使未来的工作变得混乱，这是初学者常见的问题。

2.3.1 规划项目目录结构

在编写本书时，笔者使用D:\BC101目录存放所有的案例程序和资源文件。资源文件包括图片文件和库文件等，未来要产生的数据文件也会保存在这个目录中。

如果没有特别的需求，建议读者使用同样的目录名称和结构，这会减少因为目录结构不一致带来的麻烦。在D:\BC101目录下笔者创建了4个子目录，如图2-16所示。

图2-16　BC101目录与子目录

- **Data目录**。该目录用于存储程序运行产生的数据文件，未来从网络读入的外汇牌价数据将以文件形式存入其中。
- **Examples目录**。所有将要创建的解决方案、项目文件和源程序文件都将保存在此目录中。
- **Libraries目录**。未来要使用的第三方库的相关文件将存入此目录中。
- **Resources目录**。未来要使用的资源文件（如国旗、行政区旗的图片文件将存入此目录）。

读者现在可以在D盘上创建BC101目录和这4个子目录了。

2.3.2 创建解决方案和项目

在Visual Studio中创建一个新的程序，首先需要创建“解决方案”和“项目”，而不是直接创建一个文本文件并输入源程序。在创建解决方案和项目时，请务必仔细观察每个步骤完成后在磁盘上创建了哪些文件，并了解它们的用途。

1. 创建空白解决方案

创建“解决方案”类似于创建一个容器，以后会将多个项目放入其中。这些项目既可以独立运行，也可以相互引用。本例将创建一个名为“Examples”的空白解决方案，后续课程中创建的所有项目都将放入这个解决方案以便统一管理和相互引用。

第1步:启动Visual Studio 2022，出现图2-15所示的启动页面。

第2步:在页面右侧的“开始使用”区域，单击“创建新项目”选项，出现“创建新项目”页面。创建新项目页面如图2-17所示。

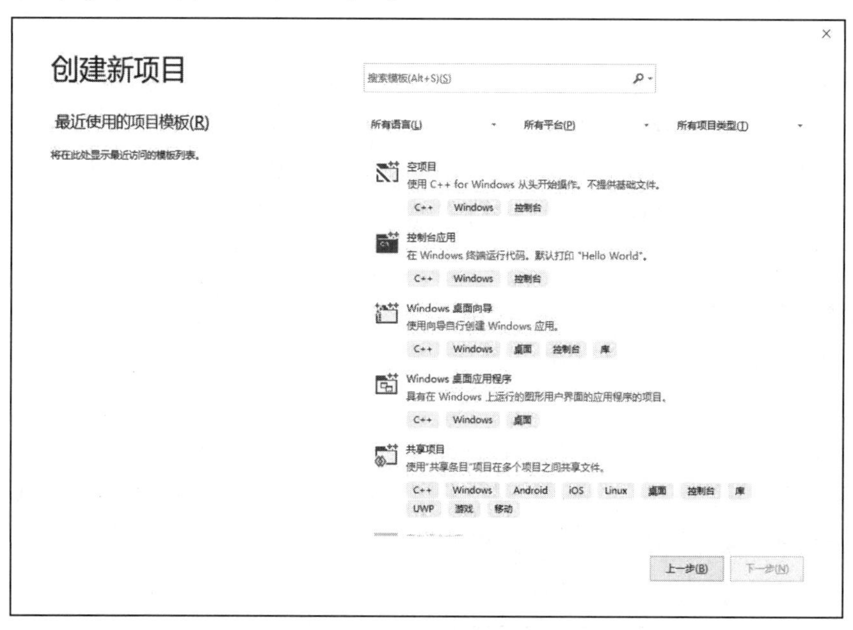

图2-17　创建新项目

提示：此时会出现Visual Studio目前可以创建的所有项目类型列表，由于我们只安装了与C++开发相关的功能，因此这个列表中也只有与C++相关的项目。

读者可能会产生疑问：为什么是C++项目，我们不是在学C语言吗？这个问题在2.4节中说明。

第3步:在列表中选择“空白解决方案”选项，并单击“下一步”按钮（图2-18所示）。

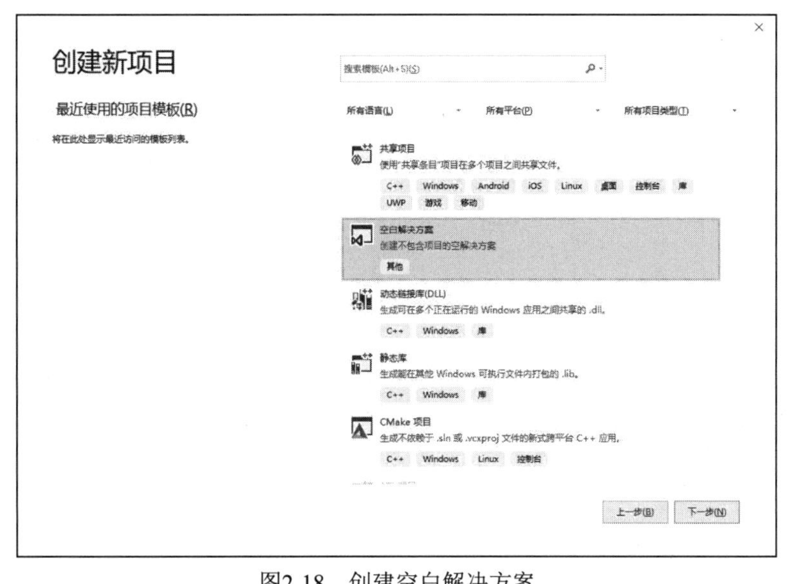

图2-18　创建空白解决方案

第4步：为解决方案指定名称和位置，如图2-19所示。本例指定的名称是"Examples"，存储位置是"D:\BC101\"，创建的解决方案文件将自动存入D:\BC101\Examples目录中。如果D:\BC101\Examples子目录之前没有创建，Visual Studio会自动创建Examples子目录；如果指定的解决方案名称是其他名称，则Visual Studio会根据指定的名称创建子目录。

图2-19　配置新项目

第5步：单击"创建"按钮，空白解决方案就创建完成了，此时解决方案中不存在任何项目。

打开D:\BC101\Examples目录可以看到其中有1个"Examples.sln"文件，如图2-20所示，它就是解决方案文件（sln是solution的缩写），未来创建的新项目可以加入到这个解决方案中。

图2-20　保存解决方案的目录

在创建空白解决方案后，Visual Studio窗口的右侧（有时在左侧）会出现“解决方案资源管理器”（如果你找不到它，可以在菜单里单击“视图”→“解决方案资源管理器”来显示它）。可以看到目前解决方案Examples中的项目数量为0，如图2-21所示。

图2-21　创建空白解决方案

2. 在解决方案中增加C++项目

按照下面的步骤可以在解决方案中增加一个新的C++项目。

第1步: 在“解决方案‘Examples’（0个项目）”节点上单击鼠标右键（下文称“右击”），在弹出的快捷菜单中选择“添加”→“新建项目”命令，如图2-22所示。

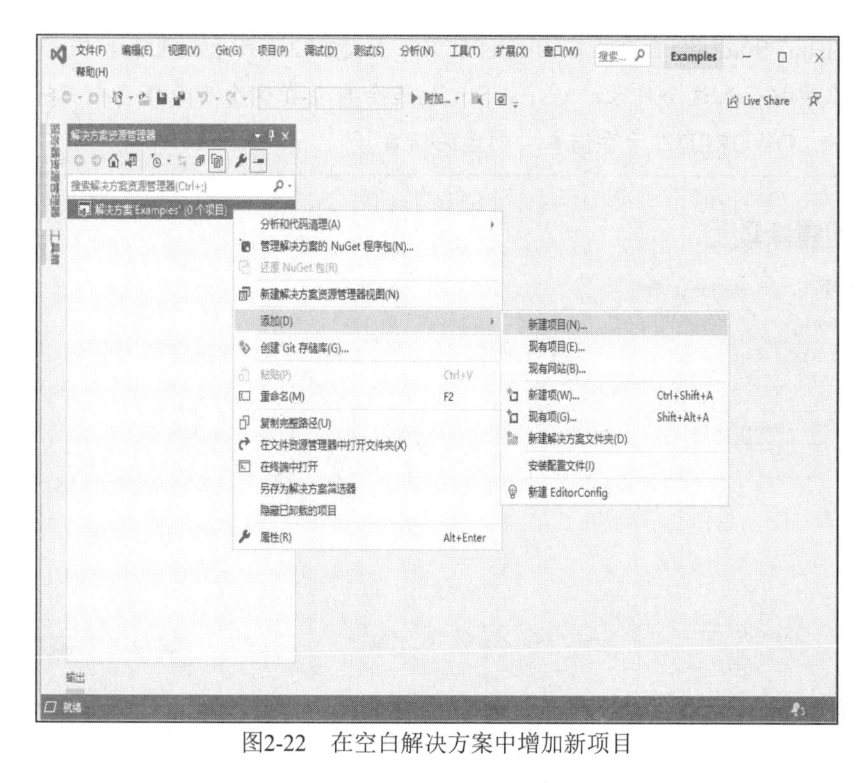

图2-22　在空白解决方案中增加新项目

第2步: 在弹出的“添加新项目”窗口（如图2-23所示）中，Visual Studio提供了很多C++的项目模板和向导，但本案例还是从零开始创建一个项目，这里选择“空项目”，然后单击“下一步”按钮。

图2-23　添加新项目窗口

第3步: 在弹出的“配置新项目”窗口中输入项目名称。这里指定的项目名称是“L02_01_HELLOWORLD”，表示这是第2课的第1个程序，程序名为HELLOWORLD，如图2-24所示。在“位置”输入框中输入D:\BC101\Examples\L02（注意，末尾的L02是手工输入的），Visual Studio会自动在Examples目录下创建L02子目录。未来我们会把所有第2课的范例程序都存入这个目录。Visual Studio还会自动在这个目录下再创建一个子目录L02_01_HELLOWORLD用于存储本次创建的项目。

图2-24　配置新项目

第4步： 单击“创建”按钮完成新项目的创建。之后就可以在D:\BC101\Examples\L02\L02_01_HELLOWORLD目录里找到Visual Studio创建的项目文件。图2-25显示了在指定位置创建的文件。

图2-25　Visual Studio创建的项目相关文件

在图2-25的文件列表中最重要的文件是扩展名为.vcxproj的文件（L02_01_HELLOWORLD.vcxproj）。它是这个C++项目的项目文件，可以通过双击这个文件打开创建的项目，但大多数情况下可以选择打开解决方案文件，因为它可以一次打开多个项目。

2.3.3　在空白项目中增加和运行程序

创建项目后在Visual Studio的“解决方案资源管理器”窗口中可以看到新建的项目

L02_01_HELLOWORLD，如图2-26所示。

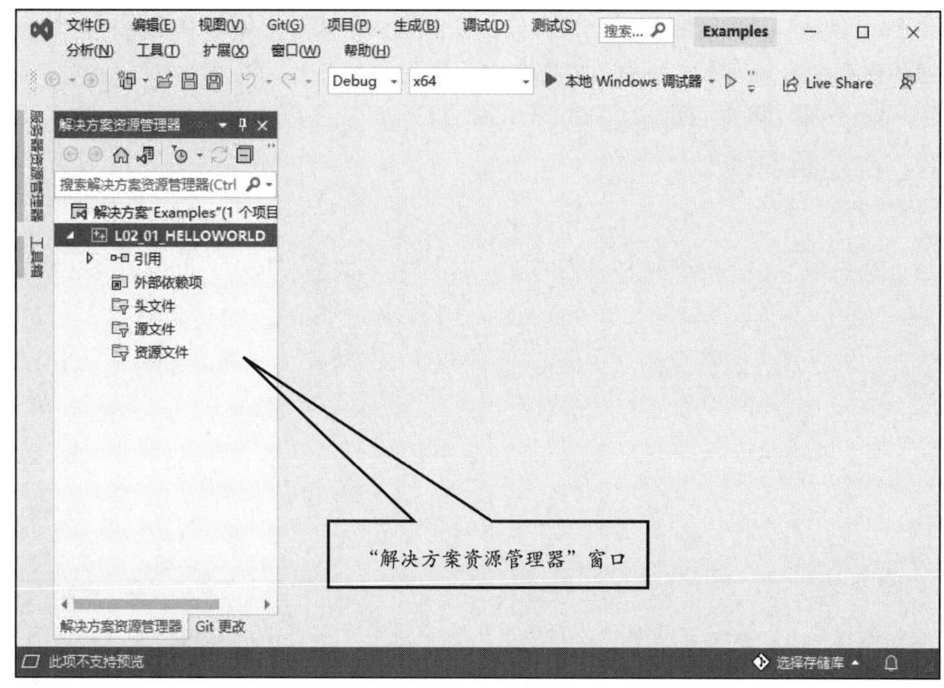

图2-26 “解决方案资源管理器”窗口中的L02_01_HELLOWORLD项目

由于我们选择创建了“空项目”，因此项目中不包含任何源程序文件。接下来需要创建一个源程序文件并在其中输入代码，步骤如下。

第1步：在“解决方案资源管理器”窗口中选择“L02_01_HELLOWORLD”项目并右击“源文件”选项，在弹出的快捷菜单中选择“添加”→“新建项”，出现“添加新项”对话框，如图2-27所示。此处选择“C++文件（.cpp）”选项，并输入文件名“HelloWorld.cpp”，然后单击“添加”按钮。

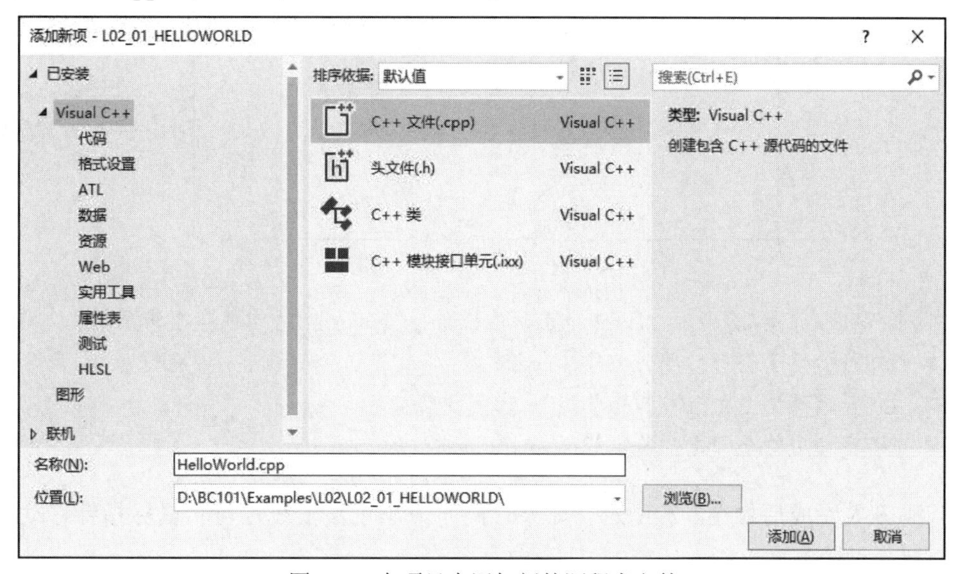

图2-27 在项目中添加新的源程序文件

第2步：在“解决方案资源管理器”窗口的“源文件”文件夹中双击打开刚创建的文件“HelloWorld.cpp”。目前它是一个空文件，可以在这个文件中输入程序代码。试一下把案例2-1的代码输入到这个文件中（不包含前面的行号和点）。

案例2-1　第1个C语言程序（L02_01_HELLOWORLD）

```
1. #include <stdio.h>
2. int sayHello()
3. {
4.     printf("Hello,World\n");
5.     return 0;
6. }
7.
8. int main()
9. {
10.    sayHello();
11.    return 0;
12. }
```

警　告

在输入代码时，语句中的字母、括号、引号都是半角字符，请确认在输入这些内容时输入法处于“英语、半角”状态。错误的输入（图2-28所示）会导致编译器不能编译或者在代码输入完成后出现错误提示。

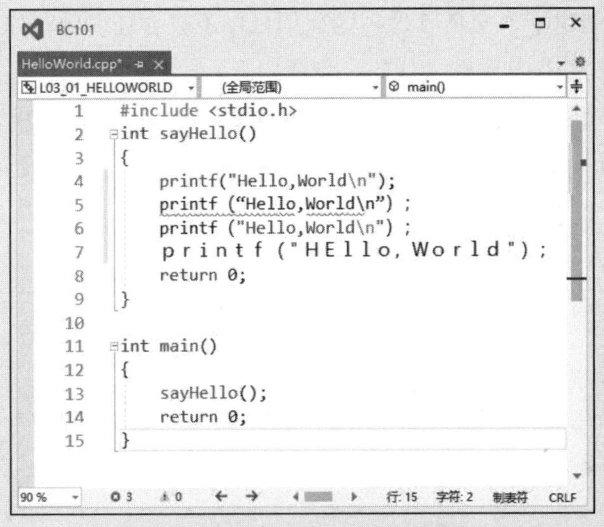

图2-28　全角字符可能引起错误

以上代码除了第4行的printf语句是正确的以外，其他printf语句都存在错误：

- 第5行使用了全角括号、引号和分号；
- 第6行使用了全角括号和分号；
- 第7行使用的全部是全角字符。

代码输入完成后如图2-29所示。如果代码下方出现波浪线，可将鼠标指针移动到对应的位置，系统会显示错误的原因。

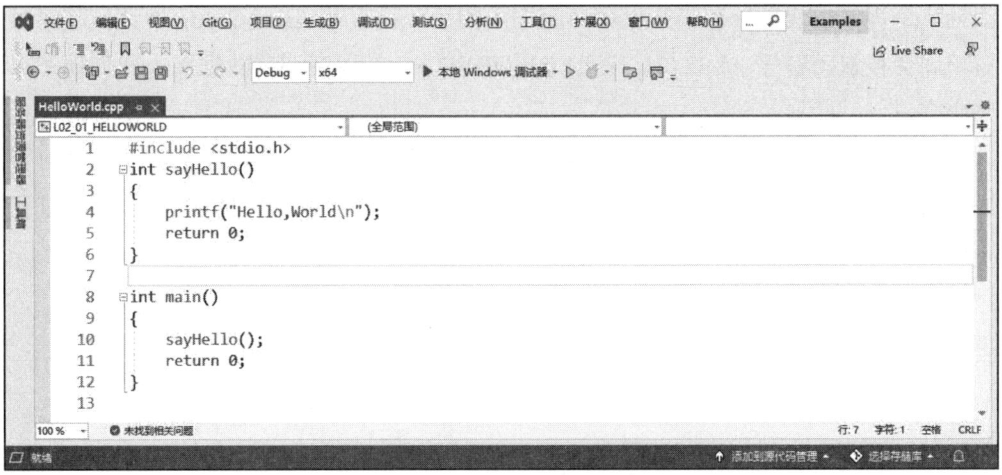

```c
#include <stdio.h>
int sayHello()
{
    printf("Hello,World\n");
    return 0;
}

int main()
{
    sayHello();
    return 0;
}
```

图2-29　程序输入完成

此时单击工具栏上的“本地Windows调试器”按钮，如果代码输入得完全正确（注意标点符号都是半角字符，拼写、大小写必须与范例完全一致），会出现程序运行的结果，如图2-30所示。为了使印刷效果更好，笔者调整了程序运行窗口的配色方案并使用了白底黑字，而默认的配色方案是黑底白字。

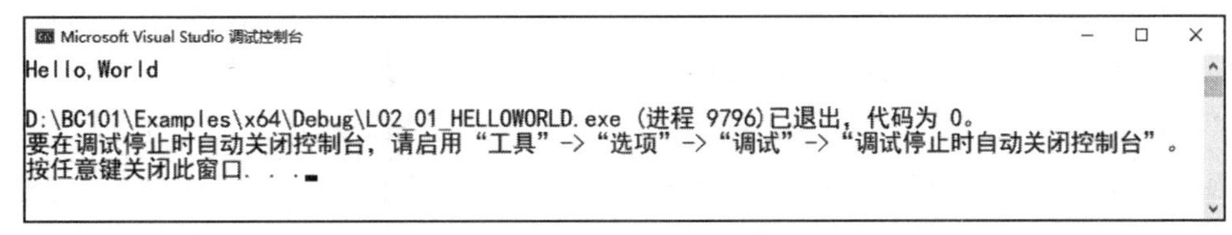

图2-30　HelloWorld.cpp程序执行的结果

Visual Studio 2022会在程序运行完毕后显示程序运行的返回码（图2-30中的“代码为0”），并且不会自动关闭“Microsoft Visual Studio调试控制台”窗口。旧版的Visual Studio（例如学校里常用的Visual C++ 6.0）则会在程序运行完毕后自动关闭运行窗口，会导致看不到程序运行的结果（此时需要加入额外的代码来确保窗口不被关闭）。

Visual Studio在运行程序前会在D:\BC101\Examples\x64\Debug目录下创建一个.exe文件，名为“L02_01_HELLOWORLD”，它就是编译器生成的可执行文件，如图2-31所示。

图2-31　程序编译产生的文件

双击第1个文件L02_01_HELLOWORLD.exe，会看到有一个黑色窗口一闪而过，这是因为这个程序很快运行完毕所以窗口随即关闭了，只有在Visual Studio中调试程序时运行窗口才会被自动暂停。L02_01_HELLOWORLD.pdb是程序调试数据库，我们现在可以不关心它。

至此，我们已经准备好了开发C语言程序的软件环境，可以进行下一步的学习了。你可能会好奇这个程序中每一行代码的含义，我们将在第3课　分析第1个程序中进行详细解读。

2.4 使用MSC编译器

2.4.1 为何使用“cpp文件”

在前面创建项目的过程中你可能会产生疑问：我们到底是在学C语言还是C++？在新建源程序文件时为何选择C++文件（.cpp）？

一方面是因为现在很难找到一个好用且只支持C语言的编译器，况且C++的编译器也可以编译符合C语言标准的程序。目前使用的Visual Studio 2022默认使用微软提供的MSC编译器，它既可以编译C语言程序，也可以编译C++程序。

当程序文件扩展名是.c时，编译器按照C语言的标准编译程序；而当扩展名是.cpp时，编译器以C++的标准编译程序。这是因为C++可以兼容绝大部分C语言语法，因此保存为cpp文件的C程序也能被编译。Visual Studio 2022在创建源程序文件时的默认扩展名是.cpp，为了避免每次都要修改扩展名，本例选择了“C++文件（.cpp）”。

另一方面，本例后期要用到的EasyX图形库仅支持以C++方式进行编译和链接，为确保前后一致性，选择了“C++文件（.cpp）”。

2.4.2 设置Visual Studio中的C++项目属性

Visual Studio使用的是微软提供的C++编译器，它可以编译以C语言格式编写的程序，但这个编译器的默认设置会使一些比较旧的教材上的程序不能被编译和运行，从而给初学者带来诸多麻烦，例如不允许使用scanf函数。

如果需要输入和运行一些比较旧的教材上的程序，则需要在创建项目后进行一些特殊的设置，以避免这些麻烦，本书的部分案例也需要进行这样的设置。设置方法是在“解决方案资源管理器”窗口中的C++项目，例如之前创建的“L02_01_HELLOWORLD”项目上右击，并从弹出的快捷菜单中选择“属性”选项，打开如图2-32所示的项目属性对话框，然后按需设置。

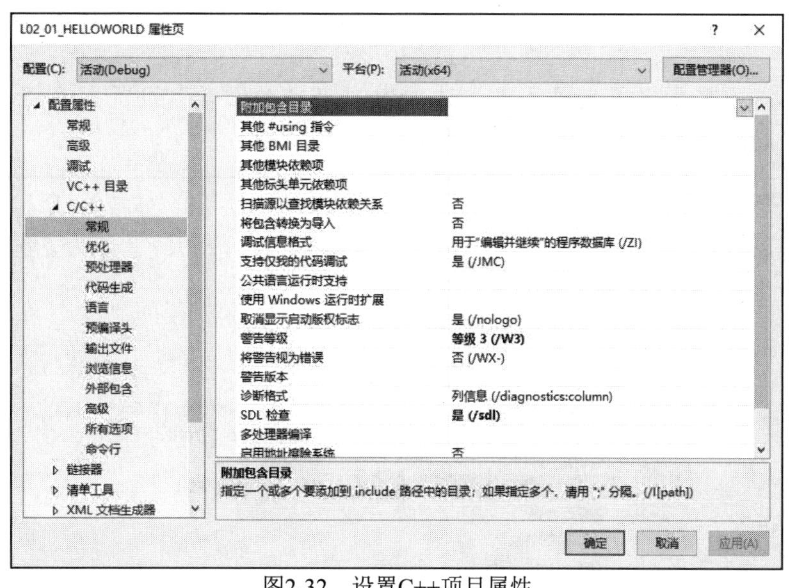

图2-32　设置C++项目属性

1. 关闭SDL检查

Visual Studio 2022默认开启了安全开发生命周期检查（Security Development Lifecycle，SDL），这个选项强迫程序员使用更安全的方式编程，即通过更严格的检测来确保程序的安全性。然而开启SDL检查意味着要使用一些与常规教材不同且在Visual Studio 2022以外不能使用的函数或编程方式，这会增加不必要的麻烦，因此这里需要关闭它。

打开项目属性对话框后，在左侧的树形列表中找到“C/C++”选项并单击它，将其属性中的“SDL检查”设置为“否（/sdl-）”，然后单击“确定”按钮，就关闭了SDL检查，如图2-33所示。

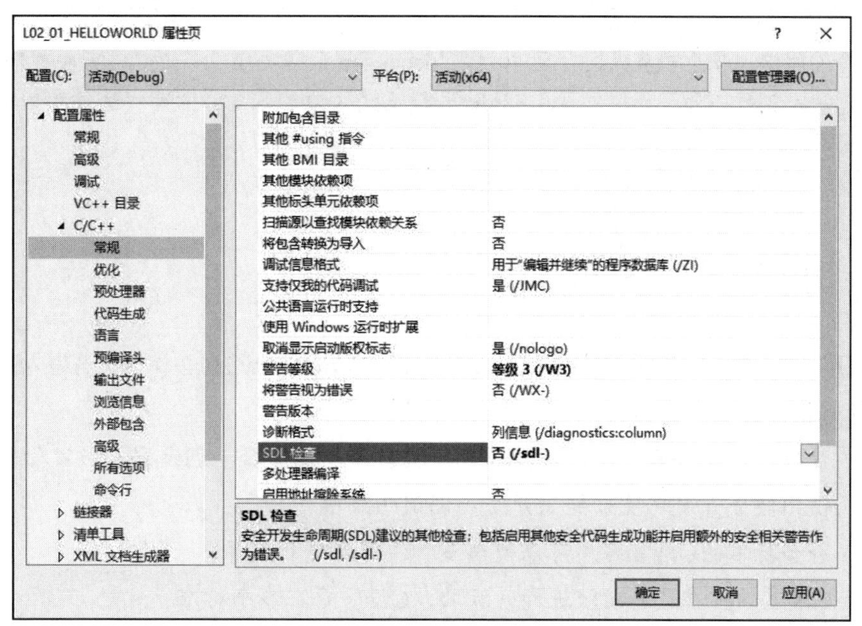

图2-33　关闭SDL检查

2. 关闭安全检查

接下来，还需要将“代码生成”选项中的“安全检查”设置为“禁用安全检查（/GS-）”，如图2-34所示。

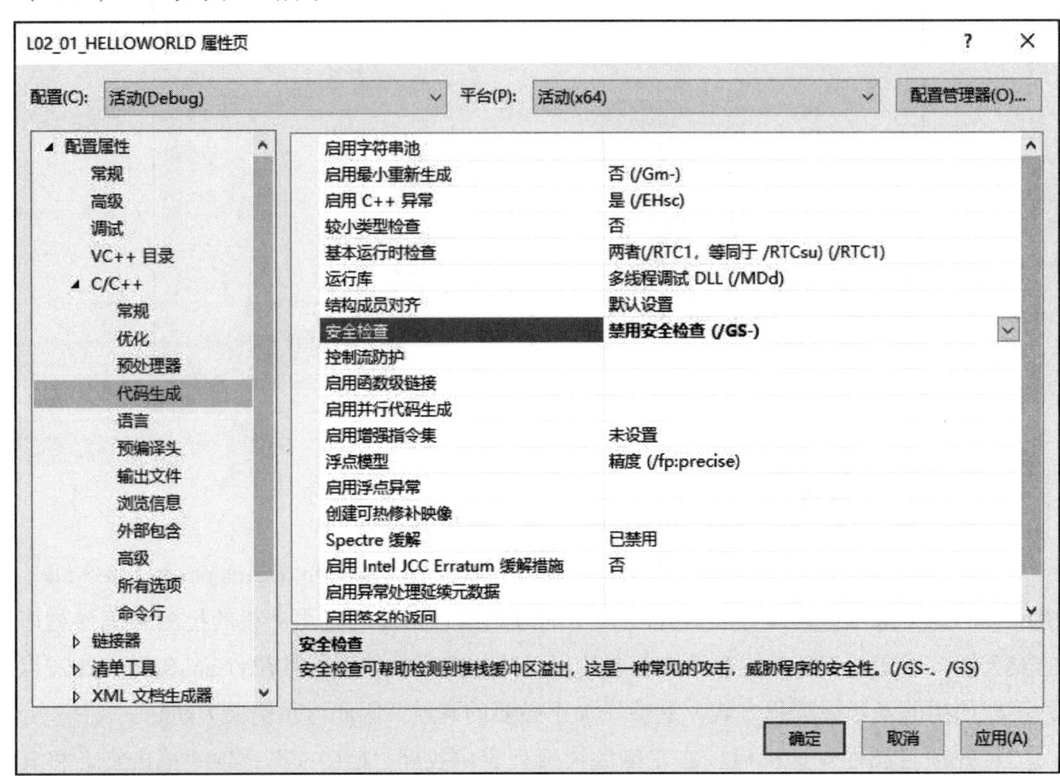

图2-34　关闭安全检查

注　意

本例关闭这些安全检查是为了可以使用Visual Studio编写与大多数C语言教材兼容的代码并进行一些实验，如果使用Visual Studio进行正式的软件开发，则建议遵循Visual Studio的默认设置。

2.5　小结

本课重点介绍了开发环境并选择Visual Studio Community 2022 作为C语言入门开发环境，读者需要掌握以下内容：

（1）最基础的软件开发环境包括源代码编辑器、编译器、调试器和版本管理工具；

（2）使用集成开发环境来提高开发和调试的效率；

（3）符合标准的C语言程序可以使用多种编译器进行编译；

（4）C语言的标准是不断演进和升级的，C语言存在多个标准；

（5）Visual Studio中包含的C++编译器可以编译C语言程序；

（6）为了使Visual Studio的C++编译器兼容较旧的编程方式，本例关闭SDL检查和安全检查。

2.6 检查表

只有在完成了本课的实践任务后，才可以继续下一课的学习。本课包含1个实践任务，如表2-1所示。

表2-1　第2课实践任务检查表

<table>
<tr><td>任务名称</td><td colspan="3">第1个C语言程序</td></tr>
<tr><td>任务编码</td><td colspan="3">L02_01_HELLOWORLD</td></tr>
<tr><td>任务目标</td><td colspan="3">掌握在Visual Studio中创建解决方案和C++项目的方法</td></tr>
<tr><td>完成标准</td><td colspan="3">1. 创建了解决方案文件并在目录中找到它
2. 创建了C++项目并能在目录中找到它
3. 创建了源程序文件并在目录中找到它
4. 程序可以正常编译和运行
5. 可以找到程序编译后生成的.exe文件</td></tr>
<tr><td colspan="4">运行截图</td></tr>
<tr><td colspan="4">Microsoft Visual Studio 调试控制台
Hello,World

D:\BC101\Examples\x64\Debug\L02_01_HELLOWORLD.exe (进程 9796)已退出，代码为 0。
要在调试停止时自动关闭控制台，请启用“工具”->“选项”->“调试”->“调试停止时自动关闭控制台”。
按任意键关闭此窗口. . .</td></tr>
<tr><td>完成情况</td><td>□已完成　□未完成</td><td>完成时间</td><td></td></tr>
</table>

03 | 第3课 分析第1个程序

现在，Visual Studio Community 2022版已经安装完成，读者也编译、运行了第1个程序，但高质量的学习需要关注每一行代码，同时理解为何要这样写，还要了解C语言程序的组织结构，并且掌握常见的术语，这样才有助于提高后续的学习效率并少犯错误。

本课主要介绍以下内容：

- 程序由多个相互调用的功能（function）组成；
- 定义和调用函数的方法；
- 源代码转换为可执行程序的方法。

本课的学习重点是对函数的理解和应用，读者会发现在未来的整个学习过程中都在和各种函数打交道。在本课还介绍了如何使用命令行逐步编译源程序和生成可执行文件的过程，读者一定要亲手试验并观察每一步的运行结果。

在第2课中，我们输入、编译和运行了一个简单的C语言程序，但没有讲解其中每一条语句的含义。在深入学习之前，应先从宏观的角度了解程序的构成，再来了解每一行代码的作用以及C语言程序的格式。

3.1 程序由多个相互调用的功能（function）组成

每一种编程语言的设计者都规定了这种编程语言的基本代码结构。C语言是一种模块化开发语言，换句话说就是可以把程序的功能分解成不同的模块，模块之间可以相互调用，进而组成一个完整的程序。

第2课中的HelloWorld程序分为sayHello（第2～6行）和main（第8～12行）两个模块，在main模块中调用了sayHello。

```
1. #include <stdio.h>
2. int sayHello()
3. {
4.     printf("Hello,World\n");
5.     return 0;
6. }
7.
8. int main()
9. {
```

```
10.     sayHello();
11.     return 0;
12. }
```

将程序划分为不同的功能模块会带来诸多好处，可以使每一个功能模块都聚焦于一个功能的实现，从而减少了相互之间的干扰，使得程序的设计、分工、阅读代码和故障排查变得更容易。

最基本的功能模块在C语言中被称为function，译为“函数”。

3.1.1 C语言中最基本的功能模块被称为函数

可能是因为中国计算机领域的前辈多出身于数学专业，他们很自然地把function翻译成“函数”。这让很多初学者错误地认为需要数学功底很强才能学好编程，很难理解程序设计中的“函数”其实就是指实现特定功能的代码模块，与数学中的“函数”是不同的含义。

在程序设计领域，将一段实现特定功能的代码模块称为“子程序”更为恰当，但为了与他人保持统一，本书还是延续使用“函数”这个术语。

函 数

function——中文含义包括“功能、函数”。在C语言程序中，“函数”是由一个或多个语句组成的功能模块，它负责实现某个特定的功能。

因此，可以说在第2课编写的程序中有两个“函数”，第2～6行是sayHello函数，第8～12行是main函数。

需要注意的是，虽然在代码次序上sayHello函数位于main函数前面，但程序执行时却是从第8行main函数开始。从main函数开始执行是C语言的规定。通过这个程序可以看出，程序由一个或多个函数组成，这些函数之间可以相互调用，组成一个完整的程序。

3.1.2 “Hello,World”程序中的函数

第2课“Hello,World”程序中包括两个函数：

- 特殊且必须有的main函数；
- sayHello函数。

1. 特殊且必须的main函数

在C语言里，规定每个程序必须包含一个名为main的函数，程序启动时自动执行其

中的代码。因此main函数常常被当作“程序的入口”，程序是从第8行开始执行的。

main函数是一个特殊的函数，表现在：

- 每一个C程序都必须包含1个main函数；
- 每一个C程序只允许有1个main函数；
- 每一个C程序都是从main函数开始执行的。

main函数可以在程序的任意位置（在其他函数代码之前或之后都可以），不管把main函数放到什么地方，程序总是从main函数开始执行。程序在执行完main函数以后就执行结束了。在main函数中可以调用其他函数，其他函数如果没有在main函数中被直接或间接调用，是不会被执行的。

很多初学者总是喜欢把程序的所有代码都放在main函数里，这是错误的做法。应该把程序分解成若干个函数，然后在main函数里直接或间接调用它们。更重要的是，把程序分解成若干个函数可以使程序的编写更为简洁，更加容易阅读和调试。

2.sayHello函数

程序的第2～6行是由开发者自行命名的sayHello函数，它实现了在屏幕上输出“Hello,World”的功能。

```
2. int sayHello()
3. {
4.     printf("Hello,World\n");
5.     return 0;
6. }
```

在main函数的第10行调用了sayHello函数。

```
10.     sayHello();
```

调用函数首先需要写上函数名，这不难理解，后面的一对括号看上去很多余，但这是必须的（具体的原因在3.2节中介绍），最后的分号表示语句结束。

3. 在sayHello函数中调用printf函数

main函数、sayHello函数是由开发者自行定义的，换句话说它们的功能也是由开发者输入的代码实现的。开发者不仅可以自己编写函数，还可以调用他人写好的函数来快速地实现某个功能。再次观察sayHello函数的第4行代码。

```
4.     printf("Hello,World\n");
```

第4行代码的作用是在屏幕上输出“Hello,World”和一个换行符。实际上在屏幕上显示字符是一个复杂的过程，之所以用一行代码就可以实现文本显示，是因为使用了别人已经写好的函数，这个函数的名称是printf。printf完成的复杂的工作都由该函数的作者实现了，而且printf是一个“标准库函数”。

至此，我们知道在程序设计中可以：

● 预先写好函数供他人或自己调用；

● 调用别人预先写好的函数。

除此以外，读者可能会好奇“Hello,World”后的“\n”是什么，这里暂时不讨论，读者也可以将双引号里面的内容改成其他任何想要输出的文字。printf函数还有一些更灵活的用法，也以后再讨论。

3.1.3 通过调试工具观察函数的调用过程

为了便于理解函数的调用过程，下面通过Visual Studio提供的调试工具来观察函数的执行过程。

现代开发工具都提供了调试工具以方便程序员观察程序的运行过程，其中最常用的是“断点”和“单步跟踪”。顾名思义，断点就是在程序的特定行上加上标记，当程序运行到此处时暂停；而单步跟踪就是让程序逐步、逐句执行，以便程序员观察程序运行的过程。

现在想要了解程序的第10行是如何调用sayHello函数的，就可以在第10行添加断点。添加断点的方法是在程序行号左侧的灰色区域用鼠标单击，然后就会出现一个红色圆点标记，表示断点添加成功，如图3-1所示。

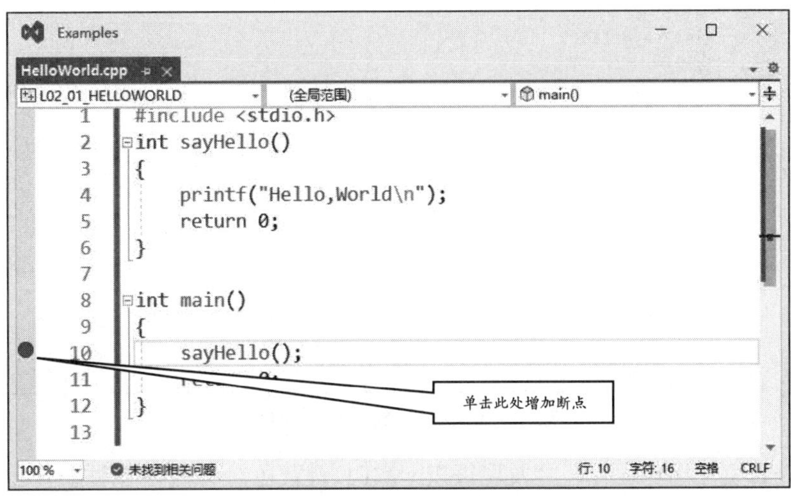

图3-1 在程序中添加断点

添加断点以后，再单击“本地Windows调试器”按钮，程序就会在运行到第10行处暂停，此时会看到在红色圆点内部有一个黄色的箭头，表示程序当前运行到此处，如图3-2所示。

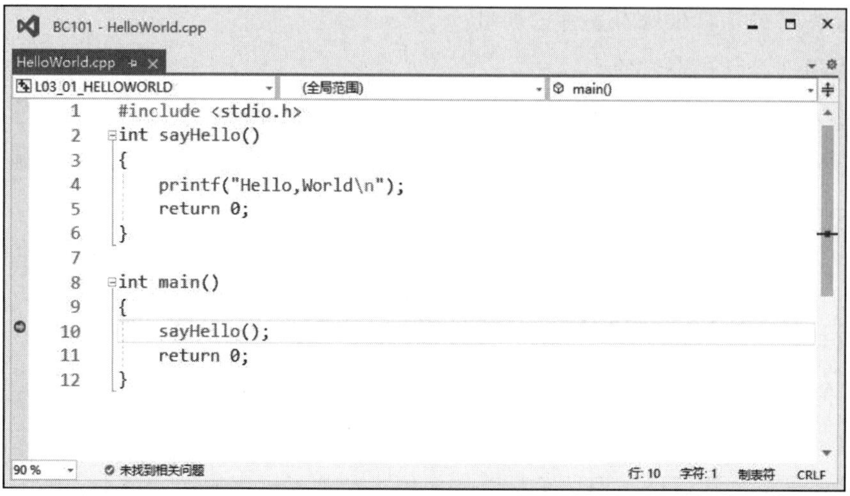

```
BC101 - HelloWorld.cpp
HelloWorld.cpp
L03_01_HELLOWORLD    (全局范围)    main()
1   #include <stdio.h>
2   int sayHello()
3   {
4       printf("Hello,World\n");
5       return 0;
6   }
7
8   int main()
9   {
10      sayHello();
11      return 0;
12  }
90 %    未找到相关问题    行: 10  字符: 1  制表符  CRLF
```

图3-2　程序运行到断点处暂停

这时sayHello函数尚未运行，如果按键盘上的F10键（逐过程运行），会直接将sayHello函数全部执行完；而如果按F11键（逐语句运行），会发现黄色的箭头移动到程序的第3行，开始执行sayHello函数中的语句，如图3-3所示。

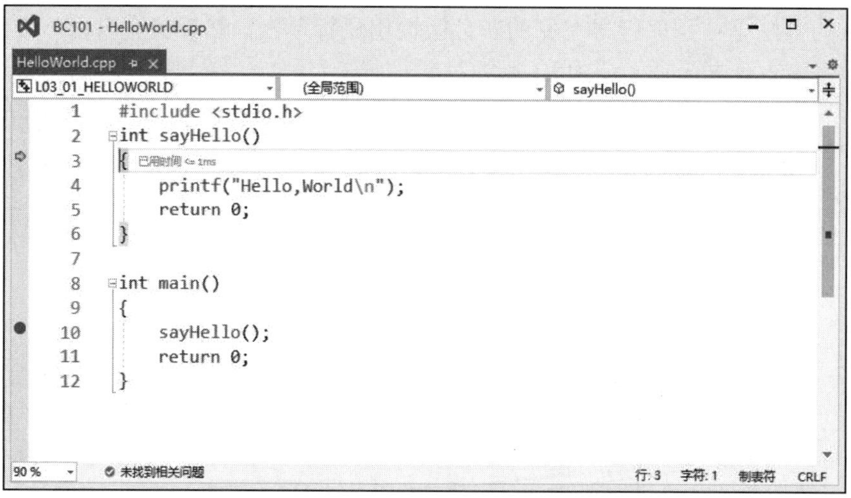

```
BC101 - HelloWorld.cpp
HelloWorld.cpp
L03_01_HELLOWORLD    (全局范围)    sayHello()
1   #include <stdio.h>
2   int sayHello()
3   {  已用时间 <= 1ms
4       printf("Hello,World\n");
5       return 0;
6   }
7
8   int main()
9   {
10      sayHello();
11      return 0;
12  }
90 %    未找到相关问题    行: 3  字符: 1  制表符  CRLF
```

图3-3　单步运行到函数中的代码

继续按F11键逐语句运行，会发现每按一次F11键黄色箭头就会自动往下运行一行，在执行完第3～6行后，黄色箭头又回到第11行的main函数中。继续按F11键，直至程序结束。

通过这些步骤，可以看出，程序在运行到第10行时会执行sayHello函数的代码，在这个函数中的语句执行完毕后再返回main函数继续运行。

注　意

标准键盘都有F1～F12这12个功能键，但有些笔记本式计算机键盘的功能键（F1～F12）默认被赋予其他特殊的功能，或者有些笔记本式计算机键盘干脆没有F10～F12键，此时请参考键盘上的提示来操作。

3.2 定义和调用函数的方法

前面我们通过实践了解了C语言程序是由函数组成的，也了解了main函数、sayHello函数和标准库函数printf以及它们的调用次序。

那么，在实际工作中我们所使用的函数是从哪里来的呢？怎么编写自己的函数代码？

3.2.1 函数从哪里来

在程序设计中函数的来源主要包括：

- 程序员自己创建的函数，供自己和他人调用；
- 大多数语言都提供了标准函数库，可以用标准函数库中的函数实现常用的功能；
- 一些厂商也公开自己的函数库，供开发者调用，这种函数库被称为“第三方库”。

1.自己定义的函数

作为程序员，其主要的工作就是编写各种函数的代码，例如之前写的main函数和sayHello函数。一个系统所用的全部函数不一定都是由一个人完成的，大多数情况下是在函数原型设计好后由不同的程序员分别完成，最后再“组装”到一起。

2. 标准函数和标准函数库

除了自己定义的函数可以实现程序功能外，程序员们往往有一些普遍的需求，例如从键盘获取输入信息，向输出设备输出信息等，假如由每个程序员都亲自动手去实现这类功能是一件很有难度且浪费时间的事。因此编译器厂商大都提供了一套“函数库”，函数库里包含一些常用的功能函数，程序员们可以直接调用这些函数以提高编程效率，例如printf函数，这些函数被称为“库函数”。

不同厂商提供的库函数的名称、用法可能不一样，程序员学习起来也很麻烦。为此C语言标准中规定了一些“标准函数”，并且对这些函数的用途、名称、用法作出了详细的规定。

于是，所有的编译器厂商都会按照这个标准提供“标准函数库”供程序员调用。因此当程序员使用不同C语言编译器时，这些标准库函数都是通用的。如果一个程序中只使用标准库函数，则这个C语言程序可以不加修改地被所有C编译器编译和运行。

printf函数就是一个标准库函数。C语言的标准库函数还有哪些？该怎么调用它们？每一个发布函数库的厂商或组织都会提供库文档供程序员查阅。在互联网不发达的时候，很多C语言程序员都有一本名为《C标准库》之类的书，用来查阅标准库函数该如何调用。对于本书的读者，目前没必要去买一本这样的参考书，因为本书会根据需要介绍常用的标准库函数，而且大多数函数的用法通过网络也能查到。

现在，读者只须知道使用标准库函数的方法就可以大大提高编程效率。

3. 第三方函数库

除了自己编写的函数和标准库函数外，有些情况下还会使用“第三方”提供的函数库，这里的“第三方”可以是其他公司的程序员或其他厂商。例如在C语言标准中没有提供图形函数，如果要进行2D、3D图形编程，就可能需要使用一些第三方图形库来进行图形编程，例如OpenGL、Direct3D等。还有一些设备厂商也会提供函数库，以便程序员操作他们的设备或者实现特殊的功能，从而简化开发工作。

在本书后续的学习中，将会使用笔者提供的“外汇牌价接口库”来获取实时外汇牌价数据，它同样也是第三方函数库。

3.2.2 定义和调用函数

在实际编程时，程序员可以在程序中加入新函数以实现特定的功能，这被称为“定义函数”。定义函数最简单的方法就是直接在源程序中输入函数代码（有时也可以使用一些辅助工具进行函数的设计并自动生成代码）。

在人们写文章时对段落的格式是有规定的，例如段落之间要换行、中文段落的首行要留两个汉字的位置等。程序设计中对函数代码的格式也有要求，而且不同语言的格式要求也不同。

在C程序中定义函数时，函数代码分为两部分：函数头（function header）和函数体（function body）。图3-4描述了函数的基本结构。

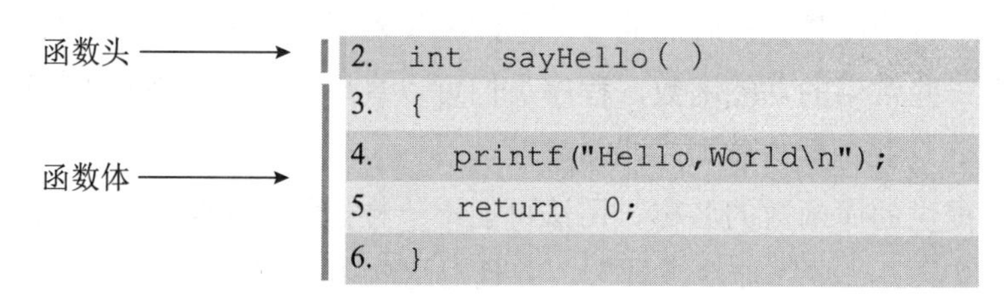

图3-4 sayHello函数的定义

1.函数头

函数头是指函数代码的第1行，它一般包括三个元素：

- **函数的名称。**函数必须要有一个在程序中唯一且便于识别的名称，在别处调用它时就要使用这个名称。一般来说函数的名称就是它的功能描述。
- **函数的返回值类型。**一段功能代码在执行完毕后，需要向调用者报告函数的执行结果（是否执行成功？没有成功的原因是什么？……），函数报告的执行结果被称为“返回值”。在定义函数时，需要首先确定函数是否需要返回值和需要返回何种类型的值。这些是由函数的作者根据实际需要确定的。我们将sayHello函数的返回值类型设定为整型（整数）。

- **函数的参数**。函数运行时可能还需要调用者提供一些信息才可以执行。调用者可以通过函数的参数向函数传递信息。函数的参数被写在函数名后的括号里，现在我们设计的sayHello函数在函数头的函数名后只有一对括号，这表示这个函数目前没有参数（但仍然要写一对括号）。

图3-5是sayHello函数的函数头。

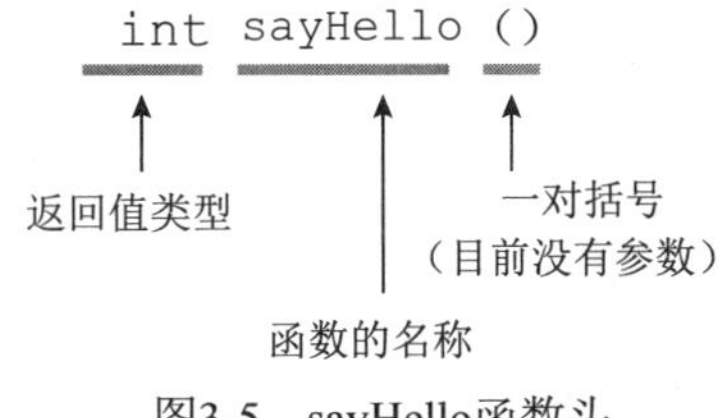

图3-5　sayHello函数头

2. 函数体

所谓函数体就是实现功能的代码。函数体以左大括号开始，以右大括号结束。sayHello函数的第3～6行就是函数体，函数体中的代码负责实现具体的功能，例如第4行代码实现了在屏幕上显示“Hello,World”的功能。

```
2. int sayHello()
3. {
4.     printf("Hello,World\n");
5.     return 0;
6. }
```

注　意

在编写一个函数时，切记不要在一个函数中实现很复杂的功能。如果一个函数需要做很多复杂的工作，这个函数将变得难以编写和调试。如果有一个很复杂的程序需要编写，可以将它分解成更多的函数，并尽力使一个函数只完成一个任务。一般来说一个函数内部的代码超过20行，就要考虑将其分解成多个函数了。

3. return语句

我们注意到，在sayHello函数和main函数里都有一行return语句，它的作用是“返回值”。什么是返回值？

```
1. #include <stdio.h>
2. int sayHello()
```

```
3. {
4.    printf("Hello,World\n");
5.    return 0;
6. }
7.
8. int main()
9. {
10.    sayHello();
11.    return 0;
12. }
```

一段功能代码执行后，无论成功或失败都需要向调用者报告函数执行的结果，这种报告被称为函数的“返回值”。return语句的作用就是返回函数执行后的值（此处是0）。

约定俗成，一个功能型函数如果返回0就表示它正常执行完毕，否则就返回其他数值，每个数值代表不同的失败原因，由函数的设计者规定。sayHello函数的最后一行固定地返回0，是因为printf语句几乎绝对可以执行成功。

作为程序的入口，main函数是被操作系统调用的，它执行完毕后也要向操作系统报告执行结果。同样地，如果main函数如果返回0表示该程序正常结束；如果返回的值不是0，则是告诉操作系统该程序出现了错误。习惯上是返回的数字越大，代表错误越严重。

还有一些函数的返回值不是简单的整型数值，例如计算圆面积的函数和获取实时汇率的函数的返回值会包含小数。

注 意

在有些程序里，return语句不是写在函数的末尾，也可能有不只一条return语句（这多半是因为程序出现了分支），当程序执行到return语句时就会终止函数的运行并返回。

4. 调用函数

函数定义好以后就可以调用它。在调用函数时，只须在调用处写上函数的名字和参数值即可。例如，在程序的第2～6行定义了sayHello函数，第10行就是在调用sayHello函数。

```
1. #include <stdio.h>
2. int sayHello()
3. {
4.    printf("Hello,World\n");
5.    return 0;
6. }
7.
8. int main()
9. {
10.    sayHello();
```

```
11.     return 0;
12. }
```

需要注意的是：

- 如果调用的函数没有参数，函数名后也要写上一对括号（如第10行），这是大多数语言的规定；如果调用的函数有参数，在调用时必须按照该函数定义的次序把要传入的参数写在括号中。如果调用时参数的数量、类型与函数定义的不同，则会出现编译错误。
- 如果调用的函数有返回值，在需要时可以将它的返回值赋值给其他变量；如果不需要它的返回值，也可以忽略返回值。

sayHello函数是一个最简单的函数，没有参数也无须取得返回值。关于调用函数的更多知识，在后面需要用到时再来了解。

读者可以参照图3-6，再次复习函数的定义和调用方法。

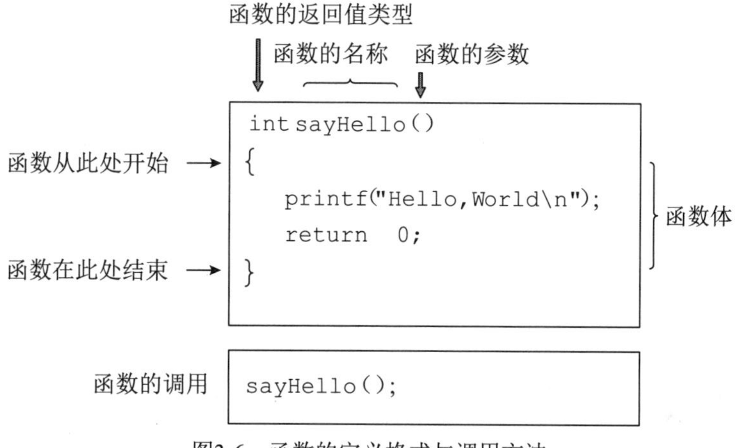

图3-6　函数的定义格式与调用方法

3.2.3　调用标准库函数

在sayHello函数里，使用了printf函数在屏幕上输出文字。printf函数是一个标准库函数。标准函数库不是一套全世界统一的代码，而是由不同的开发厂商根据C语言的规范在不同的软硬件平台下开发的、功能与调用方法基本一致的函数库。

大多数C语言开发工具在安装时会同时安装标准函数库的相关文件，以Visual Studio Community 2022为例，它所提供的部分函数库位于以下目录：

```
C:\Program Files (x86)\Windows Kits\10\Lib\10.0.19041.0\ucrt\x64
```

打开这个目录可以看到库文件，如图3-7所示。

图3-7　与Visual Studio同时安装的C标准库

Visual Studio提供的标准函数库文件都是被编译过的，无法看到它的源代码。但有些C标准函数库（例如GNU C库）是开放源代码的，读者可以从https://www.gnu.org/software/libc/下载GNU C标准函数库的源代码。

注　意

需要说明的是，各个厂商的编译器所附带的函数库中，不仅包含C语言标准中规定的函数，也可能包括厂商自己定义的函数库（例如微软就为Windows应用程序提供了额外的函数库）。使用这些函数库可以实现一些特定的、C语言标准中没有定义的功能，但在程序中使用这些函数会导致这个程序在其他编译器下不可编译。

要在自己的程序里使用标准库函数，必须在程序开始时引用对应的“头文件”。

1.头文件和#include指令

在前面的程序里，第1行代码是：

```
#include <stdio.h>
```

其中，include这个词的含意是“包含、包括”。#include指令的作用是在编译程序前找到某个文件，例如这里的stdio.h并将其内容引用到这里。文件stdio.h在哪里？为什么要引用这个文件？

因为通常在程序的起始处（头部）加入对这类文件的引用语句，所以它们被称作“头文件”。头文件通常存储在C:\Program Files （x86）\Windows Kits\10\Include\10.0.19041.0\ucrt目录下，如图3-8所示。

打开这个文件读者可以看到一些目前不能读懂、也没必要读懂的代码，现在只需记住一件事：要调用标准库函数，必须首先在程序中包含对应的头文件。

只有在程序的开始位置使用#include指令包含stdio.h文件才可以使用printf函数。如果找到并打开这个文件，并将其中的内容复制粘贴到程序里，不写#include <stdio.h>也是可以的，但是很少有人会这么做。

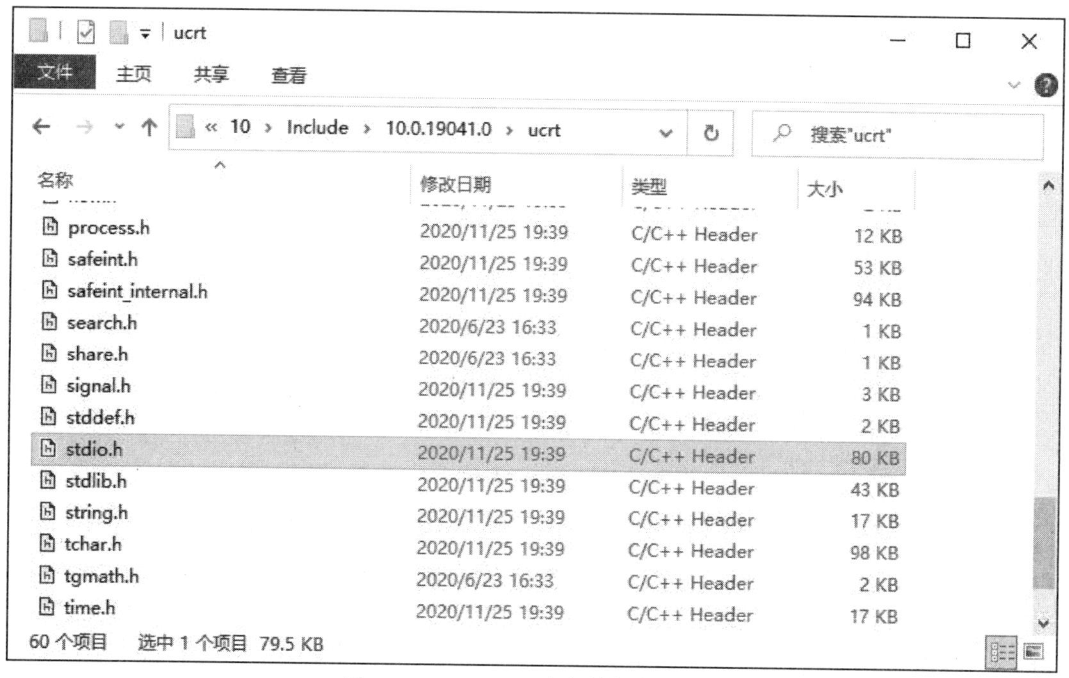

图3-8 VisualStudio头文件的安装位置

stdio是standard input/output的缩写，stdio.h是最常用的头文件。C89标准规定了15个头文件，每个头文件都对应了不同领域的编程功能。例如头文件math.h中主要是与数学计算相关的函数，头文件string.h中主要包括与字符串处理相关的函数。

最新的C11标准规定了29个头文件，支持更多的库函数。每个库函数对应的头文件名在标准库参考中会有详细的解释，本书在后面使用标准库函数时也会指出。即使是非标准库函数，开发这个库的开发者或厂商也会做出说明，读者不必刻意去记忆，用得多自然就记住了。

小知识

1989年美国国家标准协会（American National Standards Institute，ANSI）制定了C语言标准ANSI X3.159-1989 Programming Language C，俗称ANSI C或C89标准。

2011年12月8日，ISO正式公布了C语言新的国际标准，命名为ISO/IEC 9899:2011，俗称C11标准。

2. 不包含头文件会怎样

如果删掉程序中的#include <stdio.h>，Visual Studio会立刻在printf下加上红色的波浪线。将鼠标指针移动到波浪线上，会出现“未定义标识符"printf"”的提示，如图3-9所示，它的意思是编译器不认识printf是什么（不能将printf识别成一个函数名），所以称之为“未定义”。

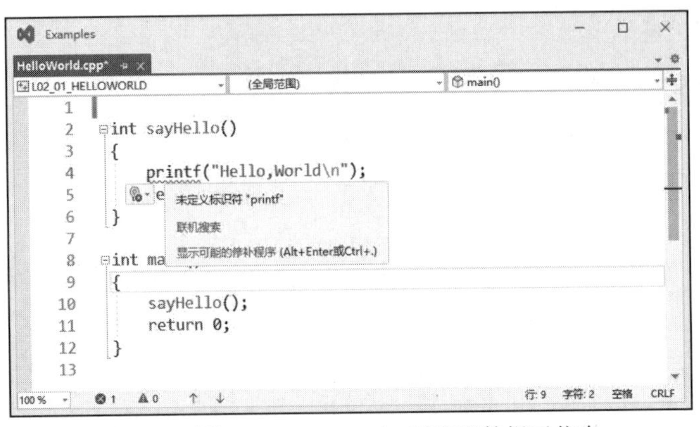

图3-9　删除#include <stdio.h>后出现的提示信息

如果此时单击工具栏上的“本地Windows调试器”按钮尝试编译和运行这个程序，会出现“发生生成错误，是否继续并运行上次的成功生成？”对话框（见图3-10），提示当前版本的源代码未能编译成功。编译错误的原因也会显示在“错误列表”窗口（见图3-11）和“输出”窗口（见图3-12）中。如果系统未显示“错误列表”和“输出”窗口，可以在“视图”菜单中选择显示它们。

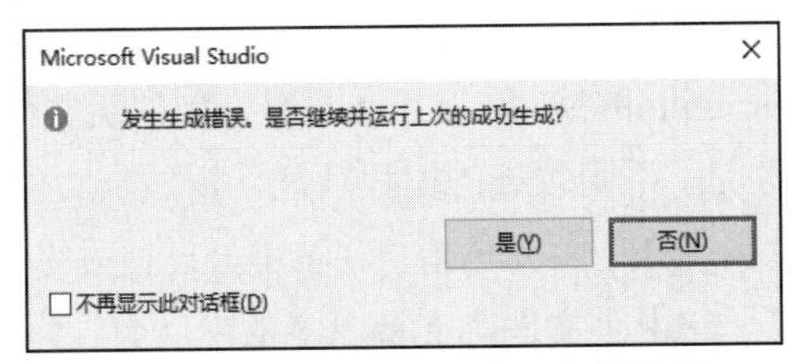

图3-10　删除#include指令引起的错误

图3-11　“错误列表”窗口中的错误提示

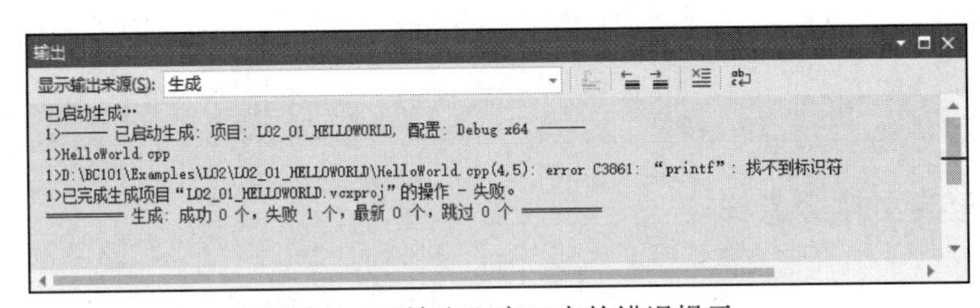

图3-12　“输出”窗口中的错误提示

在输出窗口的第4行，显示：

```
1>D:\BC101\Examples\L02\L02_01_HELLOWORLD\HelloWorld.cpp(4, 5):
error C3861: "printf": 找不到标识符
```

它的含义是在HelloWorld.cpp这个源程序的第4行第5个字符的位置发现了一个不能识别

的标识符printf，与之前的提示“未定义标识符'printf'”是同一个意思，即编译器不认识printf这个符号。如果此时删掉程序中的第4行“printf("Hello，World\n");”，就会发现程序又可以编译和运行了，但是因为去掉了对printf函数的调用，程序自然不会输出任何信息。

? 常见问题

Q1：为什么有时候不写#include <stdio.h>也可以使用printf函数？

在有些开发环境中，不写#include <stdio.h>也可以用printf函数。这是因为几乎所有程序员都要使用标准输入/输出库里的函数，所以即使你没有写这一行，大部分编译器都会默认程序里包含它。但Visual Studio Community 2022不允许这么做。

Q2：Visual Studio怎么知道到哪里去寻找标准库的头文件的？

在Visual Studio创建项目时，自动指定了搜索头文件的位置，可以在项目属性的“VC++目录”中找到“包含目录”的配置，一般来说无须修改它。

Q3：为什么有些程序里头文件的两端是引号，而有些头文件的两端是尖括号呢？

是的，我们可能经常看到这样的例子：

```
#include <stdio.h>
#include "myfile.h"
```

在C语言里，#include指令后面的文件名两端是引号还是尖括号，决定了C预处理程序到哪里去查找这个文件。如果文件名两端是尖括号，如#include <stdio.h>，则预处理程序会在项目设置的“包含目录”下去寻找这个头文件，在笔者的Visual Studio中这个目录是C:\Program Files (x86)\Windows Kits\10\Include\10.0.19041.0\ucrt\。

如果文件名两端是引号，则会首先在源程序所在的目录下查找这个文件。例如程序保存在D:\BC101\Examples\L02\L02_01_HELLOWORLD目录下，那就会在这个目录下去寻找头文件；如果没有找到，再到前面提到的包含目录下去寻找。未来，读者自己创建的头文件将和主程序放在同一个目录中，那时就要使用双引号了。

现在，你理解#include指令的作用了吗？

3. printf函数的基本用法

printf函数是本例用过的第1个标准库函数，它是用来在屏幕上显示信息的。在学习使用某个库函数时，需要了解下列信息：

- 函数的功能是什么？
- 这个函数声明所在的头文件是哪个？
- 函数的原型（返回值类型、函数名、参数）。
- 函数的参数有哪些？使用时分别代表什么含义？
- 函数的返回值是什么含义？

这些信息可以在标准库函数的手册上查到，也可以通过互联网搜索得知。

printf函数的作用是以指定的格式在标准输出设备（一般是屏幕）上输出信息。如果查阅C标准库的文档，一般会看到类似表3-1所示的说明。在表中包含了我们关心的问题，但不要企图现在就能看懂它。

表3-1 printf函数的参数和返回值

函数名	printf	
头文件	stdio.h	
功能描述	发送格式化输出到标准输出设备	
原型（声明）	int printf（const char *format，…）	
参数	参数名	用途
	format	包含了要被写入到标准输出设备的文本。它可以包含嵌入的 format 标签。format 标签可被随后的附加参数中指定的值替换，并按需求进行格式化
	…	根据不同的 format 字符串，函数可能需要一系列的附加参数，每个参数包含了一个要被插入的值，替换了 format 参数中指定的每个 % 标签。参数的个数应与 % 标签的个数相同
返回值	类型	含义
	int	如果成功，则返回写入的字符总数，否则返回一个负数

对于初学者而言这样的说明往往较难看懂，所以我们还是选择通过实例了解它的使用方法，等到具备一定经验后再回头来看手册说明会事半功倍。

接下来按照第2课介绍的在解决方案中新增C++项目的方法，新增一个名为“L03_01_PRINTF”的空项目（注意项目保存目录为D:\BC101\Examples\L03），并向其中加入源文件main.cpp，然后输入案例3-1的代码，并编译运行。

案例3-1 printf函数的基本用法（L03_01_PRINTF）

```
1. #include <stdio.h>
2. int main()
3. {
4.     int a = 255;
5.     int b = 255;
6.     printf("a is:%d\nb is:%x\n", a, b);
7.     return 0;
8. }
```

注 意

目前，在解决方案Examples中已经加入了两个项目，单击“本地Windows调试器”按钮时只会启动默认的启动项目（目前是L02_01_HELLOWORLD），因此当你输入上面的代码后单击“本地Windows调试器”按钮，很可能启动的是第2课中的程序。

要解决这个问题，可以在“解决方案资源管理器”窗口中右击“L03_01_PRINTF”项目，然后在弹出的快捷菜单中选择：

- **设为启动项目。**将当前项目设置为“启动项目”后，每次单击“本地Windows调试器”按钮都会自动启动该项目。
- **调试→启动新实例。**选择此项会启动当前选择的程序，但不会将其设置为启动项目，下次单击“本地Windows调试器”还是会启动原来默认的项目。

在程序的第4、5行定义了a，b两个变量，并都给它们赋值为255（目前先不用关心什么是变量，重点关注printf函数的使用）。

第6行使用printf函数输出信息，用来输出的语句如下。

```
6.    printf("a is:%d\nb is:%x\n", a, b);
```

运行这个程序，可以看到如图3-13所示的运行结果。

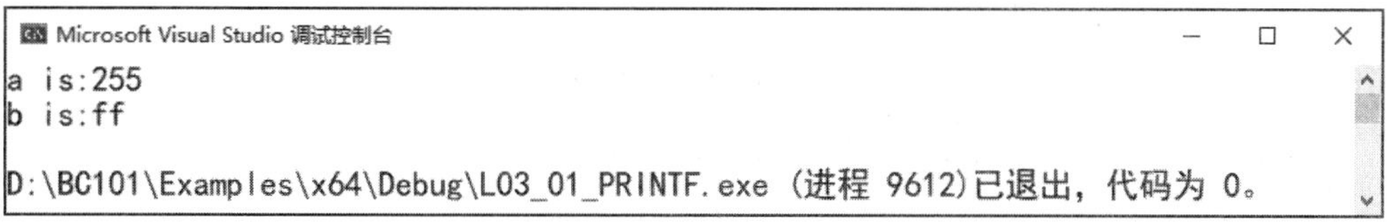

```
Microsoft Visual Studio 调试控制台
a is:255
b is:ff

D:\BC101\Examples\x64\Debug\L03_01_PRINTF.exe (进程 9612)已退出，代码为 0。
```

图3-13　printf函数的例子

这里的ff是255的十六进制值。通过观察程序的输出结果，我们可以看出printf的工作机制：

- printf函数的第1个参数是用于决定输出的内容和格式的字符串，即"a is：%d\nb is：%x\n"。其中的“%d”“%x”称为“占位符”，表示此处的实际内容由后续的参数值决定，“%”后的字符决定输出参数值的形式。“%d”代表十进制，“%x”代表十六进制。
- printf函数会依次将第2、3个参数的值“代入”第1个参数的字符串中占位符的位置，与字符串的其他内容一起输出。

除了“%d”“%x”，printf还有一些其他的占位符，但现在没必要把它们都记住。

4. “\n”是什么

读者可能一直很疑惑为何每次使用printf函数时第1个参数的最后都有一个“\n”，在上一个例子里“\n”还出现在字符串的中间，在有些教材里甚至是“\r\n”。例如：

```
printf("Hello,World\r\n");
```

以及之前的例子

```
6.    printf("a is:%d\nb is:%x\n", a, b);
```

除了n、r字符以外，还有一些字符也被称为“控制字符”，它们用于实现特殊的控制功能。例如实现显示换行、让系统发出声音、数据传输控制等功能，这字符在键盘上没有对应的按键，也不能直接输入到源代码中。

还有一些字符虽然可以从键盘直接输入，但是它们可能会造成程序语法的混乱，例如下面的代码：

```
printf("Hello,"World"");
```

程序员的意图是在输出字符串时在World的两端显示一对引号，但编译器会认为W之前的引号是表示字符串“Hello”结束的引号，从而引起了混乱，程序也不能编译。

所以在C语言里我们使用特殊的方式来输入这些特殊的字符，输入的方法是使用一个反斜线（\）加上一些事先约定的字母来表示特定的控制字符，这种形式被称为“转义符”或“转义字符”，在上面的程序里我们用到了转义符“\n”和“\r”，他们分别是换行符和回车符。

1）换行符——\n

换行符“\n”是用于控制打印机和屏幕换行输出的控制字符。当老式打印机遇到这个控制字符时会将打印纸向上滚动一行，使后续打印的文字出现在新行上；而信息输出到计算机屏幕上时，换行符的作用也是使后续的内容从下一行开始输出。

因此输出的文字需要换行时在换行处加入“\n”：

```
1. printf("a is:%d,\nb is:%x\n", a, b);
```

这行程序中有两个“\n”，在屏幕上输出时遇到“\n”就会使后面的输出换到下一行，因此程序输出的结果如图3-14所示。

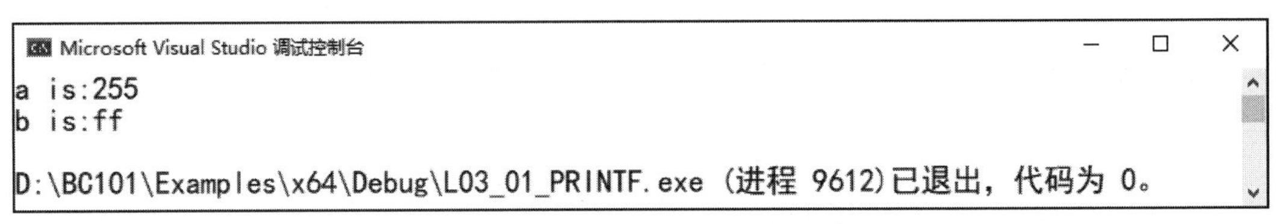

图3-14　在printf函数中使用换行符

程序员习惯在每次使用printf函数时都在最后加一个换行符，避免后续输出的内容出现在同一行上，如果的确需要后续的内容输出在同一行上，就可以不加。

2）回车符——\r

换行符“\n”代表换行，而回车符“\r”则可以使老式打印机的打印头移动到最左侧。在有些系统里规定要把回车符和换行符组合起来表示开始新的一行。所以我们也看到过这样的程序代码：

```
printf("Hello,World\r\n");
```

具体而言，常见操作系统对换行的规定如下。

- 在微软的MS-DOS和Windows中，使用“\r”和“\n”两个控制字符作为换行控制指令，即“\r\n”。
- 在Unix和Linux系统里，每行结尾只需要有“\n”即可。
- 在Mac系统里，每行结尾用“\r”表示。

这些规定会导致文本文件在不同的系统中编辑和显示时出现差异。例如一个Linux下的文本文件在Windows的记事本中打开会显示成一行，但这不是我们目前关注的重点，知道有这个差异就可以了。即使在Windows环境下编程，换行时仅使用“\n”也是可以的。

3）C语言中的常用转义符

表3-2是字符串中常用的转义符。

表3-2　C语言中的常用转义符

转义符	意义	ASCII码值（十进制）
\a	响铃（BEL）	007
\b	退格（BS），将当前位置移到前一列	008
\f	换页（FF），将当前位置移到下页开头	012
\n	换行（LF），将当前位置移到下一行开头	010
\r	回车（CR），将当前位置移到本行开头	013
\t	水平制表（HT），跳到下一个Tab位置	009
\v	垂直制表（VT）	011
\\	代表一个反斜线字符“\”	092
\'	代表一个单引号（撇号）字符	039
\"	代表一个双引号字符	034
\0	空字符（NULL）	000

案例3-2的代码中有使用转义符的例子，读者可以自己试着输入和运行。

案例3-2　在printf函数中使用转义符（L03_02_ESCAPE_CHARACTERS）

```
1. #include <stdio.h>
2. int main()
3. {
4.     printf("Beep\a\n");
5.     printf("Back Space\b");
6.     printf("TEXT\n");
7.     printf("A\tB\tC\n");
8.     printf("printf(\"Hello,World\\n\");\n");
9.     return 0;
10. }
```

图3-15是程序运行的结果。程序中第4行的“\a”不会在屏幕上显示，而是使Windows系统发出铃声，其他转义符都是会影响屏幕输出的，参照源代码观察它们的作用。

```
Microsoft Visual Studio 调试控制台
Beep
Back SpacTEXT
A       B       C
printf("Hello,World\n");

D:\BC101\Examples\x64\Debug\L03_02_ESCAPE_CHARACTERS.exe (进程 9732)已退出，代码为 0。
```

图3-15　在printf函数中使用转义符

现在，读者应该可以明确知道第2课中的源程序每一行的含义和功能了。

然而，这样的源程序是怎样转换成最终可执行的程序的呢？Visual Studio是一个便利的集成开发环境，在程序输入完毕后即可通过简单的操作编译和调试程序。但作为程序员还是需要了解一个源程序是如何被编译为可执行文件的。

3.3　源程序如何“变成”可执行文件

除了让Visual Studio自动完成编译，程序员也可以用手工操作的方式逐步编译源代码。接下来我们将使用命令行逐步处理源程序，将其编译成可执行文件。

在操作之前，请先将第2课中的源程序文件HelloWorld.cpp复制到计算机中某个磁盘的根目录，例如D盘根目录下，如图3-16所示。

图3-16　要编译的源文件

然后单击“开始”按钮，在“Visual Studio 2022”程序组里单击“Developer Command Prompt for VS 2022”选项，进入Visual Studio 2022开发者命令行模式，出现如图3-17所示的窗口。

```
Developer Command Prompt for VS 2022
**********************************************************************
** Visual Studio 2022 Developer Command Prompt v17.0.2
** Copyright (c) 2021 Microsoft Corporation
**********************************************************************

C:\Program Files\Microsoft Visual Studio\2022\Community>
```

图3-17　Visual Studio 2022开发者命令行模式

输入“d：”命令并按回车键，将当前目录切换到源程序所在的磁盘，如图3-18所示。

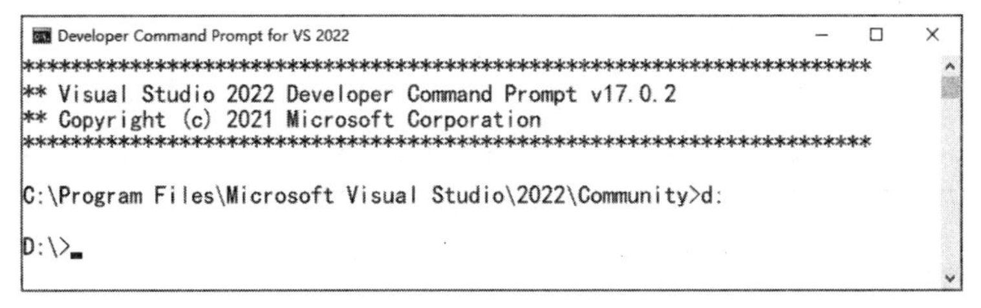

图3-18　切换当前目录至D:\

接下来就可以对源程序进行预处理、编译和链接，最终生成可执行文件。

3.3.1　预处理

预处理不是将源代码生成二进制文件，而是将源程序文件进行初步处理。例如将头文件中的内容与HelloWorld.cpp按顺序合并到一起以及处理各种编译条件等。

执行cl命令时使用/EP参数即可对源程序进行预处理，命令行输入如下。

```
cl /EP HelloWorld.cpp >HelloWorld_p.cpp
```

这行命令表示将对HelloWorld.cpp进行预处理，生成HelloWorld_p.cpp文件。运行这行命令得到如图3-19所示的结果。

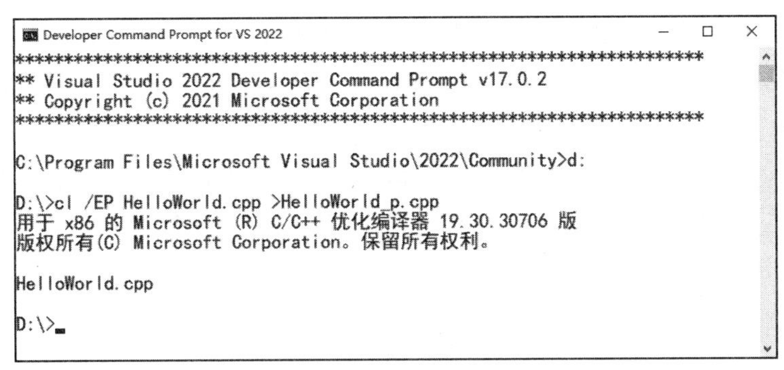

图3-19　对源程序进行预处理

命令执行完毕后，可以在D盘根目录下看到一个新的文件HelloWorld_p.cpp，如图3-20所示。

图3-20　预处理程序产生的新文件

很明显新的文件尺寸（157KB）比源程序文件大得多，这是因为新的文件引入了头文件的内容，并进行过其他处理。如果打开这个文件，可以看到预处理后的文件也是C语言的源程序，并不是二进制代码，头文件stdio.h的内容被复制到这个文件中了。

3.3.2　编译

接下来，可以将预处理后的程序文件HelloWorld_p.cpp编译成“目标文件”。这个过程是先依据程序文件HelloWorld_p.cpp生成汇编语言代码，再将其生成机器码。使用的命令编译如下。

```
cl /FAs /c HelloWorld_p.cpp
```

命令运行完毕后可以看到如图3-21所示的结果。

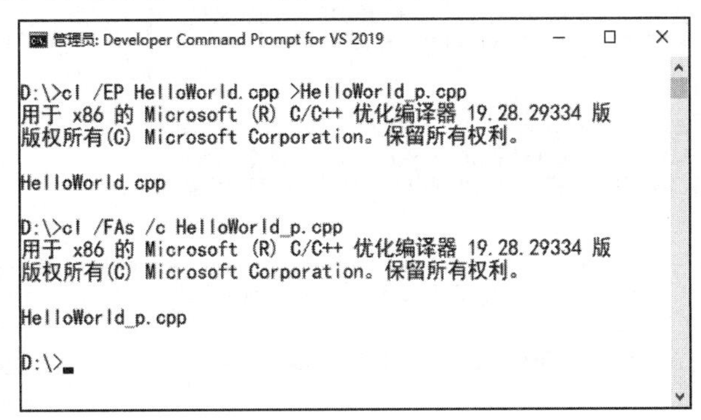

图3-21　编译预处理后的程序

同时你会在D盘根目录找到两个新的文件，如图3-22所示。

- HelloWorld_p.asm是程序转换成汇编语言程序以后的代码，可以用记事本之类的程序来查看其中的汇编程序。
- HelloWorld_p.obj是根据汇编语言程序生成的二进制的代码（目标文件）。

图3-22　编译产生的汇编程序和目标文件

3.3.3 链接

HelloWorld_p.obj是由源程序逐步生成的二进制代码，但目前它还不能运行，原因是在程序中使用了标准库函数printf，而printf函数的二进制代码并没有包含在这个HelloWorld_p.obj文件中。

将函数库的二进制代码与目标文件合并到一起，生成1个可执行文件，被称为“链接”（有的图书中也称为“连接”）。链接时使用link命令，在命令行窗口中继续输入下面的命令，按下回车键后可看到如图3-23所示的画面。

```
link HelloWorld_p.obj
```

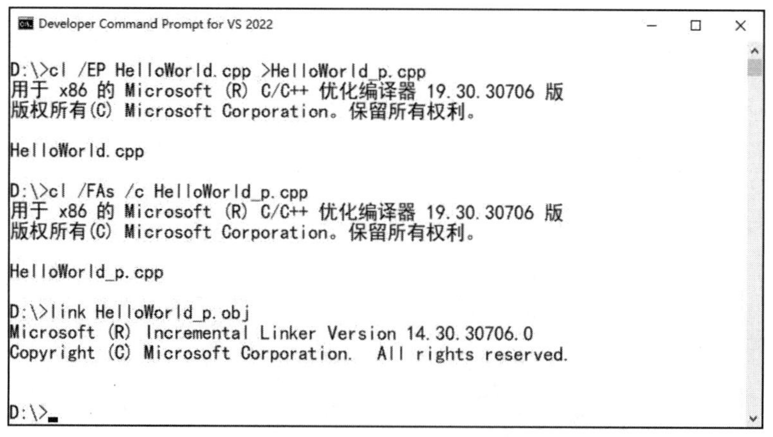

图3-23　执行链接程序命令生成可执行文件

再看D盘根目录，会看到新生成的HelloWorld_p.exe文件，如图3-24所示。

图3-24　最终生成的.exe文件

在命令行窗口中输入HelloWorld_p，即可运行这个.exe文件，如图3-25所示。

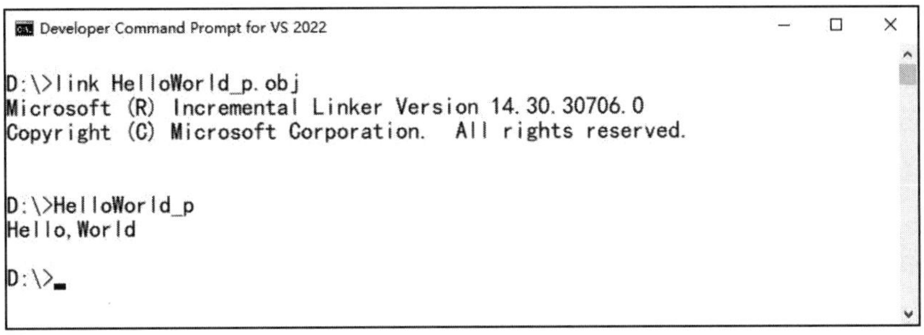

图3-25　执行HelloWorld_p.exe文件

至此，可执行文件HelloWorld_p.exe证明已成功生成。实际项目的生成过程会比这个“Hello,World”例子要复杂，但都是按照预处理、编译和链接的过程生成可执行文件的。

3.4　重复地sayHello

亲自动手实践最能帮助我们理解晦涩的定义和概念。现在我们尝试修改第2课的程序，让它输出5次“Hello,World”。

先不要急着看下面的内容，想一想如何修改它才可以实现显示5次“Hello,World”。

你应该可以想出不少于2种方法，哪怕有些方法看上去很“蠢”也没关系。

只要会复制（Ctrl+C键）和粘贴（Ctrl+V键）操作，就可以轻松地完成输出5次“Hello,World”的任务。最简单的方法是在main函数中使用5次调用sayHello函数的代码。

```
1. #include <stdio.h>
2. int sayHello()
3. {
4.     printf("Hello,World\n");
5.     return 0;
6. }
7.
8. int main()
```

```
9. {
10.     sayHello();
11.     sayHello();
12.     sayHello();
13.     sayHello();
14.     sayHello();
15.     return 0;
16. }
```

但是使用复制粘贴的方法重复调用函数一定会被人笑。在程序设计中还可以使用循环使某个语句，重复执行多次。例如下面程序中的第10～13行使用for循环使一对大括号中的代码（第11～13行）重复执行了5次。

```
1. #include <stdio.h>
2. int sayHello()
3. {
4.     printf("Hello,World\n");
5.     return 0;
6. }
7.
8. int main()
9. {
10.     for (int i = 0; i < 5; i++)
11.     {
12.         sayHello();
13.     }
14.     return 0;
15. }
```

循环语句的用法在后面会有详细讲解，读者现在只要输入以上代码并观察执行结果，了解for语句可以控制代码运行多次即可。运行程序后可以看到如图3-26所示的结果。

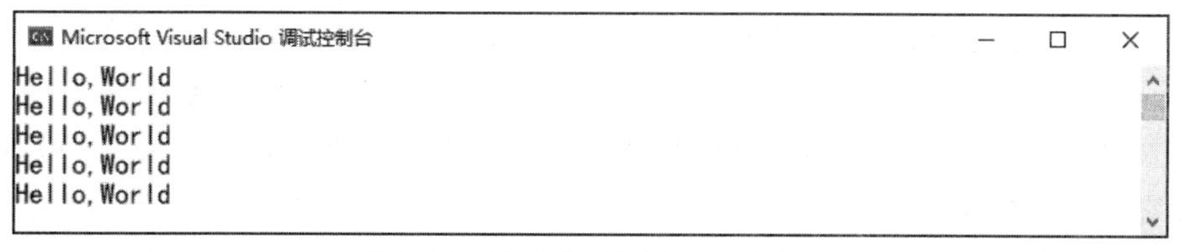

图3-26　输出5次“Hello,World”

虽然这样就可以输出5次“Hello,World”了，但是将这段代码写在main函数中似乎不太妥当，因为“输出5次Hello World”这个功能应该是一个独立且可以被调用的函数，而不应固定地成为main函数的一部分。

3.4.1　新增sayHelloForFiveTimes函数

假如程序中需要在很多地方输出5次“Hello World”，将这个功能独立写成一个函数是更为明智的选择，因为程序员肯定不想到处写for语句。

下面对前面的程序进行修改，在main函数前面增加sayHelloForFiveTimes函数，并将for语句和对sayHello函数的调用加入其中，完成后的程序如下。

```
1. #include <stdio.h>
2. int sayHello()
3. {
4.     printf("Hello,World\n");
5.     return 0;
6. }
7.
8. int sayHelloForFiveTimes()
9. {
10.     for (int i = 0; i < 5; i++)
11.     {
12.         sayHello();
13.     }
14.     return 5;
15. }
16.
17. int main()
18. {
19.     sayHelloForFiveTimes();
20.     return 0;
21. }
```

需要注意的是，sayHelloForFiveTimes函数必须在sayHello函数之后和main函数之前，这一点很重要（原因在3.4.4节中解释）。除此以外，这个函数的返回值是5，而不是之前我们习惯的0。

再次运行程序，将得到同样的结果，如图3-27所示。

```
Microsoft Visual Studio 调试控制台
Hello,World
Hello,World
Hello,World
Hello,World
Hello,World
```

图3-27　输出5次“Hello,World”

在该程序中，main函数调用sayHelloForFiveTimes函数，后者又调用sayHello函数。每一个函数专注实现自己的一小块功能，这就是模块化编程的特点。

- sayHello函数负责输出信息；
- sayHelloForFiveTimes函数负责调用5次sayHello函数，实现5次输出。

但费力地写了一个函数，输出次数却是固定的，调用起来似乎不够灵活（有些地方要输出10次，有些地方要输出100次怎么办？）。可不可以扩展一下它的功能，让它可以输出不定数量的“Hello,World”呢？

答案是肯定的，给函数加上参数并使用参数值控制循环次数即可。先不要急着看下面的内容，自己试试看。

3.4.2　修改sayHelloForFiveTimes函数

案例3-3对前面的程序进行如下修改：

- 修改函数的名字为sayHelloForManyTimes（因为它不再是固定输出5次了）；
- 在第8行函数定义中加上函数参数int times，用于传入要输出的次数，int表示times是个整型值；
- 将第10行的i < 5改为i < times；
- 修改第14行的return 5为return times，让它不要固定地返回5；
- 修改第19行代码中的函数名，将其改为新的名称sayHelloForManyTimes，并在括号中写上10作为调用的参数值。

案例3-3　多次调用一个函数（L03_03_SAY_HELLO_FOR_MANY_TIMES）

```
1. #include <stdio.h>
2. int sayHello()
3. {
4.     printf("Hello,World\n");
5.     return 0;
6. }
7.
8. int sayHelloForManyTimes(int times)
9. {
10.    for (int i = 0; i < times; i++)
11.    {
12.        sayHello();
13.    }
14.    return times;
15. }
16.
17. int main()
18. {
19.     sayHelloForManyTimes(10);
20.     return 0;
21. }
```

在前面讲过函数的参数用于向函数传递信息。在这个例子中，通过函数的参数times向函数传递信息，用以控制输出“Hello,World”的次数。

运行程序，可以看到程序输出了10次“Hello,World”。通过这个案例读者可以学习通过函数的参数向函数传递信息方法。如果需要改变输出的次数，只要改变第19行代码中的参数值即可。

3.4.3　如何规范地给函数命名

函数的名字一般表示这个函数的用途，应该是“见文知意”的。在实际开发中使用的函数名可以写得很长以明确表明它的含义，例如这里的sayHelloForManyTimes。让程序清晰可读是最重要的，不要担心函数的名称过长会影响程序的执行效率（实际上并没有什么影响）。函数的命名还需要遵循一些特定规则，表3-3中的例子都是一些非法的（不允许的）函数名。

表3-3 错误的函数名

错误的函数名	违反的规则
2timesSayHello	不能以数字开始
sayHello*	不能包含星号（*）
sayHello+	不可以包含运算符
say.Hello.ManyTimes	不可以使用点（.）
say-Hello	不能包含减号
say'Hello	不能包含引号

当函数名中有多个单词时，函数名全部使用大写字母或者小写字母会增加阅读难度，有很多不同的习惯用法来区别它们。例如驼峰命名法是指函数名的第1个字母小写，其后每一个单词的首字母大写，如这里的sayHelloForManyTimes；还有一种下画线命名法，是所有字母都采用小写，但单词之间用下画线分开，如say_hello_for_many_times。实际编程中使用哪一种命名法取决于开发团队的规定，在本书中使用驼峰命名法。

小提示

笔者不建议读者使用汉语拼音来给函数命名，虽然这样做对程序运行一点影响都没有，但强迫自己学习英语并不是什么坏事，而且最新的信息和资料通常是英语的。

3.4.4 函数的声明和定义的区别

在编写sayHelloForFiveTimes函数时，提到过“sayHelloForFiveTimes函数必须在sayHello函数之后和main函数之前”，且没有说明原因。

为什么要这么做呢？因为编译器在编译程序时是从前至后逐行进行的，以案例3-3的代码为例。

当编译到第12行时，编译器之前已经“遇到”过sayHello函数，所以可以识别它。编译到第19行时，编译器同样也“遇到”过sayHelloForManyTimes函数，所以也可以正常识别。

而如果将函数的次序打乱再编译程序时，会发生什么呢？例如将main函数写在程序的最开始：

```
1. #include <stdio.h>
2. int main()
3. {
4.     sayHelloForManyTimes(10);
5.     return 0;
6. }
7.
8. int sayHello()
9. {
10.    printf("Hello,World\n");
11.    return 0;
```

```
12. }
13.
14. int sayHelloForManyTimes(int times)
15. {
16.     for (int i = 0; i < times; i++)
17.     {
18.         sayHello();
19.     }
20.     return times;
21. }
```

再编译程序，你会得到如图3-28所示的“'sayHelloForManyTimes'：找不到标识符”的编译错误提示，这是因为编译到第4行时编译器还不能识别sayHelloForManyTimes函数。

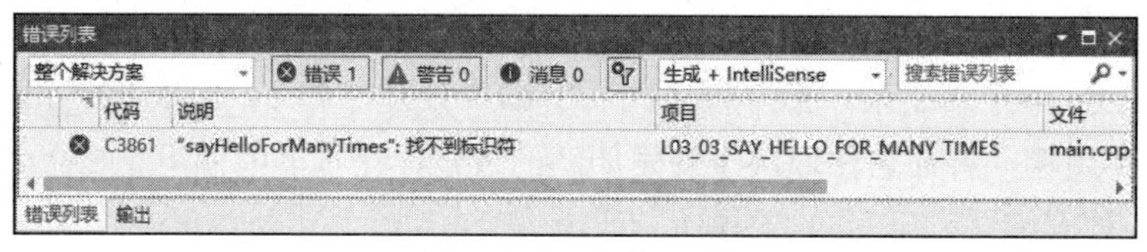

图3-28　找不到标识符

难道未来所有的程序都必须要按照函数出现的次序写吗？不是的，答案是：先“声明”函数。

什么是声明？譬如在开会的时候，领导说“我先说一下，这个外汇牌价看板的模块交给新来的小白做。”即使其他与会者不认识、没见过小白，也知道小白是个新人，不会再问出“小白是谁？”这样的问题。修改之前报错的程序，加入第2、3行的内容：

```
1. #include <stdio.h>
2. int sayHello();                       //这是函数sayHello的声明
3.int sayHelloForManyTimes(int times);  //这是函数sayHelloForManyTimes
                                        //的声明
4.
5. int main()
6. {
7.     sayHelloForManyTimes(10);
8.     return 0;
9. }
10.
11. //这是函数sayHello的定义
12. int sayHello()
13. {
14.     printf("Hello,World\n");
15.     return 0;
16. }
17.
18. //这是函数sayHelloForManyTimes的定义
19. int sayHelloForManyTimes(int times)
20. {
21.     for (int i = 0; i < times; i++)
22.     {
23.         sayHello();
24.     }
```

```
25.     return times;
26. }
```

其中第2、3行代码就是函数的声明。

可以看到，所谓函数的声明就是函数头（函数返回值类型、函数名和函数参数）加上分号，但不包含实现功能的函数代码。有了函数声明编译器就“认识”了这两个函数，程序就可以正常编译。

而第12～16行、第19～26行实现函数功能的代码，被称为“函数定义”。

函数的声明和定义

函数定义是指对函数功能的确立，包括指定函数名、参数个数、参数类型以及实现函数功能的代码。它是一个完整的、独立的函数单位。

函数声明是把函数的名字、参数个数、参数类型通知编译系统，以便在调用函数时系统按此进行对照检查（例如函数名是否正确，参数类型和个数是否一致）。

在书写形式上，函数声明包括函数返回值类型、函数名、用括号包含的函数参数列表，以及一个分号。

程序中做了函数声明，就可以不用严格按照调用次序来编写函数代码。当然函数声明的作用不仅限于此，此处先不讨论。你可能会问，程序中没有 printf函数的声明，为什么就可以调用它？因为程序代码已经包含了头文件stdio.h，在这个文件中有printf函数的声明，因此无须再次声明。除此以外，main函数也无须声明。

3.4.5 注释

在前面的程序中，除了C语言代码还有以“//”开始的说明文字。这种以“//”开始的文字被称为注释，注释的作用在于解释代码的作用，以增强程序的可读性。如果需要注释的内容有多行，可以写成以“/*”开始、以“*/”结束的形式。下面的代码中使用了这两种格式的注释，注释的内容不会参与编译，也不会出现在目标代码中。

```
1. /*
2. 函数:sayHelloforManyTimes
3. 用途：重复地在屏幕上输出Hello,World
4. 参数： int times, 用于说明输出的次数
5. 返回值：int, 返回输出的次数
6. */
7. int sayHelloForManyTimes(int times)
8. {
9.      for (int i = 0; i < times; i++)
10.      {
11.         sayHello();  //调用sayHello函数
12.      }
13.     return times;
14. }
```

3.5 小结

在本课中，最重要的内容就是了解：程序由多个相互调用的函数组成。以下是主要的知识点。

（1）在C语言程序中“函数”是由一个或多个语句组成的功能模块，它负责实现某个特定的功能。

（2）每个C语言程序都必须包含一个名为main的函数，它是程序执行的起点，也被称为“程序的入口”。一个程序只允许有一个main函数。

（3）程序员可以自行定义函数，并在main函数和其他函数中调用自己定义的函数。

（4）函数命名应遵循一定的规则，以便自己和他人阅读。

（5）函数的参数用于向函数内传递信息，函数的返回值用于报告函数的执行结果。

（6）除了自定义的函数程序员，还可以调用标准库函数和第三方提供的库函数。

（7）调用标准函数库或第三方函数库时，程序中一般需要包含特定的头文件，否则编译器将不能识别被调用的函数。

（8）源程序经过预处理、编译和链接生成可执行文件，这个过程既可以由Visual Studio自动完成，也可以通过在命令行窗口中手工输入命令来完成。

（9）printf函数用于在屏幕上显示信息。

（10）在字符串中可以使用转义符表示特殊的字符。

（11）可以使用for语句让一段代码重复执行，这种结构被称为“循环”。

3.6 检查表

只有在完成了本课的实践任务后，才可以继续下一课的学习。本课的实践任务如表3-4～表3～6所示。

表3-4　printf函数的基本用法

任务名称	printf函数的基本用法		
任务编码	L03_01_PRINTF		
任务目标	掌握使用printf函数输出变量值的方法		
完成标准	1.在解决方案中加入了新项目L03_01_PRINTF 2.程序可以编译、运行 3.掌握了使用printf函数输出变量值的方法 4.可以通过Visual Studio设置断点和单步执行程序来观察函数的调用过程		
运行截图			
Microsoft Visual Studio 调试控制台 a is:255 b is:ff D:\BC101\Examples\x64\Debug\L03_01_PRINTF.exe（进程 9612）已退出，代码为 0。			
完成情况	□已完成　□未完成	完成时间	

表3-5　在printf函数中使用转义符

任务名称	在printf函数中使用转义符
任务编码	L03_02_ESCAPE_CHARACTERS
任务目标	理解常见转义符的作用
完成标准	1. 在解决方案中加入了新项目L03_02_ESCAPE_CHARACTERS 2. 程序可以编译、运行并输出内容

运行截图

```
Microsoft Visual Studio 调试控制台
Beep
Back SpacTEXT
A       B       C
printf("Hello,World\n");

D:\BC101\Examples\x64\Debug\L03_02_ESCAPE_CHARACTERS.exe (进程 9732)已退出，代码为 0。
```

完成情况	□已完成　□未完成	完成时间	

表3-6　多次调用一个函数

任务名称	多次调用一个函数
任务编码	L03_03_SAY_HELLO_FOR_MANY_TIMES
任务目标	1. 了解函数的调用过程 2. 初步掌握使用for循环重复执行一段代码的方法
完成标准	1. 在解决方案中加入了新项目L03_03_SAY_HELLO_FOR_MANY_TIMES 2. 在源程序中加入了sayHello、sayHelloForManyTimes和main函数的代码 3. 在源程序中加入了函数的声明 4. 程序可以编译、运行并输出多次“Hello,World”

运行截图

```
Microsoft Visual Studio 调试控制台
Hello,World
Hello,World
Hello,World
Hello,World
Hello,World
Hello,World
Hello,World
Hello,World
Hello,World
Hello,World

D:\BC101\Examples\x64\Debug\L03_03_SAY_HELLO_FOR_MANY_TIMES.exe (进程 5352)已退出，代码为 0。
```

完成情况	□已完成　□未完成	完成时间	

| 第4课 |

获取和显示外汇实时牌价

在理解了一个最简单的C语言程序的结构和代码格式后，本课将进入外汇牌价看板程序的开发工作。本课将介绍以下内容：

- 如何获取实时牌价数据；
- 如何在计算机中存储数据（数据类型与变量）；
- 如何给变量赋值；
- 选择结构程序。

完成本课的学习后，程序将可以根据中行发布的最新外汇牌价数据，实时显示100美元折合成人民币的金额。

绝大多数程序只做四件事：输入数据、存储数据、处理数据和输出数据。在没有编程思路的时候考虑这样几个问题：

- 要处理的数据从哪里来？
- 数据在内存中如何存储？
- 如何处理（计算）数据？
- 如何输出数据？

把这几个问题考虑清楚了，并按照这个顺序来编程就是常规的编程思路。甚至不用一次把这四个问题都考虑清楚，有时候先解决一个问题，下一个问题的答案就自动浮现了。

对于外汇牌价看板程序而言，第一个问题是：汇率数据从何处来？

4.1 如何获取实时牌价数据

很显然，程序员不可能写一个程序自动计算出实时汇率，汇率只能从权威发布渠道获取。

银行或金融机构通过专用网络或者安装在楼顶的卫星天线收发数据，程序员不太可能连接到它们的网络来获取最新的外汇牌价数据。但是在“云计算”的年代，有很多数据服务商在“云”上提供付费的数据服务，其中就包括最新的外汇牌价、股市行情等。

简单地说，无须在楼顶装一个卫星地面接收天线，只要购买了数据服务，并且计算机可以连接上网，就可以从一个数据服务商那里获取新的外汇牌价数据。

购买数据服务是要花钱的，作为初学者编写与数据服务通信的程序也不是一件容易事。因此笔者开发了一个函数库供读者调用，我们称其为“牌价接口库”，这样读者就可以方便地通过程序来获取中行发布的汇率数据了。这种函数库就是前面提到的“第三方函数库”，之所以说是“第三方”，是因为它既不是编译器自带的函数，也不是读者自己写的。

例如下面程序的第6行代码就可以根据中行折算价在不同的货币之间进行转换（现在无须关心这个程序的细节，也无须输入和执行下面的程序，后面会有详细的下载和使用牌价接口库的操作步骤）。

```
1. #include <stdio.h>
2. #include "D:/BC101/Libraries/BOCRates/BOCRates.h"
3. #pragma comment(lib, "D:/BC101/Libraries/BOCRates/BOCRates.lib")
4. int main()
5. {
6.     double r = ConvertCurrency(1, "USD", "CNY", 100);
7.     printf("%.2f\n", r);
8.     return 0;
9. }
```

执行程序时，根据中行发布的折算价，100美元折合人民币638.56元，因此程序显示了638.56，如图4-1所示。读者执行程序时显示的数字会不一样，因为外汇牌价数据是时刻变动的。

```
Microsoft Visual Studio 调试控制台
638.56

D:\BC101\Examples\x64\Debug\L04_01_RATES_EXAMPLE.exe (进程 5184)已退出，代码为 0。
```

图4-1　显示外汇牌价的案例

很简单，对不对？要自己写一个这样的程序，请继续后面的操作。

4.2　下载和引用外汇牌价接口库

4.2.1　下载外汇牌价接口库

本书提供的外汇牌价接口库可以从清华大学出版社网站下载，请参考前言中的下载地址。

下载后将文件解压缩后放入一个容易找到的位置。之前为本课程建立了D:\BC101目录，其中的Libraries目录就是专门用于存储第三方库文件的。在此目录下为牌价接口库创建子目录BOCRates，再将下载的文件解压缩的内容放入其中，可以看到一共有两个文件，如图4-2所示。

图4-2 存储外汇牌价库文件的目录

下载的外汇牌价接口库包括两个文件：

- **BOCRates.h**。包含接口库函数声明的头文件，在你的程序中需要包含它才可以调用相关的函数。
- **BOCRates.lib**。接口库函数代码编译后的二进制代码，在链接时其中的代码将与你的程序一起生成可执行文件。

注 意

使用本接口库时请注意：

为避免侵害数据服务提供商的权益，且防止本书提供的汇率接口被用于非学习用途，接口库及服务器返回的汇率数据的小数部分会进行随机处理，不保证每一次调用返回的结果都与中行公布的实时汇率完全一致。

考虑到未来这些实时数据服务可能会关停，或者你无法在连接互联网的环境下调试程序，牌价接口库还提供一个离线版本，以便无法连接互联网的读者使用；离线版本将会固定返回2021年6月12日10:30中行发布的汇率数据。

4.2.2 显示美元的中行折算价

完整的外汇牌价包含多种货币的多种牌价（现汇买入价、现钞买入价、现汇卖出价、现钞卖出价、银行折算价）。一开始就要完整地显示它们颇有难度，但我们可以先解决一个小问题——显示美元的中行折算价。

1.显示美元中行折算价的例子

将下载的文件放入D:\BC101\Libraries\BOCRates目录后，接下来就可以和以前一样创建一个空的C++项目，然后向其中添加一个程序文件（如main.cpp），输入案例4-1的代码用于显示最新的中行美元折算价。

案例4-1　使用外汇牌价接口库获取中行折算价（L04_01_RATES_EXAMPLE）

```
1. #include <stdio.h>
2. #include "D:/BC101/Libraries/BOCRates/BOCRates.h"
3. #pragma comment(lib, "D:/BC101/Libraries/BOCRates/BOCRates.lib")
4. int main()
5. {
6.     double r = ConvertCurrency(1, "USD", "CNY", 100);
7.     printf("%.2f\n", r);
8.     return 0;
9. }
```

注　意

在代码的第2、3行路径中斜线的方向，它不是我们习惯上用的反斜线（\），而是正斜线（/）。

2. 使用32位编译器编译程序

如果编译上面的程序，会发现编译报错，如图4-3所示。

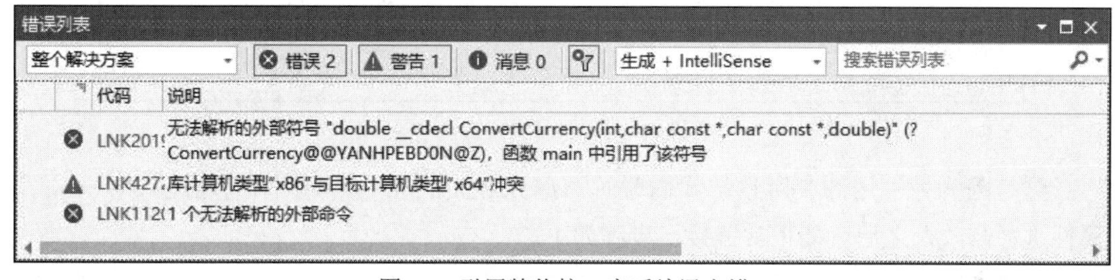

图4-3　引用牌价接口库后编译出错

这些错误都是在“链接”阶段发生的，其中最主要的问题是“库计算机类型“x86”与目标计算机类型“x64”冲突”。这是因为笔者提供的外汇牌价接口库是使用32位编译器编译的，而Visual Studio 2022创建的C++项目默认使用64位编译器编译程序，它不能引用32位的外汇牌价接口库。

在拓展阅读中的A.4.2节中介绍了人们使用的台式计算机、PC服务器、笔记本式计算机使用的都是x64（64位）处理器，但也不排除我们开发的外汇牌价看板程序需要在老旧的32位处理器和操作系统上运行。好在32位的程序可以运行在64位系统上（但64位的程序不能运行在32位系统上），所以可以把程序按照32位来编译。

基于这样的原因笔者提供的是32位的外汇牌价接口库，读者也需要以32位模式编译和运行程序才能正确引用这个库文件。要使Visual Studio 2022以32位模式编译和运行程序需要先在工具栏上选择x86选项后再运行程序（如图4-4所示），否则就会出现“库计算机类型x86与目标计算机类型x64冲突”的错误。更多与项目配置相关的信息，请参阅11.2节。

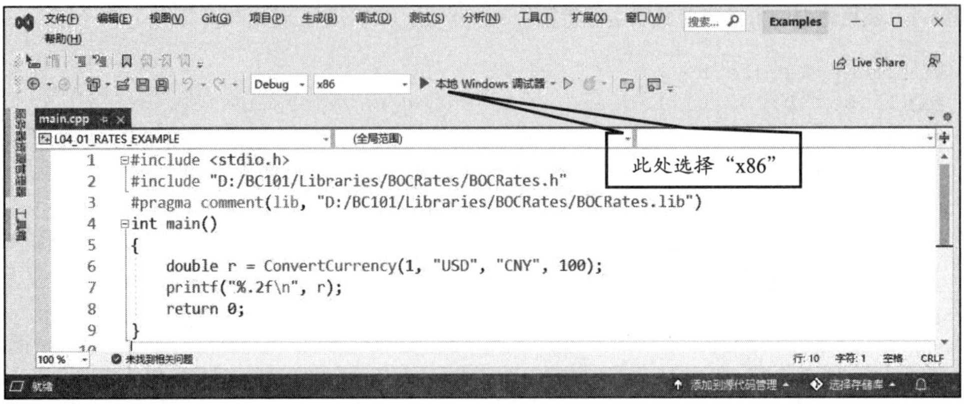

```
#include <stdio.h>
#include "D:/BC101/Libraries/BOCRates/BOCRates.h"
#pragma comment(lib, "D:/BC101/Libraries/BOCRates/BOCRates.lib")
int main()
{
    double r = ConvertCurrency(1, "USD", "CNY", 100);
    printf("%.2f\n", r);
    return 0;
}
```

此处选择“x86”

图4-4　设置32位编译模式

3. 修改项目属性

再次运行程序，又出现了如图4-5所示的错误。

图4-5　库引用冲突错误

这是因为库引用冲突所致。我们暂时不深究冲突的原因，只对刚刚创建的C++项目属性进行修改，之后就能正常链接，步骤如下。

第1步：在解决方案资源管理器中找到刚刚创建的C++项目“L04_01_RATES_EXAMPLE”，右击并在弹出的快捷菜单中选择“属性”。

第2步：在左侧的菜单栏中找到“链接器”类别下的“常规”选项，将“强制文件输出”的值改为“已启用(/FORCE)”，如图4-6所示。

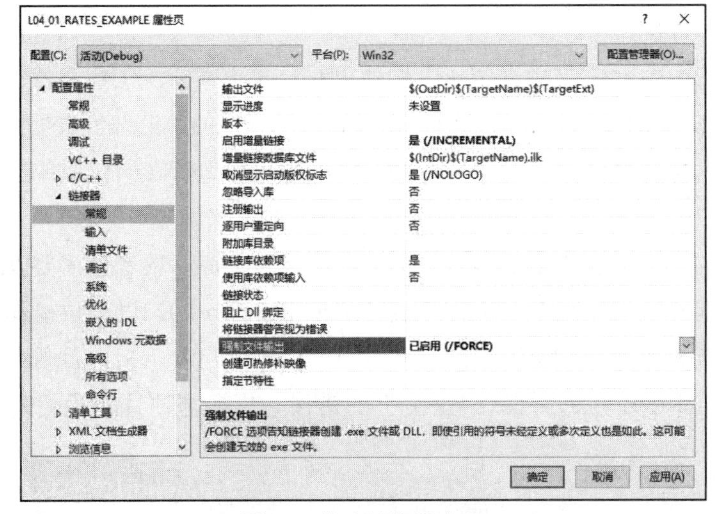

图4-6　修改链接器选项

这不是最优的解决方法，但解决MFC库与CRT库冲突的内容不是现在需要了解的，此处不作赘述。

请务必牢记未来创建的所有用到外汇牌价接口库的程序，都应修改“强制文件输出”为“已启用(/FORCE)”。

4. 运行测试程序

完成上一步的设置后，这个程序就可以编译、链接和运行了，运行结果如图4-7所示。

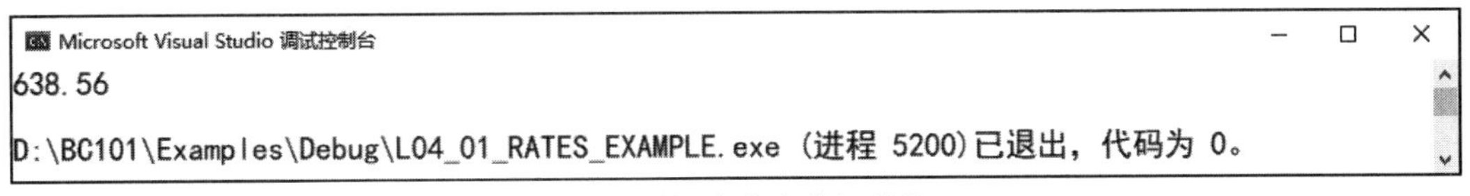

图4-7　第1次获取外汇牌价

读者的程序运行结果应该是与图4-7中的不同，可以到中行的网站上查询实时汇率，如果程序显示的数值与对应货币的“中行折算价”是一致的，则说明成功调用了牌价接口库。

在修改项目属性后如果仍然不能编译和运行测试程序，请重点检查下列事项。

- 第2、3行指定的头文件、库文件路径、文件名是否正确，特别是其中的斜线方向，是“/”而不是“\”。
- 在2.2.3节的第6步中是否正确安装了下列组件：
  - 适用于最新v143生成工具的C++ ATL（x86和x64）；
  - 适用于最新v143生成工具的C++ MFC（x86和x64）。

4.2.3　分析显示美元中行折算价程序

现在，我们来分析案例4-1程序。

1.引用的头文件BOCRates.h

在之前的程序中，只包含过stdio.h这个头文件，而在案例4-1程序中包含了新的、非编译器自带的头文件BOCRates.h：

```
2. #include "D:/BC101/Libraries/BOCRates/BOCRates.h"
```

在D:\BC101\Libraries\BOCRate\目录中可以找到并打开这个文件。在打开的文件中可以看到一些目前你还不能完全理解的代码。

```
1. #pragma once
2. struct EXCHANGE_RATE
3. {
4.     char CurrencyCode[4];            //货币代码
5.     char CurrencyName[33];           //货币名称(中文)
```

```
6.     char PublishTime[20];              //发布时间
7.     double BuyingRate = 0;             //现汇买入价
8.     double CashBuyingRate = 0;         //现钞买入价
9.     double SellingRate = 0;            //现汇卖出价
10.    double CashSellingRate = 0;        //现钞卖出价
11.    double MiddleRate = 0;             //中行折算价
12. };
13.
14. typedef struct EXCHANGE_RATE ExchangeRate;
15.
16. double ConvertCurrency(int real, const char* from, const char*to,
    double amount);
17. int GetRatesByCode(const char* code, double* rates);
18. int GetRatesAndCurrencyNameByCode(const char* code, char* name,
    char* publishTime, double* rates);
19. int GetRateRecordByCode(const char* code, ExchangeRate* results);
20. int GetAllRates(ExchangeRate** result);
```

第2～14行是一个结构体和类型定义。关于结构体的内容将在第7课中学习。第16～20是接口库的5个函数声明，这里之所以要包含这个头文件是因为要调用牌价接口库的函数。

显而易见的是：在BOCRates.h中并不包含实现四个函数的功能代码（定义），实现函数的功能代码被编译后生成了库文件BOCRates.lib，它被存放在D:\BC101\Libraries\BOCRates\目录中。

2. 引用的库文件BOCRates.lib

案例4-1程序的第3行：

```
3. #pragma comment(lib,"D:/BC101/Libraries/BOCRates/BOCRates.lib")
```

指示链接器要到D:\BC101\Libraries\BOCRates\目录下的BOCRates.lib文件中寻找相关函数的二进制代码，并与目标文件一起合并成可执行文件。在3.3　源程序如何“变成”可执行文件中介绍过：在生成可执行文件时，编译器首先编译程序形成“目标文件”，链接器再将库文件中的代码（函数的实现代码）和目标文件一起合并成可执行文件。程序中包含了头文件，引用了库文件，接下来就可以使用库中的函数了。

3. 使用ConvertCurrency函数

ConvertCurrency函数实现根据中行折算价将指定的货币金额转换成另一种货币金额的功能，下面来看一下它的用法：

```
6.     double r = ConvertCurrency(1, "USD", "CNY", 100);
```

ConvertCurrency是函数名，可以看到这个函数有4个参数。与以前调用函数时不考虑返回值不同，在这个程序里定义了一个变量r来存储函数的返回值，也就是货币转换的结果。下一节会介绍什么是变量。

读者现在可以猜一下ConvertCurrency函数的使用方法，调用函数时的第2、3个参数值分别为“USD”和“CNY”，大约也能猜出这是要将美元转换成人民币，而第4个参数则是要转换的金额是100美元。

如果要获取日元的中行折算价呢？日元的货币代码是JPY，修改第6行代码为：

```
6.    double r = ConvertCurrency(1, "JPY", "CNY", 100);
```

运行程序后，就得到了100日元折合人民币为5.84元的结果，如图4-8所示。

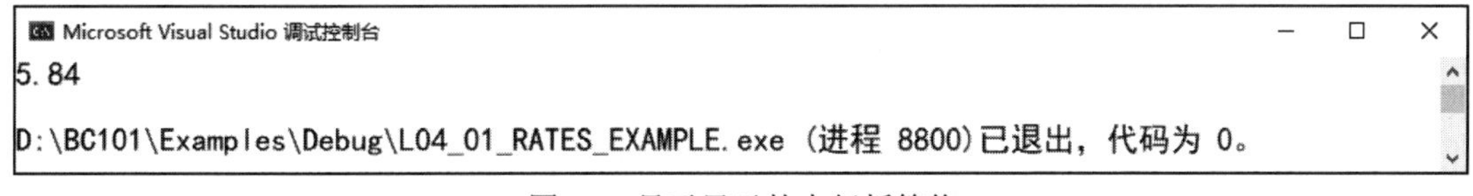

图4-8　显示日元的中行折算价

将程序运行结果与中行官方网站上公布的外汇牌价数据对比，你会发现该函数正是实现了这个功能。

ConvertCurrency函数的第1个参数的作用是什么？考虑到部分读者可能无法在网络环境下调试程序，离线版的接口库会返回固定的汇率数据（2021年6月12日10：30：00的中行外汇牌价数据）。如果希望在使用离线版时模拟数据变化，可将第1个参数写成0即可，接口函数库每次都会返回不一样的结果。当第1个参数值是1时，程序才会联网获取真实的外汇牌价数据。

有经验的程序员会根据函数调用的子程序或者开发工具的智能提示猜测函数的用法，但负责任的函数开发者会提供一份如表4-1所示的函数使用说明，程序员可以在其中找到调用这个函数需要包含的头文件、函数的原型、参数和返回值说明。

表4-1　ConvertCurrency函数说明

函数名	ConvertCurrency		
头文件	BOCRates.h		
功能描述	根据中行折算价将指定的货币金额转换成另一货币金额		
原型（声明）	double ConvertCurrency（intreal，constchar* from，constchar* to，doubleamount）		
参数	类型	参数名	用途
	int	real	是否返回真实价格，当参数值为0时，返回值会在小数点后加上随机数
	const char*	from	原货币代码
	const char*	to	目标货币代码
	double	amount	要转换的货币金额
返回值	值	含义	
	－1	服务器返回不正常的结果	
	－2	网络错误	
	其他	目标货币金额	

ConvertCurrency函数不一定总能成功运行，当网络或服务器发生故障时它就无法获取数据，此时会返回负数（－1表示服务器不正常，－2表示客户机网络不正常，这是函数作者的约定）。因此可以根据函数的返回值是否为负数，让程序输出不同的结果。

```
1. #include <stdio.h>
2. #include "D:/BC101/Libraries/BOCRates/BOCRates.h"
3. #pragma comment(lib, "D:/BC101/Libraries/BOCRates/BOCRates.lib")
4. int main()
5. {
6.     double r = ConvertCurrency(1, "USD", "CNY", 100);
7.     if (r > 0)
8.     {
9.         printf("%.2f\n", r);
10.     }
11.     else
12.     {
13.         printf("网络或服务器异常\n");
14.     }
15.     return 0;
16. }
```

在第7行使用了if语句对变量r的值进行判断：如果是负数，则显示“网络或服务器异常”。拔掉网线或者断开WiFi再运行该程序，结果如图4-9所示。

```
Microsoft Visual Studio 调试控制台
网络或服务器异常
D:\BC101\Examples\Debug\L04_01_RATES_EXAMPLE.exe (进程 10452)已退出，代码为 0。
```

图4-9　断开网络后的运行结果

外汇牌价接口库一共提供了4个函数，以不同形式返回中行实时汇率，在后面的课程中都会用到。

注　意

Visual Studio 2022和以前的版本不同，它创建的C++项目默认使用64位编译器编译程序，因此在前面的案例程序中生成的.exe文件都被放入D:\BC101\Examples\x64\Debug这个目录中。此处的x64表示64位应用程序，Visual Studio生成的64位可执行程序均存入其中。

由于用32位模式编译的程序可以运行在64位系统上，但用64位模式编译的程序不能运行在32位系统上。本节之后的所有案例均使用32位编译器编译和运行。

4.3　数据类型与变量

在案例4-1程序中使用了变量r来存储ConvertCurrency函数的返回值，然后使用printf显示它的值。

```
6.     double r = ConvertCurrency(1, "USD", "CNY", 100);
7.     printf("%f\n", r);
```

那么，什么是变量？又该如何使用它？

4.3.1 数据类型与变量声明

“变量”这个词本意是指可能会发生变化的数值或信息，例如案例4-1程序中的外汇牌价就是时刻可能发生变化的数值。

程序设计中的“变量”则是用于存储可变化的数值或信息的一种方式。绝大多数的语言都通过“声明变量”的方法先在内存中分配一块空间，然后将一个名称（变量名）映射到这块空间，便于程序员读写这块内存空间。

变 量

在内存中存储信息的最简单方式是使用变量，变量名会被映射到一块内存空间，通过变量名可以方便地访问这块内存空间以实现信息存取。变量中可以存放的信息包括数值、字符的编码或其他可以被转换成二进制的信息。

在C语言中要存储一条可能发生变化的信息，必须首先声明变量，而声明变量必须首先确定变量要使用的数据类型。

1.数据类型

在为变量分配内存时，没有必要、也不可能为一个变量分配无穷大的内存空间。在大多数编程语言中还须说明使用这块空间存储何种类型的数据，这是计算机系统和编程语言的技术限制和约定。好在程序员在设计程序时可以事先知道某个变量的用途和变量值的基本特点——是数字还是字符，整数还是小数，可能的最大值和最小值。

为了给程序员提供方便，编程语言为声明变量预设了一些“模板”，这种“模板”被称为“数据类型”，声明变量时根据需要选择一种类型即可。在C语言中，定义了多种数据类型用于存储数值，有些只可以存储整数，而有些可以存储小数，C语言中最常见的数值类型是int、float和double。

- **int——整型**

int数据类型简称整型数或整型，用于表示一个范围有限的整数。在大多数现代编译器中，一个整型变量占用32个二进制位（4字节），允许存储的整数值的范围为−2 147 483 648～2 147 483 647。整型变量只可以存储整数，如果你将一个小数赋值给整型变量则会触发编译器警告，这种情况下程序仍然能执行，但变量中只会保留整数部分（小数部分会被丢弃，且不是四舍五入）。

如果程序中需要存储小数，则可以使用浮点数类型，浮点数在C语言中分为两种：单精度型浮点数和双精度型浮点数。

- **float——单精度型浮点数**

float数据类型被称为“单精度浮点数”，单精度型浮点数占用32个二进制位（4字节），表示的数据范围为1×10^{-37}～ 1×10^{37}，但只支持6位小数精度（最多保留小数点后6位），如果赋值给float型变量的值存在6位以上小数，则超出的部分会损失。

● **double——双精度型浮点数**

double类型和float一样用于存储小数，double型数据占用8字节，提供至少15位小数精度。

C语言标准支持的数据类型不仅限于上述3种，此外程序员还可以自定义数据类型。程序员根据需要选择合适的数据类型后，就可以声明变量了。

2. 声明变量

在C语言中声明变量的方法如下。

```
数据类型 变量名;
```

这是一个例子：

```
int x;
```

此处的int表示整型数据类型，x是变量名。

● **选择数据类型的原则**

选择数据类型的原则是精度和范围能够满足需求（不会产生溢出或精度不够的情况），又尽量不浪费。例如要存储一个人的年龄使用int类型是可以的。如果你觉得这种数据类型需要占用4个字节太浪费了，可以换成short数据类型。short型是整型数据的一种，占用2个字节，它的表达范围是−32 768～+32 767的整型值，用于表达年龄是完全够用的（不会有人活到32 767岁）。在程序处理小规模的数据时浪费一点存储空间无关紧要，但在处理海量数据时，如果数据类型选择不当会造成内存空间的浪费太大以及数据在传输、存储和处理时的性能下降。

● **变量名**

变量名是一个标识符，它映射着为变量分配的内存区域，对变量名的操作会映射成对该内存区域的操作。

3. 变量的命名规则

和函数名一样，变量名也应该是“见名知意”的，不建议使用x、y或者a、b这样的变量名，一般可以使用英语单词、短语来更明确地表示变量的作用。

下面是可以在变量名中使用的字符：

● 字母A～Z和a～z；

● 数字0～9，但是不能用在变量名开头；

● 下画线（_）。

例如，stop_sign、loop3和_pause都是合法的变量名。

我们再来看一下在变量名中不允许使用的字符：

● 算术运算符；

● 点（.）；

- 单引号；
- 特殊符号如*、@、#、? 等。

例如下述几个变量名就是不被允许的：4flags、sum-result、method*4。给变量命名也可以使用驼峰命名法、下画线命名法等。有些公司或开发团队也有特定的命名规范要求。使用中文、汉语拼音来给变量命名会显得非常不专业，很多编译器也不支持中文变量名。

4.3.2 找到变量在内存中的地址

变量对应着内存中的一块空间，程序运行时会根据数据类型为变量分配对应大小的内存空间。程序员是否可以知道这块内存空间在哪儿呢？内存中的每一个字节都有一个唯一的编号，我们称之为“内存地址”。内存地址在 32 位操作系统下是一个 4 字节（32 位）的整数，而在64位操作系统下是一个8字节（64位）的整数。

C语言允许在变量声明后通过“&”运算符取得变量所占内存空间的第1个字节的地址（称为“变量的首地址”）。案例4-2的程序可完成显示整型变量x在内存中的地址。

案例4-2 显示变量的内存地址（L04_02_ADDRESS_OF_VARIABLE）

```
1. #include <stdio.h>
2. int main()
3. {
4.     int x = 0;
5.     printf("变量x所在的内存地址是: %p\n", &x);
6.     return 0;
7. }
```

运行程序，得到如图4-10所示的结果。

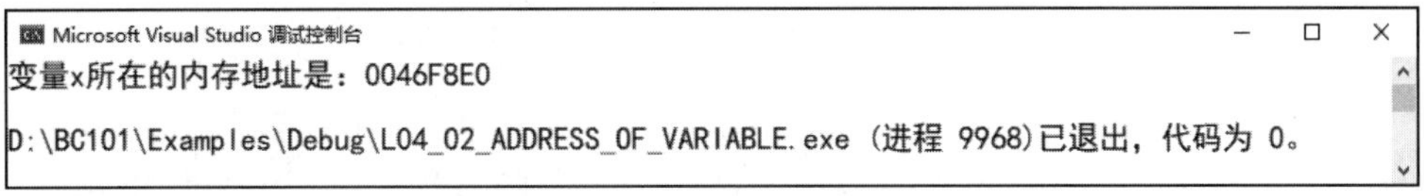

```
Microsoft Visual Studio 调试控制台
变量x所在的内存地址是：0046F8E0

D:\BC101\Examples\Debug\L04_02_ADDRESS_OF_VARIABLE.exe (进程 9968)已退出，代码为 0。
```

图4-10 显示变量的首地址

此处的0046F8E0就是变量x在内存中的地址，它是一个32位整数，以十六进制显示就是0046F8E0。观察程序的第5行：

```
5.     printf("变量x所在的内存地址是: %p\n", &x);
```

“&”是一个运算符，它用于取得变量的首地址。&运算符取到的地址值由printf函数显示出来；printf函数中使用了专门显示内存地址的占位符%p，使得内存地址会以十六进制数值来显示。用十六进制数表示内存地址是大多数程序员的习惯，如果你在此处感到疑惑，可以增加一行用十进制显示内存地址的代码。

```
1. #include <stdio.h>
2. int main()
3. {
4.     int x;
```

```
5.      printf("变量x所在的内存地址是: %p\n", &x);
6.      printf("变量x所在的内存地址是: %lld\n", &x);
7.      return 0;
8. }
```

运行程序得到如图4-11的结果。14 155 400就是内存地址00D7FE88的十进制表示。

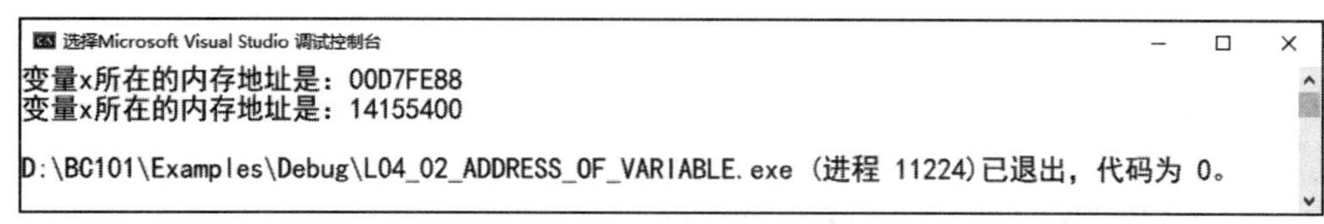

图4-11　用十六进制和十进制数值显示变量的首地址

读者在自己的计算机中运行该程序输出的数值会与教程不同，而且每次运行结果的数值都不一样。但是返回的两个数字会是等值的，例如十六进制数00D7FE88转换为十进制数就是14 155 400。如果程序运行的结果显示为类似“000000FD463FF5D4”这样很长的地址是因为使用的是64位编译器，程序使用了64位内存地址。

因为大多数情况下操作系统接管了内存，所以在程序中得到的内存地址不是真正的“物理地址”，而是一个“虚拟地址”。好在我们无须关心变量的绝对地址，只要能找到变量的虚拟地址就可以对它进行进一步的操作了。

图4-12说明了变量x和内存空间的关系，00D7FE88是变量x所占用内存空间的第1个字节的地址（一般称为首地址），可以想像系统中有一个表格存储着每一个变量的数据类型和地址。

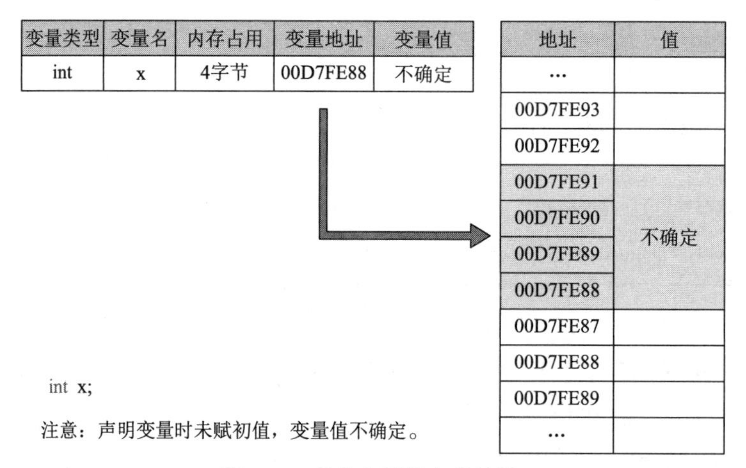

图4-12　变量占用的内存地址

4.4　给变量赋值

在声明变量后可以使用赋值运算符“=”给它赋值，赋值运算符的作用是将一个内存空间中的数据“复制”到另一个内存空间中。赋值运算符右边可以是一个变量、常量、算术运算表达式或者函数的返回值。下面是一个例子。

```
int x;
x=20;
```

第2行的x=20读作“给变量x赋值为20”，而不是“x等于20”。每次给变量赋新值后，变量原先的值会被丢弃。

4.4.1 变量的初值不是默认为0

系统声明变量时只是为变量分配了内存空间，并不会对该内存区域进行任何初始化操作，除非在声明变量时就给变量赋初值，否则变量的初始值是随机的；而且比较新的开发工具会给出警告甚至直接造成编译错误。例如下面的程序：

```
1. #include <stdio.h>
2. int main()
3. {
4.     int x;
5.     printf("%d\n", x);
6.     return 0;
7. }
```

Visual Studio在编译时会给出错误提示“使用了未初始化的局部变量“x””，并导致程序不能编译，如图4-13所示。

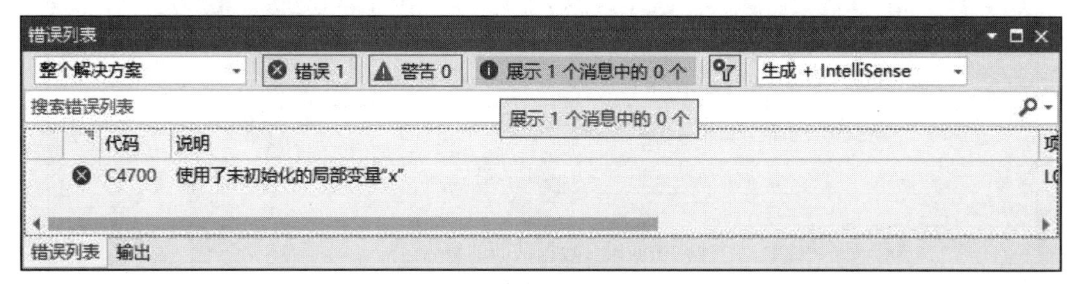

图4-13　未给变量赋初值的错误

一些要求不太严格的编译器则会忽略这个错误，但输出的值是不确定的，因为谁也不知道变量x使用的这块内存空间之前存储过什么数据，就像你在打开新分配到的宿舍门之前并不知道宿舍里有什么一样。因此，在声明变量时给变量赋初值是一个好习惯，甚至是强制的规范。

4.4.2 将常量的值赋值给变量

将常量的值赋值给变量是最常见的操作之一。

```
int x = 10;
```

赋值运算符右边的10就是常量，它的值就是字符所表达的意思，所以称它为“字面常量”，也称作“直接常量”。

需要注意的是，字面常量也有数据类型。编译器会根据常量的字面值决定它的数据类型并为其分配存储空间。对于“10”，编译器会把它当作整型数（int）来处理；而对于包含小数的常量编译器则会默认把它当作双精度浮点型数据，例如下面代码中的3.141 592 653 5会被当作double型数据来处理。

```
float a = 3. 1415926535;
```

由于数据分为不同的类型，因此即使是最简单的赋值也可能会遇到意外。例如，可能会发生数据截断情况（损失数据精度）。

1.数据截断（精度损失）

观察下面的程序。

```
1. #include <stdio.h>
2. int main()
3. {
4.     float a = 3. 1415926535;
5.     printf("%f\n", a);
6.     return 0;
7. }
```

这个程序在编译时会遇到警告——“初始化”：从“double”到“float”“截断”，如图4-14所示。

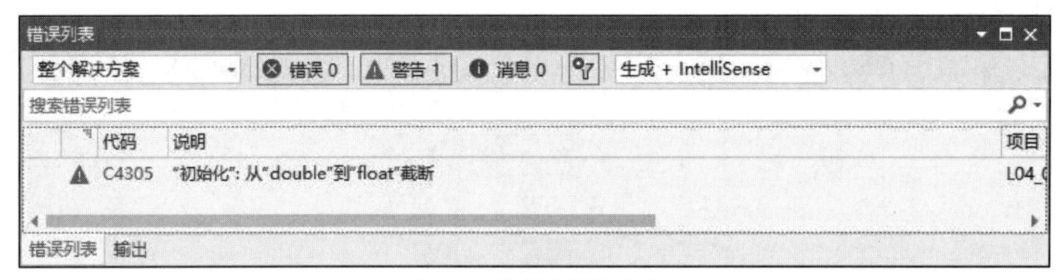

图4-14　数据截断的警告

警告不会导致编译失败，但程序执行后输出的值是3.141 593，如图4-15所示。

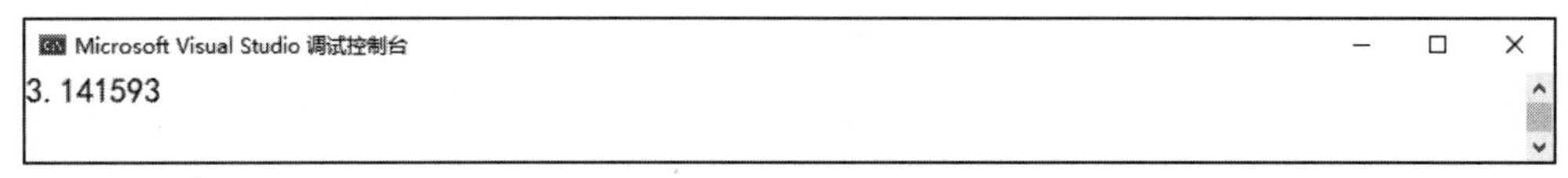

图4-15　被截断的数据

对第4行的代码：

```
4.     float a = 3. 1415926535;
```

可知赋值运算符右侧的3.141 592 653 5被编译器识别为一个double型常量（实际包含10位小数），左侧的a则是一个最多可以存储6位小数的float型变量。

编译器会自动将double型常量的值转换成float型数值并赋值给变量a（被称为隐式类型转换、自动类型转换），但由于它们的小数精度不同会导致部分数据丢失，编译器于是给出了警告来提醒程序员。

2. 强制类型转换

但是，有些时候程序员明确知道这里要对数据类型进行转换并且能接受精度损失，就可以通过“类型转换运算符”来实现不同数据类型之间的强制转换。以下是采用类型转换运算符的例子。

```
1. #include <stdio.h>
2. int main()
3. {
4.     float a = (float)3. 14;
5.     int b = (int)a;
6.     printf("%f\n", a);
7.     printf("%d\n", b);
8.     return 0;
9. }
```

第4行代码中加在3.14之前的“（float）”和第5行加在a之前的“（int）”就是类型转换运算符。所谓类型转换运算符就是在数据类型关键字两边加上括号，如表4-2所示。

表4-2　类型转换运算符

类型转换运算符	作用
(int)	将其后的值强制转换成整型
(float)	将其后的值强制转换成单精度浮点型
(double)	将其后的值强制转换成双精度浮点型

强制类型转换相当于程序员声明了“我明确了解此处的类型转换可能带来的问题，我对此负责”，这样编译器就不会再给出警告了。

当然，强制类型转换不是用于让编译器“闭嘴”的，它的主要用途是在遇到编译器无法自动进行类型转换时，给程序员一个“明确说明”的机会。

3. 溢出

除了数据截断的问题以外，溢出是给变量赋值时可能发生的另一个问题。以下这行代码没有任何问题。

```
int a = 2147483647;
```

而下面这行则会触发编译器警告——“‘初始化’：截断常量值”。

```
int a = 2147483649;
```

这是因为2 147 483 649超出了int型数据的表示范围（–2 147 483 648～2 147 483 647），被编译器发现和警告。但这种警告不会导致程序编译失败，只会得出错误的结果，运行下面的程序。

```
1. #include <stdio.h>
2. int main()
3. {
4.     int a = 2147483649;
5.     printf("%d\n",a);
```

```
6.      return 0;
7. }
```

结果如图4-16所示。

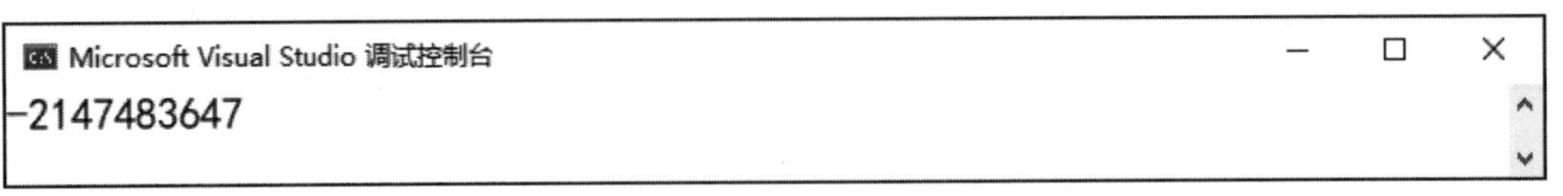

图4-16　整型数据溢出

赋值给变量a的值是2 147 483 649，但显示出来却是−2 147 483 647。为何它会变成负数是另外一个问题，现在读者只须知道——当赋给变量的值超出了变量所使用的数据类型的表示范围时，会导致错误。

不是所有的溢出都会被编译器发现，因为有些编译器不会进行此项检查，而有些溢出则来自于算术计算的结果因而不能被编译器发现，在4.4.4节再来讨论这种情况。

由于每种数据类型的表示范围和精度都是有限的，在给变量赋值时应充分考虑是否存在无意的数据截断和溢出，因为这可能会导致严重的错误和损失。对于可以接受的数据截断，应采用强制类型转换予以明确；对于可能存在溢出的变量，则应选择表示范围更大的数据类型。

阿丽亚娜 5 型火箭升空爆炸事件

1996年6月4日，阿丽亚娜5型运载火箭首航，计划运送4颗太阳风观察卫星到预定轨道，但点火升空40秒后，在4000米高空，这个价值5亿美元的运载系统就发生了爆炸。

爆炸的原因是火箭某段控制程序中将一个需要接收64位数据的变量为了节省存储空间而使用了16位的数据类型，从而在控制过程中产生了整数溢出，导致导航系统对火箭控制失效，程序进入异常处理模块，引爆自毁。

4.4.3　将变量的值赋值给另一个变量

我们当然也可以将一个变量的值赋值给另一个变量，这很简单：

```
1. int x =10;
2. int y =20;
3. y = x;
```

第3行代码赋值完成后，变量y的值为10。赋值操作的本质是数据在内存中的复制。

将变量的值赋值给另一个变量，同样也可能因为类型不同而导致发生数据截断、算术溢出等问题。读者请务必注意。

4.4.4 将算术计算的结果赋值给变量

赋值给变量的值除了来自常量和其他变量以外，也可以来自算术计算。在C语言中，使用“算术表达式”来描述如何进行计算。算术表达式中可以包含变量、常量和运算符。以下是一个算术表达式。

```
(2 + 3) * a;
```

在这个表达式里，2和3是常量，a是变量，+、*是运算符；这个表达式表示2+3的和乘以a。就像你看到的，一个表达式可以包括算术运算符如+、—、*和/。在C语言里，这些符号被称为运算符。表4-3列出了所有的运算符和它们的含义。

表4-3 算术运算符

符　号	含　义
+	加
—	减
*	乘
/	除
%	取除法计算的余数

在表4-3中，也许只有%运算符是读者不熟悉的。%运算符用来获得除法计算的余数，比如6 % 4，这个表达式的值是2，因为6除以4的余数为2。%运算符也被称作取模运算符。

在运算符中，乘法、除法和取模运算符拥有比较高的优先级，加法和减法次之。比如2 + 3 * 10，得到的结果是32，而不是50。因为乘法运算的优先级比较高，所以先进行的是3*10的计算，然后乘法运算的结果和2相加，得到32。同样地，在算术表达式中加上括号可以改变计算次序。例如（2 + 3） * 10，首先进行2和3的加法运算，然后再用计算的和乘以10。

以下是将算术表达式的值赋值给变量的例子。

```
int a = b+10;
```

同样地，将算术表达式的值赋值给变量时也可能会造成溢出、数据截断等问题。

1.算术表达式的类型

阅读下面的程序并预测程序输出的结果。

```
1. #include <stdio.h>
2. int main()
3. {
4.     int x = 7;
5.     float y = x / 2;
6.     printf("%f\n", y);
7.     return 0;
8. }
```

你可能认为程序会输出3.5，因为7除以2的商为3.5，而y是可以存储小数的单精度浮点型变量，但运行这个程序你会看到程序输出结果是3.000 000（见图4-17）。

```
Microsoft Visual Studio 调试控制台
3.000000
```

图4-17　算术表达式的类型导致结果异常

在计算算术表达式x/2时，需要预先为计算结果分配临时存储空间（通常是CPU的寄存器中的空间），然后将计算的结果放入这块临时空间再复制给变量y。分配临时存储空间的行为是在算术运算之前发生的，此时无法推断运算结果是何种类型，只能简单地依据算术表达式中组成元素的类型、大小，来决定在临时存储空间中存储数据的方式。

编译器“乐观地预测”算术表达式的类型是组成它的元素中“表达范围最强”的数据类型。换句话说，一个算术表达式中包含有浮点型和整型元素，那么用于存储计算结果的临时空间就采用浮点型。

那么表达式x/2是什么类型呢？因为x是整型变量，2也被默认地当作整型数，所以表达式x/2的值也是整型（存储计算结果的存储空间只能存储整型值）。于是3.5的小数部分被丢弃，程序运行的结果就是3.000 000。

要纠正上面程序的错误，可以采用下面的方法。

```
1. #include <stdio.h>
2. int main()
3. {
4.     int x = 7;
5.     float y = x / (float)2;
6.     printf("%f\n",y);
7.     return 0;
8. }
```

第5行代码将2强制转换为float型数据，表达式x / （float）2的类型自然也升级成浮点型，程序就可以得出正确的结果；或者将x进行强制类型转换为float型也是可以的。图4-18是修改程序以后运行的结果。

```
Microsoft Visual Studio 调试控制台
3.500000
```

图4-18　改变算术表达式的结果

2. 算术运算带来的溢出

前面提到过，不是所有的算术运算造成的溢出都会被编译器发现，例如下面的程序。

```
1. #include <stdio.h>
2. int main()
3. {
4.     int a = 2147483647;
5.     int b = 2;
```

```
6.     int c = a + b;
7.     printf("%d\n",c);
8.     return 0;
9. }
```

运行这个程序，会发现运行结果是−2 147 483 647，如图4-19所示。

```
Microsoft Visual Studio 调试控制台
-2147483647
```

图4-19　算术运算带来的溢出

值得警惕的是这种情况下编译器不会给出任何警告，但运算结果是错误的。

要计算2 147 483 647+2的和，必须使用更大的数据类型来存储运算结果，案例4-3演示了如何使用更大的数据类型。

案例4-3　使用更大的数据类型解决溢出问题（L04_03_AVOID_OVERFLOW）

```
1. #include <stdio.h>
2. int main()
3. {
4.     int a = 2147483647;
5.     int b = 2;
6.     long long c = (long long)a + b;
7.     printf("%lld\n",c);
8.     return 0;
9. }
```

第6行代码中的long long类型被称为“超长整型”，占用64字节；第7行代码中的printf函数使用了%lld占位符用于显示超长整型。超长整型的表达范围是−9 223 372 036 854 775 808～9 223 372 036 854 775 807，足以容纳2 147 483 647+2的和。程序运行的结果如图4-20所示。

```
Microsoft Visual Studio 调试控制台
2147483649
D:\BC101\Examples\Debug\L04_03_AVOID_OVERFLOW.exe (进程 8232)已退出，代码为 0。
```

图4-20　算术运算带来的溢出

? 思　考

在程序的第6行，除了将变量c声明为超长整型外，为何也要对变量a进行强制类型转换？

需要注意的是，一些书中还会提到“长整型”，这种数据类型的关键字是long。使用方法如下。

```
long i = 100;
```

在早期的16位编译器中：

- int型数据占用2个字节，表达范围为−32 768～32 767；
- long型数据占用4个字节，表达范围为−2 147 483 648～2 147 483 647。

而在32位和64位编译器中：

- int型数据占用4个字节，表达范围为−2 147 483 648～2 147 483 647；
- long型数据同样占用4个字节，表达范围为−2 147 483 648～2 147 483 647，与int型完全一致。

4.4.5 将函数的返回值赋值给变量

对于有返回值的函数，可以将其返回值赋值给变量。显示中行美元折算价的程序就是将ConvertCurrency函数的返回值赋值给double型变量r。

```
1. #include <stdio.h>
2. #include "D:/BC101/Libraries/BOCRates/BOCRates.h"
3. #pragma comment(lib, "D:/BC101/Libraries/BOCRates/BOCRates.lib")
4. int main()
5. {
6.     double r = ConvertCurrency(1, "USD", "CNY", 100);
7.     printf("%f\n", r);
8.     return 0;
9. }
```

从第6行代码可以看出，将保存返回值的变量置于赋值运算符左边，函数调用写在赋值运算符右边即可。

1.存储函数返回值的变量类型需要与函数返回值类型相同

在3.2.2节中我们介绍过，定义函数时首先确定函数是否需要返回值、需要返回何种类型的值，这些由函数的作者根据实际需要确定。

对于自己定义的函数，你当然知道它的返回值类型是什么，而对于库函数、第三方函数，可以在头文件、函数的说明文档中查阅它的返回值类型。例如头文件BOCRates.h中可以看到函数的声明。

```
14. double ConvertCurrency(int real, const char* from, const char* to,
    double amount);
15. int GetBOCRatesByCode(const char* code, char* name, char*
    publishTime, double* rates);
16. int ReadBOCRatesByCode(const char* code, EXCHANGE_RATE* results);
17. int ReadAllBOCRates(EXCHANGE_RATE** result);
```

可以看出ConvertCurrency函数的返回值类型是double, GetBOCRatesByCode函数、ReadBOCRatesByCode函数、ReadAllBOCRates函数的返回值类型都是int。

将函数的返回值赋值给变量时，需要确保变量的类型与函数返回值类型相同。以下代码会触发“从double转换到int类型，可能丢失数据”的警告，相信你能理解。

```
int r = ConvertCurrency(1, "USD", "CNY", 100);
```

当然也可以通过强制类型转换对函数的返回值进行类型转换。

```
int r = (int)ConvertCurrency(1, "USD", "CNY", 100);
```

但最好不要这么做，在实际工作中，如果对汇率数据进行类型转换导致丢掉了小数部分，那用户一定不会放过你。

2. 不是所有函数都有返回值

不是所有的函数都需要返回值。例如下面的beep函数的功能是使系统发出声音。

```
1. void beep()
2. {
3.     printf("%c", 7);
4. }
```

这个函数一定会执行成功，且不会有任何不同的执行结果，因此不需要返回值。

在函数名前面写上void表示函数无须返回值，调用时也无法获取它的返回值。

```
1. #include <stdio.h>
2. void beep()
3. {
4.     printf("%c", 7);
5. }
6. int main()
7. {
8.     int r = beep();
9.     return 0;
10. }
```

其中第8行代码会导致发生“无法从‘void’转换为‘int’”错误，强制转换也不行，因为beep函数没有返回值。

4.4.6 交换两个变量的值

有时我们需要交换两个变量的值，最简单明了的方式就是使用一个额外的变量作为临时变量，然后完成交换。

```
1. int a = 10;
2. int b = 20;
3. int temp = a;   //将a的值10存入temp中
4. a = b;          //将b的值20赋值给a
5. b = temp;       //将temp中的10（a原先的值）赋值给b
```

试想你有3个杯子，一个杯子空着，一个杯子装着水，一个杯子装着绿茶，通过空杯子交换水和绿茶的过程，这样就能理解上面的程序了。

4.5 选择结构程序

在4.2.3节中，我们根据CurrentCurrency函数的返回值结合if语句决定显示美元的中行折算价或者显示“网络或服务器异常”。

```
1. #include <stdio.h>
2. #include "D:/BC101/Libraries/BOCRates/BOCRates.h"
3. #pragma comment(lib, "D:/BC101/Libraries/BOCRates/BOCRates.lib")
4. int main()
5. {
6.     double r = ConvertCurrency(1, "USD", "CNY", 100);
7.     if (r > 0)
8.     {
9.         printf("%.2f\n", r);
10.    }
11.    else
12.    {
13.        printf("网络或服务器异常\n");
14.    }
15.    return 0;
16. }
```

这种选择性执行的程序结构被称为“选择结构”或“分支结构”，即根据条件是否成立决定一段代码是否被运行。要选择性地执行程序，首先要使用包含“关系运算符”判断条件是否成立。

4.5.1 关系运算符和关系表达式

关系运算符用于判断条件是否成立，在C语言中，可以使用表4-4中的关系运算符。

表4-4 关系运算符

关系运算符	含义
==	等于
>	大于
<	小于
>=	大于或等于
<=	小于或等于
! =	不等于

要进行条件判断时应在关系运算符的两侧加上不同的表达式。两侧的表达式可以是单个的变量或常量。例如判断变量a的值是否大于10，关系运算符两侧是变量a和常量10，即a>10。

当然，也可以是两个变量，例如a >=b。

除此以外也可以是算术表达式，在计算时先进行算术运算再进行关系运算（算术运算符优先级高于关系运算符）。例如a+10 ! =b是判断a+10的结果是否不等于b。

同样，函数的返回值也可以参与关系运算。下面的这个关系表达式判断100美元折合人民币的金额是否大于或等于700元。

```
ConvertCurrency(1, "USD", "CNY", 100) >= 700
```

关系表达式

关系表达式是指程序中用关系运算符将两个表达式连接起来，以判断条件是否成立的表达式。在C语言中：

- 当条件不成立时，关系表达式的值为0；
- 当条件成立时，关系表达式的值为非0值（一般是1）。

案例4-4演示了关系表达式在不同情况下的值。

案例4-4 显示条件表达式的值（L04_04_CONDITIONAL_EXPRESSION）

```
1. #include <stdio.h>
2. int main()
3. {
4.     int a = 0;
5.     int b = 10;
6.     printf("关系表达式a>10的值是:%d\n", a > 10);
7.     printf("关系表达式a>=b的值是:%d\n", a >= b);
8.     printf("关系表达式a!=b的值是:%d\n", a != b);
9.     printf("关系表达式a+10!=b的值是:%d\n", a+10 != b);
10.    return 0;
11. }
```

图4-21是程序运行的结果。

```
Microsoft Visual Studio 调试控制台
关系表达式a>10的值是:0
关系表达式a>=b的值是:0
关系表达式a!=b的值是:1
关系表达式a+10!=b的值是:0
```

图4-21 关系表达式的值

知道了关系表达式，就可以结合if语句实现选择性运行程序了。

4.5.2 使用if语句实现选择结构

实现选择结构程序最常见的方法就是使用if语句。

1.使用if语句实现判断

在程序中可以使用if语句和关系表达式实现选择结构的程序。if语句根据条件是否成立决定一条语句是否被执行，使用的格式如图4-22所示。

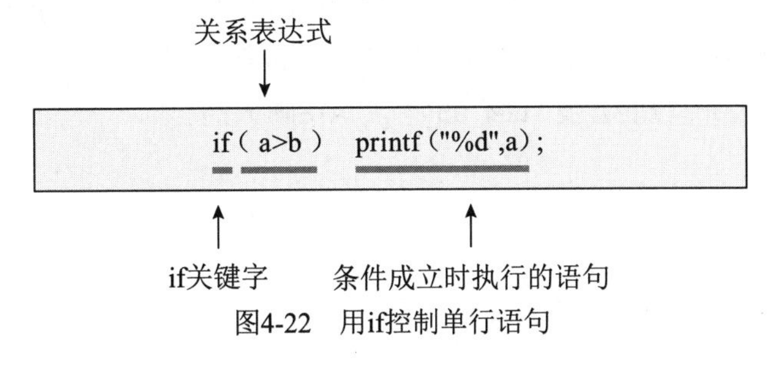

图4-22 用if控制单行语句

单行if语句以关键字if开始，其后是被包含在一对括号里的关系表达式，括号后是条件成立时执行的语句，并以分号结束。这一条语句在a大于b时以整数形式显示变量a的值。

有时当条件成立时需要执行的语句不止一条，可以将要执行的语句放入一对大括号组成的“语句块”中，编译器会将语句块当作一条语句处理，如图4-23所示。

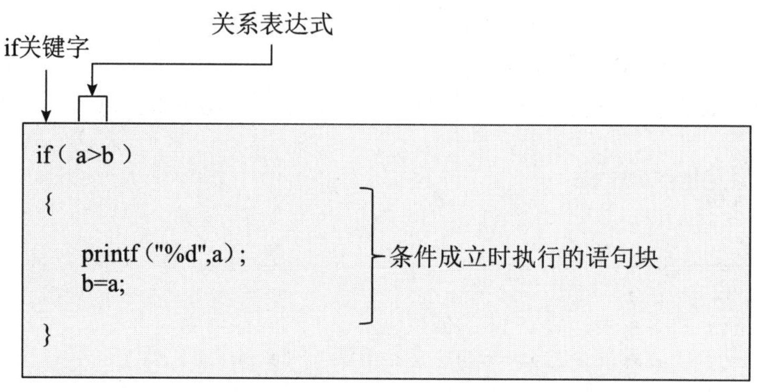

图4-23　用if控制多行语句

单行if语句需要以分号结尾，而使用语句块的if语句无须在最后一个大括号后使用分号。出于程序易读性的考虑，当条件成立时即使只需执行一条语句也应考虑使用语句块，而不是将其写在条件表达式后面，否则在代码较多时容易误读。例如：

```
if(a>b) printf("%d\n",a);
```

程序语句易读的写法如下。

```
if(a>b)
{
    printf("%d\n",a);
}
```

有些程序员（特别是使用Java的程序员）喜欢将左大括号与if语句写到一行上，如下所示。这只是编程习惯的不同，不影响程序执行。

```
if(a>b){
    …
}
```

2. 使用if…else语句

if语句还可以配合else关键字，用于在条件成立、不成立时分别运行不同的代码。下面的程序在a大于b时显示a的值，a小于等于b时显示b的值。换句话说是显示变量a和b中值较大的一个。读者可以自己输入案例4-5的代码并运行程序。

案例4-5　使用if语句显示较大的数值（L04_05_IF_STATEMENT）

```
1. #include <stdio.h>
2. int main()
3. {
4.     int a = 10;
```

```
5.      int b = 20;
6.      if (a > b)
7.      {
8.          printf("%d\n", a);
9.     }
10.     else
11.     {
12.         printf("%d\n", b);
13.     }
14.     return 0;
15. }
```

3. 使用if…else if语句

除此以外，if语句还可以配合else if实现多个条件的判断。之前使用的ConvertCurrency有三种返回值（表4-5），分别表示服务器异常、网络异常和正常的结果。

表4-5 ConvertCurrency函数的返回值

值	含义
-1	服务器异常返回不正常的结果
-2	网络异常
其他	执行成功，返回目标货币金额

而之前的显示中行美元折算价的程序为了简洁，只将其分为两种情况处理：

- 返回值不为负数时（r>0），显示中行折算价；
- 返回值为负数时，显示网络或服务器异常。

提示用户“网络或服务器异常”是不够明确的，既然ConvertCurrency函数明确说明了是服务器异常还是网络异常我们就应充分利用它。以下程序使用if…else if进行了多种条件的判断，给用户更明确的提示。

```
1. #include <stdio.h>
2. #include "D:/BC101/Libraries/BOCRates/BOCRates.h"
3. #pragma comment(lib, "D:/BC101/Libraries/BOCRates/BOCRates.lib")
4. int main()
5. {
6.      double r = ConvertCurrency(1, "USD", "CNY", 100);
7.      if (r == -1)
8.      {
9.          printf("服务器异常，请联系系统管理员\n");
10.      }
11.     else if (r == -2)
12.     {
13.         printf("网络异常，请检查你的网络连接\n");
14.     }
15.     else
16.     {
17.         printf("%.2f\n", r);
18.     }
```

```
19.     return 0;
20. }
```

4.6 小结

本课讲解了使用第三方库显示某种货币中行折算价的方法以及数据类型和变量的基础知识，涉及的主要的知识点如下。

（1）除了标准函数库和自定义的函数，程序还可以调用第三方提供的函数库中的函数。

（2）调用第三方函数时，需要在程序中引用对应的头文件和库文件。

（3）第三方函数一般都会提供函数的使用说明，需要按照说明来调用函数。

（4）源程序可以用64位编译器编译，也可以用32位编译器编译。Visual Studio 2022默认使用64位编译器编译程序。

（5）当使用64位编译器编译程序时，程序所引用的库必须也是64位的；使用32位编译器编译时，程序必须也引用32位的库。

（6）在内存中存储信息的最简单方式是使用变量，变量名会被映射到一块内存空间，通过变量名可以方便地访问这块内存空间以实现存取信息。变量中可以存放的信息包括数值、字符的编码或其他可以被转换成二进制的信息。

（7）编程语言预设了各种数据类型，以便程序员声明不同类型的变量以存储不同特征的数据。

（8）C语言中基础的数值类型是int、float和double。

（9）选择数据类型的标准是，在精度和范围能够满足需求的同时不浪费内存资源。

（10）变量命名应遵循相关的规则，以便阅读和理解。

（11）变量对应着内存中的一块空间，空间大小取决于变量采用的数据类型。

（12）可以通过“&”运算符获得变量在内存中的地址。

（13）变量的初值是随机的。

（14）一般情况下使用“=”运算符给变量赋值。算术表达式、常量和函数的返回值都可以赋值给变量。

（15）给变量赋值时需要考虑精度损失或溢出的可能性和危害。

（16）可以通过关系运算来判断一个条件是否成立。

（17）可以通过if语句结合关系表达式、逻辑表达式来决定一个语句块是否运行，这种程序结构被称为“选择结构”。

4.7 检查表

只有在完成了本课的实践任务后，才可以继续下一课的学习。本课的实践任务如

表4～6表4-10所示。

表4-6　使用外汇牌价接口库获取指定外币中行折算价

任务名称	使用外汇牌价接口库获取指定外币中行折算价		
任务编码	L04_01_RATES_EXAMPLE		
任务目标	1. 了解在项目中引用第三方库的方法 2. 掌握调用ConvertCurrency函数获取指定外币的中行折算价的方法		
完成标准	1 .在解决方案中加入了新项目L04_01_RATES_EXAMPLE 2. 下载并解压缩了外汇牌价接口库 3. 在程序中正确引用了外汇牌价接口库的头文件和库文件 4. 运行程序，可以根据中行折算价计算100美元对应的人民币金额		
运行截图			
Microsoft Visual Studio 调试控制台 638.56 D:\BC101\Examples\Debug\L04_01_RATES_EXAMPLE.exe (进程 5200)已退出，代码为 0。			
完成情况	□已完成　□未完成	完成时间	

表4-7　显示变量的内存地址

任务名称	显示变量的内存地址		
任务编码	L04_02_ADDRESS_OF_VARIABLE		
任务目标	1. 理解变量和变量的内存地址 2. 掌握使用“&”运算符获取变量地址的方法		
完成标准	1. 在解决方案中加入了新项目L04_02_ADDRESS_OF_VARIABLE 2. 案例程序可以编译、运行，并以十六进制、十进制方式显示了变量x的内存地址		
运行截图			
Microsoft Visual Studio 调试控制台 变量x所在的内存地址是：00CFFDEC 变量x所在的内存地址是：13630956			
完成情况	□已完成　□未完成	完成时间	

表4-8　使用“更大”的数据类型解决溢出的问题

任务名称	使用“更大”的数据类型解决溢出的问题		
任务编码	L04_03_AVOID_OVERFLOW		
任务目标	理解算术运算产生溢出的可能性以及避免的方法		
完成标准	1. 在解决方案中加入了新项目L04_03_AVOID_OVERFLOW 2. 案例程序可以编译、运行，并正确显示2147483647+2的和		
运行截图			
Microsoft Visual Studio 调试控制台 2147483649 D:\BC101\Examples\Debug\L04_03_AVOID_OVERFLOW.exe (进程 7040)已退出，代码为 0。			
完成情况	□已完成　□未完成	完成时间	

表4-9　显示条件表达式的值

<table>
<tr><td>任务名称</td><td colspan="3">显示条件表达式的值</td></tr>
<tr><td>任务编码</td><td colspan="3">L04_04_CONDITIONAL_EXPRESSION</td></tr>
<tr><td>任务目标</td><td colspan="3">理解条件表达式的值并掌握显示其值的方法</td></tr>
<tr><td>完成标准</td><td colspan="3">1.在解决方案中加入了新项目L04_04_CONDITIONAL_EXPRESSION
2.案例程序可以编译、运行，并正确显示各个条件表达式的值</td></tr>
<tr><td colspan="4">运行截图</td></tr>
<tr><td colspan="4">Microsoft Visual Studio 调试控制台
关系表达式a>10的值是:0
关系表达式a>=b的值是:0
关系表达式a!=b的值是:1
关系表达式a+10!=b的值是:0

D:\BC101\Examples\Debug\L04_04_CONDITIONAL_EXPRESSION.exe (进程 1040)已退出，代码为 0。</td></tr>
<tr><td>完成情况</td><td>□已完成　□未完成</td><td>完成时间</td><td></td></tr>
</table>

表4-10　使用if语句显示较大的数值

<table>
<tr><td>任务名称</td><td colspan="3">使用if语句显示较大的数值</td></tr>
<tr><td>任务编码</td><td colspan="3">L04_05_IF_STATEMENT</td></tr>
<tr><td>任务目标</td><td colspan="3">1.理解选择结构程序
2.掌握if语句的基本使用方法</td></tr>
<tr><td>完成标准</td><td colspan="3">1.在解决方案中加入了新项目L04_05_IF_STATEMENT
2.案例程序可以编译、运行，并正确显示变量a和b中值较大的一个</td></tr>
<tr><td colspan="4">运行截图</td></tr>
<tr><td colspan="4">选择Microsoft Visual Studio 调试控制台
20

D:\BC101\Examples\Debug\L04_05_IF_STATEMENT.exe (进程 10708)已退出，代码为 0。</td></tr>
<tr><td>完成情况</td><td>□已完成　□未完成</td><td>完成时间</td><td></td></tr>
</table>

| 第5课 |

获取完整的牌价数据

上一课中的程序实现了显示一项数据的功能——100美元折算人民币的金额。这项计算是根据“中行折算价”进行的，但外汇牌价还包括现钞买入价、现汇买入价、现汇卖出价和现钞卖出价。

存储这5种价格需要声明5个double型变量吗？26种外币需要130个double型变量吗？实际上，在C语言中对于相同类型的一组变量，可以使用“数组”来存储，本课将介绍以下内容：

- 使用数组存储多种价格；
- 处理数组中的数据；
- 字符和字符串；
- 获取和显示货币名称。

在完成本课学习后，你的程序将可以完整地获取和显示某种货币的全部牌价信息。

5.1 使用数组存储数据

ConvertCurrency函数是根据中行折算价进行货币金额转换的，得到的是单个金额。但是外汇牌价看板程序需要获取多个价格，包括现汇买入价、现钞买入价、现汇卖出价、现钞卖出价和中行折算价，如图5-1所示。

外汇牌价

EXCHANGE RATE

发布时间：2021-06-12 10:30:00

	现汇买入价	现钞买入价	现汇卖出价	现钞卖出价	中行折算价
阿联酋迪拉姆		168.04		180.52	173.83
澳大利亚元	491.06	475.81	494.68	496.87	494.89
巴西里亚尔		119.79		136.01	126.35
加拿大元	523.96	507.41	527.82	530.15	527.97
瑞士法郎	709.52	687.62	714.50	717.56	713.67
丹麦克朗	103.69	100.49	104.53	105.03	104.54
欧元	771.76	747.78	777.45	779.95	777.29

图5-1　外汇牌价看板

这5项数据该如何存储呢？读者当然可以声明5个double型变量，然后用5个不同的函数获得不同的价格，但这种方式会大大提高程序的复杂度（26种货币就需要声明130个变量）。

要往家里拿10个鸡蛋，最好的办法显然不是每个口袋装几个，而是用一种叫“蛋托”的容器装好以更方便和妥当地携带，如图5-2所示。

图5-2　盛放10个鸡蛋的蛋托

在程序设计中，如果要存储多个类型相同、用途相关的一组数据时，可以使用“数组”。数组的实质就是多个相同类型变量的集合，集合的每一个元素就是一个变量，并且所有元素在内存地址上都是相邻的，这样就为处理数据带来便利。接下来我们将介绍如何定义和使用数组，以及如何对数组中存储的数据进行处理。

5.1.1　数组的声明方法

和变量一样，要使用一个数组，必须先声明它。

1. 在程序中声明数组

声明变量时，我们是这样做的：

```
double r=0;
```

声明数组的方法是这样的：

```
数据类型　数组名[元素数量];
```

例如：

```
double rates[5];
```

声明了一个名叫rates的数组，用于存储某种货币的5种价格。double表示这个数组中的所有元素类型是双精度浮点型，方括号中的5表示数组中一共有5个元素。数组占用内存空间大小的计算方法如下。

数组元素的数量×单个数组元素的大小（字节）

数组占用的空间在数组声明时就已经确定，未来不能修改数组的大小。

例如上面的数组rates，每个双精度浮点型元素占用8个字节，5个数组元素一共占用40个字节。如果程序在声明数组时没有初始化其中的元素，数组中元素的值是不确定的，这一点和变量一样。

警　告

定义数组时，方括号中只能是一个常量，而不能是变量，所以下面的程序不会通过编译。

```
int size = 5;
int rates[size];
```

2. 数组的初始化

有时我们希望在定义数组时就给它的元素赋值，这时可以通过下面的方法初始化数组中的元素，即在一对大括号中依次给出数组中每一个元素的值。

```
double rates[5]={10,20,30,40,50};
```

表5-1列出了数组初始化后每个元素的值和地址，每个数组元素占用8个字节。表中的地址是每个数组元素在内存中第1个字节的地址，它们在地址上是连续的（注意表中的地址是十六进制的，因此00CFFA28～00CFFA30间隔8个字节，而不2个字节）。

表5-1　数组中的元素和地址

元素	值	地址
rates[0]	10	00CFFA28
rates[1]	20	00CFFA30
rates[2]	30	00CFFA38
rates[3]	40	00CFFA40
rates[4]	50	00CFFA48

如果初始化数组时要将所有元素都设为同一个值，也可以这样做：

```
double rates[5]={-1};
```

这行代码将数组rates数组中的每个元素都赋值为-1。

5.1.2　将外汇牌价数据存入数组

知道了数组的定义和基本的使用方法之后，下面就可以使用一个数组来存储某种货币的5种牌价，例如：

```
double rates[5] = {-1};
```

数组rates将按顺序存储某种货币的5种价格，5个数组元素的用途如表5-2所示。

表5-2　rates数组的元素

数组元素	用途
rates[0]	现汇买入价
rates[1]	现钞买入价
rates[2]	现汇卖出价
rates[3]	现钞卖出价
rates[4]	中行折算价

牌价接口库中提供了GetRatesByCode函数，它可以按照上面的次序将某种货币的全部牌价存入指定的数组中，只要调用一次这个函数，就可以一次性将某种货币的5种价格存入数组。实现该功能的程序如下。

```
1. #include <stdio.h>
2. #include "D:/BC101/Libraries/BOCRates/BOCRates.h"
3. #pragma comment(lib, "D:/BC101/Libraries/BOCRates/BOCRates.lib")
4. int main()
5. {
6.     double rates[5];
7.     int result = GetRatesByCode("USD",rates);
8.     return 0;
9. }
```

第7行代码调用GetRatesByCode函数获取5种价格：

```
7.     int result = GetRatesByCode("USD",rates);
```

其中，GetRatesByCode的第1个参数是要获取的货币代码，第2个参数是数组名rates，这表示需要GetRatesByCode函数将获取到的数据存入数组rates。

GetRatesByCode函数成功获取牌价后会将数据送入数组并返回1（获取失败会返回不为1的值），之后只须按顺序显示数组中每一个元素值即可。

5.1.3　访问数组元素

数组是用于存储数据的，每一个数组元素相当于一个变量，读、写数组元素又被称为访问数组元素。

1. 访问数组元素的基本方法

声明数组以后，可以将其中每个元素当作单独的变量来赋值和取值，访问某个元素的方法是在数组名后加上一对中括号和索引值。

```
rates[0] = 20;
```

中括号间的索引值表示程序要访问数组中的第几个元素，索引也被称为“下标”。与日常习惯不同的是，数组元素从0开始计数，所以rates[0]表示数组中的第1个元素。上面的代码代表给数组中的第1个元素赋值为20。如果要取出数组中的元素值，也使用同样的方法。下面的代码代表取出数组中第2个元素的值赋值给变量r。

```
double r = rates[1];
```

你当然也可以将数组元素的值用printf函数显示出来，例如下面的语句。

```
printf("%f\n",rates[0]);
```

知道了访问数组元素的基本方法，就可以按照案例5-1中的代码修改先前的程序并将获得的牌价数据并显示出来。

案例5-1　根据货币代码获取完整的外汇牌价数据（L05_01_GET_RATES_BY_CODE）

```
1. #include <stdio.h>
2. #include "D:/BC101/Libraries/BOCRates/BOCRates.h"
3. #pragma comment(lib, "D:/BC101/Libraries/BOCRates/BOCRates.lib")
4. int main()
5. {
6.     double rates[5];
7.     int result = GetRatesByCode("USD",rates);
8.     if (result == 1)
9.     {
10.         printf("现汇买入价:%.2f\n", rates[0]);
11.         printf("现钞买入价:%.2f\n", rates[1]);
12.         printf("现汇卖出价:%.2f\n", rates[2]);
13.         printf("现钞卖出价:%.2f\n", rates[3]);
14.         printf("中行折算价:%.2f\n", rates[4]);
15.     }
16.     else
17.     {
18.         printf("网络或服务器异常\n");
19.     }
20.     return 0;
21. }
```

运行程序，结果如图5-3所示。

```
Microsoft Visual Studio 调试控制台
现汇买入价:638.40
现钞买入价:633.20
现汇卖出价:641.10
现钞卖出价:641.10
中行折算价:638.56

D:\BC101\Examples\Debug\L05_01_GET_RATES_BY_CODE.exe (进程 5972)已退出，代码为 0。
```

图5-3　使用数组存储多项数据

是不是很方便？你亲自动手试一下吧！

2. 遍历数组

访问数组中所有元素的值则是最常见的操作，这种操作又被称为“遍历数组”。要显示数组rates中的所有数据，可以这样做。

```
1.         printf("%.2f\n", rates[0]);
2.         printf("%.2f\n", rates[1]);
3.         printf("%.2f\n", rates[2]);
4.         printf("%.2f\n", rates[3]);
5.         printf("%.2f\n", rates[4]);
```

但这种程序显得“幼稚”又“臃肿”，如果要显示的数组中有100个元素，使用这种方式就不现实了。接下来，我们讲解如何使用更少的代码，来遍历数组中所有的元素。

遍 历

遍历就是“全部走一遍”的意思，在程序设计中是指沿着一条路径，依次对每项数据元素做一次且仅做一次访问，来达到某种目的。

3. 使用goto语句实现循环

观察前面的5行代码可以发现，这5行代码基本是一样的，不同之处仅是rates后面方括号里的数字。

```
1.          printf("%.2f\n", rates[0]);
2.          printf("%.2f\n", rates[1]);
3.          printf("%.2f\n", rates[2]);
4.          printf("%.2f\n", rates[3]);
5.          printf("%.2f\n", rates[4]);
```

在访问数组时，中括号中的数字可以用一个变量代替，这一特点为我们精简这段程序提供了可能。以下是使用变量作为索引值的例子，为了减少调用牌价接口库的麻烦笔者直接在声明数组时初始化了数组元素的值。

```
1. double rates[5] = { 657.86, 652.51, 660.65, 660.65, 658.09 };
2. int i=1;
3. printf("%.2f",rates[i]);
```

执行这段代码时会显示652.51。要显示数组rates中的5个元素，程序可以这样写：复制和粘贴printf语句，使用变量i作为索引并显示数组元素，并且每显示完一次后将i的值加1，就可以显示5个元素了。

```
1. int i=0;
2. printf("%.2f\n", rates[i]);
3. i = i + 1;
4. printf("%.2f\n", rates[i]);
5. i = i + 1;
6. printf("%.2f\n", rates[i]);
7. i = i + 1;
8. printf("%.2f\n", rates[i]);
9. i = i + 1;
10. printf("%.2f\n", rates[i]);
11. i = i + 1;
```

这样一来岂不是让程序变得更“臃肿”吗？但你会发现第2、3行代码被“一模一样”地重复了4次。如果程序执行完第3行后可以回到第2行再执行一次，不是就可以少写一些代码吗？在C语言中提供了goto语句用于在程序执行时跳转到同一函数内的“标签”处，标签可以是任何除 C 关键字以外的纯文本。

```
begin:
```

```
…  //其他一行或多行语句
goto begin;
…  //其他一行或多行语句
```

程序执行到goto语句时会直接跳转到begin处（注意begin后面是冒号），除了向前跳转，也可以向后跳转。在goto语句前面加上if语句用以实现有条件跳转。

案例5-2中的代码演示了如何使用goto语句遍历并显示数组rates中的5个元素。

案例5-2　使用goto语句遍历数组（L05_02_TRAVERSAL_IN_ARRAY）

```
1. #include <stdio.h>
2. int main()
3. {
4.     double rates[5] = { 657.86, 652.51, 660.65, 660.65, 658.09 };
5.     int i = 0;
6.
7.     begin:
8.        printf("%.2f\n", rates[i]);
9.        i = i + 1;
10.    if (i <= 4)  goto begin;
11.
12.    return 0;
13. }
```

从案例5-2中的程序代码，可以看到：

- 第7行增加了一个以冒号结尾的标签（此处是begin，也可以是其他任何单词或拼音），它被当作用来定位的“书签”。
- 第8行使用变量i当前的值作为访问数组的索引显示数组元素（第1次执行时i的值为0）。
- 第9行使变量i的值加1。
- 第10行使用了if语句判断i的值是否小于等于4，如果是则执行后面的语句goto begin。goto begin会让程序重新“跳回”第7行，而变量i的值此时已经加1了，再执行其后的语句则会显示下一个数组元素的值。
- 周而复始，当i的值大于4时，因为i的值不再小于等于4，就不再跳转到第7行，而是继续执行第10行以后的程序。

执行程序，完整地显示了数组中所有的元素，如图5-4所示。

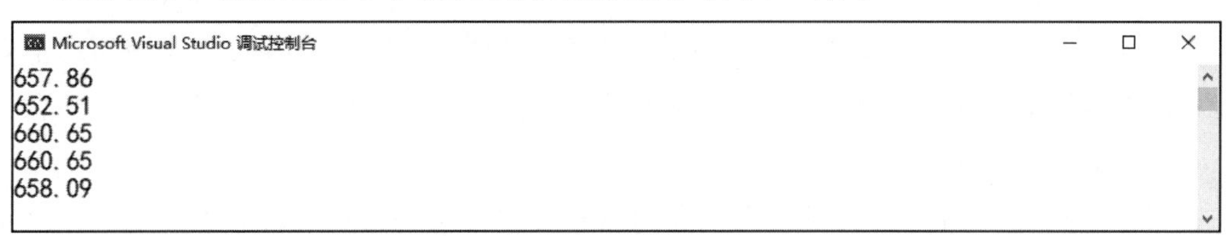

图5-4　使用goto语句遍历数组

如果数组中的元素有100个，只需将第10行的i<=4改为i<=99即可。

这种重复执行一段代码的方式被称作“循环”。第8、9行代码是重复执行的内容，它们被称为“循环体”。使用if结合goto语句实现循环虽然很好理解，但除非迫不得已我们并不推荐在程序中使用goto语句。一个到处跳转的程序会显得杂乱无章且很难维护，好在C语言提供了专门的循环语句，包括下面三种形式：

- for循环；
- while循环；
- do…while循环。

对于这种循环次数可以事先确定的情况，一般使用for循环。while循环与do…while循环将在第6课中介绍。

4. 使用for循环遍历数组

for循环是最常用的循环结构之一，用于完成指定次数的循环。在使用时一般使用一个被称为“循环计数器”的变量来控制循环的运行次数。将前面使用goto语句的程序改为for循环（第5行）的程序如下。

```
1. #include <stdio.h>
2. int main()
3. {
4.     double rates[5] = { 657.86, 652.51, 660.65, 660.65, 658.09 };
5.     for (int i = 0; i <= 4; i++) printf("%.2f\n", rates[i]);
6.     return 0;
7. }
```

程序执行的结果是和之前一样的。在第5行代码中，关键字for后面是一对圆括号，其中是三个用分号隔开的语句，这3个语句控制着循环的运行次数；其后的 printf（"%.2f\n"， rates[i]）是每次循环时要执行的代码，它是这个循环的“循环体”。图5-5描述了最简单的for循环结构。

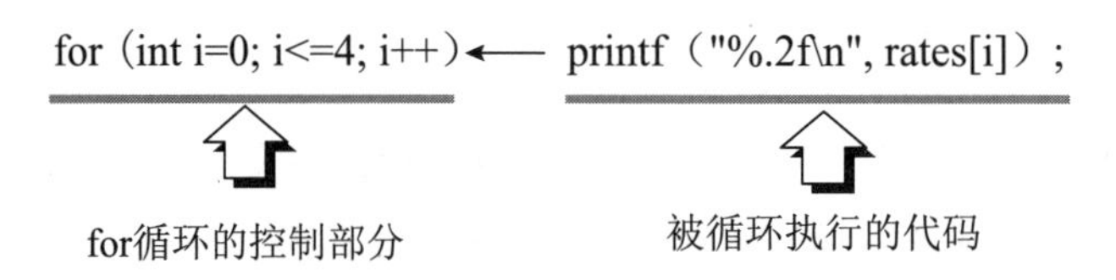

图5-5　一个for循环的例子

for关键字后面的一对圆括号内是用于控制循环执行次数的3个语句。

- **初始化控制变量语句int i = 0**

for循环用一个变量（一般用整型）来控制循环的次数。因此需要在此处声明这个变量并给它赋初值。此处的int i= 0表示控制变量为整型变量i，初值为0。

- **循环运行条件 i <= 4**

圆括号里的第2个语句是循环是否执行的条件，当这个条件满足时循环运行。此处的条件是i <=4，由于i的初值是0，在循环第1次运行时，条件i<=4是满足的，循环会被执行。

- **变更控制变量值的语句 i++**

每一次循环执行完毕后，都需要更改控制变量的值，否则该循环会永远执行下去，成为一个死循环。在这个例子里面我们写的是i++，它在此处等同于i=i+1，每执行一次i的值加1。

请务必记住for循环的执行次序，如图5-6所示。

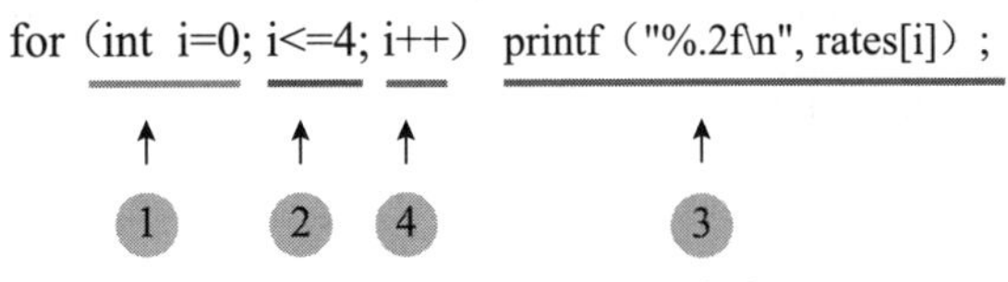

图5-6 for循环的执行次序

① 初始化控制变量。

② 判断循环条件是否满足，如果不满足，则循环结束。

③ 如果循环条件满足，执行循环体中的语句。

④ 执行变更控制变量值的语句，再回到第2步，判断循环是否继续运行。

控制变量i不仅用于控制循环的次数，在循环内部往往也借助它实现一些功能。例如，在这个例子中控制变量i的值从0开始，到4结束，这恰恰是要用于访问数组的索引值。

理论上，for循环语句只能控制一条语句的循环执行，但实际上需要循环执行的语句往往不止一行，这时可以和if语句一样使用语句块（被一对大括号包含的若干行语句）作为循环体，就可以使用for循环控制一组语句的多次运行了。

所以上面的循环也可以写成如案例5-3所示的格式。

案例5-3 使用for循环遍历数组（L05_03_FOR_EXAMPLE）

```
1. #include <stdio.h>
2. int main()
3. {
4.     double rates[5] = { 657.86, 652.51, 660.65, 660.65, 658.09 };
5.     for (int i = 0; i <= 4; i++)
6.     {
7.         printf("%.2f\n", rates[i]);
8.     }
9.     return 0;
10. }
```

建议所有的循环体都使用这种用大括号的格式，哪怕要循环执行的语句只有1行。有些公司甚至强制规定必须这样写。这样做的好处是可以清晰地看出循环体从何处开始，何处结束。

作为一种编码习惯，Java程序员的for循环可能写成这样：将表示循环体开始的左大括号放在for语句的末尾，见以下代码第1行。

```
1.     for (int i = 0; i <= 4; i++){
2.         …
3.     }
```

Java程序员将不这么做的人视作“异端”。但是所有人都同意大括号内循环体语句不应与for左对齐，而是应该向右空出几个字符的位置，这种格式被称为“缩进”（例如上面的程序）。除了for循环外，if语句的语句块、函数的代码都应遵循这种格式，要向右缩进代码可以在输入代码前按键盘上的Tab键。

缩进在大多数编程语言中不是必须的，它只是便于人们阅读代码。以下是不采用缩进格式的例子。这是一种非常不好的程序格式。

```
1. for (int i = 1; i <= 10; i++)
2. {
3. if (i < 5)
4. {
5. printf("%d\n", i);
6. }
7. }
```

现在，我们知道了使用for循环遍历数组的方法，但程序仍有改进的余地。

5. 使用sizeof运算符计算数组的大小

在案例5-3中，我们将数组的最大索引值4直接输入程序作为循环变量的终值（第5行的i<=4）。

这不是一个好方法。未来如果你需要修改数组的元素数量，例如将其增加到10个元素，就必须同时修改第5行的代码，将i<=4改为i<=9。这听上去很容易做到但实际上可能会被程序员忘掉或者厌烦了修改，所以不如一开始就想办法避免这种将循环次数“写死”的情况。

如果程序可以计算出数组的元素数量并能用它控制循环的次数就好了。在C语言里，可以用sizeof运算符计算数据类型、变量和数组所占用内存空间的大小（结果以字节为单位）。sizeof运算符的运算结果为无符号整型数（unsigned int，该类型不支持存储负数，sizeof运算的结果也不可能为负数）。以下是使用sizeof的例子。

```
unsigned int t = sizeof(int);    //计算数据类型int的大小
```

上面的sizeof运算符计算int数据类型所占用的内存空间（4字节），将计算结果（4）赋值给无符号整型变量t；而下面的程序使用sizeof运算符计算数组rates的大小，将结果（40）赋值给无符号整型变量t。

```
double rates[5];
unsigned int t = sizeof(rates);  //计算数组的大小
```

当使用sizeof运算符计算数组大小时，返回的是该数组占用的字节数，而不是数组的元素数量。但是可以先计算出数组占用的字节数，将其除以单个数组元素的字节数就可以得出数组元素的数量。按照案例5-4修改程序。

案例5-4　使用sizeof运算符计算数组大小（L05_04_SIZEOF_OPERATOR）

```
1. #include <stdio.h>
2. int main()
3. {
```

```
4.      double rates[5] = {657.86, 652.51, 660.65, 660.65, 658.09};
5.      //先计算出数组rates一共占用的字节数
6.      unsigned int sizeOfRates = sizeof(rates);
7.      //再计算出数据类型double占用的字节数
8.      unsigned int sizeOfDouble = sizeof(double);
9.      //用数组rates一共占用的字节数，除以每个元素的字节数，等于数组中元素的个数
10.      unsigned int length = sizeOfRates / sizeOfDouble;
11.     for (int i = 0; i <= length - 1; i++)
12.     {
13.         printf("%.2f\n", rates[i]);
14.     }
15.     return 0;
16. }
```

阅读程序5-4，可以看到：

- 第6行先用sizeof运算符计算出数组rates占用的字节数并存入变量sizeOfRates。
- 第8行用sizeof运算符计算出数据类型double占用的字节数并存入sizeOfDouble。
- 第10行，用sizeOfRates除以sizeOfDouble即为数组元素的个数。

这样一来，无论数组中有多少个元素，第11～14行的循环都可以自动适应它。

? 思 考

Q: double型数据占用8个字节，为什么不直接使用8，而要使用sizeof运算符来计算?

A：虽然我们知道在目前使用的编译器中double类型占用8个字节，但并不能保证所有编译器中double类型都是8个字节，使用sizeof运算符计算得出它们实际的字节数更安全。

上面的例子中先声明了sizeOfDouble、sizeOfRates和length三个变量，再将length用到for循环中的做法是为了让程序易读，实际上直接在for循环中使用sizeof运算符即可。

```
for (int i = 0; i <= sizeof(rates)/sizeof(double) - 1; i++)
```

6. 避免数组访问越界

数组的元素个数和占用的内存空间大小是在声明数组时确定的。作为C语言程序员要时刻牢记：如果不小心访问了不存在的数组元素，编译器不一定会警告或阻止你。而这种操作可能会带来结果不正确、程序崩溃或者安全问题，看下面的例子。

```
1. #include <stdio.h>
2. int main()
3. {
4.     int arr[5] = { 1,2,3,4,5 };
5.     printf("%d\n", arr[10]);
6.     return 0;
7. }
```

这个程序声明并初始化了包含5个元素的数组arr，却在第5行试图访问第11个数组元素（arr[10]），运行程序时会看到错误的结果，如图5-7所示。

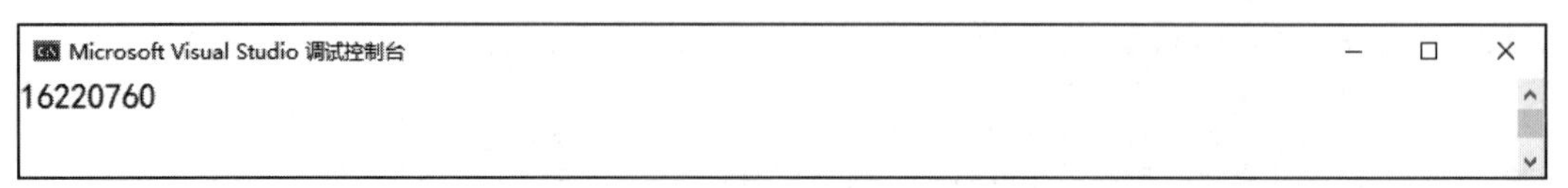

图5-7　数组访问越界的运行结果

很显然16 220 760不是数组中的元素值，printf之所以能够输出它是因为arr[10]被指向了其他用途的内存空间，图5-8描述了这种“越界”的状态。

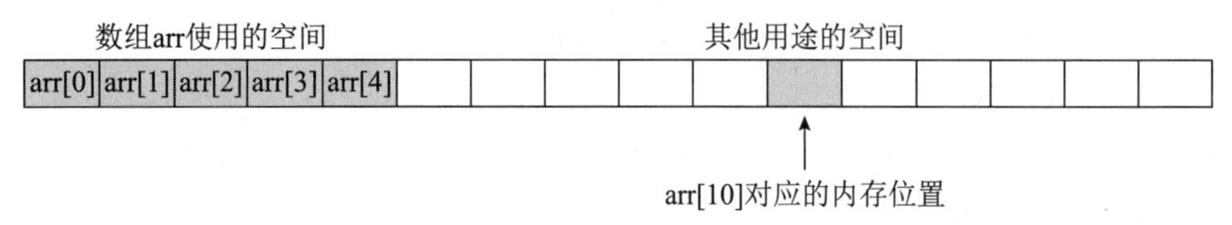

图5-8　数组访问越界

printf函数将arr[10]对应位置的数据取出，这块空间目前可能闲置或者有其他用途，但内存单元中仍然有值，这个值被取出后作为十进制数输出，就显示出了16 220 760。读者运行自己程序时将会显示另一个随机的值。错误的输出结果只是数组访问越界的后果之一。如果数组访问时使用了更大的数字，将会看到程序崩溃。案例5-5所示的程序使用1 000 000作为索引值。

案例5-5　数组访问越界（L05_05_OUT_OF_ARRAY）

```
1. #include <stdio.h>
2. int main()
3. {
4.     int arr[5] = { 1,2,3,4,5 };
5.     printf("%d\n", arr[1000000]);
6.     return 0;
7. }
```

程序运行到这一句时会显示“读取位置0x00ED00DC时发生访问冲突”，如图5-9所示，同时程序停止运行。

```
1  #include <stdio.h>
2  int main()
3  {
4      int arr[5] = { 1,2,3,4,5 };
5      printf("%d\n", arr[1000000]);
6      return 0;
7  }
8
```

已引发异常

0x001A1893 处(位于 L05_05_OUT_OF_ARRAY.exe 中)引发的异常: 0xC0000005: 读取位置 0x00ED00DC 时发生访问冲突。

复制详细信息 | 启动 Live Share 会话...

异常设置

☑ 引发此异常类型时中断

从以下位置引发时除外:

☐ L05_05_OUT_OF_ARRAY.exe

打开异常设置 | 编辑条件

图5-9　数组访问越界引起程序崩溃

这是因为arr[1000000]对应的内存空间已不在系统为当前程序分配的内存区域里了，操作系统认为“你太过分了”，出于保护其他程序的目的终止了该程序的运行。有趣的是，在笔者调试这个程序时杀毒软件也发出了警告，因为它发现有个程序在非常可疑地访问其他程序的内存空间，这类似于小区保安发现有人在翻窗户时的反应。

因此，在访问数组时要很谨慎，特别是使用变量作为索引值时，要时刻考虑是否会引起数组访问越界的可能。

注 意

现在，我们对数组的用途、用法有了基本的了解，接下来要解决一个问题：C语言限制了数组的大小。

在解决这个问题的过程中，我们不得不引入新的知识点——指针和内存分配，它们是后续课程的基础。如果读者之前学习过指针，很有可能还停留在指针很难学的阴影中，这是因为你只是在学习指针的概念，没有从解决实际问题的角度学习它。

下节的内容值得非常认真地学习，并且一定要亲自动手输入和运行示例代码，只有这样你才能轻松地掌握指针的使用方法。

5.1.4 突破数组大小的限制

在C语言中声明数组时对数组的大小是有限制的，换句话说：程序中声明的数组元素不能超过某个特定值。下面的程序使用一个循环给数组的元素赋值并显示每个元素的值，它可以在Visual Studio中被正确编译和运行。

```
1. #include <stdio.h>
2. int main()
3. {
4.     int arr[4095];
5.     for (int i = 0; i <= 4094; i++)
6.     {
7.          arr[i] = i;
8.          printf("%d\n", arr[i]);
9.     }
10.    return 0;
11. }
```

在案例5-6中，将数组大小改为409 500（第4行），同时也修改循环变量的终值为409 499。

案例5-6 了解数组大小限制（L05_06_ARRAY_LIMIT）

```
1. #include <stdio.h>
2. int main()
3. {
4.     int arr[409500];
5.     for (int i = 0; i <= 409499; i++)
6.     {
7.         arr[i] = i;
8.         printf("%d\n", arr[i]);
9.     }
10.    return 0;
11. }
```

该程序可以正常通过编译，但调试程序时会出现错误，如图5-10所示。

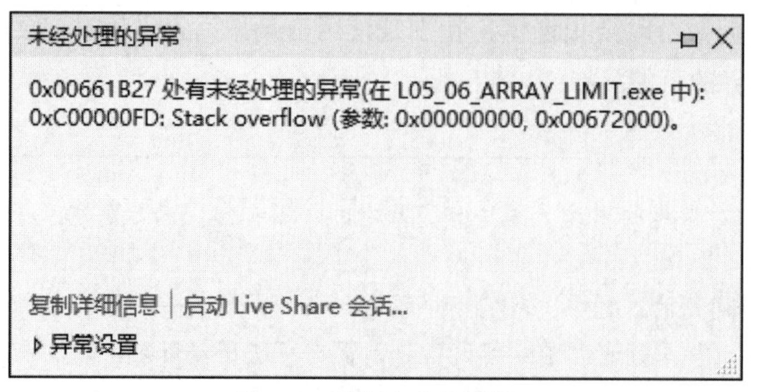

图5-10　数组太大的错误

如果直接运行生成的.exe文件，程序会停止工作，如图5-11所示。

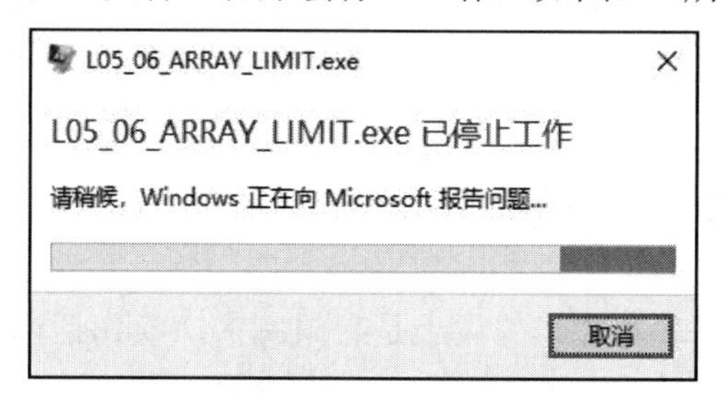

图5-11　栈溢出导致程序停止工作

如果你将数组大小改为一个更大的值，例如4 095 000 000再次编译程序时编译器会直接报错，如图5-12所示。

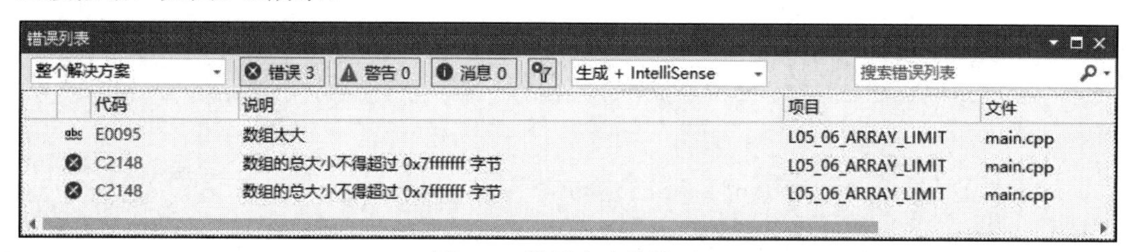

错误列表

整个解决方案 | 错误 3 | 警告 0 | 消息 0 | 生成 + IntelliSense | 搜索错误列表

代码	说明	项目	文件
E0095	数组太大	L05_06_ARRAY_LIMIT	main.cpp
C2148	数组的总大小不得超过 0x7fffffff 字节	L05_06_ARRAY_LIMIT	main.cpp
C2148	数组的总大小不得超过 0x7fffffff 字节	L05_06_ARRAY_LIMIT	main.cpp

图5-12　数组太大的错误

这是因为在C程序里所有函数中的变量、数组都是使用一块被称为“栈”的内存空间。不同的编译器分配的栈空间大小不同，如果程序在访问栈时发生了越界行为，则会造成“栈溢出（stack overflow）”错误。

Visual Studio编译程序时发现某个函数中的变量、数组使用的空间超出栈空间大小时会给出警告或导致程序不能编译，但并不是所有编译器都会给出这种警告或编译出错。

1.使用malloc函数动态分配内存

通过上面的实验，我们知道数组的大小是有限制的，然而程序要处理的数据“体积”经常会超出这个限制，应该怎么做呢？虽然编译器允许我们调整栈的限制大小，但总归是有限度的。

在C语言中，可以使用malloc函数分配一块内存空间。malloc是memory allocate（内存分配）的缩写，malloc函数分配的内存位于“堆区”，是一块比“栈区”大得多的空间（可用空间约为1.5GB）。

malloc函数是C标准库提供的函数，要使用malloc函数必须包含头文件stdlib.h。malloc函数的参数就是要分配的内存的大小（以字节为单位），例如下面的语句是分配1024字节的内存空间。

```
malloc(1024);
```

为了证明malloc函数真的可以分配内存，笔者编写了以下程序。

```
1. #include <stdio.h>
2. #include <stdlib.h>
3. int main()
4. {
5.     printf("正在分配1073741824字节内存,按回车键结束程序并由系统自动回收分配的
       内存\n");
6.     malloc(1073741824);
7.     getchar();
8.     return 0;
9. }
```

在程序的第6行调用了malloc函数并且传入参数1 073 741 824，这个数字表示1GB（1024×1024×1024=1 073 741 824）。第7行调用getchar函数让程序暂停并等待输入字符，避免程序直接运行完毕。因为一旦程序运行完毕，刚刚被分配的内存就被释放掉了，会影响接下来的观察。

为了观察内存分配是否真的发生，在运行程序前先启动Windows的“任务管理器”，切换到“性能”选项卡后选择“内存”，如图5-13所示。

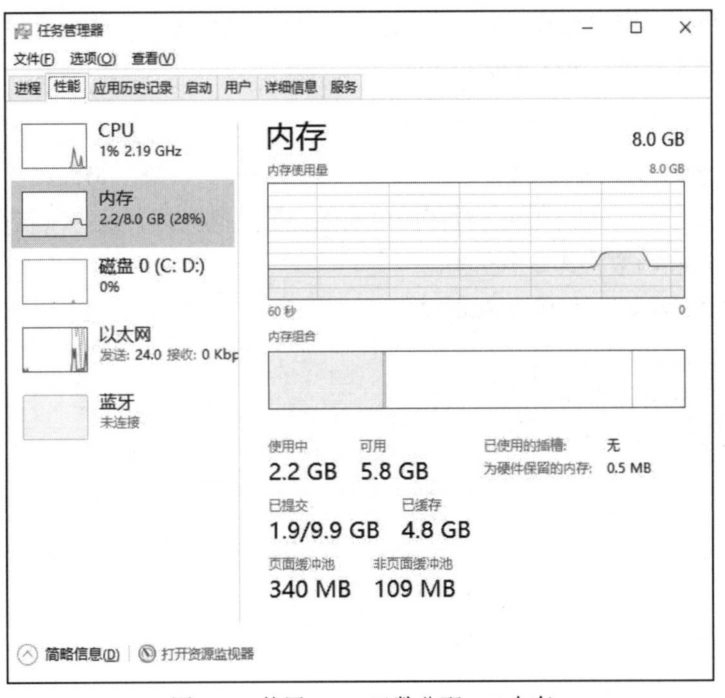

图5-13　使用malloc函数分配1GB内存

再启动上面的程序，就可以看到在程序运行期间内存占用增加了1GB，按回车键结束程序后可用内存又恢复到之前的水平，这说明malloc确实申请了1GB内存，并且在程序结束后自动释放了占用的内存。

使用malloc函数分配得到的内存区域中的内容同样是不确定的——这块内存可能刚刚被另一个程序用过并释放了，里面还有一些垃圾数据。如果你希望分配到的内存单元中都被填充0，可以使用calloc函数。

注　意

如果你试图修改上面的程序分配2GB内存，你可能看不到任务管理器中内存占用情况发生任何变化——因为分配内存失败，原因是在默认情况下“堆”上最多可以分配的内存约为1.5GB。

由于malloc函数分配内存并不是每次都会成功，所以有两种返回值：

- 如果分配内存失败，就返回0；
- 如果分配内存成功，则返回这块内存区域的第1个字节的地址。

这类似于我们入住酒店时的情形，酒店前台可能会说对不起没有房间了（分配失败）；如果可以入住则会给你一张房卡，上面是房间号。当内存分配成功时，我们需要知道分配的内存位于何处，malloc函数会返回分配到的内存空间的首地址。在32位编译环境下，内存地址是一个32位整数。

要特别注意，当malloc函数分配内存失败时，程序并不会被终止，它会继续执行后面的语句。

当malloc函数分配内存成功时，我们需要记住分配到的内存地址。最简单的方法是用一个整型变量来存储malloc函数的返回值。

```
unsigned int address = malloc(1073741824);
```

在案例5-7中直接将这一行代码输入之后，编译程序会出现报错提示：malloc函数的返回值类型不是整型。我们可以暂时使用前面学会的强制类型转换将其转换成整数（第6行），并使用printf函数将其显示出来。

案例5-7　动态分配内存（L05_07_MALLOC）

```
1. #include <stdio.h>
2. #include <stdlib.h>
3. int main()
4. {
5.     printf("正在分配1073741824字节内存,按回车键结束程序并由系统自动回收分配
       的内存\n");
6.     unsigned int address = (unsigned int)malloc(1073741824);
7.     if (address == 0)
8.     {
9.         printf("内存分配失败");
10.    }
11.    else
12.    {
```

```
13.     printf("分配到的内存区域首地址是:%d\n", address);
14.     }
15.     getchar();
16.     return 0;
17. }
```

程序运行，显示的数字就是分配到的内存区域首地址，如图5-14所示。

```
D:\BC101\Examples\Debug\L06_07_MALLOC.exe
正在分配1073741824字节内存, 按回车键结束程序并由系统自动回收分配的内存
分配到的内存空间首地址是:13193280
```

图5-14 分配到的内存地址

但是，使用无符号整型变量来存储内存地址是不妥当的，在C语言中有专门用于存储内存地址的数据类型——指针。

2. 使用指针变量存储内存地址

为了给程序员提供方便，C语言提供了专门的数据类型用于存储内存地址，这种数据类型称为“指针型”。使用这种类型的变量称为“指针变量”，简称为“指针”。

注 意

指针变量也是变量的一种，它和其他类型的变量一样需要单独占用内存空间，唯一的不同是它是专门用于存放内存地址的。

指针变量用于存放数据的地址，而数据都是有类型的（int、float和double等）。为了更方便地操作不同类型的数据，C语言提供了多种指针类型，通过指针类型来明确这个指针变量将存储何种类型数据的地址如表5-3所示。

表5-3 不同类型的指针

指针类型	关键字	用途	例子
整型指针	int*	存储整型数的地址	int* ptr_i;
单精度浮点型指针	float*	存储单精度浮点数的地址	float* ptr_f;
双精度浮点型指针	double*	存储双精度浮点数的地址	double* ptr_d;
字符型指针	char*	存储字符的地址	char* ptr_c;
无类型指针	void*	存储不特定类型数据的地址	void* ptr_v;

一个非常重要的概念是——指针类型是一种用于存储内存地址的数据类型。因此指针变量也是变量，它也有独立的内存空间，同时任何类型的指针变量在32位编译器中都占用4字节。表5-3中的int*、float*、double*和char*都是数据类型关键字。例如int*是一个整体，*是数据类型关键字的一部分。

知道了不同的指针类型，该如何使用它们来声明指针变量呢？我们学习过声明变量的方式是：

```
数据类型 变量名;
```

所以声明指针变量时应写成如图5-15所示格式。

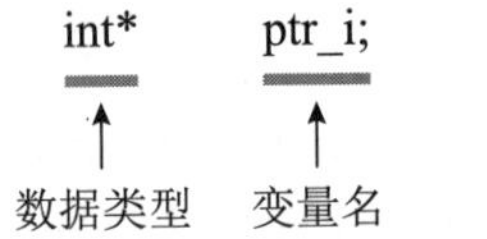

int*　　ptr_i;
↑　　↑
数据类型　变量名

图5-15　声明指针变量

整型指针之所以使用int*关键字，是因为这样一看就知道这是个整型指针。float*与float、double*与double、char*与char都是这样的关系。

有些人在声明指针变量时喜欢这样写：

```
int*ptr;
```

因为编译器会忽略没有意义的空格，所以这种写法也能被编译。读者可能会在别的资料中看到很多人这么写并且产生疑惑：那int* ptr和int *ptr有何区别？未来在任何地方看到这种写法，请在心里默默地把它转换为：

```
int* ptr;
```

并且牢记此处的int*是数据类型关键字。

? 思　考

Q：既然存储内存地址的指针型变量都占用4个字节，为何要区分不同类型的指针变量？

A：定义指针变量是为了通过它间接操作数据，而要操作的数据是有不同类型的，因此在定义指针变量时区分不同的指针类型可以为未来操作数据提供方便。读者很快会用到这些特性。

3. 给指针变量赋值

和普通变量一样，指针变量在被声明时如果未赋初值，则它的值是不确定的。换句话说它可能指向内存中任意区域。这种值不确定的指针被称为“野指针”。如果后续的程序不小心通过“野指针”访问了不确定的内存区域，则可能会引起程序崩溃或者程序、系统数据被破坏的情况，我们在5.1.3节中见过类似的情况。

因此，给指针变量正确赋值是非常重要的。如果暂时不能确定指针变量的值，可以给它赋初值为NULL（等同于0），使之成为指向地址为0的内存空间，此时的指针被称为“空指针”。即使你不小心访问了地址为0的内存空间，也只会引起当前程序崩溃，而不会造成更大的破坏。

```
char* ptr_c = NULL;//将NULL赋值给指针变量，使其成为一个空指针
```

当然，指针变量是要指向数据的，我们可以将变量、数组的首地址、malloc函数分配的内存空间首地址赋值给指针变量。

将变量的首地址赋值给指针变量

要取得变量的首地址，可以使用&运算符。在4.3.2节中我们使用过&运算符，只是当时没有学习过指针类型，因此只是显示了地址值。

```
printf("变量x所在的内存地址是: %p\n", &x);
```

现在，可以通过指针变量存储变量的地址了。

```
int x=0;
int* ptr_x=&x;
```

案例5-8的程序展示了用指针变量存储其他变量地址的方法。读者一定要输入这些代码和注释并执行成功才能形成深刻的印象。

案例5-8 获取变量的地址（L05_08_ADDRESS_OF_VARIABLE）

```
1. #include <stdio.h>
2. int main()
3. {
4.     int x = 0;
5.     int* ptr_x = &x;
6.     printf("变量x的值是:%d\n", x);                //显示变量x的值
7.     printf("变量x的地址是:%p\n", &x);             //显示变量x的内存地址
8.
9.     printf("指针变量ptr_x的值是:%p\n", ptr_x);  //显示指针变量ptr_x的值
10.    printf("指针变量ptr_x的地址是:%p\n", &ptr_x);//显示指针变量ptr_x的地址
11.    return 0;
12. }
```

程序运行的结果如5-16所示。

```
Microsoft Visual Studio 调试控制台
变量x的值是:0
变量x的地址是:006FFD70
指针变量ptr_x的值是:006FFD70
指针变量ptr_x的地址是:006FFD7C
```

图5-16 变量的地址和值

正常人理解这样的关系式会觉得比较“绕”。解决这个困难的好办法是将上面的程序亲自输入和运行一次，并在纸上画出两个变量的关系，如图5-17所示。

	变量x（4字节）				其他用途的内存空间								指针变量ptr_x（4字节）			
地址	6FFD70	6FFD71	6FFD72	6FFD73	6FFD74	6FFD75	6FFD76	6FFD77	6FFD78	6FFD79	6FFD7A	6FFD7B	6FFD7C	6FFD7D	6FFD7E	6FFD7F
值	0				不确定的值								6FFD70			

图5-17 指针变量和普通变量的关系

图5-17说明了：

- 整型变量x和整型指针变量ptr_x在内存中都占用4字节的内存空间，从程序运行结果上看这两块空间是不相邻的；
- 变量x所在内存空间的首地址是6FFD70，目前这块空间中存储的值是0；
- 变量ptr_x所在内存空间的首地址是6FFD7C，目前这块空间中存储的值是6FFD70（其实就是变量x的地址）。

注 意

过于相信自己的记忆力和理解能力、忽略动手实践、懒得在纸张上绘制内存分布图，是大多数人感觉学习指针很困难的原因。只有通过大量实践、仔细分析而不是走马观花地看书，才能真正克服指针学习的困难。

4. 用间接运算符*和指针变量访问变量的内存

现在，我们知道了指针变量可以存储另一个变量的内存地址，但这有什么用呢？

程序可以通过间接运算符和指针变量改变另一个变量的值。接下来我们要做一件看似没有意义的事——通过指针变量ptr_x改变整型变量x的值，先看案例5-9的程序。

案例5-9 使用指针改变变量的值（L05_09_CHAGE_VARIABLE_WITH_POINTER）

```
1. #include <stdio.h>
2. int main()
3. {
4.     int x = 0;
5.     int* ptr_x = &x;   //先将变量x的地址存入指针变量ptr_x
6.     *ptr_x = 20;
7.     printf("变量x的值是:%d\n", x);
8.     return 0;
9. }
```

在程序中并没有直接给变量x赋值，但运行程序却显示变量x的值是20，而不是最开始的初值0，如图5-18所示。

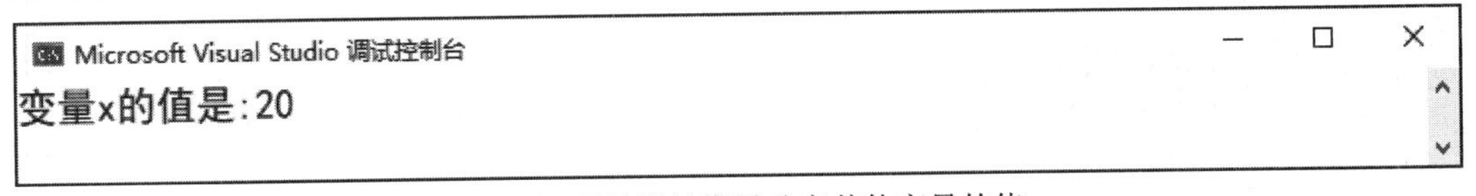

图5-18 通过指针变量改变其他变量的值

第5行代码先将变量x的地址存入指针变量ptr_x，也可以说成是“将指针ptr_x指向x”，这样就建立了指针变量ptr_x和变量x的联系。再来看第6行代码，这里的*被称为“间接运算符”，它的作用是根据指针变量的值读写对应内存区域的值。更直白的说法是“读写指针变量指向位置的值”。此处的指针变量ptr_x存储着6FFD70这个地址，所以*ptr_x=20改变的是以地址6FFD70开始的4个字节（也就是变量x占用的内存地址）。图5-19说明了它们之间的关系。

	变量x（4字节）				其他用途的内存空间								指针变量ptr_x（4字节）			
地址	6FFD70	6FFD71	6FFD72	6FFD73	6FFD74	6FFD75	6FFD76	6FFD77	6FFD78	6FFD79	6FFD7A	6FFD7B	6FFD7C	6FFD7D	6FFD7E	6FFD7F
值	20				不确定的值								6FFD70			

图5-19 通过指针变量操作所指向的内存区域

为什么*ptr_x改变的是地址6FFD70开始的4个字节，而不是5个、10个？

因为*ptr_x是“整型指针”，就是前文提到的“定义指针变量时区分不同的指针类型可以为未来操作数据提供方便。”如果ptr_x是一个双精度型（double）指针，那么它会影响8个字节的内容。反过来，也可以使用间接运算符取得指针指向的内存空间中的值，下面的语句会取出x的值并赋值给变量y。

```
int y=*ptr_x;
```

至此，我们知道了指针变量的第1个用途——通过它可以“间接”地读写指定内存地址的数据。但这样做似乎有些多余，直接访问变量多方便，为何要用指针呢？

一个重要的原因是——我们要间接访问的不一定是变量的内存空间。

5. 用间接运算符*和指针变量访问动态分配的内存

指针除了“指向”其他变量，还可用于指向malloc函数分配的内存空间，看下面的程序。

```
1. #include <stdio.h>
2. #include <stdlib.h>
3. int main()
4. {
5.     int* ptr = (int*)malloc(40960 * sizeof(int));
6.     printf("分配到的内存空间首地址是:%p\n", ptr);
7.     return 0;
8. }
```

这个程序为存储40 960个整型值分配了内存空间，第5行的malloc（40960 * sizeof（int））是先用sizeof运算符计算整型值的字节数，再乘以40 960，并将乘积作为分配的内存大小（40 960个整型值所需的内存空间为163 840字节）。

malloc函数的返回值被转换成整型指针，然后赋值给指针变量ptr，未来我们将通过它来访问分配到的内存空间。

程序运行结果如图5-20所示，表示分配到的内存空间首地址是00173BC70。

```
Microsoft Visual Studio 调试控制台
分配到的内存空间首地址是:00173BC70
```

图5-20　显示分配的内存区域首地址

图5-21描述了指针变量ptr与分配到的内存空间的关系。

	指针变量ptr（4字节）				分配到的内存区域（163 840字节）					
地址	12FFE68	12FFE69	12FFE6A	12FFE6B	173BC70	173BC71	173BC72	173BC73	…	1763C6F
值	173BC70				不确定	不确定	不确定	不确定	不确定	不确定

图5-21　动态分配163 840字节并保存首地址到指针变量

指针变量ptr存储着分配到的内存空间首地址，并且可以通过间接运算符访问这块内存空间。使用如下语句：

```
*ptr = 10;
```

可以改变从173BC70开始的内存空间的第1～4字节，将它的值设为10，如图5-22所示。

	指针变量ptr（4字节）				分配到的内存区域（163 840字节）					
地址	12FFE68	12FFE69	12FFE6A	12FFE6B	173BC70	173BC71	173BC72	173BC73	…	1763C6F
值	173BC70				10				不确定	不确定

图5-22　通过指针变量改变动态分配的内存区域

也可以使用间接运算符将内存区域中的值读出来。

```
int temp = *ptr;
```

完整的程序如下。

```
1. #include <stdio.h>
2. #include <stdlib.h>
3. int main()
4. {
5.     int* ptr = (int*)malloc(40960 * sizeof(int));
6.     printf("分配到的内存空间首地址是:%p\n", ptr);
7.     *ptr = 10;        //给这块内存空间第1~4字节赋值为10
8.     int temp = *ptr; //取出这块内存空间的1~4字节的值，赋值给整型变量temp
9.     printf("整型变量temp的值是:%d\n", temp);
10.    return 0;
11. }
```

图5-23所示是程序运行的结果。

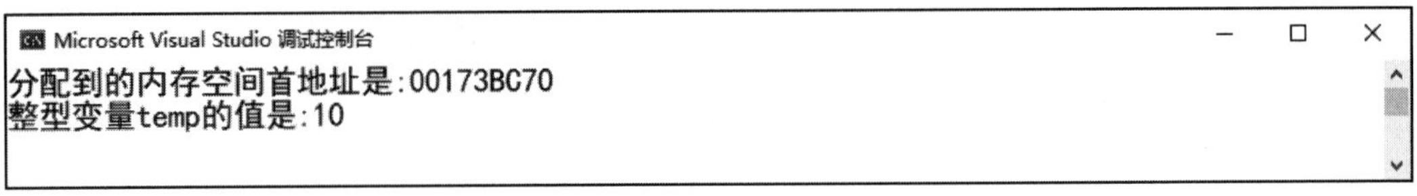

```
Microsoft Visual Studio 调试控制台
分配到的内存空间首地址是:00173BC70
整型变量temp的值是:10
```

图5-23　对动态分配的内存空间进行读写

再次说明：第7、8行代码在写、读内存空间时都是操作4个字节，并且将读写的数据都当作整型数处理。这是由于指针变量ptr是整型指针，如果ptr是double型指针，则会操作8个字节。

```
7. *ptr = 10;         //给这块内存空间第1~4字节赋值为10
8. int temp = *ptr;   //取出这块内存空间的1~4字节的值，赋值给整型变量temp
```

6. 像访问数组一样访问动态分配的内存

前文的程序分配163 840字节内存空间是希望它能存储40 960个整数，现在可以操作这块空间的第1～4字节并向其中存入整型变量。接下来又该如何操作第5～8、第9～12字节以及后续的内存呢？

由于指针变量的值是一个表示地址的数值，因此指针变量当然是可以进行算术运算的。看下面的语句——括号中先对指针变量进行加1的计算，再使用间接运算符访问ptr+1所指向的内存区域：

```
*(ptr+1)=10;
```

括号改变了计算次序，先计算ptr+1，再将计算得出的地址值用于间接访问。这个语句将改变前面分配的内存空间的第5～8个字节，使用它们存储10，如图5-24所示。

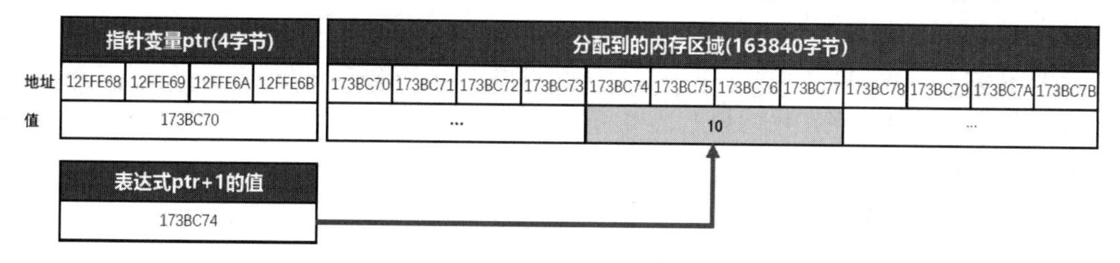

图5-24　*(ptr+1)=10影响的内存区域

这有些反直觉——指针变量ptr的值是173BC70，加1以后不是173BC71吗？实际上并不是。

对指针变量进行加、减运算时，实际加减的算术值取决于指针变量的类型。对于整形指针ptr而言，ptr+1的值是原来的地址值173BC70上加4（而不是1）；同理，如果是双精度浮点型指针，则会加8。

之所以这样设计是因为程序员对指针进行加、减运算时，通常是要使指针“指向下一个（上一个）元素”，而不是算术意义上的加减。因此对指针进行加减运算时实际加减的算术值要根据指针的类型来决定，换句话说是根据指针所指向的数据的类型来决定。

下面的程序说明了这一点。

```
1. #include <stdio.h>
2. #include <stdlib.h>
3. int main()
4. {
5.     int* ptr = (int*)malloc(40960 * sizeof(int));
6.     printf("指针变量ptr的值是:%d\n", ptr);
7.     printf("ptr+1的值是:%d\n", ptr+1);
8.     return 0;
9. }
```

图5-25是程序运行的结果。该程序在不同的计算机上运行显示的地址是不同的，但运行结果的两值之间的差是4。

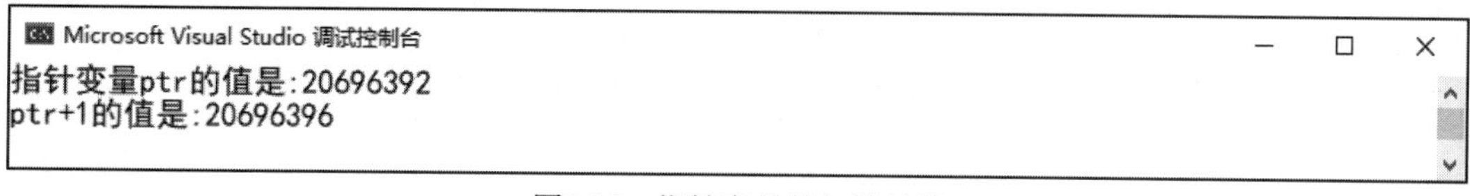

图5-25　指针变量的加法计算

为了便于观察，笔者特意采用了十进制的方式来显示指针变量ptr和ptr+1的值。可以看到，ptr+1的算术值是ptr的值加4的结果。

因此，要访问该内存区域的第5～8字节的值，可以使用*（ptr+1）。

现在，我们的程序做到了：

- 在内存中分配了连续的163 840字节的内存用于存储40 960个整型元素，每4个字节存储1个整型元素；
- 要访问第1个整型元素，可以使用*ptr；要访问第2个整型元素，可以使用*(ptr+1)；
- 要访问第3个整型元素，可以使用*(ptr+2)……以此类推。

基于上述总结，现在我们想把这40 960个整型元素依次赋值为1，2，3，…40 960，程序该怎样写呢？

完成的程序如下。

```
1. #include <stdio.h>
2. #include <stdlib.h>
3. int main()
4. {
5.     int* ptr = (int*)malloc(40960 * sizeof(int));
6.     for (int i = 0; i <= 40959; i++)
7.     {
8.         *(ptr + i) = i + 1;
9.     }
10.    return 0;
11. }
```

这里使用了for循环，控制变量i的值为0～40 959。在循环内部只有一行语句。

```
*(ptr + i) = i + 1;
```

赋值运算符左边是*（ptr+i），当循环第1次运行时i的值为0。因此访问的是第1～4字节，循环第2次运行的时候i的值为1，访问的是第5～8字节，依此类推。

因为要求依次赋值为1，2，3，…40 960，因此赋值运算符右边是i+1。

如果要求程序在赋值完以后再将这些值显示出来，也不会很困难，再加一个for循环即可。

```
1. #include <stdio.h>
2. #include <stdlib.h>
3. int main()
4. {
5.     int* ptr = (int*)malloc(40960 * sizeof(int));
6.     for (int i = 0; i <= 40959; i++)
7.     {
8.         *(ptr + i) = i + 1;
9.     }
10.
11.    for (int i = 0; i <= 40959; i++)
12.    {
13.        printf("%d\n",*(ptr + i));
14.    }
15.
16.    return 0;
17. }
```

现在，通过动态分配的内存空间存储了40 960个整型值，突破了对数组大小的限制。如果必要的话还可以分配更大的空间以存储更多的数据。

更有意思的是，如果你将上面的代码改成下面的样子（注意第8、13行）：

```
1. #include <stdio.h>
2. #include <stdlib.h>
3. int main()
4. {
5.     int* ptr = (int*)malloc(40960 * sizeof(int));
6.     for (int i = 0; i <= 40959; i++)
7.     {
8.         ptr[i]= i + 1;   //之前是*(ptr + i) = i + 1;
9.     }
10.
11.    for (int i = 0; i <= 40959; i++)
12.    {
13.        printf("%d\n",ptr[i]); //之前是printf("%d\n",*(ptr + i));
14.    }
15.
16.    return 0;
17. }
```

修改后的程序是完全可以运行的，所不同的是第8、13行使用了和数组元素一样的访问方式——中括号加下标（ptr[i]）。之所以可以这样做是因为之前在访问数组时，编译器实际上也会把ptr[i]转换成*(ptr+i)的形式，所以ptr[i]和*(ptr+i)是完全等同的。由此可见这里的ptr虽然是一个指针变量名，也完全可以把它当作一个数组名来使用。我们终于“伪造”了一个大数组，用于存储超过栈区容量的数据。

警　告

虽然我们使用动态内存分配的方式“伪造”了一个大数组，但ptr毕竟不是数组，而是一个指向内存区域的指针变量。不要试图用sizeof运算符获得这块内存区域的总字节数，表达式sizeof(ptr)的结果会是4，而不是163 840，因为它计算的是指针变量ptr的大小。

在程序设计中如果进行了动态内存分配，就必须“记得”这块内存区域的大小，使用一个变量来存储它，或者和上面的例子一样在循环时使用固定的数字（40 960和40 959）。

7. 动态内存分配的注意事项

在使用malloc函数动态分配内存时，需要注意以下事项：

- 必须检测内存分配是否成功；
- 大多数情况下需要对malloc函数的返回值进行类型转换；
- 避免内存访问越界；
- 必须及时释放内存。

1）必须检测内存分配是否成功

在有些编译器里对于上例的第8行会产生警告：“取消对 NULL 指针'ptr + i'的引

用”，但实际上第8行代码并没有什么问题。这是因为程序中没有对malloc函数的返回值是否为0进行判断就直接使用它。当内存分配失败（malloc函数返回值为0）时程序不会终止，但程序继续执行到第8行则可能引发错误，编译器发现了这一点并要求改正。

改正的方法是在前面加上if语句判断指针变量的值是否为NULL（在C语言中表示内存地址0时，一般使用NULL来替代）。在下面的程序中NULL是等同于0的。

```
1. #include <stdio.h>
2. #include <stdlib.h>
3. int main()
4. {
5.     int* ptr = (int*)malloc(40960 * sizeof(int));
6.     if (ptr != NULL)
7.     {
8.         for (int i = 0; i <= 40959; i++)
9.         {
10.            ptr[i] = i + 1;   //也可以是*(ptr + i) = i + 1;
11.         }
12.
13.        for (int i = 0; i <= 40959; i++)
14.        {
15.            printf("%d\n", ptr[i]); //也可以是printf("%d\n",*(ptr + i));
16.        }
17.    }
18.    return 0;
19. }
```

警　告

通过指针变量访问内存地址前，检测指针变量是否为NULL是必须养成的编程习惯。

2）大多数情况下需要对malloc函数的返回值进行类型转换

malloc函数是一个通用的函数，动态分配的内存可以用于存储任何类型的数据，那么malloc函数应该返回什么类型的指针呢？int*、char*还是 double*？

返回上述哪种类型都不合适，因为分配到的内存用于存储何种类型的数据是由程序员决定的，所以malloc函数返回的内存地址是“无类型”的（表示为“void*）。void这个词是“空的、无效的、缺乏的”的含意。void*表示“无类型指针”，但和int*一样它也是一个存储内存地址的32位整型值，可以把它转换成你需要使用的指针类型。

所以，在程序的第5行我们进行了指针类型转换。

```
5.    int* ptr = (int*)malloc(40960 * sizeof(int));
```

如果要使用这块内存存储其他类型的数据，则也要进行类似的转换。

```
double* str = (double*)malloc(1024);                //转换为双精度浮点型指针
float* arr = (float*)malloc(sizeof(float)*40960);   //转换为单精度浮点型指针
```

3）避免内存访问越界

和5.1.3节中讲过的一样，使用动态分配的内存时同样要避免内存访问越界。内存访问越界是指访问了分配区域以外的内存。例如你用malloc函数分配了1024个字节的内存，但是由于程序错误而访问了第1024个字节内存空间的以外的一个或多个字节，这不会引起编译错误，在运行时有可能也不会看到明显的异常。但从第1025个字节开始的内存空间可能有其他用途，也可能正在被另一个应用程序使用。内存越界可能导致不可预料的结果，有时会引起程序崩溃，有时会导致程序运行不正常，有时会引发安全性问题。

相对于其他语言，C语言的程序员对底层资源有更大的访问权限，因此在编程时也要更谨慎。

4）必须及时释放内存

使用malloc函数分配的内存空间在程序结束时会自动释放，但如果程序一直没有结束则这块空间会一直被占用。所以C语言的程序员应该养成一个习惯——及时释放使用完的内存。如果不停地申请空间却没有及时释放或者干脆不释放，会造成占用的内存不停地增长，这就是所谓的内存泄露。

内存泄露

内存泄露指由于疏忽或错误造成程序未能释放已经不再使用的内存的情况。内存泄露会因为减少可用内存的数量从而降低计算机的性能。在最糟糕的情况下，过多的可用内存被分配掉会导致系统操作系统或应用程序崩溃。

释放内存需要使用free函数，它的声明一样被包含在stdlib.h头文件中，不需要重复包含。释放内存时将存储空间首地址的指针变量ptr作为参数调用free函数即可，例如：

```
free(ptr);
```

操作系统会根据指针变量ptr的值查询之前内存分配的记录，然后根据记录将这块内存标记为“未使用”，之后其他程序就可以使用这块内存了。

释放内存需要注意的是：

- 释放内存时只须向free函数传入内存空间的首地址就可以了，这块内存空间具体有多大，操作系统在分配内存时就已经记录过；
- 如果传入的不是分配内存空间时得到的首地址，则会发生错误；
- 调用了free函数后，对应内存的内容不会立刻被破坏，直到该块内存被其他程序使用，里面的内容才会被覆盖。

案例5-10是一个完整使用动态分配内存方式存储40 960个整型值的程序。第22行负责在内存分配成功且使用完毕后释放内存，此外这个程序在内存分配失败时返回-1，成功时返回0。

案例5-10　“伪造”一个大数组（L05_10_ACCESS_LARGE_ARRAY）

```
1. #include <stdio.h>
2. #include <stdlib.h>
3. int main()
4. {
5.     int* ptr = (int*)malloc(40960 * sizeof(int));
```

```
6.      if (ptr == NULL)
7.      {
8.          printf("内存分配失败\n");
9.          return -1;
10.     }
11.     else
12.     {
13.         for (int i = 0; i <= 40959; i++)
14.         {
15.             ptr[i] = i + 1;   //也可以是*(ptr + i) = i + 1;
16.         }
17.
18.         for (int i = 0; i <= 40959; i++)
19.         {
20.             printf("%d\n", ptr[i]); //也可以是printf("%d\n",*(ptr + i));
21.         }
22.         free(ptr);
23.         return 0;
24.     }
25. }
```

在编码习惯上，建议在输入malloc函数的代码行后，立刻在下面输入一行free函数的调用语句，然后再在两行之间加入使用这块内存空间的代码，这样就不会忘记释放内存了。

注 意

如果一个指针变量的值为0（NULL），尝试使用free函数释放它会导致程序崩溃。所以，笔者将free(ptr)这个语句写在了else后面的语句块中，确保它在被调用时的值不为0（NULL）。

5.2 处理数组中的数据

数组可以用于存储多个同类型的数值，而对数组中的数据进行处理是程序员经常要进行的工作，也是很多公司考查程序员基本功的重要内容。接下来我们将学习：

- 查找数组中的最大值；
- 数组排序。

这些任务看上去与外汇牌价显示无关，但我们将通过它们学习一些基础的概念。这些概念和技能在外汇牌价显示中均需用到。

5.2.1 查找数组中的最大值

在数组中查找最大值是经常要进行的工作。如果你走进一个苹果园，任务是“摘一个最大的苹果”，你会怎么做？可以考虑的方式是：先摘下看到的第1个苹果（不考虑其大小），然后拿着它去与第2个苹果比较，如果第2个比第1个大，则丢掉第1个，摘下第2

个……直到遍历到最后一个苹果，你手中拿到的就是最大的。当然，果园老板会不会报警则是另一个问题。

类似地，要查找数组中元素的最大值最简单的方式是从数组的第1个元素开始，依次寻找并“记住”最大值。这种方法效率很低，但对于未经排序的数组来说的确没有更好的方式。好在计算机的速度远远快于人类，因此这种方式也不是不能接受。

1.使用循环在数组中查找最大值

对于包含有5个元素的数组data，该如何查找最大值？

```
int data[5]={61,72,23,96,-70};
```

首先，需要有一个变量来存储最大值，因此定义了一个整型变量max，将其赋初值为data[0]，也就是第1个数组元素的值。

```
int data[5]={61,72,23,96,-70};
int max=data[0];
```

接下来，逐个将max与data[1]、data[2]、data[3]和data[4]比较，如果max的值小于比较的元素，则将该元素的值赋值给max。

```
1. int data[5]={61,72,23,96,-70};
2. int max = data[0];   //max的值为61
3. if (max < data[1]) max = data[1];//因为61小于72，因此max值变为72
4. if (max < data[2]) max = data[2];//因为72大于23，因此max值不变（仍为72）
5. if (max < data[3]) max = data[3];//因为72小于96，因此max值变为96
6. if (max < data[4]) max = data[4]; //因为96大于-70，因此max值不变（仍为96）
```

这几行代码执行完毕后，变量max的值是96，也就是最大值。

很显然第3～6行代码基本上是重复的，并且这样做只能够处理5个元素的数组。但我们注意到这4行代码只有方括号中的内容不同，因此可以写一个循环来取代它，程序如下。

```
1. #include <stdio.h>
2. int main()
3. {
4.     int data[5] = { 61,72,23,96,-70 };
5.     int max = data[0];
6.     for (int i = 1; i < sizeof(data)/sizeof(int); i++)
7.     {
8.         if (max < data[i]) max = data[i];
9.     }
10.    printf("数组中的最大值是:%d\n", max);
11.    return 0;
12. }
```

在程序的第5行，将数组中第1个元素data[0]的值赋值给变量max，在随后的循环中只要发现其他的元素的值比max大，就丢弃max原来存储的值，用较大的元素值来取代它；当循环执行完毕，最大值就放入变量max了。

程序运行的结果如图5-26所示。

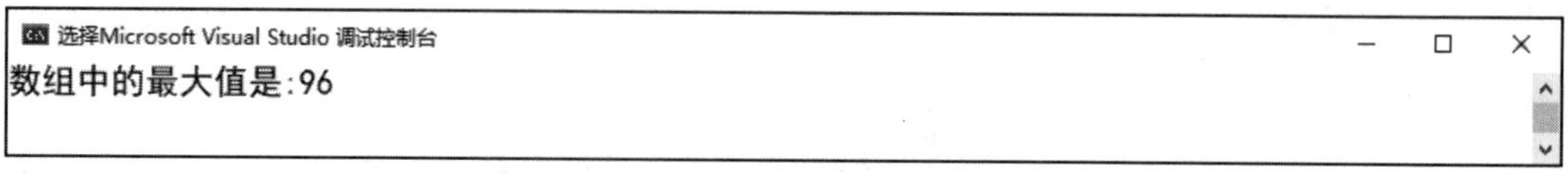

选择Microsoft Visual Studio 调试控制台
数组中的最大值是:96

图5-26　在数组中寻找最大值

这是一个很简单的程序，但是在数组中查找最大值、最小值是常用的操作，我们可以把它设计成函数，这样就可以对不同的数组进行查找了。

2. 将查找最大值的函数写成自定义函数

将常用的操作定义成函数是程序员经常做的事，这可以大大提高未来编程的效率。经验丰富的程序员往往会“积攒”自己的函数库。在自定义最大值函数时，先考虑清楚如下问题。

- **函数的功能是什么？**

在整型数组中查找最大值第1次出现的位置（索引值）。返回最大值在数组中的位置而不是直接返回最大值本身的好处是，函数的调用者可能需要对数组进行进一步的处理（例如接下来要改变它的值）。如果调用者还需要最大值本身，通过索引值也可以很方便地获得。

- **函数的名字是什么？**

函数的名字应该充分说明其功能和特性，考虑采用的函数名是：

findIndexOfMaxInIntArray（在整型数组中查找最大值的索引）。

- **函数需要传入哪些参数？**

在数组中查找最大值，当然应该将数组传递到函数中。我们目前还没有介绍如何向函数传递数组，此问题可以稍后再来讨论，先明确要将数组传递到函数中即可。

- **函数是否需要返回值？返回何种类型的值？**

函数要返回的是索引值（下标），函数的返回值类型是int。

现在我们遇到一个问题：如何向函数传递数组？

在C语言中，无法向函数传递整个数组，只能向函数分别传递数组的起始地址和数组的元素数量，这样设计违背直觉但可以提高程序的灵活性。如何获得数组的首地址呢？可以使用之前学过的&运算符，例如下面的代码将数组array的首地址通过&运算符取得，并赋值给整型指针ptr_array。

```
1. int array[10];
2. int* ptr_array=&array;
```

但我们很少见到这种在数组名前面加&运算符的写法。C语言还有一项特性是——代码中的数组名会被自动转换为数组的首地址。因此，下面的代码也是可以的。

```
1. int array[10];
2. int* ptr_array = array;
```

它们的区别在于第2行代码没有使用&运算符，但功能是完全等同的。需要注意的是用于存储数组首地址的指针ptr_array的类型应与数组元素的类型相对应（整型数组使用int*型指针，浮点型数组使用float*型指针……）。

只有数组首地址是不够的，还需要传入数组的元素数量。元素数量是一个整型值，现在我们就可以确定函数的原型了，第1个参数int* array表示要传入数组的地址，第2个参数size用于表示数组的元素数量。

```
int findIndexOfMaxInIntArray(int* array,int size)
```

注　意

- 这个函数仅用于在整型数组中查找最大值，而不能同时处理整型、浮点型的情况，否则程序会变得比较复杂。
- 在一个数组中，同一个最大值可能会出现多次。因此这个函数的返回值是“数组中最大值第1次出现的位置”。

接下来，我们思考应该如何实现这个函数，不要急于看下面的内容，先自己考虑怎么做。

现在我们已经知道了findIndexOfMaxInIntArray的原型和调用方法。虽然此时findIndexOfMaxInIntArray的功能尚未完成，但是可以先将这个函数的基础代码结构加入到程序中（先让它固定地返回0），并增加调用它的代码。

```
1. #include <stdio.h>
2. int findIndexOfMaxInIntArray(int* array,int size)
3. {
4.     //todo:此函数尚未完成，所以先返回0
5.     return 0;
6. }
7. int main()
8. {
9.     int data[5] = { 61,72,23,96,-70 };
10.    int indexOfMax= findIndexOfMaxInIntArray(data,sizeof(data)/
       sizeof(int));
11.    printf("最大值第1次出现的位置索引值是:%d\n", indexOfMax);
12.    printf("数组中的最大值是:%d\n", data[indexOfMax]);
13.    return 0;
14. }
```

此时函数的基础结构和调用语句已经写好了，程序也可以被编译和运行（但输出结果是不正确的）。接下来就可以专注于在第3～5行之间加入代码来实现功能，并随时运行程序来验证结果是否正确。在实际开发时我们总是先完成函数的基本结构代码和调用函数的语句，再来编写和调试函数的代码。

接下来，就可以实现这个函数了，参照5.2.1节很容易写出函数的代码。在这个函数中使用变量max来存储最大值，用变量returnValue存储要返回的值（最大值的索引）。

```
1. #include <stdio.h>
2. int findIndexOfMaxInIntArray(int* array, int size)
3. {
4.     int max = array[0];
5.     int returnValue = 0;
6.     for (int i = 1; i < size; i++)
7.     {
8.         if (max < array[i])
9.         {
10.            max = array[i];
11.            returnValue = i;
12.        }
13.    }
14.    return returnValue;
15. }
16. int main()
17. {
18.     int data[5] = { 61,72,23,96,-70 };
19.     int indexOfMax = findIndexOfMaxInIntArray(data, sizeof(data) /
        sizeof(int));
20.     printf("最大值第1次出现的位置索引值是:%d\n", indexOfMax);
21.     printf("数组中的最大值是:%d\n", data[indexOfMax]);
22.     return 0;
23. }
```

注意函数第8和第10行代码。

```
8.         if (max < array[i])
9.         {
10.            max = array[i];
11.            returnValue = i;
12.        }
```

虽然传入到函数的是一个数组的地址（整型指针），但是在函数中访问数组元素时仍然使用了数组的方式，这一点在5.1.4节中已有过讲解——此处的 array [i] 会被编译器转换成 *(array + i)，因此不会有问题。

程序运行的结果如图5-27所示。

```
Microsoft Visual Studio 调试控制台
最大值第一次出现的位置索引值是:3
数组中的最大值是:96
```

图5-27　findIndexOfMaxInIntArray的运行结果

这样，我们就把查找整型数组中最大值功能的代码“封装”成一个函数，未来可以在程序中方便地调用它。

3. 使用const限定符保护数组中的数据

在调用findIndexOfMaxInIntArray函数时，我们将数组data的首地址传入了函数，这就意味着允许findIndexOfMaxInIntArray函数内部的代码通过这个地址修改数组中的数据。

虽然查找最大值并不需要修改数组中元素的值，但并不能排除findIndexOfMaxInIntArray的作者由于疏忽而错误地修改了数组中元素的值。这个作者可能是我们自己，也可能是其他程序员，如果错误地修改了数组的内容，就可能给程序带来隐蔽和严重的错误。

因此，C语言提供了保护数组的方式——在指针参数前加上const限定符。

```
int findIndexOfMaxInIntArray(const int* array, int size)
```

通过在参数int* array前面加上限定符const，向编译器明确地说明了：不允许在函数内部修改指针array“指向”的内存值。加上这个限定符后，如果在findIndexOfMaxInIntArray内部出现了类似这样的语句：

```
*array = 10;
array[1] = 20;
```

编译器会立刻报“*表达式必须是可修改的左值*”的错误。程序编译都不能通过，这样我们就不用担心函数内部会不小心修改了数组的内容。案例5-11是完成的程序代码。

案例5-11　在数组中查找最大值的函数（L05_11_FIND_MAX_IN_ARRAY）

```
1. #include <stdio.h>
2. int findIndexOfMaxInIntArray(const int* array, int size)
3. {
4.     int max = array[0];
5.     int returnValue = 0;
6.     for (int i = 1; i < size; i++)
7.     {
8.        if (max < array[i])
9.        {
10.           max = array[i];
11.           returnValue = i;
12.       }
13.    }
14.    return returnValue;
15. }
16. int main()
17. {
18.     int data[5] = { 61,72,23,96,-70 };
19.     int indexOfMax = findIndexOfMaxInIntArray(data, sizeof(data) /
        sizeof(int));
20.     printf("最大值第1次出现的位置索引值是:%d\n", indexOfMax);
21.     printf("数组中的最大值是:%d\n", data[indexOfMax]);
22.     return 0;
23. }
```

根据案例5-11中的做法，相信读者可以很轻松地完成在数组中查找最小值的函数。函数声明如下。

```
int findIndexOfMinValueInIntArray(const int*array, int size);
```

请在实现了此函数后再学习接下来的内容。

5.2.2 数组排序

对数组中的数值进行排序也是经常要进行的操作。排序是将多个数据按照特定的规则进行排列，最常用到的排序规则是对数字进行“数值顺序”。对字符或者字符串则是“字典顺序”（以字母或汉字在编码表中的顺序）。排序虽然是一个简单的问题，但排序算法却有很多种，这些排序算法的实现方法、适用场景、性能各不一样。虽然大部分人认为排序是一个已经解决的问题，但是新的、有用的算法仍然在不断地被发明。

1.选择排序的基本原理

比较常用的数组排序方法有“冒泡排序”“插入排序”“选择排序”“快速排序”等。在本课中，我们使用比较简单的“选择排序”。

选择排序

选择排序的工作原理是：首先在未排序序列中找到最小（大）元素，存放到排序序列的起始位置；然后，再从剩下的、未排序的元素中继续寻找最小（大）元素；然后把找到的元素放到已排序序列的末尾。以此类推，直到所有的元素排序完毕。

错误的学习方法是直接阅读最终的源代码。即使有足够的编程经验，理解别人的成品代码也是很困难的，因此我们仍然一步步分析我们遇到的问题。

假定有一个5个元素的数组，我们要将其按照从大到小的次序排序。

```
int arr[5]={61,72,23,96,-70};
```

为了表达方便，这5个元素依次称为A、B、C、D、E，它们的值如图5-28所示。

int arr[5]={61, 72, 23, 96, -70};

A	B	C	D	E
arr[0]	arr[1]	arr[2]	arr[3]	arr[4]
61	72	23	96	-70
00CFFA28	00CFFA2C	00CFFA30	00CFFA34	00CFFA38

图5-28　等待排序的数组

前面我们提到过计算机的智能远远不及人脑，但它的计算速度远快于人脑；因此可以写一些很“笨”的算法来适应计算机的运算方式。例如我们要对这个一共有5个元素的数组进行从大到小的排序。为了实现这个目标，我们可以分成5步：

第1步： 把最大的值放到A中。

第2步： 把次大的值放到B中。

第3步： 把第3大的值放到C中。

第4步： 把第4大的值放到D中。

第5步： 把最小的值放在E中（此步可略过，因为在完成第4步后最小值就在E中）。

可以看出，数组中的元素越多，所需的步骤就越多。我们并不需要一步就写出正确的程序，而是可以先编程实现第1步，然后实现第2步……在这个过程中就会发现程序可以被优化，并最终写出正确的代码。因此，我们先实现第1步。

2. 将最大的值放到A中

要实现这一步，程序设计的思路是把元素A中存放的值分别与元素B、C、D、E比较，如果遇到值比A大的元素，就把它们的值交换。

可以先用“伪代码”描述出意图：

```
如果A<B，则交换A和B的值。这一步完成后将A和B中较大的值放入A中；
如果A<C，则交换A和C的值。这一步完成后将A、B、C中最大的值放入A中；
如果A<D，则交换A和D的值。这一步完成后将A、B、C、D中最大的值放入A中；
如果A<E，则交换A和E的值。这一步完成后将A、B、C、D、E中最大的值放入A中。
```

这样，最大的值就放入了A中。由于A、B、C、D、E分别对应于arr[0]、arr[1]、arr[2]、arr[3]、arr[4]，利用我们学过的知识，不难把上面的“伪代码”转换成C语言的代码。利用伪代码理清思路虽然看上去很笨拙但这种方法确实有用。

```
1. #include <stdio.h>
2. int main()
3. {
4.     int arr[5] = { 61,72,23,96,-70 };
5.     int temp = 0;
6.     if (arr[0] < arr[1])
7.     {
8.         temp = arr[0];
9.         arr[0] = arr[1];
10.        arr[1] = temp;
11.    }
12.    if (arr[0] < arr[2])
13.    {
14.        temp = arr[0];
15.        arr[0] = arr[2];
16.        arr[2] = temp;
17.    }
18.    if (arr[0] < arr[3])
19.    {
20.        temp = arr[0];
21.        arr[0] = arr[3];
22.        arr[3] = temp;
23.    }
24.    if (arr[0] < arr[4])
25.    {
26.        temp = arr[0];
27.        arr[0] = arr[4];
28.        arr[4] = temp;
29.    }
30.    printf("arr[0]:%d\n", arr[0]);
31.    return 0;
32. }
```

程序运行的结果会显示96，符合预期，但这也太复杂了！

注　意

假如你写程序时需要用到复制粘贴操作，就要考虑是不是应将这段代码设计成一个函数了。

上面的程序被复制粘贴的代码段如下。

```
6.     if (arr[0] < arr[1])
7.     {
8.         temp = arr[0];
9.         arr[0] = arr[1];
10.        arr[1] = temp;
11.    }
```

这段代码做了两件事：

- 比较两个数组元素；
- 在条件成立的时候交换数组元素的值。

这里的数组元素都是整型，可以认为它们是两个整型变量。而变换两个整型变量的值是经常用到的功能，因此可以将其设计成一个函数。

3. 使用函数交换数组元素的值

在4.4.6节中讨论过交换两个变量的值的方法，提出“最简单明了的方式就是使用一个额外的变量作为临时变量，然后完成交换。”

```
1. int a = 10;
2. int b = 20;
3. int temp = a;   //将a的值10存入temp中
4. a = b;          //将b的值20赋值给a
5. b = temp;       //将temp中的10（a原先的值）赋值给b
```

但是，如果要编写一个函数，交换两个变量的值呢？下面的问题可以重新想一遍：

- **函数的功能是什么？**

  交换两个整型变量的值。

- **函数的名字是什么？**

  swapInt。

- **函数需要传入哪些参数？**

  传入两个整型变量。

- **函数是否需要返回值？返回何种类型的值？**

  不需要，因为交换两个相同类型的变量的值一定会成功。

基于上述想法，函数的原型如下。

```
void swapInt(int x,int y)
```

代码似乎也不难写。

```
1. #include <stdio.h>
2. void swapInt(int x, int y)
3. {
4.     int temp = x;
5.     x = y;
6.     y = temp;
7. }
8.
9. int main()
10. {
11.     int a = 10;
12.     int b = 20;
13.     swapInt(a, b);
14.     printf(«a is:%d, b is:%d\n», a, b);
15.     return 0;
16. }
```

但是运行程序，会发现结果并不正确，如图5-29所示。

```
Microsoft Visual Studio 调试控制台
a is:10, b is:20
```

图5-29　错误的swapInt函数运行结果

警　告

在调用函数的语句中，括号中实际的参数值会被“复制”给函数定义时的参数。

例如第13行的a和b，是调用时实际使用的参数，被称为“实参”。

```
swapInt(a, b);
```

在函数定义时，参数是x和y，被称为“形式参数”，也被称为“形参”。

```
void swapInt(int x, int y)
```

你可以把参数x和y当作仅在函数swapInt中有效的、独立的变量。在调用函数时，变量a和b的值（此处是10和20）会“复制”给变量x和y。由于x和y是独立的变量，因此即使在swapInt函数内部交换了它们的值，也不会影响到main函数中的变量a和b的值。

那么，怎样才能用函数交换两个变量的值呢？

如果我们向swapInt函数传递的不是变量a和b的值，而是它们的内存地址，问题是不是就迎刃而解了？（都知道你住在哪里了，还不能给你搬家？）

按照案例5-12修改程序。

案例5-12　用函数交换变量的值（L05_12_SWAP_ELEMENT）

```
1. #include <stdio.h>
2. void swapInt(int* x, int* y)
3. {
4.     int temp = *x;
5.     *x = *y;
6.     *y = temp;
```

```
7. }
8.
9. int main()
10. {
11.     int a = 10;
12.     int b = 20;
13.     swapInt(&a, &b);
14.     printf("a is:%d, b is:%d\n", a, b);
15.     return 0;
16. }
```

第2行代码声明swapInt函数时，函数的参数是两个整型指针（int*），并且没有加const限定符，这意味着在函数内部可以通过这两个指针参数来改变它们所指向地址的值，也可以引用指针指向地址的值。

第13行代码调用函数时，传入的参数分别是&a和&b，&运算符可以取得变量的首地址。这一点我们在4.3.2节中已有讲解。

这样我们就完成了swapInt函数，它可以交换两个数组元素的值，只要在交换时传入两个元素的地址即可。运行程序，得到如图5-30所示的结果。

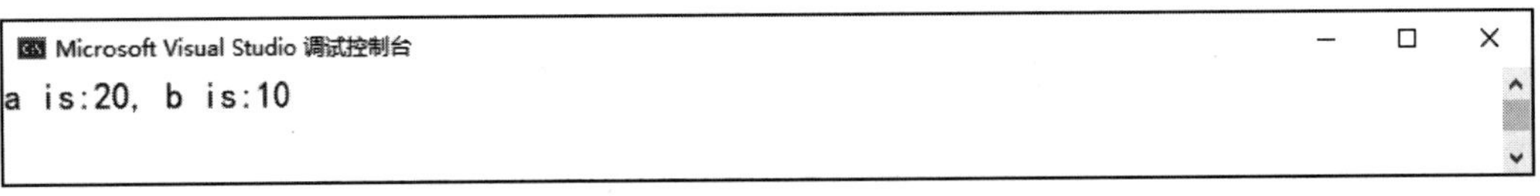

图5-30　用swapInt函数交换两个变量的值

4. 继续排序

有了swapInt函数，我们就可以修改之前冗长的代码了。

```
1. #include <stdio.h>
2. void swapInt(int* x, int* y)
3. {
4.     int temp = *x;
5.     *x = *y;
6.     *y = temp;
7. }
8.
9. int main()
10. {
11.     int arr[5] = { 61,72,23,96,-70 };
12.     int temp = 0;
13.     if (arr[0] < arr[1]) swapInt(&arr[0], &arr[1]);
14.     if (arr[0] < arr[2]) swapInt(&arr[0], &arr[2]);
15.     if (arr[0] < arr[3]) swapInt(&arr[0], &arr[3]);
16.     if (arr[0] < arr[4]) swapInt(&arr[0], &arr[4]);
17.     printf("arr[0]:%d\n", arr[0]);
18.     return 0;
19. }
```

注意第13～16行，在调用swapInt函数时将使用&运算符取数组元素的地址作为参数传入，这是必须的。

运行这个程序，结果也是96，已经将最大值放入arr[0]了。同时我们注意到程序中有4行代码的结构是完全一致的，不同的只是数组的索引值。学过for循环后，应该不难把它转换成循环的形式。

```
1. for (int i = 1; i <= 4; i++)   //控制变量i的值从1到4
2. {
3.     if (arr[0] < arr[i]) swapInt(&arr[0], &arr[i]);
4. }
```

这一步完成后，最大的值被放入了数组的第1个元素（arr[0]），同时其他几个元素的值也发生了变化。执行这段程序后，当前数组中各元素的值如图5-31所示。

A	B	C	D	E
arr[0]	arr[1]	arr[2]	arr[3]	arr[4]
96	61	23	72	-70
00CFFA28	00CFFA2C	00CFFA30	00CFFA34	00CFFA38

图5-31　最大值放入arr[0]中

接下来，将次大的值放入B中。其代码是将B的值与C、D、E依次进行比较，如果比B大，则交换每次比较对象的值。

```
1. if (arr[1] < arr[2]) swapInt(&arr[1], &arr[2]);
2. if (arr[1] < arr[3]) swapInt(&arr[1], &arr[3]);
3. if (arr[1] < arr[4]) swapInt(&arr[1], &arr[4]);
```

因此也不难写出循环语句。

```
1. for (int i = 2; i <= 4; i++)   //控制变量i的值从2到4
2. {
3.     if (arr[1] < arr[i]) swapInt(&arr[1], &arr[i]);
4. }
```

执行这段程序后，数组中数值的依次是96、72、23、61、－70。

之后完成把第3大的值放到C中。

根据上面的过程和原理，将第3大的值放入C中的代码如下。

```
1. for (int i = 3; i <= 4; i++)   //控制变量i的值从3~4
2. {
3.     if (arr[2] < arr[i]) swapInt(&arr[2], &arr[i]);
4. }
```

执行这段程序后，数组中的数值依次是96、72、61、23、－70。

最后把第4大的值放到D中。

这一步比较D和E的值。

```
if (arr[3] < arr[4]) swapInt(&arr[3], &arr[4]);
```

但是，也可以把它写成循环的形式，这样做是为了保持与上面代码格式的统一，便于进一步优化。

```
1. for (int i = 4; i <= 4; i++)   //控制变量i的值从4到4
2. {
3.     if (arr[3] < arr[i]) swapInt(&arr[3], &arr[i]);
```

```
4. }
```

至此，这个有5个元素的数组排序完成，完整的代码如下。

```
1. int arr[5] = { 61, 72, 23, 96, -70 };
2. //将最大的值放入arr[0]中
3. for ( int i = 1; i <= 4; i++ )   //控制变量i的值从1到4
4. {
5.     if ( arr[0] < arr[i] ) swapInt( &arr[0], &arr[i] );
6. }
7. //将次大的值放入arr[1]中
8. for ( int i = 2; i <= 4; i++ )    //控制变量i的值从2到4
9. {
10.    if ( arr[1] < arr[i] ) swapInt( &arr[1], &arr[i] );
11. }
12. //将第3大的值放入arr[2]中
13. for ( int i = 3; i <= 4; i++ )   //控制变量i的值从3到4
14. {
15.    if ( arr[2] < arr[i] ) swapInt( &arr[2], &arr[i] );
16. }
17. //将第4大的值放入arr[3]中，之后arr[4]就是最小的值了
18. for ( int i = 4; i <= 4; i++ )   //控制变量i的值从4到4
19. {
20.    if ( arr[3] < arr[i] ) swapInt( &arr[3], &arr[i] );
21. }
```

这个程序是不能满足要求的，因为它的代码冗余，并且只能对5个元素的数组进行排序。但我们已经发现这4个for循环内容基本一致的，不同之处也很容易找出，图5-32标识了它们的不同之处。

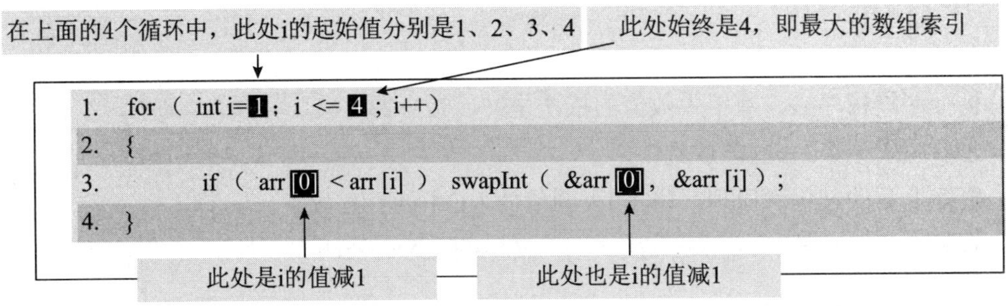

在上面的4个循环中，此处i的起始值分别是1、2、3、4

此处始终是4，即最大的数组索引

```
1.  for ( int i=1; i <= 4 ; i++)
2.  {
3.          if ( arr [0] < arr [i] )  swapInt ( &arr [0], &arr [i] );
4.  }
```

此处是i的值减1

此处也是i的值减1

图5-32　分析4个循环的不同之处

我们可以把这4个for循环精简成1个，然后用另一个for循环来控制它的运行，这种做法被称为“嵌套循环”。修改后的代码如下。

```
1.   for (int s = 1; s <= 4; s++)      //s的起始值为1，终止值为4
2.   {
3.       for (int i = s; i <= 4; i++) //控制变量i的起始值分别为1,2,3,4
4.       {
5.           if (arr[s-1] < arr[i]) swapInt(&arr[s-1], &arr[i]);
6.       }
7.   }
```

在上面的程序中，对于控制循环的变量s和i仍然使用了固定的数值，下面可以用之前学习过的方法实现计算数组的元素数量并存入到变量size中。这样这段程序就可以对具有不同元素数量的数组进行排序了。完整的程序如案例5-13所示。

案例5-13　数组排序（L05_13_SORT_ARRAY）

```
1. #include <stdio.h>
2. void swapInt(int* x, int* y)
3. {
4.     int temp = *x;
5.     *x = *y;
6.     *y = temp;
7. }
8.
9. int main()
10. {
11.     int arr[5] = { 61,72,23,96,-70 };
12.     int temp = 0;
13.     int sizeOfArray = sizeof(arr) / sizeof(int);
14.     for (int s = 1; s <= sizeOfArray-1; s++)     //s的起始值为1，终止
                                                   //值为4
15.     {
16.         for (int i = s; i <= sizeOfArray-1; i++)
17.         {
18.             if (arr[s - 1] < arr[i]) swapInt(&arr[s - 1],&arr[i]);
19.         }
20.     }
21.     //以下是显示排序后数组的代码
22.     for (int i = 0; i <= sizeOfArray-1; i++)
23.     {
24.         printf("%d\n", arr[i]);
25.     }
26.
27.     return 0;
28. }
```

图5-33是程序运行的结果，可以看到数组中的元素已经按照从大到小的次序排列了。

图5-33　对整型数组进行排序

至此我们完成了使用选择排序算法对数组中的元素进行排序的程序。选择排序不是效率最高的排序算法，学习它的主要目的是为了练习数组、指针的使用和基本算法的实现过程。读者如果想学习更多的排序算法，可以阅读数据结构与算法的相关书籍。

5. 嵌套循环

在一个循环的内部可以放入另一个循环，这种情况被称为“嵌套循环”。例如下面的程序就是在一个循环内嵌套另一个循环的案例。

```
1. #include <stdio.h>
2. int main()
3. {
4.     for (int a = 0; a < 3; a++)
5.     {
6.         for (int b = 5; b < 8; b++)
7.         {
8.             printf("a is:%d    b is:%d\n", a, b);
9.         }
10.    }
11.    return 0;
12. }
```

上述代码的第4～10行是一个循环，控制变量为a。在这个循环中包含了另一个循环（第6～9行），这就是一个典型的嵌套循环。

程序执行时，首先进入外部循环，然后将内部循环完整地全部执行完毕（b的值从5～7）。内部循环执行完毕后，外部循环继续执行（a的值变为1），然后又重新开始执行内部循环。程序执行的结果如图5-34所示。

图5-34　嵌套循环的执行结果

6. 自行完成数组排序的函数

对数据进行排序是常用的操作，我们可以将该功能写成一个独立的函数。有了前面寻找最大值函数的经验，相信读者可以自行完成它。

为了帮助读者明确任务目标，笔者先对这个函数原型进行设计。

- **函数的功能是什么？**

  对指定大小的整型数组进行升序排序。

- **函数的名字是什么？**

  sortIntArrayASC，其中的 ASC是ascending（上升的）的缩写，表示从小到大的排序。

● **函数需要传入哪些参数？**

应该将数组的首地址和元素总数传递到函数中，并且允许函数内部修改数组元素的值。

● **函数是否需要返回值？返回何种类型的值？**

排序函数不需要返回值，因为排序的结果已经在数组中，不需要返回其他信息。

基于上面的考虑，函数的原型如下。

```
void sortIntArrayASC(int* array,int size)
```

测试代码如下。

```
1. #include <stdio.h>
2. void sortIntArrayASC(int* array, int size)
3. {
4.     //todo:在此处加入你的代码
5. }
6.
7. int main()
8. {
9.     int data[5] = { 61,72,23,96,-70 };
10.    sortIntArrayASC(data, sizeof(data) / sizeof(int));
11.    for (int i = 0; i <= 4; i++)
12.    {
13.        printf("%d\n", data[i]);
14.    }
15.    return 0;
16. }
```

请自行完成sortIntArrayASC函数，成功的标志是程序依次输出－70、23、61、72、96。

这个函数是用于升序排序的，如果需要进行降序排序，则需要另行设计一个函数。

```
void sortIntArrayDESC(int* array,int size)
```

sortIntArrayDESC中的DESC是descending（下降的）的缩写。如果读者有兴趣，还可以试着写一个既可以完成升序排序，也可以完成降序排序的函数，使用1个参数来控制排序的方式即可。

5.3 字符和字符串

在5.1.2节中，我们已经可以使用一个双精度浮点型数组存储现汇买入价、现钞买入价、现汇卖出价、现钞卖出价和中行折算价了。但是在外汇牌价看板中，我们还需要显示除数字以外的文字、符号和图片，如图5-35所示。

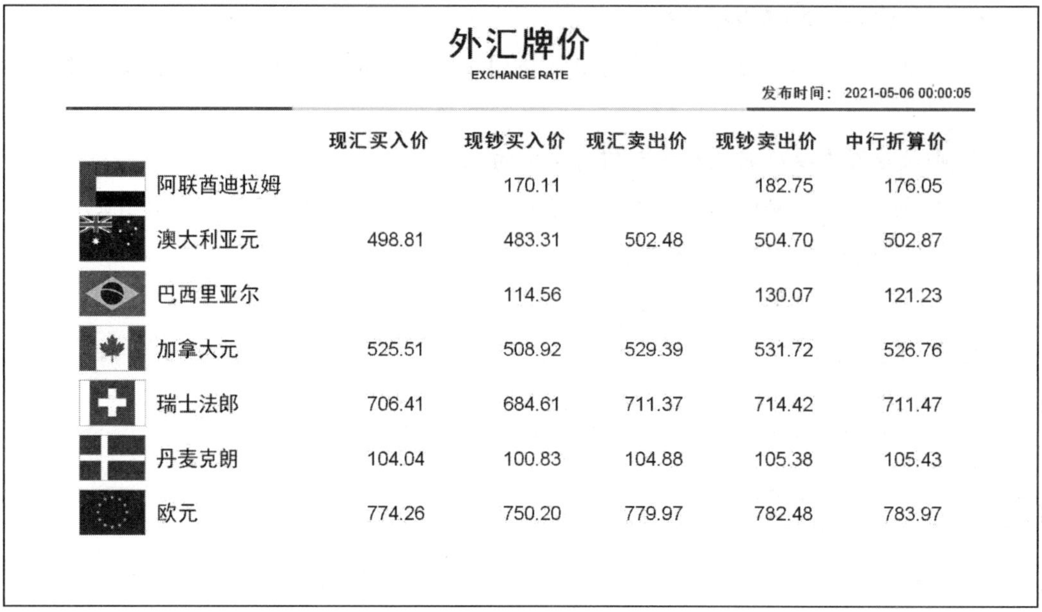

外汇牌价

EXCHANGE RATE

发布时间：2021-05-06 00:00:05

	现汇买入价	现钞买入价	现汇卖出价	现钞卖出价	中行折算价
阿联酋迪拉姆		170.11		182.75	176.05
澳大利亚元	498.81	483.31	502.48	504.70	502.87
巴西里亚尔		114.56		130.07	121.23
加拿大元	525.51	508.92	529.39	531.72	526.76
瑞士法郎	706.41	684.61	711.37	714.42	711.47
丹麦克朗	104.04	100.83	104.88	105.38	105.43
欧元	774.26	750.20	779.97	782.48	783.97

图5-35　外汇牌价看板UI设计

在前面我们介绍了int、float、double这几种数据类型用于存储数值，也知道可以用数组存储多项相同类型的数值。

对于文字，很多语言提供了“字符串”这种数据类型。字符串可用于存储多个连续的字符。你正在阅读的教程文本、人名、要显示的货币名称等都是字符串。字符串中的字符可以是汉字、字母、数字、符号或者其他国家的文字符号。

然而，C语言并没有提供“字符串”这种数据类型。我们先来了解C语言中是如何处理字符和字符串的。

5.3.1　计算机中的字符

很多人都存在一个疑惑：计算机是如何输入、存储和显示字符的？

严格意义上说，无论是中文使用的汉字还是英语中的字母都是一种图形，而计算机只能处理数值，准确地说是只能处理二进制数值，所有信息都必须转换成二进制数值后才能被计算机处理。

例如字母“F”，要在屏幕上显示它就必须将这个字母的外观用二进制数值进行描述。方法之一就是把字符的外形划分成若干个栅格，然后分别用1和0来描述每个栅格的内容，图5-36描述了字符F的形状如何用二进制表示。

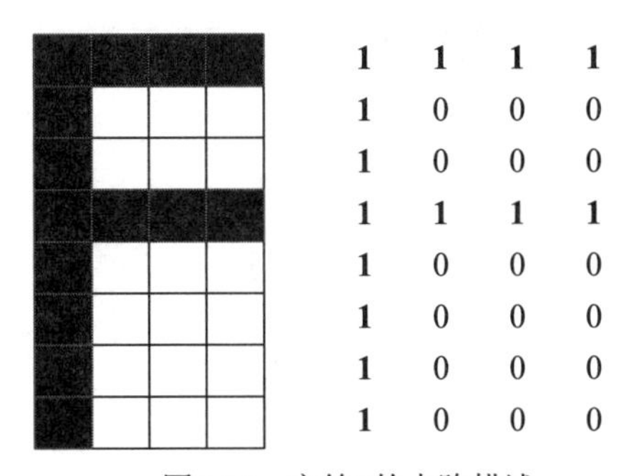

图5-36　字符F的点阵描述

可以看到，描述字母F的外观需要32个二进制位，也就是4个字节。但是文字是会重复使用的，如果每存储一个英文字符都要使用4个字节，在计算机技术发展的初期是不可接受的。

因此，在计算机系统中只保留一份用于显示的字符点阵信息（被称为字库或字模），然后给每个字符一个唯一的编号，在传输、存储字符时只使用字符的编号。换句话说就是，在存储大写字母“F”时不是存储它的点阵信息，而是存储一个数字编号来代表它（只须1个字节即可），这个编号被称为“字符编码”，到了要显示F的时候再根据这个编码从字库中调出它的点阵信息用于显示。

用数字代表文字不是计算机领域的发明，电报也是将文字转换成数字发出，接收方再根据双方一致的“密码本”将其翻译成文字。和谍战剧中绝密的“密码本”不同，计算机中的字符编码必须采用公开、通用的编码标准，这样才能在不同类型的计算机之间交换信息。

5.3.2　字符编码

现今的计算机系统中存在多种字符编码标准，例如ASCII码、GB 2312、GBK和Unicode码等。

1.ASCII码

1976年，为了统一不同计算机系统之间的文字编码标准，美国国家标准化组织制定了美国信息交换标准代码（American Standard Code for Information Interchange，ASCII）。这个标准已被国际标准化组织定为国际标准，是目前使用最普遍的字符编码集。

基本的ASCII字符集只包含128个字符，含控制字符、符号、数学和字母。例如英语字母A对应的编码值是65，字母B对应的编码值是66。后来扩展的ASCII字符集包含了256个字符，图5-37是ASCII码表的一部分。

ASCII	字符	ASCII	字符	ASCII	字符	ASCII	字符
64	@	80	P	96	`	112	p
65	A	81	Q	97	a	113	q
66	B	82	R	98	b	114	r
67	C	83	S	99	c	115	s
68	D	84	T	100	d	116	t
69	E	85	U	101	e	117	u
70	F	86	V	102	f	118	v
71	G	87	W	103	g	119	w
72	H	88	X	104	h	120	x
73	I	89	Y	105	i	121	y
74	J	90	Z	106	j	122	z
75	K	91	[	107	k	123	{
76	L	92	\	108	l	124	|
77	M	93	]	109	m	125	}
78	N	94	^	110	n	126	~
79	O	95	_	111	o		

图5-37　ASCII码表的一部分

在ASCII编码中，最小的编码值是0，最大的编码值是255。因此表达一个ASCII字符编码需要使用1个字节（因为1个字节能表示的最小值是0，最大值是255）。

2. 汉字编码

最多支持256个字符的ASCII编码自然不包含汉字。中国国家标准总局在1980年发布了国家标准GB 2312用于统一汉字编码，在GB 2312标准中共收录了6763个汉字。

注　意

显然，用1个字节存储汉字的编码是不够的，因为1个字节的表达范围只有0～255。但2个字节可以达到0～65535，因此1个汉字编码至少需要占用2个字节。

GB 2312字符集只能满足基本的汉字处理需要，但对于人名、古汉语等方面出现的罕用字和繁体字，GB 2312不能处理，因此1995年又发布了《汉字内码扩展规范》（简称GBK），GBK共收录21 886个汉字和图形符号。GBK出现以后，解决了很多人名中的汉字无法输入计算机的问题，例如“镕”这个字在GB 2312中是不包含的。

而中国台湾地区就不同了，他们自己制定了一套“大五码”标准（也称为Big5码），一共收录了13 060个汉字。由于编码方式的不同，在20世纪90年代中国大陆的计算机用户如果要阅读从中国台湾地区传过来的电子文件，需要通过一个转码程序才能阅读，反之亦然。例如在GB 2312中汉字“基”的编码是48 121（十六进制为BBF9），而Big5中它的编码是45 298（十六进制为B0F2）。

3. Unicode字符集

不同国家和地区采用不同的字符集来显示文字，在计算机技术发展之初没有什么问题，但是在交流日益频繁的今天，特别是互联网流行以后，制定一种统一的字符集标准越来越有必要。

随着计算机存储容量、运算速度的提高，设计一种可以包括全人类所有字符的字符集成为可能，于是就有了Unicode。Unicode编码标准由一个叫做统一码联盟的机构制定，这个机构有来自多个国家政府和各大软件商的代表参与，工作目标是最终以Unicode取代现存的其他字符编码标准。最新的Unicode字符集收录了超过13万个字符。

在本课程中，我们只使用ASCII字符集和GB 2312字符集，不涉及对Unicode编码的处理，如果读者有兴趣可查阅相关资料。

5.3.3 编码是如何被显示成字符的

现在，我们已经知道字符在内存里存储的是编码。编码本身是不易被阅读的，那么谁负责把字符编码转换成人眼可以阅读的图形符号并显示在屏幕上呢？简单地说，是显卡负责将文本或图形数据转换成视频信号，并显示在屏幕上。

显　卡

显卡（video card、display card、graphics card、video adapter）是个人计算机最基本组成部分之一，用途是将计算机系统需要的显示信息进行转换并驱动显示器，向显示器提供视频信号控制显示器的显示。它是连接显示器和个人计算机主板的重要组件。

显卡的职能是将要显示的图形或文本转换成可以驱动显示器的电信号，它有三个重要的组成部分：

- 显存；
- 显卡BIOS；
- GPU。

图5-38所示是一个比较老的显卡，之所以选择这幅图是一些新的显卡往往有庞大的散热片遮挡了下面的元件。

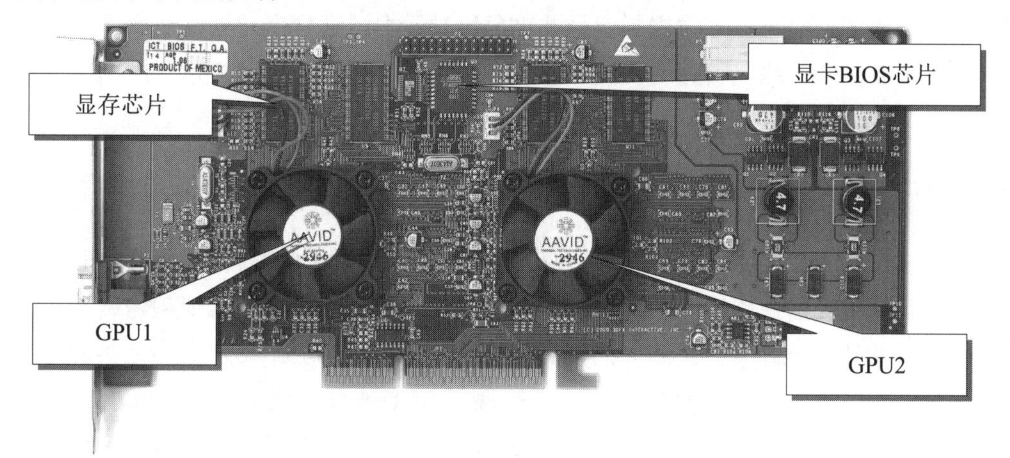

图5-38　典型的显卡组成

1. 显存

显存是显卡上的独立存储器，它用来存储即将显示的数据。从应用层（程序员）的角度来看，只要将要显示的数据送入显存，接下来的事就不用管了。

显卡有两种工作模式：一种是文本模式，在这种模式下将要显示的文本ASCII码值送入显存指定位置就可以了；另一种是图形模式，在这种模式下要送入显存的是每一个像素点的颜色值。向显存中写入数据会改变显示的内容，而程序也可以从显存中读取数据，用于实现一些功能，例如人们经常使用的“截屏”功能就是读取显存中的数据。

2. 显卡BIOS

和计算机主板一样，显卡上也有一个BIOS（基本输入输出系统），它存储在显卡上的ROM芯片中。在显卡BIOS中存储了每一个ASCII字符的图形数据，你可以将图形数据理解为这些字符的“笔画”，它也被称为“字库”。一个显卡BIOS中至少包含ASCII字符的字库，有些也会包含中文字库。图5-39所示是一个BIOS字库中存储的字符图形。这个字库在操作系统还没启动时起作用，现代操作系统在启动成功后就不再使用它了。

图5-39　ASCII字库

在文本模式下送入显存的是字符的ASCII码值，BIOS根据ASCII码值在BIOS中查询到每个字符的图形信息，生成视频信号并输出给显示器，这样字符就显示到屏幕上了。实际的情况要复杂一些，因为现代计算机系统保留了多份字库用以显示不同的字体，字库也不仅存储在显卡BIOS中。

3. GPU

GPU（Graphics Processing Unit）是显卡的核心，全称是“图形处理器”，它负责将要显示的数据转换为视频信号。早期显卡上的处理芯片只是用于处理视频输出，1999年NVDIA公司提出将其作为一个独立的运算芯片，专门用于处理类似3D显示之类的任务，图5-40是一个GPU芯片。与CPU不同的是，现代GPU被设计成具有几百甚至几千个内核，可以同时进行大量计算。这种计算能力对运行分析、深度学习和机器学习算法特别有用，在GPU上执行某些计算比传统CPU快得多。在专用的挖矿芯片出现之前，高端显卡的重要用途之一就是比特币挖矿。

图5-40　GPU芯片

4. 一个显示字符的程序

现在，我们知道了要显示字符只须将与字符对应的ASCII码送入指定的显存区域即可，同时这块显存区域的地址是固定的，也是可以使用指针操作的。以下程序可以在屏幕的左上角以标准模式显示字符Z。

```
1. char far* vBuffer=(char far*)0xB8000000;
2. *vBuffer='Z';
3. vBuffer++;
4. *vBuffer=7;
```

第1行代码中的0xB8000000对应屏幕左上角的显存地址（它是一个固定的地址），这个程序把字符常量“Z”直接送入显存中，接下来的事情就交给显卡了。由于在Windows中已经不允许用这种方式访问显存了，因此笔者是在一个模拟器里运行这个程序得到的显示结果，如图5-41所示。

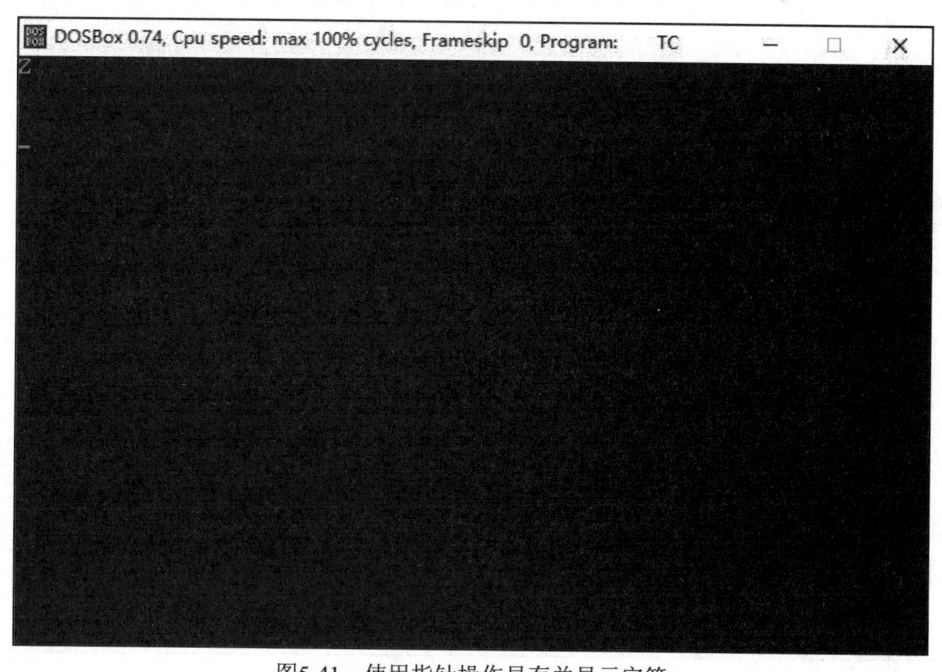

图5-41　使用指针操作显存并显示字符

由于显卡的BIOS中一般只存储一套字库，因此在这个窗口中无法显示不同的字体，除非额外使用磁盘上的字库和专门的程序来显示文字。

遗憾的是这个程序并不能在Windows下运行，在VC中也不能编译，原因是Windows不允许你直接操作显存。笔者是在一个DOS模拟器下运行它的，使用Turbo C提供的编译器。

图形显示的原理与文本显示类似，都是把要显示的图形数据送到显存中去即可。在后面的章节中我们会通过显示.bmp图片的例子进行详细阐述其原理，此处暂不介绍。

5.3.4 C语言中的字符

现在，我们知道了所有文字都要按照某个标准进行编码后才可以被计算机存储和传输。在C语言程序中，我们使用“字符型变量”或“字符型常量”来存储单个字符的编码。

1. 字符型变量

在C语言中，char数据类型用于存储单字节字符的编码，例如ASCII编码。char数据类型占用1个字节，它用于存储0～255的字符编码。声明字符型变量的方法与声明整型变量一样。

```
char ch;
```

char数据类型占用1个字节，可以存储的值是0～255，所以它只能存储ASCII字符的编码。如果希望变量ch存储字符A的编码，代码可以写成这样：

```
char ch=65;
```

之所以在这里写65是因为笔者查过ASCII码表，知道A的编码值是65。

下面的程序可在屏幕上显示大写字母A。

```
1. #include <stdio.h>
2. int main()
3. {
4.     char ch = 65;
5.     printf("%c\n", ch);
6.     return 0;
7. }
```

第5行代码中printf函数使用了%c占位符，这个占位符表示此处要输出一个字符。printf函数根据传入的变量ch的值65，调用底层的程序和操作系统在屏幕上输出了字符A，如图5-42所示。

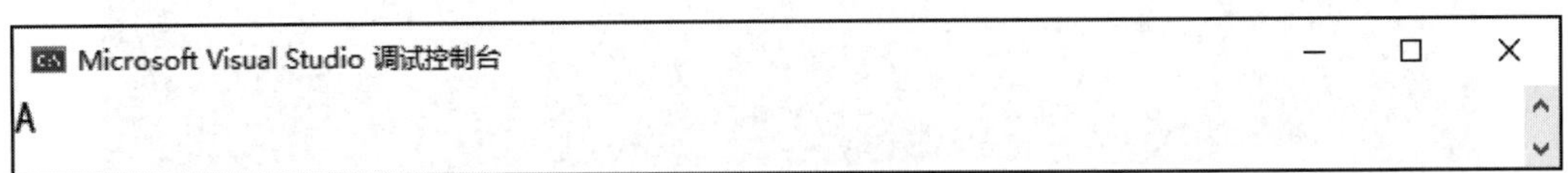

图5-42　显示字符

2. 字符型常量

ASCII字符一共有256个，普通人不会记得所有字母的ASCII码值。所以如果要让字符变量ch存储字符A的码值，一般是这样写的：

```
char ch='A';
```

编译器在编译这行代码时会自动将'A'替换成65。这样写代码显然比要我们记住每个字符的编码更容易和直观。两端包含单引号的A被称为“字符常量”，字符常量的本质是一个整型数，即这个字符的编码值。

字符常量

在C语言中用一对单引号包含的一个字符被称为“字符常量”。使用字符型常量可以使程序更容易编写和阅读。

一定记住：在使用ASCII字符集的环境里，'A'与整数65是相等的。案例5-14程序运行的结果（图5-43）说明了这一点。

案例5-14　C语言中的字符编码（L05_14_CHAR）

```
1. #include <stdio.h>
2. int main()
3. {
4.     if ('A' == 65)
5.     {
6.         printf("在使用ASCII字符集的环境里，'A'与整数65相等\n");
7.     }
8.     return 0;
9. }
```

```
选择Microsoft Visual Studio 调试控制台
A
在使用ASCII字符集的环境里，'A'与整数65相等

D:\BC101\Examples\Debug\L05_14_CHAR.exe (进程 7480)已退出，代码为 0。
```

图5-43　在使用ASCII字符集的环境里，'A'与整数65相等

5.3.5　从键盘输入字符并显示

现在我们知道了字符变量和字符常量可以存储一个ASCII字符的编码，也知道了如何将一个字符的编码值（或字符常量）赋值给它。那么字符是如何输入到计算机中的呢？

1.字符是如何输入计算机的

在程序设计中最常见的需求是从键盘获得用户的输入。用户的输入可能是一个字

符、一串字符或者数字。

键盘是由一组开关组成的，在键盘里有一个微处理器负责扫描这些开关的状态。图5-44所示是一个20世纪90年代生产的键盘的核心电路板。

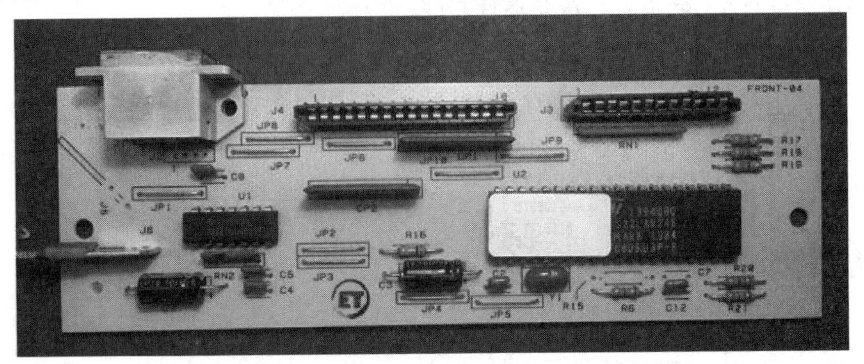

图5-44　IBM Model M键盘的核心电路板

键盘的微处理器实时扫描每个按键的状态，当微处理器检测到一个按键动作时会产生一个“扫描码”，并且通知操作系统，操作系统立即停下目前的工作来处理这个按键动作。这个过程不需要程序员干预。

- 如果用户按下的是字母键或者回车这类键，系统会把它们转换成对应的ASCII码值，并送入内存的“键盘缓冲区”中，等待应用程序读取；
- 如果用户按下的是Num Lock、Caps Lock（数字小键盘的状态、大小写状态）这样的控制按键，操作系统就在内存中记下这些状态，这些状态会影响后期的输入；
- 如果用户按下了特殊的按键，例如PrintScr，则会自动启动默认的程序予以处理，而不会把它放入键盘缓冲区。

这些工作由BIOS和操作系统来完成，并不需要额外编写程序。我们只须知道：在用户按下了字母按键后，该键对应的ASCII码值就会被送到键盘缓冲区中，等待被程序读取。

例如，用户在键盘上连续按下1、2、3、4和回车键（按下回车键会产生换行符，ASCII码值为10），会在键盘缓冲区里存入如表5-4所示的数据。

表5-4　按键产生的ASCII码

按下的键	ASCII码值	键盘缓冲区
1	49	49
2	50	50
3	51	51
4	52	52
回车	10	10

从表5-4中可以看到，在键盘缓冲区中存了5个字符，它们的编码分别是49、50、51、52和10。键盘缓冲区当然可以存放更多的字符，但是现在只输入了5个字符，所以键

盘缓冲区中目前只有5个字符的ASCII码。

在程序中，我们需要将键盘缓冲区中用户输入的内容取出，并存储到程序中的变量或数组中进一步使用。这就带来一个问题：键盘缓冲区中存放的是按键字符的编码，需要将其转换成对应的数据类型才可以正确使用。

例如，用户按下1和回车键，在键盘缓冲区产生的编码是49和10，49是字符“1”的ASCII编码，你可能需要将其转换成整型数1，也可能直接将其作为字符处理。将键盘缓冲区中的字符编码转换成何种类型完全由程序员决定的。

- 当需要把用户输入的内容当作字符处理时，就使用获取字符输入的函数，例如getchar、getch等；
- 当需要把用户输入的内容转换成其他类型的数值时，最简单的方法是使用scanf函数，它提供了类型转换功能。scanf函数也可以用于输入多个字符（即字符串）。

注 意

需要说明的是，C语言的标准输入采用了“行缓冲”机制，只有在用户按下回车键并在键盘缓冲区中产生换行符后才会认为输入已完成，程序中的函数才可以读取键盘缓冲区中的内容。

2. 使用getchar函数获取用户输入的单个字符

先来看一个使用getchar函数获得键盘输入字符的例子。

```
1. #include <stdio.h>
2. #include <conio.h>
3. int main()
4. {
5.     char ch = getchar();
6.     printf("你输入的字符是%c,它的ASCII码值是%d\n", ch, ch);
7.     return 0;
8. }
```

运行程序，输入字母a并按回车键，得到如图5-45的结果。

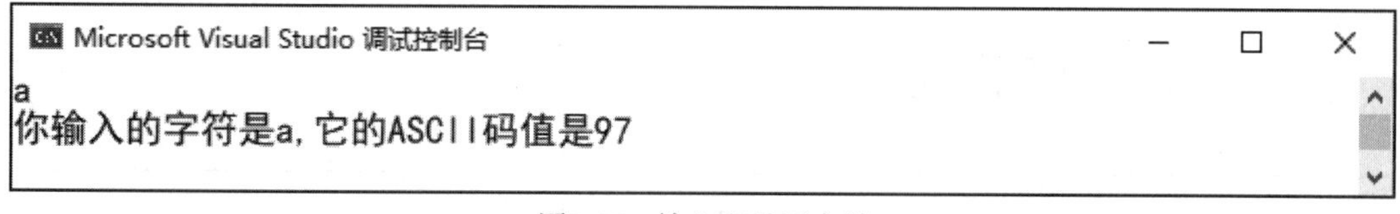

图5-45　输入和显示字符

从上例可以看出，getchar函数调用时无须参数，它将用户输入的第1个字符的ASCII码值（97）作为返回值。我们用字符型变量ch存储它，并在第6行代码中分别以字符（%c）和整数（%d）格式显示出来。

在这个过程中，用户按下的字母键A和回车键在键盘缓冲区中产生的编码是97和10，getchar函数完成了下面的工作：

- 取出了第1个字符的编码（97），并将其赋值给字符变量ch；
- 将第1个字符a从键盘缓冲区中移出。

需要特别注意的是，用户按回车键产生的换行符10此时仍然留在键盘缓冲区中，它会给我们带来困扰。看下面的程序。

```
1. #include <stdio.h>
2. int main()
3. {
4.     char ch1 = getchar();
5.     printf("你输入的字符是%c,ASCII码值是%d\n", ch1, ch1);
6.
7.     char ch2 = getchar();
8.     printf("你输入的字符是%c,ASCII码值是%d\n", ch2, ch2);
9.
10.    return 0;
11. }
```

这个程序设计的意图是让用户分两次输入两个字符到变量ch1、ch2中，并分别显示它们，但运行程序后输入第1个字符a并按下回车键后，程序并没有等待用户输入第2个字符，而是直接结束了，如图5-46所示。

```
Microsoft Visual Studio 调试控制台
a
你输入的字符是a,ASCII码值是97
你输入的字符是
,ASCII码值是10
```

图5-46　未等待用户输入第2个字符

这是因为第1次调用getchar获取用户输入的字符a后，换行符仍然在键盘缓冲区中，第7行代码再次调用getchar函数时，直接读取了这个换行符作为输入，因此显示了换行符（在屏幕上的表现为换行输出），并显示了它的ASCII码值10。

同样的情况还出现在一次输入多个字符再按下回车键时。运行程序后输入abcd并按回车键，会得到如图5-47所示的结果。

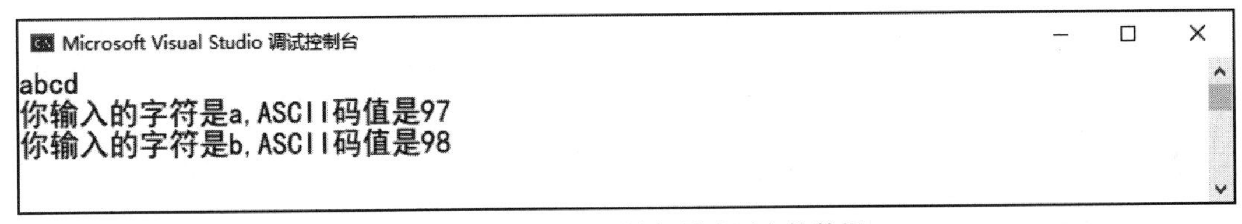

图5-47　直接读取了键盘缓冲区中的数据

可以看到程序也没有等待第2次输入，而是直接从键盘缓冲区中取出了第1次输入的字符b并显示。

结合上面两个例子，来了解getchar函数的工作机制：

- 只有在键盘缓冲区中存在换行符时才会从中读取内容；
- 当键盘缓冲区中有内容并且存在换行符时，不会等待用户输入，而是直接读取键盘缓冲区中的第1个字符（键盘缓冲区中只有1个换行符时也是如此）；

- 当键盘缓冲区中有内容但不包含换行符时，会等待用户继续输入，直到出现换行符（用户按下回车键）后再读取第1个字符；
- 如果键盘缓冲区是空的，则等待用户输入，直到用户按下回车键（产生换行符）为止，此时用户的输入会在屏幕上显示。用户按下回车键之前可以输入多个字符，用户输入的字符都会存入缓冲区中；
- 读取的字符会作为函数的返回值，读取完毕后键盘缓冲区中的第1个字符会被移出键盘缓冲区，但余下的内容（包括换行符）仍将保留在键盘缓冲区中。

通过前面的例子，应该理解了键盘缓冲区中残留的数据可能会对下一次输入产生影响，在实际应用中我们无法确保用户每次都严格按照要求输入数据，也无法保证每次输入时键盘缓冲区为空。为了防止缓冲区中的已有数据造成干扰，最简单的方法是在每次调用输入函数之前清空键盘缓冲区。

3. 清空键盘缓冲区

在C语言标准库中，没有定义清理键盘缓冲区的库函数，但是在VC和GCC都提供了清理缓冲区的函数。在VC中，你可以使用rewind函数和fflush函数，使用方法如下。

```
rewind(stdin);
```

或者：

```
fflush(stdin);
```

此处的stdin是standard input（标准输入）的缩写，要使用这个函数，需要包含头文件stdio.h。在案例5-15的程序中第2次调用getchar之前加入rewind函数来清空键盘缓冲区（第7行）。

案例5-15 从键盘输入字符（L05_15_KEY_IN_CHAR）

```
1. #include <stdio.h>
2. int main()
3. {
4.     char ch1 = getchar();
5.     printf("你输入的字符是%c,ASCII码值是%d\n", ch1, ch1);
6.
7.     rewind(stdin);
8.     char ch2 = getchar();
9.     printf("你输入的字符是%c,ASCII码值是%d\n", ch2, ch2);
10.
11.    return 0;
12. }
```

运行程序，则第2次输入字符时就不会受到上一次残留的数据干扰了。你可以亲自动手试一下。

清空键盘缓冲区有时特别重要，例如程序在询问用户“确定要删除全部数据吗？（Y/N）”，而恰好键盘缓冲区中残留着一个“Y”，惨剧就会发生。

5.3.6　C语言中的字符串

char型变量只能存储单个字符的ASCII码，但是在程序设计中更多的时候是使用“字符串”，例如一个人的名字、一种货币的名称都是字符串。

1.字符串常量

如果要描述一个固定不变的字符串，可以使用“字符串常量”。还记得我们写过的第1个程序吗？我们曾经写过：

```
printf("Hello,World\n");
```

这里的“Hello,World\n”就是字符串常量。

字符常量与字符串常量区别如下。

- 使用一对单引号包含的单个字符，称为“字符常量”，例如：

```
char ch='A';
```

- 使用一对双引号包含的一个或多个字符，称为“字符串常量”，例如：

```
printf("Hello");
```

编译器在处理被双引号包含的字符串常量时，会根据字符串的内容自动为其分配一块内存空间，将双引号内的字符逐一存入这块内存空间。

例如“Hello”一共包含5个字符，在内存中的存储方式如图5-48所示。

	存储字符串常量的内存区域（6字节）					
地址	D87B30	D87B31	D87B32	D87B33	D87B34	D87B35
值	72	101	108	108	111	0
字符	H	e	l	l	o	\0

图5-48　内存中的字符串常量

“Hello”一共有5个字符，而这个字符串实际上至少占用6个字节，因为编译器会自动在末尾追加一个ASCII码值为0的字符标识字符串结束，这个字符被称为“字符串终止符”。当处理这个字符串的程序遇到字符串终止符时就知道这个字符串到此结束了，不再理会之后的内容。

非常重要的一点是：在代码中被双引号包含的字符串常量实际上是一个内存地址。例如执行下面的代码会得到如图5-49所示的结果。

```
1. #include <stdio.h>
2. int main()
3. {
4.     printf("存储字符常量的地址是:%p\n", "Hello");
5.     return 0;
6. }
```

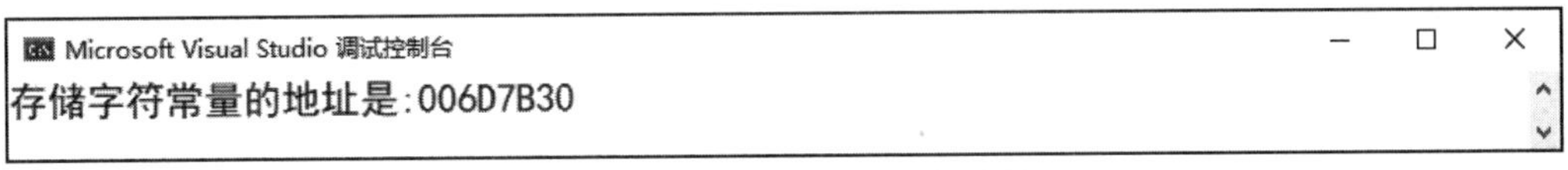

Microsoft Visual Studio 调试控制台

存储字符常量的地址是:006D7B30

图5-49　显示字符串常量的地址

这表示'H' 'e' 'l' 'l' 'o'和字符串终止符被存储在地址为006D7B30的内存空间里。既然"Hello"本质上是指向一个内存地址，那这个地址自然也可以赋值给指针变量，笔者写出了下面的程序。

```
1. #include <stdio.h>
2. int main()
3. {
4.     char* str = "HELLO";
5.     return 0;
6. }
```

因为要指向的内容是字符，因此定义了一个字符型指针str并将字符串常量赋值给它。根据我们的理解，字符串常量的值是一个地址，因此这样赋值是没有问题的。

但实际上Visual Studio很快给出了警告：“"const char *"类型的值不能用于初始化"char *" 类型的实体”以及"初始化"：无法从"const char [6]"转换为"char *"”，如图5-50所示。

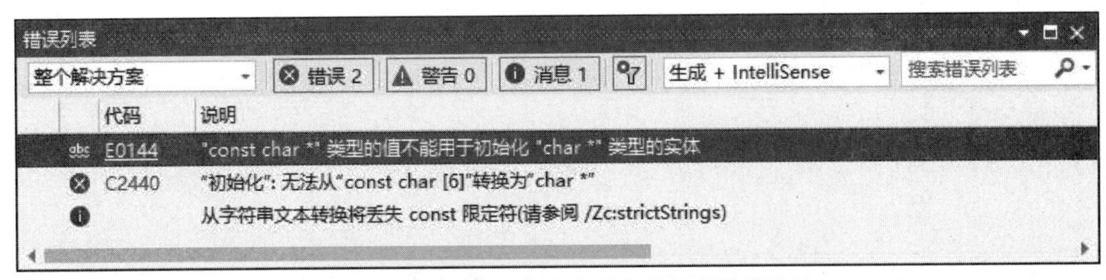

图5-50　将指针变量指向字符串常量引发的错误

这并不是因为我们对字符串常量理解有误，而是编译器在试图阻止你犯错误。在前面我们提到“编译器在处理被双引号包含的字符串常量时，会根据字符串的内容自动为其分配一块内存空间”，这块内存是在“常量区”的。修改常量区的数据是不常见且危险的，因此较新的编译器不允许你这么干（Visual C++ 6.0中可以这么做）。

要解决这个问题也很容易，在声明指针时前面加一个const限定符。

```
1. #include <stdio.h>
2. int main()
3. {
4.     const char* str = "HELLO";
5.     return 0;
6. }
```

这相当于向编译器承诺“我保证不会修改指针str所指向区域的值，如果我修改你再来阻止我”，程序就可以通过编译了。将字符指针str指向字符串常量的首地址后，可以通过这个指针取得该地址中的字符，例如案例5-16中采用的处理方式。

案例5-16　C语言中的字符串常量（L05_16_STRING_CONST）

```
1. #include <stdio.h>
2. int main()
3. {
4.     const char* str = "HELLO";
5.     char ch = *str;
6.     printf("%c\n", ch);
7.     return 0;
8. }
```

第5行代码通过间接运算符*取出指针str所指向位置的值（'H'）。运行程序，会显示H，这表明你可以通过指针读取字符串常量的内容，如图5-51所示。

```
选择Microsoft Visual Studio 调试控制台
H
```

图5-51　通过指针读取字符串常量的内容

如果在程序中违背承诺、得寸进尺地想要通过指针str改变字符串常量的内容，编译器会立刻阻止程序。

```
1. #include <stdio.h>
2. int main()
3. {
4.     const char* str = "HELLO";
5.     char ch = *str;
6.     *str = 'A';
7.     printf("%c\n", ch);
8.     return 0;
9. }
```

第6行的赋值语句在语法上是正确的，但是由于指针str被定义成const char*类型，编译器报出“表达式必须是可修改的左值”的错误。

通过上面的例子，我们知道了C语言中被双引号包含的字符串的含义：

- 被双引号包含的若干个字符称为字符串常量；
- 程序编译时会为字符串常量分配一块内存空间，并将这些字符连续存入其中，且在末尾追加一个字符串终止符；
- 在表达式中，字符串常量的值是存储字符串的内存空间的首地址，可以将其赋值给指针变量；
- 不允许通过上述指针变量修改这块内存空间的内容，以确保字符串常量的安全性。

再回头来看第2课中使用printf函数输出字符串的代码：

```
printf("Hello,World\n");
```

其中的"Hello,World\n"就是个包含终止符的字符串常量。这行语句向printf函数传递的是这个字符串常量的首地址，printf函数根据这个首地址逐个输出字符，直到遇到终止符为止。

2. C语言中存储可变化字符串的方法

既然字符串常量的内容是不可以变化的，那么该如何存储可能会变化的字符串呢？例如我们从服务器获取的货币名称该如何存储？

在有些编程语言里存在“字符串”这种数据类型，可以直接声明字符串变量用于存储字符串。但是C语言没有设计“字符串”这种数据类型，只能使用“字符数组”来存储字符串。

之前我们学习过数组，知道数组是在内存中的一块连续空间，空间的大小取决于数组的定义。我们也知道char型变量可以用于存储单个字符，于是可以使用字符型数组来存储字符串。声明一个100个字符的字符型数组str的方法如下。

```
char str[100];
```

然后就可以将多个字符按次序存入其中。但不要试图使用这样的方法：

```
1. char str[100];
2. str = "Hello";
```

虽然它看上去很容易理解，在很多语言里也都可以这么做，但在前面我们讲过“在表达式中，字符串常量的值存储的是字符串的内存空间的首地址”，你不能将一个地址赋值给数组str，因此上面的写法是错误的。

在C语言里要向字符数组写入字符串“Hello”的最朴素的方法应该是按案例5-17所示的方式来处理。

案例5-17　C语言中存储可变字符串的方法（L05_17_STRING_VARIABLE）

```
1. #include <stdio.h>
2. #include <conio.h>
3. int main()
4. {
5.     char str[100];
6.     str[0] = 'H';
7.     str[1] = 'e';
8.     str[2] = 'l';
9.     str[3] = 'l';
10.    str[4] = 'o';
11.    str[5] = '\0';
12.    printf(str);
13.    return 0;
14. }
```

该程序会将Hello的5个字母和字符串终止符依次送入数组的各个元素，赋值完成后内存中的值如图5-52所示。

	存储字符串的字符数组str（100字节）									
地址	173BC70	173BC71	173BC72	173BC73	173BC74	173BC75	173BC76	173BC77	173BC78	…
值	72	101	108	108	111	0	不确定	不确定	不确定	不确定
字符	H	e	l	l	o	\0	不确定	不确定	不确定	不确定

图5-52　使用字符数组存储字符串

需要注意的是，虽然程序在运行时只使用了100个数组元素中的6个，但数组str仍然占用100个字节的内存空间，而且未赋值的数组元素的值是不确定的。使用固定大小的字符数组和字符串终止符的方式存储字符串会带来浪费，但这是一种最简便的方法。执行这个程序会显示如图5-53的结果。

```
Microsoft Visual Studio 调试控制台
Hello
D:\BC101\Examples\Debug\L05_17_STRING_VARIABLE.exe (进程 9652)已退出，代码为 0。
```

图5-53　显示字符数组中的字符串

有趣的是，如果去掉第11行将字符串终止符送入str[5]的语句再执行程序，会看到如图5-54所示的结果。

```
Microsoft Visual Studio 调试控制台
Hello烫烫烫烫烫烫烫烫烫烫烫烫烫烫烫烫烫烫烫烫烫烫烫烫烫烫烫烫烫烫烫烫烫烫烫烫烫烫烫烫烫烫烫烫烫烫烫烫烫烫
烫烫烫烫烫烫烫添4铊p
```

图5-54　没有字符串终止符的情形

这是因为在调试模式下VC编译器会以十六进制数0xCC填充未初始化的栈内存。换句话说，字符数组str在调试模式下每个字节的初始值都是0xCC（十进制值为204），如图5-55所示。

	存储字符串的字符数组str（100字节）									
地址	173BC70	173BC71	173BC72	173BC73	173BC74	173BC75	173BC76	173BC77	173BC78	…
值	72	101	108	108	111	204	204	204	204	…
字符	H	e	l	l	o	烫		烫		…

图5-55　调试模式下以0xCC填充未初始化内存

而我们的程序此时只对前面5个元素赋值。当我们使用下面的语句时：

```
printf(str);
```

printf函数从173BC70这个地址开始逐个输出字符，直到遇到字符串终止符。现在因为我们故意没有添加字符串终止符，printf函数会继续输出“Hello”以后的内容——一串0xCC（十进制为204）。而两个连续的0xCC刚好是汉字“烫”的编码，因此在中文操作系统下就会输出不确定数量的“烫”字，直到偶然遇到一个值为0的字节才会停止。

同样地，字符数组的大小也会受到限制，数组大小超过16 384字节就会被编译器警告。如果要存储大量文本，也一样可以使用malloc函数动态分配内存。读者应该可以读懂下面的代码了。

```
1. #include <stdio.h>
2. #include <stdlib.h>
3. int main()
4. {
5.     char* str = (char*)malloc(1024 * 1024);
6.     if (str != NULL)
7.     {
8.         str[0] = 'H';
9.         str[1] = 'e';
```

```
10.         str[2] = 'l';
11.         str[3] = 'l';
12.         str[4] = 'o';
13.         str[5] = '\0';
14.         printf(str);
15.         free(str);
16.         return 0;
17.     }
18.     else
19.     {
20.         printf("内存分配失败\n");
21.         return -1;
22.     }
23. }
```

上面的程序使用逐个给数组元素赋值的方法演示了字符串的存储方式，但我们定义字符数组的目的是为了存储可变的字符串。最常见的情况就是让用户输入字符串的内容，此时我们可以使用scanf函数。

5.3.7 使用scanf函数输入字符串

相对于getchar函数从键盘缓冲区中取得单个字符，scanf函数可以从键盘缓冲区中获得多个字符，并将其存入字符数组，案例5-18是一个使用scanf函数的案例。读者在动手实践这个例子的时候，请务必按照2.4.2节中的介绍，关闭SDL检查和安全检查，因为VC编译器不推荐使用scanf函数，原因在6.3.1节中再来了解。

案例5-18　从键盘输入字符串（L05_18_KEY_IN_STR）

```
1. #include <stdio.h>
2. int main()
3. {
4.     char str[100];
5.     scanf("%s", str);
6.     printf("你输入的字符串是:%s\n", str);
7.     return 0;
8. }
```

第4行代码声明了一个100个元素的字符数组。第5行代码使用scanf函数获取键盘输入内容，第1个参数"%s"表示要将用户的输入作为字符串处理，第2个参数str表示要将获得的字符串送入数组str。此时scanf函数相当于一个搬运工：

- 在scanf函数运行时，如果键盘缓冲区中没有包含换行符的内容，会停下来等待用户输入；在用户输入若干个字符并按下回车键后，开始进行处理；
- scanf函数将键盘缓冲区中的内容复制到数组中，但也不是全部复制——当scanf函数遇到空格或换行符时将不再复制，没有复制完的字符仍然留在键盘缓冲区中；
- scanf函数还做了一件事：自动在用户输入的最后一个字符后加上字符串终止符'\0'并一起送入数组，这一点很重要。

第6行代码使用printf函数进行输出时，第1个参数"%s"表示要以字符串的形式输出内容，输出的内容来自数组str，printf函数会在遇到第1个字符串终止符时停止输出字符串。

因此，运行程序后输入“Hello”并按回车键，会得到如图5-56所示的结果。

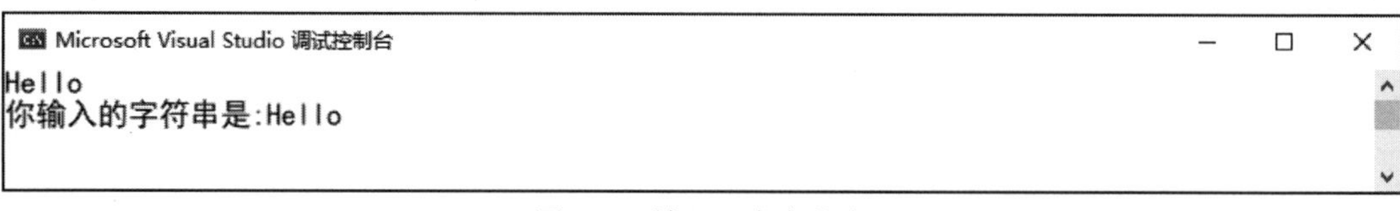

图5-56　输入一个字符串

而如果输入“Hello World”（中间有空格）并按回车键后，得到的结果如图5-57所示。

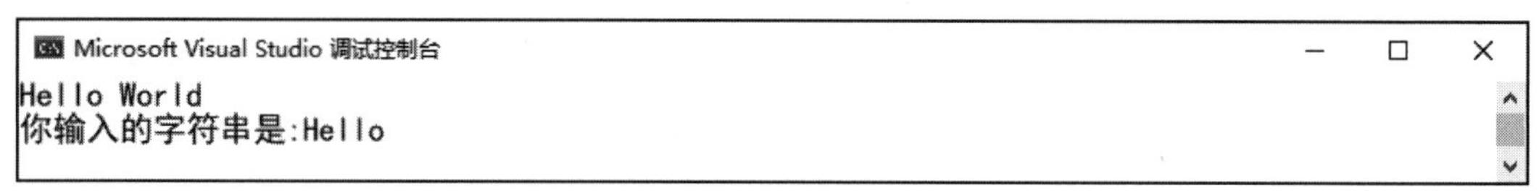

图5-57　输入的内容包含空格时

默认情况下，从键盘缓冲区中取字符串时遇到空格就“停止搬运”是C语言标准中对scanf函数的规定。第6行代码printf函数使用%s占位符时，会按顺序输出字符串数组中的字符，直到遇到'\0'为止。

综上所述，以下就是C语言中使用字符数组存储字符串变量的方法。

（1）预先定义一个固定大小的字符数组。

（2）在字符数组中逐个存储组成字符串的字符。

（3）约定字符串中以“\0”表示字符串结束。

我们可以通过逐个给字符数组中的元素赋值来改变字符串的内容，也可以通过scanf函数从键盘输入字符串到字符数中，未来我们还会学习其他向字符数组存入字符串的方法。

5.4　获取和显示货币名称

之前我们使用GetRatesByCode函数获得一种货币的5种价格并将其存入double型数组中。

```
1.    double rates[5];
2.    int result = GetRatesByCode("USD",rates);
```

现在我们希望在获得牌价的同时还可以从服务器取得货币名称。货币名称是一个字符串，因此使用字符数组就可以存储它。但问题在于我们应该定义多大的字符数组呢？这需要先根据即将存储的内容来决定。字符数组应该能存储最长的货币名称。目前中行外汇牌价中的货币名称和代码在表5-5中列出。

表5-5　货币名称与对应的货币代码

货币名称	货币代码	货币名称	货币代码	货币名称	货币代码
阿联酋迪拉姆	AED	印尼卢比	IDR	卢布	RUB
澳大利亚元	AUD	印度卢比	INR	沙特里亚尔	SAR
巴西里亚尔	BRL	日元	JPY	瑞典克朗	SEK
加拿大元	CAD	韩国元	KRW	新加坡元	SGD
瑞士法郎	CHF	澳门元	MOP	泰国铢	THB
丹麦克朗	DKK	林吉特	MYR	土耳其里拉	TRY
欧元	EUR	挪威克朗	NOK	美元	USD
英镑	GBP	新西兰元	NZD	南非兰特	ZAR
港币	HKD	菲律宾比索	PHP		

可以看到最长的货币名称是“阿联酋迪拉姆”，一共有6个汉字，需要12字节（1个汉字需要2字节）来存储，加上字符串终止符为13字节。也就是说定义一个13字节的字符数组就可以存储任意一个货币名称。

但是，为数据准备内存空间时不要过于节约，还需要考虑客户需求未来有发生变化的可能。虽然国际货币种类发生变化的概率不是很大但这种可能性仍然存在，所以将数组定义得大一些，以浪费一些内存空间来应对可能的变化是一个好做法。

基于上面的考虑，定义了以下数组用于存储货币名称。

```
char currencyName[33];
```

这个数组最多可以存储16个汉字和1个字符串终止符。接下来就可以编写在得到货币牌价的同时得到货币名称的程序了。

5.4.1　获取某种货币的全部牌价数据

本书的外汇牌价接口库提供了同时获取某种货币汇率、货币名称的函数，此前读者可能在头文件BOCRates.h中已经注意到它，就是GetRatesAndCurrencyNameByCode函数。这个函数不仅会返回货币名称，还会顺便返回牌价的发布时间，而发布时间的格式是这样的：

```
2021-06-12 10:30:00
```

一共有19个字符，加上字符串终止符有20字节就够用了（在9999年12月31日之前够用，但我们的程序一定不会运行到这一天）。因此，为即将到来的货币名称、发布时间和牌价准备三个数组。需要注意的是三个数组的所有元素都被初始化为0。

```
1.    double rates[5] = { 0 };
2.    char currencyName[33] = { 0 };
3.    char publishTime[20] = { 0 };
```

接下来就可以调用函数来填充它们了。函数名GetRatesAndCurrencyNameByCode很长，在键入案例5-19程序时请务必注意不要有输入错误。

| 案例5-19　获取和显示全部牌价数据（L05_19_GET_RATES_AND_CURRENCY_NAME_BY_CODE）

```
4. #include <stdio.h>
5. #include "D:/BC101/Libraries/BOCRates/BOCRates.h"
6. #pragma comment(lib, "D:/BC101/Libraries/BOCRates/BOCRates.lib")
7. int main()
8. {
9.      double rates[5] = { 0 };
10.     char currencyName[33] = { 0 };
11.     char publishTime[20] = { 0 };
12.     int result = GetRatesAndCurrencyNameByCode("USD",
        currencyName, publishTime, rates);
13.     if (result == 1)
14.     {
15.         printf("%s\n", currencyName);
16.         printf("%s\n", publishTime);
17.         printf("现汇买入价:%.2f\n", rates[0]);
18.         printf("现钞买入价:%.2f\n", rates[1]);
19.         printf("现汇卖出价:%.2f\n", rates[2]);
20.         printf("现钞卖出价:%.2f\n", rates[3]);
21.         printf("中行折算价:%.2f\n", rates[4]);
22.     }
23.     else
24.     {
25.         printf("网络或服务器异常\n");
26.     }
27.     return 0;
28. }
```

第9行代码调用了GetRatesAndCurrencyNameByCode函数，三个数组名都作为函数的参数进行调用（实际传入函数的是数组的首地址），作用是“告知”GetRatesAndCurrencyNameByCode函数将数据“送”到对应的地址。

运行程序，得到如图5-58所示的结果。

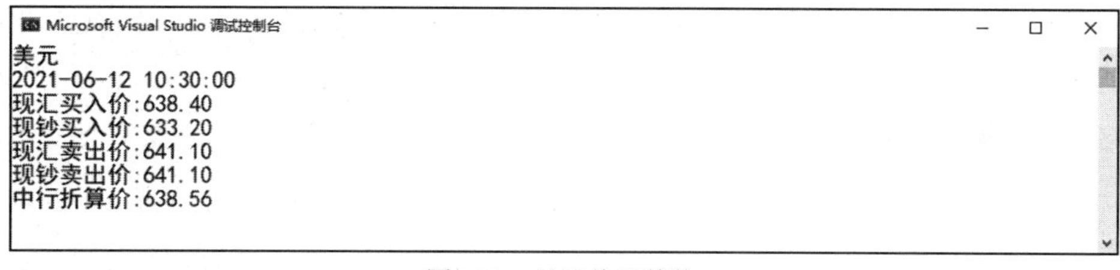

图5-58　显示美元牌价

将货币代码USD改为JPY（日元）、EUR（欧元），运行结果完全正确，如图5-59和图5-60所示。

```
Microsoft Visual Studio 调试控制台
日元
2021-06-12 10:30:00
现汇买入价:5.81
现钞买入价:5.63
现汇卖出价:5.86
现钞卖出价:5.86
中行折算价:5.84
```

图5-59　显示日元牌价

```
Microsoft Visual Studio 调试控制台
欧元
2021-06-12 10:30:00
现汇买入价:771.76
现钞买入价:747.78
现汇卖出价:777.45
现钞卖出价:779.95
中行折算价:777.29
```

图5-60　显示欧元牌价

5.4.2 分析GetRatesAndCurrencyNameByCode函数的原型

现在，我们再来看GetRatesAndCurrencyNameByCode这个函数的原型，为了便于理解将参数做了折行，在程序中这样折行也是可以的。

```
9. int GetRatesAndCurrencyNameByCode
10. (
11.     const char* code,
12.     char* name,
13.     char* publishTime,
14.     double* rates
15. );
```

- **参数const char* code**。从数据类型上看，传入的是一个字符指针；实际使用时参数值是一个字符串常量，例如“USD”（其他货币代码），这个常量值被传入函数用于说明要取得牌价的货币代码。const限定符限定了函数内部不允许对这个字符串常量的值进行修改。
- **参数char* name**。函数的第2个参数是name。从数据类型上看它是一个字符指针，且没有加const限定符，实际使用时参数是数组名currencyName（我们知道它会转换成数组的首地址）；函数内部会将得到的货币名称送入数组中。
- **参数char* publishTime**。与name参数类似，函数内部会根据这个地址将得到的发布时间送入数组中。
- **参数double* rates**。与name参数类似，函数内部会根据这个地址将得到的牌价（5项）送入数组中。

再回过头来看这个函数的调用。

```
1. double rates[5] = { 0 };
2. char currencyName[33] = { 0 };
3. char publishTime[20] = { 0 };
4.int result = GetRatesAndCurrencyNameByCode("USD",
  currencyName, publishTime, rates);
```

至此，我们已经可以完整地获得某种货币的全部牌价信息，并将获得的牌价、货币名称和发布时间存储在三个数组中。

5.5 小结

在本课中，我们主要学习的是数组及其用途和用法读者需要掌握以下内容。

（1）对于相同类型的一组变量，可以使用数组来存储。

（2）数组的实质就是多个相同类型变量的集合，集合的每一个元素就是一个变量，并且所有元素在内存地址上都是相邻的。

（3）定义数组时，方括号中只能是一个常量，而不能是变量。换句话说数组的大小是固定的。

（4）可以使用malloc函数动态分配内存，分配到的内存区块首地址可以存放在指针变量中。

（5）分配内存后要使用free函数及时释放占用的内存，以避免内存泄露。

（6）使用&运算符获取的变量地址也可以赋值给指针变量。

（7）可以使用间接运算符和指针变量间接地访问变量和数组使用的内存。

（8）访问内存、数组时需要注意内存访问越界的问题。

（9）可以使用sizeof运算符获取数组的元素总数。

（10）可以使用for循环遍历数组。

（11）在计算机系统中使用编码表示字符，最常见的字符集是ASCII码。

（12）C语言中使用char类型存储单个字符的编码。

（13）getchar函数可以获取从键盘输入的单个字符。

（14）被双引号包含的若干个字符称为字符串常量。

（15）C语言中使用字符数组存储可变化的字符串。

（16）可以使用scanf函数从键盘获取字符串输入。

（17）从键盘获取输入时需要注意键盘缓冲区的问题。

5.6 检查表

只有在完成了本课的实践任务后，才可以继续下一课的学习。本课的实践任务如表5-6～表5-24所示。

表5-6　根据货币代码获取完整的外汇牌价数据

任务名称	根据货币代码获取完整的外汇牌价数据
任务编码	L05_01_GET_RATES_BY_CODE
任务目标	1. 掌握声明数组的方法 2. 掌握访问数组、数组元素的方法
完成标准	1. 在解决方案中加入了新项目L05_01_GET_RATES_BY_CODE及源代码 2. 程序可以正常编译运行，获取指定外币的现汇买入价、现钞买入价、现汇卖出价、现钞卖出价和中行折算价并存入数组 3. 程序可以将存入数组的各种价格显示出来

续表

运行截图			
Microsoft Visual Studio 调试控制台 现汇买入价:638.40 现钞买入价:633.20 现汇卖出价:641.10 现钞卖出价:641.10 中行折算价:638.56 D:\BC101\Examples\Debug\L05_01_GET_RATES_BY_CODE.exe (进程 5972)已退出，代码为 0。			
完成情况	□已完成　□未完成	完成时间	

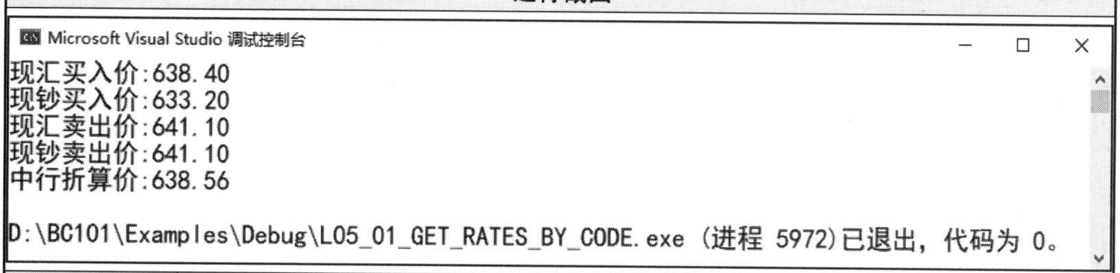

表5-7　使用goto语句遍历数组

任务名称	使用goto语句遍历数组		
任务编码	L05_02_TRAVERSAL_IN_ARRAY		
任务目标	1. 理解循环的实现原理 2. 掌握使用goto语句实现循环以遍历数组的方法		
完成标准	1. 在解决方案中加入了新项目L05_02_TRAVERSAL_IN_ARRAY及源代码 2. 程序可以正常编译运行，并显示数组中全部元素的值		
运行截图			
Microsoft Visual Studio 调试控制台 657.86 652.51 660.65 660.65 658.09			
完成情况	□已完成　□未完成	完成时间	

表5-8　使用for循环遍历数组

任务名称	使用for循环遍历数组		
任务编码	L05_03_FOR_EXAMPLE		
任务目标	1. 掌握for循环的基本结构 2. 掌握使用for语句遍历数组的方法		
完成标准	1. 在解决方案中加入了新项目L05_03_FOR_EXAMPLE及源代码 2. 程序可以正常编译运行，并显示数组中全部元素的值		
运行截图			
Microsoft Visual Studio 调试控制台 657.86 652.51 660.65 660.65 658.09			
完成情况	□已完成　□未完成	完成时间	

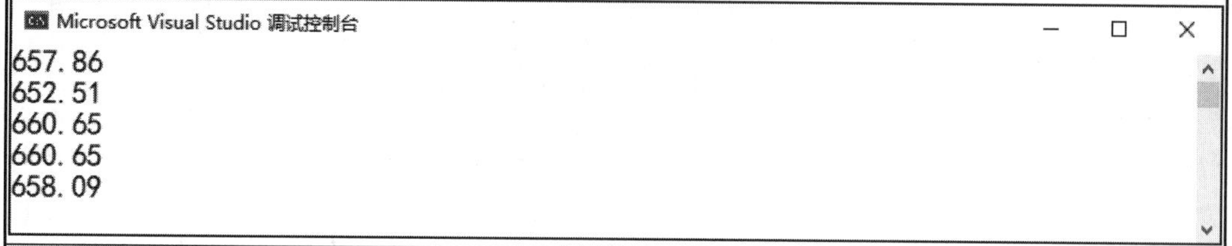

表5-9　使用sizeof运算符计算数组大小

<table>
<tr><td>任务名称</td><td colspan="3">使用sizeof运算符计算数组大小</td></tr>
<tr><td>任务编码</td><td colspan="3">L05_04_SIZEOF_OPERATOR</td></tr>
<tr><td>任务目标</td><td colspan="3">1. 掌握sizeof的用途与用法
2. 掌握计算数组大小的方法</td></tr>
<tr><td>完成标准</td><td colspan="3">1. 在解决方案中加入了新项目L05_04_SIZEOF_OPERATOR及源代码
2. 程序可以正常编译运行，并显示数组中全部元素的值</td></tr>
<tr><td colspan="4">运行截图</td></tr>
<tr><td colspan="4">Microsoft Visual Studio 调试控制台
657.86
652.51
660.65
660.65
658.09</td></tr>
<tr><td>完成情况</td><td>□已完成　□未完成</td><td>完成时间</td><td></td></tr>
</table>

表5-10　数组访问越界

<table>
<tr><td>任务名称</td><td colspan="3">数组访问越界</td></tr>
<tr><td>任务编码</td><td colspan="3">L05_05_OUT_OF_ARRAY</td></tr>
<tr><td>任务目标</td><td colspan="3">了解数组访问越界的原因和危害</td></tr>
<tr><td>完成标准</td><td colspan="3">1. 在解决方案中加入了新项目L05_05_OUT_OF_ARRAY及源代码
2. 程序可以正常编译，但运行时显示访问冲突，程序终止</td></tr>
<tr><td colspan="4">运行截图</td></tr>
<tr><td colspan="4">已引发异常
0x00081893 处(位于 L05_05_OUT_OF_ARRAY.exe 中)引发的异常: 0xC0000005: 读取位置 0x016D0268 时发生访问冲突。
复制详细信息 | 启动 Live Share 会话...
◢ 异常设置
☑ 引发此异常类型时中断
从以下位置引发时除外:
☐ L05_05_OUT_OF_ARRAY.exe
打开异常设置 | 编辑条件</td></tr>
<tr><td>完成情况</td><td>□已完成　□未完成</td><td>完成时间</td><td></td></tr>
</table>

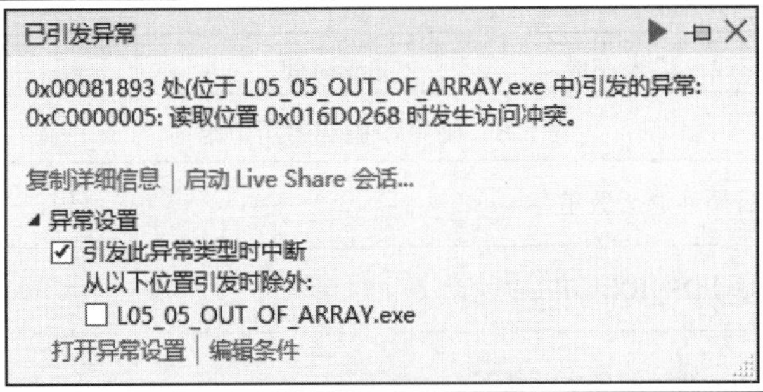

表5-11　了解数组大小限制

<table>
<tr><td>任务名称</td><td>了解数组大小限制</td></tr>
<tr><td>任务编码</td><td>L05_06_ARRAY_LIMIT</td></tr>
<tr><td>任务目标</td><td>了解数组大小是有限的</td></tr>
<tr><td>完成标准</td><td>1.在解决方案中加入了新项目L05_06_ARRAY_LIMIT及源代码
2.程序可以正常编译，但运行时出现Stack overflow错误</td></tr>
<tr><td colspan="2">运行截图</td></tr>
</table>

未经处理的异常 0x00C51B27 处有未经处理的异常(在 L05_06_ARRAY_LIMIT.exe 中): 0xC00000FD: Stack overflow (参数: 0x00000000, 0x00C62000)。 复制详细信息 | 启动 Live Share 会话... ▷ 异常设置	
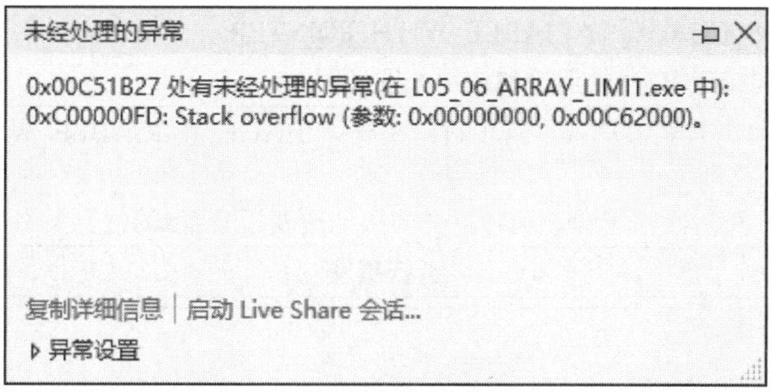 完成情况	□已完成　□未完成	完成时间	

表5-12　动态分配内存

任务名称	动态分配内存
任务编码	L05_07_MALLOC
任务目标	掌握malloc函数的使用方法
完成标准	1. 在解决方案中加入了新项目L05_07_MALLOC及源代码 2. 程序可以正常编译运行，显示分配到的内存的地址
运行截图	
Microsoft Visual Studio 调试控制台 正在分配1073741824字节内存,按回车键结束程序并由系统自动回收分配的内存 分配到的内存空间首地址是:23101504 D:\BC101\Examples\Debug\L05_07_MALLOC.exe (进程 6872)已退出，代码为 0。	
完成情况	□已完成　□未完成	完成时间	

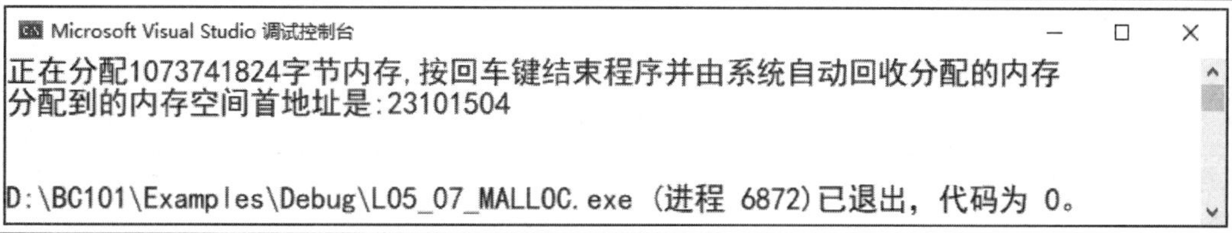

表5-13　获取变量的地址

任务名称	获取变量的地址
任务编码	L05_08_ADDRESS_OF_VARIABLE
任务目标	1. 理解指针变量可以用于存储内存地址 2. 掌握给指针变量赋值的方法 3. 掌握显示指针变量的值的方法
完成标准	1. 在解决方案中加入了新项目L05_08_ADDRESS_OF_VARIABLE及源代码 2. 程序可以正常编译，可以分别显示： ■变量x的值 ■变量x的地址 ■指针变量ptr_x的值 ■指针变量ptr_x的地址
运行截图	
Microsoft Visual Studio 调试控制台 变量x的值是:0 变量x的地址是:009CFDF8 指针变量ptr_x的值是:009CFDF8 指针变量ptr_x的地址是:009CFDEC D:\BC101\Examples\Debug\L05_08_ADDRESS_OF_VARIABLE.exe (进程 12740)已退出，代码为 0。	
完成情况	□已完成　□未完成	完成时间	

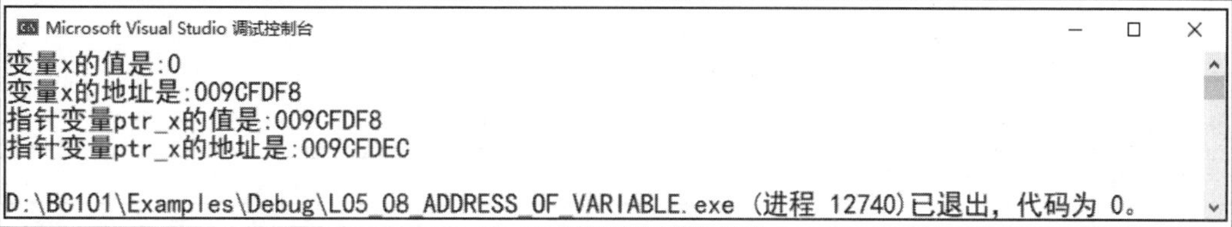

表5-14　使用指针改变变量的值

任务名称	使用指针改变变量的值		
任务编码	L05_09_CHAGE_VARIABLE_WITH_POINTER		
任务目标	掌握间接运算符*的用途和使用方法		
完成标准	1. 在解决方案中加入了新项目L05_09_CHAGE_VARIABLE_WITH_POINTER及源代码 2. 程序可以正常编译、运行，并间接地改变了变量x的值，又将其显示出来		
运行截图			
Microsoft Visual Studio 调试控制台 变量x的值是:20 D:\BC101\Examples\Debug\L05_09_CHAGE_VARIABLE_WITH_POINTER.exe (进程 9960)已退出，代码为 0。			
完成情况	□已完成　□未完成	完成时间	

表5-15　“伪造”一个大数组

任务名称	“伪造”一个大数组		
任务编码	L05_10_ACCESS_LARGE_ARRAY		
任务目标	使用malloc函数分配内存来模拟数组，以突破数组大小的限制		
完成标准	1. 在解决方案中加入了新项目L05_10_ACCESS_LARGE_ARRAY及源代码 2. 程序可以正常编译、运行，可以将malloc函数分配到的内存当作数组使用 3. 程序包含处理内存分配失败的代码 4. 程序包含释放内存的代码		
运行截图			
选择Microsoft Visual Studio 调试控制台 40957 40958 40959 40960 D:\BC101\Examples\Debug\L05_10_ACCESS_LARGE_ARRAY.exe (进程 12796)已退出，代码为 0。			
完成情况	□已完成　□未完成	完成时间	

表5-16　在数组中查找最大值的函数

任务名称	在数组中查找最大值的函数		
任务编码	L05_11_FIND_MAX_IN_ARRAY		
任务目标	1. 理解在数组中查找最大值的原理 2. 设计和实现findIndexOfMaxInIntArray函数用于在数组中查找最大值		
完成标准	1. 在解决方案中加入了新项目L05_11_FIND_MAX_IN_ARRAY及源代码 2. findIndexOfMaxInIntArray函数可以完成在数组中查找最大值的索引并将其作为返回值 3. 程序显示了数组中最大值		
运行截图			
Microsoft Visual Studio 调试控制台 最大值第一次出现的位置索引值是:3 数组中的最大值是:96 D:\BC101\Examples\Debug\L05_11_FIND_MAX_IN_ARRAY.exe (进程 13188)已退出，代码为 0。			
完成情况	□已完成　□未完成	完成时间	

表5-17　用函数交换变量的值

任务名称	用函数交换变量的值		
任务编码	L05_12_SWAP_ELEMENT		
任务目标	1.理解交换变量值的原理 2.掌握向函数传入变量地址的方法 3.设计和实现swapInt函数用于交换两个整型变量的值		
完成标准	1.在解决方案中加入了新项目L05_12_SWAP_ELEMENT及源代码 2.swapInt函数可以交换两个整型变量的值，也可以用于交换数组元素的值 3.程序运行后变量a、b的值被成功交换		
运行截图			
Microsoft Visual Studio 调试控制台 a is:20, b is:10 D:\BC101\Examples\Debug\L05_12_SWAP_ELEMENT.exe (进程 5736)已退出，代码为 0。			
完成情况	□已完成　□未完成	完成时间	

表5-18　数组排序

任务名称	数组排序		
任务编码	L05_13_SORT_ARRAY		
任务目标	1. 掌握数组排序的基本原理（选择排序） 2. 设计和实现数组排序的程序		
完成标准	1. 在解决方案中加入了新项目L05_13_SORT_ARRAY及源代码 2. 程序可以正常编译、运行，程序运行后显示被排序的数组内容		
运行截图			
Microsoft Visual Studio 调试控制台 96 72 61 23 -70 D:\BC101\Examples\Debug\L05_13_SORT_ARRAY.exe (进程 628)已退出，代码为 0。			
完成情况	□已完成　□未完成	完成时间	

表5-19　C语言中的字符编码

任务名称	C语言中的字符编码		
任务编码	L05_14_CHAR		
任务目标	通过实例理解计算机中的字符编码		
完成标准	1. 在解决方案中加入了新项目L05_14_CHAR及源代码 2. 运行程序，显示“在使用ASCII字符集的系统上，'A'与整数65相等”		
运行截图			
Microsoft Visual Studio 调试控制台 A 在使用ASCII字符集的系统上，'A'与整数65相等 D:\BC101\Examples\Debug\L05_14_CHAR.exe (进程 11220)已退出，代码为 0。			
完成情况	□已完成　□未完成	完成时间	

表5-20　从键盘输入字符

任务名称	从键盘输入字符		
任务编码	L05_15_KEY_IN_CHAR		
任务目标	1. 练习getchar函数的用法 2. 了解键盘缓冲区的作用和负面影响 3. 掌握使用rewind函数清空键盘缓冲区的方法		
完成标准	1. 在解决方案中加入了新项目L05_15_KEY_IN_CHAR及源代码 2. 运行程序，程序可以分两次输入字符并显示它们		
运行截图			
Microsoft Visual Studio 调试控制台 a 你输入的字符是a, ASCII码值是97 b 你输入的字符是b, ASCII码值是98 D:\BC101\Examples\Debug\L05_15_KEY_IN_CHAR.exe (进程 9780)已退出，代码为 0。			
完成情况	□已完成　□未完成	完成时间	

表5-21　C语言中的字符串常量

任务名称	C语言中的字符串常量		
任务编码	L05_16_STRING_CONST		
任务目标	1. 通过实例理解字符串常量的含义 2. 练习指针变量的使用		
完成标准	1. 在解决方案中加入了新项目L05_16_STRING_CONST及源代码 2. 运行程序，程序可以显示字符串常量的第1个字符		
运行截图			
Microsoft Visual Studio 调试控制台 H D:\BC101\Examples\Debug\L05_16_STRING_CONST.exe (进程 10828)已退出，代码为 0。			
完成情况	□已完成　□未完成	完成时间	

表5-22　C语言中存储可变字符串的方法

任务名称	C语言中存储可变字符串的方法
任务编码	L05_17_STRING_VARIABLE
任务目标	理解C语言中可变字符串的存储原理
完成标准	1. 在解决方案中加入了新项目L05_17_STRING_VARIABLE及源代码 2. 运行程序，程序可以以字符串形式显示存入的多个字符 3. 去掉字符串终止符“\0”赋值给字符数组的一行代码，会显示“Hello”和一串“烫”（在简体中文Windows中），末尾有其他乱码
运行截图	
Microsoft Visual Studio 调试控制台 Hello D:\BC101\Examples\Debug\L05_17_STRING_VARIABLE.exe (进程 11404)已退出，代码为 0。	

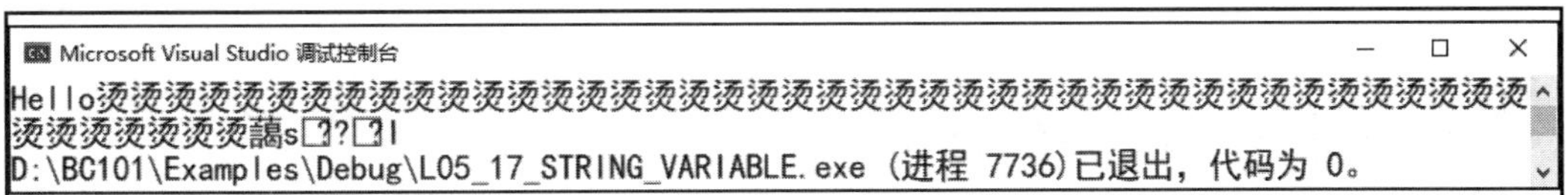

续表

Microsoft Visual Studio 调试控制台 Hello烫烫 D:\BC101\Examples\Debug\L05_17_STRING_VARIABLE.exe (进程 7736)已退出，代码为 0。			
完成情况	□已完成 □未完成	完成时间	

表5-23 从键盘输入字符串

任务名称	从键盘输入字符串		
任务编码	L05_18_KEY_IN_STR		
任务目标	掌握使用scanf函数向字符数组中输入字符串的方法		
完成标准	1. 在解决方案中加入了新项目L05_18_KEY_IN_STR及源代码 2. 运行程序，程序可以输入字符串并将其重新显示		
运行截图			
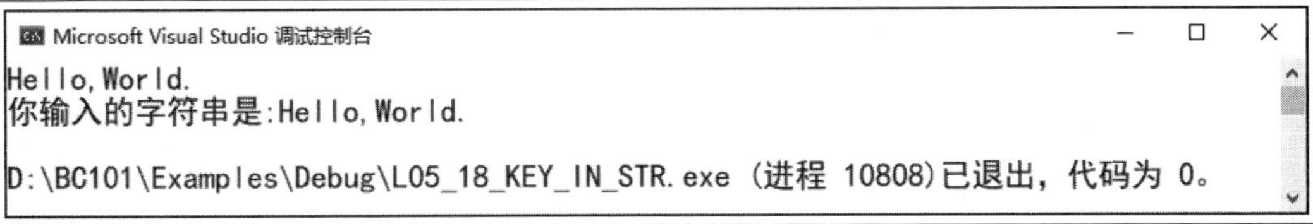 Microsoft Visual Studio 调试控制台 Hello,World. 你输入的字符串是:Hello,World. D:\BC101\Examples\Debug\L05_18_KEY_IN_STR.exe (进程 10808)已退出，代码为 0。			
完成情况	□已完成 □未完成	完成时间	

表5-24 获取和显示全部牌价数据

任务名称	获取和显示全部牌价数据		
任务编码	L05_19_GET_RATES_AND_CURRENCY_NAME_BY_CODE		
任务目标	掌握GetRatesAndCurrencyNameByCode函数的使用方法		
完成标准	1. 在解决方案中加入了新项目L05_19_GET_RATES_AND_CURRENCY_NAME_BY_CODE及源代码 2. 运行程序，程序可以获取完整的牌价数据并显示		
运行截图			
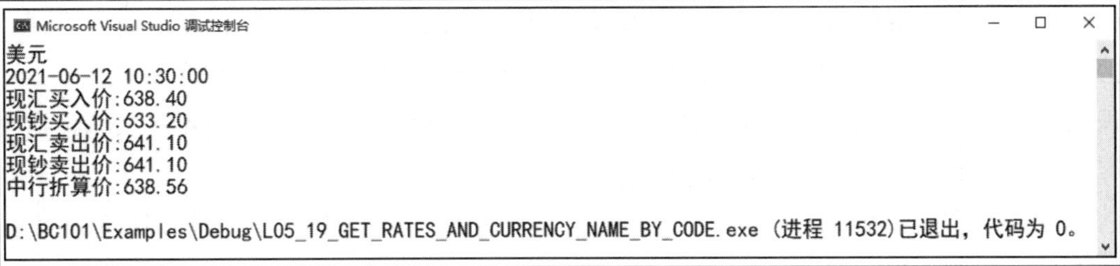 Microsoft Visual Studio 调试控制台 美元 2021-06-12 10:30:00 现汇买入价:638.40 现钞买入价:633.20 现汇卖出价:641.10 现钞卖出价:641.10 中行折算价:638.56 D:\BC101\Examples\Debug\L05_19_GET_RATES_AND_CURRENCY_NAME_BY_CODE.exe (进程 11532)已退出，代码为 0。			
完成情况	□已完成 □未完成	完成时间	

06

| 第6课 |

创建自己的函数库

渐渐地，读者已经发现在程序设计中实现某种功能的代码经常被重复使用。笔者不建议读者在写程序时经常复制和粘贴那些代码，这会使程序变得臃肿和复杂，可以将这些功能设计成独立的函数，在需要使用时可以随时调用它们。

除此以外，读者还可以创建自己的函数库，将函数代码编译成“库文件”供他人或自己调用。本课将介绍以下内容：

- 函数库的类型；
- 自定义处理字符串的函数；
- 自定义处理键盘输入的函数；
- 在Visual Studio 2022中创建静态库。

在程序设计中总有一些功能是要经常使用的，此时就可以将其设计成一个函数。例如在前文定义过的swapInt、findIndexOfMaxInIntArray、sortIntArrayASC和sortIntArrayDESC等函数。

如果其他人想要使用我们编写的findIndexOfMaxInIntArray函数，最简单的方式就是把函数源代码复制给他，他将其粘贴到自己的源代码中就可以了。

但是，出于某些原因将函数代码编译后再给他人调用也很重要：有时是为了便于他人调用，例如本书的外汇牌价接口库；有时是为了保密需要，例如你开发了一个人脸识别的函数库要卖给其他公司或程序员，并不想别人看到源代码，这时不仅要编译这个库，还要对代码进行混淆以避免他人读懂和盗用它。

被编译过的函数库甚至可以被不同的语言调用。例如本书的外汇牌价接口库可以在C#和Java中进行调用。

在本课中，我们将实现一些字符串处理函数：

- 计算字符串长度——strLength；
- 在字符串中查找特定字符位置——indexOfChar；
- 转换字符串中大写字母为小写字母——toLowerCase；
- 转换字符串中小写字母为大写字母——toUpperCase；
- 复制字符串——strCopy。

我们还将实现几个用于提高键盘输入数据效率的函数：

- 输入整型数——inputInteger；

- 输入字符——inputChar；
- 输入字符串——inputStr。

这些函数可以用于下一步的外汇牌价看板程序的开发。下面我们先来了解函数库的类型。

6.1 什么是函数库

函数库是以重复利用程序为目的的且经过编译的函数的二进制代码。函数库分为动态链接库和静态链接库两种。在生成可执行文件时，这两种库文件的处理方式是不同的。

6.1.1 静态链接库

静态链接库是最简单的处理方式。如果在程序中引用一个静态函数库，编译时程序会先被编译成一个目标文件（二进制代码），然后链接器会将这个目标文件和静态函数库中的二进制代码一起合并成一个可执行文件，这个可执行文件就可以脱离函数库而独立执行。

前面用到的外汇牌价接口库就是一个静态链接库，它的二进制代码会和调用它的代码一起生成一个可执行文件。

静态函数库的缺点是：当有很多个程序都引用同一个库时，每个程序的可执行文件都要包含一份同样的函数代码，这样就会浪费内存和磁盘空间；如果这个函数库需要升级，则所有使用该静态函数库的程序都要重新编译和链接。

6.1.2 动态链接库

动态链接库克服了静态链接库的缺点。动态函数库文件独立地存在于某些系统目录下，在编译程序时动态函数库中的代码不被包含在可执行文件中，程序在使用到库函数时再从内存或磁盘的指定位置寻找动态函数库的代码。在Windows操作系统中，部分动态链接库被存放于C:\Windows\System32目录下，如图6-1所示。

图6-1　Windows下的部分动态链接库

在Linux操作系统下，这种库被称为“共享函数库”，更能从名称上体现它的意义。动态链接库有两个好处，首先是可以节约内存和磁盘空间，其次是在函数库升级时不需要重新编译、链接使用该库的程序。

但凡事总有例外，有时某些软件的安装包中并不包含运行时所需的动态链接库文件，而运行它的计算机上恰好也没有该动态链接库文件，就会出现如图6-2所示的提示。

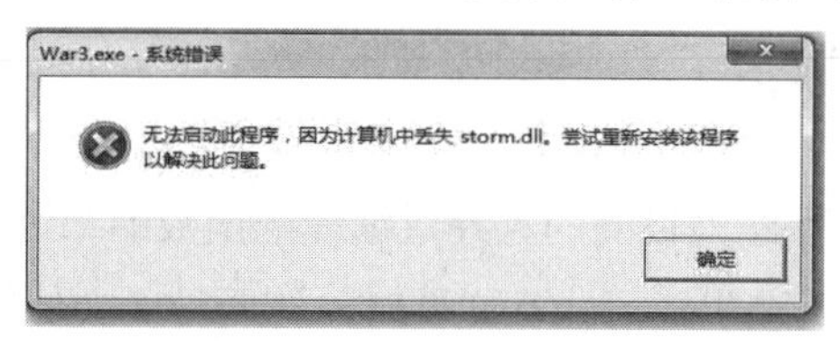

图6-2　因为缺少.dll文件而无法启动程序

这种情况较为少见，而且可以通过重新安装程序或者额外下载和安装库文件来解决该问题。

6.2　自定义字符串处理函数

对字符串进行处理是程序员的基本功之一。尽管包括C语言在内的高级编程语言都提供了处理字符串的库函数，但是为了锻炼自己的编程思维，加深对现有知识的掌握，在本节中我们还是要编写一些函数来处理字符串。

要创建字符串处理的函数库，可以分成两步：

第1步：创建字符串处理的函数。

第2步：将第1步中的函数代码编译成函数库。

将两个问题混在一起学习会给读者增加不少困扰，因此我们先来创建字符串处理的函数，然后在一个常规的控制台程序中完成它的编写和调试，再将它整合到函数库中。对字符串最基本的操作包括：

- 计算字符串长度；
- 检测字符串中是否包含特定字符；
- 对字符串进行大小写转换；
- 复制字符串。

注　意

在5.3.6节中介绍了存储字符串的3种形式：

- 字符串常量；
- 使用字符数组存储字符串；
- 使用动态分配的内存存储字符串。

在本节中将主要使用字符数组存储字符串以降低程序的复杂度，但本节中编写的函数也适用于动态内存分配存储字符串的情形。

6.2.1 计算字符串长度

计算字符串长度就是计算字符串中字符的个数（不含“\0”），是程序中经常要进行的基础操作之一，因此我们考虑将其写成自定义函数。

在C语言的字符串中并没有一个地方存储着每个字符串的长度，也不能用sizeof运算符获得字符串的长度。要计算字符串长度就得从头开始一个一个“数”字符，直至碰到“\0”为止。好在计算机不会累，而且速度还很快，所以就一个一个数好了。

和以前一样，在开始进行函数设计之前考虑下面的问题。

- **函数的功能是什么？**

  计算字符串中“\0”之前的字符个数。

- **函数的名字是什么？**

  strLength，意即“字符串长度”。在标准库函数中的strlen函数可实现同样的功能，因此笔者使用strLength作为自定义函数的名字以避免发生冲突。

- **函数需要传入哪些参数？**

  传入字符串的首地址，参数类型是字符指针（char*），名为str。但由于在函数中不允许修改字符串的值，所以参数类型应为const char*。

- **函数是否需要返回值？返回何种类型的值？**

  当然需要，返回整型值，也就是字符串的长度。字符串长度的最小值为0，不可能是负数，因此可以使用unsigned int型（无符号整型）。

确定了这些，函数的原型就确定了。

```
unsigned int strLength(const char* str);
```

1.测试程序

即使我们目前还不知道strLength的代码该如何实现，但根据函数的原型，我们可以先确定代码的基本结构，测试代码如下。

```
1. #include <stdio.h>
2. unsigned int strLength(const char* str)
3. {
4.     //todo:此函数尚未完成
5.     return 0;
6. }
7.
8. int main()
9. {
10.     char string[10] = { 'H','e','l','l','o','\0' };
11.     printf("字符数组string的首地址为:%p\n", string);
12.     printf("字符数组中存储的字符串是:%s\n", string);
13.     unsigned int length = strLength(string);
14.     printf("字符串长度为:%d\n", length);
15.     return 0;
16. }
```

在这个程序中，为了避免每次都要输入字符串，在声明数组时就对其进行了初始化。

```
10.     char string[10] = { 'H','e','l','l','o','\0' };
```

运行测试程序，得到如图6-3所示的结果。

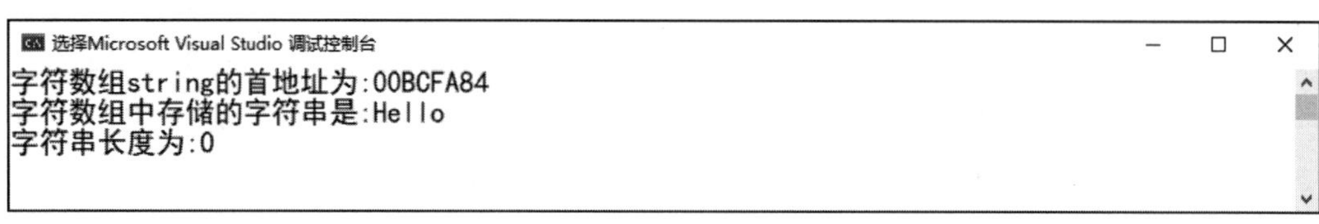

图6-3　测试程序的运行结果

字符串长度为0显然是不对的，这是因为我们还没有实现这个函数。接下来就可以去实现strLength函数。如果测试程序时，能显示“字符串长度为:5”，就表明测试通过。

2. 实现strLength函数

目前，字符数组中的内容如图6-4所示。

	string									
地址	BCFA84	BCFA85	BCFA86	BCFA87	BCFA88	BCFA89	BCFA8A	BCFA8B	BCFA8C	BCFA8D
值	72	101	108	108	111	0	不确定	不确定	不确定	不确定
字符	H	e	l	l	o	\0	不确定	不确定	不确定	不确定

图6-4　初始化的字符数组

如前所述，要计算字符串长度需要从第1个字符开始一个一个“数过去”。因此，需要定义一个变量用来存储“数”的结果，并将其作为函数的返回值。这里定义的变量名为length，初始值为0。

```
1. unsigned int strLength(const char* str)
2. {
3.     unsigned int length =0;
4.     //todo:此函数尚未完成
5.     return 0;
6. }
```

我们知道，当函数被调用时，参数str的值是数组的首地址，图6-5描述了指针参数str与字符串所使用的内存空间的关系。

参数名	参数类型	参数值
str	char*	BCFA84

	string									
地址	BCFA84	BCFA85	BCFA86	BCFA87	BCFA88	BCFA89	BCFA8A	BCFA8B	BCFA8C	BCFA8D
值	72	101	108	108	111	0	不确定	不确定	不确定	不确定
字符	H	e	l	l	o	\0	不确定	不确定	不确定	不确定

图6-5　函数strLength的参数值

计算字符串长度时，我们的原则是“遇到‘\0’就结束”。最开始时指针指向字符数组的第1个元素（有可能第1个元素就是‘\0’），所以计算的步骤如下：

第1步：对指针str指向的值进行判断。

- 如果值为“\0”，返回length的值；
- 如果指针指向的值不是“\0”，则变量length的值应加1，同时指针str也应指向下一字节。

第2步：返回第1步再次进行判断。

使用我们之前学过的goto语句，可以写出下面的程序。

```
1. unsigned int strLength(char* str)
2. {
3.    unsigned int length = 0;
4. begin:
5.    if (*str != '\0')     //判断指针str指向的值是否为'\0'
6.    {                     //如果是
7.         length++;         //length的值+1
8.         str++;            //指针变量str的值+1，指向下一元素
9.         goto begin;       //跳转至begin，再次进行判断
10.     }
11.     return length;
12. }
```

下面代码的第5～10行使用了一个循环，循环是否执行的条件是*str的值是否为“\0”。对于这种先判断条件是否成立再决定是否执行的循环结构，C语言提供了while循环结构，不需要使用goto语句，因此函数可进行如下修改。

```
1. unsigned int strLength(char* str)
2. {
3.     unsigned int length = 0;
4.     while (*str != '\0')
5.     {
6.         length++;
7.         str++;
8.     }
9.     return length;
10. }
```

程序执行到第4行时，while语句先判断指针str指向的值是否为“\0”，如果不为“\0”则执行循环体的内容（变量length的值加1，指针str指向下一字节），然后又回到第4行继续判断循环是否再执行一次。

当指针str指向的值是“\0”时，while循环不再执行，执行第9行的return语句，返回了字符串长度length。这样，就实现了strLength函数。完整的程序如案例6-1所示。

案例6-1　计算字符串长度（L06_01_STRING_LENGTH）

```
1. #include <stdio.h>
2. unsigned int strLength(char* str)
3. {
4.     unsigned int length = 0;
5.     while (*str != '\0')
```

```
6.     {
7.         length++;
8.         str++;
9.     }
10.    return length;
11. }
12.
13. int main()
14. {
15.     char string[10] = { 'H','e','l','l','o','\0' };
16.     printf("字符数组string的首地址为:%p\n", string);
17.     printf("字符数组中存储的字符串是:%s\n", string);
18.     unsigned int length = strLength(string);
19.     printf("字符串长度为:%d\n", length);
20.     return 0;
21. }
```

程序运行的结果如图6-6所示。

```
Microsoft Visual Studio 调试控制台
字符数组string的首地址为:00BCFA84
字符数组中存储的字符串是:Hello
字符串长度为:5
```

图6-6 strLength函数的执行结果

6.2.2 在字符串中查找特定字符的位置

查找字符串中是否包含特定的字符是经常要进行的工作，例如用户输入了E-mail地址，就需要判断其中是否包含字符“@”和“.”（点）。

查找的结果有两种。

- 找到了这个字符。此时应返回字符的位置（第几个，从0开始计数），以便程序进行进一步的处理；
- 没有找到。此时可以返回负数，以区别于找到的情况。

用与前文同样的方法考虑这个函数的设计。

- **函数的功能是什么？**

  在一个字符串中查找特定字符的出现位置（从0开始计数），未找到时返回−1。

- **函数的名字是什么？**

  indexOfChar，意即“字符的索引”。

- **函数需要传入哪些参数？**

  需要传入字符串的首地址，由于函数中无须改变字符串的值，类型应为const char*。还需要传入要查找的字符，类型为char。

- **函数是否需要返回值？返回何种类型的值？**

  需要，返回有符号整型值。

函数的原型如下。

```
int indexOfChar(const char* str, char ch)
```

1.在字符串中查找特定字符的基本原理

和计算字符串长度一样，在字符串中查找特定字符也只能从字符串的第1个字符开始逐个匹配，直到找到特定的字符时才会返回值；或者与字符串的最后一个字符也不匹配，这时结束查找。

2. 测试程序

测试程序如下。

```
1. #include <stdio.h>
2. int indexOfChar(const char* str,char ch)
3. {
4.     //todo:此函数尚未完成
5.     return 0;
6. }
7.
8. int main()
9. {
10.     char string[10] = { 'H','e','l','l','o','\0' };
11.     int index = indexOfChar(string, 'o');
12.     printf("字符o在字符串中的位置是:%d\n", index);
13.     index = indexOfChar(string, 'k');
14.     printf("字符k在字符串中的位置是:%d\n", index);
15.     return 0;
16. }
```

在完成indexOfChar函数后，应显示：

字符o在字符串中的位置是：4

字符k在字符串中的位置是：-1

3. 实现indexOfChar函数

如前所述，我们要从字符串的第1个字符开始逐个匹配，直到找到特定的字符或者在与字符串的最后一个字符也不匹配时结束。有了写strLength函数的经验，我们知道下面的循环可以从第1个字符开始遍历到最后一个字符。

```
1. int indexOfChar(const char* str,char ch)
2. {
3.     //todo:此函数尚未完成
4.     while (*str !='\0')
5.     {
6.         str++;
7.     }
8.     return 0;
9. }
```

循环语句在首次执行时，指针str指向字符串中的第1个字符，我们即可开始检查它所指向的字符是否为要寻找的字符。使用if语句进行检查即可。

- 当指针str指向的字符就是要寻找的字符时，返回字符的位置；
- 当指针str指向的字符不是要寻找的字符时，指针str指向下一个字符。

这样看来，还需要一个变量index用于存储被找到的字符的位置，它的初始值为0，并且每次判断完毕后它的值应该加1。程序如下。

```
1. int indexOfChar(const char* str,char ch)
2. {
3.     int index = 0;
4.     while (*str != '\0')
5.     {
6.         if (*str==ch)
7.         {
8.             return index;
9.         }
10.        index++;
11.        str++;
12.     }
13.     return -1;
14. }
```

通过上面的程序可以看出，如果字符串中包含要查找的字符，就总有一次满足第6行代码的条件，并执行第8行的语句return index，此时函数终止执行并返回值。如果字符串中不包含要查找的字符，就始终不会执行第8行的语句，循环执行完毕后在第13行返回-1，表示没有找到这个字符。

这个程序就像是在第6行代码设置了一个“坑”，如果掉进“坑”里（找到了要查找的字符）就会立即返回变量index的值；如果没有掉进“坑”里就会完整执行完函数，并返回-1。完整的代码如案例6-2所示。

案例6-2　在字符串中查找特定字符（L06_02_INDEX_OF_CHAR）

```
1. #include <stdio.h>
2. int indexOfChar(const char* str, char ch)
3. {
4.     int index = 0;
5.     while (*str != '\0')
6.     {
7.         if (*str == ch)
8.         {
9.             return index;
10.        }
11.        index++;
12.        str++;
13.     }
14.     return -1;
15. }
16.
17. int main()
18. {
19.     char string[10] = { 'H','e','l','l','o','\0' };
20.     int index = indexOfChar(string, 'o');
```

```
21.     printf("字符o在字符串中的位置是:%d\n", index);
22.     index = indexOfChar(string, 'k');
23.     printf("字符k在字符串中的位置是:%d\n", index);
24.     return 0;
25. }
```

运行程序，得到如图6-7所示的结果。

```
Microsoft Visual Studio 调试控制台
字符o在字符串中的位置是:4
字符k在字符串中的位置是:-1

D:\BC101\Examples\Debug\L06_02_INDEX_OF_CHAR.exe (进程 1476)已退出，代码为 0。
```

图6-7　在字符串中查找特定字符的位置

6.2.3 转换字符串中的大写字母为小写字母

在一个字符串中，可能同时存在大写、小写字母和其他字符。在程序设计中经常要对其中的大小写字母相互转换。绝大多数的编程语言都提供大小写字母转换的函数。例如Java的toUpperCase函数完成小写字母到大写字母的转换，toLowerCase函数完成大写字母到小写字母的转换。

我们先进行大写字母到小写字母函数的原型设计，再完成测试程序。

- **函数的功能是什么？**

  将现有字符串中的大写字母转换成小写字母。

- **函数的名字是什么？**

  toLowerCase，意即转换为小写。

- **函数需要传入哪些参数？**

  应传入字符串的首地址，类型为char*。之所以不是const char*，是因为我们要通过传入的字符指针改变其指向位置的值（原地转换）。

- **函数是否需要返回值？返回何种类型的值？**

  不需要，因为函数已经处理了字符数组中的字符。

于是，函数的原型已确定。

```
void toLowerCase(char* str)
```

1.字母大小写转换的原理

在对字母进行大小写转换时，只需处理字符串中的字母，对于其他字符例如空格、标点符号等无须处理。

图6-8所示是ASCII码表的一部分。在ASCII码中，字母的大写和小写的ASCII码值是不同的（A的ASCII码值是65，而a的ASCII码值为97）。判断字符的大小写是根据其ASCII码值来确定的，可以看到大写字母的ASCII码值为65～90，小写字母的ASCII码值

为97～122。同一个字母的大小写形式的ASCII码值相差32。

ASCII	字符	ASCII	字符	ASCII	字符	ASCII	字符
64	@	80	P	96	`	112	p
65	A	81	Q	97	a	113	q
66	B	82	R	98	b	114	r
67	C	83	S	99	c	115	s
68	D	84	T	100	d	116	t
69	E	85	U	101	e	117	u
70	F	86	V	102	f	118	v
71	G	87	W	103	g	119	w
72	H	88	X	104	h	120	x
73	I	89	Y	105	i	121	y
74	J	90	Z	106	j	122	z
75	K	91	[	107	k	123	{
76	L	92	\	108	l	124	|
77	M	93	]	109	m	125	}
78	N	94	^	110	n	126	~
79	O	95	_	111	o		

图6-8　大写字母和小写字母的ASCII码

根据这个规律，将一个字母的大写字符的ASCII码值加32即可得到其小写字符的ASCII码值。例如，大写字母A的ASCII码值65加32即为小写字母a的码值97；反过来，将小写字符的ASCII码值减32亦可得到其大写字符的ASCII码值。

2. 测试程序

和以前一样，先完成测试程序。

```
1. #include <stdio.h>
2. void toLowerCase(char* str)
3. {
4.     //todo:在此处加入转换为小写的代码
5. }
6.
7. int main()
8. {
9.     char string[10] = { 'H','E','L','L','O','\0' };
10.    printf("转换前的字符串为:%s\n", string);
11.    toLowerCase(string);
12.    printf("转换后的字符串为:%s\n", string);
13.    return 0;
14. }
```

字符串中目前的内容和函数参数值如图6-9所示。

参数名	参数类型	参数值
str	char*	BCFA84

	string									
地址	BCFA84	BCFA85	BCFA86	BCFA87	BCFA88	BCFA89	BCFA8A	BCFA8B	BCFA8C	BCFA8D
值	72	69	76	76	79	0	不确定	不确定	不确定	不确定
字符	H	E	L	L	O	\0	不确定	不确定	不确定	不确定

图6-9　字符串的原始内容和函数参数值

3. 实现toLowerCase函数

很显然，我们又要遍历字符串了。仍然是从第1个字符开始直到遇到字符串终止符为止。对下面的循环语句，读者应该很熟悉了。

```
1. void toLowerCase(char* str)
2. {
3.     while (*str != '\0')
4.     {
5.         str++;
6.     }
7. }
```

只须在循环每次执行时，判断指针str指向位置的字符是否为大写字符即可。加入if语句后的代码如下。

```
1. void toLowerCase(char* str)
2. {
3.     while (*str != '\0')
4.     {
5.         if (*str >= 65 && *str <= 90)
6.         {
7.             *str = *str + 32;
8.         }
9.         str++;
10.    }
11. }
```

第5行代码if后面的括号里有两个条件*str >= 65和*str <= 90，中间用&&连接，表示只有当这两个条件同时成立时（指针指向字符的ASCII码值介于65～90之间，即为大写字母），第6～8行的语句块才会被执行。

对于大写字母，我们将它的码值加32即为对应的小写字母的码值。完整的程序如案例6-3所示。

案例6-3　大写字母转换为小写字母（L06_03_TO_LOWER_CASE）

```
1. #include <stdio.h>
2. void toLowerCase(char* str)
3. {
4.     while (*str != '\0')
5.     {
6.         if (*str >= 'A' && *str <= 'Z')   //将65和90换成'A' 和'Z'
7.         {
8.             *str +=  32;                   //相当于*str=*str+32;
9.         }
10.        str++;
11.    }
12. }
13.
14. int main()
15. {
16.     char string[10] = { 'H','E','L','L','O','\0' };
17.     printf("转换前的字符串为:%s\n", string);
```

```
18.     toLowerCase(string);
19.     printf("转换后的字符串为:%s\n", string);
20.     return 0;
21. }
```

程序执行结果如图6-10所示。

```
选择Microsoft Visual Studio 调试控制台
转换前的字符串为:HELLO
转换后的字符串为:hello
```

图6-10 toLowerCase函数的执行结果

至此，大写字母转为小写字母的函数已经完成。

请自行完成小写字母转为大写字母的函数，函数原型如下。

```
void toUpperCase(char* str)
```

6.2.4 复制字符串

将一个内存区域中的字符串复制到另一个区域，也是程序中经常要进行的操作。例如有两个字符数组：

```
1. char str_a[10] = { 'H','E','L','L','O','\0' };
2. char str_b[10];
```

字符数组str_a的前6个元素已被初始化，后4个没有；字符数组str_b完全没有被初始化。我们的任务是把str_a所指向的内存区域的字符串“HELLO\0”，复制到str_b所指向的内存区域。这两个字符数组中目前的内容如图6-11所示。

	str_a									
地址	AFF8A0	AFF8A1	AFF8A2	AFF8A3	AFF8A4	AFF8A5	AFF8A6	AFF8A7	AFF8A8	AFF8A9
值	72	69	76	76	79	0	不确定	不确定	不确定	不确定
字符	H	E	L	L	O	\0	不确定	不确定	不确定	不确定

	str_b									
地址	AFF88C	AFF88D	AFF88E	AFF88F	AFF890	AFF891	AFF892	AFF893	AFF894	AFF895
值	不确定	不确定	不确定	不确定	不确定	不确定	不确定	不确定	不确定	不确定
字符	不确定	不确定	不确定	不确定	不确定	不确定	不确定	不确定	不确定	不确定

图6-11 str_a和str_b

和以前一样需要考虑函数设计的基本问题。

- **函数的功能是什么？**

复制字符串，把一个内存位置的字符串（包括字符串终止符）复制到另一个内存位置上去。

- **函数的名字是什么？**

strCopy。如果你愿意的话称为copyStr也可以。

- **函数需要传入哪些参数？**

  strCopy函数的参数至少应该有两个：

  （1）源字符串的首地址（source）；

  （2）目标字符串的首地址（destination）。

它们的类型都是字符指针型。大多数程序员习惯将目标地址放在前面。并且我们不打算修改源字符串的内容，因此这两个参数如下所示。

```
char* destination, const char* source
```

- **函数是否需要返回值？返回何种类型的值？**

  函数暂时不需要返回值。

确定了上面的几个要素，就可以定义出strCopy函数的原型。

```
void strCopy(char* destination, const char* source)
```

1.字符串复制的原理

相信读者已经习惯了逐个处理字符串中的字符，字符串复制也是从第1个字符开始逐个复制每个字符。需要注意的是包括最后的字符串终止符也要复制。

2. 测试程序

测试程序如下。

```
1. #include <stdio.h>
2. void strCopy(char* destination, const char* source)
3. {
4.     //todo:此函数尚未完成
5. }
6. int main()
7. {
8.     char str_a[10] = { 'H','E','L','L','O','\0' };
9.     char str_b[10];
10.    printf("字符数组str_a的地址是:%p\n", str_a);
11.    printf("字符数组str_b的地址是:%p\n", str_b);
12.    strCopy(str_b, str_a);
13.    printf("字符数组str_a中的内容是:%s\n",str_a);
14.    printf("字符数组str_b中的内容是:%s\n",str_b);
15.    return 0;
16. }
```

现在运行测试程序，显示的结果如图6-12所示。

```
选择Microsoft Visual Studio 调试控制台
字符数组str_a的地址是:00AFF8A0
字符数组str_b的地址是:00AFF88C
字符数组str_a中的内容是:HELLO
字符数组str_b中的内容是:烫烫烫烫烫烫烫烫烫烫HELLO
```

图6-12　显示复制之前的字符数组内容

最后一行在输出了10个“烫”后输出了HELLO，输出5个“烫”可以理解，因为字符数组str_b未初始化，在调试模式下它的10字节被0xCC填充，输出时会被识别成5个汉字“烫”。

但其他的5个“烫”又从何而来？这是因为字符数组str_a和str_b在内存中是相邻的，且str_b在前，str_a在后；但在调试模式下它们之间又被故意增加了10字节的“间隔”且同样被填充0xCC，所以又会多出5个“烫”。这个间隔被称为“保护段”，关于保护段的知识此处不作赘述。

你现在只须了解这个事实：在当前编译环境下字符数组str_a和str_b在内存上是相邻的，且str_b在前，str_a在后；但它们中间有10个字节的“间隔”，如图6-13所示。

str_b（10字节）	保留的空间（10字节）	str_a（10字节）
AFF88C … AFF895	AFF896 … AFF89F	AFF8A0 … AFF8A9
均为0xCC	均为0xCC	HELLO\0

图6-13　str_a和str_b的内存地址

当我们使用第1行语句输出位于AFF88C位置的字符串时，printf函数先遇到了数组str_b中10个0xCC（Visual Studio将程序未初始化的栈空间初始化为0xCC），于是输出了5个“烫”字；接着又遇到了被保留的10字节，其中仍然是0xCC，因此又输出了5个“烫”字；接下来“偶遇”字符数组str_a，并输出了其中的内容HELLO，直到遇到字符数组str_a中的'\0'。所以最后一行输出为“烫烫烫烫烫烫烫烫烫烫HELLO”。

以上是strCopy函数尚未完成的情况。在完成strCopy函数后，执行程序时应显示如下内容。

```
数组str_a的地址是:00AFF8A0
数组str_b的地址是:00AFF88C
字符数组str_a中的内容是:HELLO
字符数组str_b中的内容是:HELLO
```

注意，读者在运行程序时显示的数组地址将会是不同的。

3. 实现strCopy函数

即使读者还不会复制整个字符串，但至少可以复制1个字符。具体说来，就是把内存地址AFF8A0中的值“H”复制到内存地址为AFF88C的内存空间去，如图6-14所示。

	str_a									
地址	AFF8A0	AFF8A1	AFF8A2	AFF8A3	AFF8A4	AFF8A5	AFF8A6	AFF8A7	AFF8A8	AFF8A9
值	72	69	76	76	79	0	不确定	不确定	不确定	不确定
字符	H	E	L	L	O	\0	不确定	不确定	不确定	不确定

⇩ 复制第1个字符

	str_b									
地址	AFF88C	AFF88D	AFF88E	AFF88F	AFF890	AFF891	AFF892	AFF893	AFF894	AFF895
值	不确定	不确定	不确定	不确定	不确定	不确定	不确定	不确定	不确定	不确定
字符	不确定	不确定	不确定	不确定	不确定	不确定	不确定	不确定	不确定	不确定

图6-14　复制第1个字符

现在，函数的参数source和destination分别指向了这两个地址。所以，只要掌握了间接运算符*，就可以轻松地写出下面的代码。

```
*destination = *source;
```

在函数体中加入它。

```
1. #include <stdio.h>
2. void strCopy(char* destination, const char* source)
3. {
4.     *destination = *source;
5.     //todo:此函数尚未完成
6. }
7. int main()
8. {
9.     char str_a[10] = { 'H','E','L','L','O','\0' };
10.    char str_b[10];
11.    printf("数组str_a的地址是:%p\n", str_a);
12.    printf("数组str_b的地址是:%p\n", str_b);
13.    strCopy(str_b, str_a);
14.    printf("字符数组str_b中的内容是:%s\n",str_b);
15.    printf("字符数组str_a中的内容是:%s\n", str_a);
16.    return 0;
17. }
```

做完每一小步，哪怕是自信地认为绝对没问题的代码，都应去想办法确认一下自己做得对不对。这样做有利于建立信心，未来出了问题也能知道问题出在哪里。所以笔者在第1个字符复制完成以后，立刻验证一下是不是把第1个字符复制过去了。

运行程序，得到如图6-15的结果。

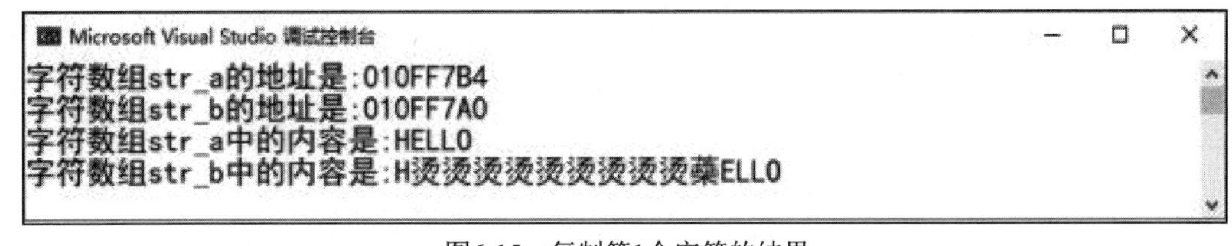

图6-15　复制第1个字符的结果

最后一行结果很诡异，虽然输出内容的最开始有H（这符合我们的期望），但是输出的末尾显示的是“藥ELLO”（之前显示的是“烫HELLO”），我们知道那是数组str_a的“地盘”，但现在却发生了变化。难道是把H复制过去会破坏原位置的值吗？而第3行输出的内容却告诉我们字符数组str_a中的内容仍然是“HELLO”。

其实这只是一个巧合，实际上并没有改变字符数组str_a，它第1字节的值仍然是72（十六进制为48，字符“H”的ASCII码值），目前两个数组的值如图6-16所示。

	str_b（10字节）										保留的空间（10字节）										str_a（10字节）									
值（DEC）	72	204	204	204	204	204	204	204	204	204	204	204	204	204	204	204	204	204	204	204	72	69	76	76	79	0	204	204	204	204
字符	H	烫		烫		烫		烫		烫		烫		烫		烫		烫		藥		E	L	L	O	\0	烫		烫	

图6-16　0xCC48对应的中文字符为“藥”

在printf函数从str_b首地址开始输出字符串时，数组str_b的第1字节被识别为“H”，从第2字节开始要遇到连续的两个0xCC（十进制为204），于是开始输出“烫”；但是在输出到最后一个204和数组str_a的第1个元素72时，仍然将这两字节作为中文字符输出，这个字符是“蘋”，所以就出现了上面的结果。

第1步总体来说算是成功了。但写程序和生活中某些场景很相似，一个问题解决了下一个问题就冒出。我们要复制的不是一个字符而是多个字符。

既然复制第1个字符的代码可以写成这样：

```
*destination = *source;
```

复制第2个字符的代码自然可以是：

```
*(destination+1) = *(source+1);
```

我们自然不想把这个语句复制n次，而是想用循环来实现复制。可是循环的次数如何确定呢？

循环的次数取决于字符数组str_a中有多少个字符，于是我们似乎想到了一些方法。

先不要急于阅读后面的内容，看自己能不能用已有的知识完成它。

因为我们之前写过strLength函数，所以可以先计算字符串的长度，再用得到的数值控制字符复制的次数。

```
1. #include <stdio.h>
2. unsigned int strLength(const char* str) //这是计算字符串长度的函数
3. {
4.     unsigned int length = 0;
5.     while (*str != '\0')
6.     {
7.         length++;
8.         str++;
9.     }
10.    return length;
11. }
12.
13. void strCopy(char* destination, const char* source)
14. {
15.     int length = strLength(source); //先调用strLength函数获得字符个数
16.     for (int i = 0; i <= length ; i++)    //再使用for循环逐个复制字符
17.     {
18.         *(destination+i) = *(source+i);
19.     }
20. }
21. int main()
22. {
23.     char str_a[10] = { 'H','E','L','L','O','\0' };
24.     char str_b[10];
25.     printf("数组str_a的地址是:%p\n", str_a);
26.     printf("数组str_b的地址是:%p\n", str_b);
27.     strCopy(str_b, str_a);
28.     printf("字符数组str_b中的内容是:%s\n",str_b);
29.     printf("字符数组str_a中的内容是:%s\n", str_a);
30.     return 0;
31. }
```

注意观察第15～19行代码，程序运行的结果如图6-17所示。

```
选择Microsoft Visual Studio 调试控制台
数组str_a的地址是:00CFFD94
数组str_b的地址是:00CFFD80
字符数组str_b中的内容是:HELLO
字符数组str_a中的内容是:HELLO
```

图6-17　先计算字符串长度再进行复制

在函数strCopy中：

```
15.     int length = strLength(source);        //先调用strLength函数获得字
                                               //符个数
16.     for (int i = 0; i <= length ; i++)     //再使用for循环逐个复制字符
17.     {
18.         *(destination+i) = *(source+i);
19.     }
```

通过之前写的strLength函数先计算源字符串中的字符个数，然后用for循环将源字符串中的字符逐个复制过来。注意当字符串中有5个字符时，这个循环将运行6次（i的值从0到5），因此它会连同字符串终止符“\0”一起复制。

可见这个程序确实完成了字符串的复制。但这种方式显然浪费了时间——先把字符串中的字符“数”一遍，再逐个复制字符。如果遇到的字符串很长时，这样做效率就过于低下了。有没有办法提高效率呢？

4. 优化strCopy函数

出于性能的考虑，我们不能接受先把要复制的字符串“数一遍”，再逐个复制字符的方法来复制字符串。我们完全可以通过“一边复制、一边检查被复制的字符否为字符串终止符”来节省时间，在复制很长的字符串或者计算机性能较低时这一点很重要。

我们知道，下面的语句可以复制第1个字符：

```
*destination = *source;
```

复制完成后，只要将这两个字符指针指向下一个字符，再执行一次复制操作即可复制第2个字符。

```
1. *destination = *source;
2. destination ++;      //此处的destination++等同于
   destination = destination+1
3. source ++;          //此处的source++等同于source = source+1
```

也就是说，在程序执行完第3行后，再跳转回第1行，就可以无限复制下去了。

但是我们显然不想无限复制，因为我们知道在遇到“\0”时字符串就已经结束了，接下去的复制没有意义，可以通过增加一个判断来控制程序的执行，这里仍然使用了goto语句以便读者阅读。

```
1. begin:
2.     *destination = *source;
```

```
3.      destination ++;    //此处的destination++等同于
        destination = destination+1
4.      source ++;        //此处的source++等同于source = source+1
5.  if (*source !='\0') goto begin;
```

我们知道，++运算符可以加在第2行的赋值语句中，在完成了赋值操作以后再执行自加计算，所以程序又可以改成：

```
1. begin:
2.     *destination++ = *source++;
3. if (*source !='\0') goto begin;
```

这种至少会执行一次的循环在C语言中可以使用do…while来实现。do…while循环与前面的while循环不同，它至少先执行一次循环体再来判断是否要继续循环（回到do的位置重新执行）。

于是我们修改了strCopy函数。

```
1. void strCopy(char* destination, const char* source)
2. {
3.     do
4.     {
5.         *destination++ = *source++;
6.     } while (*source != '\0');
7. }
```

这样看上去就整洁多了，但运行程序却得到意外的结果，如图6-18所示。

```
Microsoft Visual Studio 调试控制台
数组str_a的地址是:0115F980
数组str_b的地址是:0115F96C
字符数组str_a中的内容是:HELLO
字符数组str_b中的内容是:HELLO烫烫烫烫烫烫烫�ELLO
```

图6-18　用do…while循环实现字符串复制（错误的结果）

程序设计时遇到意外的结果非常正常，此时不用紧张。要先肯定我们过去的成绩——修改后的程序确实是将HELLO复制过去了，至于后面出现了“烫烫烫烫烫烫烫藁ELLO”，似曾相识。

读者先不要急于阅读后面的内容，仔细阅读上面的程序，自行考虑程序结果出现意外的原因。

很显然，在用do…while修改的程序并没有将源字符串末尾的“\0”复制到目标数组中去。要解决这个问题也很简单，在后面强行加上就好——任何字符串都应以“\0”结束。

```
1. void strCopy(char* destination, const char* source)
2. {
3.     do
4.     {
5.         *destination++ = *source++;
6.     } while (*source != '\0');
7.     *destination='\0';
```

```
8. }
```

完整的程序如案例6-4所示。

案例6-4　字符串复制（L06_04_STRING_COPY）

```
1. #include <stdio.h>
2. void strCopy(char* destination, const char* source)
3. {
4.     do
5.     {
6.         *destination++ = *source++;
7.     } while (*source != '\0');
8.     *destination='\0';
9. }
10.
11. int main()
12. {
13.     char str_a[10] = { 'H','E','L','L','O','\0' };
14.     char str_b[10];
15.     printf("数组str_a的地址是:%p\n", str_a);
16.     printf("数组str_b的地址是:%p\n", str_b);
17.     strCopy(str_b, str_a);
18.     printf("字符数组str_b中的内容是:%s\n", str_b);
19.     return 0;
20. }
```

注　意

这个strCopy函数的实现只说明了字符串复制的原理，但它不是一种好的实现方式，如果拿去面试最多只能算及格。

本书的配套网站上讨论了strCopy更好的实现方式，读者可以参阅。

6.2.5　自定义字符串函数的其他要求

1.让函数支持链式表达式

作为函数的设计者，除了完成函数必须实现的功能，还应尽可能地为函数调用者提供方便。以strCopy函数为例，函数的调用者可能需要在字符串复制完成后对字符串str_b进行进一步处理，比如将其中的大写字母转换成小写字母，按照目前的设计需要先调用strCopy函数，再调用toLowerCase函数。

```
1. strCopy(str_b, str_a);
2. toLowerCase(str_b);
```

但大多数程序员对减少语句行数充满执念，所以他们希望可以这样调用：

```
toLowerCase(strCopy(str_b,str_a));
```

这实际上是要求strCopy函数可以返回数组str_b的首地址，然后又将其作为toLowerCase函数的参数，而在我们的设计中strCopy函数是不需要返回值的。为了满足这种执念，我们可以修改strCopy函数和toLowerCase函数，让它们返回字符串的首地址。

在strCopy函数中，由于循环时会改变destination指针的指向（循环完毕后destination不会再指向目标数组的首地址），所以在函数中增加了一个字符指针变量returnValue。在循环开始之前returnValue先保存目标位置的首地址，确保函数中其他代码不会改变它，并作为函数的返回值返回。对toLowerCase函数也采用同样的方式进行处理。

下面是修改函数后的范例程序。

```
1.  #include <stdio.h>
2.  char* toLowerCase(char* str)
3.  {
4.      char* returnValue = str;
5.      while (*str != '\0')
6.      {
7.          if (*str >= 'A' && *str <= 'Z')
8.          {
9.              *str += 32;  //相当于*str=*str+32;
10.         }
11.         str++;
12.     }
13.     return returnValue;
14. }
15.
16.
17. char* strCopy(char* destination, const char* source)
18. {
19.     char* returnValue = destination;
20.     do
21.     {
22.         *destination++ = *source++;
23.     } while (*source != '\0');
24.     *destination='\0';
25.     return returnValue;
26. }
27.
28. int main()
29. {
30.     char str_a[10] = { 'H','E','L','L','O','\0' };
31.     char str_b[10];
32.     printf("数组str_a的地址是:%p\n", str_a);
33.     printf("数组str_b的地址是:%p\n", str_b);
34.     toLowerCase(strCopy(str_b, str_a));
35.     printf("字符数组str_b中的内容是:%s\n", str_b);
36.     return 0;
37. }
```

程序的第34行就是一个典型的链式表达式，toLowerCase函数将strCopy函数的返回值作为参数，对复制完毕的字符串进行了大写转小写的处理。程序的运行结果如图6-19所示。

```
数组str_a的地址是:00F3FD30
数组str_b的地址是:00F3FD1C
字符数组str_b中的内容是:hello
```

图6-19　典型的链式表达式

2. 使用断言检测非法参数值

函数的作者和函数的调用者可能不是一个人，即使是同一个人写的程序在调用函数时也可能会犯错。作为函数的作者，我们要防范函数的调用者传入不恰当的参数。例如写了一个在屏幕上绘制圆的函数，但调用者传入的半径值是个负数，如果程序仍然使用这个负数去绘制圆，则会在后续的代码中出现错误。这种情况下可能需要花很长时间才会发现——原来是传入的参数有问题。

对于字符串处理也是一样，上面实现的一些函数都需要传入存储字符串的内存地址，但如果调用者不小心传入了一个空地址（NULL）就会导致程序崩溃，而我们还认为是自己的函数写得有问题。

C语言提供了辅助调试的手段——断言（assert）。你可以在程序中加入断言（例如圆的半径是正数、字符串地址不为NULL等）。程序运行到断言处如果断言不成立，则立刻终止程序运行，而不会执行后面的语句。这种机制可以帮助程序员快速发现可能存在问题的地方，而不是等到一个错误导致了另一个错误时再来追查。

以strCopy函数为例，如果传入的参数source或者destination是空指针（NULL），则不应进行字符串的复制，并且立即报告错误，让程序不再继续执行。这样，函数的调用者就会发现自己传入了不恰当的参数，并修改自己的程序。

要使用断言，需要包含头文件assert.h。使用断言的方法如下。

```
assert(断言的条件);
```

当断言的条件不成立时，程序会强制退出。于是笔者在函数strCopy的第3行增加了断言。

```
1. char* strCopy(char* destination, const char* source)
2. {
3.     assert(destination != NULL && source != NULL);
4.     char* returnValue = destination;
5.     do
6.     {
7.         *destination++ = *source++;
8.     } while (*source != '\0');
9.     *destination='\0';
10.    return returnValue;
11. }
```

为了验证断言的作用，笔者修改了main函数，将str_a设为空指针。再运行程序时得到如图6-20所示的结果。

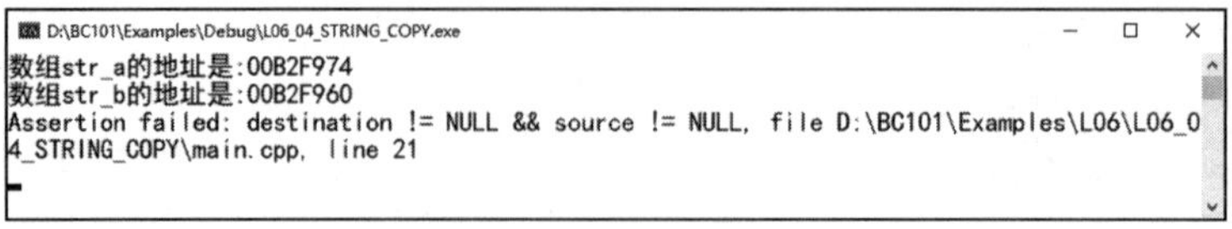

```
D:\BC101\Examples\Debug\L06_04_STRING_COPY.exe
数组str_a的地址是:00B2F974
数组str_b的地址是:00B2F960
Assertion failed: destination != NULL && source != NULL, file D:\BC101\Examples\L06\L06_0
4_STRING_COPY\main.cpp, line 21
```

图6-20　在程序中使用断言

可以看到，由于传入NULL指针导致断言失败，程序停止了运行并给出了明确的提示。但需要指出的是，断言只在程序调试时有效。

至此，我们已经完成了4个字符串处理函数：

- 计算字符串长度——strLength；
- 在字符串中查找特定字符的位置——indexOfChar；
- 转换字符串中的大写字母到小写字母——toLowerCase；
- 复制字符串——strCopy。

这些函数的代码如下。

```
1. unsigned int strLength(const char* str)
2. {
3.     assert(str != NULL);
4.     unsigned int length = 0;
5.     while (*str != '\0')
6.     {
7.         length++;
8.         str++;
9.     }
10.    return length;
11. }
12.
13. int indexOfChar(const char* str, char ch)
14. {
15.     assert(str != NULL);
16.     int index = 0;
17.     while (*str != '\0')
18.     {
19.         if (*str == ch)
20.         {
21.             return index;
22.         }
23.         index++;
24.         str++;
25.     }
26.     return -1;
27. }
28.
29. char* toLowerCase(char* str)
30. {
31.     assert(str != NULL);
32.     char* returnValue = str;
33.     while (*str != '\0')
34.     {
35.         if (*str >= 'A' && *str <= 'Z')
36.         {
37.             *str += 32;  //相当于*str=*str+32;
```

```
38.         }
39.         str++;
40.     }
41.     return returnValue;
42. }
43.
44. char* strCopy(char* destination, const char* source)
45. {
46.     assert(destination != NULL && source != NULL);
47.     char* returnValue = destination;
48.     while (*destination++ = *source++);
49.     return returnValue;
50. }
```

这里的strCopy函数与之前的写法不一样，读者可以先分析这种写法的原理。

请保存好这些函数的代码（以及读者自己实现的toUpperCase函数），在后续内容中将会用到它们。

6.2.6 字符串处理的库函数

我们自己编写字符串处理函数的目的主要是为了加深对字符串处理的理解和练习，C语言的标准库也包含一些常用的字符串处理函数。在日常开发中可以使用这些库函数，但首先应包含头文件string.h。

```
#include <string.h>
```

这个头文件中定义了如表6-1所示的函数。其中的strlen函数与我们定义的strLength函数是一致的，strchr和indexOfChar函数功能接近，strcpy函数和strCopy函数功能接近。没有必要记住所有的库函数，在需要使用时再去查询它们的使用方法即可。

表6-1 部分字符串和内存操作的函数

函数	功能简介
memchr	在内存块中定位字符的位置
memcmp	把两个内存块的内容进行比较
memcpy	复制内存块的内容
memmove	移动内存块中的内容
memset	以字节方式填充内存块
strcat	把一个字符串追加到另一个字符串后
strchr	在字符串中查找一个字符的第1个位置指针
strcmp	比较两个字符串（ASCII）
strcoll	比较两个字符串（根据指定的 LC_COLLATE）
strcpy	复制字符串
strcspn	在一个字符串中查找另一个字符串中的第1个出现的字符的位置
strerror	解释错误代码
strlen	返回字符串长度
strncat	把一个字符串的若干个字符追加到另一个字符串后

函数	功能简介
strncmp	比较两个字符串的前若干个字符（ASCII）
strncpy	复制字符串中的前若干个字符
strpbrk	查找字符串中第1个出现的属于另一个字符串的任意字符的指针
strrchr	查找字符串中一个字符出现的最后位置
strspn	计算字符串从开头起符合另一个字符串的连续字符个数
strstr	在一个字符串中查找另一个字符串
strtok	根据指定字符集分割一个字符串
strxfrm	根据当前环境转换字符串，将转换后的前若干个字符复制给另一个字符串

6.3 处理键盘输入

由于外汇牌价看板程序所需的数据来自网络，因此此前我们只介绍了少数几个键盘输入函数，但处理键盘输入也是程序设计中的常规任务。

之前我们使用过getchar函数来获取单个字符输入，使用scanf函数获取从键盘输入的字符串，scanf也可以用于输入数值。

警　告

如果在程序中使用scanf函数，请务必按照2.4.2节中的介绍，关闭SDL检查和安全检查，因为VC编译器不推荐使用scanf函数。

6.3.1 使用scanf函数输入数值

我们知道，用户在键盘上输入的所有内容都以ASCII的形式存放在键盘缓冲区中，当用户在键盘上输入1234并按Enter键时，在键盘缓冲区中产生如图6-21所示的存储内容。

	键盘缓冲区					
ASCII码值	49	50	51	52	10	…
字符	1	2	3	4	换行符	…

图6-21　键盘缓冲区中的1234

问题在于，1、2、3、4这四个字符的ASCII码值分别是49、50、51、52，如果要将它作为一个整型值存储到变量里，需要将其转换成数值。同样，如果要输入浮点型、双精度型数据也需要进行类型转换。这对程序员来说是一件比较麻烦的事，scanf函数可以帮助程序员获取键盘输入并进行类型转换。

1.scanf函数的参数和返回值

基于上述原因，C语言标准库设计了scanf函数，便于程序员从键盘缓冲区中以指定格式获得数据，并将其送入指定的内存区域中。要使用scanf函数，至少需要明确三个条件：

- 要以何种格式获得数据?
- 获得的数据是什么类型?
- 获得的数据送到哪里?

scanf函数的原型如下。

```
int scanf(const char* format,…)
```

- **参数const char* format**

char* 表示参数format是一个字符型指针，前面的限定符const表示scanf参数内部不能通过该指针修改内容。const char*一般表示一个字符串常量。

参数format称为“格式控制字符串”，scanf函数将按照格式控制字符串中指定的格式尝试匹配键盘缓冲区中的内容。

- **…**

…表示这里可以是一个或多个参数，如何让函数支持多个参数暂且不论，此处知道scanf函数后可以有多个参数即可。从scanf的第2个参数开始都必须是内存地址，用于明确scanf函数在获得数据后将数据送到何处。

- **scanf函数的返回值**

由于scanf函数有输入失败的可能（例如要求输入整数而用户却偏偏输入字母a），因此scanf函数会将成功输入的数据项的个数作为返回值返回。以下是使用scanf函数的简单例子。

```
1. int x=0;
2. int count = scanf("%d",&x);
```

第1行代码声明了一个整型变量x并赋值为0。第2行代码调用scanf函数，括号中是它的参数，可以注意到它的第1个参数是字符串常量“%d”，表示此处预期输入一个十进制整型值（d是decimal，十进制的意思）；第2个参数是&x，&运算符的作用是取出变量的地址，scanf函数会把取得的十进制数值送入这个地址。读者一定会奇怪为什么scanf要如此设计，直接写成scanf（"%d"，x）不是很直观吗？或者用返回值的方式给x赋值不是更简单？例如下面的语句。

```
int x = scanf("%d");//这是错误的用法
```

但是，C语言的设计者显然是想让scanf函数尽可能得简单、强大和灵活，存储输入值的不一定是变量，也可能是数组或其他数据类型，将第2个及以后的参数设计为“数据要送到的地址”显然能满足更多的场景。虽然scanf函数将用户输入的值送入指定的内存地址，但scanf函数也是有返回值的，它的返回值是用户输入的数据项个数。例如代码：

```
1. int x=0;
2. int count = scanf("%d",&x);
```

如果用户按照要求输入了一个整数，则scanf函数会返回1；如果用户输入的是不符合要求的数据（例如字母），scanf函数会返回0。在6.3.2节中我们将用到scanf函数的返回值。

2. scanf函数的工作机制

scanf函数是如下执行输入的。

- **scanf函数只有在键盘缓冲区中存在换行符时才会从中读取内容。**

（1）如果键盘缓冲区中不为空且包含换行符，scanf函数不会等待用户输入，直接进入下一步处理。

（2）如果键盘缓冲区不为空但不包含换行符，scanf函数会等待用户继续输入直到按Enter键完成输入，才会进行下一步处理。

- **检测到换行符后scanf函数开始处理数据，分成3种情况。**

（1）当键盘缓冲区中的内容完全符合scanf预期的数据类型时（例如%d表示预期输入整型值），scanf完成其类型转换后存入对应的内存地址，返回输入的数据项数量，并从键盘缓冲区中移出刚刚获取的数据；但换行符仍在缓冲区中。

（2）当键盘缓冲区中的内容有一部分符合scanf的预期值时，scanf取出符合条件的部分，将其进行类型转换后存入对应的内存地址并返回输入的数据项数量，将剩余部分保留在键盘缓冲区中。

（3）当键盘缓冲区中的内容（如数据类型和格式）完全不符合scanf的预期值时，scanf函数返回0，并保留键盘缓冲区中的内容。

3. 使用scanf函数的例子

如前所述，scanf函数最少应使用两个参数，第1个参数format是格式控制字符串，用于说明输入数据的格式。格式控制字符串中最重要的是“转换说明”，是格式控制字符串中最重要的内容，通常由%开始，其后加上特定的字符表示不同的数据类型。表6-2列出了%后加不同的字符所表示的数据类型。

表6-2　scanf函数中的格式控制字符

字符	输入的数据类型
%d	十进制整数
%i	整数，可以是0开头的八进制数，或者0x开头的十六进制数
%o	八进制整数
%u	无符号十进制整数
%x	十六进制整数
%e	浮点数
%c	字符
%s	字符串

1）使用scanf函数输入数值

scanf函数可以用于输入数值，案例6-5是分别输入十进制整数和浮点数的例子。

案例6-5　使用scanf函数输入数值（L06_05_SCANF_NUMBER）

```
1. #include <stdio.h>
2. int main()
3. {
4.     int a = 0;
5.     scanf("%d", &a);  //使用%d表示要求输入十进制整数
6.     float f = 0;
7.     scanf("%e", &f);  //使用%e表示要求输入一个浮点数
8.     printf("%d  %f\n", a, f);
9.     return 0;
10. }
```

第8行代码用于显示输入的数值。运行程序并分别输入3（按Enter键）和3.14（按Enter键），得到如图6-22所示的结果，完全符合预期。

```
Microsoft Visual Studio 调试控制台
3
3.14
3   3.140000
```

图6-22　正常输入数值

但是如果尝试输入3.14（按Enter键）和6.28（按Enter键）呢？你会发现，没等你输入6.28，程序就结束了，如图6-23所示。

```
Microsoft Visual Studio 调试控制台
3.14
3   0.140000
```

图6-23　不正常输入的结果

这是因为第5行代码中的第1个参数是“%d”表示此处要求输入一个十进制整型值，而你输入了3.14。前面讲到“当键盘缓冲区中的内容有一部分符合scanf的预期值时，scanf取出符合条件的部分，将其进行类型转换后存入对应的内存地址并返回输入的数据项数量，将剩余部分保留在键盘缓冲区中”，于是3被取走存入变量a，而“.14”和换行符继续保留在键盘缓冲区中。

第7行代码中的scanf("%e",&f)表示要求输入浮点数，而“.14”刚好符合浮点数的格式要求，同时缓冲区末尾是换行符，scanf函数就不会等待用户输入，直接将“.14”送入变量f了。

在使用诸如scanf、getchar这些从键盘缓冲区中读入数据的函数时，应充分考虑键盘缓冲区可能不为空而导致的异常情况。这时就可以使用前面学习过的清空键盘缓冲区的方法以避免发生意外。

2）使用scanf函数输入字符串存在的隐患

在前面我们介绍过使用scanf函数输入字符串，但不正确地使用会引发隐患，以下是一个例子。

```
1. #include <stdio.h>
2. int main()
3. {
```

```
4.      char str[100];
5.      scanf("%s", str);
6.      printf("%s\n", str);
7.      return 0;
8. }
```

第4行代码声明了一个字符数组；第5行代码中scanf的格式控制字符串使用了“%s”表示要求输入字符串（s是string的意思）。scanf函数的第2个参数是str，此处没有使用取地址运算符&，是因为函数参数是数组名。数组名会被隐式转换成数组的首地址，而无须使用&运算符。scanf函数会将用户输入的字符串自动加上字符串终止符“\0”一起送到字符数组中。

在本节首次使用scanf函数时，我们明确要求关闭项目的SDL检查和安全检查，因为VC编译器不推荐使用scanf函数，为什么呢？

当使用scanf输入字符串时，用于存储字符串的字符数组是既定的，scanf函数无条件地将用户输入的字符串送入数组，但此时有一个不可控因素——谁知道用户会输入多少个字符？如果我们声明的字符数组只能容纳10个字符，而用户输入了100个，那岂不是就会产生“数组访问越界”的问题？

没错，确实会产生这个问题，将上面程序的数组大小改为10后，输入较长的字符串后按Enter键，可以看到输入和显示确实成功了，如图6-24所示，但程序在退出时崩溃了，如图6-25所示。

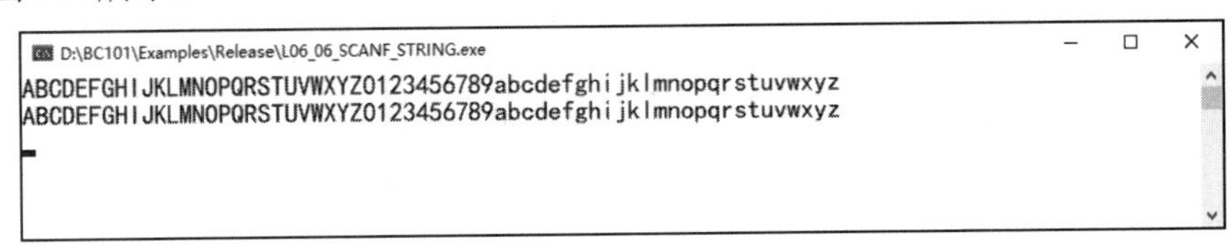

图6-24　输入超出数组长度的字符串

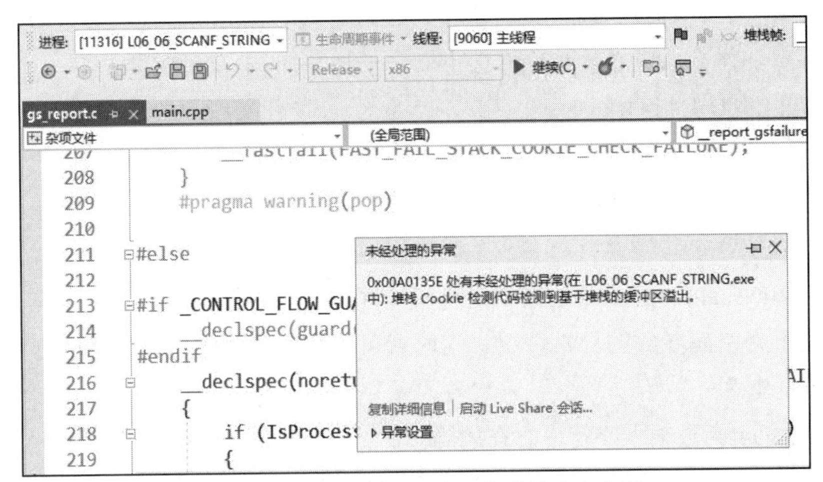

图6-25　输入超出数组长度引起的栈内存错误

Visual Studio显示了错误信息“堆栈Cookie检测代码检测到基于堆栈的缓冲区溢出”，因为scanf函数确实将超长字符串送到内存里了，但是超出了数组的范围。

产生这个问题是因为scanf函数的设计存在缺陷，它没有限制用户输入字符串的长度，而这就可能造成溢出问题。因此在C11标准中增加了scanf_s函数来避免这种意外。在使用scanf_s函数时，可以增加一个参数来限制字符串的最大长度。案例6-6的程序使用了scanf_s函数，并将sizeof（str）作为第3个参数（计算数组的长度）。

案例6-6　使用scanf函数输入字符串的隐患及解决方法（L06_06_SCANF_STRING）

```
1. #include <stdio.h>
2. int main()
3. {
4.     char str[10];
5.     scanf_s("%s", str, sizeof(str));
6.     printf("%s\n", str);
7.     return 0;
8. }
```

scanf_s函数在执行时，如果用户输入的字符串加上“\0”后超过数组的长度，就不会接收用户的输入，而是如下处理：

- scanf_s函数返回0；
- 字符串目标地址的首字节被置为“\0”，无论原来的值是什么，这相当于将字符串变成一个空串。

scanf_s函数这样设计体现了一个重要的原则：一个操作要么全部成功，要么全部失败。未来使用scanf函数时请务必注意这种隐患的存在，并且最好用scanf_s来取代它。

3）使用scanf函数输入多项数据

scanf函数也可以在一行里输入多项数据，只要在格式控制字符串中指定多个数据项的说明即可，如案例6-7所示。

案例6-7　使用scanf函数输入多项数据（L06_07_SCANF_MULTI_VARIABLES）

```
1. #include <stdio.h>
2. int main()
3. {
4.     char a;
5.     char b;
6.     char c;
7.     scanf("%c%c%c", &a, &b, &c);
8.     printf("%c\n%c\n%c\n", a, b, c);
9.     return 0;
10. }
```

第7行代码中scanf的格式控制字符串要求输入3个字符型变量，如果用户按要求输入3个字符并按下Enter键，输入的字符会依次存入变量a、b和c中，程序运行结果如图6-26所示。

```
Microsoft Visual Studio 调试控制台
xyz
x
y
z

D:\BC101\Examples\Debug\L06_07_SCANF_MULTI_VARIABLES.exe (进程 11296)已退出，代码为 0。
```

图6-26　使用scanf函数输入多项数据

scanf函数可以轻松区分3个字符，但是如果要连续输入3个整型值就需要用分隔符将它们分隔开来，因为系统不能判断输入的“123”是表示1、2、3还是123。下面的程序演示了连续输入3个整型值的方法。

```
1. #include <stdio.h>
2. int main()
3. {
4.      int a = 0;
5.      int b = 0;
6.      int c = 0;
7.      scanf("%d,%d,%d", &a, &b, &c);
8.      printf("%d\n%d\n%d\n", a, b, c);
9.      return 0;
10. }
```

第7行代码在格式控制字符串的3个%d之间加入了逗号，只要用户在输入数值时也使用逗号分隔，scanf就可以正确区分它们。

除了逗号，空格、换行符（“\n”）等其他字符也可以作为数据分隔符号。但除非特殊用途，让用户在一行中输入多项数据不是一个很好的主意，这会降低用户界面的友好性，用户也容易发生错误。

6.3.2 自定义数据输入函数

scanf函数是用于获取键盘输入的标准库函数，其使用方法非常多，这一方面给我们带来了很大的灵活性，另一方面也会增加编程的复杂度。同时，在实际编程时要从用户处得到输入，往往还有其他事要处理，包括：

- 在输入之前给用户提示；
- 清空键盘缓冲区；
- 检查用户的输入是否有效。

这些都是scanf不能单独完成的。接下来我们将自行定义几个函数来实现上面的功能，未来将使用它们处理键盘输入。

1.自定义输入函数的功能要求

在实际应用开发中，需要提示用户接下来要输入的数据是什么，而不是只看到有一个光标在屏幕上闪烁。在文本界面中一般采用显示一行提示文字来实现，即在调用输入函数之前通过printf函数输出一行提示信息，比如在案例6-8的程序中提示用户输入身份证号。

案例6-8　典型用户输入功能实现（L06_08_INPUT_FUNCTION）

```
1. #include <stdio.h>
2. int main()
3. {
4.      char idno[19];
```

```
5.      printf("请输入你的身份证号码(18位):");
6.      scanf("%s", idno);
7.      printf("%s\n", idno);
8.      return 0;
9. }
```

程序运行时的界面如图6-27所示，先给出提示后再要求输入。

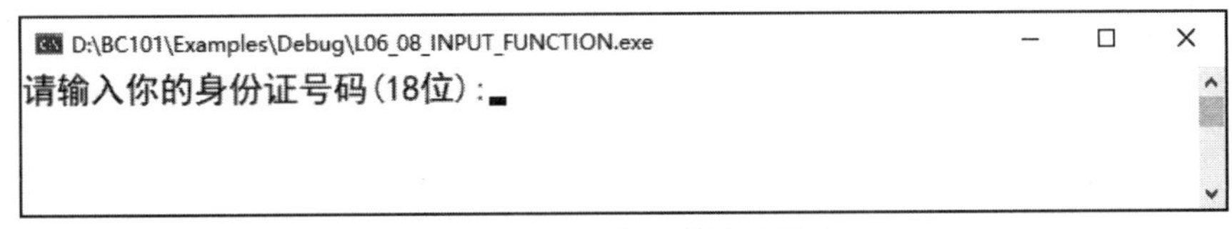

图6-27　输入数据前给予提示

注意在该例中的printf函数输出的字符串最后没有之前我们常用的“\n”，这样做的目的是确保输出完字符串后不换行。使scanf输入光标刚好出现在提示文字的后面更符合用户习惯。

检测用户的输入是否有效也是必须要做的工作。数据的有效性不仅限于数据类型，而且还会包含一些业务逻辑的要求。例如，在输入年龄时输入0～150的整数是可以接受的，超出这个范围的数据则是无效的；在输入中文姓名时输入2～30个字符是有效的（要考虑少数民族姓名）；而有些情况下只允许用户输入少数几个字母，如在询问用户“是否要继续？”时只接受字母Y或者N（含小写字母y和n）。

以上是对用户输入函数的基本功能要求，接下来要考虑如何设计它们。

首先，要明确我们需要进行的数据输入是多种形式的，它们之间有共性也有不同。试图用一个函数解决所有场景下的数据输入是不现实的，这会导致函数的定义和使用都变得很复杂（和scanf函数一样）。因此，我们考虑定义多个函数，分别用于：

- **函数的功能是什么？**

  显示提示信息，清空键盘缓冲区并要求用户输入一个整型值；当用户输入了不符合要求的数据时，要求用户重新输入，直到用户输入了符合要求的数据。

- **函数的名字是什么？**

  将函数名定义为inputInteger，意即输入整数。

- **函数需要传入哪些参数？**

  既然要求输入之前给出提示，则提示的内容（字符串）应该通过参数传递给inputInteger函数，这个参数应该是一个指向字符串的指针，且不允许在函数内部修改这个字符串，参数名可以是prompt，因此函数的第1个参数是：

```
const char* prompt
```

  除此之外，需要限制允许输入的最大值（max）和最小值（min），这两个值同样需要通过参数传入，类型是整型。

- **函数是否需要返回值？返回何种类型的值？**

  是的，返回用户输入的整型值即可。

函数的原型如下。

```
int inputInteger(const char* prompt, int min, int max);
```

函数的代码如下。

```
1. int inputInteger(const char* prompt, int min, int max)
2. {
3.     int result = 0;
4.     int inputCount = 0;
5.     do
6.     {
7.         printf("%s", prompt);
8.         rewind(stdin);
9.         inputCount = scanf("%d", &result);
10.     } while (inputCount == 0 || result<min || result>max );
11.
12.    return result;
13. }
```

在函数中使用了一个do…while循环，此循环至少会执行一次。先使用printf函数显示用户提示，再使用rewind函数清空键盘缓冲区。变量inputCount用于接收scanf的返回值（输入的数据项个数），当输入的数据项个数为0、输入的数值小于min或者大于max时，认为输入无效，要求用户重新输入（再次执行循环）。

完整的程序如案例6-9所示。

案例6-9　输入整数并检查有效性（L06_09_INPUT_INTEGER）

```
1. #include <stdio.h>
2. int inputInteger(const char* prompt, int min, int max)
3. {
4.     int result = 0;
5.     int inputCount = 0;
6.     do
7.     {
8.         printf("%s", prompt);
9.         rewind(stdin);
10.        inputCount = scanf("%d", &result);
11.     } while (inputCount == 0 || result<min || result>max);
12.
13.     return result;
14. }
15.
16. int main()
17. {
18.     int a = 0;
19.     a = inputInteger("请输入0~20之间的整数:", 0, 20);
20.     printf("用户输入了:%d\n", a);
21.     return 0;
22. }
```

运行这个程序，可以看到输入不符合要求的数据都会被要求重新输入，直到输入符合要求（如19）为止，如图6-28所示。

可以看到，只有当用户输入了0～20之间的整数时，程序才会停止要求用户输入。今后再遇到需要输入整型值时，我们就可以直接调用inputInteger函数，而不需要再考虑键盘缓冲区、有效范围这些麻烦事了。

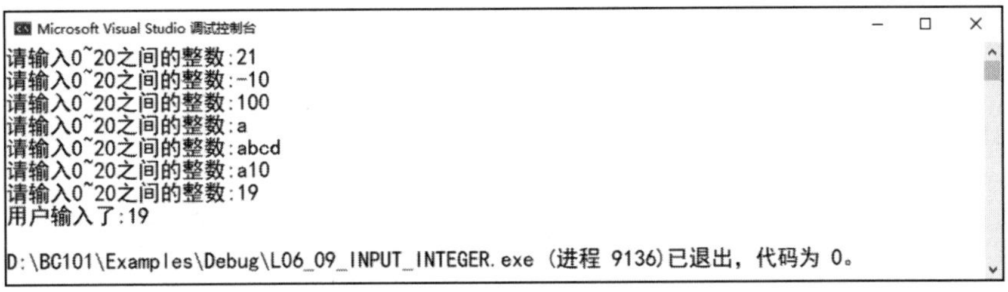

```
Microsoft Visual Studio 调试控制台
请输入0~20之间的整数:21
请输入0~20之间的整数:-10
请输入0~20之间的整数:100
请输入0~20之间的整数:a
请输入0~20之间的整数:abcd
请输入0~20之间的整数:a10
请输入0~20之间的整数:19
用户输入了:19

D:\BC101\Examples\Debug\L06_09_INPUT_INTEGER.exe (进程 9136)已退出，代码为 0。
```

图6-28 inputInteger函数的运行效果

2. inputChar函数

inputChar函数用于输入单个字符。与输入整型值不同的是，在输入整型值时可以简单地限定最大值和最小值，而输入字符时我们可能需要限定哪些字符是有效的，哪些字符是无效的。

例如前面讲到过的在询问用户“是否要继续？”时只允许输入Y、y、N、n中的一个字符，其他任何输入都被视作无效输入，这样的条件如何传入函数呢？比较便捷的方式是，把允许输入的多个字符以字符串的形式传入函数内部，再检测用户输入的字符是否包含在这个字符串当中。

再次考虑函数的设计：

- **函数的功能是什么？**

  显示提示信息，清空键盘缓冲区并要求用户输入一个字符；当用户输入的字符不符合预期时要求用户重新输入，直到用户输入了符合要求的字符。

- **函数的名字是什么？**

  inputChar，意即“输入字符”。

- **函数需要传入哪些参数？**

  和先前一样，需要通过参数prompt传入提示字符串的首地址。

```
const char* prompt
```

除此之外，还需要将允许输入的字符（多个）以字符串的形式传入，它同样也是一个字符指针。

```
const char* validChars
```

- **函数是否需要返回值？返回何种类型的值？**

  是的，返回用户输入的字符即可。

函数的原型如下。

```
char inputChar(const char* prompt, const char* validChars)
```

函数的代码如下。

```
1. char inputChar(const char* prompt, const char* validChars)
```

```
2. {
3.     char result = '\0';
4.     int inputCount = 0;
5.     do
6.     {
7.         printf("%s", prompt);
8.         rewind(stdin);
9.         inputCount = scanf("%c", &result);
10.        } while (inputCount == 0 || indexOfChar(validChars,resu
           lt)<0);
11.    return result;
12. }
```

程序结构与inputInteger类似，但不同的是在第10行使用了6.2.2节中定义的函数indexOfChar，这个函数用于检测一个字符是否包含在一个字符串中。当用户输入的数据项为0或者用户输入的字符不包含在传入的validChars字符串中时，要求用户重新输入。

案例6-10是完整的程序。

案例6-10　输入字符并检查有效性（L06_10_INPUT_CHAR）

```
1. #include <stdio.h>
2. int indexOfChar(const char* str, char ch)
3. {
4.     int index = 0;
5.     while (*str != '\0')
6.     {
7.         if (*str == ch)
8.         {
9.             return index;
10.        }
11.        index++;
12.        str++;
13.     }
14.     return -1;
15. }
16.
17. char inputChar(const char* prompt, const char* validChars)
18. {
19.     char result = '\0';
20.     int inputCount = 0;
21.     do
22.     {
23.         printf("%s", prompt);
24.         rewind(stdin);
25.         inputCount = scanf("%c", &result);
26.     } while (inputCount == 0 || indexOfChar(validChars,
        result) < 0);
27.     return result;
28. }
29.
30. int main()
31. {
32.     char choice;
33.     choice = inputChar("是否要继续？(Y/N)", "YyNn");
```

```
34.     printf("用户的选择是:%c", choice);
35.     return 0;
36. }
```

程序运行的结果如图6-29所示。

```
Microsoft Visual Studio 调试控制台
是否要继续? (Y/N)a
是否要继续? (Y/N)b
是否要继续? (Y/N)c
是否要继续? (Y/N)y
用户的选择是:y
D:\BC101\Examples\Debug\L06_10_INPUT_CHAR.exe (进程 5388)已退出, 代码为 0。
```

图6-29 inputChar函数的运行结果

3. inputStr函数

inputStr函数用于提示用户输入字符串。需要注意的是，inputInteger和inputChar都将用户的输入作为函数的返回值；而inputStr函数有些特殊，用户输入的字符串需要被保存到一块内存空间中去。此时有两种选择：

- 在inputStr函数内部动态分配内存用于存储字符串，输入完成后返回内存地址；
- 要求inputStr函数的调用者传入已分配好的内存空间首地址，将用户的输入传入其中。

一定不要选择第1种方案。内存分配的原则是“谁分配，谁释放”，采用第1种方案时有很大概率调用者会忘记释放这块内存，最终导致内存泄漏。要求inputStr函数的调用者事先准备好存储字符串的内存空间（字符数组或动态分配的内存），并且将首地址作为参数传入，这就好像去食堂打饭时自带饭盒一样。

和以前一样，这个函数设计时考虑的问题如下：

- **函数的功能是什么？**

  显示提示信息，清空键盘缓冲区并要求用户输入一个字符串；

  限制用户输入字符串的最小长度和最大长度，当长度不符合要求时要求重新输入。

- **函数的名字是什么？**

  inputStr，意即输入字符串。

- **函数需要传入哪些参数？**

  首先需要传入调用者事先准备好的、用于存储字符串的内存区域首地址，它应该是一个字符指针，在函数内部我们将使用这个指针将字符串“送”过去。

```
char* destination
```

然后和先前一样，需要通过参数prompt传入提示字符串的首地址。

```
const char* prompt
```

最后，传入允许输入字符串的最小、最大长度。

```
int minLength, int maxLength
```

● **函数是否需要返回值？返回何种类型的值？**

是的，返回用户输入的字符串在内存中的首地址即可。

基于上面的考虑，函数的原型设计如下：

```
char* inputStr(char* destination, const char* prompt, int minLength,
int maxLength);
```

函数的代码如下。

```
1. char* inputStr(char* destination, const char* prompt, int
   minLength,int maxLength)
2. {
3.     int length = 0;
4.     int inputCount = 0;
5.     do
6.     {
7.         printf("%s", prompt);
8.         rewind(stdin);
9.         inputCount = scanf_s("%s", destination,maxLength);
10.        length = strLength(destination);
11.     } while (inputCount==0 || length<minLength || length>
        maxLength);
12.     return destination;
13. }
```

第10行代码使用了6.2.1节中的strLength函数来计算用户输入的字符串长度。案例6-11是完整的程序。

案例6-11　输入字符串并检查有效性（L06_11_INPUT_STRING）

```
1. #include <stdio.h>
2. unsigned int strLength(const char* str)
3. {
4.     unsigned int length = 0;
5.     while (*str != '\0')
6.     {
7.         length++;
8.         str++;
9.     }
10.    return length;
11. }
12.
13. char* inputStr(char* destination, const char* prompt, int
    minLength, int maxLength)
14. {
15.     int length = 0;
16.     int inputCount = 0;
17.     do
18.     {
19.         printf("%s", prompt);
20.         rewind(stdin);
21.         inputCount = scanf_s("%s", destination, maxLength);
22.         length = strLength(destination);
23.     } while (inputCount == 0 || length<minLength || length>
```

```
        maxLength);
24.     return destination;
25. }
26.
27. int main()
28. {
29.     char str[6];
30.     inputStr(str, "请输入一个1~5个字符的字符串:", 1, 6);
31.     printf("用户输入的字符串是:%s\n", str);
32.     return 0;
33. }
```

程序运行的结果如图6-30所示。

```
Microsoft Visual Studio 调试控制台
请输入一个1~5个字符的字符串:ABCDEFG
请输入一个1~5个字符的字符串:ABCDE
用户输入的字符串是:ABCDE

D:\BC101\Examples\Debug\L06_11_INPUT_STRING.exe (进程 5452)已退出，代码为 0。
```

图6-30　inputStr函数的运行结果

6.4　在Visual Studio 2022中创建静态库

现在，我们已经创建了8个函数：

- strLength函数；
- indexOfChar函数；
- toUpperCase函数；
- toLowerCase函数；
- strCopy函数；
- inputInteger函数；
- inputChar函数；
- inputStr函数。

这些函数之间可以相互调用，而每次我们需要使用另外一个函数时就不得不将代码复制粘贴过来，这不是一个好办法。

接下来我们将创建一个静态链接库并将这些函数包含其中。未来就可以方便地在不同程序中快速引用这个静态链接库（就像之前调用外汇牌价接口库一样），而不用每次都到处复制源代码。

6.4.1　创建静态库项目

在Visual Studio中可以创建静态链接库，然后编译成.lib文件以便其他项目调用。

第1步：首先，和以前一样在项目中创建一个新的“空项目”，然后给项目取一个名字（笔者取的名字是Mars），并为其选择存储位置D:\BC101\Examples\L06，如图6-31所示。

图6-31 创建空项目

第2步：采用默认设置，Visual Studio创建的项目会被编译成可执行文件（.exe），所以需要修改项目属性。在“解决方案资源管理器”中，选择刚刚创建的项目并右击，选择“属性”命令，出现如图6-32所示的对话框，在对话框中将“常规属性”中的“配置类型”项由“应用程序(.exe)”改为“静态库(.lib)”。

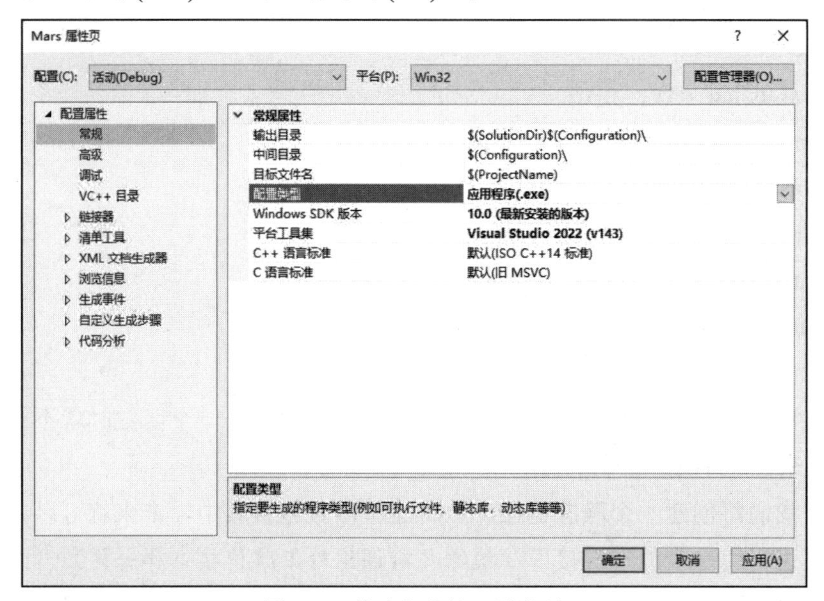

图6-32 修改之前的配置类型

项目类型“静态库”和“可执行文件”的区别在于，静态库：

- 不再需要源程序中包含有main函数；
- 程序编译后生成的是.lib文件，而不是.exe文件。

第3步：单击“确定”按钮，项目属性修改完成。接下来可以和以前一样在源代码中添加文件。

6.4.2 函数库中的代码组织

之前，我们几乎将所有的代码都写在同一个源代码文件中，但这并不是必须的；将源代码分门别类地放在不同文件中会使代码结构更清晰、更便于开发，尤其适合多人协作的项目。

在函数库中，我们应该按照以下原则来组织文件。

- 如果一个函数库中包含多种用途的函数，应该将其按功能进行分类。每种类别的函数源代码应该独立放在一个源代码文件（.cpp文件或.c文件）中。例如我们之前完成的函数，用于字符串处理的函数代码可以放在str.cpp文件中，用于键盘输入的函数代码可以放在input.cpp文件中；
- 单独使用一个头文件（.h文件）来包含类型、函数的声明。这个头文件的文件名通常与函数定义的源代码文件相同（扩展名不同）。

  源文件（.cpp文件或.c文件）中包含函数的定义代码，函数库的用户（其他程序员）不需要或不允许获得这些代码，他们将获得的是编译过的库文件（.lib文件或.dll文件）。但是在使用这些函数时用户需要使用包含函数声明的头文件（就像我们需要stdio.h一样），因此我们将函数的声明写在单独的头文件里，而这些函数的定义写在另一个源代码文件中。在编码顺序上是先添加头文件，再添加同名的源代码文件（扩展名不同）。

因此，我们将建立以下文件。

- **str.h和str.cpp**。将字符串处理函数的声明和定义分别放入这两个文件中，之所以采用str作为文件名是为了避免和标准库函数的string.h产生冲突；
- **input.h和input.cpp**。将输入函数的声明和定义分别放入这两个文件中。

接下来分别在之前创建的静态库项目Mars中，增加str.h、str.cpp、input.h和input.cpp文件并在其中加入代码。在添加新文件时需注意文件类型分别是“头文件（.h）”和“C++文件（.cpp）”。

str.h ——声明字符串处理函数的头文件

```
1. #pragma once
2. unsigned int strLength(const char* str);
3. int indexOfChar(const char* str, char ch);
4. void toLowerCase(char* str);
5. void toUpperCase(char* str);
6. char* strCopy(char* destination, const char* source);
```

str.cpp ——定义字符串处理函数

```
1. #include <assert.h>
2. unsigned int strLength(const char* str)
3. {
4.     unsigned int length = 0;
5.     while (*str != '\0')
6.     {
```

```
7.          length++;
8.          str++;
9.      }
10.     return length;
11. }
12.
13. int indexOfChar(const char* str, char ch)
14. {
15.     int index = 0;
16.     while (*str != '\0')
17.     {
18.         if (*str == ch)
19.         {
20.             return index;
21.         }
22.         index++;
23.         str++;
24.     }
25.     return -1;
26. }
27.
28. void toLowerCase(char* str)
29. {
30.     while (*str != '\0')
31.     {
32.         if (*str >= 'A' && *str <= 'Z')
33.         {
34.             *str += 32;  //相当于*str=*str+32;
35.         }
36.         str++;
37.     }
38. }
39.
40. void toUpperCase(char* str)
41. {
42.     while (*str != '\0')
43.     {
44.         if (*str >= 'a' && *str <= 'z')
45.         {
46.             *str -= 32;  //相当于*str=*str-32;
47.         }
48.         str++;
49.     }
50. }
51.
52. char* strCopy(char* destination, const char* source)
53. {
54.     assert(destination != NULL && source != NULL);
55.     char* returnValue = destination;
56.     while (*destination++ = *source++);
57.     return returnValue;
58. }
```

input.h ——声明输入函数的头文件

```
1. #pragma once
2. int inputInteger(const char* prompt, int min, int max);
3. char inputChar(const char* prompt, const char* validChars);
4. char* inputStr(char* destination, const char* prompt, int
   minLength, int maxLength);
```

input.cpp ——定义输入函数

```
1. #include <stdio.h>
2. #include "str.h"
3. int inputInteger(const char* prompt, int min, int max)
4. {
5.     int result = 0;
6.     int inputCount = 0;
7.     do
8.     {
9.          printf("%s", prompt);
10.         rewind(stdin);
11.         inputCount = scanf("%d", &result);
12.     } while (inputCount == 0 || result<min || result>max);
13.
14.     return result;
15. }
16.
17. char inputChar(const char* prompt, const char* validChars)
18. {
19.     char result = '\0';
20.     int inputCount = 0;
21.     do
22.     {
23.         printf("%s", prompt);
24.         rewind(stdin);
25.         inputCount = scanf("%c", &result);
26.     } while (inputCount == 0 || indexOfChar(validChars,result)
        < 0);
27.     return result;
28. }
29.
30. char* inputStr(char* destination, const char* prompt, int
    minLength, int maxLength)
31. {
32.     int length = 0;
33.     int inputCount = 0;
34.     do
35.     {
36.         printf("%s", prompt);
37.         rewind(stdin);
38.         inputCount = scanf_s("%s", destination, maxLength);
39.         length = strLength(destination);
40.     } while (inputCount == 0 || length<minLength || length>
        maxLength);
41.     return destination;
42. }
```

注意在input.cpp文件的开始部分，引用了stdio.h头文件和本项目中的str.h头文件。

```
1. #include <stdio.h>
2. #include "str.h"
```

之前我们提到过，在C语言里，#include指令后面的文件名两端是引号还是尖括号，决定了C预处理程序到哪里去查找这个文件。如果文件名两端是尖括号，如#include <stdio.h>，则预处理程序会在项目设置的“包含目录”下寻找这个头文件；如果文件名两端是引号，则会在用户的源程序所在的目录下查找这个文件。str.h文件和input.cpp文件在同一目录下，因此此处使用的是双引号包含文件名。

由于项目中使用了scanf函数，所以要记得关闭SDL检查。只要函数代码都是确认无误的，新项目就可以顺利编译。可以在输出窗口中看到编译成功的库文件路径D:\BC101\Examples\Debug，如图6-33所示。

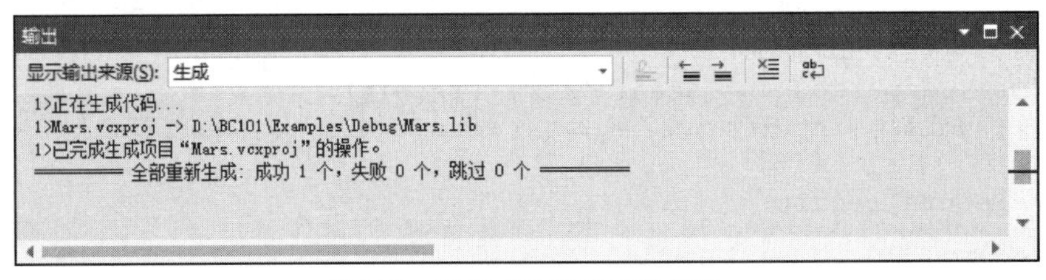

图6-33　编译成功的库文件位置

生成的库文件名为Mars.lib，文件名默认为项目的名字，静态库文件的扩展名为.lib。在该目录下还有一个Mars.pdb文件，是调试数据库文件。图6-34是D:\BC101\Examples\Debug目录中所有新生成的文件，其他项目生成的文件可能也会放在这个目录中。

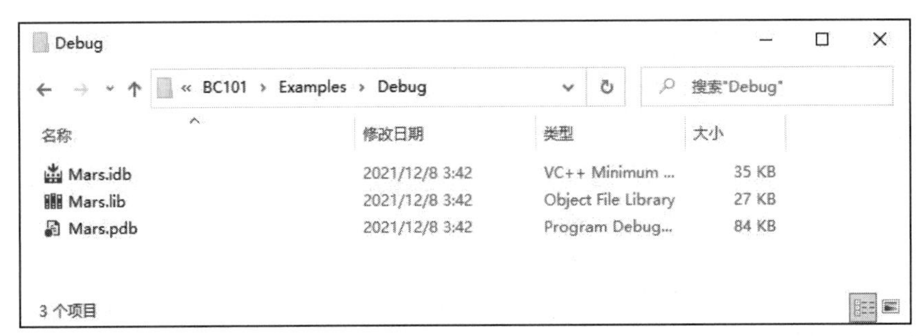

图6-34　编译静态库所生成的文件

6.4.3 分发函数库

Visual Studio默认生成的是包含调试信息的Debug版本（调试版本）的库文件，调试版本不进行任何代码优化，便于程序员调试。在生成调试版本的.exe或.lib文件时，还会生成一个.pdb文件，该文件记录了代码中断点等调试信息。如果想要优化代码，可以生成Release版本（发布版本），此处暂不讨论。

如果其他程序员需要使用你刚刚创建的函数库，将Mars.lib文件、Mars.pdb文件和两个头文件（str.h和input.h）一起提供给他就可以了；有必要的话还需要写一份“手册”，说明每个函数的使用方法，最好能提供范例程序。

笔者在使用的计算机中创建了D:\BC101\Libraries\Mars目录，并将生成的文件Mar.lib和Mars.pdb、头文件str.h和input.h放入其中，这样就可以将它们复制给需要使用这些函数的人了，如图6-35所示。

图6-35　准备分发的函数库

现在，我们已经完成了函数库的创建、编译和分发，接下来就可以在其他项目中使用它了。

6.4.4　在项目中引用Mars函数库

现在，可以另外再创建一个新的项目来引用刚刚编译的库。新创建的项目仍然是一个空项目，无须修改默认的配置类型（保持“应用程序（.exe）”文件即可）。

在新项目中创建main.cpp，输入案例6-12所示的代码。

案例6-12　引用Mars函数库（L06_12_USE_MARS_LIB）

```
1. #include <stdio.h>
2. #include "D:/BC101/Libraries/Mars/str.h"
3. #include "D:/BC101/Libraries/Mars/input.h"
4. #pragma comment(lib, "D:/BC101/Libraries/Mars/Mars.lib")
5. int main()
6. {
7.     char string[101];
8.     inputStr(string, "请输入100个字符以内的字符串:", 1,100);
9.     unsigned int length = strLength(string);
10.    printf("你输入的字符串是:%s\n", string);
11.    printf("字符串长度为:%d\n", length);
12.    return 0;
13. }
```

第2、3行代码指定头文件的位置；第4行代码的预处理指令使链接器在链接时加入库文件，只有这样才可以将编写的程序（main.cpp）生成的目标代码与库文件（Mars.lib）中的二进制代码链接到一起，生成可执行文件。

运行程序，可以看到inputStr函数和strLength函数均正常工作，如图6-36所示。

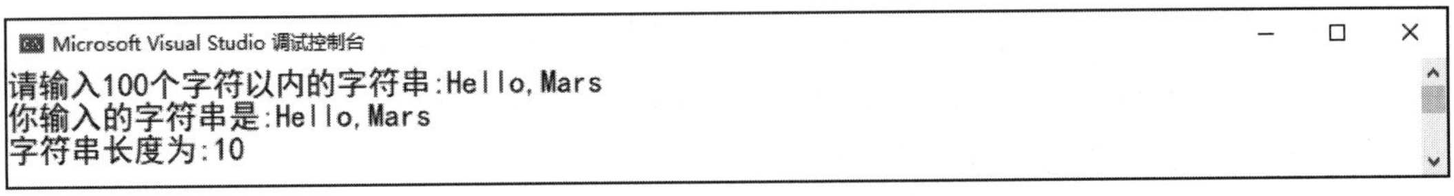

```
Microsoft Visual Studio 调试控制台
请输入100个字符以内的字符串:Hello,Mars
你输入的字符串是:Hello,Mars
字符串长度为:10
```

图6-36 在项目中引用函数库

这样，就成功地调用自己创建的静态函数库。外汇牌价接口库的创建过程与这个过程类似，所不同的是其中有访问服务器的代码，但原理是一样的。

6.5 小结

在本课中，我们主要介绍了函数库的作用和创建方法，并创建和使用了Mars函数库，要点如下。

（1）函数库是以重复利用程序为目的，经过编译的函数的二进制代码。

（2）函数库分为两种——“动态链接库”和“静态链接库”。在生成可执行文件时，这两种库文件的处理方式是不同的。

（3）在C语言的字符串中并没有一个地方存储着每个字符串的长度，也不可以使用sizeof运算符获得字符串的长度。要计算字符串长度需要从头开始一个一个“数”字符，直到遇到“\0”为止。

（4）在字符串中查找特定字符也是从头开始逐个对字符进行匹配，函数找到要查找的字符后一般返回其位置而不是字符本身，这样做便于后续程序进行处理。

（5）将大写字母的ASCII码值加32即可获得对应的小写字母的ASCII码值，小写字母的ASCII码值减32即可获得对应的大写字母的ASCII码值。

（6）复制字符串也是对字符逐个进行复制的，在遇到字符串终止符“\0”时停止复制。

（7）scanf函数可以输入多种类型的数据，使用时需要指定输入数据的格式和存储输入数据的内存地址。

（8）处理字符串的函数一般需要传入字符串的首地址。

（9）如果一个函数库中包含多种用途的函数，应该将其按功能进行分类，每种类别的函数源代码应该独立放在一个源代码文件（.cpp文件或.c文件）中。

（10）单独使用一个头文件（.h文件）对类型、函数等进行声明，这个头文件的文件名通常与函数定义的源代码文件相同（扩展名不同）。

（11）静态库在编译后会生成.lib文件，分发库文件时需要同时分发.h文件。

（12）调用静态库时需要引用头文件和库文件。

6.6 检查表

只有在完成了本课的实践任务后，才可以继续下一课的学习。本课的实践任务如表6-3～表6-15所示。

表6-3 计算字符串长度

任务名称	计算字符串长度		
任务编码	L06_01_STRING_LENGTH		
任务目标	1. 理解字符串长度计算的原理 2. 理解和掌握向函数传递字符数组地址的方法 3. 设计和实现strLength函数用于计算字符串长度		
完成标准	1. 在解决方案中加入了新项目L06_01_STRING_LENGTH及源代码 2. 完成了strLength函数的设计与实现 3. 程序运行时可以正确显示指定字符串的长度		
运行截图			
Microsoft Visual Studio 调试控制台 字符数组string的首地址为:00BCFA84 字符数组中存储的字符串是:Hello 字符串长度为:5			
完成情况	□已完成 □未完成	完成时间	

表6-4 在字符串中查找特定字符

任务名称	在字符串中查找特定字符		
任务编码	L06_02_INDEX_OF_CHAR		
任务目标	1. 理解在字符串中查找特定字符的原理 2. 设计和实现indexOfChar函数用于查找特定字符		
完成标准	1. 在解决方案中加入了新项目L06_02_INDEX_OF_CHAR及源代码 2. 完成了indexOfChar函数的设计与实现 3. 程序运行时可以正确显示指定字符在字符串中的位置		
运行截图			
Microsoft Visual Studio 调试控制台 字符o在字符串中的位置是:4 字符k在字符串中的位置是:-1 D:\BC101\Examples\Debug\L06_02_INDEX_OF_CHAR.exe (进程 1476)已退出，代码为 0。			
完成情况	□已完成 □未完成	完成时间	

表6-5 大写字母转换为小写字母

任务名称	大写字母转换为小写字母		
任务编码	L06_03_TO_LOWER_CASE		
任务目标	1. 理解字母大小写转换的原理 2. 设计和实现toLowerCase函数将字符串中的大写字母转换为小写字母		
完成标准	1. 在解决方案中加入了新项目L06_03_TO_LOWER_CASE及源代码 2. 完成了toLowerCase函数的设计与实现 3. 程序运行时可以正确显示大写字母被转换成小写字母的字符串		
运行截图			
选择Microsoft Visual Studio 调试控制台 转换前的字符串为:HELLO 转换后的字符串为:hello			
完成情况	□已完成 □未完成	完成时间	

表6-6　字符串复制

任务名称	字符串复制		
任务编码	L06_04_STRING_COPY		
任务目标	1. 理解复制字符串的原理 2. 掌握设计和实现strCopy函数用于字符串复制的方法		
完成标准	1. 在解决方案中加入了新项目L06_04_STRING_COPY及源代码 2. 完成了strCopy函数的设计与实现 3. 程序运行时可以完成字符串复制的操作，并将其显示出来		
运行截图			
选择Microsoft Visual Studio 调试控制台 数组str_a的地址是:00EFF894 数组str_b的地址是:00EFF880 字符数组str_b中的内容是:hello D:\BC101\Examples\Debug\L06_04_STRING_COPY.exe (进程 164)已退出，代码为 0。			
完成情况	□已完成　□未完成	完成时间	

表6-7　使用scanf函数输入数值

任务名称	使用scanf函数输入数值		
任务编码	L06_05_SCANF_NUMBER		
任务目标	1. 理解scanf函数的工作机制 2. 掌握使用scanf函数输入数值的方法		
完成标准	1. 在解决方案中加入了新项目L06_05_SCANF_NUMBER及源代码 2. 程序可以输入数值并将其显示出来		
运行截图			
Microsoft Visual Studio 调试控制台 3 3.14 3　3.140000			
完成情况	□已完成　□未完成	完成时间	

表6-8　使用scanf函数输入字符串的隐患及解决方法

任务名称	使用scanf函数输入字符串的隐患及解决方法		
任务编码	L06_06_SCANF_STRING		
任务目标	1. 理解scanf函数的工作机制 2. 掌握使用scanf函数、scanf_s函数输入字符串的方法		
完成标准	1. 在解决方案中加入了新项目L06_06_SCANF_STRING及源代码 2. 程序可以输入字符串并将其显示出来 3. 可以解释scanf函数和scanf_s函数的不同		
运行截图			
Microsoft Visual Studio 调试控制台 string string D:\BC101\Examples\Debug\L06_06_SCANF_STRING.exe (进程 8204)已退出，代码为 0。			
完成情况	□已完成　□未完成	完成时间	

表6-9　使用scanf函数输入多项数据

任务名称	使用scanf函数输入多项数据		
任务编码	L06_07_SCANF_MULTI_VARIABLES		
任务目标	1. 理解scanf函数的工作机制 2. 掌握使用scanf输入多项数据的方法		
完成标准	1. 在解决方案中加入了新项目L06_07_SCANF_MULTI_VARIABLES及源代码 2. 程序可以以指定格式输入多项数据，并将其显示出来		
运行截图			
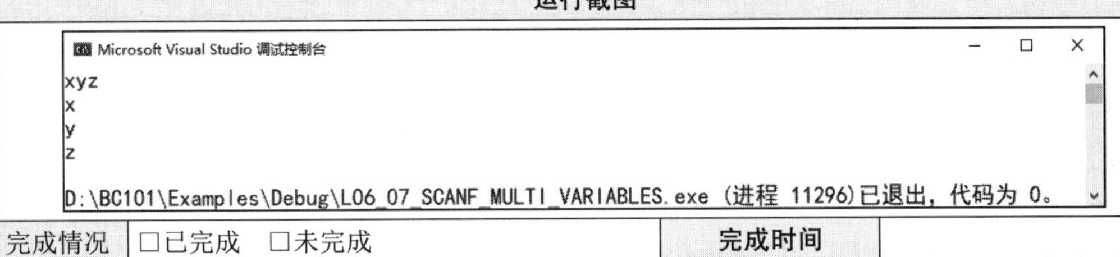			
完成情况	□已完成　□未完成	**完成时间**	

表6-10　典型用户输入功能实现

任务名称	典型用户输入功能实现		
任务编码	L06_08_INPUT_FUNCTION		
任务目标	通过一个案例了解输入数据时的功能需求		
完成标准	1. 在解决方案中加入了新项目L06_08_INPUT_FUNCTION及源代码 2. 程序可以给出输入数据的提示信息 3. 程序可以输入字符串后将其显示出来		
运行截图			
Microsoft Visual Studio 调试控制台 请输入你的身份证号码(18位):420102198601010449 420102198601010449 D:\BC101\Examples\Debug\L06_08_INPUT_FUNCTION.exe (进程 4964)已退出，代码为 0。			
完成情况	□已完成　□未完成	**完成时间**	

表6-11　输入整数并检查有效性

任务名称	输入整数并检查有效性		
任务编码	L06_09_INPUT_INTEGER		
任务目标	设计和实现输入整数并检查有效性的函数		
完成标准	1. 在解决方案中加入了新项目L06_09_INPUT_INTEGER及源代码 2. 完成了inputInteger函数的设计和实现 3. 程序运行时会给出输入提示 4. 当用户的输入不是符合要求的数值时，程序会要求重新输入		
运行截图			
Microsoft Visual Studio 调试控制台 请输入0~20之间的整数:21 请输入0~20之间的整数:-10 请输入0~20之间的整数:100 请输入0~20之间的整数:a 请输入0~20之间的整数:abcd 请输入0~20之间的整数:a10 请输入0~20之间的整数:19 用户输入了:19 D:\BC101\Examples\Debug\L06_09_INPUT_INTEGER.exe (进程 9136)已退出，代码为 0。			
完成情况	□已完成　□未完成	**完成时间**	

表6-12　输入字符并检查有效性

任务名称	输入字符并检查有效性		
任务编码	L06_10_INPUT_CHAR		
任务目标	设计和实现输入字符并检查有效性的函数		
完成标准	1. 在解决方案中加入了新项目L06_10_INPUT_CHAR及源代码 2. 完成了inputChar函数的设计和实现 3. 程序运行时会给出输入提示 4. 当用户的输入不是符合要求的字符时，程序会要求重新输入		
运行截图			
Microsoft Visual Studio 调试控制台 是否要继续？(Y/N)a 是否要继续？(Y/N)b 是否要继续？(Y/N)c 是否要继续？(Y/N)y 用户的选择是:y D:\BC101\Examples\Debug\L06_10_INPUT_CHAR.exe (进程 5388)已退出，代码为 0。			
完成情况	□已完成　□未完成	完成时间	

表6-13　输入字符串并检查有效性

任务名称	输入字符串并检查有效性		
任务编码	L06_11_INPUT_STRING		
任务目标	设计和实现输入字符串并检查有效性的函数		
完成标准	1. 在解决方案中加入了新项目L06_11_INPUT_STRING及源代码 2. 完成了inputStr函数的设计和实现 3. 程序运行时会给出输入提示 4. 当用户的输入不是符合要求的字符串时，程序会要求重新输入		
运行截图			
Microsoft Visual Studio 调试控制台 请输入一个1~5个字符的字符串:ABCDEFG 请输入一个1~5个字符的字符串:ABCDE 用户输入的字符串是:ABCDE D:\BC101\Examples\Debug\L06_11_INPUT_STRING.exe (进程 5452)已退出，代码为 0。			
完成情况	□已完成　□未完成	完成时间	

表6-14　创建自己的函数库Mars

任务名称	创建自己的函数库Mars		
任务编码	Mars		
任务目标	掌握在Visual Studio创建和编译静态库的方法		
完成标准	1. 在解决方案中加入了新的静态库项目Mars及源代码 2. 静态库项目中加入了input.h和input.cpp，其中包含了指定的函数 3. 静态库项目中加入了str.h和str.cpp，其中包含了指定的函数 4. 静态库可以通过编译，并生成Mars.lib文件		
运行截图			
无			
完成情况	□已完成　□未完成	完成时间	

表6-15　引用Mars函数库

任务名称	引用Mars函数库		
任务编码	L06_12_USE_MARS_LIB		
任务目标	掌握在项目中引用静态库的方法		
完成标准	1. 在解决方案中加入了新项目L06_12_USE_MARS_LIB及源代码 2. 新项目可以引用先前生成的静态库Mars.lib 3. 新项目的main函数中可以调用静态库中的inputStr函数和strLength函数		
运行截图			
Microsoft Visual Studio 调试控制台 请输入100个字符以内的字符串:Hello, Mars 你输入的字符串是:Hello, Mars 字符串长度为:10			
完成情况	□已完成　□未完成	完成时间	

第7课 获取全部外币牌价数据并保存为文件

在本课之前我们获取的外汇牌价数据都是保存在变量、数组中，它们都使用内存中的存储空间。有时我们需要长期保存数据，这就需要将数据保存在外存中。外汇牌价看板程序需要将外汇牌价数据保存在磁盘文件里，这样即使计算机被异常关机、短时间连不上网络，都可以从磁盘文件中把最后一次获取的外汇牌价数据显示出来。本课将介绍以下内容：

- 使用结构体存储不同类型的多项数据；
- 文件访问的基础知识；
- 将结构体存入磁盘文件；
- 获取全部牌价数据并保存至磁盘文件。

变量、数组都是存储在内存（RAM）中的，这些数据所占用的内存在程序结束以后会被操作系统回收，其中的数据也就丢失了。因此我们需要将数据保存到外部存储器上（通常是硬盘），以便下次使用。

在一些较为底层的语言里，程序员可以直接访问硬盘的某个扇区并进行数据读写。但这种方式一般不被推荐，因为这种方式除了效率比较低外还具有较大的危险，不恰当的磁盘访问可能会引起严重的故障（例如操作系统崩溃或数据丢失）。

因此通常是以“文件”来组织磁盘上的数据。文件系统由操作系统管理，程序员通过操作系统间接地访问磁盘上的数据，不恰当的文件访问会被操作系统阻止（例如文件被其他程序占用或程序没有访问这个文件的权限），这样一来就安全得多，同时操作系统也会采取一些机制来提高文件访问的效率。

在本课中，我们会将取得的外汇牌价数据保存到磁盘文件中，但是在学习磁盘文件访问之前先学习结构体的使用方法；结构体可以将多种不同类型的数据“组合”到一起，然后再将其存储到磁盘文件中去。

7.1 使用结构体存储不同类型的多项数据

在第6课中，我们使用两个字符数组分别存储货币的名称和发布时间；用一个double型数组分别存储某种外币的现汇买入价、现钞买入价、现汇卖出价、现钞卖出价和中行折算价。函数GetRatesAndCurrencyNameByCode从服务器上获取最新的牌价并存入这些数组中。

```
1. double rates[5] = { 0 };
2. char currencyName[33] = { 0 };
3. char publishTime[20] = { 0 };
4. int result = GetRatesAndCurrencyNameByCode("USD",currencyName, publishTime,
   rates);
```

这3个数组在逻辑上是相关的，但在代码上是独立的。如果需要向一个函数传递这3个数组，就必须要给函数设计3个参数，这会让程序变得冗长。更麻烦的是，如果未来需要新增一个变量或数组用于描述货币的其他信息，几乎需要修改所有相关的函数——为它们增加参数。

在设计程序的数据结构时，我们应尽量将一组相关的数据作为一个整体来处理，尽量避免“散装”。数组是将多项相同类型数据集合在一起的方式，而结构体是将多个不同类型的数据项“打包”到一起的方法。

一种外币的信息可以用4个数组来描述：

```
1. double rates[5] = { 0 };          //5个价格
2. char currencyName[33] = { 0 };    //货币名称
3. char currencyCode[4] = {0};       //货币代码
4. char publishTime[20] = { 0 };     //发布时间
```

我们可以使用“结构体”将这4个数组组合到一起定义成一种新的数据类型，新的数据类型可以将这些数组整合成一个整体以便对一组数据进行操作。可以把结构体理解成新的变量模板，就和之前int、float和double一样，所不同的是在这种模板中可以存储多项数据。

7.1.1 定义结构体

如前所述，定义结构体相当于定义一种数据类型的模板，未来可以基于这个模板来声明变量。定义结构体的方法很简单。

```
1. struct 结构体名称
2. {
3.     类型 成员名称1;
4.     类型 成员名称2;
5. …
6. };
```

定义结构体的规则是：

- **以struct开始，其后是结构体名称**。结构体名称根据用途确定，例如存储学生数据就叫Student，存储员工数据就用Employee，存储牌价数据的结构体可以叫ExchangeRate。
- **接下来是一对大括号，大括号内列出结构体成员**。结构体的成员可以是变量、数组，每一个成员占用一行，行末用分号结束。

- **结构体结束的右大括号后应有分号。**

在大括号内应像平时一样声明结构体变量的成员。下面的结构体用于存储某种货币的牌价数据。

```
1. struct EXCHANGE_RATE
2. {
3.     char CurrencyCode[4];              //货币代码
4.     char CurrencyName[33];             //货币名称(中文)
5.     char PublishTime[20];              //发布时间
6.     double BuyingRate = 0;             //现汇买入价
7.     double CashBuyingRate = 0;         //现钞买入价
8.     double SellingRate = 0;            //现汇卖出价
9.     double CashSellingRate = 0;        //现钞卖出价
10.    double MiddleRate = 0;             //中行折算价
11. };
```

需要注意的是，在定义这个结构体时：

- 不再使用双精度型数组存储5个价格，而是单独定义了5个双精度型变量分别描述这5个价格，这样做是为了提高程序的可读性；
- 为货币代码、货币名称和发布时间定义了3个字符型数组；
- 结构体的名称全部采用大写字母，单词之间用下画线分隔。

结构体的详细说明如下：

- **货币代码**（CurrencyCode）。货币代码为3个字母（如EUR、HKD等），可以用字符数组存储。为了输出时方便，应为字符串终止符“\0”预留1字节，因此字符数组长度应为4。
- **货币名称**（CurrencyName）。货币名称采用汉字，可以使用字符数组存储，字符数组长度设为33字节，最多允许16个汉字（为字符串终止符“\0”预留1字节）。
- **发布时间**（PublishTime）。发布时间为字符串，原始数据格式如“2020-12-12 00:00:05”，这种日期格式需要19字节存储，同时也应为字符串终止符“\0”预留1字节，所示字符数组长度应为20。
- **现汇买入价**（BuyingRate）。采用双精度浮点型。
- **现钞买入价**（CashBuyingRate）。采用双精度浮点型。
- **现汇卖出价**（SellingRate）。采用双精度浮点型。
- **现钞卖出价**（CashSellingRate）。采用双精度浮点型。
- **中行折算价**（MiddleRate）。采用双精度浮点型。

至此，我们就完成了结构体定义。

警 告

注意程序第11行大括号后面的分号，它是必须有的。

不要把结构体定义写在任何函数内部，它应该是独立的，不被任何函数包含的。

7.1.2 声明结构体变量

在结构体定义好后，在程序中就可以基于结构体声明结构体变量了，方法如下：

```
struct结构体名称 构体变量名;
```

例如，要基于之前定义的结构体EXCHANGE_RATE来定义结构体变量的代码如下。

```
struct EXCHANGE_RATE USDRate;
```

EXCHANGE_RATE是结构体名称，USDRate是结构体变量名。基于一个结构体可以定义一个或多个结构体变量，也可以定义结构体数组。

7.1.3 访问结构体变量的成员

一个结构体变量声明后，就可以使用它并访问它的成员。访问的方法是在结构体变量后面加点“.”再加成员变量名，然后把它当作普通变量和数组进行赋值、取值、取地址等操作即可。在Visual Studio中，在一个结构体变量名后输入点“.”，会看到Visual Studio根据结构体的定义给出了输入提示（第18行），并根据用户的输入自动完成代码，如图7-1所示。

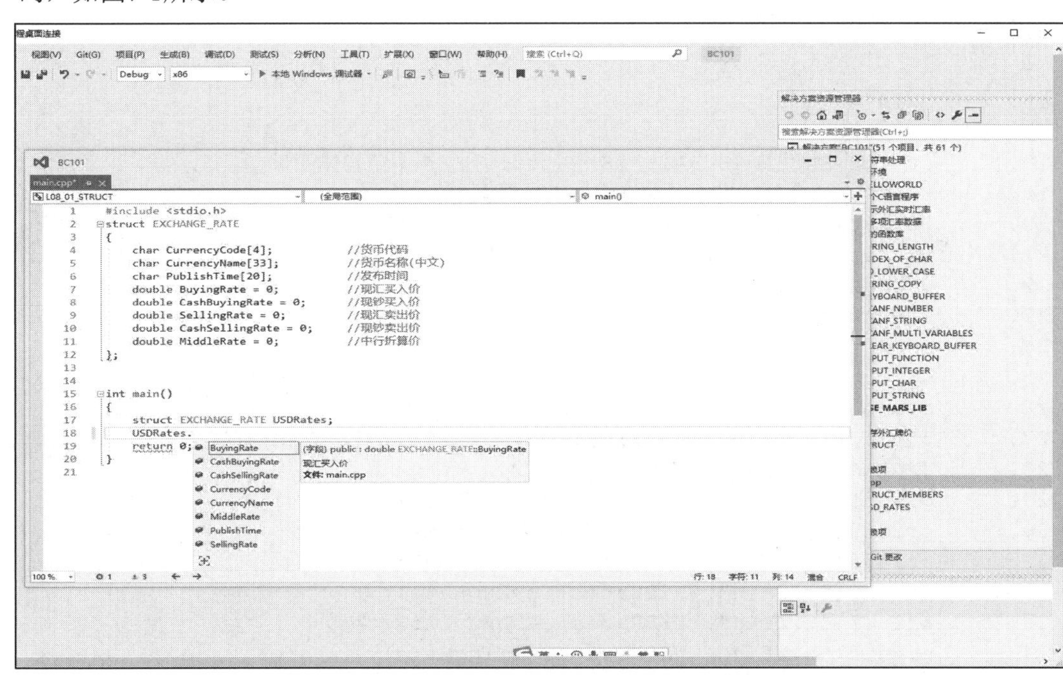

图7-1 Visual Studio对结构体变量的智能提示

可以看到这种提示非常智能，不仅列出了结构体的成员，还对其数据类型、用途分别进行了说明。你可以继续输入各成员的名称，对它们进行赋值或者取值操作。在案例7-1中使用了结构体变量USDRates。

注 意

这个程序使用了之前创建的函数库。其中的strCopy函数是在6.2.4节中编写的，用于给结构体的成员数组赋值。你也可以使用标准库中的函数strcpy，这个函数的声明包含在string.h头文件中。

在给结构体的成员数组复制字符串时，同样也要注意不要超出其声明的长度，否则会对相邻的数据产生影响。

案例7-1　在程序中使用结构体（L07_01_STRUCT）

```
1. #include <stdio.h>
2. #include "D:/BC101/Libraries/Mars/str.h"
3. #pragma comment(lib, "D:/BC101/Libraries/Mars/Mars.lib")
4. struct EXCHANGE_RATE
5. {
6.     char CurrencyCode[4];          //货币代码
7.     char CurrencyName[33];         //货币名称(中文)
8.     char PublishTime[20];          //发布时间
9.     double BuyingRate = 0;         //现汇买入价
10.    double CashBuyingRate = 0;     //现钞买入价
11.    double SellingRate = 0;        //现汇卖出价
12.    double CashSellingRate = 0;    //现钞卖出价
13.    double MiddleRate = 0;         //中行折算价
14. };
15.
16. int main()
17. {
18.     struct EXCHANGE_RATE USDRates;  //声明结构体变量
19.     /*第20~27行对结构体变量的成员进行赋值*/
20.     USDRates.BuyingRate = 657.86;
21.     USDRates.CashBuyingRate = 652.51;
22.     USDRates.SellingRate = 660.65;
23.     USDRates.CashSellingRate = 660.65;
24.     USDRates.MiddleRate = 658.09;
25.     strCopy(USDRates.CurrencyCode, "USD");
26.     strCopy(USDRates.CurrencyName, "美元");
27.     strCopy(USDRates.PublishTime, "2020-11-21 10:30:00");
28.     /*第29~36行显示结构体变量成员的值*/
29.     printf("%s\n", USDRates.CurrencyCode);
30.     printf("%s\n", USDRates.CurrencyName);
31.     printf("%s\n", USDRates.PublishTime);
32.     printf("%.2f\n", USDRates.BuyingRate);
33.     printf("%.2f\n", USDRates.CashBuyingRate);
34.     printf("%.2f\n", USDRates.SellingRate);
35.     printf("%.2f\n", USDRates.CashSellingRate);
36.     printf("%.2f\n", USDRates.MiddleRate);
37.     return 0;
38. }
```

程序运行的结果如图7-2所示。

```
Microsoft Visual Studio 调试控制台
USD
美元
2020-11-21 10:30:00
657.86
652.51
660.65
660.65
658.09

D:\BC101\Examples\Debug\L07_01_STRUCT.exe (进程 11136)已退出，代码为 0。
```

图7-2 在程序中使用结构体

7.1.4 结构体变量的内存占用和内存对齐

和普通变量一样，结构体变量也需要在内存中占用空间，理论上结构体变量占用的内存空间是各成员占用空间的总和。声明结构体变量时会按照结构体成员定义的次序为它们分配内存空间，例如表7-1列出了每个成员变量理论占用的内存空间大小和合计占用的空间大小 。

表7-1 结构体EXCHANGE_RATE的成员

结构体成员	理论占用字节数
char CurrencyCode[4];	4
char CurrencyName[33];	33
char PublishTime[20];	20
double BuyingRate = 0;	8
double CashBuyingRate = 0;	8
double SellingRate = 0;	8
double CashSellingRate = 0;	8
double MiddleRate = 0;	8
合 计	97

同样，你可以使用sizeof运算符计算结构体变量占用空间的大小，见案例7-2的代码。

案例7-2 计算结构体变量的大小（L07_02_SIZE_OF_STRUCT）

```
1. #include <stdio.h>
2. struct EXCHANGE_RATE
3. {
4.      char CurrencyCode[4];            //货币代码
5.      char CurrencyName[33];           //货币名称(中文)
6.      char PublishTime[20];            //发布时间
7.      double BuyingRate = 0;           //现汇买入价
8.      double CashBuyingRate = 0;       //现钞买入价
9.      double SellingRate = 0;          //现汇卖出价
10.     double CashSellingRate = 0;      //现钞卖出价
11.     double MiddleRate = 0;           //中行折算价
12. };
```

```
13.
14. int main()
15. {
16.     int size = sizeof(EXCHANGE_RATE);
17.     printf("结构体EXCHANGE_RATE占用%d字节\n", size);
18.     return 0;
19. }
```

程序运行的结果如图7-3所示，可以看到结构体变量EXCHANGE_RATE 占用了104字节。

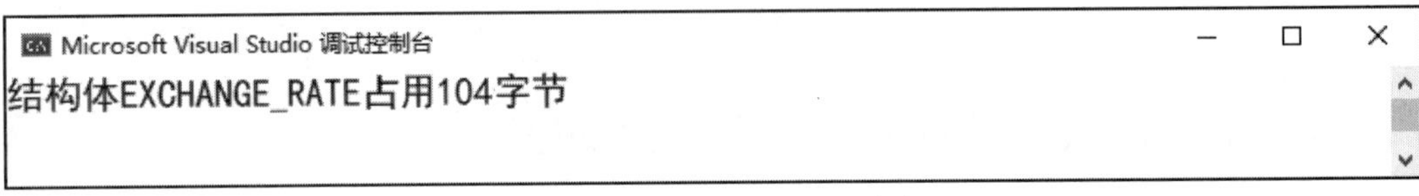

图7-3 结构体变量占用的内存

你会发现理论上结构体EXCHANGE_RATE的各成员内存占用总计是97字节，而通过sizeof运算计算出的结果是104字节，这不符合之前“结构体变量占用的内存空间是各成员占用空间的总和”的说法。直接告诉你原因是很简单的，但未来你难免也会遇到这种理论与实践不一致的情况或故障，而且不一定都能立即找到标准答案。此时有经验的程序员会耐心和详细地分析故障现象以获得更多的线索（而不是盲目地通过搜索引擎检索）。在该例中，要知道多占用的7字节去哪里了，可以先显示出每一个结构体成员实际的地址。修改后的程序如案例7-3所示。

案例7-3 显示结构体成员的内存地址（L07_03_DISPLAY_ADDRESS_OF_MEMBERS）

```
1. #include <stdio.h>
2. struct EXCHANGE_RATE
3. {
4.     char CurrencyCode[4];           //货币代码
5.     char CurrencyName[33];          //货币名称(中文)
6.     char PublishTime[20];           //发布时间
7.     double BuyingRate = 0;          //现汇买入价
8.     double CashBuyingRate = 0;      //现钞买入价
9.     double SellingRate = 0;         //现汇卖出价
10.    double CashSellingRate = 0;     //现钞卖出价
11.    double MiddleRate = 0;          //中行折算价
12. };
13.
14. int main()
15. {
16.     struct EXCHANGE_RATE USDRate;
17.     int size = sizeof(USDRate);
18.     printf("Address of USDRates:\t\t\t%d\n", &USDRate);
19.     printf("Address of USDRates.CurrencyCode:\t%d\n", &USDRate.
        CurrencyCode);
20.     printf("Address of USDRates.CurrencyName:\t%d\n",&USDRate.
        CurrencyName);
21.     printf("Address of USDRates.PublishTime:\t%d\n", &USDRate.
        PublishTime);
22.     printf("Address of USDRates.BuyingRate:\t\t%d\n", &USDRate.
        BuyingRate);
```

```
23.     printf("Address of USDRates.CashBuyingRate:\t%d\n", &USDRate.
        CashBuyingRate);
24.     printf("Address of USDRates.SellingRate:\t%d\n", &USDRate.
        SellingRate);
25.     printf("Address of USDRates.CashSellingRate:\t%d\n", &USDRate.
        CashSellingRate);
26.     printf("Address of USDRates.MiddleRate:\t\t%d\n", &USDRate.
        MiddleRate);
27.     printf("结构体变量USDRate占用%d字节\n", size);
28.     return 0;
29. }
```

在这个程序的printf函数里笔者使用了“\t”（制表符）使输出的地址对齐，为了便于计算还不规范地使用了整数形式“%d”来显示地址。程序运行的结果如图7-4所示。

```
Microsoft Visual Studio 调试控制台
Address of USDRates:                    1964188
Address of USDRates.CurrencyCode:       1964188
Address of USDRates.CurrencyName:       1964192
Address of USDRates.PublishTime:        1964225
Address of USDRates.BuyingRate:         1964252
Address of USDRates.CashBuyingRate:     1964260
Address of USDRates.SellingRate:        1964268
Address of USDRates.CashSellingRate:    1964276
Address of USDRates.MiddleRate:         1964284
结构体变量USDRate占用104字节
```

图7-4　结构体变量的成员地址

根据运行结果建立表7-2，并计算每一个元素与下一个元素之间间隔的字节数。

表7-2　计算结构体元素与下一元素之间的间隔

结构体成员	理论占用字节数	地址	与下一个元素之间的间隔
char CurrencyCode[4];	4	1964188	4
char CurrencyName[33];	33	1964192	33
char PublishTime[20];	20	1964225	27
double BuyingRate = 0;	8	1964252	8
double CashBuyingRate = 0;	8	1964260	8
double SellingRate = 0;	8	1964268	8
double CashSellingRate = 0;	8	1964276	8
double MiddleRate = 0;	8	1964284	8
合 计	97		104

从表中可以看出，结构体成员PublishTime声明为20字节的字符数组，但它与下一个元素BuyingRate间隔27字节，中间有7字节是不用的。

而“浪费”这7字节的原因是——编译器为了确保double型成员BuyingRate的“内存对齐”以提高内存访问效率，内存对齐的原则是：

- 各成员变量的起始地址相对于结构体的起始地址的偏移量（间隔）必须为该变量的类型所占用的字节数的倍数。例如BuyingRate前面被加入不用的7字节是为了确保它的地址与结构体起始地址之间相隔64字节（1964252—1964188=64），64除以double类型变量的字节数（8），结果为整数。

- 各成员变量在存放时根据在结构中出现的顺序依次申请空间，同时按照上面的对齐方式调整位置。如果某个成员的地址不符合上述原则，则在中间插入实际不使用的字节。
- 结构体变量的大小必须为结构体中占用最大空间的类型大小的倍数，如果不足，则在最后加入不用的字节。
- 在32位系统上，所有内存块的首地址都必须是4的倍数。

由此可见，因为“内存对齐”机制，结构体实际上占用的内存很有可能比理论上的多。图7-5是结构体EXCHANGE_RATE占用内存的情况，其中标注为N/A的是为保持内存对齐而插入的不用的字节（7字节）。

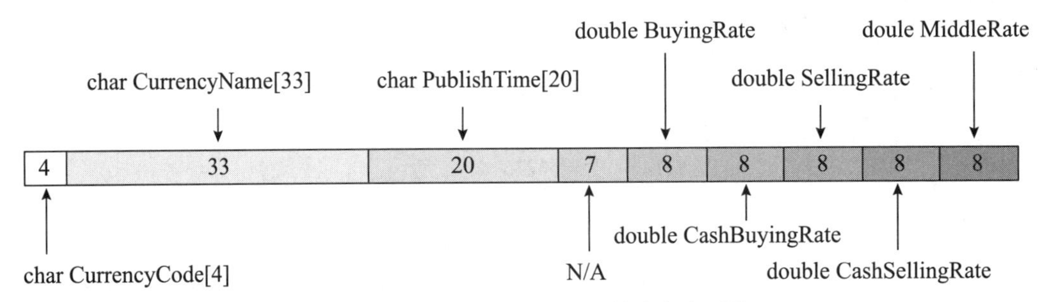

图7-5　结构体EXCHANGE_RATE的内存占用情况

那么为什么要采用“内存对齐”机制呢？这是因为CPU从内存中读写数据时，并不能直接、精确地读写任意一字节的内容，而是一次读写一个“内存块”。内存块的大小可以是2字节、4字节、8字节、16字节或32字节。在32位系统上，所有内存块的首地址都必须是4的倍数。

例如有一个变量x，如果为它分配的内存首地址是267B30（十进制为2521904，可以被4整除），那它就是“内存对齐”的，CPU可以一次性读写它，如图7-6所示。

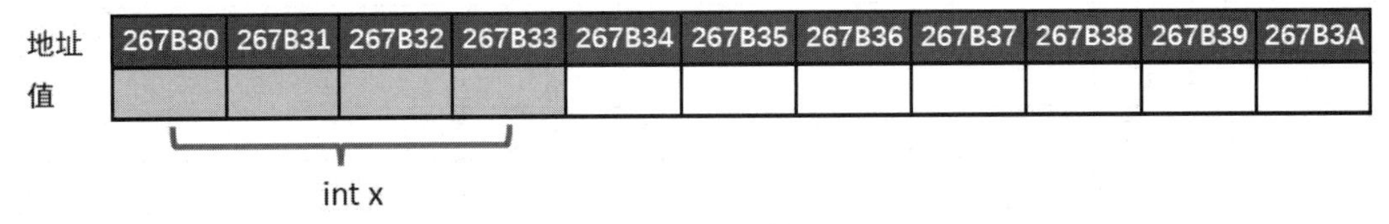

图7-6　内存对齐的int x

而如果给它分配的内存是从267B31到267B34的区块，如图7-7所示。

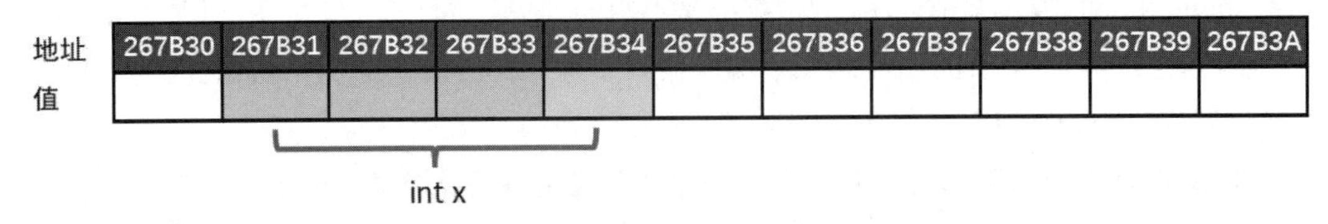

图7-7　内存不对齐的int x（假设）

那就比较麻烦了，由于267B31不是4的倍数，CPU需要分两次读写：第1次是267B30至267B33内存块的4字节，从中取出3字节；第2次是267B34至267B37的内存块，从中取出1字节，这会使内存读写变慢。因此，编译器会确保为变量分配的内存首地址是4的倍数，即使浪费一些内存空间也在所不惜。对于结构体中的成员变量，编译器同样也要采用这种策略。案例7-4的程序显示了一个简单的结构体TEST的内存分布情况。

案例7-4　内存对齐（L07_04_MEMORY_ALIGNMENT）

```
1. #include <stdio.h>
2. struct TEST
3. {
4.     int X = 0;
5.     char Code[2];
6.     int Y = 0;
7. };
8. int main()
9. {
10.    struct TEST test;
11.    printf("结构体变量的首地址是:%p\n", &test);
12.    printf("结构体变量成员X的首地址是:%p\n", &test.X);
13.    printf("结构体变量成员Code的首地址是:%p\n", &test.Code);
14.    printf("结构体变量成员Y的首地址是:%p\n", &test.Y);
15.    return 0;
16. }
```

程序运行的结果如图7-8所示。

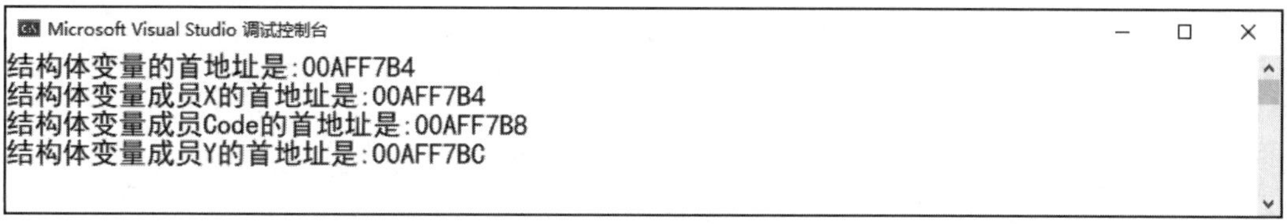

```
Microsoft Visual Studio 调试控制台
结构体变量的首地址是:00AFF7B4
结构体变量成员X的首地址是:00AFF7B4
结构体变量成员Code的首地址是:00AFF7B8
结构体变量成员Y的首地址是:00AFF7BC
```

图7-8　结构体TEST成员的内存分布

可以看出，在成员数组Code之后编译器插入了2个无用的字节（如图7-9所示），以确保成员变量Y被放在AFF7BC（可以被4整除）开始的内存块中，以提高读写速度。

地址	AFF7B4	AFF7B5	AFF7B6	AFF7B7	AFF7B8	AFF7B9	AFF7BA	AFF7BB	AFF7BC	AFF7BD	AFF7BE	AFF7BF
值	int X				char Code[2]		不用的字节		int Y			

图7-9　插入的不用字节

综上所述，结构体的各个成员变量按照它们被声明的顺序在内存中顺序存储。第1个成员的地址和整个结构的地址相同，但编译器会自动对分配给结构体的成员变量的内存进行内存对齐以提高效率。

7.1.5　使用typedef为结构体创建别名

在声明结构体变量时，我们目前是这么做的：

```
struct EXCHANGE_RATE USDRate;
```

前面的struct EXCHANGE_RATE相当于数据类型，后面的USDRate是结构体变量名。这种做法有时显得很累赘，有没有可能和声明普通变量一样简单呢？你可以使用typedef关键字基于结构体定义一个新的数据类型，下次使用就很方便了。

```
typedef struct EXCHANGE_RATE ExchangeRate;
```

这相当于为结构体EXCHANGE_RATE定义了一个别名ExchangeRate（注意两者的大小写区别），未来使用ExchangeRate就相当于使用EXCHANGE_RATE。这样做更符合我们的编程习惯，程序也更简洁。typedef是Type Define（类型定义）的缩写，这里相当于定义了新的数据类型——ExchangeRate。案例7-5是完整的例子。

案例7-5　自定义数据类型（L07_05_TYPE_DEF）

```
1. #include <stdio.h>
2. struct EXCHANGE_RATE
3. {
4.     char CurrencyCode[4];          //货币代码
5.     char CurrencyName[33];         //货币名称(中文)
6.     char PublishTime[20];          //发布时间
7.     double BuyingRate = 0;         //现汇买入价
8.     double CashBuyingRate = 0;     //现钞买入价
9.     double SellingRate = 0;        //现汇卖出价
10.    double CashSellingRate = 0;    //现钞卖出价
11.    double MiddleRate = 0;         //中行折算价
12. };
13. typedef struct EXCHANGE_RATE ExchangeRate;
14.
15. int main()
16. {
17.     ExchangeRate USDRates;
18.     USDRates.BuyingRate = 706. 17;
19.     //以下略
20.     return 0;
21. }
```

在第13行代码定义了新的数据类型ExchangeRate后，第17行代码直接使用这种数据类型定义了结构体变量USDRates，它将用于存储美元牌价的全部数据。

7.1.6　获取货币牌价并填充至结构体

现在，我们已经定义了EXCHANGE_RATE这个结构体用以存储某种货币的全部牌价数据，也学习了访问结构体成员变量的方法，还知道了结构体变量声明后结构体的各个成员会按照声明的次序占用一块连续的内存。

准备好了存储美元牌价的结构体变量USDRates后，怎么获得美元牌价数据并填入其中呢？

外汇牌价接口库提供了针对结构体的函数GetRateRecordByCode。在该函数中只要将货币代码和结构体变量的地址作为参数传入，就可以获取这种货币的全部牌价数据并自动填充到结构体变量。它的原型如下。

```
int GetRateRecordByCode(const char* code, ExchangeRate* results);
```

可以看出由于使用结构体变量“打包”了所有信息，实现同样功能的函数需要的参数较少。而且，未来即使牌价数据新增了内容也只需修改结构体定义就行了，无须改变函数的原型（无须增加参数）。案例7-6的程序可以显示最新的美元牌价。

案例7-6　根据货币代码获取外币牌价（L07_06_GET_RATE_RECORD_BY_CODE）

```
1. #include <stdio.h>
2. #include "D:/BC101/Libraries/BOCRates/BOCRates.h"
3. #pragma comment(lib, "D:/BC101/Libraries/BOCRates/BOCRates.lib")
4.
5. int main()
6. {
7.     ExchangeRate USDRates;
8.     int result = GetRateRecordByCode("USD", &USDRates);
9.     /*显示结构体变量成员的值*/
10.    printf("%s\n", USDRates.CurrencyCode);
11.    printf("%s\n", USDRates.CurrencyName);
12.    printf("%s\n", USDRates.PublishTime);
13.    printf("%.2f\n", USDRates.BuyingRate);
14.    printf("%.2f\n", USDRates.CashBuyingRate);
15.    printf("%.2f\n", USDRates.SellingRate);
16.    printf("%.2f\n", USDRates.CashSellingRate);
17.    printf("%.2f\n", USDRates.MiddleRate);
18.    return 0;
19. }
```

结构体EXCHANGE_RATE和类型ExchangeRate在BOCRates.h头文件中已经定义。在调用GetRateRecordByCode函数时第2个参数为&USDRates，即结构体变量的地址。

从程序中我们可以看到只用一行简单的代码就可以获取全部美元牌价数据，第10～17行是显示牌价数据的代码。图7-10是程序运行的结果。

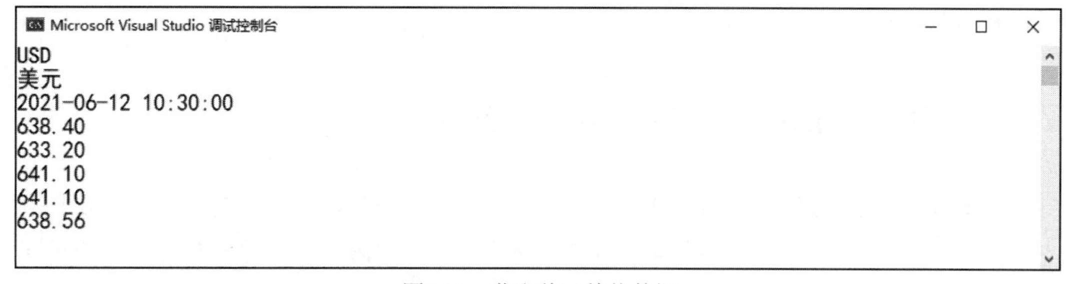

图7-10　获取美元牌价数据

GetRateRecordByCode函数根据传入的结构体变量地址，用数据填充了结构体变量USDRates所占用的内存区块，如图7-11所示。

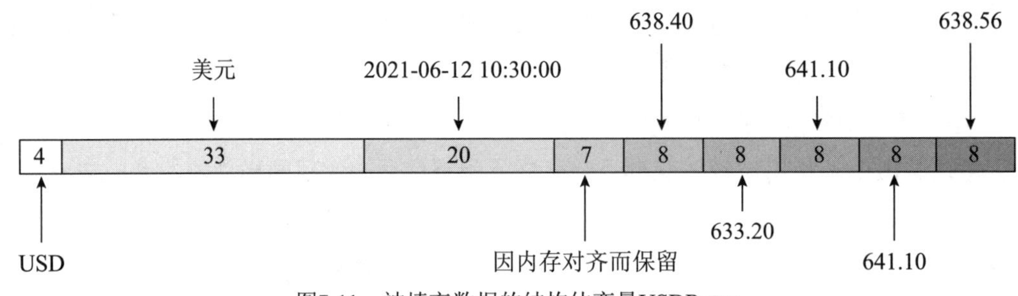

图7-11　被填充数据的结构体变量USDRates

接下来，我们就可以考虑如何将这个内存区块（104字节）的内容写入磁盘了。

7.2　文件访问的基础知识

在拓展阅读的A.3节中我们介绍过存储设备分为内存和外存两类。之前我们使用的变量、数组、结构体都是存储在内存中的，要长期保存数据则需要借助外部存储器。目前主流的外部存储器是硬盘（含固态硬盘）。

硬盘上的数据是以文件的形式来存储的，程序员对文件的操作主要包括读和写。写文件的本质，就是将内存中的一块数据复制到磁盘上来实现长期保存；而读文件的本质就是将磁盘上的一块数据复制到内存中。读写文件的步骤如下：

第1步： 创建（或打开）文件。

第2步： 向文件中写数据或从文件中读数据。

第3步： 关闭文件。

C语言标准库提供了访问文件的函数，较常用的如下：

- fopen函数——用于创建或打开文件；
- fread函数——用于从文件中读数据；
- fwrite函数——用于写数据到文件；
- fclose函数——用于关闭文件。

7.2.1　使用fopen函数打开或创建文件

将数据保存到磁盘文件时首先要创建文件。如果一个文件已经创建，只需要打开它（有时候是直接覆盖它，这由具体情况来决定）。在C语言中创建和打开文件都使用fopen函数。fopen函数的原型如下：

```
FILE* fopen(constchar* filename, constchar* mode);
```

可以看到fopen函数使用了2个参数：第1个参数是filename，它是一个指定文件名的字符串；第2个参数也是一个字符串，它的作用是决定打开这个文件的方式。

以下是使用fopen函数的一个例子。

```
FILE* fp = fopen("D:/Data/Test.txt", "w");
```

此处fopen函数的第1个参数值是“D:/Data/Test.txt”，这表示Test.txt 文件位于D盘的Data目录，你需要先去建立这个目录。此处也可以写成“D:\\Data\\Test.txt”，但是不要写成“D:\Data\Test.txt”，因为反斜线（\）加上特定字母起转义符的作用。

注 意

如果读者使用的是Windows 10，不建议在磁盘C的根目录下创建文件。出于保护操作系统的缘故，Windows 10禁止普通权限的程序在C盘根目录下创建文件，除非使用管理员身份运行程序，否则在C盘根目录下创建文件的操作将失败。

部分初学者会在文件路径里输入//而不是\\，这同样会导致文件打开失败。

fopen函数的第2个参数用于表示打开文件的方式（见表7-3），可以根据程序的要求决定使用哪种方式。

表7-3　fopen函数打开文件的方式

方式	含义
r	Read，以只读方式打开已经存在的文件
w	Write，创建一个空文件用于写入内容，如果此路径下已经存在同名文件，已存在的文件将被覆盖，已有的内容将丢失
a	Append，以追加模式打开文件，如果文件不存在会被创建，如果文件已存在则写入的内容会从已有内容的末尾开始追加
r+	读/更新模式，文件必须已经存在，使用这种模式既可以读也可以写
w+	写/更新模式，创建一个空的文件并对其进行写和更新操作，如果文件已存在则会被覆盖
a+	追加和更新模式，打开已有的文件进行追加和更新，如果文件不存在则会被创建

接下来，我们再看一次fopen函数的调用：

```
FILE* fp = fopen("D:/Data/Test.txt", "w");
```

我们现在已经知道了fopen的2个参数的作用，同时也知道fopen函数有返回值。fopen函数在调用后存在两种可能：成功或失败。

当指定的路径不存在（例如D盘的Data目录不存在）、试图打开的文件不存在或文件被其他程序占用、对指定路径的访问权限不够、磁盘空间已满都可能会引起fopen函数打开或创建文件失败。fopen函数在操作失败时会返回NULL，以便程序员知晓这些错误并采取处理措施。

如果fopen函数打开文件成功则会返回一组关于这个文件的数据，这些数据被存储在一个结构体中，这个结构体是标准库中已经定义好的，别名为FILE。以下是Visual C++的库中对结构体FILE的定义：

```
1. struct _iobuf {
2.         char *_ptr;
3.         int   _cnt;
4.         char *_base;
5.         int   _flag;
```

```
6.         int    _file;
7.         int    _charbuf;
8.         int    _bufsiz;
9.         char * _tmpfname;
10.        };
11. typedef struct _iobuf FILE;
```

我们不用关心这个结构体各项成员的含义，因为在不同的库中实现这个结构体的定义不同。

```
FILE* fp = fopen("D:/Data/Test.txt", "w");
```

这行代码中的fp是一个指向这种结构体的指针。fopen函数内部在打开文件成功后就会创建这个结构体，将文件的相关数据存入其中并返回这个结构体的指针。后面的程序要访问该文件就需要通过指针fp获取结构体中存储的数据。习惯上我们把这个结构体指针称为“文件句柄”。完整的创建文件的程序如下。

```
1. #include <stdio.h>
2. int main()
3. {
4.     FILE* fp = fopen("D:/Data/Test.txt", "w");
5.     if (fp == NULL)
6.     {
7.         printf("打开文件失败\n");
8.         return -1;
9.     }
10.    else
11.    {
12.         printf("打开文件成功\n");
13.         //此处应加入写文件内容的代码
14.         return 0;
15.    }
16. }
```

请注意，在上面的程序中我们对fopen的返回值进行了判断，如果返回值为NULL，则视作打开文件失败；如果文件打开成功，我们就可以使用fwrite函数向文件中写入数据。

7.2.2 使用fwrite函数写入数据到文件

接下来，我们考虑如何将数据写入刚刚创建的磁盘文件。fwrite函数用于向已经打开的文件中写入数据。写入数据到磁盘文件的本质是**将内存中的数据复制到磁盘文件**，因此fwrite函数至少需要3项信息才能将文件写入磁盘。

- **要复制的数据从哪里开始?**

  你需要指定数据在内存中的起始位置，这往往是一个指针。它可以是数组的首地址、结构体的首地址，或者使用malloc函数分配的内存地址。

- **要写入多少字节？**

  指针只能说明首地址，接下来要指定有多少字节要传输到磁盘文件，fwrite函数使用2个参数来指定写入的字节数。

- **要写到哪个文件里去？**

  程序中可能同时打开了多个文件，fwrite函数当然不能自动判断要写到哪个文件里，此时可以使用之前创建的“文件句柄”来标识要写入的文件。

fwrite函数的原型是：

```
size_t fwrite(const void* ptr, size_t size, size_t count, FILE* stream);
```

- **第1个参数const void* ptr：**

  fwrite的第1个参数名为ptr，类型是const void*，这个参数的作用是指定要写入文件的数据的内存地址。void*表示一个无类型指针；const限定符表示这个指针指向一个只读的内存区域。

- **第2个参数size_t size：**

  它的作用是指定单个数据项的大小。

- **第3个参数size_t count：**

  该参数表示要写入磁盘文件的数据项个数。单个数据项的大小乘以数据项个数，即为要写入磁盘文件的总字节数。

- **第4个参数FILE* stream：**

  该参数即为文件句柄，标识要写入的文件。

- **fwrite的返回值：**

  fwrite函数返回成功写入磁盘文件的数据项个数。如果fwrite的返回值不等于参数count，则意味着写入的过程中发生了错误。

size_t 类型

在函数fwrite的原型中，我们注意到函数的参数size、count的类型是size_t，fwrite的返回值类型也是size_t。

size_t类型其实是一种无符号整型数，它专门用于表示与内存相关的数量（例如变量占用的字节数等）。与普通无符号整型数不同的是，size_t这种数据类型在不同的运行环境下定义不同。在Visual C++里它是这样定义的：

```
#if def _WIN64
Typedef unsigned __int64 size_t;
#else
Typedef unsigned int size_t;
#endif
```

可以看出size_t类型是根据系统平台的位数来定义的。在64位系统中size_t的原型是

unsigned __int64，即64位无符号整型。而在32位系统中，它是一个32位无符号整型，使用size_t类型可以提高程序的可移植性。

知道了fwrite函数各个参数的含义，案例7-7是使用该函数的完整例子。

案例7-7　向文件中写数据（L07_07_OPEN_AND_WRITE_FILE）

```
1. #include <stdio.h>
2. int main()
3. {
4.     FILE* fp = fopen("D:/Data/Test.txt", "w");
5.     if (fp == NULL)
6.     {
7.         printf("打开文件失败\n");
8.         return -1;
9.     }
10.     else
11.     {
12.         printf("打开文件成功\n");
13.         fwrite("ABCDEFG", 8, 1, fp);
14.         fclose(fp);
15.         printf("写文件完成\n");
16.         return 0;
17.     }
18. }
```

在该程序的第13行代码中，fwrite函数的第1个参数是“ABCDEFG”，在5.3.6节中我们提到过“在代码中被双引号包含的字符串实际上是一个内存地址”，因此传入fwrite的实际上是存储字符串“ABCDEFG\0”的内存地址。第2个参数是8，表示单个数据项的字节数是8（7个字母加1个字符串终止符）。第3个参数是1，表示总共要写入1个数据项。最后1个参数是fp，表示要写入第4行打开的文件D:/Data/Test.txt中。

第13行的代码会写入8字节到打开的文件，程序执行完毕后，可以在D:\Data目录下看到这个文件，如图7-12所示。

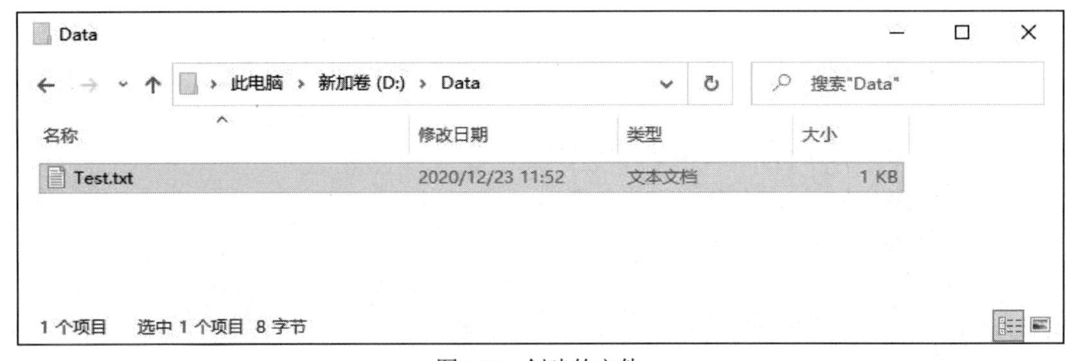

图7-12　创建的文件

这个文件理论上只需要8字节的空间，但实际上操作系统为它分配了1KB的空间。这是由于文件系统中“簇”的大小限制而导致的，你可以忽略这个差异。用记事本打开这个文件，即可看到写入的文件内容，如图7-13所示。

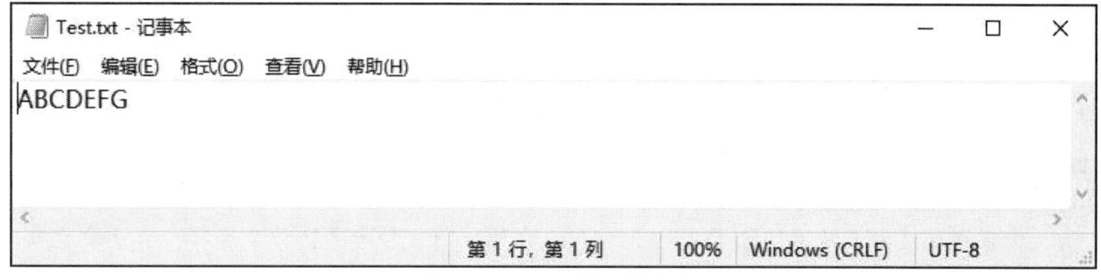

图7-13　Test.txt的文件内容

这样，我们就完成了将内存中的数据写入磁盘文件的任务。你可能已经注意到，在该程序的第14行，我们用到了fclose函数。这个函数主要用于解除对这个文件的占用并关闭文件缓冲区。什么是文件缓冲区？

7.2.3　文件缓冲区

我们知道，内存是速度很快的电子器件，CPU可以直接访问内存中的数据，但诸如硬盘这些外部存储器的速度就远远不如内存（即使是固态硬盘也一样）。

因此当我们要往磁盘文件中多次写入数据时，每一次写入操作后需要等待较长时间才能将数据写入磁盘，在这段时间里无法进行下一次写入，这样一来程序的速度就被降低了。读取数据也一样，每次读取数据都要等到硬盘上的磁头运动完毕才能读取完成。

为了减少这种等待以提高访问外存的速度，操作系统使用了“文件缓冲区”技术，即通过在RAM中占用一块空间以换得文件读写性能的提升。

文件缓冲区是操作系统为每一个打开的文件开辟的一块内存区域，它存在于RAM中。图7-14描述了磁盘文件、缓冲区与程序数据区的关系。

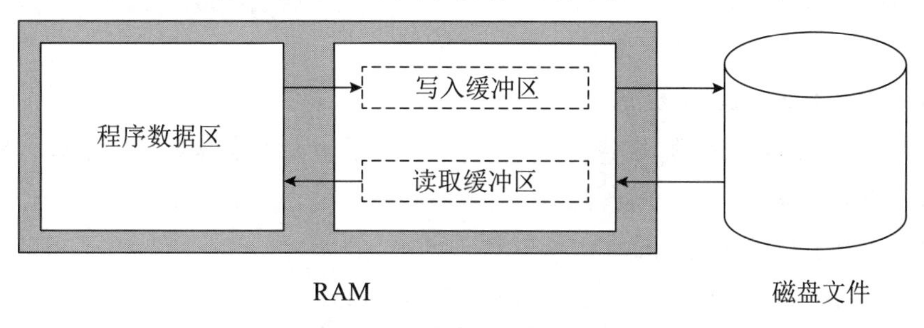

图7-14　内存中的文件缓冲区

在打开一个文件后，磁盘文件的部分或全部会被读入缓冲区，读取文件内容时优先从缓冲区中读取，只有文件缓冲区中不存在要读取的内容时才从磁盘上读入。缓冲区命中率越高，读取文件的速度就越快。

同样地，程序在写文件时，也是优先写在缓冲区中（并不一定及时写入硬盘）。由于RAM的读写速度远远高于对磁盘的读写速度，使用文件缓冲区会大大提高磁盘文件读写的效率。

文件缓冲区由操作系统管理，程序员一般不用对其进行干预。但需要注意的是，在一个文件读写完毕后，应该使用fclose函数关闭文件缓冲区。关闭缓冲区使操作系统将最新的缓冲区数据写入磁盘，防止因意外事故造成数据丢失。

小知识

缓存这种技术很常用，除了在RAM和硬盘之间使用文件缓冲区作为缓存，有些硬盘也自带缓存芯片，容量有16MB、32MB、64MB等。

7.2.4 使用fread函数从磁盘文件读入数据

在写入文件的任务完成后，接下来的问题是如何将磁盘文件中的数据读入内存。写文件是将数据从内存复制到磁盘，而读文件是将数据从磁盘复制到内存。读文件和写文件的方式非常相似，不同之处如下。

- **打开文件的方式不同：**

  使用fopen文件打开文件时，第2个参数不再使用"w"，而是使用"r"。

- **读文件内容使用fread函数：**

  使用fread函数从文件读取数据到内存指定位置。

fread函数的原型如下：

```
size_t fread(void* ptr, size_t size, size_t count, FILE* stream);
```

- **第1个参数void* ptr：**

  它是一个无类型指针，从文件中读入的数据将送入这个指针所指向的内存地址。

- **第2个参数size_t size：**

  它的作用是指定单个数据项的大小。

- **第3个参数size_t count：**

  该参数表示要读入的数据项个数。单个数据项的大小乘以数据项个数，即为要从文件读入的总字节数。

- **第4个参数FILE* stream：**

  该参数即为文件句柄，标识要从哪个文件中读入。

- **fread的返回值：**

  返回成功读取的数据项个数，如果读取文件成功，则返回值应该与参数count相等。

案例7-8的程序将打开并读取之前创建的D:\Data\Test.txt文件，并读取其中的内容到data数组所在的内存空间。

案例7-8　从文件中读数据（L07_08_OPEN_AND_READ_FILE）

```
1. #include <stdio.h>
2. int main()
```

```
3. {
4.     char data[8];
5.     FILE* fp = fopen("D:/Data/Test.txt", "r");
6.     if (fp == NULL)
7.     {
8.         printf("打开文件失败\n");
9.     }
10.    else
11.    {
12.        int count = fread(data, 8, 1, fp);
13.        printf("从文件读取了%d个8字节的数据项,内容为:", count);
14.        printf("%s\n", data);
15.    }
16.    return 0;
17. }
```

第13行代码用于显示fread的返回值，第14行代码用于以字符串形式显示数组中的字符。运行程序，可以看到文件中的“ABCDEFG”被正确读入和显示，如图7-15所示。

```
选择Microsoft Visual Studio 调试控制台
从文件读取了1个8字节的数据项,内容为:ABCDEFG
```

图7-15　读取文件并显示内容

注　意

在使用fread函数时，需要注意：

（1）打开文件后第一次调用fread函数，会从文件的第一字节开始读取数据；每次读取完毕后系统都会“记住”当前读取完毕的位置，下次再调用fread函数会自动从当前读取完毕的位置继续向后读取。

（2）每次调用fread函数时通过size和count两个参数决定要读取的总字节数，但如果文件本身的大小小于指定的总字节数或者文件中剩余部分的内容小于总字节数，均会导致fread读取失败。fread返回成功读取的数据项个数，如果读取文件成功，则返回值应该与参数count相等。

至此，我们已经学会了向文本文件写入数据、从文本文件中读取数据并将其显示出来的方法，接下来我们需要学习如何将存储牌价的结构体数据存入文件，以及将它显示出来的方法。

7.3　将结构体存入磁盘文件

掌握了文件读写的基本方法，现在就可以将读到的外汇牌价数据存入磁盘文件中了。

7.3.1 获取牌价数据并写入磁盘文件

在7.1.6节中，我们已经将外汇牌价读入结构体，接下来可以将结构体中的数据存入磁盘文件。

```
1. #include <stdio.h>
2. #include "D:/BC101/Libraries/BOCRates/BOCRates.h"
3. #pragma comment(lib, "D:/BC101/Libraries/BOCRates/BOCRates.lib")
4.
5. int main()
6. {
7.     ExchangeRate USDRates;
8.     int result = GetRateRecordByCode("USD", &USDRates);
9.     //此处加入保存美元牌价数据至磁盘的代码
10.    return 0;
11. }
```

第8行代码调用GetRateRecordByCode函数，将最新的美元牌价数据存入结构体变量USDRates中，当函数的返回值是1时表示获取牌价成功。

结合7.2节的程序，你应该不难写出将结构体保存至文件的程序（注意第12行fopen函数的第2个参数值为“wb”[①]），如案例7-9所示。

案例7-9 保存美元牌价数据到磁盘文件（L07_09_SAVE_USD_RATES）

```
1. #include <stdio.h>
2. #include "D:/BC101/Libraries/BOCRates/BOCRates.h"
3. #pragma comment(lib, "D:/BC101/Libraries/BOCRates/BOCRates.lib")
4.
5. int main()
6. {
7.     ExchangeRate USDRates;
8.     int result = GetRateRecordByCode("USD", &USDRates);
9.
10.    if (result == 1)
11.    {
12.        FILE* fp = fopen("D:/Data/USDRates.txt", "wb");
13.        if (fp != NULL)
14.        {
15.            fwrite(&USDRates, sizeof(ExchangeRate), 1, fp);
16.            fclose(fp);
17.            printf("获取和保存美元牌价数据成功\n");
18.        }
19.    }
20.
21.    return 0;
22. }
```

① 使用fopen函数时，第2个参数如果为“w”则以文本方式打开文件，如果为“wb”则以二进制方式打开文件。以文本方式打开文件时，fwrite函数每碰到一个0x0A时，就在它的前面自动加入0x0D，其他内容不做添加操作。汇率数据应以二进制文件形式保存。

当GetRateRecordByCode的返回值是1时，尝试创建D:/Data/USDRates.txt文件；当创建文件成功（fp！=NULL）后，使用fwrite函数写入文件内容。

```
fwrite(&USDRates, sizeof(ExchangeRate), 1, fp);
```

&USDRates取得结构体变量的首地址，sizeof（ExchangeRate）计算结构体变量占用的字节数（不要固定地写104字节以便程序能适应未来可能的变化），第3个参数值为1表示写入一个数据项，fp是文件句柄。运行程序后得到如图7-16的结果。

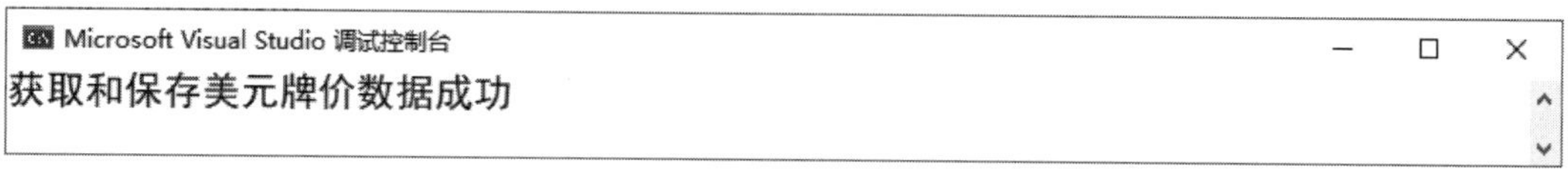

Microsoft Visual Studio 调试控制台

获取和保存美元牌价数据成功

图7-16　获取和保存美元牌价数据

7.3.2　分析输出文件的内容

接下来可以用记事本打开刚刚创建的文件，可看到如图7-17所示的内容。

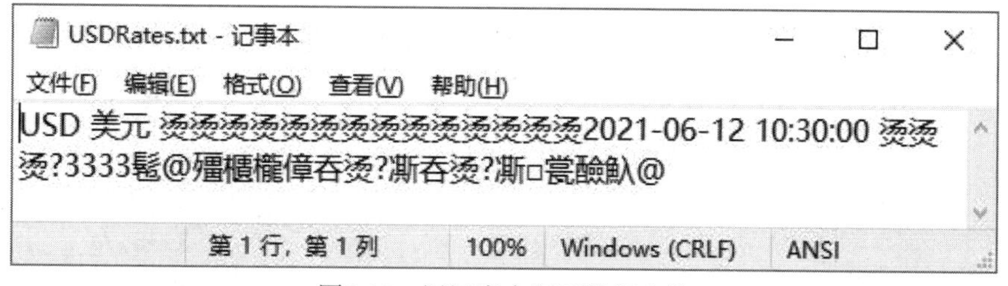

图7-17　用记事本打开数据文件

可以看到在记事本中除了“USD”“美元”这些可以阅读的文本，还有一些“烫”字和乱码。在5.3.6节中我们介绍过“烫”字的来源：在调试模式下字符数组元素的初始值都是0xCC，两个0xCC则是中文“烫”的编码。后面出现的一些“廻”“澌”等汉字实际上是数值型数据，在记事本中它们无法被正常显示。

作为程序员，经常需要分析文件中的内容，在未来使用其他语言编程时还需要分析各种文件数据、报文数据的详细内容，这样才会了解一些可能引发bug的细节。

Visual Studio提供了查看二进制的编辑器，可清楚地了解文件中每字节的内容。

第1步： 在Visual Studio的“文件”菜单中选择“打开”菜单项下的“文件”选项，找到D:\Data目录并选择USDRates.txt文件；单击“打开”按钮右侧的下拉箭头，选择“打开方式”，如图7-18所示。

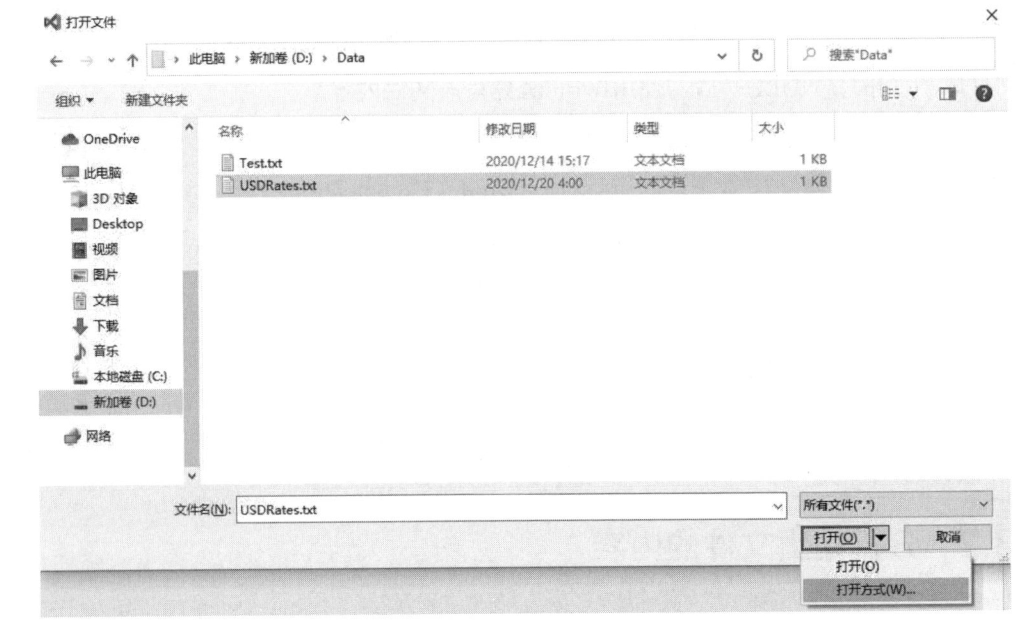

图7-18 打开文件时选择“打开方式”

第2步：在“打开方式”窗口中，选择“二进制编辑器”选项，如图7-19所示。

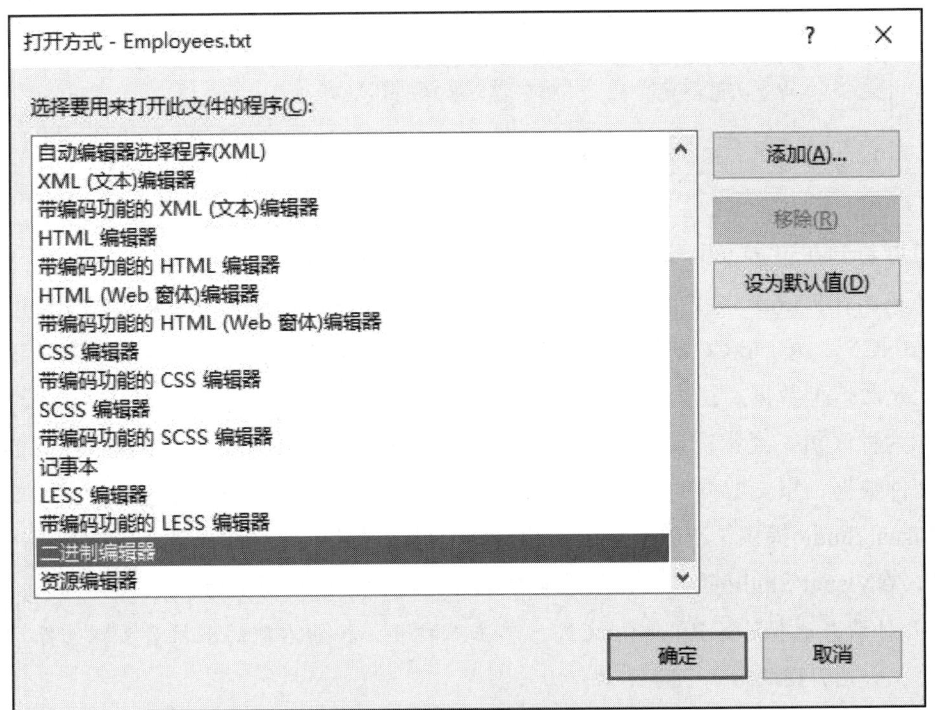

图7-19 选择二进制编辑器

第3步：单击“确定”按钮，就可以以二进制的方式打开文件。

在打开后的编辑器窗口（如图7-20所示）中每行显示16字节的内容。编辑器窗口中的内容分为三部分，最左侧的窗格显示这一行数据在文件中的位置（偏移量），中间的窗格显示每字节的十六进制值，右侧的窗格显示这些十六进制值对应的ASCII字符。

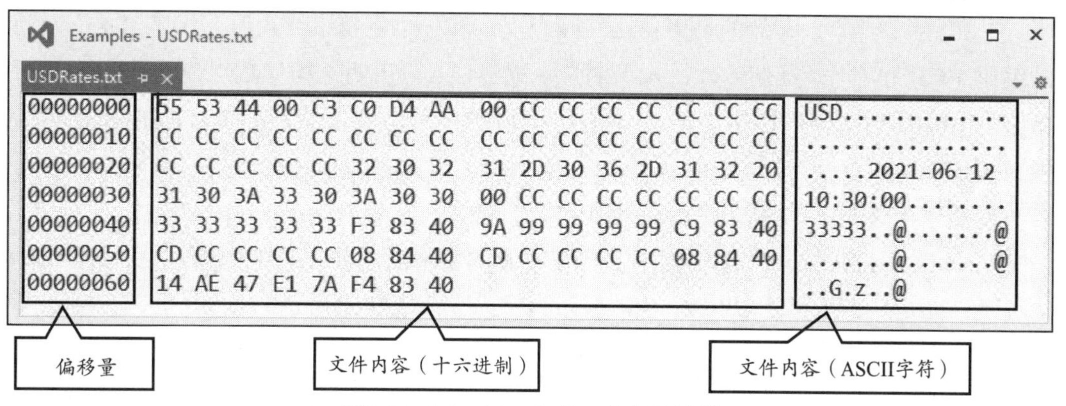

图7-20　Visual Studio的二进制编辑器

在写入磁盘文件时结构体所在内存区域中的内容会被完整地写入磁盘文件，即使内存中有些无用的数据也会被一同写入。这看上去浪费了磁盘空间，但它带来的好处是每一条记录占用的字节数都是一致的，任何一条记录的起始位置都可以通过简单的计算得出，这样一来对文件中的数据进行检索、排序都变得比较简单。

数据文件的内容与结构体在内存中的内容是完全一致的，接下来我们来看文件的内容。

- **第1～4字节——char CurrencyCode[4]**

结构体的成员数组char CurrencyCode[4]对应文件的第1～4字节，字符型数据是用ASCII描述的，因此文件的第1～4字节存储的是字符的编码，文件编辑器以十六进制显示它们。图7-21是U、S、D这三个字母的编码，可以在图7-22的开始部分看到它们（55、53、44），图7-22的后续部分则是文件的其他内容。

字符	编码(十进制)	编码(十六进制)
U	85	55
S	83	53
D	68	44

图7-21　U、S、D的ASCII与十六进制编码

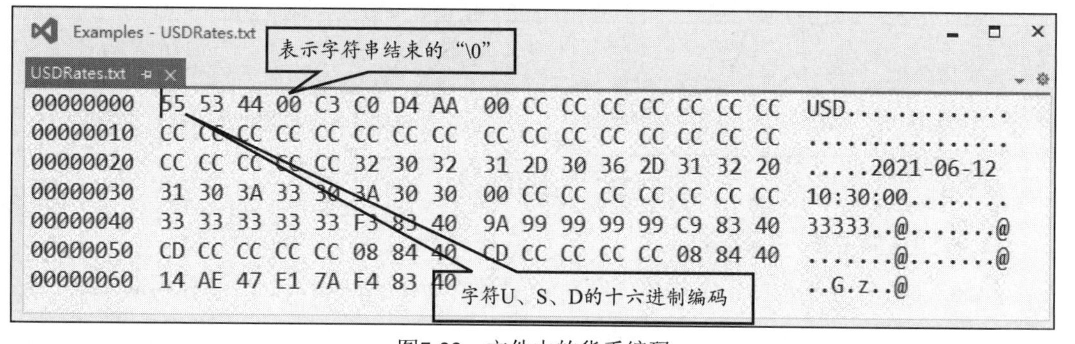

图7-22　文件中的货币编码

● **第5～37字节——char CurrencyName[33]**

从第5字节开始，存储的是“美元”两个汉字和一个字符串终止符。汉字“美”对应的编码是C3C0（十六进制），“元”对应的是D4AA。声明结构体数组CurrencyName时指定的大小是33字节，存储“美元”时实际使用5字节，余下的28字节目前被填充为CC（因为调试模式下VC编译器会以十六进制数0xCC填充未初始化的内存，数据文件的内容与结构体在内存中的内容是完全一致的）。

Visual Studio的二进制编辑器不支持在右侧的窗格显示非ASCII字符，因此没有显示“美元”而是显示了“.”；0xCC也被显示为“.”，如图7-23所示。

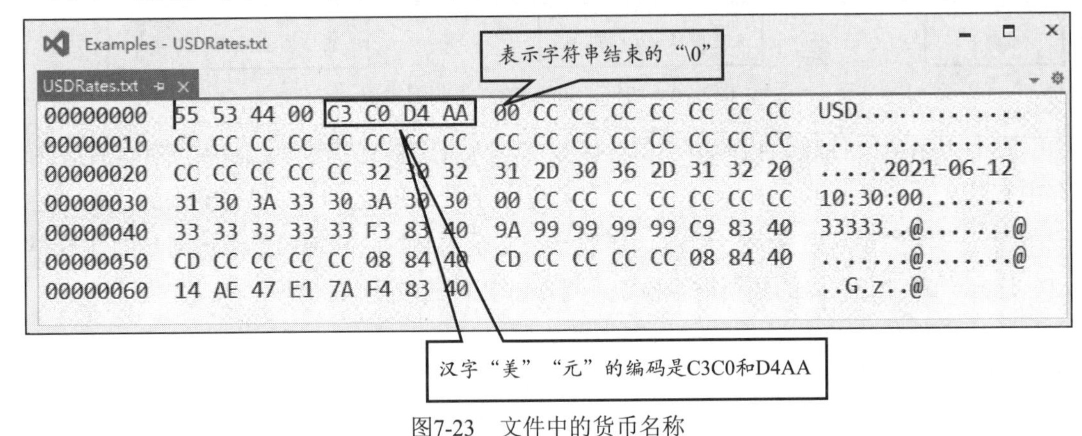

图7-23　文件中的货币名称

● **第38～57字节——char PublishTime[20]**

接下来的20字节是用于存放发布时间的字符数组PublishTime。同样，它的内容也以字符串终止符结束，如图7-24所示。

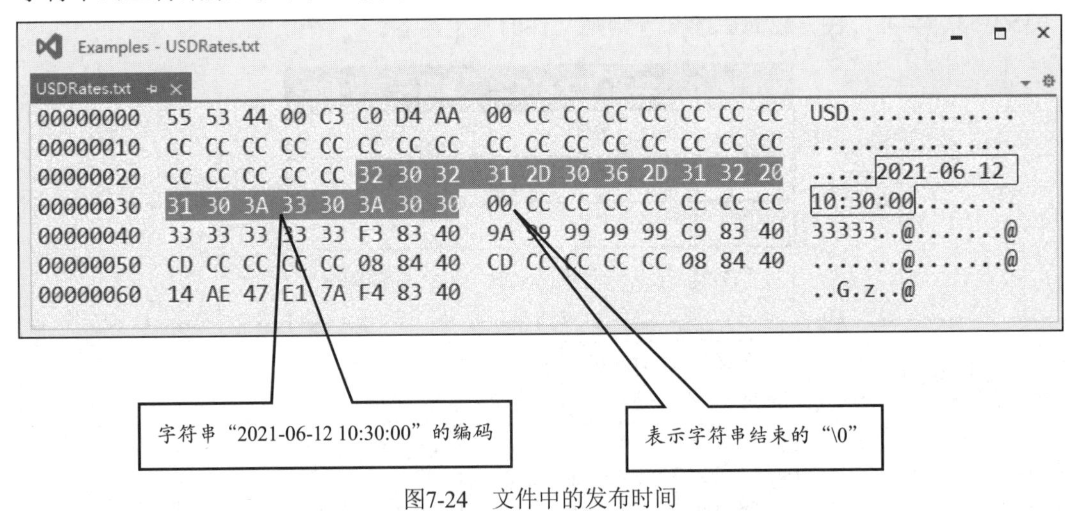

图7-24　文件中的发布时间

● **第58～64字节——闲置**

第58～64这7字节是出于结构体内存对齐的目的而被强制插入的、不使用的字节。它们也会被写到数据文件中，如图7-25所示。

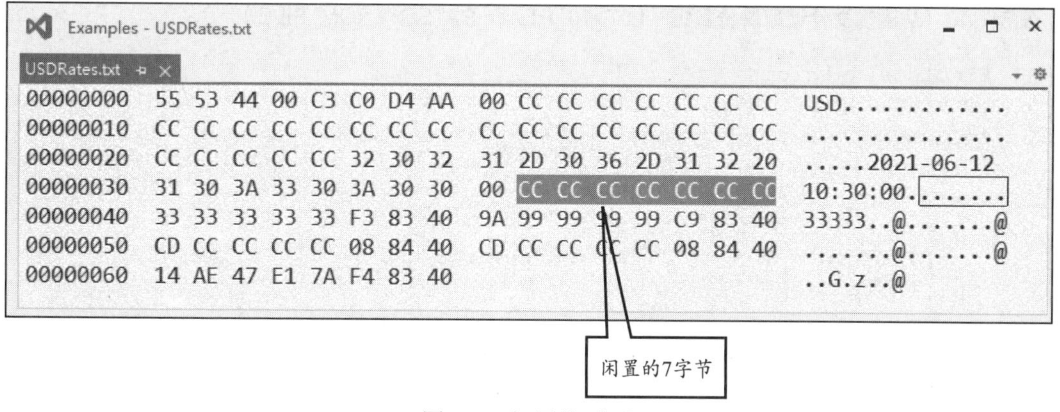

图7-25　闲置的7字节

- **第65～104字节——外汇牌价**

余下的40字节是5个外汇牌价使用的，每个double类型占用8字节。需要注意的是数字并不是以ASCII的形式在内存和磁盘上存储的，因此不能直接在二进制编辑器里阅读它的内容，如图7-26所示。

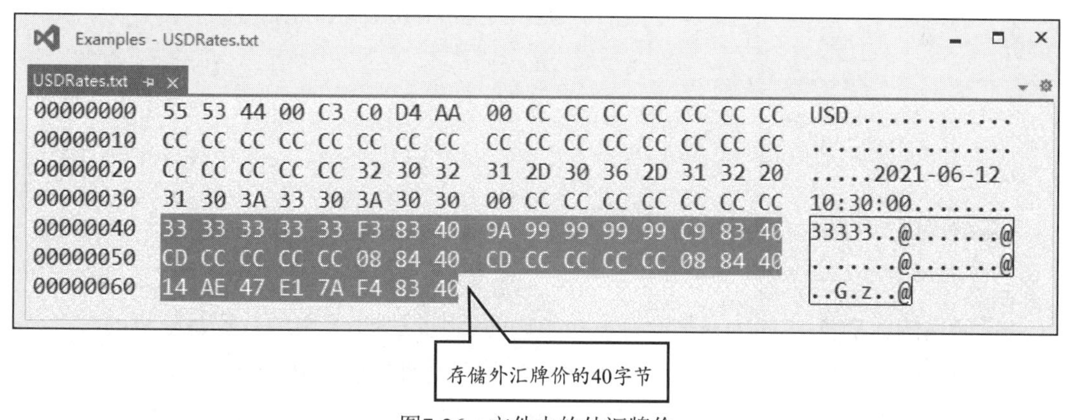

图7-26　文件中的外汇牌价

这40字节存储的值分别是638.40、633.20、641.10、641.10和638.56。如果读者好奇为什么浮点数在内存和磁盘文件里被这样描述，可另行查阅相关资料。

7.3.3　从磁盘文件读入数据到结构体

外汇牌价数据已经被写入磁盘文件，文件内容也已分析完毕，分析结果符合磁盘文件存储的原理和我们的期望。接下来，我们要考虑如何将磁盘文件中存储的数据重新读入内存。

在本节中，我们的目标是打开D:\Data\USDRates.txt这个文件，然后将其中的牌价数据重新显示出来。fopen、fread和fwrite函数我们均已掌握，因此可以完成案例7-10所示的程序。

案例7-10　从磁盘文件读取牌价数据（L07_10_READ_RATES_FROM_FILE）

```
1. #include <stdio.h>
2. #include "D:/BC101/Libraries/BOCRates/BOCRates.h"
3. #pragma comment(lib, "D:/BC101/Libraries/BOCRates/BOCRates.lib")
4. int main()
5. {
6.     ExchangeRate USDRates;
7.     FILE* fp = fopen("D:/Data/USDRates.txt", "rb");
8.     if (fp != NULL)
9.     {
10.         int count = fread(&USDRates, sizeof(ExchangeRate), 1, fp);
11.         if (count > 0)
12.         {
13.             printf("%s\n", USDRates.CurrencyCode);
14.             printf("%s\n", USDRates.CurrencyName);
15.             printf("%s\n", USDRates.PublishTime);
16.             printf("%.2f\n", USDRates.BuyingRate);
17.             printf("%.2f\n", USDRates.CashBuyingRate);
18.             printf("%.2f\n", USDRates.SellingRate);
19.             printf("%.2f\n", USDRates.CashSellingRate);
20.             printf("%.2f\n", USDRates.MiddleRate);
21.         }
22.         fclose(fp);
23.     }
24.     return 0;
25. }
```

第6行代码声明结构体：

```
6.     ExchangeRate USDRates;
```

此时结构体变量USDRates是没有被初始化的，换句话说其中的数据是随机的。

第7行代码以“rb”方式（读二进制文件）打开文件D:\Data\USDRates.txt，当文件打开成功时指针fp不为空。第10行代码尝试使用fread函数读取数据。当fread函数返回1时，表示已成功读取到数据。第13～20行代码负责将读取到的数据显示出来。程序运行结果如图7-27所示。

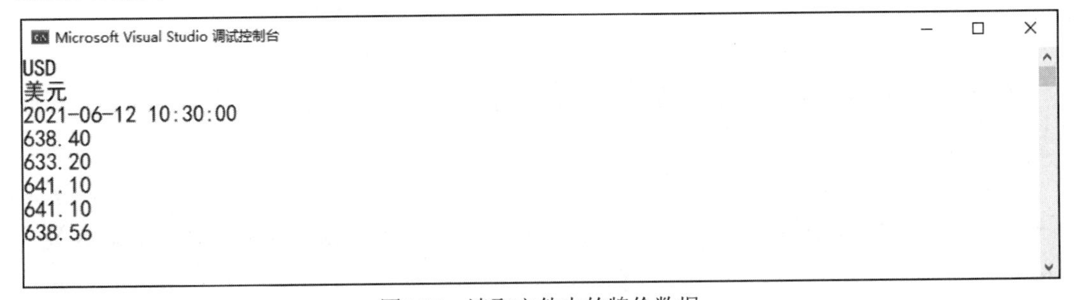

图7-27　读取文件中的牌价数据

7.4　获取和保存全部外币牌价数据

现在，我们已经可以一次获得某一种外币的牌价数据，并将其显示或保存起来，也可以从文件中读取已保存的牌价数据。但是，在外汇牌价看板中需要显示26种外币牌价，它们的名称和代码如表7-4所示。

表7-4　货币名称与货币代码

货币名称	货币代码	货币名称	货币代码	货币名称	货币代码
阿联酋迪拉姆	AED	印尼卢比	IDR	卢布	RUB
澳大利亚元	AUD	印度卢比	INR	沙特里亚尔	SAR
巴西里亚尔	BRL	日元	JPY	瑞典克朗	SEK
加拿大元	CAD	韩国元	KRW	新加坡元	SGD
瑞士法郎	CHF	澳门元	MOP	泰国铢	THB
丹麦克朗	DKK	林吉特	MYR	土耳其里拉	TRY
欧元	EUR	挪威克朗	NOK	美元	USD
英镑	GBP	新西兰元	NZD	南非兰特	ZAR
港币	HKD	菲律宾比索	PHP		

牌价接口库提供了一次性取得全部外币牌价的函数，但我们现在不打算使用它。

如果只允许使用现有的知识和信息，并且只允许使用GetRateRecordByCode函数，如何实现获得全部外币牌价的功能呢？

7.4.1　使用结构体数组存储多种外币牌价

针对这种之前没有先例可循的任务，读者很有可能又陷入没有思路的困境。此前我们提到过，当编程没有思路的时候考虑这样几个问题：

- 数据在内存中如何存储？
- 要处理的数据从哪里来？
- 如何处理（计算）数据？
- 如何输出数据？

先来思考如何存储26种货币的牌价。

无论如何我们也不愿意定义26个结构体变量来存储26种外币的牌价，读者可能已经想到了——使用数组。之前我们学习过数组，并定义过字符数组、整型数组和双精度型数组。数组的实质就是多个相同类型变量的集合，集合的每一个元素就是一个变量。我们当然也可以基于结构体定义数组，例如：

```
struct EXCHANGE_RATE allRates[26];
```

如果已经基于结构体定义了新的数据类型名，也可以直接使用新的类型名：

```
ExchangeRate allRates[26];
```

此处的allRates是数组名，这相当于在内存中分配了26×104字节的内存空间，结构体数组按照顺序存储这26个结构体变量。换句话说第1～104字节被第1个数组元素占用，第105～208字节被第2个数组元素占用……以此类推。

要访问其中任何一个结构体元素，和访问普通数组元素一样使用中括号和索引即可。你可以把allRates[0]当作一个结构体变量名来操作。需要记住的是，由于结构体变量是有成员的，所以要使用点运算符（.）来操作结构体变量的成员。下面的代码表示给结构体数组中第1个元素（索引值为0）的BuyingRate成员变量赋值。

```
allRates[0].BuyingRate = 653.07;
```

中括号中除了数字常量也可以使用整型变量，例如：

```
allRates[i].BuyingRate = 653.07;
```

下面程序的第11行给结构体数组的第1个元素的成员BuyingRate赋值为653.07，而第12行则是使用strCopy函数改变结构体数组中第1个元素的数组成员CurrencyName的值。

```
1. #include <stdio.h>
2. #include "D:/BC101/Libraries/Mars/str.h"
3. #include "D:/BC101/Libraries/Mars/input.h"
4. #include "D:/BC101/Libraries/BOCRates/BOCRates.h"
5. #pragma comment(lib, "D:/BC101/Libraries/Mars/Mars.lib")
6. #pragma comment(lib, "D:/BC101/Libraries/BOCRates/BOCRates.lib")
7.
8. int main()
9. {
10.     ExchangeRate allRates[26];
11.     allRates[0].BuyingRate = 653.07;
12.     strCopy(allRates[0].CurrencyName, "美元");
13.     printf("%s\n", allRates[0].CurrencyName);
14.     printf("%.2f\n", allRates[0].BuyingRate);
15.     return 0;
16. }
```

第13、14行代码用于显示刚刚赋值的内容。图7-28所示是程序运行的结果。

```
Microsoft Visual Studio 调试控制台
美元
653.07
```

图7-28　结构体数组元素的赋值与取值

7.4.2　取得外币牌价并存入结构体数组

现在，已经准备好了可以存储26种外币牌价数据的结构体数组allRates，接下来就要考虑如何获取26种外币牌价数据并依次存入结构体数组allRates中。

不要试图一步到位地写出最终可用代码，不如先思考如何获取美元牌价并存入allRates[0]中。之前我们学习过，调用GetRateRecordByCode函数时，只要将货币代码和结构体变量的地址作为参数传入，就可以获取这种货币的全部牌价数据并自动填充结构体变量。之前使用它的方式是：

```
ExchangeRate USDRates;
int result = GetRateRecordByCode("USD", &USDRates);
```

此处的USDRates是结构体变量，在它前面加上&运算符就可以取得它的内存地址。我们向GetRateRecordByCode函数传入结构体变量USDRates的地址，函数内部的代码负责向结构体变量中存入最新的牌价数据。

现在，我们希望GetRateRecordByCode能够向结构体数组元素allrates[0]中存入最新的美元牌价数据，同样也可以用&运算符。以下是例子：

```
1. ExchangeRate allRates[26];
2. GetRateRecordByCode("USD", &allRates[0]);
```

第2行代码的&allRates[0]取得结构体数组第1个元素的地址，这样就可以将美元牌价存入allRates[0]中了。我们暂时不理会它，完整的程序如下案例7-11所示。

案例7-11　将外币牌价读取到结构体数组（L07_11_READ_RATES_TO_STRUCTURE_ARRAY）

```
1. #include <stdio.h>
2. #include "D:/BC101/Libraries/BOCRates/BOCRates.h"
3. #pragma comment(lib, "D:/BC101/Libraries/BOCRates/BOCRates.lib")
4.
5. int main()
6. {
7.     ExchangeRate allRates[26];
8.     GetRateRecordByCode("USD", &allRates[0]);
9.     printf("%s\t", allRates[0].CurrencyCode);
10.    printf("%s\t", allRates[0].CurrencyName);
11.    printf("%s\t", allRates[0].PublishTime);
12.    printf("%.2f\t", allRates[0].BuyingRate);
13.    printf("%.2f\t", allRates[0].CashBuyingRate);
14.    printf("%.2f\t", allRates[0].SellingRate);
15.    printf("%.2f\t", allRates[0].CashSellingRate);
16.    printf("%.2f\n", allRates[0].MiddleRate);
17.    return 0;
18. }
```

这个程序调整了输出牌价的格式，将一种外币的全部牌价数据显示在一行中。请注意观察第9～16行代码。程序运行的结果如图7-29所示。

```
Microsoft Visual Studio 调试控制台
USD	美元	2021-06-12 10:30:00	638.40	633.20	641.10	641.10	638.56
```

图7-29　显示结构体数组中的美元牌价

7.4.3　将显示外币牌价的代码封装成函数

我们发现现在的main函数中第9～16行代码是用于显示外币牌价的，考虑到输出外币牌价是经常要进行的工作，应该将第9～16行代码设计成一个函数，便于未来多次调用。

和以前一样，在开始进行函数设计之前要考虑下面的问题。

- **函数的功能是什么？**

  函数完成显示类型为ExchangeRate的结构体变量各成员变量的值。

- **函数的名字是什么？**

  displayRate，意即“显示汇率”。

- **函数需要传入哪些参数？**

  函数需要传入一个类型为ExchangeRate的结构体变量。

- **函数是否需要返回值？返回何种类型的值？**

  函数不需要返回值，因为我们假定printf函数都是可以执行成功的。

确定了这些，函数的原型就确定了：

```
void displayRate(ExchangeRaterate)
```

结构体数组的元素可以被当作参数传入这个函数。函数定义以及在main函数中调用的代码如下。

```
1. #include <stdio.h>
2. #include "D:/BC101/Libraries/BOCRates/BOCRates.h"
3. #pragma comment(lib, "D:/BC101/Libraries/BOCRates/BOCRates.lib")
4.
5. void displayRate(ExchangeRate rate)
6. {
7.     printf("%s\t", rate.CurrencyCode);
8.     printf("%s\t", rate.CurrencyName);
9.     printf("%s\t", rate.PublishTime);
10.    printf("%.2f\t", rate.BuyingRate);
11.    printf("%.2f\t", rate.CashBuyingRate);
12.    printf("%.2f\t", rate.SellingRate);
13.    printf("%.2f\t", rate.CashSellingRate);
14.    printf("%.2f\n", rate.MiddleRate);
15. }
16.
17. int main()
18. {
19.     ExchangeRate allRates[26];
20.     GetRateRecordByCode("USD", &allRates[0]);
21.     displayRate(allRates[0]);
22.     return 0;
23. }
```

运行程序得到与之前相同的结果，这又是一个模块化程序设计的例子。

模块化程序设计

模块化程序设计是指在进行程序设计时将一个“大程序”按照功能划分为若干个“小程序”，每个小程序完成一个确定的功能，并在这些小程序之间建立必要的联系，通过小程序的互相协作完成整个功能的程序设计方法。

7.4.4 获取全部外币牌价

当将显示外币牌价的代码封装成一个函数，main函数内的代码减少到只有4行时，读者可能会发现要显示所有外币牌价似乎并不是一件很难的事。只需重复第20、21行代码，并改动货币代码即可（下面的程序省略了之前程序的1～16行）。

```
17. int main()
18. {
19.     ExchangeRate allRates[26];
20.     GetRateRecordByCode("AED", &allRates[0]);
21.     displayRate(allRates[0]);
22.     GetRateRecordByCode("AUD", &allRates[1]);
23.     displayRate(allRates[1]);
24.     GetRateRecordByCode("BRL", &allRates[2]);
25.     displayRate(allRates[2]);
26.     GetRateRecordByCode("CAD", &allRates[3]);
27.     displayRate(allRates[3]);
28.     GetRateRecordByCode("CHF", &allRates[4]);
29.     displayRate(allRates[4]);
30.     return 0;
31. }
```

虽然这个方法很蠢，但它起作用就好了。程序运行的结果如7-30所示。

```
Microsoft Visual Studio 调试控制台
AED   阿联酋迪拉姆   2021-06-12 10:30:00   -1.00    168.04   -1.00    180.52   173.83
AUD   澳大利亚元     2021-06-12 10:30:00   491.06   475.81   494.68   496.87   494.89
BRL   巴西里亚尔     2021-06-12 10:30:00   -1.00    119.79   -1.00    136.01   126.35
CAD   加拿大元       2021-06-12 10:30:00   523.96   507.41   527.82   530.15   527.97
CHF   瑞士法郎       2021-06-12 10:30:00   709.52   687.62   714.50   717.56   713.67
```

图7-30 显示多种外币牌价

不要介意其中有些价格显示为“-1.00”，这是一个特别的约定：当中行不提供这种交易方式报价时，牌价接口库会针对这种价格返回-1.00。未来我们在显示数据时过滤掉-1.00即可。所有显示-1.00的地方在中行公布的牌价里都显示为空。用一个不合逻辑、不应该存在的数值表示某种特殊情况也是程序设计中常用的技巧。

只要读者有足够的耐心，完全可以根据之前提供的货币代码表，通过复制、粘贴、修改代码的方式显示全部26种外币的牌价。但是这种方式实在是有些愚蠢，可不可以更精简呢？

1. 使用循环精简代码

再来观察这些“重复的”代码：

```
20.     GetRateRecordByCode("AED", &allRates[0]);
21.     displayRate(allRates[0]);
22.     GetRateRecordByCode("AUD", &allRates[1]);
23.     displayRate(allRates[1]);
24.     GetRateRecordByCode("BRL", &allRates[2]);
25.     displayRate(allRates[2]);
```

```
26.    GetRateRecordByCode("CAD", &allRates[3]);
27.    displayRate(allRates[3]);
28.    GetRateRecordByCode("CHF", &allRates[4]);
29.    displayRate(allRates[4]);
```

读者会发现这5段代码基本是一样的。这时你本能地会想到使用循环来精简代码。我们知道中括号中的内容可以用循环的控制变量来取代，但是你会有一个疑问：如何让循环每次执行时使用的货币代码不同？

2. 使用二维数组存储货币代码

如果这26个货币代码也被预先保存在一个数组中，问题不就迎刃而解了吗？以下是解决该问题的具体方法。

在案例7-12中的第19行定义了一个“二维数组”，将所有货币代码存入其中。每次循环执行时，第22行的codes[i]利用循环控制变量i按顺序取出货币代码并作为GetRateRecordByCode的参数，这样就实现了每次调用该函数时依次使用不同的货币代码的功能。

案例7-12　逐一读取所有外币牌价（L07_12_READ_RATES_ONE_BY_ONE）

```
1. #include <stdio.h>
2. #include "D:/BC101/Libraries/BOCRates/BOCRates.h"
3. #pragma comment(lib, "D:/BC101/Libraries/BOCRates/BOCRates.lib")
4. void displayRate(ExchangeRate rate)
5. {
6.    printf("%s\t", rate.CurrencyCode);
7.    printf("%s\t", rate.CurrencyName);
8.    printf("%s\t", rate.PublishTime);
9.    printf("%.2f\t", rate.BuyingRate);
10.   printf("%.2f\t", rate.CashBuyingRate);
11.   printf("%.2f\t", rate.SellingRate);
12.   printf("%.2f\t", rate.CashSellingRate);
13.   printf("%.2f\n", rate.MiddleRate);
14. }
15.
16. int main()
17. {
18.    const char codes[26][4] = {"AED","AUD","BRL","CAD","CHF","DKK",
       "EUR","GBP","HKD","IDR","INR","JPY","KRW","MOP","MYR","NOK",
       "NZD","PHP","RUB","SAR","SEK","SGD","THB","TRY","USD","ZAR" };
19.    ExchangeRate allRates[26];
20.    for (int i = 0; i <= 25; i++)
21.    {
22.        GetRateRecordByCode(codes[i], &allRates[i]);
23.        displayRate(allRates[i]);
24.    }
25.    return 0;
26. }
```

程序运行的结果如图7-31所示。

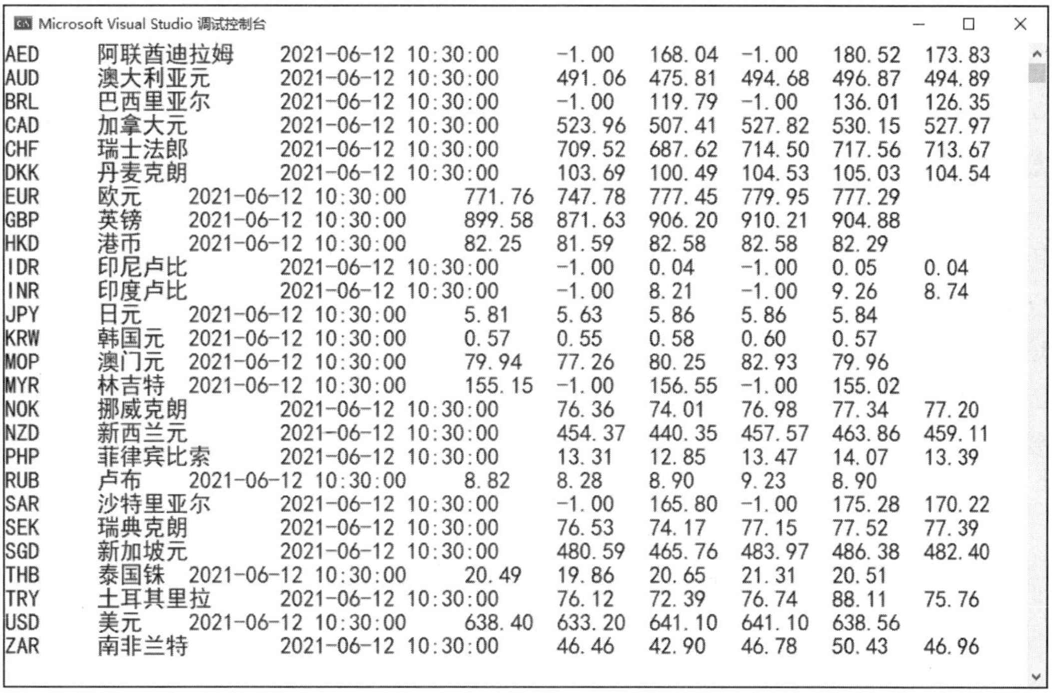

```
Microsoft Visual Studio 调试控制台
AED     阿联酋迪拉姆    2021-06-12 10:30:00     -1.00   168.04  -1.00   180.52  173.83
AUD     澳大利亚元      2021-06-12 10:30:00     491.06  475.81  494.68  496.87  494.89
BRL     巴西里亚尔      2021-06-12 10:30:00     -1.00   119.79  -1.00   136.01  126.35
CAD     加拿大元        2021-06-12 10:30:00     523.96  507.41  527.82  530.15  527.97
CHF     瑞士法郎        2021-06-12 10:30:00     709.52  687.62  714.50  717.56  713.67
DKK     丹麦克朗        2021-06-12 10:30:00     103.69  100.49  104.53  105.03  104.54
EUR     欧元    2021-06-12 10:30:00     771.76  747.78  777.45  779.95  777.29
GBP     英镑    2021-06-12 10:30:00     899.58  871.63  906.20  910.21  904.88
HKD     港币    2021-06-12 10:30:00     82.25   81.59   82.58   82.58   82.29
IDR     印尼卢比        2021-06-12 10:30:00     -1.00   0.04    -1.00   0.05    0.04
INR     印度卢比        2021-06-12 10:30:00     -1.00   8.21    -1.00   9.26    8.74
JPY     日元    2021-06-12 10:30:00     5.81    5.63    5.86    5.86    5.84
KRW     韩国元  2021-06-12 10:30:00     0.57    0.55    0.58    0.60    0.57
MOP     澳门元  2021-06-12 10:30:00     79.94   77.26   80.25   82.93   79.96
MYR     林吉特  2021-06-12 10:30:00     155.15  -1.00   156.55  -1.00   155.02
NOK     挪威克朗        2021-06-12 10:30:00     76.36   74.01   76.98   77.34   77.20
NZD     新西兰元        2021-06-12 10:30:00     454.37  440.35  457.57  463.86  459.11
PHP     菲律宾比索      2021-06-12 10:30:00     13.31   12.85   13.47   14.07   13.39
RUB     卢布    2021-06-12 10:30:00     8.82    8.28    8.90    9.23    8.90
SAR     沙特里亚尔      2021-06-12 10:30:00     -1.00   165.80  -1.00   175.28  170.22
SEK     瑞典克朗        2021-06-12 10:30:00     76.53   74.17   77.15   77.52   77.39
SGD     新加坡元        2021-06-12 10:30:00     480.59  465.76  483.97  486.38  482.40
THB     泰国铢  2021-06-12 10:30:00     20.49   19.86   20.65   21.31   20.51
TRY     土耳其里拉      2021-06-12 10:30:00     76.12   72.39   76.74   88.11   75.76
USD     美元    2021-06-12 10:30:00     638.40  633.20  641.10  641.10  638.56
ZAR     南非兰特        2021-06-12 10:30:00     46.46   42.90   46.78   50.43   46.96
```

图7-31 26次函数调用获取的外币牌价

我们不深入讨论二维数组以避免注意力被分散，只需将上述代码输入和运行即可。现在我们已经完整地取出全部26种货币的牌价并且将它们显示出来，要将其存入磁盘文件也不是一件太难的事——只要将结构体数组整个存入磁盘文件就可以了。但是，调用26次GetRateRecordByCode函数来获得全部牌价有明显的缺陷，主要表现在：

- 客户端需要与服务器连接26次来获取数据。每次连接服务器都需要额外的时间来建立连接，同时也浪费网络和服务器资源。读者可能会发现显示牌价信息时是逐行显示的，因为每次连接网络都会耗费时间；
- 如果中行的外汇交易种类发生变化（增加或减少），则客户端程序需要修改和重新安装，这会增加系统出故障的风险和运维成本。

牌价接口库的作者应该提供更友好的方式帮助我们取得全部外币牌价。

7.4.5 一次获取全部牌价

这时可以去和牌价接口库的作者沟通，表达“我们希望有一个新的函数帮助我们一次性获得全部外币牌价”的愿望。

首先，我们约定这个函数的名字是GetAllRates，调用它可以实现：

- 返回外币种类总数（整型值）；
- 将全部外币牌价数据填充到一个结构体数组中。

调用时使用下面的代码是最简单的：

```
1. ExchangeRate allRates[26];
```

```
2. int count = GetAllRates(allRates);
```

第1行代码定义了一个结构体数组。第2行代码调用GetAllRates函数并将数组首地址传入其中，要求这个函数能将获得的全部牌价填充到数组里，调用完成后将外币种类总数返回给变量count。

但这样做实际上是有问题的，数组allRates的大小是固定的26，即它只能容纳26种外币牌价数据。当未来外币种类发生变化时它的大小就需要调整，否则当外币种类减少时会出现浪费空间的情况，而外币种类增加时（超过26种）GetAllRates函数可能会将数据填充到数组以外的空间。这就如同开车到加油站对操作工说“加油站有多少油都给我加上”，后果会很严重（溢出油箱）。所以这种设计不能满足要求，需要另想办法，一种妥协的方案是：

- 先调用一个函数获取外币总数；
- 再根据这个数量声明结构体数组的大小。

这类似于先根据加油量准备好容器再去加油，调用代码如下。

```
1. int count = GetCurrencyCount();   //先获取外币总数
2. ExchangeRate allRates[count];     //再根据外币总数声明数组
3. GetAllRates(allRates);            //然后将数组地址传给GetAllRates函数
```

这样的思路是正确的，但由于C语言的限制，上面的代码实际上不能通过编译——**不可以使用变量定义数组的大小**。这个问题比较容易解决，因为我们知道可以使用动态分配的内存来“伪造”数组，将代码改成这样就行了：

```
1. int count = GetCurrencyCount();
2. ExchangeRate* allRates=(ExchangeRate*)malloc(sizeof(ExchangeRate)*count);
3. GetAllRates(allRates);
```

第1行代码先获取外币总数。第2行代码使用malloc函数分配一块内存，分配的空间大小是sizeof（ExchangeRate）*count（单个结构体的大小乘以外币总数），空间首地址赋值给指针变量allRates。第3行代码中的GetAllRates函数就可以根据这个首地址将全部牌价数据填入其中，接下来就可以使用这些数据了。但这种做法仍然存在缺陷，表现在：

- 需要分两次调用GetCurrencyCount和GetAllRates函数，这需要与服务器之间进行两次数据传输，会浪费时间；
- 两个函数调用之间存在时间差，不排除调用GetCurrencyCount函数得到结果之后、GetAllRates函数调用之前外币数量发生变化的极端情况。在这种极端情况下可能发生GetCurrencyCount函数得到的值是26，而GetAllRates函数填充的数据不是26种外币牌价的情况。

这种极端情况在外汇牌价看板系统中发生的概率小到可以忽略，但在其他系统中则比较常见。例如电商系统在秒杀活动时订单总量的变化非常快，如果这样设计程序可能就会出错。程序员对此一定要有风险意识和防范措施。

因此，我们希望在调用GetAllRates函数前无须获取外币的总数来分配内存，而是让GetAllRates函数能够一次性解决问题——根据实际情况分配内存并填充数据（类似让加油站给我们准备好合适的容器并加满油），把指针返回给我们就行了。GetAllRates函数似乎应该这样设计：

```
ExchangeRate* allRates = GetAllRates();
```

GetAllRates函数自行分配内存并填充数据，将数据的首地址以返回值的形式赋值给指针变量allRates，这么做毫无问题。

但只有数据首地址是不够的，我们还需要知道外币总数。如何让GetAllRates函数既能“返回”存储外币牌价的结构体数组首地址，又能“返回”外币总数呢？我们知道return语句一次只能返回一个结果，但你可以这样考虑：将一个整型变量的地址传递给GetAllRates函数，GetAllRates函数不就可以改变它的值了吗？这样就无须return语句返回两个值了。GetAllRates的原型如下，很容易理解：

```
ExchangeRate* GetAllRates(int* count);
```

调用代码如下：

```
1. int count = 0;
2. ExchangeRate* allRates = GetAllRates(&count);
```

这样做确实可以，它突破了“return语句只能返回一个结果”的限制。我们之前写的程序其实也用过这种做法——将数组或变量的地址作为参数传递到函数中，函数内部就可以改变它们的值了。

但是一般程序员更习惯于让return返回简单的数据。换句话说，外币总数最好由return语句返回，而指针变量allRates的值则由函数参数来控制。那么我们将函数原型定义成：

```
int GetAllRates(ExchangeRate* result);
```

调用函数时这样做：

```
1. ExchangeRate* allRates=NULL;
2. int count = GetAllRates(allRates);
```

第2行代码把指针变量allRates传递给函数GetAllRates，让它在内部分配空间并让allRates指向这块空间就可以了。但是此处又有“坑”——无论GetAllRates函数内部写什么样的代码，都不可能改变程序中指针变量allRates的值。这是因为传递到GetAllRates函数中的内容实际上是“指针变量allRates的值”，这个值目前是NULL。

要想让GetAllRates函数内部可以改变指针变量allRates的值，只能把指针变量allRates的地址传递给它。调用函数时要加上取地址运算符：

```
int count = GetAllRates(&allRates);
```

此时传递给函数的是指针变量allRates的地址，函数内部就可以改变allRates的值了。

GetAllRates函数的原型是：

```
int GetAllRates(ExchangeRate** result);
```

此处的ExchangeRate**表示这个参数是一个“指针变量的地址”，使用了连续的两个**。至此我们就相当于和实现牌价接口库的程序员协商好了一个“接口”，函数具体怎么实现就可以交给他了。

需要特别注意的是，GetAllRates函数内部也是用malloc函数分配所需内存的，分配并填充数据后，我们程序中的指针变量allRates会指向这块空间。因此GetAllRates函数执行完毕不能释放这块空间（空间被释放数据就会被破坏），释放的工作要交给我们的程序来完成。

虽然这违背了“谁分配、谁释放”的原则，但这是为了提高程序的效率所做出的妥协，也实在没有更好的办法。我们只要在接口文档里强调“调用GetAllRates函数所获得的内存区块，由调用者负责释放”就可以了。

1. 使用GetAllRates函数获取全部牌价数据

经过牌价接口库程序员艰苦卓绝的工作，GetAllRates函数开发好了，现在我们可以调用它。表7-5是GetAllRates函数的使用说明。

表7-5　GetAllRates函数的使用说明

函数名	GetAllRates		
头文件	BOCRates.h		
功能描述	获取全部外币牌价和外币总数		
原型（声明）	int GetAllRates（ExchangeRate** result）		
参数	类型	参数名	用途
	ExchangeRate**	result	用于存储数据首地址的指针变量的地址
返回值	值	含义	
	-1	服务器返回不正常的结果	
	-2	网络错误	
	其他值	外币总数	

以下是调用GetAllRates函数的例子。

```
1.  #include <stdio.h>
2.  #include <stdlib.h>
3.  #include "D:/BC101/Libraries/BOCRates/BOCRates.h"
4.  #pragma comment(lib, "D:/BC101/Libraries/BOCRates/BOCRates.lib")
5.
6.  int main()
7.  {
8.      ExchangeRate* allRates = NULL;
9.      int count = GetAllRates(&allRates);
10.     if (count > 0)
11.     {
12.         printf("成功获取%d种外币牌价\n", count);
13.         printf("牌价数据被存储在地址%p开始的内存区域中\n",allRates);
14.     }
```

```
15.     return 0;
16. }
```

运行程序，得到如图7-32所示的结果。

```
Microsoft Visual Studio 调试控制台
成功获取26种外币牌价
牌价数据被存储在地址0139A158开始的内存区域中
```

图7-32　成功获取全部牌价

看上去是成功了，接下来我们要将全部牌价数据显示出来。

2. 显示全部牌价数据

由于外币总数已知，所以可以轻松地使用一个循环来显示全部的牌价数据。之前的displayRate函数依然可用，案例7-13所示是完整的程序。

案例7-13　一次读取全部外币牌价数据并显示（L07_13_GET_AND_DISPLAY_ALL_RATES）

```
1. #include <stdio.h>
2. #include <stdlib.h>
3. #include "D:/BC101/Libraries/BOCRates/BOCRates.h"
4. #pragma comment(lib, "D:/BC101/Libraries/BOCRates/BOCRates.lib")
5.
6. void displayRate(ExchangeRate rate)
7. {
8.     printf("%s\t", rate.CurrencyCode);
9.     printf("%s\t", rate.CurrencyName);
10.    printf("%s\t", rate.PublishTime);
11.    printf("%.2f\t", rate.BuyingRate);
12.    printf("%.2f\t", rate.CashBuyingRate);
13.    printf("%.2f\t", rate.SellingRate);
14.    printf("%.2f\t", rate.CashSellingRate);
15.    printf("%.2f\n", rate.MiddleRate);
16. }
17.
18. int main()
19. {
20.     ExchangeRate* allRates = NULL;
21.     int count = GetAllRates(&allRates);
22.     if (count > 0 && allRates!=NULL)
23.     {
24.         printf("成功获得%d种外币牌价\n", count);
25.         printf("牌价数据被存储在地址%p开始的内存区域中\n",allRates);
26.         for (int i = 0; i <= count - 1; i++)
27.         {
28.             displayRate(*(allRates+i));
29.         }
30.         free(allRates);
31.     }
32.     return 0;
33. }
```

在编写该程序时，有几点需要注意：

（1）在调用GetAllRates函数后，第22行代码首先对变量count、指针变量allRates的值进行了判断，只有在count大于0且allRates不为NULL的情况下才显示数据，否则就会出错。

（2）第26～29行的循环：

```
26.         for (int i = 0; i <= count - 1; i++)
27.         {
28.             displayRate(*(allRates + i));
29.         }
```

displayRate函数的参数类型是结构体ExchangeRate，这行代码中的*（allRates + i）等同于传入了一个结构体变量——使用间接运算符取出的结构体变量值。第28行代码改成下面的样子也是可以的：

```
displayRate(allRates[i]);
```

如果你不知道为什么可以这样改，请参见5.1.4节。

（3）第30行的free函数在显示完毕后释放allRates所指向的内存区域。

运行程序，结果如图7-33所示。

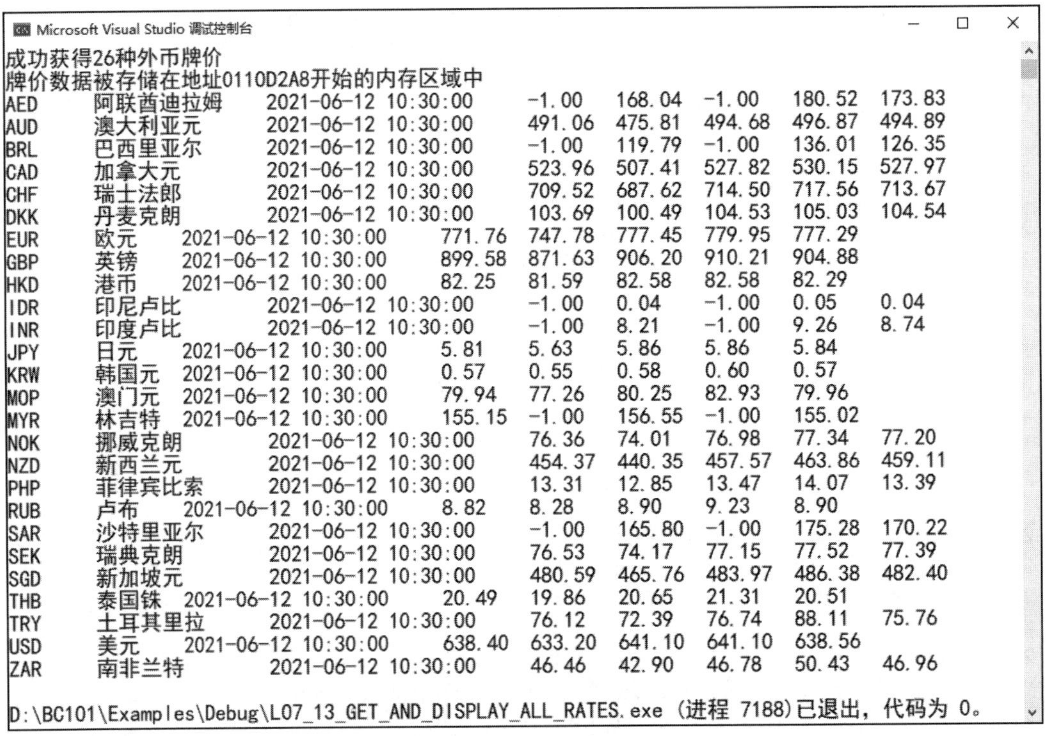

```
Microsoft Visual Studio 调试控制台
成功获得26种外币牌价
牌价数据被存储在地址0110D2A8开始的内存区域中
AED     阿联酋迪拉姆    2021-06-12 10:30:00     -1.00   168.04  -1.00   180.52  173.83
AUD     澳大利亚元      2021-06-12 10:30:00     491.06  475.81  494.68  496.87  494.89
BRL     巴西里亚尔      2021-06-12 10:30:00     -1.00   119.79  -1.00   136.01  126.35
CAD     加拿大元        2021-06-12 10:30:00     523.96  507.41  527.82  530.15  527.97
CHF     瑞士法郎        2021-06-12 10:30:00     709.52  687.62  714.50  717.56  713.67
DKK     丹麦克朗        2021-06-12 10:30:00     103.69  100.49  104.53  105.03  104.54
EUR     欧元    2021-06-12 10:30:00     771.76  747.78  777.45  779.95  777.29
GBP     英镑    2021-06-12 10:30:00     899.58  871.63  906.20  910.21  904.88
HKD     港币    2021-06-12 10:30:00     82.25   81.59   82.58   82.58   82.29
IDR     印尼卢比        2021-06-12 10:30:00     -1.00   0.04    -1.00   0.05    0.04
INR     印度卢比        2021-06-12 10:30:00     -1.00   8.21    -1.00   9.26    8.74
JPY     日元    2021-06-12 10:30:00     5.81    5.63    5.86    5.86    5.84
KRW     韩国元  2021-06-12 10:30:00     0.57    0.55    0.58    0.60    0.57
MOP     澳门元  2021-06-12 10:30:00     79.94   77.26   80.25   82.93   79.96
MYR     林吉特  2021-06-12 10:30:00     155.15  -1.00   156.55  -1.00   155.02
NOK     挪威克朗        2021-06-12 10:30:00     76.36   74.01   76.98   77.34   77.20
NZD     新西兰元        2021-06-12 10:30:00     454.37  440.35  457.57  463.86  459.11
PHP     菲律宾比索      2021-06-12 10:30:00     13.31   12.85   13.47   14.07   13.39
RUB     卢布    2021-06-12 10:30:00     8.82    8.28    8.90    9.23    8.90
SAR     沙特里亚尔      2021-06-12 10:30:00     -1.00   165.80  -1.00   175.28  170.22
SEK     瑞典克朗        2021-06-12 10:30:00     76.53   74.17   77.15   77.52   77.39
SGD     新加坡元        2021-06-12 10:30:00     480.59  465.76  483.97  486.38  482.40
THB     泰国铢  2021-06-12 10:30:00     20.49   19.86   20.65   21.31   20.51
TRY     土耳其里拉      2021-06-12 10:30:00     76.12   72.39   76.74   88.11   75.76
USD     美元    2021-06-12 10:30:00     638.40  633.20  641.10  641.10  638.56
ZAR     南非兰特        2021-06-12 10:30:00     46.46   42.90   46.78   50.43   46.96

D:\BC101\Examples\Debug\L07_13_GET_AND_DISPLAY_ALL_RATES.exe (进程 7188)已退出，代码为 0。
```

图7-33　显示全部外币牌价

3. 定义显示全部牌价数据的函数displayAllRates

目前我们将显示全部外币牌价数据的代码直接写在main函数中（第26～29行）。

```
18. int main()
19. {
20.     ExchangeRate* allRates = NULL;
21.     int count = GetAllRates(&allRates);
22.     if (count > 0 && allRates!=NULL)
23.     {
24.         printf("成功获得%d种外币牌价\n", count);
25.         printf("牌价数据被存储在地址%p开始的内存区域中\n",allRates);
26.         for (int i = 0; i <= count - 1; i++)
27.         {
28.             displayRate(allRates[i]);
29.         }
30.         free(allRates);
31.     }
32.     return 0;
33. }
```

这不是一个好的做法。因为未来我们可能需要在多处调用显示全部牌价的功能，因此应将其作为一个独立的函数，这个函数的实现很简单，相信读者可以看懂。

```
1. void displayAllRates(ExchangeRate* allRecords, int count)
2. {
3.     for (int i = 0; i <= count-1; i++)
4.     {
5.         displayRate(allRecords[i]);
6.     }
7. }
```

调用该函数时只要传入数据区域的首地址和外币总数即可。调用它的代码如下（第35行）。

```
27. int main()
28. {
29.     ExchangeRate* allRates = NULL;
30.     int count = GetAllRates(&allRates);
31.     if (count > 0 && allRates!=NULL)
32.     {
33.         printf("成功获得%d种外币牌价\n", count);
34.         printf("牌价数据被存储在地址%p开始的内存区域中\n",allRates);
35.         displayAllRates(allRates, count);
36.         free(allRates);
37.     }
38.     return 0;
39. }
```

请将这个函数加入你的程序中，运行成功后再进行下一步——保存外币牌价数据到文件。

7.4.6 保存和打开数据文件

获取全部外币牌价数据后，我们需要将其保存到磁盘上，以备在网络临时断开时显示数据之需。

1. 保存全部牌价数据

GetAllRates函数已获取了全部牌价数据并存入内存中，将其保存至磁盘文件的程序就比较容易写了。考虑到保存牌价数据至文件也是经常要进行的工作，因此也应将其设计成为一个单独的函数——saveAllRates。写磁盘文件的方法在7.3节中已有介绍，因此下面的代码应该不难理解。

```
1. int saveAllRates(const char* fileName, const ExchangeRate* records,
   int recordCount )
2. {
3.     FILE* fp = fopen(fileName, "wb");
4.     if (fp != NULL)
5. {
6.    fwrite(records, sizeof(ExchangeRate), recordCount, fp);
7.    fclose(fp);
8.    return 0;
9. }
10. else
11. {
12.     return -1;
13. }
14. }
```

该函数传入了3个参数：

- const char* filename——要保存的文件名；
- const ExchangeRate* records——存储外币牌价数据的首地址；
- int recordCount——外币总数。

和以前写单个结构体至磁盘文件不同的是，第6行代码一次向磁盘文件写入了全部外币牌价数据，并不需要通过一个循环来逐个写入。将这个函数调用加入main函数中，即可在获取外币牌价数据后显示并将之存入磁盘文件。完整的代码如案例7-14所示。

案例7-14　一次读取全部外币牌价数据并保存到磁盘文件（L07_14_GET_AND_SAVE_ALL_RATES）

```
1. #include <stdio.h>
2. #include <stdlib.h>
3. #include "D:/BC101/Libraries/BOCRates/BOCRates.h"
4. #pragma comment(lib, "D:/BC101/Libraries/BOCRates/BOCRates.lib")
5.
6. void displayRate(ExchangeRate rate)
7. {
8.      printf("%s\t", rate.CurrencyCode);
9.      printf("%s\t", rate.CurrencyName);
10.     printf("%s\t", rate.PublishTime);
11.     printf("%.2f\t", rate.BuyingRate);
12.     printf("%.2f\t", rate.CashBuyingRate);
13.     printf("%.2f\t", rate.SellingRate);
14.     printf("%.2f\t", rate.CashSellingRate);
15.     printf("%.2f\n", rate.MiddleRate);
16. }
17.
```

```
18. void displayAllRates(ExchangeRate* allRecords,int count)
19. {
20.     for (int i = 0; i < count; i++)
21.     {
22.         displayRate(allRecords[i]);
23.     }
24. }
25.
26. int saveAllRates(const char* fileName, const ExchangeRate*records,
    int recordCount)
27. {
28.    FILE* fp = fopen(fileName, "wb");
29.    if (fp != NULL)
30.    {
31.        fwrite(records, sizeof(ExchangeRate), recordCount, fp);
32.        fclose(fp);
33.        return 0;
34.    }
35.    else
36.    {
37.        return -1;
38.    }
39. }
40.
41. int main()
42. {
43.     ExchangeRate* allRates = NULL;
44.     int count = GetAllRates(&allRates);
45.     if (count > 0 && allRates != NULL)
46.     {
47.         displayAllRates(allRates, count);
48.         saveAllRates("D:/Data/AllRates.txt", allRates, count);
49.         free(allRates);
50.     }
51.     return 0;
52. }
```

运行这个程序，除了显示获取的外汇牌价数据外，还会在D:\Data目录中保存AllRates.txt这个数据文件。接下来，可以打开这个文件，并显示其中存储的数据。

2. 打开文件并显示文件中的数据

在7.3.3节中我们介绍过如何将文件数据读入结构体变量，实现读取文件中的一种外币牌价数据的功能：

```
10. int count = fread(&USDRates, sizeof(ExchangeRate), 1, fp);
```

此时数据文件中只存有一种外币牌价的数据，因此只要使用一个结构体变量就可以存储文件中的数据。现在情况发生了变化，因为外币种类是不确定的，所以在编写程序时要考虑：

- 文件的大小是不确定的（取决于上次保存时的外币数量）；

- 用于存储全部外币牌价数据的内存区块的大小也是不确定的（但与文件大小相同）。

只要能知道D:\Data\AllRates.txt文件的大小（字节数），就可以据此声明结构体数组和读取文件。

在C语言中，可以使用filelength函数获取文件的大小，要使用这个函数需要包含头文件io.h。在使用filelength之前，必须先要用fileno函数获取文件的描述符。文件描述符是操作系统用于访问文件的标识，是一个非负数。

以下是获取文件大小的语句，先使用fileno函数根据文件句柄获取文件描述符，再使用filelength函数获取文件的字节数。

```
long length = filelength(fileno(fp));
```

以下是获取并显示文件大小的代码。

```
1. #include <stdio.h>
2. #include <io.h>
3.
4. int main()
5. {
6.     FILE* fp = fopen("D:/Data/AllRates.txt","rb");
7.     if (fp != NULL)
8.     {
9.         long fileSize = filelength(fileno(fp));
10.        printf("文件大小为:%ld\n",fileSize);
11.        return 0;
12.    }
13.    return 0;
14. }
```

运行该程序，显示文件的大小（字节数），结果如图7-34所示。

Microsoft Visual Studio 调试控制台

文件大小为:2704

图7-34　获得数据文件的大小

基于上面的程序，我们知道了上次保存全部牌价数据使用了2704字节，将其除以sizeof（ExchangeRate）即是上次保存的牌价总数。可以据此分配内存空间来存储从文件中读取的数据。

```
1. long fileSize = filelength(fileno(fp));
2. int count = fileSize / sizeof(ExchangeRate);
3. ExchangeRate* allRates = (ExchangeRate*)malloc(count * sizeof
   (ExchangeRate));
```

第3行的指针变量allRates将被指向malloc函数分配的内存区块，接下来就可以从文件中读取数据到这个内存区块。

```
fread(allRates, sizeof(ExchangeRate), count, fp);
```

程序根据文件大小一次读入全部文件内容到内存后，接下来就可以像访问数组一样访问这块内存空间，并显示全部读入的数据。完整的代码如案例7-15所示。

案例7-15　显示磁盘文件中的全部外币牌价数据（L07_15_DISPLAY_RATES_IN_FILE）

```
1. #include <stdio.h>
2. #include <stdlib.h>
3. #include <io.h>
4. #include "D:/BC101/Libraries/BOCRates/BOCRates.h"
5.
6. void displayRate(ExchangeRate rate)
7. {
8.     printf("%s\t", rate.CurrencyCode);
9.     printf("%s\t", rate.CurrencyName);
10.    printf("%s\t", rate.PublishTime);
11.    printf("%.2f\t", rate.BuyingRate);
12.    printf("%.2f\t", rate.CashBuyingRate);
13.    printf("%.2f\t", rate.SellingRate);
14.    printf("%.2f\t", rate.CashSellingRate);
15.    printf("%.2f\n", rate.MiddleRate);
16. }
17.
18. void displayAllRates(ExchangeRate* allRecords, int count)
19. {
20.     for (int i = 0; i < count; i++)
21.     {
22.         displayRate(allRecords[i]);
23.     }
24. }
25.
26. int main()
27. {
28.     FILE* fp = fopen("D:/Data/AllRates.txt","rb");
29.     if (fp != NULL)
30.     {
31.         long fileSize = filelength(fileno(fp));
32.         int count = fileSize / sizeof(ExchangeRate);
33.         ExchangeRate* allRates = (ExchangeRate*)malloc(count *
            sizeof(ExchangeRate));
34.         if (allRates != NULL)
35.         {
36.             int readCount = fread(allRates, sizeof(ExchangeRate),
                count, fp);
37.             if (readCount == count)
38.             {
39.                 displayAllRates(allRates, count);
40.                 return 0;
41.             }
42.             else
43.             {
44.                 return -2;
45.             }
46.             free(allRates);
47.         }
48.         fclose(fp);
49.     }
```

```
50.     else
51.     {
52.         return -1;
53.     }
54. }
```

在这个程序中我们对fopen、malloc和fread函数的返回值都进行了判断，在确认文件打开成功、内存分配成功且数据读入成功的情况下才会调用displayAllRates函数显示全部的外币牌价数据。运行程序，成功地读取了写入的磁盘文件并将其中的全部数据显示出来，如图7-35所示。

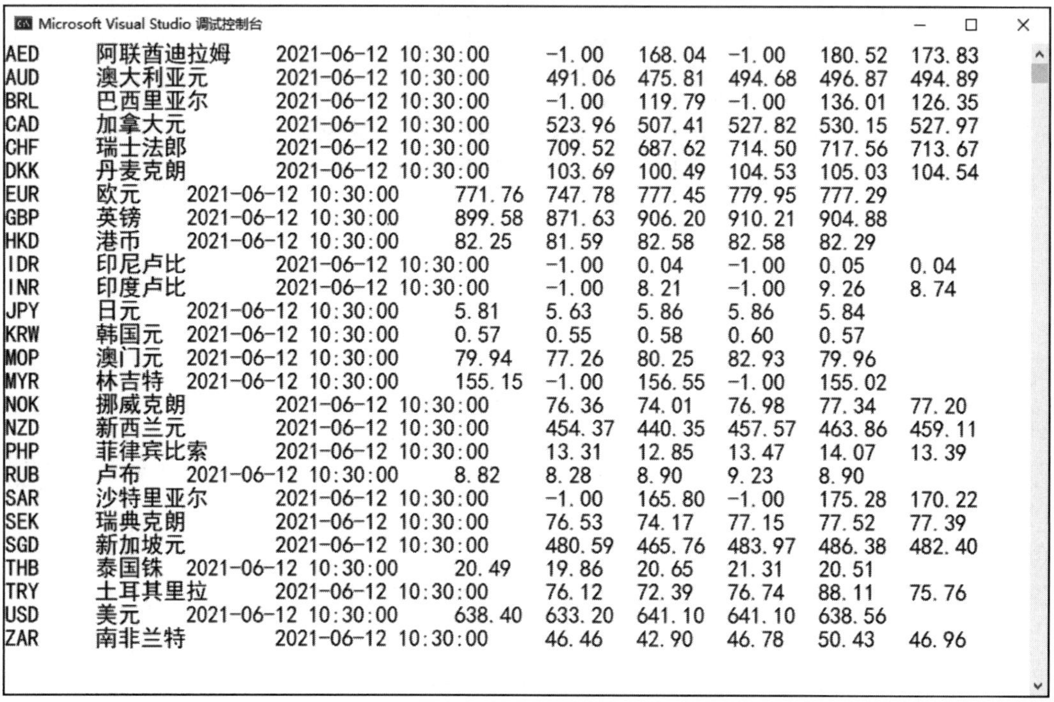

```
Microsoft Visual Studio 调试控制台
AED     阿联酋迪拉姆    2021-06-12 10:30:00     -1.00   168.04  -1.00   180.52  173.83
AUD     澳大利亚元      2021-06-12 10:30:00     491.06  475.81  494.68  496.87  494.89
BRL     巴西里亚尔      2021-06-12 10:30:00     -1.00   119.79  -1.00   136.01  126.35
CAD     加拿大元        2021-06-12 10:30:00     523.96  507.41  527.82  530.15  527.97
CHF     瑞士法郎        2021-06-12 10:30:00     709.52  687.62  714.50  717.56  713.67
DKK     丹麦克朗        2021-06-12 10:30:00     103.69  100.49  104.53  105.03  104.54
EUR     欧元    2021-06-12 10:30:00     771.76  747.78  777.45  779.95  777.29
GBP     英镑    2021-06-12 10:30:00     899.58  871.63  906.20  910.21  904.88
HKD     港币    2021-06-12 10:30:00     82.25   81.59   82.58   82.58   82.29
IDR     印尼卢比        2021-06-12 10:30:00     -1.00   0.04    -1.00   0.05    0.04
INR     印度卢比        2021-06-12 10:30:00     -1.00   8.21    -1.00   9.26    8.74
JPY     日元    2021-06-12 10:30:00     5.81    5.63    5.86    5.86    5.84
KRW     韩国元  2021-06-12 10:30:00     0.57    0.55    0.58    0.60    0.57
MOP     澳门元  2021-06-12 10:30:00     79.94   77.26   80.25   82.93   79.96
MYR     林吉特  2021-06-12 10:30:00     155.15  -1.00   156.55  -1.00   155.02
NOK     挪威克朗        2021-06-12 10:30:00     76.36   74.01   76.98   77.34   77.20
NZD     新西兰元        2021-06-12 10:30:00     454.37  440.35  457.57  463.86  459.11
PHP     菲律宾比索      2021-06-12 10:30:00     13.31   12.85   13.47   14.07   13.39
RUB     卢布    2021-06-12 10:30:00     8.82    8.28    8.90    9.23    8.90
SAR     沙特里亚尔      2021-06-12 10:30:00     -1.00   165.80  -1.00   175.28  170.22
SEK     瑞典克朗        2021-06-12 10:30:00     76.53   74.17   77.15   77.52   77.39
SGD     新加坡元        2021-06-12 10:30:00     480.59  465.76  483.97  486.38  482.40
THB     泰国铢  2021-06-12 10:30:00     20.49   19.86   20.65   21.31   20.51
TRY     土耳其里拉      2021-06-12 10:30:00     76.12   72.39   76.74   88.11   75.76
USD     美元    2021-06-12 10:30:00     638.40  633.20  641.10  641.10  638.56
ZAR     南非兰特        2021-06-12 10:30:00     46.46   42.90   46.78   50.43   46.96
```

图7-35　磁盘文件中读取的外币牌价数据

7.5　小结

在本课中我们主要学习了结构体和文件访问，并将结构体、结构体数组中的数据保存到磁盘文件中，要点如下。

（1）定义结构体相当于定义一种数据类型模板。结构体可以包含多个不同类型的成员，便于将一组相关的数据作为一个整体进行处理。

（2）访问结构体的成员变量时，使用.（点）运算符。

（3）结构体变量的大小不一定等于各成员变量大小的总和，因为存在“内存对齐”机制。

（4）可以使用typedef为结构体创建别名。

（5）fopen函数可以创建或打开磁盘文件，fwrite函数用于向磁盘文件中写数据，fread函数用于从磁盘文件中读数据。

（6）无论打开文件、读文件还是写文件，都要考虑可能有意外的情况发生。

（7）文件使用完毕后，应及时使用fclose函数关闭文件。

（8）filelength函数可以获取文件的大小，一般需要配合fileno函数使用。

（9）对于较小的文件可以一次将其全部读入内存以提高后续访问速度。

7.6 检查表

只有在完成了本课的实践任务后，才可以继续下一课的学习。本课的实践任务如表7-6～表7-20所示。

表7-6 在程序中使用结构体

任务名称	在程序中使用结构体		
任务编码	L07_01_STRUCT		
任务目标	1.理解结构体的用途 2.掌握定义结构体的方法与注意事项 3.掌握声明结构体变量的方法 4.掌握读写结构体成员变量的方法		
完成标准	1.在解决方案中加入了新项目L07_01_STRUCT及源代码 2.定义了结构体EXCHANGE_RATE 3.在main函数中声明了结构体变量并完成对结构体变量的赋值 4.使用printf函数显示出结构体变量各成员的值		
运行截图			

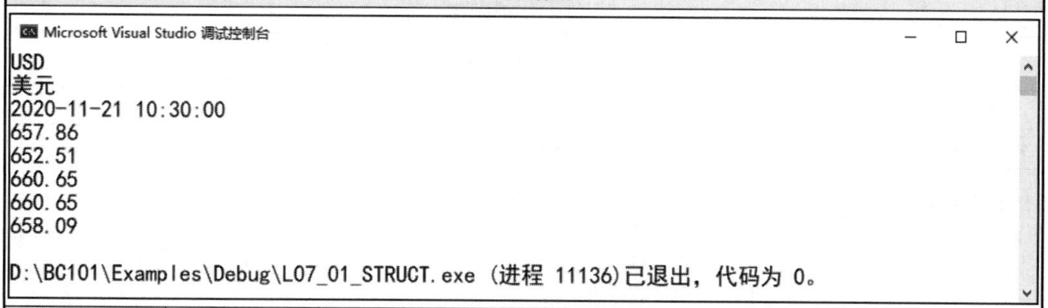

```
Microsoft Visual Studio 调试控制台
USD
美元
2020-11-21 10:30:00
657.86
652.51
660.65
660.65
658.09

D:\BC101\Examples\Debug\L07_01_STRUCT.exe (进程 11136)已退出，代码为 0。
```

完成情况	□已完成 □未完成	完成时间	

表7-7 计算结构体变量的大小

任务名称	计算结构体变量的大小
任务编码	L07_02_SIZE_OF_STRUCT
任务目标	1.掌握使用sizeof运算符计算结构体大小的方法 2.发现结构体变量的实际大小不等于成员变量大小总和的现象
完成标准	1.在解决方案中加入了新项目L07_02_SIZE_OF_STRUCT及源代码 2.程序可以显示结构体变量的大小 3.观察到结构体变量的实际大小与设想不符的情况

续表

运行截图			
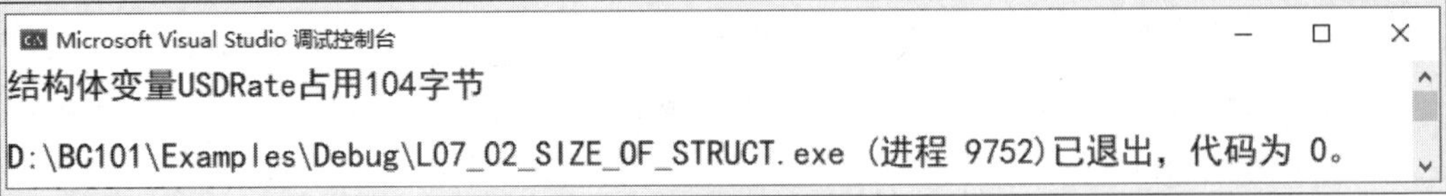 Microsoft Visual Studio 调试控制台 结构体变量USDRate占用104字节 D:\BC101\Examples\Debug\L07_02_SIZE_OF_STRUCT.exe (进程 9752)已退出，代码为 0。			
完成情况	□已完成　□未完成	完成时间	

表7-8　显示结构体成员的内存地址

任务名称	显示结构体成员的内存地址		
任务编码	L07_03_DISPLAY_ADDRESS_OF_MEMBERS		
任务目标	1.掌握使用&运算符获得结构体成员内存地址的方法 2.发现内存对齐现象		
完成标准	1.在解决方案中加入了新项目L07_03_DISPLAY_ADDRESS_OF_MEMBERS及源代码 2.程序可以显示结构体成员的内存地址 3.观察到某些成员地址与设想不符的情况		
运行截图			
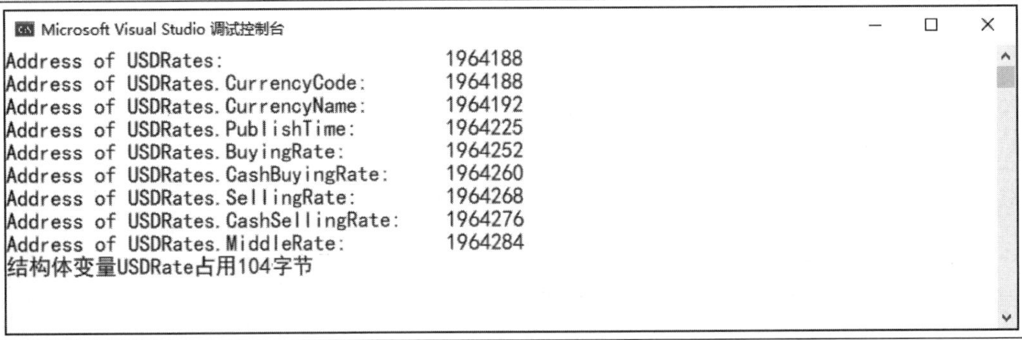 Microsoft Visual Studio 调试控制台 Address of USDRates:　1964188 Address of USDRates.CurrencyCode:　1964188 Address of USDRates.CurrencyName:　1964192 Address of USDRates.PublishTime:　1964225 Address of USDRates.BuyingRate:　1964252 Address of USDRates.CashBuyingRate:　1964260 Address of USDRates.SellingRate:　1964268 Address of USDRates.CashSellingRate:　1964276 Address of USDRates.MiddleRate:　1964284 结构体变量USDRate占用104字节			
完成情况	□已完成　□未完成	完成时间	

表7-9　内存对齐

任务名称	内存对齐		
任务编码	L07_04_MEMORY_ALIGNMENT		
任务目标	1.了解内存对齐的作用 2.观察和理解内存对齐现象		
完成标准	1.在解决方案中加入了新项目L07_04_MEMORY_ALIGNMENT及源代码 2.观察到由于内存对齐机制造成的成员地址与设想不符的情况		
运行截图			
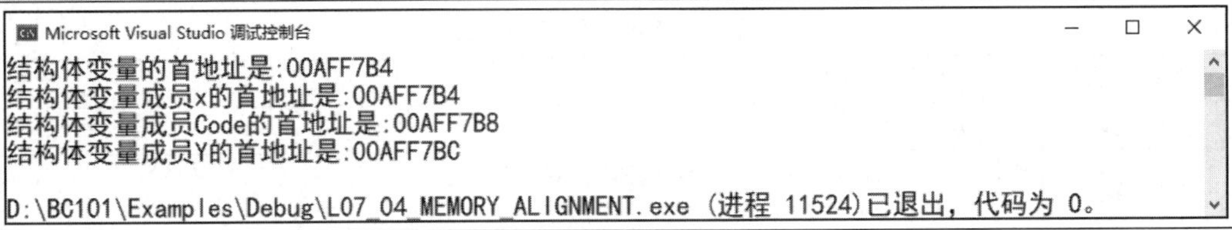 Microsoft Visual Studio 调试控制台 结构体变量的首地址是:00AFF7B4 结构体变量成员x的首地址是:00AFF7B4 结构体变量成员Code的首地址是:00AFF7B8 结构体变量成员Y的首地址是:00AFF7BC D:\BC101\Examples\Debug\L07_04_MEMORY_ALIGNMENT.exe (进程 11524)已退出，代码为 0。			
完成情况	□已完成　□未完成	完成时间	

表7-10　自定义数据类型

<table>
<tr><td>任务名称</td><td colspan="3">自定义数据类型</td></tr>
<tr><td>任务编码</td><td colspan="3">L07_05_TYPE_DEF</td></tr>
<tr><td>任务目标</td><td colspan="3">掌握使用typedef定义数据类型的方法</td></tr>
<tr><td>完成标准</td><td colspan="3">1.在解决方案中加入了新项目L07_05_TYPE_DEF及源代码
2.使用typedef将结构体EXCHANGE_RATE定义为新的数据类型Exchange Rate
3.使用新的类型ExchangeRate定义了结构体变量usdRate并完成成员赋值</td></tr>
<tr><td colspan="4">运行截图</td></tr>
<tr><td colspan="4">无</td></tr>
<tr><td>完成情况</td><td>☐已完成　☐未完成</td><td>完成时间</td><td></td></tr>
</table>

表7-11　根据货币代码获取外币牌价

<table>
<tr><td>任务名称</td><td colspan="3">根据货币代码获取外币牌价</td></tr>
<tr><td>任务编码</td><td colspan="3">L07_06_GET_RATE_RECORD_BY_CODE</td></tr>
<tr><td>任务目标</td><td colspan="3">掌握使用GetRateRecordByCode函数获取外币牌价并填充至结构体变量的方法</td></tr>
<tr><td>完成标准</td><td colspan="3">1.在解决方案中加入了新项目L07_06_GET_RATE_RECORD_BY_CODE及源代码
2.程序可以实时获取一种外币全部牌价数据（货币代码、货币名称、现汇买入价、现钞买入价、现汇卖出价、现钞卖出价、中行折算价、发布时间），并将其显示出来</td></tr>
<tr><td colspan="4">运行截图</td></tr>
<tr><td colspan="4">Microsoft Visual Studio 调试控制台
USD
美元
2021-06-12 10:30:00
638.40
633.20
641.10
641.10
638.56</td></tr>
<tr><td>完成情况</td><td>☐已完成　☐未完成</td><td>完成时间</td><td></td></tr>
</table>

表7-12　向文件中写数据

<table>
<tr><td>任务名称</td><td colspan="3">向文件中写数据</td></tr>
<tr><td>任务编码</td><td colspan="3">L07_07_OPEN_AND_WRITE_FILE</td></tr>
<tr><td>任务目标</td><td colspan="3">1.理解文件访问的基本原理
2.掌握fopen、fwrite和fclose函数的使用方法</td></tr>
<tr><td>完成标准</td><td colspan="3">1.在解决方案中加入了新项目L07_07_OPEN_AND_WRITE_FILE及源代码
2.程序运行后创建D：\Data\Test.txt文件
3.程序将指定的字符串（"ABCDEFG"）连同字符串终止符一并写入上述文件</td></tr>
<tr><td colspan="4">运行截图</td></tr>
<tr><td colspan="4">Microsoft Visual Studio 调试控制台
打开文件成功
写文件完成

D:\BC101\Examples\Debug\L07_07_OPEN_AND_WRITE_FILE.exe (进程 10788)已退出，代码为 0。</td></tr>
<tr><td>完成情况</td><td>☐已完成　☐未完成</td><td>完成时间</td><td></td></tr>
</table>

表7-13　从文件中读数据

<table>
<tr><td>任务名称</td><td colspan="3">从文件中读数据</td></tr>
<tr><td>任务编码</td><td colspan="3">L07_08_OPEN_AND_READ_FILE</td></tr>
<tr><td>任务目标</td><td colspan="3">1.理解文件访问的基本原理
2.掌握fopen、fread和fclose函数的使用方法</td></tr>
<tr><td>完成标准</td><td colspan="3">1.在解决方案中加入了新项目L07_08_OPEN_AND_READ_FILE及源代码
2.程序运行后可以打开D:\Data\Text.txt文件，并显示其中的内容</td></tr>
<tr><td colspan="4">运行截图</td></tr>
<tr><td colspan="4">选择Microsoft Visual Studio 调试控制台
从文件读取了1个8字节的数据项，内容为：ABCDEFG</td></tr>
<tr><td>完成情况</td><td>□已完成　□未完成</td><td>完成时间</td><td></td></tr>
</table>

表7-14　保存美元牌价数据到磁盘文件

<table>
<tr><td>任务名称</td><td colspan="3">保存美元牌价数据到磁盘文件</td></tr>
<tr><td>任务编码</td><td colspan="3">L07_09_SAVE_USD_RATES</td></tr>
<tr><td>任务目标</td><td colspan="3">掌握将结构体数据保存至文件的方法</td></tr>
<tr><td>完成标准</td><td colspan="3">1.在解决方案中加入了新项目L07_09_SAVE_USD_RATES及源代码
2.程序可以获取一种外币牌价数据，并将其保存到磁盘文件中</td></tr>
<tr><td colspan="4">运行截图</td></tr>
<tr><td colspan="4">Microsoft Visual Studio 调试控制台
获取和保存美元汇率数据成功</td></tr>
<tr><td>完成情况</td><td>□已完成　□未完成</td><td>完成时间</td><td></td></tr>
</table>

表7-15　从磁盘文件读取牌价数据

<table>
<tr><td>任务名称</td><td colspan="3">从磁盘文件读取牌价数据</td></tr>
<tr><td>任务编码</td><td colspan="3">L07_10_READ_RATES_FROM_FILE</td></tr>
<tr><td>任务目标</td><td colspan="3">掌握从文件读取数据至结构体变量的方法</td></tr>
<tr><td>完成标准</td><td colspan="3">1.在解决方案中加入了新项目L07_10_READ_RATES_FROM_FILE及源代码
2.程序可以从先前保存的磁盘文件中读取一种外币牌价数据，并将其显示出来</td></tr>
<tr><td colspan="4">运行截图</td></tr>
<tr><td colspan="4">Microsoft Visual Studio 调试控制台
USD
美元
2021-06-12 10:30:00
638.40
633.20
641.10
641.10
638.56</td></tr>
<tr><td>完成情况</td><td>□已完成　□未完成</td><td>完成时间</td><td></td></tr>
</table>

表7-16　将外币牌价读取到结构体数组

任务名称	将外币牌价读取到结构体数组
任务编码	L07_11_READ_RATES_TO_STRUCTURE_ARRAY
任务目标	掌握实时获取一种外币牌价并将其存入结构体数组的第1个元素的方法
完成标准	1.在解决方案中加入了新项目L07_11_READ_RATES_TO_STRUCTURE_ARRAY及源代码 2.程序可以获取一种外币的牌价数据，并将其显示出来
运行截图	

```
Microsoft Visual Studio 调试控制台
USD     美元     2021-06-12 10:30:00     638.40   633.20   641.10   641.10   638.56
```

完成情况	□已完成　□未完成	完成时间	

表7-17　逐一读取所有外币牌价

任务名称	逐一读取所有外币牌价
任务编码	L07_12_READ_RATES_ONE_BY_ONE
任务目标	1.掌握使用循环语句逐一读取26种外币牌价及显示的方法，并发现其不足 2.设计和实现displayRate函数用于显示单种牌价
完成标准	1.在解决方案中加入了新项目L07_12_READ_RATES_ONE_BY_ONE及源代码 2.程序可以使用二维数组和循环，逐个读取26种外汇牌价数据，并将其依次存储到结构体数组中 3.程序可以显示获取的每种外币牌价
运行截图	

```
Microsoft Visual Studio 调试控制台
AED     阿联酋迪拉姆     2021-06-12 10:30:00     -1.00    168.04   -1.00    180.52   173.83
AUD     澳大利亚元       2021-06-12 10:30:00     491.06   475.81   494.68   496.87   494.89
BRL     巴西里亚尔       2021-06-12 10:30:00     -1.00    119.79   -1.00    136.01   126.35
CAD     加拿大元         2021-06-12 10:30:00     523.96   507.41   527.82   530.15   527.97
CHF     瑞士法郎         2021-06-12 10:30:00     709.52   687.62   714.50   717.56   713.67
DKK     丹麦克朗         2021-06-12 10:30:00     103.69   100.49   104.53   105.03   104.54
EUR     欧元     2021-06-12 10:30:00     771.76   747.78   777.45   779.95   777.29
GBP     英镑     2021-06-12 10:30:00     899.58   871.63   906.20   910.21   904.88
HKD     港币     2021-06-12 10:30:00     82.25    81.59    82.58    82.58    82.29
IDR     印尼卢比         2021-06-12 10:30:00     -1.00    0.04     -1.00    0.05     0.04
INR     印度卢比         2021-06-12 10:30:00     -1.00    8.21     -1.00    9.26     8.74
JPY     日元     2021-06-12 10:30:00     5.81     5.63     5.86     5.86     5.84
KRW     韩国元   2021-06-12 10:30:00     0.57     0.55     0.58     0.60     0.57
MOP     澳门元   2021-06-12 10:30:00     79.94    77.26    80.25    82.93    79.96
MYR     林吉特   2021-06-12 10:30:00     155.15   -1.00    156.55   -1.00    155.02
NOK     挪威克朗         2021-06-12 10:30:00     76.36    74.01    76.98    77.34    77.20
NZD     新西兰元         2021-06-12 10:30:00     454.37   440.35   457.57   463.86   459.11
PHP     菲律宾比索       2021-06-12 10:30:00     13.31    12.85    13.47    14.07    13.39
RUB     卢布     2021-06-12 10:30:00     8.82     8.28     8.90     9.23     8.90
SAR     沙特里亚尔       2021-06-12 10:30:00     -1.00    165.80   -1.00    175.28   170.22
SEK     瑞典克朗         2021-06-12 10:30:00     76.53    74.17    77.15    77.52    77.39
SGD     新加坡元         2021-06-12 10:30:00     480.59   465.76   483.97   486.38   482.40
THB     泰国铢   2021-06-12 10:30:00     20.49    19.86    20.65    21.31    20.51
TRY     土耳其里拉       2021-06-12 10:30:00     76.12    72.39    76.74    88.11    75.76
USD     美元     2021-06-12 10:30:00     638.40   633.20   641.10   641.10   638.56
ZAR     南非兰特         2021-06-12 10:30:00     46.46    42.90    46.78    50.43    46.96
```

完成情况	□已完成　□未完成	完成时间	

表7-18　一次读取全部外币牌价数据并显示

任务名称	一次读取全部外币牌价数据并显示
任务编码	L07_13_GET_AND_DISPLAY_ALL_RATES
任务目标	1.掌握使用GetAllRates函数一次获取全部26种牌价数据的方法 2.设计和实现displayAllRates函数显示全部外币牌价数据
完成标准	1.在解决方案中加入了新项目L07_13_GET_AND_DISPLAY_ALL_RATES及源代码 2.程序可以调用GetAllRates函数一次获取全部外币牌价数据并存储在结构体数组中 3.程序可以将26种外汇牌价数据通过displayAllRates函数全部显示出来
运行截图	

```
Microsoft Visual Studio 调试控制台
成功获得26种外币牌价
牌价数据被存储在地址00CDE938开始的内存区域中
AED     阿联酋迪拉姆     2021-06-12 10:30:00     -1.00   168.04  -1.00   180.52  173.83
AUD     澳大利亚元       2021-06-12 10:30:00     491.06  475.81  494.68  496.87  494.89
BRL     巴西里亚尔       2021-06-12 10:30:00     -1.00   119.79  -1.00   136.01  126.35
CAD     加拿大元         2021-06-12 10:30:00     523.96  507.41  527.82  530.15  527.97
CHF     瑞士法郎         2021-06-12 10:30:00     709.52  687.62  714.50  717.56  713.67
DKK     丹麦克朗         2021-06-12 10:30:00     103.69  100.49  104.53  105.03  104.54
EUR     欧元    2021-06-12 10:30:00     771.76  747.78  777.45  779.95  777.29
GBP     英镑    2021-06-12 10:30:00     899.58  871.63  906.20  910.21  904.88
HKD     港币    2021-06-12 10:30:00     82.25   81.59   82.58   82.58   82.29
IDR     印尼卢比         2021-06-12 10:30:00     -1.00   0.04    -1.00   0.05    0.04
INR     印度卢比         2021-06-12 10:30:00     -1.00   8.21    -1.00   9.26    8.74
JPY     日元    2021-06-12 10:30:00     5.81    5.63    5.86    5.86    5.84
KRW     韩国元  2021-06-12 10:30:00     0.57    0.55    0.58    0.60    0.57
MOP     澳门元  2021-06-12 10:30:00     79.94   77.26   80.25   82.93   79.96
MYR     林吉特  2021-06-12 10:30:00     155.15  -1.00   156.55  -1.00   155.02
NOK     挪威克朗         2021-06-12 10:30:00     76.36   74.01   76.98   77.34   77.20
NZD     新西兰元         2021-06-12 10:30:00     454.37  440.35  457.57  463.86  459.11
PHP     菲律宾比索       2021-06-12 10:30:00     13.31   12.85   13.47   14.07   13.39
RUB     卢布    2021-06-12 10:30:00     8.82    8.28    8.90    9.23    8.90
SAR     沙特里亚尔       2021-06-12 10:30:00     -1.00   165.80  -1.00   175.28  170.22
SEK     瑞典克朗         2021-06-12 10:30:00     76.53   74.17   77.15   77.52   77.39
SGD     新加坡元         2021-06-12 10:30:00     480.59  465.76  483.97  486.38  482.40
THB     泰国铢  2021-06-12 10:30:00     20.49   19.86   20.65   21.31   20.51
TRY     土耳其里拉       2021-06-12 10:30:00     76.12   72.39   76.74   88.11   75.76
USD     美元    2021-06-12 10:30:00     638.40  633.20  641.10  641.10  638.56
ZAR     南非兰特         2021-06-12 10:30:00     46.46   42.90   46.78   50.43   46.96

D:\BC101\Examples\Debug\L07_13_GET_AND_DISPLAY_ALL_RATES.exe (进程 9528)已退出，代码为 0
```

完成情况	□已完成　□未完成	完成时间	

表7-19　一次读取全部外币牌价数据并保存到磁盘文件

任务名称	一次读取全部外币牌价数据并保存到磁盘文件
任务编码	L07_14_GET_AND_SAVE_ALL_RATES
任务目标	1.掌握使用GetAllRates函数一次获取全部26种牌价数据的方法 2.设计和实现displayAllRates函数显示全部外汇牌价数据 3.设计和实现saveAllRates函数保存获取的牌价数据
完成标准	1.在解决方案中加入了新项目L07_14_GET_AND_SAVE_ALL_RATES及源代码 2.程序可以调用GetAllRates函数一次获取全部外币牌价数据并存储在结构体数组中 3.程序可以将获取的26种外币牌价数据通过saveAllRates函数存储到文件D:\Data\AllRates.txt中 4.程序可以将26种外币牌价数据使用displayAllRates函数全部显示出来

运行截图

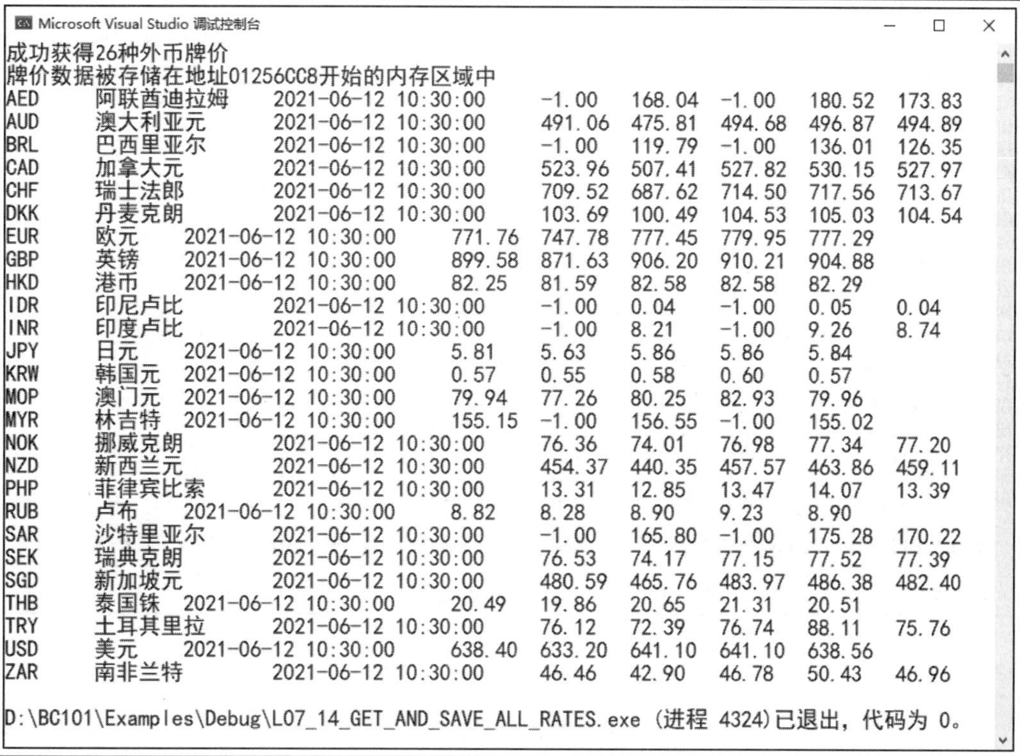

Microsoft Visual Studio 调试控制台

```
成功获得26种外币牌价
牌价数据被存储在地址01256CC8开始的内存区域中
AED     阿联酋迪拉姆    2021-06-12 10:30:00     -1.00   168.04  -1.00   180.52  173.83
AUD     澳大利亚元      2021-06-12 10:30:00     491.06  475.81  494.68  496.87  494.89
BRL     巴西里亚尔      2021-06-12 10:30:00     -1.00   119.79  -1.00   136.01  126.35
CAD     加拿大元        2021-06-12 10:30:00     523.96  507.41  527.82  530.15  527.97
CHF     瑞士法郎        2021-06-12 10:30:00     709.52  687.62  714.50  717.56  713.67
DKK     丹麦克朗        2021-06-12 10:30:00     103.69  100.49  104.53  105.03  104.54
EUR     欧元    2021-06-12 10:30:00     771.76  747.78  777.45  779.95  777.29
GBP     英镑    2021-06-12 10:30:00     899.58  871.63  906.20  910.21  904.88
HKD     港币    2021-06-12 10:30:00     82.25   81.59   82.58   82.58   82.29
IDR     印尼卢比        2021-06-12 10:30:00     -1.00   0.04    -1.00   0.05    0.04
INR     印度卢比        2021-06-12 10:30:00     -1.00   8.21    -1.00   9.26    8.74
JPY     日元    2021-06-12 10:30:00     5.81    5.63    5.86    5.86    5.84
KRW     韩国元  2021-06-12 10:30:00     0.57    0.55    0.58    0.60    0.57
MOP     澳门元  2021-06-12 10:30:00     79.94   77.26   80.25   82.93   79.96
MYR     林吉特  2021-06-12 10:30:00     155.15  -1.00   156.55  -1.00   155.02
NOK     挪威克朗        2021-06-12 10:30:00     76.36   74.01   76.98   77.34   77.20
NZD     新西兰元        2021-06-12 10:30:00     454.37  440.35  457.57  463.86  459.11
PHP     菲律宾比索      2021-06-12 10:30:00     13.31   12.85   13.47   14.07   13.39
RUB     卢布    2021-06-12 10:30:00     8.82    8.28    8.90    9.23    8.90
SAR     沙特里亚尔      2021-06-12 10:30:00     -1.00   165.80  -1.00   175.28  170.22
SEK     瑞典克朗        2021-06-12 10:30:00     76.53   74.17   77.15   77.52   77.39
SGD     新加坡元        2021-06-12 10:30:00     480.59  465.76  483.97  486.38  482.40
THB     泰国铢  2021-06-12 10:30:00     20.49   19.86   20.65   21.31   20.51
TRY     土耳其里拉      2021-06-12 10:30:00     76.12   72.39   76.74   88.11   75.76
USD     美元    2021-06-12 10:30:00     638.40  633.20  641.10  641.10  638.56
ZAR     南非兰特        2021-06-12 10:30:00     46.46   42.90   46.78   50.43   46.96

D:\BC101\Examples\Debug\L07_14_GET_AND_SAVE_ALL_RATES.exe (进程 4324)已退出，代码为 0。
```

完成情况	□已完成　□未完成	完成时间	

表7-20 显示磁盘文件中的全部外币牌价数据

任务名称	显示磁盘文件中的全部外币牌价数据
任务编码	L07_15_DISPLAY_RATES_IN_FILE
任务目标	掌握从文件中读取26种外币牌价数据并显示的方法
完成标准	1.在解决方案中加入了新项目L07_15_DISPLAY_RATES_IN_FILE及源代码 2.程序可以从D:\Data\AllRates.txt文件中读取先前获取的26种外币牌价数据 3.程序可以将26种外币牌价数据通过displayAllRates函数全部显示出来
运行截图	

```
Microsoft Visual Studio 调试控制台
AED     阿联酋迪拉姆      2021-06-12 10:30:00     -1.00   168.04  -1.00   180.52  173.83
AUD     澳大利亚元        2021-06-12 10:30:00     491.06  475.81  494.68  496.87  494.89
BRL     巴西里亚尔        2021-06-12 10:30:00     -1.00   119.79  -1.00   136.01  126.35
CAD     加拿大元          2021-06-12 10:30:00     523.96  507.41  527.82  530.15  527.97
CHF     瑞士法郎          2021-06-12 10:30:00     709.52  687.62  714.50  717.56  713.67
DKK     丹麦克朗          2021-06-12 10:30:00     103.69  100.49  104.53  105.03  104.54
EUR     欧元    2021-06-12 10:30:00     771.76  747.78  777.45  779.95  777.29
GBP     英镑    2021-06-12 10:30:00     899.58  871.63  906.20  910.21  904.88
HKD     港币    2021-06-12 10:30:00     82.25   81.59   82.58   82.58   82.29
IDR     印尼卢比          2021-06-12 10:30:00     -1.00   0.04    -1.00   0.05    0.04
INR     印度卢比          2021-06-12 10:30:00     -1.00   8.21    -1.00   9.26    8.74
JPY     日元    2021-06-12 10:30:00     5.81    5.63    5.86    5.86    5.84
KRW     韩国元  2021-06-12 10:30:00     0.57    0.55    0.58    0.60    0.57
MOP     澳门元  2021-06-12 10:30:00     79.94   77.26   80.25   82.93   79.96
MYR     林吉特  2021-06-12 10:30:00     155.15  -1.00   156.55  -1.00   155.02
NOK     挪威克朗          2021-06-12 10:30:00     76.36   74.01   76.98   77.34   77.20
NZD     新西兰元          2021-06-12 10:30:00     454.37  440.35  457.57  463.86  459.11
PHP     菲律宾比索        2021-06-12 10:30:00     13.31   12.85   13.47   14.07   13.39
RUB     卢布    2021-06-12 10:30:00     8.82    8.28    8.90    9.23    8.90
SAR     沙特里亚尔        2021-06-12 10:30:00     -1.00   165.80  -1.00   175.28  170.22
SEK     瑞典克朗          2021-06-12 10:30:00     76.53   74.17   77.15   77.52   77.39
SGD     新加坡元          2021-06-12 10:30:00     480.59  465.76  483.97  486.38  482.40
THB     泰国铢  2021-06-12 10:30:00     20.49   19.86   20.65   21.31   20.51
TRY     土耳其里拉        2021-06-12 10:30:00     76.12   72.39   76.74   88.11   75.76
USD     美元    2021-06-12 10:30:00     638.40  633.20  641.10  641.10  638.56
ZAR     南非兰特          2021-06-12 10:30:00     46.46   42.90   46.78   50.43   46.96

D:\BC101\Examples\Debug\L07_15_DISPLAY_RATES_IN_FILE.exe (进程 11072)已退出，代码为 0。
```

完成情况	□已完成 □未完成	完成时间	

| 第8课 |

图形编程基础

现在，我们已经可以获取和保存全部外币牌价数据，但仍然只能以文本形式来显示它们，怎样改进才可以用图形界面来显示呢？本课将介绍：

- 图像在计算机中的表示；
- 计算机是如何显示图形的；
- 使用EasyX图形库；
- 实现基本的绘图操作。

在本课学习完成后，读者写出的程序将可以初始化图形窗口，并在图形窗口上绘制线和矩形框，它们是实现图形版外汇牌价看板的基础。

到目前为止，我们可以在纯文本模式下显示一次最新的外汇牌价数据，但“外汇牌价看板”是一个图形用户界面的程序，如图8-1所示。

外汇牌价

EXCHANGE RATE

发布时间：2021-06-12 10:30:00

	现汇买入价	现钞买入价	现汇卖出价	现钞卖出价	中行折算价
阿联酋迪拉姆		168.04		180.52	173.83
澳大利亚元	491.06	475.81	494.68	496.87	494.89
巴西里亚尔		119.79		136.01	126.35
加拿大元	523.96	507.41	527.82	530.15	527.97
瑞士法郎	709.52	687.62	714.50	717.56	713.67
丹麦克朗	103.69	100.49	104.53	105.03	104.54
欧元	771.76	747.78	777.45	779.95	777.29

图8-1 外汇牌价看板程序运行效果图

这种包含图形元素的程序外观被称作“图形用户界面”（Graphical User Interface，GUI）。相对于纯文本组成的用户界面，对于用户来说，图形用户界面在视觉上更易于接受，也更容易操作。

8.1 图像在计算机中的表示

早期的计算机只能打印或显示文本。为了使计算机能够显示“图形”，最早的方法是使用多行ASCII文本来表达图形，这种方式被称为“字符画”。例如图8-2是“牛”和“太极”的ASCII字符画。

```
            (__)
            (oo)
   /-------\/                _
  / ||     ||             / o) \
 *  ||----||              \ (o /
    ~~     ~~                -
```

图8-2　ASCII字符画

随着计算机技术的发展，图形显示卡、图形显示器的普及使得显示图像成为可能。在开始编写显示图像的程序之前，我们先来了解各种图片是如何输入计算机中的。

我们将计算机中的图分为两类。

- **图形：**用点、直线或者多边形等几何图元表示的图片，一般来自人工绘制。
- **图像：**由扫描仪、数码相机、摄像机等输入设备捕捉实际画面产生的数字图像。

8.1.1 来自人工绘制的矢量图形

图形来自人工绘制，例如平面设计师使用CorelDRAW进行广告设计、工程师使用AutoCAD设计机械部件。绘制的工具一般是鼠标，有时也使用绘图板。这些图形一般由各种点、线和多边形组成，它们被称为矢量图形，如图8-3和图8-4所示。

图8-3　由几何图元组成的联合国标识

图8-4　由矢量图形组成的人物风景画

这种图形可以拆解成很多个点、线和多边形，每一个组成部分都可以用基于数学方程的几何图元来表示，绘图时只要描述各种形状和填充颜色即可。用这种方式描述图形的好处是文件体积比较小，而且使用专门的软件放大显示并不会影响清晰度（不会出现锯齿或马赛克）。

8.1.2 来自数码相机或扫描仪的位图

矢量图形并不适合描绘来自真实世界的景象，因为它无法精准地还原每一处细节，例如矢量图就无法实现或者说很难实现照片的视觉效果。图8-5所示为一张数码照片。

图8-5　一张数码照片

那么，照片是怎么输入计算机里的呢？来自现实世界的照片通常使用数码相机拍摄，或者使用胶片相机拍摄后再用扫描仪等设备输入计算机。初中物理中我们就学习过照相机的基本原理——简单或者复杂的镜头将现实世界中的光投影到成像介质上。图8-6是典型的胶片相机的结构。

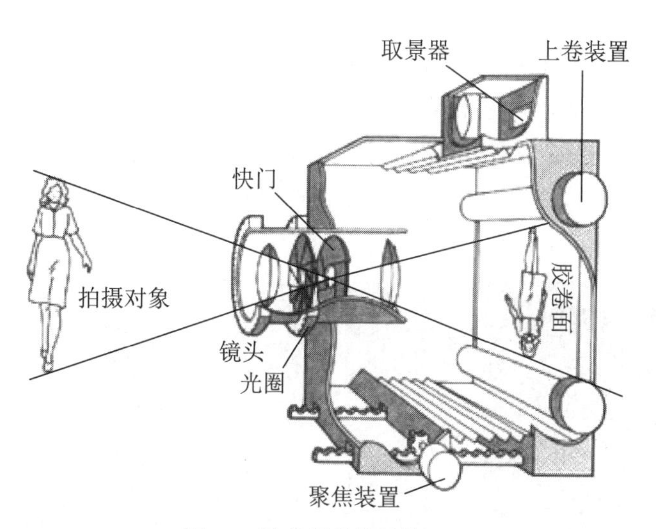

图8-6　胶片相机的结构

在早期成像介质是胶片或胶卷（也叫底片），拍照后需要经过复杂的处理最后才能冲洗出照片。数码相机与传统相机最大的区别在于采用“图像传感器”替代了胶卷。图像传感器是一种矩形集成电路。在图像传感器上按矩形排列着大量感光元件，将画面分隔成若干个“栅格”，一个栅格被称为一个“像素”。图8-7是数码相机的图像传感器部件。图8-8则是传感器局部放大后的样子，可以看到它是由“栅格”组成的。

图8-7　数码相机的图像传感器

图8-8　局部放大的图像传感器

感光元件在受到光的照射后，会根据光线强度产生强度不同的电信号，将每一个栅格的信号依次采集即可得到整幅图片的全部像素信息。早期的图像传感器只能感受光线的强度并生成灰度影像，但现今的数码相机都是拍摄彩色照片的，如何做到这一点呢？

首先要了解的是如何在计算机里表达颜色。我们知道可以使用三种基本颜料红（Red）、绿（Green）和蓝（Blue）以不同比例混合到一起调配出各种颜色，显示器在显示图片时采用同样的原理：将红、绿和蓝三原色的色光以不同的比例叠加，就可以产生各种颜色的光。在控制这些颜色比例时，每种颜色的最小值是0，最大值是255，因此理论上这三种基本颜色可以组合成256^3种颜色（16 777 216种），几乎包括了人类视力所能感知的所有颜色。

在使用数码相机或扫描仪采集图像时，也是将可见光分为红（R）、绿（G）和蓝（B）三个通道，分别采集每个像素上红、绿和蓝的亮度值。有些数码相机通过分色棱镜将成像的光分成红、绿和蓝三路，分别投影到三个图像传感器上，一个传感器只感应一种颜色的光；将三个传感器感应到的不同颜色的亮度组合到一起，就可以得到每个像素的R、G和B亮度值。图8-9是分色棱镜，图8-10是三个分别感应不同色光的传感器。

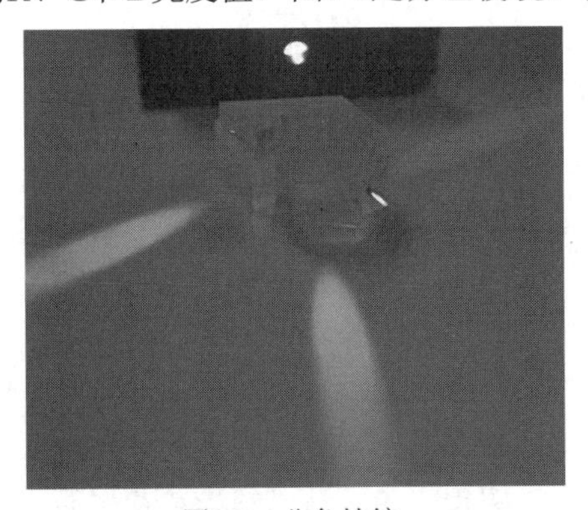

图8-9　分色棱镜

图8-10　三个图像传感器

图8-11是一副被局部放大的数码照片，通过软件可以查看每一个像素的R、G、B亮度值。

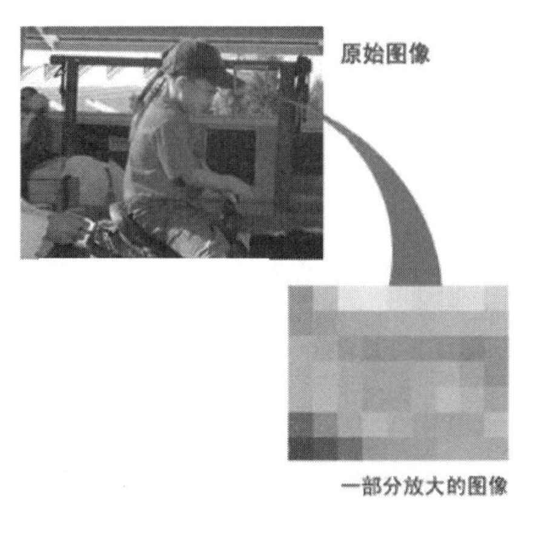

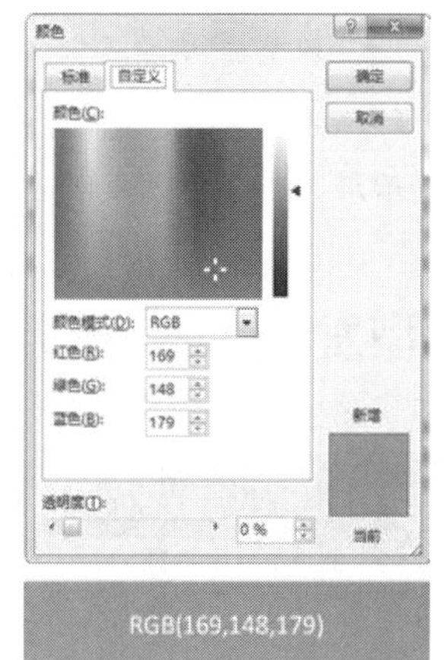

图8-11　数码照片的像素颜色

使用分色棱镜和三个图像传感器是一些高端数码相机的做法，这类相机结构比较复杂且价格昂贵。普通数码相机和手机摄像头一般只用一个图像传感器，这种图像传感器里每一个像素点上都有三个传感器，每个传感器只对红、蓝、绿三原色光中的一种感光。

无论采用哪种图像传感器都可以拍摄数码照片，或者将胶片、印刷品通过扫描仪输入计算机中，成为数码图像。

8.2　计算机是如何显示图形的

知道了数码相片是按照一定的次序使用RGB色彩模型逐个描述每一个像素的颜色，接下来要解决的问题就是将其显示出来。在日常生活中，有不少地方都是以“像素”的形式组合成一幅图像。例如我们经常见到的工艺品十字绣，做工精细的多色十字绣几乎可以模拟照片的视觉效果，图8-12、图8-13都是十字绣作品。

图8-12　单色十字绣

图8-13　多色十字绣

与静态的十字绣不同，计算机显示器要解决的问题是它要显示的内容是动态的、变化的。目前，我们用到的图形显示器可以分为：

- 大型发光二极管显示屏；
- OLED显示屏；
- LCD显示屏。

8.2.1 大型发光二极管显示屏

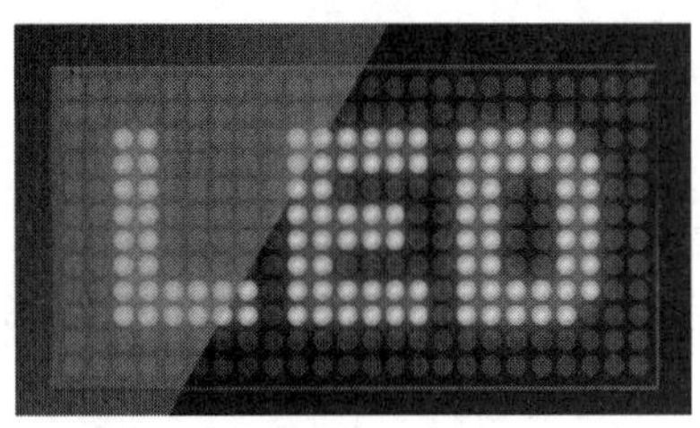

图8-14 单色发光二极管显示屏

如果说手机、计算机的显示屏由于像素太小了导致我们看不出它的工作原理，那么图8-14所示的显示屏你一定见过并且看得懂。

这种显示屏称为单色发光二极管显示屏，这种单色显示屏由单色发光二极管组成，由驱动电路决定每一个二极管的亮或灭。单色显示屏的颜色由发光二极管的颜色决定，人们当然不可能满足于单色显示，怎样才可以实现发出各种颜色的光呢？最简单的方式是将三个不同颜色的发光二极管放到一起并控制它们以不同的亮度发光，它们就可以组合成多种颜色。将三个独立的发光二极管放到一起难免会增加显示屏的体积，如图8-15所示，多彩发光二极管就是将这三个发光二极管封装到一起以减少每个像素所使用的器件体积，如图8-16所示。

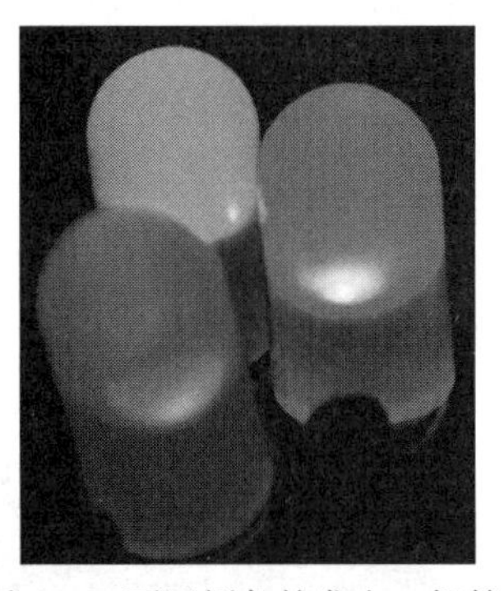
图8-15 不同颜色的发光二极管

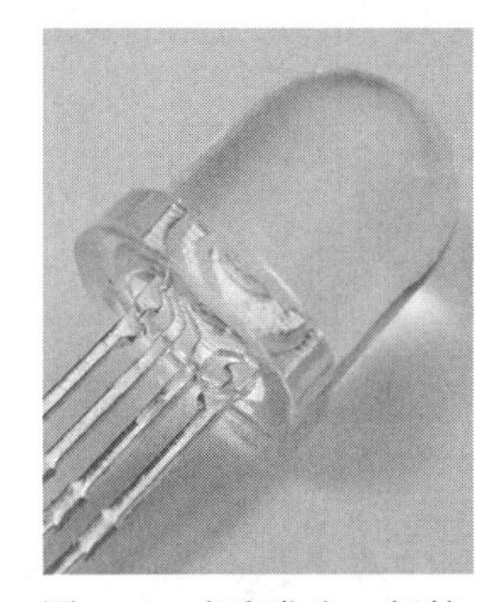
图8-16 多彩发光二极管

我们看到的大型户外广告屏就是采用这种显示原理的，这种显示屏上采用的发光二极管单个体积越小、数量越多，显示的图形效果就越细腻和丰富，如图8-17所示。

图8-17 采用发光二极管的户外广告屏

8.2.2 OLED显示屏

如果把发光二极管做得更小、更薄，是否就可以用于手机和计算机屏幕呢？一些手机就采用了被称为OLED的显示技术，这种发光二极管被称为有机发光二极管（Organic Light-Emitting Diode，OLED）。这种发光二极管可以做得很小、很薄。图8-18是放大的手机的OLED屏幕。

OLED屏幕上每一个像素都由三个发光二极管组成，它们各自的亮度决定了每一个像素的颜色。由于它们足够小，因此只有通过放大镜才能分辨每一个像素。OLED屏幕上的发光二极管像灯泡一样会老化，老化的发光二极管的亮度会发生衰减。如果一个显示屏长期显示一副画面，则屏幕上的发光二极管老化程度会不一样。这就带来OLED显示屏的硬伤，也就是俗称的“烧屏”。好在这种情况只出现在一些长时间、高亮度显示同一个画面的手机上。图8-19所示的就是老化的OLED屏幕。此外，由于OLED显示屏是主动发光的，因此它可以做成透明的。

图8-18　局部放大的手机显示屏

图8-19　出现“烧屏”现象的手机

8.2.3 LCD显示屏

OLED是近些年才出现的新技术，还存在成本高、工艺不成熟的缺点。因此我们现在使用的电视机、显示器主要还是以LCD为主。LCD的全称是液晶显示器（Liquid-Crystal Display，LCD）。与OLED不同的是LCD显示屏本身不发光，而是有一个白色的背光光源。LCD显示屏通过薄膜晶体管控制液晶的偏转角度，进而能控制透过它的背光亮度。透过液晶层的背光再通过彩色滤光片，就变成三种强弱不同的色光，进而组合成各种颜色，如图8-20所示。

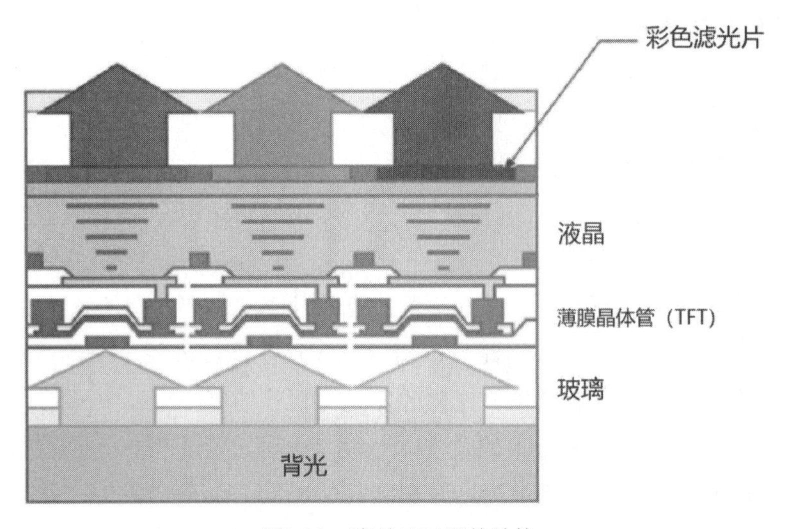

图8-20　液晶显示器的结构

每一个液晶显示器都由数百万个这样的三色单元组成，最终成为我们在屏幕上看到的图像。图8-21是放大的液晶显示器屏幕上的像素。

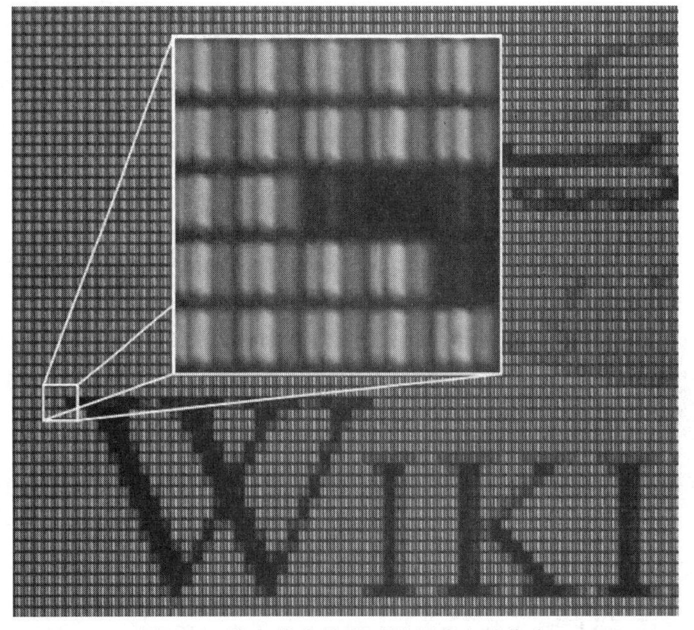

图8-21　放大的液晶显示器屏幕上的像素

LCD显示屏也有老化的问题，不过它的老化通常是背光光源的老化，是均匀的而不是局部的，因此不会出现OLED显示屏的残影问题。一些显示屏用得时间长了，当显示的颜色不鲜艳、屏幕发黄时就是老化的表现。

到这里，我们知道了绝大多数的显示器的每一个像素都是由三种颜色的点组成的，这三种颜色分别是红色（Red）、绿色（Green）和蓝色（Blue）。

8.3 使用EasyX图形库

在程序中绘制图形，本质上是在和显卡打交道。在5.3.3节中我们介绍过“显卡负责将文本或图形数据转换成视频信号，并显示在屏幕上”。

向显存中写入数据会改变显示的内容：在显示文本时，将文本的ASCII码值送入显存指定位置就可以了；而在显示图片时只需要将每个像素的R、G、B颜色值送入指定的显存位置即可，显卡的GPU会根据显存中的内容驱动显示器显示图形。

遗憾的是，现代操作系统基本上都禁止直接操作显卡和访问显存（这可能导致硬件损坏或操作系统崩溃），绘制图形必须通过操作系统提供的应用程序接口或其他图形库进行。

微软提供了DirectDraw图形库用于绘制图形，但它对于我们来说较为复杂。因此我们选择对初学者更为友好的EasyX图形库。

8.3.1 下载和安装EasyX图形库

此前我们已经在程序中使用过外汇牌价接口库，EasyX也是一个第三方库，它是一个国产的、以教学为目的二维图形库，其官方网站是https://www.easyx.cn。

你可以从这个网站下载EasyX的安装文件。EasyX的安装非常很简单。

第1步： 双击下载的安装文件，出现安装向导，如图8-22所示。

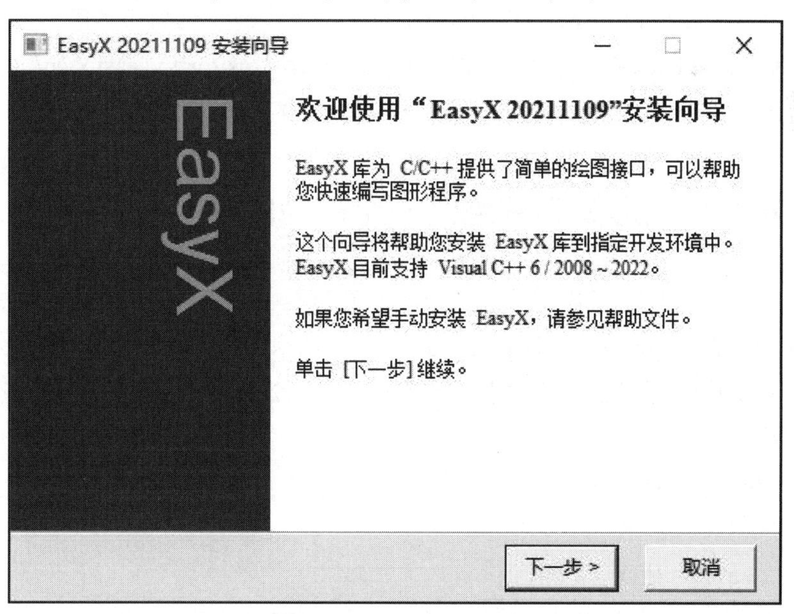

图8-22　EasyX安装向导

第2步： 安装向导会自动检测出你安装的Visual Studio版本，如图8-23所示，单击对应版本后的“安装”按钮即可。

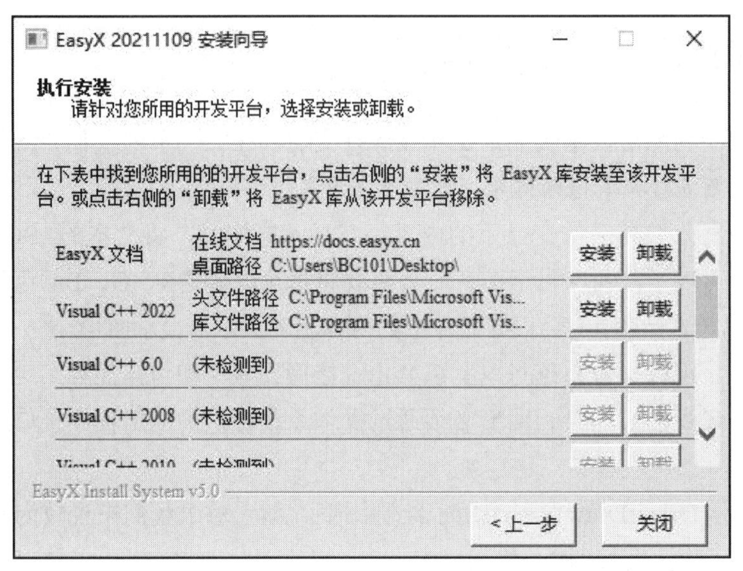

图8-23　EasyX安装向导

EasyX安装向导会把这个库的头文件、库文件自动复制到对应目录中。在笔者的计算机上，EasyX需要的头文件graphics.h被自动复制到目录C:\Program Files\Microsoft Visual Studio\2022\Community\VC\Auxiliary\VS\include；而相关的库文件（EasyXa.lib和EasyXw.lib）则有两份，用于支持32位或64位应用程序。它们被分别放入目录C:\Program Files\Microsoft Visual Studio\2022\Community\VC\Auxiliary\VS\lib\x64和C:\Program Files\Microsoft Visual Studio\2022\Community\VC\Auxiliary\VS\lib\x86中。

注意：上面的路径可能因你安装的Visual Studio的位置、版本不同而不同。

第3步：如果你需要EasyX的文档和案例，可以到网站https://www.easyx.cn/上查找。本书的后续部分对必须要使用的EasyX函数在该网站中也有介绍。

8.3.2　初始化图形窗口并绘制一个白色的点

接下来，就可以开始写第1个图形程序——在屏幕上显示一个白色的点。

在程序中包含EasyX的头文件graphics.h就可以调用EasyX的库函数。这个程序运行的结果是在屏幕的中间画一个白色的点，源程序如下（注意此程序可以编译、链接，但不能看到运行效果）。

```
1. #include <graphics.h>
2. int main()
3. {
4.     initgraph(200, 200);
5.     putpixel(100, 100, 16777215);
6.     closegraph();
7.     return 0;
8. }
```

此处需要注意：

- 由于EasyX的安装程序自动将相关的头文件、库文件放入了Visual Studio专门用于存储函数库的目录中（预处理和链接时会自动搜索这些目录），因此无须像外汇牌价接口库一样指定具体的目录，直接写#include <graphics.h>即可。
- 第4行代码中的initgraph函数是EasyX提供的用于初始化图形窗口的函数，只有调用它后才可以绘制图形。Initgraph函数的两个参数分别是图形窗口的宽度和高度，使用的单位是“像素”。第6行代码的closegraph函数用于关闭图形窗口，调用这个函数后程序又会回到文本模式。
- 第5行代码中的putpixel函数是EasyX提供的用于在屏幕上绘制一个点的函数，它的参数包括点的坐标和颜色值。此处的100,100是坐标，16 777 215是颜色值（白色）。

屏幕上的坐标是以图8-24的方式定义的。坐标原点O是屏幕左上角的一个像素。因此，在一个200×200的窗口中，x坐标是100，y坐标是100是接近窗口中心的一个点。putpixel函数的前两个参数分别对应x轴和y轴坐标。

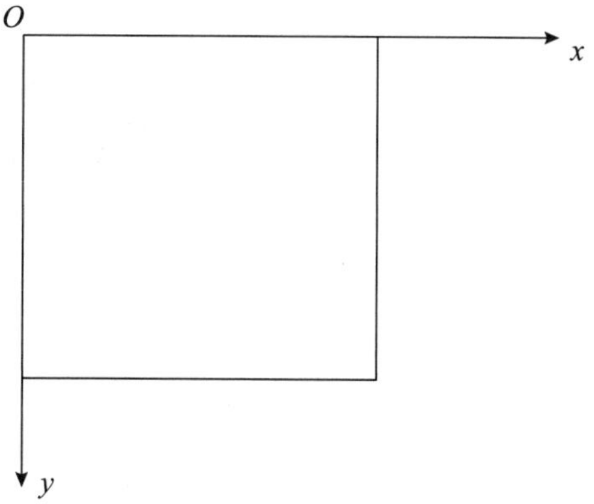

```
putpixel(100, 100, 16777215);
```

O x y

图8-24　屏幕上的坐标系

那么，为何后面的16 777 215可以绘制出白色的点呢？在8.4.2节中我们再来了解。程序运行时，运行窗口会切换到图形模式并绘制这个点，但随着程序运行到closegraph函数，这个窗口又会自动回到文本模式，因此我们只能看到图8-25所示的窗口。

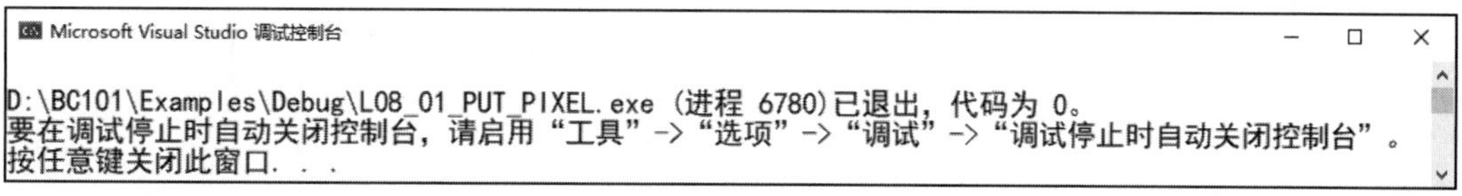

```
Microsoft Visual Studio 调试控制台
D:\BC101\Examples\Debug\L08_01_PUT_PIXEL.exe (进程 6780)已退出，代码为 0。
要在调试停止时自动关闭控制台，请启用“工具”->“选项”->“调试”->“调试停止时自动关闭控制台”。
按任意键关闭此窗口. . .
```

图8-25　程序退出导致图形窗口不显示

要解决这个问题，可以在closegraph函数之前调用getchar函数，要求输入一个字符并按下Enter键程序才继续执行，完成后的程序如案例8-1所示。

案例8-1　在屏幕上绘制点（L08_01_PUT_PIXEL）

```
1. #include <stdio.h>       //调用getchar函数需要包含这个头文件
2. #include <graphics.h>    //EasyX图形库的头文件
3. int main()
4. {
5.     initgraph(200, 200);
```

```
6.      putpixel(100, 100, 16777215);
7.      getchar();
8.      closegraph();
9.      return 0;
10. }
```

再次运行这个程序，得到如图8-26所示的结果。

图8-26　在窗口中心绘制白色的点

直接按下Enter键，程序运行结束。如果看到这个窗口和中心的白点，就表示EasyX图形库已经正确安装并可以正常使用了。

8.4　基本的绘图操作

绘制点是所有绘图操作的基础，基于它可以绘制线、进而绘制各种形状。在本课中我们将学习：

- 绘制直线（水平线和垂直线）；
- 绘制和填充方框。

8.4.1　绘制线

无论是直线、曲线，都可以认为是由“点”组成的，掌握了绘制点的方法就可以绘制所有图形。

1. 用多个点来组成直线

既然调用一次putpixel函数可以绘制一个点，如果要绘制多个点，多次调用putpixel就可以了：

```
1. #include <stdio.h>
2. #include <graphics.h>
```

```
3. int main()
4. {
5.     initgraph(200, 200);
6.     putpixel(100, 100, 16777215);
7.     putpixel(101, 100, 16777215);
8.     putpixel(102, 100, 16777215);
9.     putpixel(103, 100, 16777215);
10.    putpixel(104, 100, 16777215);
11.    putpixel(105, 100, 16777215);
12.    getchar();
13.    closegraph();
14.    return 0;
15. }
```

这个程序的第6～11行调用了6次putpixel函数绘制6个点，这6个点的y轴坐标都是100，x轴坐标从100到105，在屏幕上绘制了长度为6个像素的水平线，运行程序得到如图8-27所示的结果。

图8-27　绘制水平线

很显然，我们可以将其改为使用for循环来实现。

```
1. #include <stdio.h>
2. #include <graphics.h>
3. int main()
4. {
5.     initgraph(200, 200);
6.     for (int x = 100; x <= 105; x++)
7.     {
8.         putpixel(x, 100, 16777215);
9.     }
10.    getchar();
11.    closegraph();
12.    return 0;
13. }
```

如果要绘制垂直的线呢？相对于水平线，垂直线的特点是x轴坐标不变，y轴坐标变化。因此不难写出下面的程序。

```
1. #include <stdio.h>
2. #include <graphics.h>
3. int main()
4. {
5.     initgraph(200, 200);
6.     for (int y = 100; y <= 105; y++)
7.     {
8.         putpixel(100, y, 16777215);
9.     }
10.    getchar();
11.    closegraph();
12.    return 0;
13. }
```

程序运行的结果如图8-28所示。

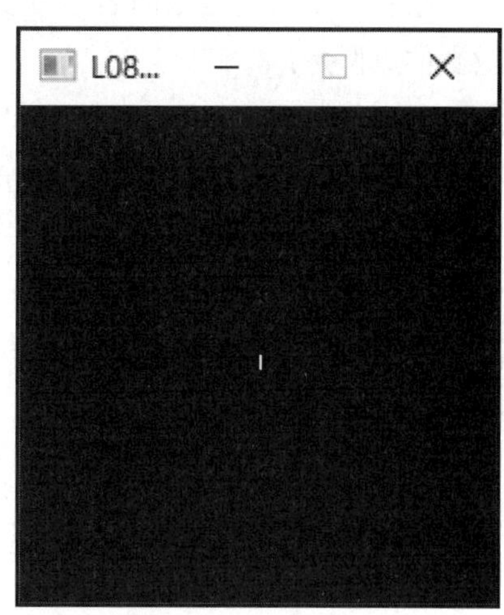

图8-28　绘制垂直线

现在，我们知道了可以通过绘制多个连续点的方式来绘制一条线，但是上面的程序都是在固定的位置绘制固定长度的直线。在程序设计中我们可能需要在多处、多次绘制直线，难道每次都去写一个for循环吗？根据我们的经验，可以将绘制水平线、垂直线的操作封装成函数。最理想的绘制线条的函数应该是指定线两端的坐标和线条颜色就可以完成线条绘制。我们要分别完成的功能包括：

- 绘制水平线；
- 绘制垂直线。

2. 绘制水平线的函数

对于水平线来说，组成它的像素点y轴坐标不变，x轴坐标变化，如图8-29所示。

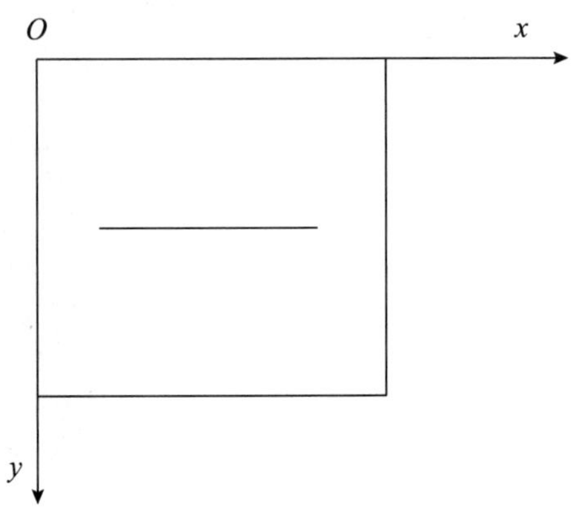

图8-29　水平线

因此，在绘制水平线时需要通过参数指定3个条件：

- x轴起始点坐标——x1；
- x轴终止点坐标——x2（必须大于或等于x1）；
- y轴坐标y。

绘制水平线的函数的名字可以是drawHorizontalLine，函数可以不需要返回值，因此函数的原型是：

```
void drawHorizontalLine(int x1, int x2, int y)
```

在实现函数时，我们要做的事就是：保持y轴坐标不变，从x1开始到x2，逐个绘制点。函数实现和完整代码如下。

```
1. #include <stdio.h>
2. #include <graphics.h>
3.
4. void drawHorizontalLine(int x1, int x2, int y)
5. {
6.     for (int x = x1; x <= x2; x++)
7.     {
8.         putpixel(x, y, 16777215);
```

```
9.      }
10. }
11.
12. int main()
13. {
14.     initgraph(200, 200);
15.     drawHorizontalLine(100, 200, 100);
16.     getchar();
17.     closegraph();
18.     return 0;
19. }
```

运行程序，结果如图8-30所示。

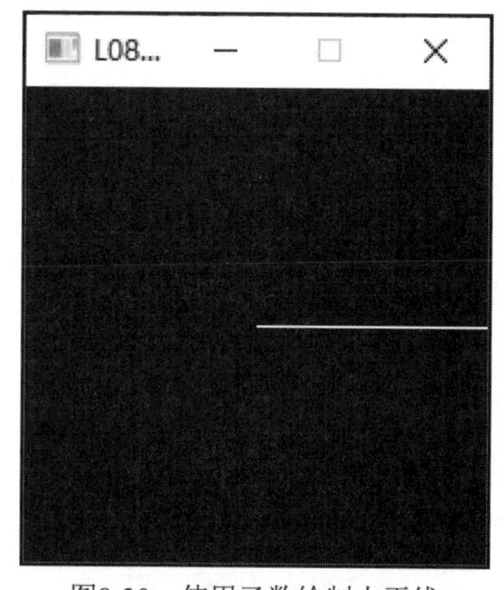

图8-30　使用函数绘制水平线

3. 绘制垂直线的函数

绘制垂直线与绘制水平线类似，不同的是绘制点时x轴坐标不变，y轴坐标变化，如图8-31所示。

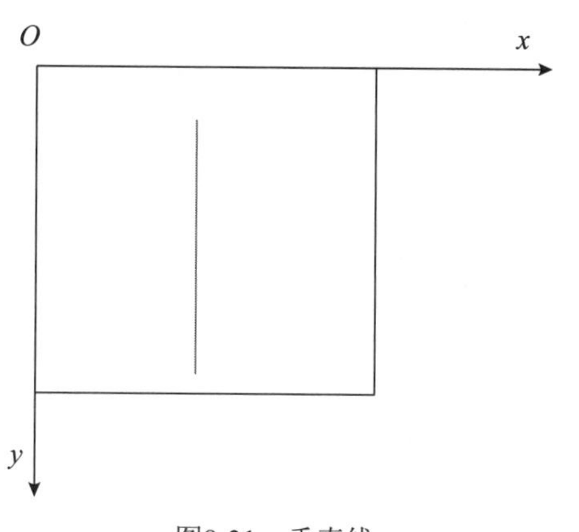

图8-31　垂直线

因此，在绘制垂直线时需要通过参数指定3个条件：

- x轴坐标x；
- y轴起始坐标——y1；
- y轴终止坐标——y2（必须大于或等于y1）。

函数的名字可以是drawVerticalLine，函数可以不需要返回值，因此函数的原型是：

```
void drawVerticalLine(int x, int y1, int y2)
```

函数实现如下，相信你看得懂。

```
1. void drawVerticalLine(int x, int y1, int y2)
2. {
3.     for (int y = y1; y <= y2; y++)
4.     {
5.         putpixel(x, y, 16777215);
6.     }
7. }
```

drawVerticalLine和drawHorizontalLine函数都完成后，在main函数中调用它们，全部程序如案例8-2所示。

案例8-2　在屏幕上绘制线（L08_02_DRAW_LINES）

```
1. #include <stdio.h>
2. #include <graphics.h>
3. void drawHorizontalLine(int x1, int x2, int y)
4. {
5.     for (int x = x1; x <= x2; x++)
6.     {
7.         putpixel(x, y, 16777215);
8.     }
9. }
10.
11. void drawVerticalLine(int x, int y1, int y2)
12. {
13.     for (int y = y1; y <= y2; y++)
14.     {
15.         putpixel(x, y, 16777215);
16.     }
17. }
18.
19. int main()
20. {
21.     initgraph(200, 200);
22.     drawVerticalLine(100, 0, 100);
23.     drawHorizontalLine(100, 200, 100);
24.     getchar();
25.     closegraph();
26.     return 0;
27. }
```

程序运行的结果如图8-32所示。

图8-32　绘制水平线和垂直线

8.4.2　控制绘图颜色

目前，drawVerticalLine和drawHorizontalLine这两个函数都只能绘制白色的线，但如何在程序中绘制不同颜色的线呢？之前绘制点、线的程序中我们提到过16 777 215表示白色。你可以动手将putpixel的第3个参数改成其他数字，看看颜色会不会发生变化。例如将它改为255后你会发现颜色为红色。

但其中的规律是什么呢？为什么整型数可以表达颜色呢？如果放大屏幕，你会发现屏幕上每一个像素都是由3种颜色的色块组成的，这3种颜色是红色（Red）、绿色（Green）、蓝色（Blue），简称RGB。图8-21是被放大的LCD显示屏。

对于组成像素的3个色块而言，每一个色块的亮度值范围是0～255，当值是255时色块最亮，值为0时色块最暗，这3个色块的值分别对应显存中的一字节。因此，在计算机中我们至少需要3字节来描述一个像素点的颜色，而实际上一般是使用4字节。

1. RGBA色彩模型

在描述一个像素点的颜色时，计算机可以使用RGBA色彩模式。在这种模式中，一个像素点使用4字节来描述，前3字节分别表示红色（R）、绿色（G）和蓝色（B），最后1字节被称为“阿尔法（Alpha）通道”，用于表示透明度。

因此在显存中是使用4字节描述一个像素点的颜色的。当屏幕的左上角显示一个白色点时，显存中的内容如图8-33所示。

第1像素（白色）				第2像素（黑色）				第3像素（黑色）				...			
R	G	B	A	R	G	B	A	R	G	B	A	R	G	B	A
255	255	255	0	0	0	0	0	0	0	0	0	0	0	0	0

图8-33　显示一个白点（第1像素）时显存中的数据

第1像素的前3字节都是255，这会控制着显示器上对应的3个色块都以同等亮度发光，255表示最大亮度。当3种颜色的亮度一致时，人眼会识别成白光。

2. 在程序中表达颜色

每种颜色分量和透明度在显存中使用一字节，那么在程序中我们应该如何表达颜色呢？使用4个整型变量吗？这不是一个好主意。使用4个变量来描述1个像素点的颜色会让程序变复杂，向函数传递参数时也会显得冗长（因为要传递4个参数）。

C语言没有专门用于存储颜色值的数据类型，但任何占用4字节的数据类型都可以存储颜色值。在前面的程序中颜色值使用16 777 215绘制出了白色的点，16 777 215默认被当作int型（它恰好占用4字节）。如果你掌握了十进制数到二进制数的转换，就知道16 777 215这个数转换成32位二进制是00000000　11111111　11111111　11111111，如图8-34所示。

第1字节	第2字节	第3字节	第4字节
00000000	11111111	11111111	11111111

图8-34　16 777 215的二进制表示

而数在内存中是按照低字节在前、高字节在后的次序存储的，所以16 777 215这个数在内存中实际的存储顺序如图8-35所示。

	第1字节	第2字节	第3字节	第4字节
二进制	11111111	11111111	11111111	00000000
十进制	255	255	255	0

图8-35　16 777 215在内存中的表示

putpixel函数本质上就是向显存的指定位置传送16 777 215。

```
putpixel(100,100,16777215);
```

16 777 215被送入对应的显存地址后，第1字节作为红色的颜色分量，第2字节作为绿色的颜色分量，第3字节作为蓝色的颜色分量，第4字节作为透明度。因为这3种颜色的值都是255（11111111转成十进制是255），均为最亮的状态，于是屏幕上就显示了白色的点。那么，使用int型表示颜色不就可以了吗？这样我们就可以给drawVerticalLine加上参数了，例如最后一个int型参数color。

```
void drawHorizontalLine(int x1, int x2, int y,int color)
```

但是，只有在32位编译器中int型才占用4字节，而在16位编译器中int只占用2字节。考虑到程序的兼容性，我们应该选用long型（长整型，无论哪种编译器都占用4字节）来表达颜色。同时为了避免不必要的麻烦，使用“无符号长整型”（unsigned long）表达颜色更为妥当。unsigned long是一种基本数据类型，为了增加程序的易读性，很多人更愿意使用typedef语句定义一种新的数据类型名称，例如在程序中加入一行。

```
typedef unsigned long RGBColor;
```

这样就定义了一种“新”的数据类型——RGBColor。未来想要定义表达颜色的变量、函数参数时，使用类型RGBColor即可。以下是使用RGBColor类型定义变量的例子。

```
RGBColor white= 16777215;
```

小知识

实际上Windows中本来就存在COLORREF类型，与我们自己定义的RGBColor一样也是unsigned long类型。EasyX的putpixel函数的第3个参数类型就是COLORREF。但是仍然可以继续使用自己定义的RGBColor类型，它们是兼容的，因为本质上都是无符号长整型。

3. 使用rgb函数进行格式转换

增加了RGBColor类型，我们该怎样给它赋值呢？当然可以直接把一个数值赋值给RGBColor类型的变量，如：

```
1. RGBColor white = 16777215;
2. putpixel(200,200,white);
```

但UI设计师在选定颜色后可不会告诉我们这样一个数字（主要是他们不会算），他们更习惯用R、G、B值来说明一种颜色，当他们在调色板中选定了一种颜色时，可以看到这种颜色的R、G、B三种颜色分量的值。例如图8-36中选择的绿色的颜色分量值分别为0、255、0。

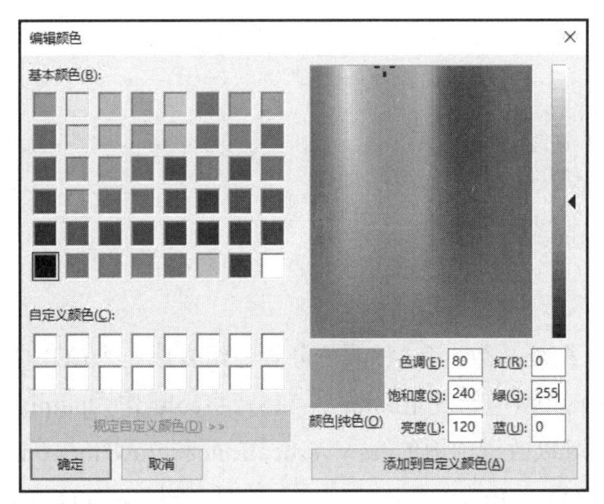

图8-36 编辑颜色对话框

如果UI设计师告诉我们要使用的颜色是R（0）、G（255）、B（0），那么怎样将这3种颜色分量值组合起来，存入RGBColor类型的变量呢？难道要手动算一遍吗？不用。下面的函数rgb可以实现这一点。

```
1. RGBColor rgb(unsigned char red, unsigned char green, unsigned
   char blue)
2. {
3.     return ((RGBColor)(((unsigned char)(red) | ((unsigned short)
       ((unsigned char)(green)) << 8)) | (((unsigned long)(unsigned char)
```

```
        (blue)) << 16)));
4. }
```

当UI设计师告诉我们要使用的颜色是R（0）、G（255）、B（0）时，可以调用这个函数。

```
RGBColor color = rgb(0,255,0);
```

这3种颜色分量的值就被“组合”到变量color中了。正确输入上面的函数代码都是一件很有挑战的事，因此建议直接从L08_03_SET_COLOR这个项目的main.cpp中找到这个函数代码，将其复制粘贴到自己的程序中。有了rgb函数后，就可以利用它来控制绘图颜色。下面的程序可以绘制一个红色的点。要注意定义RGBColor的typedef语句（第4行）应放在所有函数的前面。

```
1. #include <stdio.h>
2. #include <graphics.h>
3.
4. typedef unsigned long RGBColor;
5.
6. RGBColor rgb(unsigned char red, unsigned char green, unsigned
   char blue)
7. {
8.     return ((RGBColor)(((unsigned char)(red) | ((unsigned short)
       ((unsigned char)(green)) << 8)) | (((unsigned long)(unsigned char)
       (blue)) << 16)));
9. }
10.
11. int main()
12. {
13.     initgraph(200, 200);
14.     RGBColor color= rgb(255, 0, 0);
15.     putpixel(100, 100, color);
16.     getchar();
17.     closegraph();
18.     return 0;
19. }
```

第14行代码调用了rgb函数，将3种颜色分量值组合成一个RGBColor类型值（其实就是unsigned long类型）并赋值给变量color。第15行将color作为putpixel的参数，在屏幕上绘制点。现在，我们可以改进前面的drawVerticalLine和drawHorizontalLine函数了，即为它们增加控制颜色的参数（RGBColor color）。然后，再将putpixel的第3个参数换成color即可。完整的程序如案例8-3所示。

案例8-3　控制绘图颜色（L08_03_SET_COLOR）

```
1. #include <stdio.h>
2. #include <graphics.h>
3.
4. typedef unsigned long RGBColor;
5.
6. RGBColor rgb(unsigned char red, unsigned char green, unsigned
```

```
   char blue)
7. {
8.     return ((RGBColor)(((unsigned char)(red) | ((unsigned short)
      ((unsigned char)(green)) << 8)) | (((unsigned long)(unsigned char)
      (blue)) << 16)));
9. }
10.
11. void drawHorizontalLine(int x1, int x2, int y, RGBColor color)
12. {
13.     for (int x = x1; x <= x2; x++)
14.     {
15.         putpixel(x, y, color);
16.     }
17. }
18.
19. void drawVerticalLine(int x, int y1, int y2, RGBColor color)
20. {
21.     for (int y = y1; y <= y2; y++)
22.     {
23.         putpixel(x, y, color);
24.     }
25. }
26.
27. int main()
28. {
29.     initgraph(200, 200);
30.     RGBColor red= rgb(255, 0, 0);
31.     RGBColor yellow = rgb(255, 255, 0);
32.     drawVerticalLine(100, 0, 100,red);
33.     drawHorizontalLine(100, 200, 100,yellow);
34.     getchar();
35.     closegraph();
36.     return 0;
37. }
```

这个程序可以绘制出红色的垂直线和黄色的水平线（如图8-37所示）。第30、31行定义的颜色变量名red和yellow只是为了代码便于阅读，变量名本身的英语含义并不影响显示颜色。

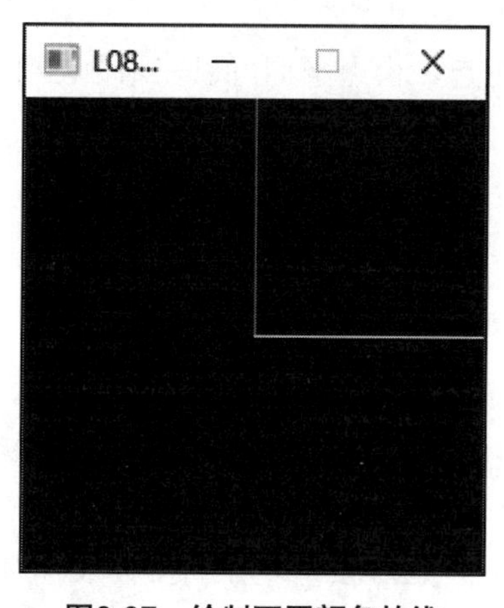

图8-37　绘制不同颜色的线

UI设计师的颜色表达方式

实际上UI设计师更多地使用"#FF0000"这样的格式表达颜色，#后面是十六进制数，第1～2位表示红色分量，3～4位表示绿色分量，5～6位表示蓝色分量。

当我们遇到这种色彩表示方式时，也是可以将它赋值给RGBColor类型变量的，例如：

颜色#FFAACC

```
RGBColor color = 0xCCAAFF;
```

在C语言中，0x开头表示十六进制数，#FFAACC的表达次序是R、G、B。在程序中需要将R、G、B的次序反过来，因为"数字在内存中是按照低字节在前、高字节在后的次序存储的"，只有将次序反过来才能按照R、G、B的次序把数据送入显存。

现在，我们已经可以控制绘图的颜色，接下来我们学习如何绘制和填充矩形框。

8.4.3 绘制和填充矩形框

绘制矩形框其实就是绘制四条边，在必要的情况下还可能需要填充内部颜色。

1. 自定义绘制四条边的函数——drawBox

绘制边框是一件简单的事，在指定位置绘制上、下、左、右四条线即可。考虑到绘制边框是常用的操作，我们仍把它定义为一个函数，名为drawBox。

```
void drawBox(…)
```

这个函数应该有哪些参数呢？你可能会认为需要将矩形框的每一条边的起、止点坐标都传入函数，但这样一来你需要传递8个点的坐标（也就是16个参数）到函数里。这太复杂了。当我们需要在平面上绘制矩形时，其实主要考虑两个条件：

- 矩形在平面上的位置；
- 矩形的大小。

用矩形左上角的坐标就可以表示矩形在平面上的位置，因此这两个条件用下述4个参数即可描述。至于每一条边的起、止点坐标可以在函数内部通过这4个参数计算得到。这4个参数是：

- **左上角x轴坐标。**表示矩形左边距屏幕最左边的像素数。这个参数通常被命名为left，以像素为单位。
- **左上角y轴坐标。**表示矩形上边距屏幕顶边的像素数。这个参数通常被命名为top，以像素为单位。
- **宽度（x轴上的长度）。**矩形在水平方向上的长度被称为"宽度"。这个参数通常被命名为width，以像素为单位。
- **高度（y轴上的长度）。**矩形在垂直方向上的长度被称为"高度"。这个参数通常被命名为height，以像素为单位。

有了left、top、width和height 4个条件，我们就可以计算出4条边框起止点在屏幕上的坐标。请参照图8-38找出计算矩形各条边框起点、终点的方法。

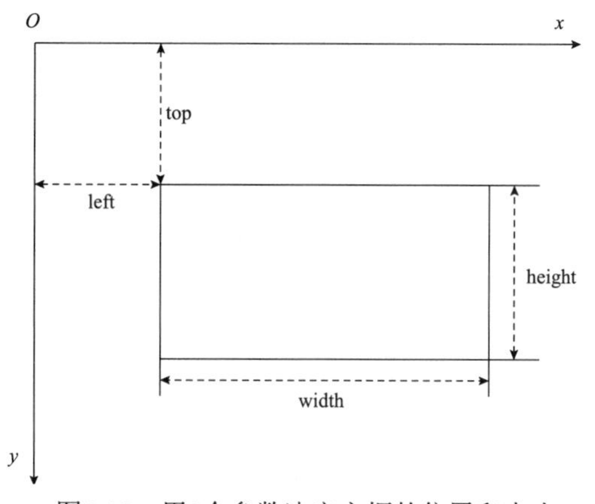

图8-38　用4个参数决定方框的位置和大小

绘制边框的函数原型可以是：

```
void drawBox(int left, int top, int width, int height, RGBColor color);
```

函数的实现也不困难，请先自己尝试完成，再阅读下面的内容。

下面的程序绘制了宽度和高度均为200像素的白色矩形框。读者请详细阅读drawBox函数的代码。

```
1. #include <stdio.h>
2. #include <graphics.h>
3. typedef unsigned long RGBColor;
4.
5. RGBColor rgb(unsigned char red, unsigned char green, unsigned
   char blue)
6. {
7.     return ((RGBColor)(((unsigned char)(red) | ((unsigned short)
       ((unsigned char)(green)) << 8)) | (((unsigned long)(unsigned char)
       (blue)) << 16)));
8. }
9.
10. void drawHorizontalLine(int x1, int x2, int y, RGBColor color)
11. {
12.     for (int x = x1; x <= x2; x++)
13.     {
14.         putpixel(x, y, color);
15.     }
16. }
17.
18. void drawVerticalLine(int x, int y1, int y2, RGBColor color)
19. {
20.     for (int y = y1; y <= y2; y++)
21.     {
22.         putpixel(x, y, color);
23.     }
```

```
24. }
25.
26. void drawBox(int left, int top, int width, int height, RGBColor
    color)
27. {
28.     drawHorizontalLine(left, left + width - 1, top, color);//顶边框
29.     drawHorizontalLine(left, left + width - 1, top + height - 1,
        color);                                                //底边框
30.     drawVerticalLine(left, top, top + height - 1, color);//左边框
31.     drawVerticalLine(left + width - 1, top, top + height - 1,
        color);                                                //右边框
32. }
33.
34. int main()
35. {
36.     initgraph(400, 400);
37.     drawBox(100, 100,200, 200, rgb(255, 255, 255));
38.     getchar();
39.     closegraph();
40.     return 0;
41. }
```

运行程序，结果如图8-39所示。

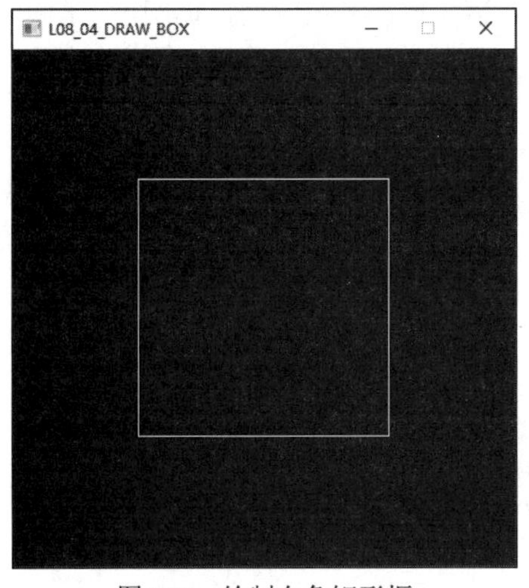

图8-39　绘制白色矩形框

2. 用颜色填充矩形框内部

矩形框内部我们还可以填充颜色，从程序的角度看填充颜色就是画若干条水平线或垂直线填满矩形框的内部。在填充内部区域时（图8-40矩形区域中间的部分），仍然需要指定left、top、width、height这4个参数。

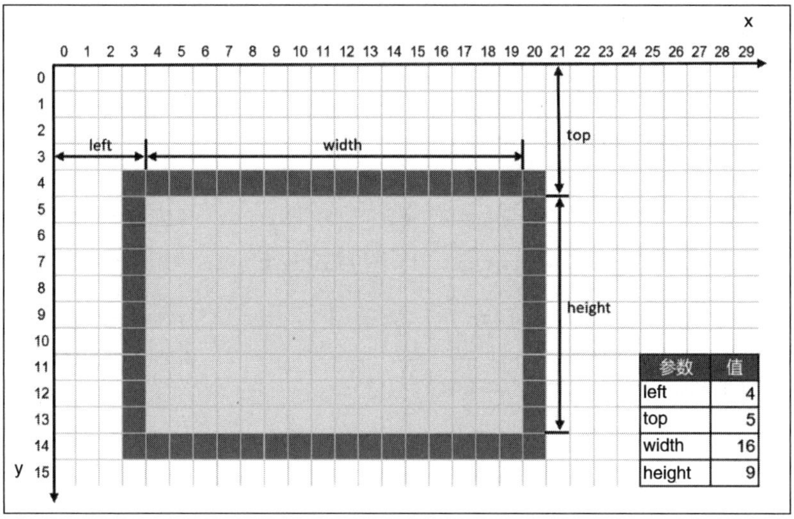

参数	值
left	4
top	5
width	16
height	9

图8-40　绘制方框时需要指定的参数

如果要以水平线填充矩形内部区域，则需要绘制9条水平线。绘制第1条水平线的代码为：

```
drawHorizontalLine(left, left + width - 1, top, fillColor);
```

绘制第2条线时第3个参数top的值加1即可。换句话说，第3个参数的值从top开始，到top+height-1结束。考虑到用颜色填充矩形区域是经常要进行的操作，我们将其定义为fillBox函数，在函数内部使用for循环绘制多条水平线。

```
1. void fillBox(int left, int top, int width, int height, RGBColor
   fillColor)
2. {
3.     for (int t = top; t <= top + height - 1; t++)
4.     {
5.         drawHorizontalLine(left, left + width - 1, t, fillColor);
6.     }
7. }
```

案例8-4是调用drawBox和fillBox函数绘制一个白色矩形框并以绿色填充其内部的代码。

案例8-4　绘制和填充矩形框（L08_04_DRAW_BOX）

```
1. #include <stdio.h>
2. #include <graphics.h>
3. typedef unsigned long RGBColor;
4.
5. RGBColor rgb(unsigned char red, unsigned char green, unsigned
   char blue)
6. {
7.     return ((RGBColor)(((unsigned char)(red) | ((unsigned short)
       ((unsigned char)(green)) << 8)) | (((unsigned long)(unsigned char)
       (blue)) << 16)));
8. }
9.
```

```
10. void drawHorizontalLine(int x1, int x2, int y, RGBColor color)
11. {
12.     for (int x = x1; x <= x2; x++)
13.     {
14.         putpixel(x, y, color);
15.     }
16. }
17.
18. void drawVerticalLine(int x, int y1, int y2, RGBColor color)
19. {
20.     for (int y = y1; y <= y2; y++)
21.     {
22.         putpixel(x, y, color);
23.     }
24. }
25.
26. void drawBox(int left, int top, int width, int height, RGBColor
    color)
27. {
28.    drawHorizontalLine(left, left + width - 1, top, color);//顶边框
29.    drawHorizontalLine(left, left + width - 1, top + height - 1,
       color);                                                //底边框
30.    drawVerticalLine(left, top, top + height - 1, color);  //左边框
31.    drawVerticalLine(left + width - 1, top, top + height - 1,
       color);                                                //右边框
32. }
33.
34. void fillBox(int left, int top, int width, int height, RGBColor
    fillColor)
35. {
36.     for (int t = top; t <= top + height - 1; t++)
37.     {
38.         drawHorizontalLine(left, left + width - 1, t, fillColor);
39.     }
40. }
41.
42. void drawBoxWithFillColor(int left, int top, int width, int height,
    RGBColor borderColor, RGBColor fillColor)
43. {
44.     drawBox(left, top, width, height, borderColor);
45.     fillBox(left+1, top+1, width-2, height-2, fillColor);
46. }
47.
48. int main()
49. {
50.     initgraph(400, 400);
51.     drawBox(100, 100, 200, 200, rgb(255, 255, 255));
52.     fillBox(101, 101, 198, 198, rgb(0,255,0));
53.     getchar();
54.     closegraph();
55.     return 0;
56. }
```

图8-41是程序运行的结果。

图8-41　以绿色填充的白色矩形框

上面的程序需要分别调用两个函数才能实现绘制矩形框并填充颜色，这显然不太方便，于是我们可以再加入一个新的函数drawBoxWithFillColor来实现绘制矩形框并填充颜色。代码很简单，在函数内部分别调用drawBox函数和fillBox函数即可。

```
1. void drawBoxWithFillColor(int left, int top, int width, int height,
   RGBColor borderColor,RGBColor fillColor)
2. {
3.     drawBox(left, top, width, height, borderColor);
4.     fillBox(left+1, top+1, width-2, height-2, fillColor);
5. }
```

参数borderColor用来控制边框颜色，同时参数fillColor用于控制填充颜色。

8.5　小结

本课主要介绍了如何使用EasyX图形库在屏幕上绘制点、线和矩形。实际上这种绘图方式的效率是比较低的，如果你绘制的矩形面积比较大时，可能会看到矩形是逐行显示出来的。

EasyX提供了效率更高、功能更多的绘图函数，未来项目中你可以使用它们。这些函数的具体使用方法请参阅https://docs.easyx.cn/zh-cn/drawing-func。

在使用表8-3中的函数之前，请务必确保你可以独立完成并理解本课任务中的程序。

表8-3　EasyX图形库的绘图函数

函数名	描述
arc	画椭圆弧
circle	画无填充的圆
clearcircle	清空圆形区域

续表

函数名	描述
clearellipse	清空椭圆区域
clearpie	清空扇形区域
clearpolygon	清空多边形区域
clearrectangle	清空矩形区域
clearroundrect	清空圆角矩形区域
ellipse	画无填充的椭圆
fillcircle	画有边框的填充圆
fillellipse	画有边框的填充椭圆
fillpie	画有边框的填充扇形
fillpolygon	画有边框的填充多边形
fillrectangle	画有边框的填充矩形
fillroundrect	画有边框的填充圆角矩形
floodfill	填充区域
getheight	获取绘图区的高度
getpixel	获取点的颜色
getwidth	获取绘图区的宽度
line	画直线
pie	画无填充的扇形
polybezier	画三次方贝塞尔曲线
polyline	画多条连续的线
polygon	画无填充的多边形
putpixel	画点
rectangle	画无填充的矩形
roundrect	画无填充的圆角矩形
solidcircle	画无边框的填充圆
solidellipse	画无边框的填充椭圆
solidpie	画无边框的填充扇形
solidpolygon	画无边框的填充多边形
solidrectangle	画无边框的填充矩形
solidroundrect	画无边框的填充圆角矩形

8.6 检查表

只有在完成了本课的实践任务后，才可以继续下一课的学习。本课的实践任务如表8-4～表8-7所示。

表8-4　在屏幕上绘制点

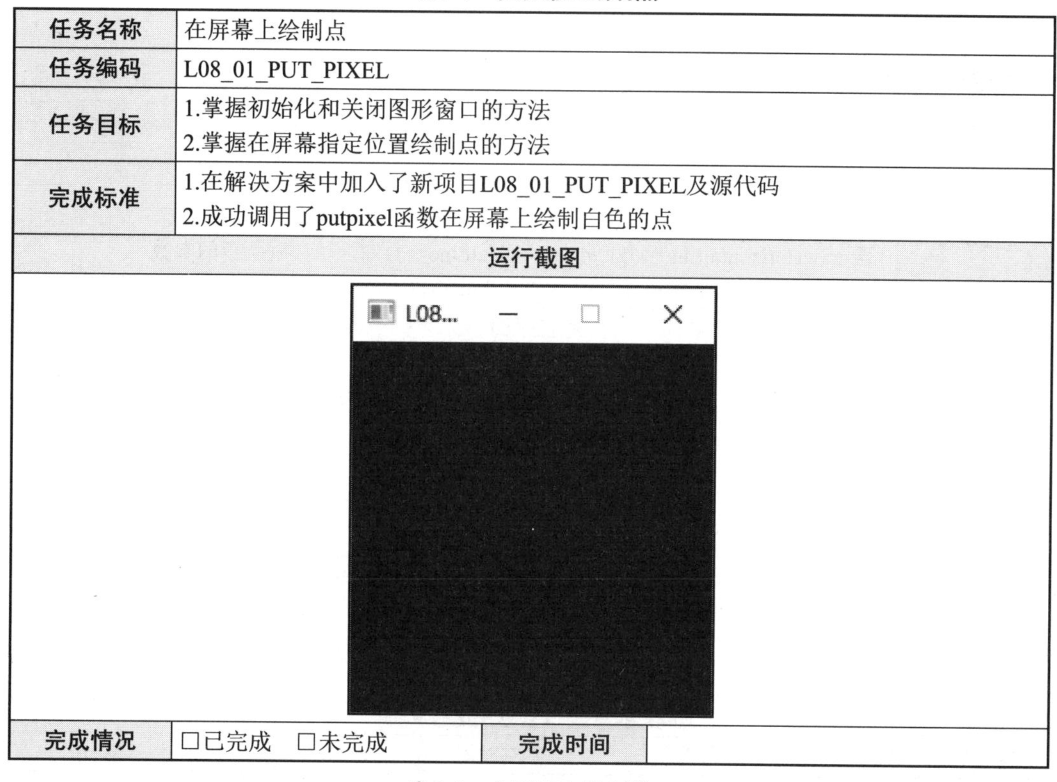

任务名称	在屏幕上绘制点		
任务编码	L08_01_PUT_PIXEL		
任务目标	1.掌握初始化和关闭图形窗口的方法 2.掌握在屏幕指定位置绘制点的方法		
完成标准	1.在解决方案中加入了新项目L08_01_PUT_PIXEL及源代码 2.成功调用了putpixel函数在屏幕上绘制白色的点		
运行截图			
完成情况	□已完成　□未完成	完成时间	

表8-5　在屏幕上绘制线

任务名称	在屏幕上绘制线		
任务编码	L08_02_DRAW_LINES		
任务目标	1.掌握绘制水平线的方法 2.掌握绘制垂直线的方法		
完成标准	1.在解决方案中加入了新项目L08_02_DRAW_LINES及源代码 2.完成了drawHorizontalLine函数和drawVerticalLine函数 3.程序可以在屏幕上绘制水平线和垂直线		
运行截图			
完成情况	□已完成　□未完成	完成时间	

表8-6　控制绘图颜色

<table>
<tr><td>任务名称</td><td colspan="3">控制绘图颜色</td></tr>
<tr><td>任务编码</td><td colspan="3">L08_03_SET_COLOR</td></tr>
<tr><td>任务目标</td><td colspan="3">1.理解颜色在计算机中的表达方式
2.掌握控制绘图颜色的方法</td></tr>
<tr><td>完成标准</td><td colspan="3">1.在解决方案中加入了新项目L08_03_SET_COLOR及源代码
2.完成了rgb函数
3.给drawHorizontalLine函数和drawVerticalLine函数增加了控制颜色的参数
4.在屏幕上可以绘制两条不同颜色的水平线和垂直线</td></tr>
<tr><td colspan="4">运行截图</td></tr>
<tr><td colspan="4">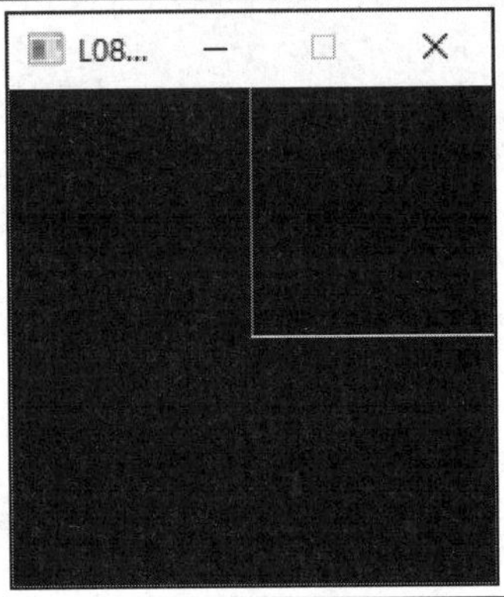
</td></tr>
<tr><td>完成情况</td><td>□已完成　□未完成</td><td>完成时间</td><td></td></tr>
</table>

表8-7　绘制和填充矩形框

<table>
<tr><td>任务名称</td><td colspan="3">绘制和填充矩形框</td></tr>
<tr><td>任务编码</td><td colspan="3">L08_04_DRAW_BOX</td></tr>
<tr><td>任务目标</td><td colspan="3">1.设计和实现绘制矩形框的函数
2.设置和实现填充矩形区域的函数</td></tr>
<tr><td>完成标准</td><td colspan="3">1.在解决方案中加入了新项目L08_04_DRAW_BOX及源代码
2.完成了drawBox函数、fillBox函数和drawBoxWithFillColor函数
3.可以在屏幕上显示边框色、填充色不同的矩形</td></tr>
<tr><td colspan="4">运行截图</td></tr>
<tr><td colspan="4">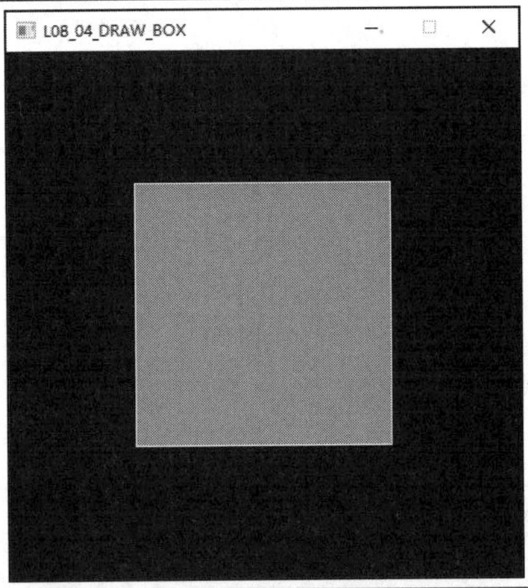
</td></tr>
<tr><td>完成情况</td><td>□已完成　□未完成</td><td>完成时间</td><td></td></tr>
</table>

| 第9课 |

显示图形和文本元素

学习了绘制点、线和填充颜色，我们还需要学习如何显示图像。

现在，我们将学习如何显示采用BMP格式的图像文件。EasyX其实提供了显示图片的函数，但我们还是自己实现它。

在本课中，我们将学习：

- 常见的位图文件格式；
- 显示24位.bmp图像的方法（国旗和行政区旗）；
- 显示不同字体的文字；
- 控制屏幕分辨率和全屏显示窗口。

在完成本课后，“外汇牌价看板”程序所需的技术预研工作就完成了。

在“外汇牌价看板”的运行效果图（图9-1）中，我们可以看到有很多国旗或行政区区旗。在本书网站上下载的资源包中包含这些旗帜的图形文件（解压缩后存储在D:\BC101\Resources\Flags目录下）。每一面旗帜都对应一个图形文件，文件名与货币代码相同。例如英镑对应的是GBP.bmp。

外汇牌价

EXCHANGE RATE

发布时间：2021-06-12 10:30:00

	现汇买入价	现钞买入价	现汇卖出价	现钞卖出价	中行折算价
阿联酋迪拉姆		168.04		180.52	173.83
澳大利亚元	491.06	475.81	494.68	496.87	494.89
巴西里亚尔		119.79		136.01	126.35
加拿大元	523.96	507.41	527.82	530.15	527.97
瑞士法郎	709.52	687.62	714.50	717.56	713.67
丹麦克朗	103.69	100.49	104.53	105.03	104.54
欧元	771.76	747.78	777.45	779.95	777.29

图9-1　“外汇牌价看板”运行效果图

9.1 常见的位图文件格式

在8.1.2节中，我们介绍过数码相机或扫描仪是如何捕获图像的：图像传感器感应每一个像素点上的光并以R、G、B三种颜色分量描述像素点的颜色，一幅图像由多个像素组成，这种用像素表现图像的图形被称为“位图”。

9.1.1 常见的位图格式

针对不同的场景和应用需求，位图目前存在多种格式，其中较常用的格式有.JPG和.PNG。在使用位图之前，我们需要了解各种图形格式的特点和相互的关系。

1. RAW格式

raw并不是一个英文缩写而是一个单词，在英语里是“生的、未加工的”意思。

RAW图片格式又被称作“原始图像文件”，是数码相机从图像传感器上获取的未经压缩的原始数据，同时也记录相机拍摄所产生的一些原数据，例如快门设置、光圈值、白平衡和拍摄照片的GPS坐标等。

专业摄影师会比较喜欢这种未经压缩的图像格式，因为这种格式保存了原始的光线信息，使得图像中的细节更丰富，后期修图更方便。

RAW格式的缺点在于：由于未经压缩，因此照片占用空间较大（一张照片占用20MB甚至更大）。不同厂家的图像设备所生成的RAW格式文件也并不完全一样，这对于大多数人来说并不方便。

2. JPG、GIF和PNG

JPG格式是使用最广泛的照片格式。在日常生活中，我们的手机、普通的数码相机所拍摄的照片都是JPG格式的。JPG格式的图像文件采用了专门针对照片的压缩算法以缩小文件大小，虽然在压缩的过程中图像质量会遭到明显破坏，但这种破坏是人眼难以分辨或者可以接受的。

GIF格式（Graphics Interchange Format，图形互换格式）是另一种图形文件格式，因为只支持256种颜色所以文件较小——只要图像不多于256色，就既可减少文件的大小，又能保持成像的质量。我们现在见到的大多数“动图”通常都采用GIF格式。但GIF格式一方面色彩数受到限制，另一方面还有专利问题，导致后来很快被PNG格式取代。

PNG格式（Portable Network Graphics，便携式网络图形）是一种无损压缩的位图图形格式。PNG格式的开发目标是改善并取代GIF成为适合网络传输的格式而不需专利许可，所以被广泛应用于互联网。

3. BMP文件格式

BMP（Bitmap Picture，位图）是一种不压缩像素数据的文件格式。它逐个地描述每个像素点的颜色，这一点上和RAW格式类似。在BMP格式的文件中保存的信息比RAW格式少，因此文件占用空间较RAW小，较JPG、PNG大。

从程序员的角度BMP格式是最简单的图形文件格式，外汇牌价看板中显示的国旗或行政区区旗图像将使用BMP格式。

注 意

BMP文件支持不同的颜色位数，本书只讲解24位真彩色模式的BMP图像的显示，以降低程序复杂度。

9.1.2 BMP文件基本结构

所有BMP文件都遵循统一的文件格式规范，如图9-2所示。BMP文件的主要内容是像素数据，但除此之外BMP文件中还包含必备的图片信息，例如图片的宽度和高度。这些信息一般放在文件的开始部分，被称为“文件头”。

文件头	像素数据

图9-2 位图文件由两部分组成

文件头的大小一般是固定的。例如BMP文件的文件头为固定的54个字节。文件头里除了存储图像的宽度、高度，还包含其他一些信息，例如文件大小、像素数据的起始位置和颜色数等。

在文件头之后是图片的像素数据，像素数据的多少取决于图片的大小和颜色模式，图片越大、包含的颜色数越多，像素数据就越多。接下来我们将以显示24位BMP图像为例，逐步了解BMP文件的文件格式，并在程序中读取和显示BMP图片。

需要注意的是，16色、256色BMP图片还包含调色板数据，但本书中我们不使用这些格式的BMP文件。

9.2 显示24位BMP图像

现在我们先来学习24位BMP文件的显示。在本书的源代码资源包\BC101\Resources\L09目录中有一个名为“640_480_RED.bmp”的图片文件，它是一个宽度为640像素、高度为480像素、全部像素为红色（RGB值为255，0，0）的BMP文件，如图9-3所示。我们将以这个文件为例。全部像素为红色是为了便于在调试程序时观察文件中的数据。

图9-3　样例BMP文件（红色）

你还可以在Visual Studio中使用“二进制编辑器”打开这个文件（使用“二进制编辑器”的方法请参见7.3.2节），以观察这个文件的内容，如图9-4所示。

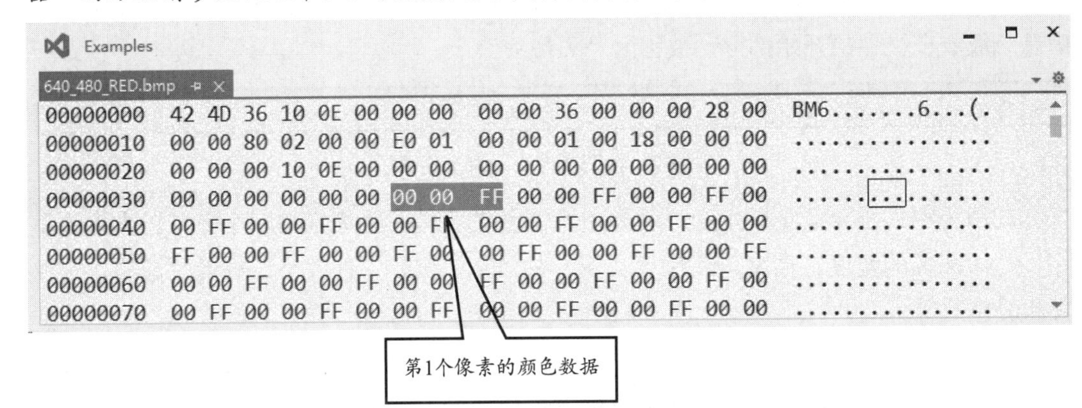

图9-4　用“二进制编辑器”查看640_480_RED.bmp

我们的目标不是查看文件的内容，而是要在程序中将它显示出来。

9.2.1　打开BMP文件并读取文件头

要在程序中显示BMP图片，首先要打开文件并从文件头中获取一些有用的信息（图片的宽度、高度和允许的颜色数等）。BMP文件的文件头占用文件开始的54个字节，这54字节又分为三部分，如图9-5所示。

1~2	3-14字节	15~54字节
BMP 文件标识	位图文件头	位图详细信息

图9-5　BMP文件头的组成部分

- **BMP文件标识（2字节）**

　　第1～2字节是BMP文件的特殊标识，分别是字母“B”“M”。如果一个文件的第1、2字节不是这两个字母，则可以认为不是一个BMP文件，可以放弃下一步读取。

- **位图文件头（12字节）**

　　第3～14字节被称为位图文件头，其中包含两项信息：BMP文件的大小和像素数据的在文件中的起始位置。

- **位图详细信息（40字节）**

　　第15～54字节包含位图文件的详细信息，其中我们关心的信息包括位图宽度（单位为像素）和位图高度（单位为像素）。

知道了BMP文件头的基本组成后，就可以打开BMP文件并读取文件头。

1. 打开BMP文件

在第7课中我们已经学习过使用fopen函数打开磁盘上已存在的数据文件，BMP文件可以用同样的方式打开。

```
1. #include <stdio.h>
2. int main()
3. {
4.     FILE*  bmpFile=fopen("D:/BC101/Resources/L09/640_480_RED.bmp",
       "rb");
5.     if (bmpFile == NULL)
6.     {
7.         printf("打开BMP文件失败\n");
8.         return -1;
9.     }
10.    else
11.    {
12.         printf("打开BMP文件成功\n");
13.         //此处加入读取文件内容的代码
14.         fclose(bmpFile);
15.         return 0;
16.    }
17. }
```

第4行代码以“rb（读二进制文件模式）”方式打开文件，指针变量bmpFile用于存储fopen函数返回的文件句柄。应注意：

- fopen函数有可能打开文件失败，因此应判断fopen的返回值（被赋值给bmpFile的值）是否为NULL，并给出不同的提示和函数返回值。
- 写完fopen函数这一行代码后，应立即在合适的位置加入fclose函数以关闭文件，这是一个好的编码习惯。如果你先在此处加入其他的代码，很有可能到最后你会忘记关闭文件。

当打开文件成功时，程序运行的结果如图9-6所示。

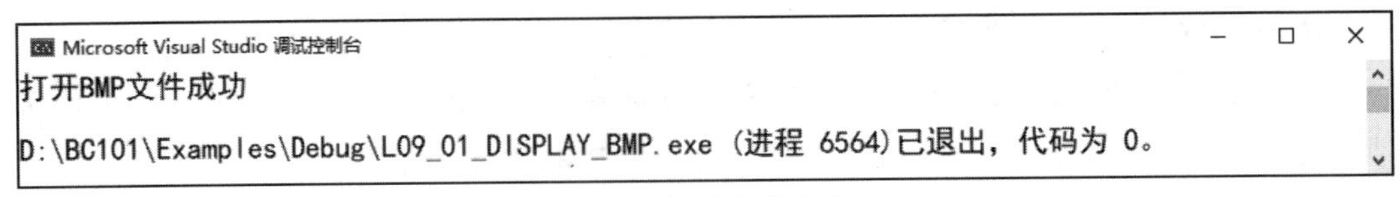

图9-6　打开文件成功

故意将第4行代码中的文件名改成错误的，则程序运行后得到的结果如图9-7所示。

```
Microsoft Visual Studio 调试控制台
打开BMP文件失败
D:\BC101\Examples\Debug\L09_01_DISPLAY_BMP.exe (进程 6532)已退出，代码为 0。
```

图9-7　打开文件失败

故意制造一个明显的错误以证明之前程序运行正确是一种常见的调试手段。既然打开文件的代码是正常运行的，接下来你就可以分步读取该BMP文件头的不同部分，从中取出你感兴趣的内容。

2. BMP文件标识

打开.bmp文件成功后，第1件事就是判断这个文件是否是BMP文件。前面提到第1、2字节是分别是字母“B”“M”它们就是判断标识。

为了将这2个字节读取到内存中，需要先准备存储它们的内存空间。我们可以声明1个包含2个元素的字符数组（第14行），然后使用fread函数读取文件中的2个字节到数组中（第15行）；显示读入的2个字符（第16行）；判断读入的字符是否是“B”“M”（第17行），如果不是则显示提示信息并退出程序（return -2）。

```
1. #include <stdio.h>
2. int main()
3. {
4.
5.     FILE* bmpFile=fopen("D:/BC101/Resources/L09/640_480_RED.bmp",
       "rb");
6.    if (bmpFile == NULL)
7.    {
8.        printf("打开BMP文件失败\n");
9.        return -1;
10.    }
11.    else
12.    {
13.        printf("打开BMP文件成功\n");
14.        char tag[2];
15.        fread(tag, 2, 1, bmpFile);
16.        printf("%c%c\n", tag[0], tag[1]);
17.        if (tag[0] != 'B' || tag[1] != 'M')
18.        {
19.            printf("试图打开非BMP格式的文件\n");
20.            return -2;
21.        }
22.        else
```

```
23.         {
24.             printf("读取BMP文件标识成功\n");
25.             //此处加入继续读取文件头信息的代码
26.         }
27.
28.         fclose(bmpFile);
29.         return 0;
30.     }
31. }
```

程序运行的结果如图9-8所示，可见文件标识读取成功。

```
Microsoft Visual Studio 调试控制台
打开BMP文件成功
BM
读取BMP文件标识成功

D:\BC101\Examples\Debug\L09_01_DISPLAY_BMP.exe (进程 6680)已退出，代码为 0。
```

图9-8　读取BMP文件标识

成功读取了文件的第1、2字节并确定这是一个BMP文件，接下来就可以读取文件头的下一部分——位图文件头。

3. 位图文件头

BMP文件的第3～14个字节（共计12字节）称为位图文件头。根据BMP文件格式规范，位图文件头中的信息如表9-1所列。

表9-1　位图文件头的结构

字节顺序	数据类型	用　途
第1～4字节	整型	BMP文件的大小（整型值，单位为字节）
第5、6字节	无	保留，实际值因创建程序而异
第7、8字节	无	保留，实际值因创建程序而异
第9～2字节	整型	位图数据（像素数组）的地址偏移，表示像素数据从文件的第几个字节开始

第5～8字节是“保留”的字节，是BMP格式的设计者故意留出来的闲置空间。BMP文件的创建者可以利用这4个字节存储一些额外的信息，我们可以不管它们。

我们应该首先读取位图文件头的第1～4字节，它存储着文件大小。和前面介绍的处理方式一样也需要为这4个字节准备内存空间。鉴于它是一个整型值，直接使用int型变量即可。以下程序的第24～26行从文件头中读取了文件大小。

```
1. #include <stdio.h>
2. int main()
3. {
4.     FILE* bmpFile=fopen("D:/BC101/Resources/L09/640_480_RED.
       bmp","rb");
5.     if (bmpFile == NULL)
6.     {
7.         printf("打开BMP文件失败\n");
```

```
8.          return -1;
9.       }
10.       else
11.      {
12.          printf("打开BMP文件成功\n");
13.          char tag[2];
14.          fread(tag, 2, 1, bmpFile);
15.          printf("%c%c\n", tag[0], tag[1]);
16.          if (tag[0] != 'B' || tag[1] != 'M')
17.          {
18.              printf("试图打开非BMP格式的文件\n");
19.              return -2;
20.          }
21.          else
22.          {
23.              printf("读取BMP文件标识成功\n");
24.              int fileSize = 0;
25.              fread(&fileSize, 4, 1, bmpFile);
26.              printf("文件大小为:%d\n", fileSize);
27.              //此处加入继续读取文件头信息的代码
28.          }
29.
30.          fclose(bmpFile);
31.          return 0;
32.     }
33. }
```

第24行代码声明一个整型变量fileSize，第25行代码表示从文件中读取4个字节并送入变量fileSize所在的内存区域。运行这个程序即可显示位图文件的大小，如图9-9所示。

```
Microsoft Visual Studio 调试控制台
打开BMP文件成功
BM
读取BMP文件标识成功
文件大小为:921654

D:\BC101\Examples\Debug\L09_01_DISPLAY_BMP.exe (进程 11420)已退出，代码为 0。
```

图9-9　读取位图文件大小

小知识

程序的第14、25行都调用了fread函数从同一个文件中读取内容。这是我们第一次在同一个程序里连续两次调用fread函数。你可能已经注意到，fread第一次读取了文件的1、2字节，第二次调用它时会自动地、继续读取后续的第3～6字节，这正是我们需要的效果。文件当前读取到了什么位置是由文件句柄（FILE结构体）中的数据决定的，你不用关心它。你只需要记住：每次调用fread函数读取完数据后，下一次调用fread函数时，它会继续从上次读完的位置向后读取数据。

你可以想象有一个“光标”随时指向最后一次读取完毕的位置，在必要的情况下你可以通过fseek函数改变“光标”的位置。

现在我们知道在打开BMP文件后，可以根据BMP文件格式规范逐个读取所需的信息，并将其存入数组、变量中。

BMP文件头中还有很多信息，难道我们需要定义很多个变量和数组吗？这样做当然也是可以的，但程序会变得冗长和烦琐。但我们之前学习过“结构体”，它提供了一种将多个变量存储到一起的方式；针对“位图文件头”的4项数据，我们可以定义一个结构体来存储它们，而不是使用4个变量，如表9-2所示。

表9-2 存储位图文件头的结构体

字节数	用途
4字节	BMP文件的大小（整型值，单位为字节）
2字节	保留，实际值因创建程序而异
2字节	保留，实际值因创建程序而异
4字节	位图数据（像素数组）的地址偏移，也就是像素数据起始位置

在下面的代码中笔者定义了下面的结构体并定义了新的数据类型BitmapHeader：

```
1. struct BITMAP_HEADER
2. {
3.     long Size;      //文件大小，4字节
4.     short Reserved1;//实际值因创建程序而异
5.     short Reserved2;//实际值因创建程序而异
6.     long OffBits;   //位图数据（像素数组）的地址偏移，也就是像素数据起始位置
7. };
8.
9. typedef struct BITMAP_HEADER BitmapHeader;
```

然后我们可以在接下来的程序中使用新的数据类型——BitmapHeader。可以基于BitmapHeader类型声明结构体变量，然后一次性从文件中读取位图文件头信息的12个字节并送入结构体变量中。例如：

```
1. BitmapHeader bmpHeader;
2. fread(&bmpHeader, sizeof(BitmapHeader), 1, bmpFile);
3. printf("文件大小为:%d\n", bmpHeader.Size);
```

将之前程序读取fileSize的部分改为上面的代码，同样可以显示文件大小。你还可以添加一行用于显示像素数据在文件中的位置。

```
printf("像素数据开始于%d字节:\n", bmpHeader.OffBits);
```

一次性读取多项数据至结构体比多个变量要方便得多，接下来我们读取位图详细信息也可以使用这样的方法。

4. 位图详细信息

根据BMP文件格式规范，位图文件头之后是“位图详细信息”，它位于BMP文件的第15～54字节，如图9-5所示。

位图详细信息中包含的内容比较多，如表9-3所示。

表9-3　位图详细信息的内容

字节数	数据类型说明	数据类型	用途
4	32位整型	long	位图详细信息结构的大小（固定为40字节）
4	32位整型	long	位图宽度，单位为像素
4	32位整型数	long	位图高度，单位为像素
2	16位整型	short	色彩平面数，只有1为有效值
2	16位整型	short	每个像素所占位数，即图像的色深。典型值为1、4、8、16、24和32
4	32位整型数	long	所使用的压缩方法
4	32位整型数	long	实际位图数据占用的字节数
4	32位整型数	long	图像的横向分辨率，单位为像素/米（有符号整数）
4	32位整型数	long	图像的纵向分辨率，单位为像素/米（有符号整数）
4	32位整型数	long	调色板的颜色数
4	32位整型数	long	重要颜色数，为0时表示所有颜色都是重要的，通常不使用本项

这些信息里我们主要关注的是：

- 位图宽度和高度；
- 每个像素所占位数；
- 实际位图数据占用的字节数。

以下是对应位图详细信息定义的结构体。你可以直接从案例（L09_01_DISPLAY_BMP）的main.cpp文件中找到并复制这个结构体的源代码，以避免手工输入带来的错误。

```
1. struct BITMAP_INFORMATION
2. {
3.      long   Size;             //位图详细信息结构的大小（固定为40字节）
4.      long   Width;            //位图宽度，单位为像素（有符号整数）
5.      long   Height;           //位图高度，单位为像素（有符号整数）
6.      short  Planes;           //色彩平面数
7.      short  BitCount;         //每个像素所占位数，即图像的色深
8.      long   Compression;      //所使用的压缩方法
9.      long   SizeImage;        //实际位图数据占用的字节数
10.     long   XPelsPerMeter;    //图像的横向分辨率
11.     long   YPelsPerMeter;    //图像的纵向分辨率
12.     long   ClrUsed;          //调色板的颜色数
13.     long   ClrImportant;     //重要颜色数
14. };
15.
16. typedef struct BITMAP_INFORMATION BitmapInformation;
```

以下是读取BMP文件头的全部代码。

```
1. #include <stdio.h>
2. struct BITMAP_HEADER
3. {
4.      long Size;              //文件大小
5.      short Reserved1;        //保留
6.      short Reserved2;        //保留
```

```
7.     long OffBits;              //实际位图数据的偏移字节数
8. };
9. typedef struct BITMAP_HEADER BitmapHeader;
10.
11. struct BITMAP_INFORMATION
12. {
13.     long   Size;               //位图详细信息结构的大小（固定为40字节）
14.     long   Width;              //位图宽度，单位为像素（有符号整数）
15.     long   Height;             //位图高度，单位为像素（有符号整数）
16.     short  Planes;             //色彩平面数
17.     short  BitCount;           //每个像素所占位数，即图像的色深
18.     long   Compression;        //所使用的压缩方法
19.     long   SizeImage;          //实际位图数据占用的字节数
20.     long   XPelsPerMeter;      //图像的横向分辨率
21.     long   YPelsPerMeter;      //图像的纵向分辨率
22.     long   ClrUsed;            //调色板的颜色数
23.     long   ClrImportant;       //重要颜色数
24. };
25.
26. typedef struct BITMAP_INFORMATION BitmapInformation;
27.
28.
29. int main()
30. {
31.     FILE* bmpFile=fopen("D:/BC101/Resources/L09/640_480_RED.bmp",
        "rb");
32.     if (bmpFile == NULL)
33.     {
34.         printf("打开BMP文件失败\n");
35.         return -1;
36.     }
37.     else
38.     {
39.         printf("打开BMP文件成功\n");
40.         char tag[2];
41.         fread(tag, 2, 1, bmpFile);
42.         printf("%c%c\n", tag[0], tag[1]);
43.         if (tag[0] != 'B' || tag[1] != 'M')
44.         {
45.             printf("试图打开非BMP格式的文件\n");
46.             return -2;
47.         }
48.         else
49.         {
50.             printf("读取BMP文件标识成功\n");
51.
52.             BitmapHeader bmpHeader;
53.             fread(&bmpHeader, sizeof(BitmapHeader), 1, bmpFile);
54.             printf("文件大小为:%d\n", bmpHeader.Size);
55.
56.             BitmapInformation bmpInfo;
57.             fread(&bmpInfo, sizeof(BitmapInformation), 1, bmpFile);
58.             printf("位图宽度为:%d\n", bmpInfo.Width);
59.             printf("位图高度为:%d\n", bmpInfo.Height);
```

```
60.             printf("每个像素使用的位数为:%d\n", bmpInfo.BitCount);
61.         }
62.
63.         fclose(bmpFile);
64.         return 0;
65.     }
66. }
```

运行程序，显示了打开的BMP文件的基本信息，如图9-10所示。

```
Microsoft Visual Studio 调试控制台
打开BMP文件成功
BM
读取BMP文件标识成功
文件大小为:921654
位图宽度为:640
位图高度为:480
每个像素使用的位数为:24

D:\BC101\Examples\Debug\L09_01_DISPLAY_BMP.exe (进程 11520)已退出，代码为 0。
```

图9-10　显示BMP文件的基本信息

现在，bmp文件640 _480_RED.bmp的文件头信息（如图9-11所示）已经全部读取完毕，我们定义了一个字符数组、两个结构体变量来存储BMP文件头的三项内容。

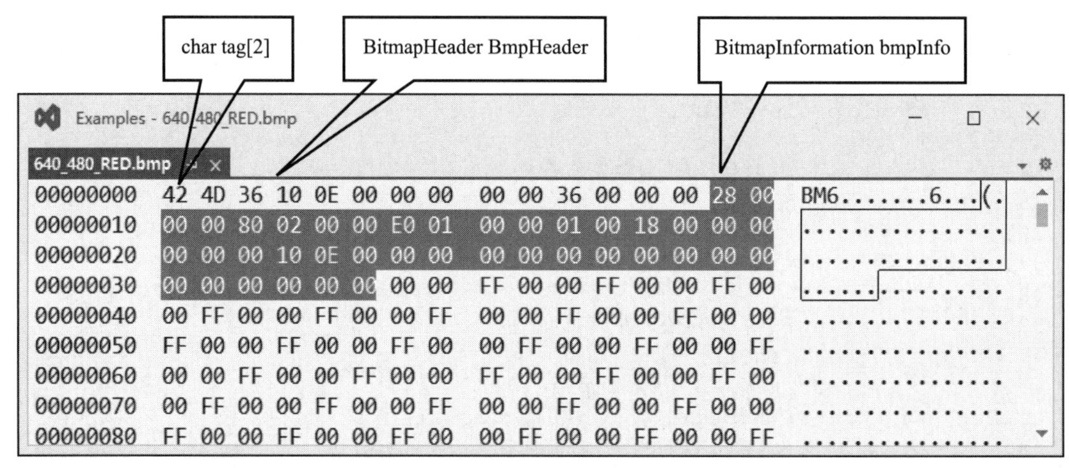

图9-11　BMP文件头的组成部分

但你可能会产生疑问，为什么不定义一个结构体包含全部文件头的内容，然后一次性读入这54个字节呢？这是一个很好的想法，但由于在对结构体进行内存分配时存在“内存对齐”因素，把BMP文件头的全部内容定义成一个结构体会导致从文件中读入的数据与结构体元素发生错位。假如我们试图将BMP文件标识的2个字节放到位图文件头的结构体BITMAP_HEADER中：

```
1. struct BITMAP_HEADER
2. {
3.     char tag[2];
4.     long Size;              //文件大小
5.     short Reserved1;        //保留
6.     short Reserved2;        //保留
```

```
7.      long OffBits;               //实际位图数据的偏移字节数
8. };
```

实际上在分配内存时，字符数组tag占用第1、2字节，长整型变量Size将会占用第5～8字节（而不是第3、4字节），第3、4字节会闲置以确保内存对齐。而fread函数不会知道这一点，它仍然会将表示文件大小的4个字节写入结构体的第3～6个字节，从而导致结果错误，如图9-12所示。

结构体变量									
1	2	3	4	5	6	7	8	…	…
char tag[2]		闲置		long size				…	…

文件中的数据									
1	2	3	4	5	6	7	8	9	10
B	M	文件大小				保留		保留	

图9-12　内存对齐会导致意外

因此我们没有采用定义1个结构体存储所有文件头信息的方法。读取BMP文件头的主要目的是为了获取图片的关键信息，例如宽度、高度和颜色数。在文件头读取完毕后，从第55个字节开始的内容会因文件格式不同而分为两种情况：

- 对于单色（1位）、16色（4位）、256色（8位）位图，接下来的是调色板数据；
- 对于16位、24位真彩色位图，接下来的是像素数据。

为减少程序的复杂度，我们只考虑24位位图的情况：

- 从第55字节开始就是像素数据；
- 1个像素的颜色使用3个字节来描述。

9.2.2　从文件中获取第1个像素的颜色

24位BMP文件中每个像素占用3个字节，分别存储R、G、B颜色分量。

注　意

在BMP文件中，R、G、B颜色分量存储的次序是B、G、R，而不是我们习惯的次序——R、G、B。

在使用二进制编辑器查看640_480_RED.bmp文件时（如图9-13所示），可以看到从第55字节开始的像素数据是00、00、FF，表示这个像素的颜色分量值是0（B）、0（G）、255（R）。

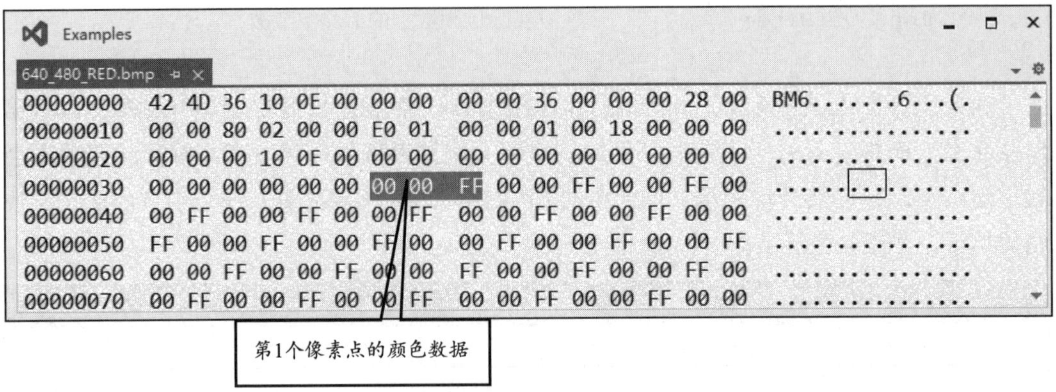

```
Examples
640_480_RED.bmp
00000000  42 4D 36 10 0E 00 00 00  00 00 36 00 00 00 28 00   BM6.......6...(.
00000010  00 00 80 02 00 00 E0 01  00 00 01 00 18 00 00 00   ................
00000020  00 00 00 10 0E 00 00 00  00 00 00 00 00 00 00 00   ................
00000030  00 00 00 00 00 00 00 00  FF 00 00 FF 00 00 FF 00   ................
00000040  00 FF 00 00 FF 00 00 FF  00 00 FF 00 00 FF 00 00   ................
00000050  FF 00 00 FF 00 00 FF 00  00 FF 00 00 FF 00 00 FF   ................
00000060  00 00 FF 00 00 FF 00 00  FF 00 00 FF 00 00 FF 00   ................
00000070  00 FF 00 00 FF 00 00 FF  00 00 FF 00 00 FF 00 00   ................
```

第1个像素点的颜色数据

图9-13　以二进制方式查看640_480_RED.bmp

为了便于存储读取的像素颜色，我们可以定义一个名为_24BIT_PIXEL的结构体，专门存储这种24位像素数据（之所以要在结构体和数据类型前面加下画线是因为C语言不支持以数字开始的结构体和数据类型名）。这个结构体使用3个unsigned char类型的成员变量（1字节）依次存储B、G、R三种颜色分量的值。

```
1. struct _24BIT_PIXEL
2. {
3.     unsigned char Blue;
4.     unsigned char Green;
5.     unsigned char Red;
6. };
7.
8. typedef struct _24BIT_PIXEL _24BitPixel;
```

在程序中定义这个结构体后再加入下面的代码，就可以从文件中读取1个像素的数据并显示各个颜色分量的值了（请将代码加到读取位图详细信息代码之后）。

```
1. _24BitPixel pixel;
2. fread(&pixel, sizeof(_24BitPixel), 1, bmpFile);
3. printf("第1个像素的颜色分量Red为:%d\n", pixel.Red);
4. printf("第1个像素的颜色分量Green为:%d\n", pixel.Green);
5. printf("第1个像素的颜色分量Blue为%d\n", pixel.Blue);
```

运行程序，结果如图9-14所示。

```
Microsoft Visual Studio 调试控制台
打开BMP文件成功
BM
读取BMP文件标识成功
文件大小为:921654
位图宽度为:640
位图高度为:480
每个像素使用的位数为:24
第一个像素的颜色分量Red为:255
第一个像素的颜色分量Green为:0
第一个像素的颜色分量Blue为0

D:\BC101\Examples\Debug\L09_01_DISPLAY_BMP.exe (进程 8752)已退出，代码为 0。
```

图9-14　读取第1个像素的颜色

可以看到第1个像素的颜色分量为Red（255）、Green（0）、Blue（0），毫无疑问它就是红色。如果你继续读取，将会依次获得每一个像素的颜色。

9.2.3 绘制每个像素

现在，我们就可以使用putpixel函数逐个显示每个像素了。首先需要调用initgraph函数初始化图形窗口，就像在8.3.2 节做的一样。

图形窗口的大小可以和图片大小一致，图片的宽和高之前已经读取到结构体变量bmpInfo中，可以用它们来初始化窗口。

```
initgraph(bmpInfo.Width, bmpInfo.Height);
```

接下来需要依次取得每个像素的颜色并使用putpixel函数逐个显示每个像素，这是两个任务：

- 依次取得每一个像素的颜色；
- 在指定的位置显示获得的像素颜色。

不要试图一次解决两个问题。我们先来完成“依次取得每一个像素的颜色”的任务。之前已经成功地读取了一个像素的颜色并显示了它的R、G、B值，要读取全部像素的颜色就需要多次读取。那么要读取多少次呢？

这取决于图片的宽度和高度，以下循环可以读取图片“第1行”的全部像素，我们使用了之前读取的位图宽度（bmpInfo.Width）。

```
1. for (int x = 0; x <= bmpInfo.Width - 1; x++)
2. {
3.          _24BitPixel pixel;
4.          fread(&pixel, sizeof(_24BitPixel), 1, bmpFile);
5. }
```

在上面的循环中，控制变量x的初值为0，终值是bmpInfo.Width - 1，以宽度为640像素的图片为例就是0至639，循环执行640次。

只读一行的640个像素是不够的，因为这个图片有480行，所以读取行的循环应该被执行480次。因此我们再加上一个使用bmpInfo.Height来控制的外部循环（图片有多少行就执行多少次）。

```
1. for (int y = 0; y <= bmpInfo.Height - 1; y++)
2. {
3.     for (int x = 0; x <= bmpInfo.Width - 1; x++)
4.     {
5.              _24BitPixel pixel;
6.              fread(&pixel, sizeof(_24BitPixel), 1, bmpFile);
7.     }
8. }
```

现在，第5～6行代码执行的次数就是由像素数量（高乘以宽）决定的，每次循环读取的3个字节被存入结构体变量pixel中。你可以使用先前写的rgb函数将结构体变量中的3种颜色值转换成RGBColor类型。

```
rgb(pixel.Red, pixel.Green, pixel.Blue)
```

这个表达式可以作为putpixel函数的颜色参数来绘制像素，而循环的控制变量x和y恰好可以作为绘制像素的坐标，代码如下。

```
1. for (int y = 0; y <= bmpInfo.Height - 1; y++)
2. {
3.     for (int x = 0; x <= bmpInfo.Width - 1; x++)
4.     {
5.             _24BitPixel pixel;
6.             fread(&pixel, sizeof(_24BitPixel), 1, bmpFile);
7.             putpixel(x, y, rgb(pixel.Red, pixel.Green, pixel.Blue));
8.     }
9. }
```

案例9-1是完整的代码。

案例9-1　显示BMP图片（L09_01_DISPLAY_BMP）

```
1. #include <stdio.h>
2. #include <graphics.h>
3. struct BITMAP_HEADER
4. {
5.     long Size;                      //文件大小
6.     short Reserved1;                //保留字，不考虑
7.     short Reserved2;                //保留字，同上
8.     long OffBits;                   //实际位图数据的偏移字节数
9. };
10. typedef struct BITMAP_HEADER BitmapHeader;
11.
12. struct BITMAP_INFORMATION
13. {
14.     long   Size;                   //位图详细信息结构的大小（固定为40字节）
15.     long   Width;                  //位图宽度，单位为像素（有符号整数）
16.     long   Height;                 //位图高度，单位为像素（有符号整数）
17.     short  Planes;                 //色彩平面数
18.     short  BitCount;               //每个像素所占位数，即图像的色深
19.     long   Compression;            //所使用的压缩方法
20.     long   SizeImage;              //实际位图数据占用的字节数
21.     long   XPelsPerMeter;          //图像的横向分辨率
22.     long   YPelsPerMeter;          //图像的纵向分辨率
23.     long   ClrUsed;                //调色板的颜色数
24.     long   ClrImportant;           //重要颜色数
25. };
26. typedef struct BITMAP_INFORMATION BitmapInformation;
27.
28. struct _24BIT_PIXEL
29. {
30.     unsigned char Blue;
31.     unsigned char Green;
32.     unsigned char Red;
33. };
34. typedef struct _24BIT_PIXEL _24BitPixel;
35.
36. typedef unsigned long RGBColor;
37.
38. RGBColor rgb(unsigned char red, unsigned char green, unsigned
    char blue)
39. {
```

```
40.     return ((RGBColor)(((unsigned char)(red) | ((unsigned short)
        ((unsigned char)(green)) << 8)) | (((unsigned long)(unsigned char)
        (blue)) << 16)));
41. }
42.
43. int main()
44. {
45.    FILE* bmpFile = fopen("D:/BC101/Resources/L09/640_480_RED.bmp",
       "rb");
46.     if (bmpFile == NULL)
47.     {
48.         printf("打开BMP文件失败\n");
49.         return -1;
50.     }
51.     else
52.     {
53.         printf("打开BMP文件成功\n");
54.         char tag[2];
55.         fread(tag, 2, 1, bmpFile);
56.         printf("%c%c\n", tag[0], tag[1]);
57.         if (tag[0] != 'B' || tag[1] != 'M')
58.         {
59.             printf("试图打开非BMP格式的文件\n");
60.             return -2;
61.         }
62.         else
63.         {
64.             printf("读取BMP文件标识成功\n");
65.
66.             BitmapHeader bmpHeader;
67.             fread(&bmpHeader, sizeof(BitmapHeader), 1, bmpFile);
68.             printf("文件大小为:%d\n", bmpHeader.Size);
69.
70.             BitmapInformation bmpInfo;
71.             fread(&bmpInfo, sizeof(BitmapInformation), 1, bmpFile);
72.             printf("位图宽度为:%d\n", bmpInfo.Width);
73.             printf("位图高度为:%d\n", bmpInfo.Height);
74.             printf("每个像素使用的位数为:%d\n", bmpInfo.BitCount);
75.
76.             _24BitPixel pixel;
77.             fread(&pixel, sizeof(_24BitPixel), 1, bmpFile);
78.             printf("第1个像素的颜色分量Red为:%d\n", pixel.Red);
79.             printf("第1个像素的颜色分量Green为:%d\n", pixel.Green);
80.             printf("第1个像素的颜色分量Blue为%d\n", pixel.Blue);
81.
82.             getchar();
83.             initgraph(bmpInfo.Width, bmpInfo.Height);
84.             for (int y = 0; y <= bmpInfo.Height - 1; y++)
85.             {
86.                 for (int x = 0; x <= bmpInfo.Width - 1; x++)
87.                 {
88.                     _24BitPixel pixel;
89.                     fread(&pixel, sizeof(_24BitPixel), 1, bmpFile);
90.                     putpixel(x, y, rgb(pixel.Red, pixel.Green,
```

```
                    pixel.Blue));
91.                 }
92.             }
93.             getchar();
94.             closegraph();
95.         }
96.         fclose(bmpFile);
97.         return 0;
98.     }
99. }
```

此程序的第82行、第93行代码调用了getchar函数以实现暂停（按回车键继续），否则会在图像显示完成后退出图形窗口。

程序的第94行代码关闭了图形窗口，第96行代码使用fclose函数关闭了文件。

运行案例9-1的程序先是在文本模式下显示读取的图形信息，如图9-15所示。

```
D:\BC101\Examples\Debug\L09_01_DISPLAY_BMP.exe
打开BMP文件成功
BM
读取BMP文件标识成功
文件大小为:921654
位图宽度为:640
位图高度为:480
每个像素使用的位数为:24
第一个像素的颜色分量Red为:255
第一个像素的颜色分量Green为:0
第一个像素的颜色分量Blue为0
```

图9-15　显示640_480_RED.bmp

然后按回车键显示出一个宽度为640像素、高度为480像素的窗口，内部被红色像素填满，如图9-16所示，这样就完成了位图文件的显示。

图9-16　显示640_480_RED.bmp

只显色一个纯色BMP不能证明程序是正确的，在同一个文件夹中有另一个名为

“640_480_TEST_CARD.bmp”的文件，该文件原图如图9-17所示。将程序中的文件名由640_480_RED.bmp改成640_480_TEST_CARD.bmp，再来看运行效果，如图9-18所示。可以看到图片是上下颠倒的。

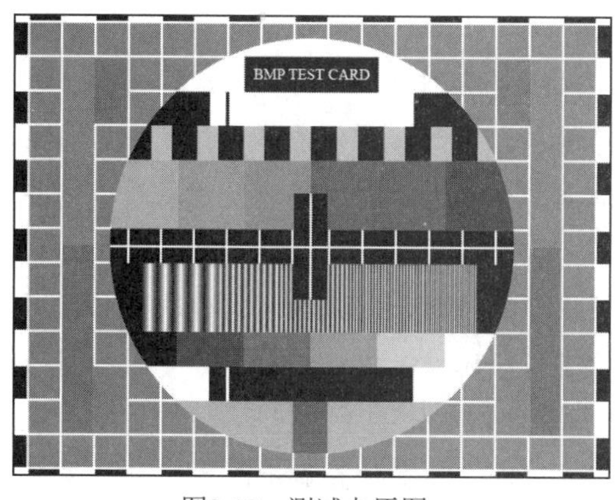

图9-17 测试卡原图

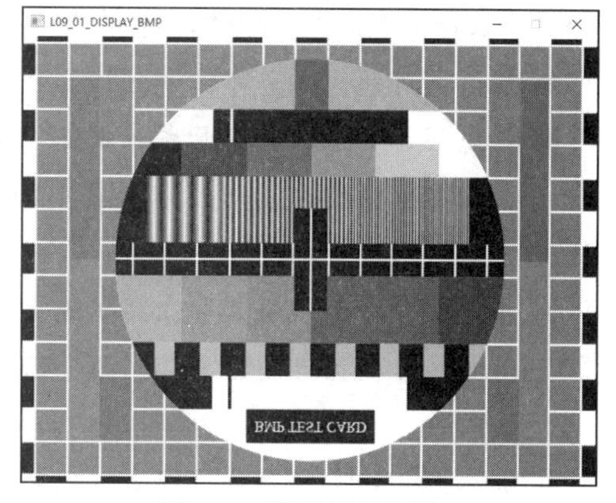

图9-18 程序运行结果

这是因为之前没有讲过BMP文件中存储的像素数据次序是“从下到上、从左到右”的，这是BMP文件格式的定义者规定的，我们只能遵守它。换句话说我们读取的“第1行”像素数据，实际上是图片最底部的一行。我们的程序将图像最底部的一行像素绘制到最上方，因此图形就颠倒了。要解决这个问题也很简单——将第90行代码：

```
putpixel(x, y, rgb(pixel.Red, pixel.Green, pixel.Blue));
```

改为：

```
putpixel(x, bmpInfo.Height-y, rgb(pixel.Red, pixel.Green, pixel.Blue));
```

这样一来就是从底部开始从下至上地绘制像素，解决了图片显示上下颠倒的问题。再次运行程序，结果如图9-19所示。

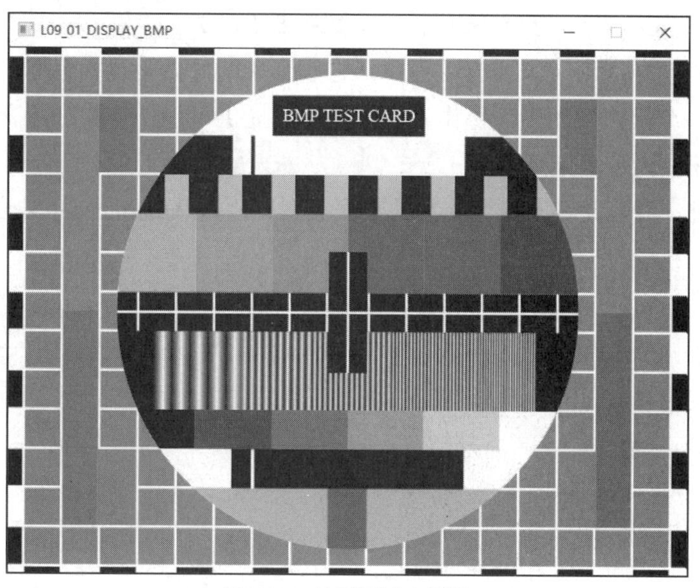

图9-19 显示测试卡图片

9.3 优化BMP图像显示程序

BMP图片现在已经显示出来，但这个程序仅用于说明BMP图片显示的原理，是不能用于“外汇牌价看板”程序的，它存在很多问题：

- **显示图片的代码全部位于main函数中，无法复用。**
- **只能显示一张图片，且图片填充了整个窗口。**在外汇牌价看板中，我们需要显示多张旗帜的图片，而且需要图片显示在窗口的任意位置，而不是用图片填充整个窗口。
- **一个文件分为多次读取，显示速度较慢。**多次使用fread函数从文件中读取数据，甚至像素数据都是逐个读取的，这影响了程序的性能。

为了解决上面的问题，我们需要对程序进行优化，优化的手段包括：

- 新增displayBMP函数，以支持代码复用并可以在指定位置显示图片；
- 对显示BMP文件的代码进行重构，提高读取文件的效率。

9.3.1 重新组织代码结构，减少main函数中的代码

在main函数中写大量代码是一种恶习，在main函数所在的main.cpp文件中包含很多其他函数的代码也不是一个好习惯。

在6.4.2节中我们介绍过组织函数库代码的原则：

- 如果一个函数库中包含多种用途的函数，应该将其按功能进行分类，每种类别的函数源代码应该独立放在一个源代码文件（.cpp文件或.c文件）中。
- 单独使用一个头文件（.h文件）对类型、函数等进行声明。这个头文件的文件名通常与函数定义的源代码文件相同（扩展名不同）。

这两个原则同样适用于普通应用程序。它所带来的好处是显而易见的：将程序划分成多个文件、多个模块，为多人协作完成一个项目提供可能；未来如果需要将其独立做成函数库，代码也更容易分离。

在开始之前，我们先将与颜色相关的数据类型、函数从main.cpp中独立出去。

1. 新增colors.h和colors.cpp

之前的程序里我们定义了数据类型RGBColor和函数rgb，虽然只有一个数据类型和一个函数我们也应将其作为一个独立的模块。在项目中增加两个文件：

- ncolors.h；
- ncolors.cpp。

color.h文件内容如下。

```
1. #pragma once
```

```
2. typedef unsigned long RGBColor;
3. RGBColor rgb(unsigned char red, unsigned char green, unsigned char
   blue);
```

这个文件包括了数据类型RGBColor的定义和rgb函数的声明。然后在colors.cpp文件中加入下列内容。

```
1. #include "colors.h"
2. RGBColor rgb(unsigned char red, unsigned char green, unsigned char
   blue)
3. {
4.      return ((RGBColor)(((unsigned char)(red) | ((unsigned short)
        ((unsigned char)(green)) << 8)) | (((unsigned long)(unsigned char)
        (blue)) << 16)));
5. }
```

这个文件里包含了头文件colors.h以及rgb函数的实现代码，它用于将3种颜色分量组合成一个RGBColor类型值（实际上是unsigned long类型）。

如果你是在上一节的项目中修改，记得在新增了这两个文件后，要从main.cpp中移除相关的代码，以避免编译错误。

2. 新增bmp.h和bmp.cpp

我们可以将与BMP文件相关的结构体、数据类型和函数作为另一个模块，分成bmp.h和bmp.cpp两个文件。bmp.h文件内容如下。

```
1. #pragma once
2. #include <stdio.h>
3. #include <stdlib.h>
4. #include <graphics.h>
5. #include <io.h>
6. #include "colors.h"
7.
8. struct BITMAP_HEADER
9. {
10.     long Size;        //文件大小
11.     short Reserved1;//保留字，不考虑
12.     short Reserved2;//保留字，同上
13.     long OffBits;    //实际位图数据的偏移字节数
14. };
15. typedef struct BITMAP_HEADER BitmapHeader;
16.
17. struct BITMAP_INFORMATION
18. {
19.     long   Size;              //位图详细信息结构的大小（固定为40字节）
20.     long   Width;             //位图宽度，单位为像素（有符号整数）
21.     long   Height;            //位图高度，单位为像素（有符号整数）
22.     short  Planes;            //色彩平面数
23.     short  BitCount;          //每个像素所占位数，即图像的色深
24.     long   Compression;       //所使用的压缩方法
25.     long   SizeImage;         //实际位图数据占用的字节数
```

```
26.     long   XPelsPerMeter;     //图像的横向分辨率
27.     long   YPelsPerMeter;     //图像的纵向分辨率
28.     long   ClrUsed;           //调色板的颜色数
29.     long   ClrImportant;      //重要颜色数
30. };
31. typedef struct BITMAP_INFORMATION BitmapInformation;
32.
33. struct _24BIT_PIXEL
34. {
35.     unsigned char Blue;
36.     unsigned char Green;
37.     unsigned char Red;
38. };
39. typedef struct _24BIT_PIXEL _24BitPixel;
```

这个文件包括读取24位BMP文件必须的头文件、结构体声明和类型定义，未来还会在此文件中增加displayBMP函数声明。目前displayBMP函数虽尚未创建，但也应该创建一个空的bmp.cpp文件，然后在其中加入#include指令以包含bmp.h文件（注意两端使用双引号）。

```
1. #include "bmp.h"
```

这样就可以直接在bmp.cpp中使用bmp.h中定义的结构体。bmp.h中包含的其他头文件（如graphics.h、colors.h）在bmp.cpp中也无需重复包含。项目文件的具体内容，可参见下一节的案例9-2（L09_02_DISPLAY_BMP_V2）。

9.3.2 displayBMP函数的设计与实现

接下来，我们考虑设计一个displayBMP函数，用于在指定位置显示BMP图片，它的声明将被加入到bmp.h文件中，它的实现代码将被加入bmp.cpp中。

1. displayBMP函数的设计

在设计displayBMP函数之前考虑如下问题：

- **函数的功能是什么？**

  在指定位置显示24位真彩色图片。

- **函数的名字是什么？**

  displayBMP。

- **函数需要传入哪些参数？**

  BMP图片的完整路径、图片要显示的位置（top和left）。

- **函数是否需要返回值？返回何种类型的值？**

  需要，因为显示图片不一定都会成功。根据不同的失败原因约定返回值如表9-4所示。

表9-4　displayBMP函数的返回值

返回值	含义
0	显示图片成功
-1	打开文件失败（文件不存在或权限不足）
-2	内存分配失败（可能是文件过大）
-3	打开的文件不是BMP图片

于是displayBMP函数的原型为：

```
int displayBMP(const char* filename, int top, int left)
```

在bmp.h文件中加入它的声明（注意后面有分号）：

```
int displayBMP(const char* filename, int top, int left);
```

在bmp.cpp中加入这个函数的基础代码，函数的功能实现代码可以在下一步完成，现在可以直接让它返回0以便通过编译。

```
1. #include "bmp.h"
2. int displayBMP(const char* filename, int top, int left)
3. {
4.     return 0;
5. }
```

在main.cpp中加入displayBMP函数的调用代码。该程序将图形窗口大小固定地初始化为640像素×480像素，并调用displayBMP函数显示指定路径的图片。

```
1. #include <stdio.h>
2. #include "bmp.h"
3.
4. int main()
5. {
6.     initgraph(640, 480);
7.     int result = displayBMP("D:/BC101/Resources/L09/640_480_TEST_
       CARD.bmp", 0, 0);
8.
9.     switch (result)          //根据result的值显示不同的信息
10.    {
11.        case 0:
12.            getchar();       //图片显示成功，调用getchar函数实现暂停功能
13.            printf("显示图片成功\n");
14.            break;
15.        case -1:
16.            printf("打开文件失败（文件不存在或权限不足）\n");
17.            break;
18.        case -2:
19.            printf("内存分配失败（可能是文件过大）\n");
20.            break;
21.        case -3:
21.            printf("打开的文件不是BMP图片\n");
23.            break;
24.    }
25.    closegraph();           //关闭图形显示
26.    return result;
27. }
```

运行程序后先显示了黑色的图形窗口，按回车键后将显示“显示图片成功”，如图9-20所示。

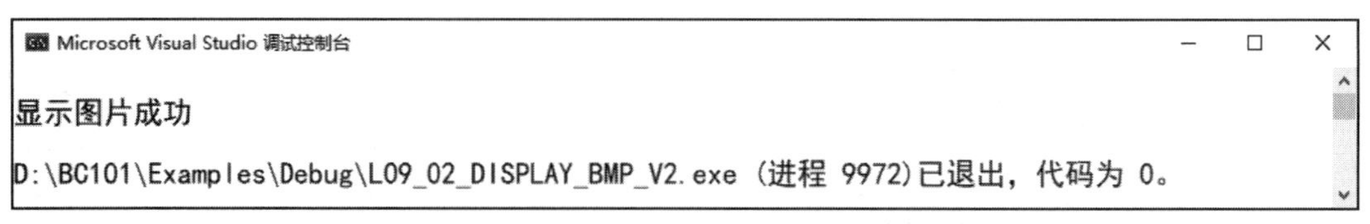

图9-20　displayBMP函数的测试程序

第9～24行代码用于处理displayBMP函数的返回值，这部分内容将在9.3.2节中讲解。

由于displayBMP函数目前尚未完成（功能未实现且固定地返回0），因此图片并未真正显示。但如果程序可以被正确编译和运行就可以证明整个项目的代码结构和引用关系都正确。达成这个目标后，你就可以专注于bmp.cpp中displayBMP的函数实现了。

2. displayBMP函数的实现

displayBMP函数的原型为：

```
int displayBMP(const char* filename, int top, int left)
```

第1个参数const char* filename用于传入要显示的BMP文件名，它是字符串常量的指针；第2、3个参数表示位图显示的位置。此处的top和left表示图片的左上角在窗口中的坐标。

以下是调用displayBMP函数的例子。

```
displayBMP("D:/BC101/Resources/L09/640_480_TEST_CARD.bmp", 100, 100);
```

1）一次性读入图片文件

分多次用fread函数读取同一个磁盘文件不是一个好习惯。因为磁盘文件位于外部存储设备，访问速度比内存慢很多。对于机械硬盘来说每次读取都需要运动磁头，而机械运动是需要耗费较长时间的。即使有文件缓冲区存在或者使用固态硬盘，多次读取的性能仍比一次读取全部内容要低。此外，如果一次性读入了文件的全部内容，接下来你就可以马上关闭文件避免对文件长时间占用。

但也有例外，如果文件的大小超过了计算机的物理内存，操作系统就不得不动用磁盘上的虚拟内存来存储读入的文件内容，这种情况下性能提升非常有限。好在一般的BMP图形文件相对于我们现在使用的计算机内存而言都非常小，所以可以通过displayBMP函数一次性读入图片文件的全部内容到内存中。

如何一次性读取整个图片文件呢？你需要首先知道文件的大小，然后根据文件大小分配内存，再将文件内容读入其中，图9-21说明了磁盘文件内容与内存空间的关系。

磁盘文件	1	2	3~14字节	15~54字节	第54字节以后的n个字节
	B	M	位图文件头	位图详细信息	像素数据

↓

内存空间	与文件大小相同的内存空间

图9-21　将文件内容全部读入内存

在7.4.6节中我们介绍过，打开文件后可以使用fileno函数和filelength函数获取文件的大小（字节数）。这两个函数当然也适用于图片文件，下面的代码获取了BMP文件的大小。

```
1. FILE* bmpFile = fopen(filename, "rb");
2. long fileSize = filelength(fileno(bmpFile));
```

打开文件成功并取得文件大小的字节数后，可以据此分配与文件大小相同的内存空间。分配内存空间时使用malloc函数。

```
void* fileData = malloc(fileSize);
```

以前使用malloc函数时，我们总是将函数返回的指针转换成某种特定类型的指针，例如：

```
ExchangeRate* allRates = (ExchangeRate*)malloc(count * sizeof
(ExchangeRate));
```

而这次情况发生了变化，因为没有一种确定的数据类型对应于即将读入的文件内容，所以malloc函数返回的“无类型指针”无需进行转换，将其直接赋值给“无类型”指针变量void* fileData，让这个指针指向所分配内存空间的起始处即可，如图9-22所示。

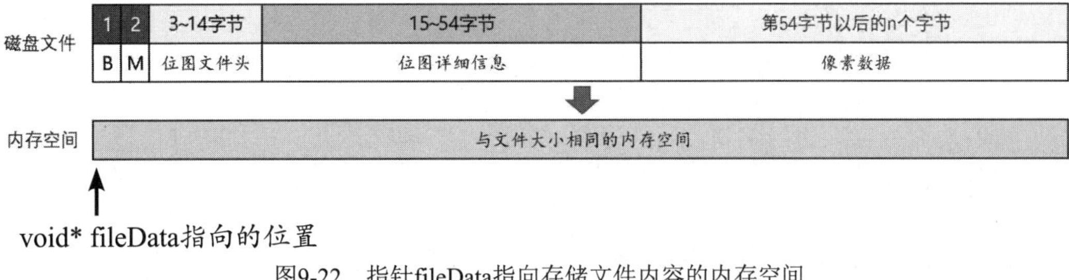

图9-22　指针fileData指向存储文件内容的内存空间

然后就可以使用该函数读取文件内容了，读取完毕后要关闭文件，停止对这个文件的访问。

```
1. FILE* bmpFile = fopen(filename, "rb");
2. long fileSize = filelength(fileno(bmpFile));
3. void* fileData = malloc(fileSize);
4. fread(fileData, fileSize, 1, bmpFile);
5. fclose(bmpFile);
```

现在，指针fileData所指向的内存空间中就存储着与磁盘文件完全一致的内容，如图9-23所示。接下来你要考虑如何取出它们。

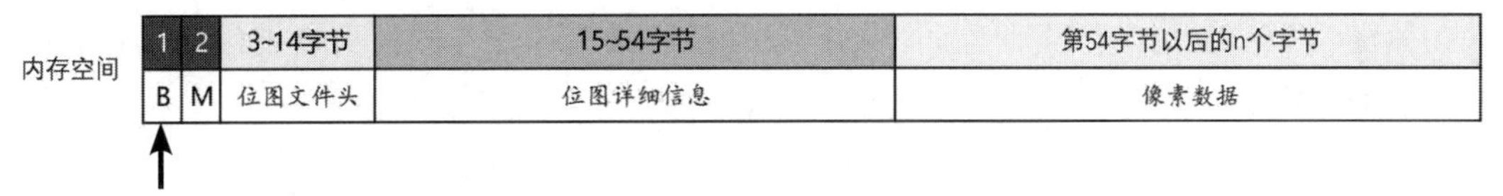

图9-23　读入到内存中的位图文件数据

2）使用字符指针变量取出文件标识

数据已经读入到内存中并且已经知道这个内存区块的首地址（fileData），通过简单的计算就可以得出每一块数据（文件标识、位图文件头、位图详细信息、像素数据）的起始位置。例如位图文件标识就位于这个内存区块的第1、2字节。由于文件标识是字符型数据，因此可以定义一个字符指针tags指向它们，将指针fileData的值直接赋值给指针tags就可以了。

```
char* tags = (char*)fileData;
```

需要注意的是，因为指针fileData是“无类型”指针，此处需要将其转换成字符指针。同时考虑到我们无意改变此处的内容，使用const char*类型的字符指针即可。

```
const char* tags = (const char*)fileData;
```

这行代码执行后，指针fileData、指针tags与存储文件内容的内存空间关系如图9-24所示。

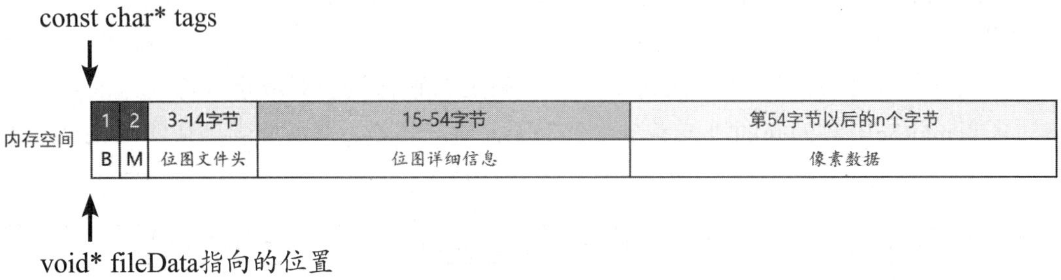

const char* tags

内存空间

1	2	3~14字节	15~54字节	第54字节以后的n个字节
B	M	位图文件头	位图详细信息	像素数据

void* fileData指向的位置

图9-24　将指针tags指向文件内容的第1字节

接下来你就可以使用字符指针tags取得第1、2个字符。以下是判断第1、2个字符是否为B、M的代码。

```
1. if (*tags == 'B' && *(tags + 1) == 'M')
2. {
3.     //第1字节为'B',第2字节为'M', 识别为BMP文件
4.     //此处应加入继续显示BMP图片的代码
5.     return 0;
6. }
7. else
8. {
9.     return -2;
10. }
```

你也可以将*tags == 'B'换成tags[0] == 'B'，将*（tags + 1） == 'M'换成tags[1] == 'M'的形式。

3）使用结构体指针取出位图文件头和位图详细信息

紧随其后的位图文件头、位图详细信息是使用结构体保存的，可以使用结构体指针指向它们在内存中的位置，但语句较复杂一些。

```
BitmapHeader* bmpHeader = (BitmapHeader*)((char*)fileData + 2);
```

这里我们定义了一个指针bmpHeader，类型为BitmapHeader*，用于指向BitmapHeader结构体。它应该指向指针fileData之后的第3个字节（fileData+2），如图9-25所示。

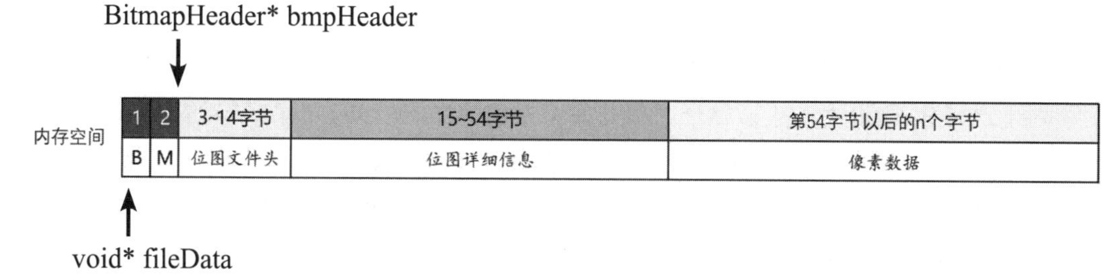

图9-25　让指针bmpHeader指向位图文件头

但指针fileData是“无类型指针”，它无法进行算术运算。下面的语句试图对fileData+2，这样运算是不允许的，编译时会出现“表达式必须是指向完整对象类型的指针”的错误提示。

```
BitmapHeader* bmpHeader = (BitmapHeader*)(fileData + 2);
```

没办法，只好先将fileData指针强制转换成字符型指针再进行运算。转换成字符型指针是因为字符型数据占用1个字节。之前我们提到过“指针变量的值进行加、减运算时，加减的值并不等同于算术值，而是会根据指针变量的类型进行加减，加减的算术值取决于所指向数据类型的大小。”而对字符型指针进行算术运算时是以1字节为单位的。下面的表达式会计算出fileData指向的位置以后第3个字节的地址。

```
(char*)fileData + 2
```

然后再将运算后的结果进行强制类型转换，转换为指向BitmapHeader的结构体指针，代码如下。

```
BitmapHeader* bmpHeader = (BitmapHeader*)((char*)fileData + 2);
```

这样一来，你就可以读取位图文件头的中内容了。需要说明的是，当使用结构体指针访问结构体成员时，可以使用下面的方式之一：（*bmpHeader）.Size或者bmpHeader->Size。

位图详细信息也采用同样的方法获得。

```
BitmapInformation* bmpInfo = (BitmapInformation*)((char*)fileData + 2
+ 12);
```

这样一来，结构体指针bmpHeader和bmpInfo就分别指向了文件数据中位图文件头和位图详细信息所在的内存位置，如图9-26所示。

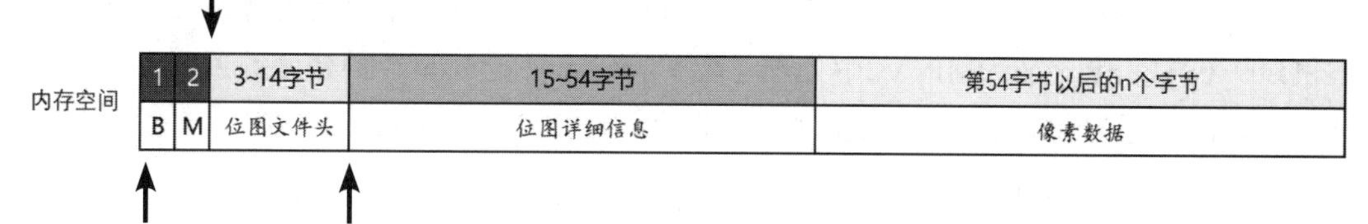

图9-26　通过结构体指针取出位图文件头和位图详细信息

接下来就可以读取像素数据了。

4）使用结构体指针取出像素颜色

对于24位BMP图片，从第55个字节开始就是像素数据，每3个字节描述1个像素的颜色。我们之前定义过结构体_24BIT_PIXEL，它对应着BMP文件中的像素数据。我们仍然打算逐个绘制每个像素，因此需要定义一个结构体_24BIT_PIXEL的指针，让它指向文件中第1个像素数据的位置。

```
_24BitPixel* pixelData = (_24BitPixel*)(BitmapInformation*)((char*)
fileData + bmpHeader->OffBits);
```

我们将表示文件数据起始位置的fileData加上bmpHeader->OffBits就可以简单地算出像素数据所在的地址，因为后者存储着像素数据相对于文件头的偏移量。现在所有的指针都指向了它们应该指向的内存地址，如图9-27所示。

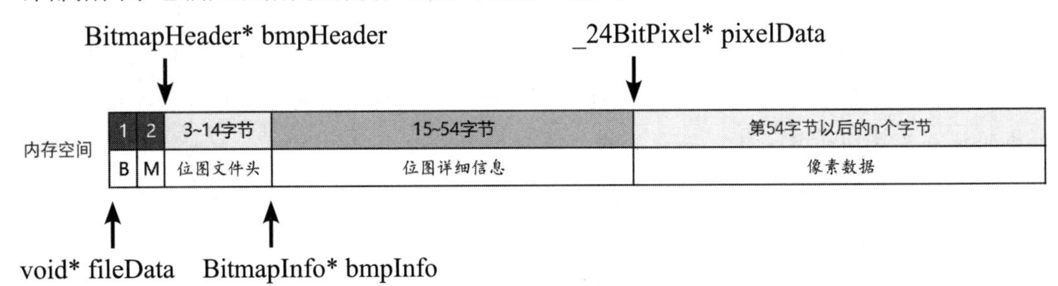

图9-27　让pixelData指向像素数据

5）绘制每个像素

下面的代码将绘制图像文件的每个像素。

```
1. for (int y = top + bmpInfo->Height - 1; y>=top ; y--)
2. {
3.     for (int x = left; x <= left+ bmpInfo->Width - 1; x++)
4.     {
5.         putpixel(x, y, rgb(pixelData->Red, pixelData->Green,
           pixelData->Blue));
6.         pixelData++;
7.     }
8. }
```

这个循环与之前9.2.3节中的代码略有不同，x、y轴的起始、终止坐标均加上了函数参数top、left的值，用以控制图片在窗口中的位置。

displayBMP函数的初步实现代码如下所示。这个程序没有处理文件打开失败、文件不是BMP文件及内存分配失败等问题，便于我们将注意力先集中在功能实现上。在本书案例L09_02_DISPLAY_BMP_V2中处理了各种异常，并让displayBMP函数返回不同的值来表示异常的原因，以下是bmp.cpp文件目前的内容。

```
1. #include <stdio.h>
2. #include <stdlib.h>
3. #include <graphics.h>
4. #include <io.h>
5. #include "bmp.h"
```

```
6. #include "colors.h"
7. int displayBMP(const char* filename, int top, int left)
8. {
9.     FILE* bmpFile = fopen(filename, "rb");
10.    long fileSize = filelength(fileno(bmpFile));
11.    void* fileData = malloc(fileSize);
12.    fread(fileData, fileSize, 1, bmpFile);
13.    fclose(bmpFile);
14.    char* tags = (char*)fileData;
15.    BitmapHeader* bmpHeader = (BitmapHeader*)((char*)fileData + 2);
16.    BitmapInformation* bmpInfo = (BitmapInformation*)((char*)
       fileData + 2 + 12);
17.    _24BitPixel* pixelData = (_24BitPixel*)(BitmapInformation*)((char*)
       fileData + bmpHeader->OffBits);
18.    for (int y = top + bmpInfo->Height - 1; y>=top ; y--)
19.    {
20.        for (int x = left; x <= left+ bmpInfo->Width - 1; x++)
21.        {
22.            putpixel(x, y, rgb(pixelData->Red, pixelData->Green,
               pixelData->Blue));
23.            pixelData++;
24.        }
25.    }
26.    return 0;
27. }
```

3. 在main函数中调用displayBMP函数

完成displayBMP函数后再次运行程序，可以看到如图9-28所示的结果。

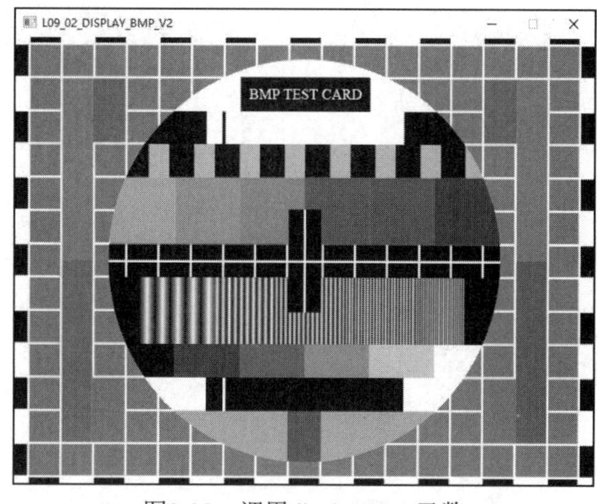

图9-28　调用displayBMP函数

4. 分析并修正一个bug

只使用一个BMP文件来测试displayBMP函数是草率和不负责任的，应该使用不同大小的图片来测试功能的正确性和程序性能。在\BC101\Resource\L09\目录下还有一个名为639_480_TEST_CARD.bmp的BMP文件，这个图片的宽度是639像素（之前是640像素），将main函数中的文件改为这个文件后再运行程序，得到的结果让我们意外，如图9-29所示。

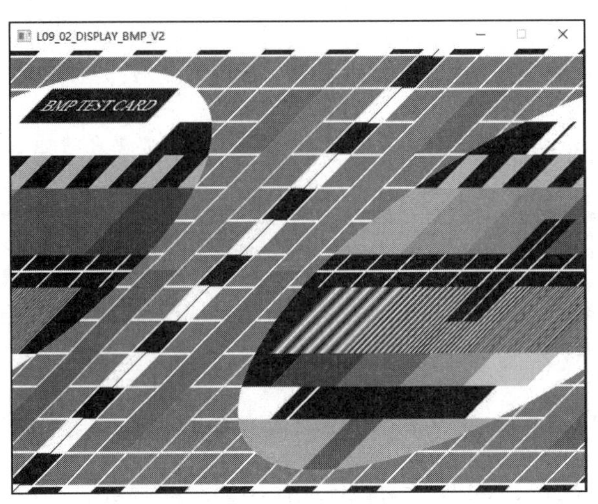

图9-29　错位显示的图片

这种错误往往让人费解和束手无策。因为它并不像语法错误一样会被编译器发现，也不会导致程序运行时报错（例如使用了空指针、内存访问越界时程序会崩溃），文件也能被正常打开，只是在显示时出现了错位。

直接告诉你错误产生的原因并用几行代码修正它是最简单的，但你要考虑如果在自己独立开展工作时遇到这种情况该怎么办。只有独立解决过问题才会树立信心。当遇到这种情况时，首先要学会归纳和总结程序逻辑和故障现象，并使用精确的语句描述程序逻辑和错误现象：

- 我们是由下至上、从左至右绘制像素的；
- 图像显示时是明显向右倾斜的。

首先要排除绘制像素时坐标错误的可能性，分析绘制像素的代码：

```
1. for (int y = top + bmpInfo->Height - 1; y >= top; y--)
2. {
3.     for (int x = left; x <= left + bmpInfo->Width - 1; x++)
4.     {
5.         putpixel(x, y, rgb(pixelData->Red, pixelData->Green,
           pixelData->Blue));
6.         pixelData++;
7.     }
8. }
```

可以看出putpixel的两个参数x和y是两个循环的控制变量，程序中没有对这两个变量进行额外的计算。因此x、y的值不太可能受到干扰和影响，基本排除了绘制像素时坐标错误的可能性。

那么问题可能出现在像素数据上。图片显示时是向右倾斜的，我们可以怀疑有多余的数据将像素“挤”到右边去了，而且越靠近图片的上部，偏移的数据越多（“挤”的越多）。

综上所述，我们怀疑这幅图片的像素数据中存在多余的字节，正是这些多余的字节导致图片倾斜显示。怀疑或推测需要得到事实的佐证，但目前为止我们没有任何线索找到证据。此时你应当变化或者简化测试条件。由于这幅测试图片比较复杂，其中就是存在多余的数据肉眼也无法观察出来。因此，先在“画图”程序里将该图片修改为纯白色并另存为639_480_WHITE.bmp，如图9-30所示，再让程序来运行得到如图9-31所示的结果。

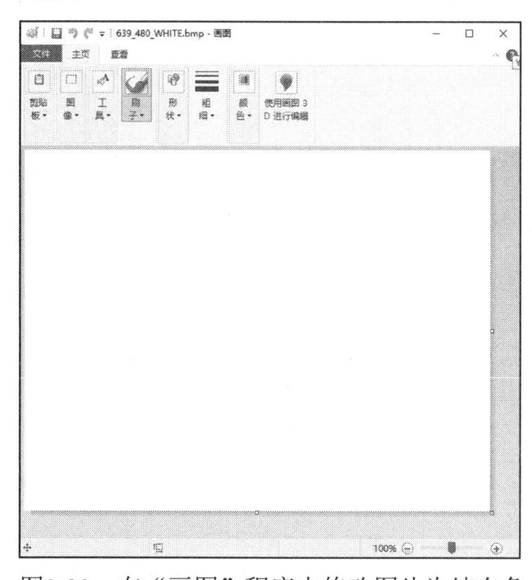

图9-30　在“画图”程序中修改图片为纯白色

L09_02_DISPLAY_BMP_V2

图9-31　程序显示的结果

你会看到图中多了一条同样倾斜的黑线，这条线其实刚才也出现过，但因为图片比较复杂被我们忽视。现在几乎可以肯定这个BMP图片中存在“多余的”数据（否则怎么会出现黑色？）。使用关键字“bmp 多余的数据”或者“bmp 多余的字节”在搜索引擎上检索，你很快会找到相关的信息，如图9-32所示。

图9-32　使用必应搜索引擎得到的结果

打开这篇文章，会看到其中的说明“Windows规定图像文件中一个扫描行所占的字节数必须是4的倍数……不足的以0填充”。宽度为639像素的图片就意味着“一个扫描行”是639像素，按照每个像素3个字节计算这一行就是639×3=1917字节。显然1917不能被4整除，因此在这个文件中会在每一行像素数据后加3个字节，才能使每一行的像素数据字节数为1920，达到“一个扫描行所占的字节数必须是4的倍数”的要求。这3个字节会被填充为0（刚好是黑色的RGB值），也会被当作1个像素绘制到屏幕上。因此屏幕上就多了很多黑色的像素。

知道了这一点，只需在每显示完一行像素后跳过这3个多余的字节（第8行），即可完成图片的显示。

```
1. for (int y = top + bmpInfo->Height - 1; y >= top; y--)
2. {
3.     for (int x = left; x <= left + bmpInfo->Width - 1; x++)
4.     {
5.        putpixel(x, y, rgb(pixelData->Red, pixelData->Green,
          pixelData->Blue));
6.        pixelData++;
7.     }
8.     pixelData=pixelData + 1;  //跳过被填充为0的3个多余字节，也可写成
                                 //pixelData++;
9. }
```

由于pixelData的类型是占用3个字节的结构体_24BIT_PIXEL，因此第8行代码中的pixelData + 1在算术值上刚好是加3。

运行修改后的程序，会发现639_480_TEST_CARD.bmp这个图片可以正常显示了。但是你要不要试试之前的640_480_TEST_CARD.bmp能否正常显示呢？运行程序得到如图9-33的结果。

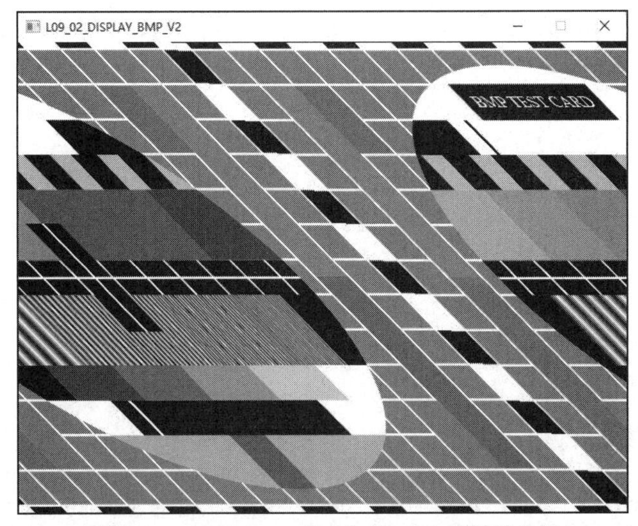

图9-33　640_480_TEST_CARD.bmp的显示效果

显然又不对了。这是因为宽度为640像素的图片一行像素数据的字节数为640×3=1920字节，并不存在多余的字节，所以不需要对pixelData指针进行额外的操作。

因此，第8行语句pixelData = pixelData + 1应该是选择执行的。只有在“图片宽度×3的乘积不能被4整除”时才需要执行，而且不一定每次都是跳跃3字节。例如宽度为642像

素的图片，每行像素数据字节数为1926字节，需要跳过2个多余字节。这里需要解决两个问题。

- **如何判断“图片宽度×3的乘积不能被4整除”？**

C语言的算术运算符%用于计算两个数相除的余数，当余数不为0时即可认为不能整除。因此if语句可以这样写：

```
if (bmpInfo->Width * 3 % 4 != 0)
```

- **如何决定指针pixelData跳过的字节数？**

知道了“图片宽度×3的乘积”除以4的余数，再用4减去这个余数，即可知道要跳过的字节数。应注意对指针变量pixelData直接进行的加法计算并不是算术值的加法，要先将其转换成字符指针再加上要跳过的字节数才正确，显示像素的循环被改为（注意第8～10行）。

```
1. for (int y = top + bmpInfo->Height - 1; y >= top; y--)
2. {
3.     for (int x = left; x <= left + bmpInfo->Width - 1; x++)
4.     {
5.         putpixel(x, y, rgb(pixelData->Red, pixelData->Green,
           pixelData->Blue));
6.         pixelData++;
7.     }
8.     if (bmpInfo->Width * 3 % 4!=0)
9.     {
10.        pixelData =(_24BitPixel*)((char*)pixelData + (4- bmpInfo-
           >Width * 3 % 4));
11.    }
12. }
```

完整的displayBMP函数实现如案例9-2所示。程序处理了打开文件失败、内存分配失败等异常情况。

案例9-2　改进显示BMP图片的程序（L09_02_DISPLAY_BMP_V2）

```
1. #include "bmp.h"
2. int displayBMP(const char* filename, int top, int left)
3. {
4.     FILE* bmpFile = fopen(filename, "rb");
5.     if (bmpFile == NULL)
6.     {
7.         return -1;
8.     }
9.     else
10.    {
11.        long fileSize = filelength(fileno(bmpFile));
12.        void* fileData = malloc(fileSize);
13.        if (fileData == NULL)
14.        {
15.            return -2;
16.        }
17.        else
```

```
18.             {
19.                 fread(fileData, fileSize, 1, bmpFile);
20.                     fclose(bmpFile);
21.                 const char* tags = (const char*)fileData;
22.                 if (tags[0] == 'B' && tags[1] == 'M')
23.                 {
24.                     BitmapHeader* bmpHeader = (BitmapHeader*)((char*)
                        fileData + 2);
25.                     BitmapInformation* bmpInfo = (BitmapInformation*)
                        ((char*)fileData + 2 + 12);
26.                     _24BitPixel* pixelData =(_24BitPixel*)(BitmapInformation*)
                        ((char*)fileData + bmpHeader->OffBits);
27.                     for (int y = top + bmpInfo->Height - 1;
                        y >= top; y--)
28.                     {
29.                         for (int x = left; x <= left + bmpInfo->
                            Width - 1; x++)
30.                         {
31.                             putpixel(x, y, rgb(pixelData->Red,
                                pixelData->Green, pixelData->Blue));
32.                             pixelData++;
33.                         }
34.                         if (bmpInfo->Width * 3 % 4!=0)
35.                         {
36.                             pixelData =(_24BitPixel*)((char*)
                                pixelData + (4- bmpInfo->Width * 3 % 4));
37.                         }
38.                     }
39.                     return 0;
40.                 }
41.                 else
42.                 {
43.                     return -3;
44.                 }
45.             }
46.         }
47. }
```

再用它显示不同宽度的BMP图片，均能得到正确的结果，分别如图9-34～图9-37所示。

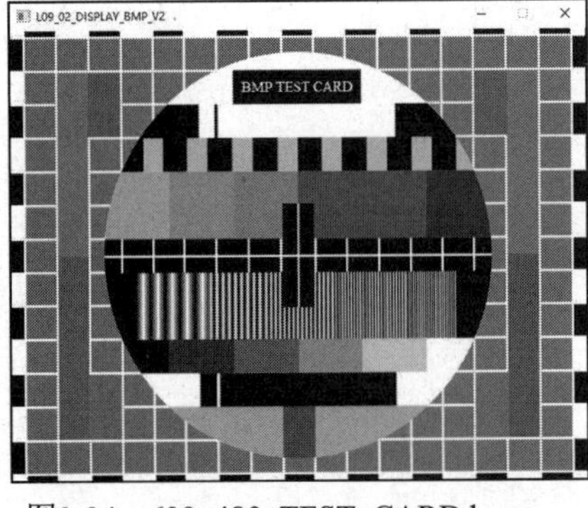

图9-34　639_480_TEST_CARD.bmp

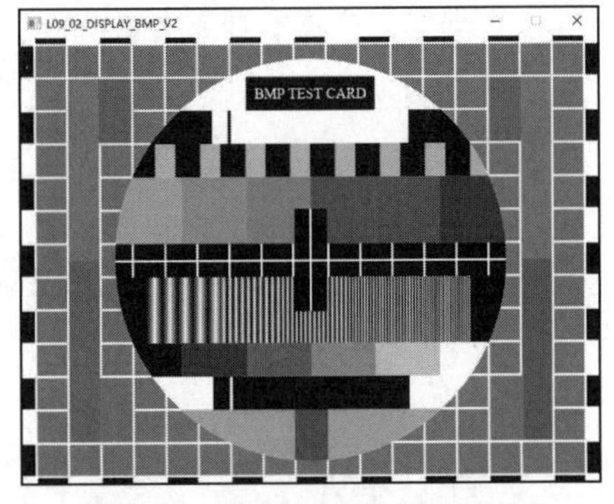

图9-35　640_480_TEST_CARD.bmp

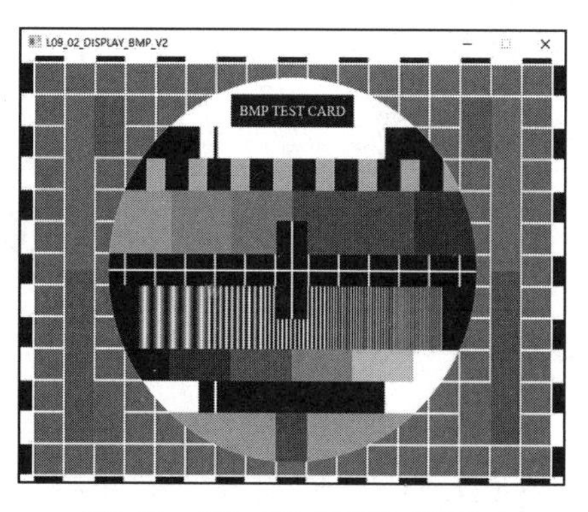

图9-36　641_480_TEST_CARD.bmp

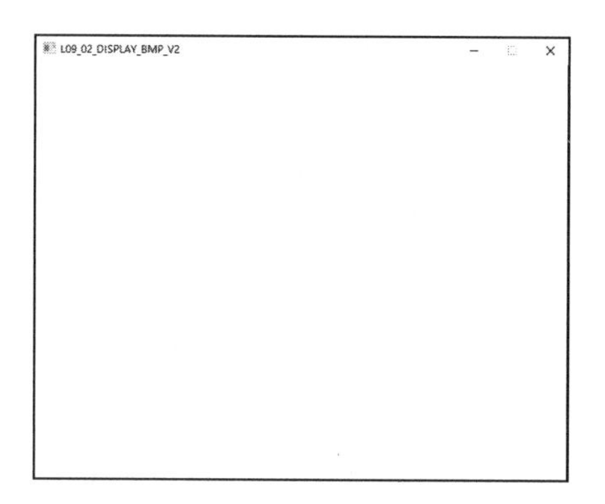

图9-37　639_480_WHITE.bmp

5. 处理displayBMP函数的返回值

作为一个功能性函数，displayBMP函数定义了不同情况下的返回值的，L09_02_DISPLAY_BMP_V2中已实现的返回值及含义如表9-5所示。

表9-5　displayBMP函数的返回值

返回值	含义
0	显示图片成功
-1	打开文件失败（文件不存在或权限不足）
-2	内存分配失败（可能是文件过大）
-3	打开的文件不是BMP图片

对于现在的例子，我们可以在main函数中采用以下逻辑进行处理。

- 当显示图片成功（displayBMP函数返回值为0）时，程序暂停，当用户按下回车键时停止显示，并显示“显示图片成功”；
- 当显示图片失败时，根据返回值显示错误原因。

main.cpp中的代码如下。

```
1.  #include <stdio.h>
2.  #include "bmp.h"
3.
4.  int main()
5.  {
6.      initgraph(640, 480);
7.      int result = displayBMP("D:/BC101/Resources/L09/640_480_TEST_
        CARD.bmp", 0, 0);
8.
9.      switch (result)          //根据result的值显示不同的信息
10.     {
11.         case 0:
12.             getchar();       //图片显示成功，调用getchar函数实现暂停功能
13.             closegraph();    //关闭图形显示
14.             printf("显示图片成功\n");
15.             break;
16.         case -1:
17.             printf("打开文件失败（文件不存在或权限不足）\n");
```

```
18.             break;
19.         case -2:
20.             printf("内存分配失败（可能是文件过大）\n");
21.             break;
22.         case -3:
23.             printf("打开的文件不是BMP图片\n");
24.             break;
25.     }
26.     return result;
27. }
```

你可以测试在不同情况下程序的表现，图9-38是文件不存在时程序的输出结果。

```
Microsoft Visual Studio 调试控制台
打开文件失败（文件不存在或权限不足）

D:\BC101\Examples\Debug\L09_02_DISPLAY_BMP_V2.exe (进程 9484)已退出，代码为 -1。
```

图9-38　对displayBMP函数的返回值进行处理

9.4　显示不同字体的文字

完成BMP图片显示的任务后，我们再来观察外汇牌价看板中有哪些功能的实现方法目前还没掌握。图9-39中对不同的UI元素进行了编号。

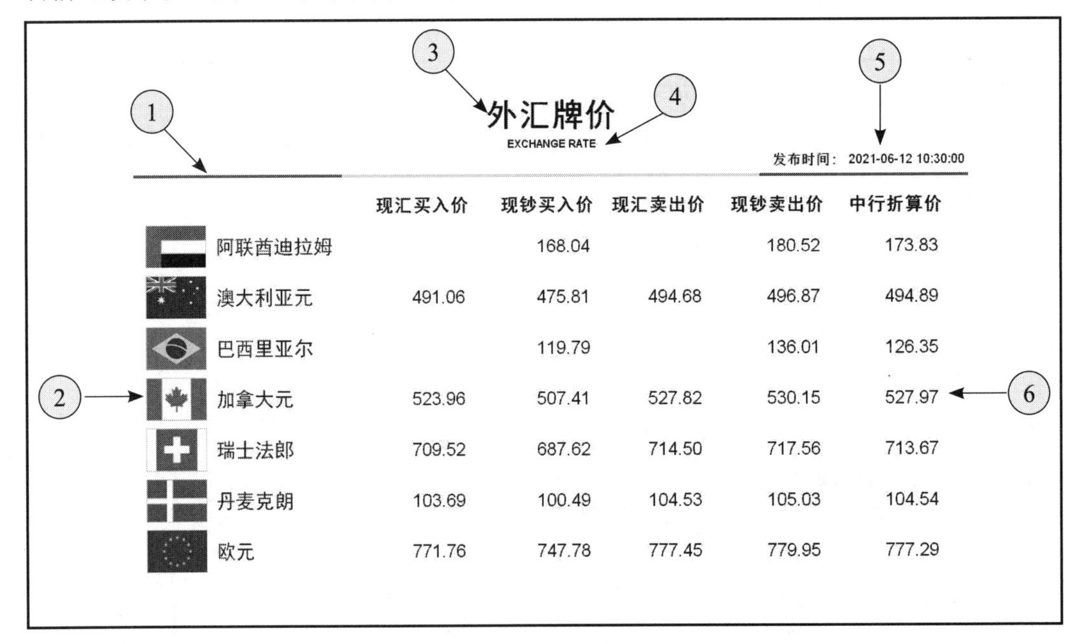

图9-39　外汇牌价看板的UI组成

- ①指示的分隔线似乎可以使用drawHorizontalLine（绘制水平线）函数来完成。但drawHorizontalLine函数目前的只能绘制高度为1像素的水平线，所以可以考虑使用drawBox（绘制方框）函数替代。这条分隔线分成三部分（颜色不同），可以调用三次drawBox函数来实现。

- ②处的旗帜显示区域可以通过多次调用displayBMP函数实现。所有旗帜的图形文件均包含在\Resources\L09\Flags目录中，文件名与货币代码相同，扩展名为bmp。
- ③、④、⑤、⑥均为文本元素，且使用了不同的字体和字号。

我们目前掌握的printf函数在图形窗口中是不起作用的，而且printf函数也不支持输出不同字体、字号，因此我们需要了解新的显示文本的方法。

9.4.1　显示文字的原理

显示文字本质上也是在屏幕上显示组成文字的像素，最最简单的方法是将每一个要使用的文字都制作成BMP文件，在显示文字时使用displayBMP函数显示对应的文件就可以了。但这种方式显然不太经济，因为要使用的文字很多而且还要支持不同字号、颜色等字体样式。

因此，大多数应用程序都会使用操作系统中的“字库”，打开C:\Windows\Fonts目录你会看到这些字库文件，如图9-40所示。

图9-40　Windows中的字库文件

这些字库文件中存储着所包含字符的图形信息，不同的字库文件支持的语言不同，包含的字符数也不同（例如有些字体中只包含拉丁文字符）。在应用程序显示字符时会根据指定的字体在字体文件中检索指定字符的图形数据，并绘制到屏幕上来。

现代操作系统所使用的字库一般为“矢量字库”。矢量字库中每一个字形都是通过数学曲线来描述的，它包含了字形边界上的关键点，连线的导数信息等。绘制字符时通过数学运算来绘制其中的曲线，这样可以在对文字进行缩放显示时保持字体边缘依然光滑。

与矢量字库相对应的，还有一些字体采用的是“点阵字库”。这种字库存储了每个字符的每一个点的像素信息（与BMP文件类似），但字符在放大显示时会出现明显的锯齿，这种字体现在一般应用于嵌入式应用系统。自行读取矢量字体文件并自行绘制字符不是一件容易事，因此我们直接使用EasyX提供的函数来实现文本输出。

9.4.2 使用EasyX的函数显示文字

EasyX提供了一个名为outtextxy的函数，用于在指定位置输出字符串。以下是使用outtextxy函数的简单例子，程序的输出结果如图9-41所示。

图9-41 用outtextxy函数显示文字

```
1. #include <stdio.h>
2. #include <graphics.h>
3.
4. int main()
5. {
6.     initgraph(200, 200);
7.     outtextxy(50, 100,"要显示的文字");
8.     getchar();
9.     closegraph();
10.    return 0;
11. }
```

相信你可以看出outtextxy函数的3个参数的作用：第1、2个参数控制显示时第1个字符的x、y轴坐标值，第3个参数是要显示的字符串（字符串常量或字符数组）。运行程序可以看到图形窗口的指定位置出现了指定的文字。

由于字符串编码方式的原因，需要更改当前项目的属性才可以正确编译和运行上面的程序。修改方法是：

第1步： 在解决方案资源管理器中找到当前项目（L09_03_D1SPLAY_TEXT），在项目名称上右击并选择“属性”。

第2步： 在打开的对话框左侧选择“配置属性”→“高级”选项，并将“字符集”设置为“使用多字节字符集”，如图9-42所示。

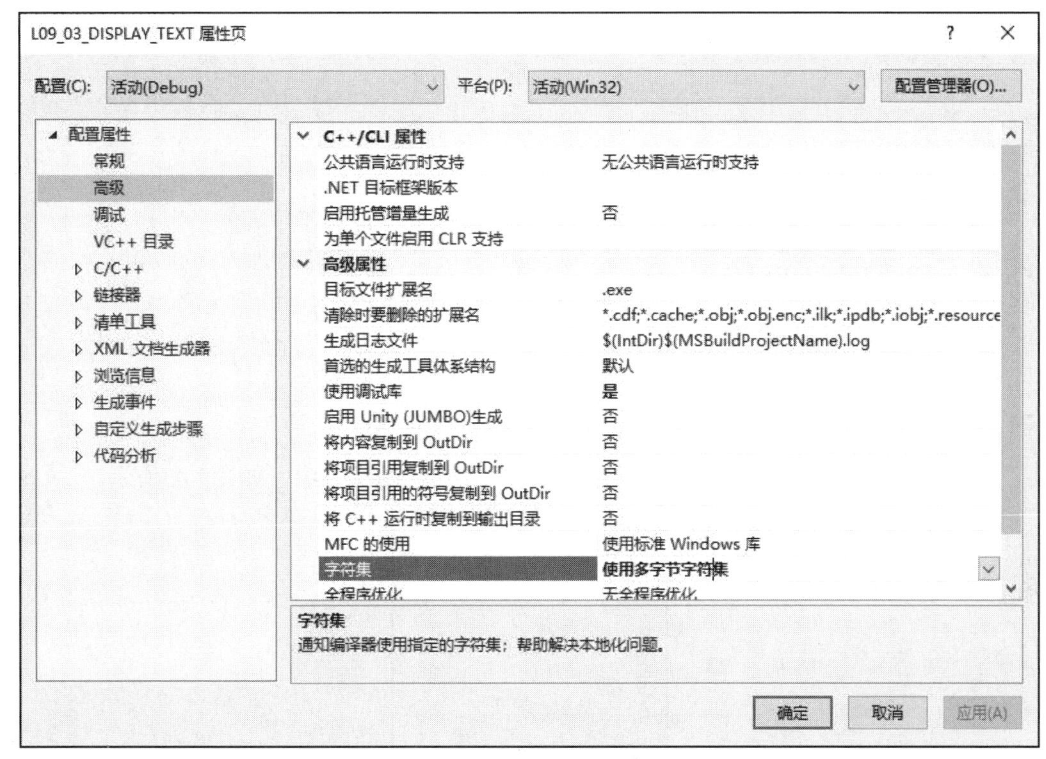

图9-42　设置字符集

后续用到outtextxy函数的程序都需要进行相同的设置。

9.4.3　设置文字格式

可以看到上面的程序在执行时显示的图形窗口的背景色是黑色，字体颜色为白色。同时我们也注意到outtextxy没有指定字体、字号的参数，因此不能完全满足外汇牌价看板的需求。我们需要的是：

- 窗口背景色为白色；
- 文字颜色为黑色；
- 文字的字体、字号不相同。

1. 设置窗口背景色

你可以使用EasyX的setbkcolor函数设置窗口背景色，在initgraph函数后面加入一行：

```
setbkcolor(RGB(255,255,255));
```

参数RGB（255，255，255）表示白色，相信这一点你早已了解。

调用完setbkcolor后需调用cleardevice函数，cleardevice函数会用刚刚设置的背景色清空屏幕，这样你就会看到一个背景色为白色的窗口。而默认情况下文字是以白色显示的，这时可以调用EasyX库的settextcolor函数设置默认的文字颜色。以下是完整的代码。

```
1. #include <stdio.h>
2. #include <graphics.h>
3.
4. int main()
5. {
6.     initgraph(200, 200);
7.     setbkcolor(RGB(255, 255, 255));
8.     cleardevice();
9.     settextcolor(RGB(255, 0, 0));
10.    outtextxy(50, 100, "要显示的文字");
11.    getchar();
12.    closegraph();
13.    return 0;
14. }
```

再次运行程序，可以看到红色的文字被显示在白色的窗口中，如图9-43所示。

图9-43　窗口背景色和文字颜色的设置

但是我们仍然无法指定字体和字号，需要进一步改进程序。

2. 设置字体和字号

EasyX提供了settextstyle函数用于设置输出文字的样式，包括文字的高度、宽度、字体、斜体、删除线、下画线等。考虑到外汇牌价看板中无需使用这么多显示样式，而且先调用settextstyle函数设置样式再调用outtextxy函数输出文字的方式较为麻烦，因此笔者设计了displayText函数，以在指定位置以指定字体、字号和颜色显示文字。函数的源代码如下。

```
1. void displayText(int x, int y, const char* fontname, COLORREF color,
   int height, int weight, const char* text)
2. {
3.     settextcolor(color);
4.     LOGFONT fontStyle;
5.     gettextstyle(&fontStyle);                    //获取当前字体设置
6.     fontStyle.lfHeight = height;                 //设置字体高度
7.     fontStyle.lfWeight = weight;                 //设置字重（加粗）
8.     _tcscpy_s(fontStyle.lfFaceName, fontname);   //设置字体
9.     fontStyle.lfQuality = ANTIALIASED_QUALITY;   //设置输出效果为抗锯齿
```

```
10.     settextstyle(&fontStyle);                        //设置字体样式
11.     outtextxy(x, y, text);                           //输出文字
12. }
```

你可以在案例代码中找到这些源代码，也可以亲自输入一遍。在这个函数中用到了之前没有用过的结构体（LOGFONT）和函数（例如gettextstyle、_tcscopy_s），暂时无需深入了解它们。

displayText函数的参数如表9-6所示。

表9-6　设计displayText函数

参数名	类型	用途
x	int	显示时第1个字符的x轴坐标值
y	int	显示时第1个字符的y轴坐标值
fontname	const char*	字体名
color	COLORREF	文字颜色
height	int	文字高度
weight	int	字符的笔画粗细，范围为0～1000，0表示默认粗细
text	const char*	要显示的文本

案例9-3列出了完整的代码。

案例9-3　在图形窗口中显示文本（L09_03_DISPLAY_TEXT）

```
1. #include <stdio.h>
2. #include <graphics.h>
3. void displayText(int x, int y, const char* fontname, COLORREF color,
   int height, int weight, const char* text)
4. {
5.     settextcolor(color);
6.     LOGFONT fontStyle;
7.     gettextstyle(&fontStyle);                         //获取当前字体设置
8.     fontStyle.lfHeight = height;                      //设置字体高度
9.     fontStyle.lfWeight = weight;                      //设置字重（加粗）
10.    _tcscpy_s(fontStyle.lfFaceName, fontname);        //设置字体
11.    fontStyle.lfQuality = ANTIALIASED_QUALITY;        //设置输出效果为抗锯齿
12.    settextstyle(&fontStyle);                         //设置字体样式
13.    outtextxy(x, y, text);                            //输出文字
14. }
15.
16. int main()
17. {
18.     initgraph(640, 480);
19.     setbkcolor(RGB(255,255,255));                    //设置背景色
20.     cleardevice();                                   //清空屏幕
21.     displayText(100, 100, "黑体", RGB(255, 0, 0), 40, 400, "要显示
        的文字");
22.     getchar();
23.     closegraph();
24.     return 0;
25. }
```

运行程序后，可以看到以黑体、红色在屏幕上显示了高度为40像素的文字，如图9-44所示。

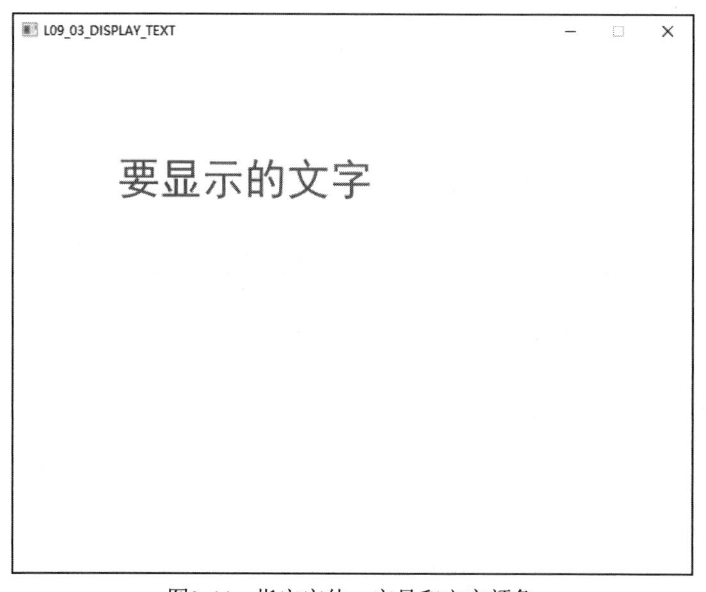

图9-44　指定字体、字号和文字颜色

至此，我们可以在指定位置以指定的大小、字体和颜色显示文字了。再来比照外汇牌价看板的UI设计，你会发现其中的每一种界面元素我们都有方法来显示。

9.5　控制屏幕分辨率和全屏显示窗口

根据设计要求，“外汇牌价看板”程序运行时应自动切换屏幕分辨率为1366×768像素；图形窗口不应显示窗口边框和最小化、最大化与关闭按钮；程序运行完毕后应自动恢复之前的显示分辨率。之所以这样要求是因为读者至少会拥有1366×768像素分辨率的显示器，同时按照固定的分辨率设计程序界面可以降低程序复杂度。

更好的设计应该是程序可以自动适应不同分辨率（从640×480像素～4096×2160像素），但这就需要为不同长宽比的分辨率模式设计多个版本的UI原型，然后在程序里其匹配它们。这种情况多出现在移动应用上，iOS和Android开发工程师经常面临这类问题。

9.5.1　通过EnumDisplaySettings函数获得当前屏幕分辨率

显示分辨率是由操作系统管理的，普通用户如果要改变屏幕分辨率，一般是通过“显示设置”来进行的，如图9-45所示。

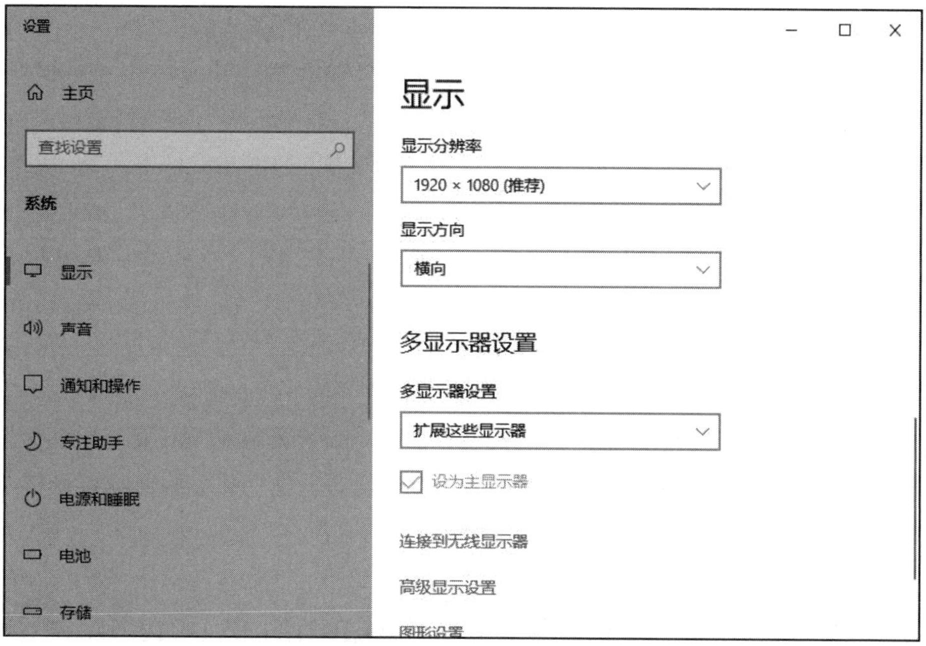

图9-45　在显示设置中改变屏幕分辨率

虽然有些软件会要求用户先修改屏幕分辨率再运行程序，但程序运行时自动切换到运行所需的分辨率、在程序运行结束后再自动切换回之前的状态显然会带来更好的用户体验。

在改变分辨率之前先要获得当前的分辨率信息并保存起来，这样在程序运行完毕后才能恢复之前的状态。Windows提供了EnumDisplaySettings函数用于获得当前显示模式信息，其中就包含了分辨率（但不仅限于分辨率信息）。这个函数是在头文件WinUser.h里声明的，但EasyX的头文件graphics.h已经间接包含了这个头文件，因此不用单独包含该头文件就可以调用这个函数。下面的程序调用EnumDisplaySettings函数获得了当前显示模式信息，并显示了分辨率。

```
1. #include <stdio.h>
2. #include <graphics.h>
3. int main()
4. {
5.     DEVMODE displayMode;
6.     EnumDisplaySettings(0, ENUM_CURRENT_SETTINGS, &displayMode);
7.         printf("当前显示分辨率为%d×%d\n", displayMode.dmPelsWidth,
           displayMode.dmPelsHeight);
8.     return 0;
9. }
```

第5行代码中的DEVMODE是一个结构体类型，这里定义的结构体变量displayMode将用于存储当前的显示模式信息。

第6行代码调用了EnumDisplaySettings函数获得当前的显示模式信息。注意这个函数将结构体变量displayMode地址作为参数（&displayMode），可见EnumDisplaySettings函数内部是通过结构体变量的地址将显示模式信息填入其中的。

第7行代码显示了结构体变量displayMode的成员dmPelsWidth和dmPelsHeight。它们表示屏幕的水平、垂直方向的像素数量。

运行这个程序，就显示了当前屏幕的分辨率，如图9-46所示。读者在自己的计算机上运行程序时分辨率可能会不同。

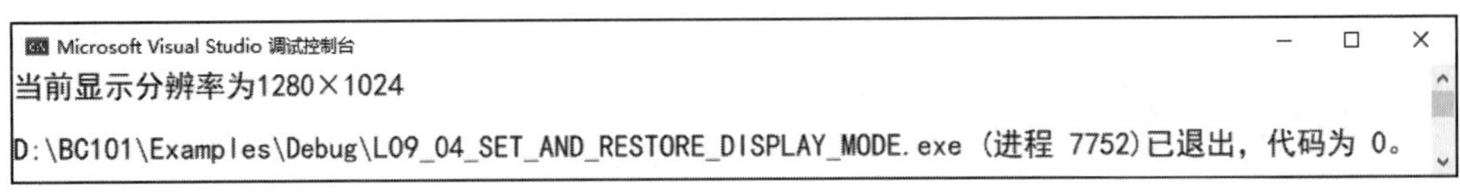

图9-46　显示当前屏幕分辨率

需要注意的是，结构体变量displayMode存储着当前屏幕显示模式及分辨率信息，即使你未来改变了分辨率，这个变量中的信息也不会自动发生变化，因此你可以将结构体变量displayMode中的信息用于恢复当前显示模式。

9.5.2　改变和恢复屏幕分辨率——ChangeDisplaySettings

接下来就可以调用ChangeDisplaySettings函数改变屏幕分辨率了。使用这个函数时需要使用DEVMODE类型的参数以指定显示模式。DEVMODE结构体中包含很多成员，笔者并不想一一去赋值。因此笔者选择使用下面的语句将之前取得的结构体displayMode的值赋值给一个新的结构体变量newMode，这样就不用管那些无需改变的内容了。

```
DEVMODE newMode = displayMode;
```

结构体变量newMode目前存储着与当前显示模式displayMode一样的信息，我们只需对其中3个结构体成员进行赋值。

```
1. newMode.dmFields = DM_PELSWIDTH | DM_PELSHEIGHT;
2. newMode.dmPelsWidth = 1366;
3. newMode.dmPelsHeight = 768;
```

第1行代码表示要设置的是屏幕宽度和高度，第2、3行分别设置了水平和垂直像素数。

然后就可以使用ChangeDisplaySettings函数改变分辨率了。

```
ChangeDisplaySettings(&newMode, 0);
```

注意ChangeDisplaySettings函数仍然要求传入结构体变量的地址（&newMode）。这个函数执行后屏幕分辨率就改变了。

警　告

如果你使用的是老式CRT显示器（非液晶显示器），短时间内频繁切换屏幕分辨率可能会缩短显示器寿命甚至造成显示器损坏。

案例9-4实现了显示当前分辨率、设置新的分辨率为1366像素×768像素以及恢复之前的分辨率的功能。在不同的分辨率之间切换前将使用getchar函数实现等待用户输入，以避免切换太快而看不清的问题。

案例9-4　设置和恢复屏幕分辨率（L09_04_SET_AND_RESTORE_DISPLAY_MODE）

```
1. #include <stdio.h>
2. #include <graphics.h>
3.
4. int main()
5. {
6.     //显示当前的显示分辨率
7.     DEVMODE displayMode;
8.     EnumDisplaySettings(0, ENUM_CURRENT_SETTINGS, &displayMode);
9.     printf("当前显示分辨率为%d×%d\n", displayMode.dmPelsWidth,
       displayMode.dmPelsHeight);
10.
11.    //将显示分辨率改为1366像素×768像素
12.    getchar();
13.    DEVMODE newMode = displayMode;
14.    newMode.dmFields = DM_PELSWIDTH | DM_PELSHEIGHT;
15.    newMode.dmPelsWidth = 1366;
16.    newMode.dmPelsHeight = 768;
17.    ChangeDisplaySettings(&newMode, 0);
18.
19.    //恢复之前的分辨率
20.    getchar();
21.    ChangeDisplaySettings(&displayMode, 0);
22.    return 0;
23. }
```

第17行代码调用ChangeDisplaySettings函数设置分辨率为1366像素×768像素，而第21行又将分辨率恢复到程序运行前的状态。这样一来，我们就知道如何在运行“外汇牌价看板”程序时，临时将分辨率修改为1366像素×768像素了。

除了屏幕分辨率，外汇牌价看板还应是一个“全屏窗口”。

9.5.3　隐藏窗口边框和按钮

外汇牌价看板运行时不应显示窗口边框，也不显示右上角的最小化、最大化和关闭按钮，同时窗口的大小应与屏幕相等，这种窗口被称为“全屏窗口”。

我们先来了解如何隐藏窗口的边框和右上角的按钮，这也需要调用一些Windows提供的函数。在Windows中每个桌面应用程序至少使用一个窗口，你可以单独设置每个窗口的样式（有无边框、大小和窗口按钮等）。在改变窗口样式之前需要先知道窗口的“句柄”。所谓窗口句柄就是窗口在操作系统中独一无二的编号。不仅窗口有句柄，子窗口、菜单、按钮也有句柄。

EasyX的initgraph函数在初始化图形窗口时会返回当前窗口的句柄，而在Windows中类型HWND用于表示窗口句柄。因此使用下面的代码可以获得当前的窗口句柄。

```
HWND hwnd = initgraph(800, 600);
```

获得了当前窗口的句柄后，就可以使用GetWindowLong函数获得当前窗口的样式，使用SetWindowsLong函数设置窗口的样式，使用SetWindowPos函数设置窗口的位置。这几个函数都是Windows的系统函数，同样由于EasyX的头文件graphics.h中已经间接包含了它们的头文件，因此无需在程序中单独包含它们的头文件。

详解这些Windows函数的参数和使用方法没有太大必要。案例9-5初始化了一个1366像素×768像素的无边框、无按钮的窗口，并将窗口位置置于屏幕最左上角，又将窗口背景色设置为红色。

案例9-5　实现无边框、无按钮的窗口（L09_05_NO_BORDER_AND_BUTTONS）

```
1. #include <stdio.h>
2. #include <graphics.h>
3.
4. int main()
5. {
6.     //初始化图形窗口并获得其句柄
7.     HWND hwnd = initgraph(1366, 768);
8.     //通过GetWindowLong函数和窗口句柄获得窗口有关的信息
9.     long windowStyle = GetWindowLong(hwnd, GWL_STYLE);
10.    //设置窗口样式（无须边框、标题栏及右上角的最大化、最小化和关闭按钮）
11.    SetWindowLong(hwnd, GWL_STYLE, WS_OVERLAPPED | WS_VISIBLE |
       WS_SYSMENU | WS_MINIMIZEBOX | WS_MAXIMIZEBOX | WS_CLIPCHILDREN | WS_
       CLIPSIBLINGS);
12.    //设置窗口位置和大小
13.    SetWindowPos(hwnd, HWND_TOP, 0, 0,1366,768, 0);
14.    //设置窗口背景色（setbkcolor是EasyX提供的函数）
15.    setbkcolor(RGB(255,0, 0));
16.    //用当前背景色清空绘图设备(cleardevice是EasyX提供的函数）
17.    cleardevice();
18.    getchar();
19.    //关闭图形窗口(closegraph是EasyX提供的函数）
20.    closegraph();
21.    return 0;
22. }
```

运行这个程序就会看到一个红色的窗口。由于这个窗口没有关闭按钮，要关闭它只能通过单击这个窗口后在键盘上按Alt+F4键。案例9-5并没有改变系统分辨率，因此窗口还不能算是一个“全屏窗口”。

9.5.4　setFullScreenWindow函数和restoreDisplayMode函数的实现

案例9-5演示了如何改变屏幕分辨率和窗口样式，但是在实际的开发中我们不可能将所有代码都写在main函数中，自定义一些函数将常用的功能封装其中是我们始终应坚持的好习惯。现在我们需要：

- 自定义setFullScreenWindow函数显示全屏窗口；

- 自定义restoreDisplayMode函数恢复之前的显示模式。

1. 自定义setFullScreenWindow函数显示全屏窗口

现在我们知道了如何改变屏幕分辨率，也知道了如何设置窗口的样式使其不显示边框和按钮，以及只要窗口的大小等于屏幕的大小就可以实现一个全屏窗口。考虑到要调用多个函数才能实现上面的功能，因此我们自行设计了一个函数，简化改变屏幕分辨率、设置窗口样式、窗口背景色的工作。这个新的自定义函数命名为setFullScreenWindow。以下是函数的代码。

```
1. //用于保存屏幕模式信息的全局变量
2. DEVMODE _previousDisplayMode;
3. void setFullScreenWindow(int width, int height, COLORREF bkColor)
4. {
5.     //改变显示分辨率
6.     EnumDisplaySettings(0, ENUM_CURRENT_SETTINGS, &_
       previousDisplayMode);
7.     DEVMODE newMode = _previousDisplayMode;
8.     newMode.dmFields = DM_PELSWIDTH | DM_PELSHEIGHT;
9.     newMode.dmPelsWidth = width;
10.    newMode.dmPelsHeight = height;
11.    ChangeDisplaySettings(&newMode, 0);
12.    //设置窗口样式（无边框、无按钮）
13.    HWND hwnd = initgraph(width, height);
14.    long windowStyle = GetWindowLong(hwnd, GWL_STYLE);
15.    SetWindowLong(hwnd, GWL_STYLE, WS_OVERLAPPED | WS_VISIBLE
       | WS_SYSMENU | WS_MINIMIZEBOX | WS_MAXIMIZEBOX | WS_CLIPCHILDREN
       | WS_CLIPSIBLINGS);
16.    SetWindowPos(hwnd, HWND_TOP, 0, 0, width, height, 0);
17.    //设置窗口背景色
18.    setbkcolor(bkColor);
19.    cleardevice();
20. }
```

上面代码的第2行定义了结构体变量_previousDisplayMode，这种定义在函数外部的变量称为“全局变量”，可以在任何一个函数中使用全局变量。在改变屏幕分辨率前我们会将当前的屏幕显示模式存入其中，便于程序结束时使用它来恢复先前的显示模式。

定义和使用全局变量不是一个好习惯，在特别复杂的程序里可能会引起变量名冲突。我们现在使用它是为了降低程序复杂度，为了避免变量名冲突在变量名前加上了下画线，并约定所有的全局变量名均以下画线开始。

2. 自定义restoreDisplayMode函数恢复之前的显示模式

setFullScreenWindow函数可以设置屏幕分辨率、显示全屏窗口及设置窗口背景色。在程序运行完毕后我们需要恢复到程序运行前的显示模式。

改变分辨率之前的屏幕显示模式已经存入到全局变量_previousDisplayMode，从目前看来要恢复之前的显示模式使用以下一行代码即可。

```
ChangeDisplaySettings(&_previousDisplayMode, 0);
```

但我们仍然将其定义为一个函数并取名为restoreDisplayMode：

```
1. void restoreDisplayMode()
2. {
3.     //恢复显示分辨率
4.     ChangeDisplaySettings(&_previousDisplayMode, 0);
5. }
```

这样做的好处是调用起来比ChangeDisplaySettings函数简单，未来如果有其他与恢复显示模式的工作要进行也可以增加到这个函数中。

完整的代码如案例9-6所示。

案例9-6　设置和恢复屏幕模式的函数（L09_06_SET_FULL_SCREEN_WINDOW）

```
1. #include <stdio.h>
2. #include <graphics.h>
3.
4. //用于保存屏幕模式信息的全局变量
5. DEVMODE _previousDisplayMode;
6. void setFullScreenWindow(int width, int height, COLORREF bkColor)
7. {
8.     //改变显示分辨率
9.     EnumDisplaySettings(0, ENUM_CURRENT_SETTINGS, &_
       previousDisplayMode);
10.    DEVMODE newMode = _previousDisplayMode;
11.    newMode.dmFields = DM_PELSWIDTH | DM_PELSHEIGHT;
12.    newMode.dmPelsWidth = width;
13.    newMode.dmPelsHeight = height;
14.    ChangeDisplaySettings(&newMode, 0);
15.    //设置窗口样式（无边框、无按钮）
16.    HWND hwnd = initgraph(width, height);
17.    long windowStyle = GetWindowLong(hwnd, GWL_STYLE);
18.    SetWindowLong(hwnd, GWL_STYLE, WS_OVERLAPPED | WS_VISIBLE
       | WS_SYSMENU | WS_MINIMIZEBOX | WS_MAXIMIZEBOX | WS_CLIPCHILDREN
       | WS_CLIPSIBLINGS);
19.    SetWindowPos(hwnd, HWND_TOP, 0, 0, width, height, 0);
20.    //设置窗口背景色
21.    setbkcolor(bkColor);
22.    cleardevice();
23. }
24.
25. void restorePreviousDisplayMode()
26. {
27.     //恢复显示分辨率
28.     ChangeDisplaySettings(&_previousDisplayMode, 0);
29. }
30.
31. int main()
32. {
33.     //设置显示分辨率为1366像素×768像素，并设置当前窗口为白色全屏窗口
34.     setFullScreenWindow(1366, 768, RGB(255, 255, 255));
35.     //等待用户输入
36.     getchar();
```

```
37.         //恢复先前的屏幕分辨率
38.         restorePreviousDisplayMode();
39.         //关闭图形窗口
40.         closegraph();
41.         return 0;
42. }
```

第31～42行是调用这些函数的代码，你可以在第35行的位置加入绘图、文字输出的代码，也可以将这两个函数独立地写入单独的头文件和.cpp文件，甚至将其独立为一个库（参见6.4节），然后再在“外汇牌价看板”程序中调用它。

你可以运行案例L09_06_SET_FULL_SCREEN_WINDOW来查看运行效果。

至此，我们已经完成了实现外汇牌价看板所需的全部技术储备，完成了技术预研阶段的工作。接下来，就要考虑如何将这些零散的功能和代码“组装”到一起，最终完成外汇牌价看板程序的开发。

9.6 小结

在本课中我们主要学习了图形用户界面中显示图形和文本元素的方法，要点如下。

（1）BMP文件是最简单的图像文件格式。BMP文件内容由文件头、调色板和像素数据组成，但24位真彩色BMP图片不包含调色板。

（2）BMP文件头主要描述文件的基本信息，如图片的宽度、高度等。

（3）在程序设计时需要定义专门的结构体用于存储BMP文件的文件头信息。

（4）24位BMP图片中使用3个字节描述1个像素点的颜色，次序是B、G、R。

（5）BMP文件中按照从下至上、从左至右的次序存储每1个像素点的颜色。

（6）显示图形文件本质上是逐个绘制每一个像素点。

（7）一次性读取全部像素数据至内存后再绘制像素点可以提高显示速度。

（8）显示字符时是从字库中读取字符的点阵或矢量图形，再将其绘制在屏幕上。

（9）outtextxy函数可以用于在图形窗口中显示指定字体、颜色和大小的文字。

（10）Windows提供的ChangeDisplaySettings函数可以用于改变或恢复显示设置。

9.7 检查表

只有在完成了本课的实践任务后，才可以继续下一课的学习。本课的实践任务如表9-7～表9-12所示。

表9-7　显示BMP图片

任务名称	显示BMP图片
任务编码	L09_01_DISPLAY_BMP

任务目标	1.了解BMP图片的格式 2.掌握读取和使用BMP文件头的方法 3.掌握逐个读取BMP像素信息并绘制在窗口中的方法		
完成标准	1.在解决方案中加入了新项目L09_01_DISPLAY_BMP及源代码 2.可以读取BMP文件，显示位图基本信息（文件大小、高度和宽度） 3.可以显示24位真彩色BMP图片		
运行截图			
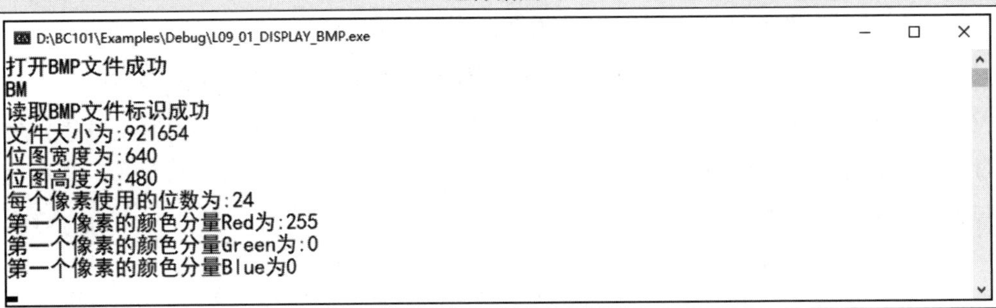 D:\BC101\Examples\Debug\L09_01_DISPLAY_BMP.exe 打开BMP文件成功 BM 读取BMP文件标识成功 文件大小为:921654 位图宽度为:640 位图高度为:480 每个像素使用的位数为:24 第一个像素的颜色分量Red为:255 第一个像素的颜色分量Green为:0 第一个像素的颜色分量Blue为0			
完成情况	□已完成　□未完成	完成时间	

表9-8　改进显示BMP图片的程序

任务名称	改进显示BMP图片的程序		
任务编码	L09_02_DISPLAY_BMP_V2		
任务目标	1.优化显示BMP图片的程序 2.设计和实现displayBMP函数		
完成标准	1.在解决方案中加入了新项目L09_02_DISPLAY_BMP_V2及源代码 2.完成了displayBMP函数，可在指定位置显示BMP图片		
运行截图			
略			
完成情况	□已完成　□未完成	完成时间	

表9-9　在图形窗口中显示文本

任务名称	在图形窗口中显示文本		
任务编码	L09_03_DISPLAY_TEXT		
任务目标	1.掌握使用outtextxy函数在图形窗口中输出文本的方法 2.设计和实现displayText函数用于提高输出文本的效率		
完成标准	1.在解决方案中加入了新项目L09_03_DISPLAY_TEXT及源代码 2.完成了displayText函数，可用于在指定位置以指定字体、字号和颜色显示文字		
运行截图			
 L09_03_DISPLAY_TEXT 要显示的文字			
完成情况	□已完成　□未完成	完成时间	

表9-10 设置和恢复屏幕分辨率

任务名称	设置和恢复屏幕分辨率		
任务编码	L09_04_SET_AND_RESTORE_DISPLAY_MODE		
任务目标	掌握调用Windows API设置和恢复屏幕分辨率的方法		
完成标准	1.在解决方案中加入了新项目L09_04_SET_AND_RESTORE_DISPLAY_MODE及源代码 2.程序在运行时可以切换屏幕分辨率为1366像素×768像素 3.程序运行完毕后可恢复到先前的屏幕分辨率		
运行截图			
略			
完成情况	□已完成 □未完成	完成时间	

表9-11 实现无边框、无按钮的窗口

任务名称	实现无边框、无按钮的窗口		
任务编码	L09_05_NO_BORDER_AND_BUTTONS		
任务目标	掌握调用Windows API显示无边框、无按钮窗口的方法		
完成标准	1.在解决方案中加入了新项目L09_05_NO_BORDER_AND_BUTTONS及源代码 2.程序运行时可显示无边框、无按钮的窗口，且背景色被填充为红色		
运行截图			
略			
完成情况	□已完成 □未完成	完成时间	

表9-12 设置和恢复屏幕模式

任务名称	设置和恢复屏幕模式		
任务编码	L09_06_SET_FULL_SCREEN_WINDOW		
任务目标	1.设计和实现setFullScreenWindow函数用于快速设置并切换屏幕分辨率和全屏窗口 2.设计和实现restoreDisplayMode函数用于恢复先前的屏幕分辨率		
完成标准	1.在解决方案中加入了新项目L09_06_SET_FULL_SCREEN_WINDOW及源代码 2.程序运行时可通过setFullScreen函数设置并切换屏幕分辨率为1366像素×768像素，且窗口无边框、无按钮 3.程序运行完毕后可通过restoreDisplayMode函数恢复到先前的屏幕分辨率		
运行截图			
略			
完成情况	□已完成 □未完成	完成时间	

第10课

完成外汇牌价看板程序

现在，我们已经完成了“技术预研”阶段需要完成的全部工作。接下来需要将这些代码“组装”起来，完成外汇牌价看板程序的开发。

在组装的过程中一定不要追求一次就写出最终版本的代码，这样你会无从下手并完全丧失信心。此时应考虑的策略依然是：先完成简单的功能，再在简单功能的基础上逐步增加功能。

在前面的9课中，我们分别学会了获取外汇牌价、显示图片和文字的方法，但这些程序都是分散的，并不能自动组成一个完整的程序。接下来我们要学习将这些分散的程序“组装”到一起。

需要特别说明的是：在实际的软件开发过程中不会采用本书中这样先自顾自地实现分散的功能，再“组装”成完整程序的工作方式，开发负责人需要先进行系统和全面的设计，将系统要实现的功能分解成不同的模块，规定好不同模块之间的调用关系和接口标准（例如函数的名称、参数和返回值），然后再由程序员分别编码实现。这些工作属于系统设计的范畴，我们先前没有采用这种方式进行总体设计，是因为初学者只有先了解每一个小功能的实现原理和方法，才可能具备考虑总体设计的能力。

在本课中，我们将重新对外汇牌价看板程序的代码结构进行设计，将代码分门别类地组织到不同的模块中使之更容易被开发、调试和维护。我们遇到的第1个问题是：如何划分程序模块？

10.1　将程序分为三层

很多人试图在一个函数、一个源程序文件中完成所有的功能，但这样做只要程序规模稍大就会陷入混乱和失控，使人们完全失去进一步的思路和把工作继续下去的勇气。

函数是最基本的功能实现，我们应该将同类别的函数组织到一起，这样做的好处你很快会体验到。那么如何对函数进行分类呢？大多数程序员都同意可以将程序代码分为三类（三层）：

- **实现用户界面的代码（表现层）**。用户界面是指程序与用户之间进行交互的部分，例如通过显示器显示程序界面、通过键盘获得用户输入、检查用户输入的数据是否有效、给用户提示和反馈等。在外汇牌价看板程序中，用户界面主要需要实现的就是以图文形式显示外汇牌价，以及按回车键退出的功能。

- **处理业务逻辑的代码（业务逻辑层）**。业务逻辑是指各种业务的处理过程、方法和规则。例如，银行系统中需要根据客户存取款记录计算应计利息，就有专门的计算方法需要专门的业务逻辑代码来实现。外汇牌价看板中没有复杂的业务逻辑。
- **实现数据存储和传输的代码（数据访问层）**。大多数系统都需要将重要的数据长期存储在文件或数据库中，有的系统还需要与其他系统进行数据交互。在现今的软件开发项目中，应用系统还可能需要通过“云服务”获得或存储、交互数据。外汇牌价看板就是典型的从“云”上获得数据的例子。外汇牌价看板的数据访问层需要从网络服务器上获取实时外汇牌价，也需要将它们存储到磁盘文件中以备在网络不可访问时显示最后一次获取的牌价数据。

你经常听到的“三层结构”或“三层架构”就是指这样的分类方式。前端工程师主要编写表示层代码，后端工程师一般进行业务逻辑层和数据访问层的开发工作。

这三层代码可以运行在一台计算机上，也可能分别运行在不同的计算机上并通过网络相互通信。例如支付宝的表现层程序运行在我们的手机上，但无论如何也不可能将核心业务逻辑和数据存储的代码运行在我们手机上。

图10-1所示的三层架构是最常见的应用系统架构，你未来在使用其他编程语言时也会用到。对于初学者来说，三层架构也是一个很重要的概念，要谨慎地考虑每一段代码正在实现的功能属于哪一类，并且始终牢记不要将这三类代码混杂在一个函数、一个源文件中。

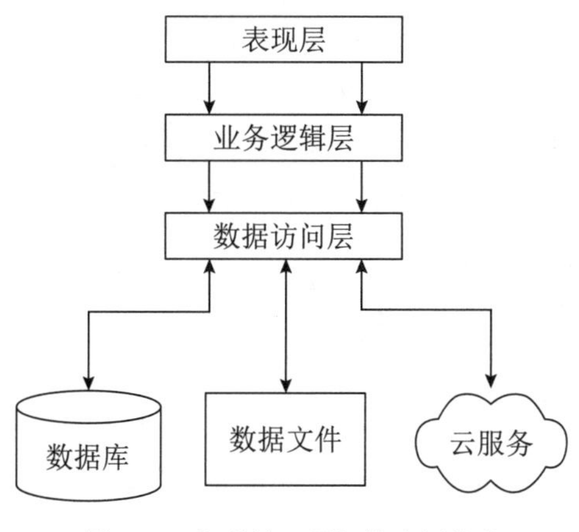

图10-1　典型的三层架构应用程序

10.2　设计和实现外汇牌价看板程序的表现层

了解了三层架构的应用程序，现在我们似乎应该对外汇牌价看板进行详细设计，明确界定表现层、业务逻辑层和数据访问层，其中分别有哪些函数、各自完成什么功能，并规定每一个函数的参数和返回值以及它们之间的调用关系，然后再来按照这种设计分别实现每一个函数。

但直接给出最终的设计方案会让你错过设计的过程，未来独立工作时不会有人先给你一个设计方案；同时又很矛盾的是，如果让你自行设计你又完全没有思路，怎么办呢？

在知道了程序可以分为“三层”后，你可以先尝试实现用户界面，因为它是最简单和直观的。你比较容易明确用户界面上需要实现的功能，还可以立即观察出你的代码是否正确，并且获得的成就感能驱动你继续前进。

在实现用户界面时业务逻辑层和数据访问层的功能还没有实现，你可以先想办法跳过它们（例如先用固定的数字代替实时获取的外汇牌价）。在界面显示完全正常后你就知道业务逻辑层和数据访问层需要实现哪些功能了。

在整个过程中你可能需要不断地调整甚至推翻先前写过的代码，读者不必为此忧心即使是老手也经常这么做并美其名曰“重构”。对于学习者而言这种不断地调整甚至否定的过程恰恰是学习所需要的。

10.2.1 明确表现层需要完成的功能

开始任何任务之前首先要明确目标，先通过外汇牌价看板的原型设计图来归纳和总结程序要实现的功能。最好能将功能用一句话描述，再将这“一句话”分解成更详细的步骤。这种思维方式被称为“自顶至下、逐步求精”。

对于外汇牌价看板来说，用一句话描述它要实现的功能就是：分页循环显示实时外汇牌价。为了实现“分页循环显示外汇牌价”程序要做哪些工作呢？你可以进一步描述程序的运行步骤、过程和需要实现的功能。描述的方式应尽可能细致，描述的标准是“一句话只描述一个功能点”，例如外汇牌价看板的用户界面部分可以这么描述：

（1）将屏幕分辨率设置为1366像素×768像素；

（2）显示标题“外汇牌价”；

（3）显示副标题“EXCHANGE RATE”；

（4）显示分隔线；

（5）在分隔线下方显示一行固定的标题，标题文字为“现汇买入价”“现钞买入价”“现汇卖出价”“现钞卖出价”和“中行折算价”；

（6）26种外币牌价要分页显示，每页显示20秒；每页显示7行外汇牌价数据，每行依次显示国旗（行政区旗）、现汇买入价、现钞买入价、现汇卖出价、现钞卖出价和中行折算价，显示各种价格时小数点后保留2位；

（7）右上角显示发布时间；

（8）按回车键可以退出程序；

（9）退出程序时将屏幕分辨率恢复到程序运行前的状态。

上面的这些功能都属于表现层的功能，你可以分步实现它们，原则上是每一个功能至少由一个函数来实现。

在正式开始实现外汇牌价看板的界面代码之前，你还需要：

- 创建新项目并正确设置项目属性以兼容将要加入的各种库和函数；
- 在项目中加入必要的库和函数。

10.2.2 创建新项目并加入工具函数

为了从头至尾地重新设计和实现外汇牌价看板程序，我们从一个新的空项目开始。先在Visual Studio中创建一个新的C++空项目，并命名为L10_01_EXCHANGE_RATES，然后向其中加入一个main.cpp的源文件，并在main.cpp中加入一个最简单的main函数。

```
1. #include <stdio.h>
2.
3. int main()
4. {
5.     return 0;
6. }
```

1. 设置项目属性

在前面我们引用各种库或调用函数时，往往需要修改项目属性以适应不同的要求。现在我们将它们全部设置好。只有严格按照下面的要求设置项目属性，才不会在引用各种库时产生意外。

第1步：在项目属性窗口中，选择“C/C++”类目下的 “常规”，将“SDL检查”项改为“否（/sdl-）”，如图10-2所示。

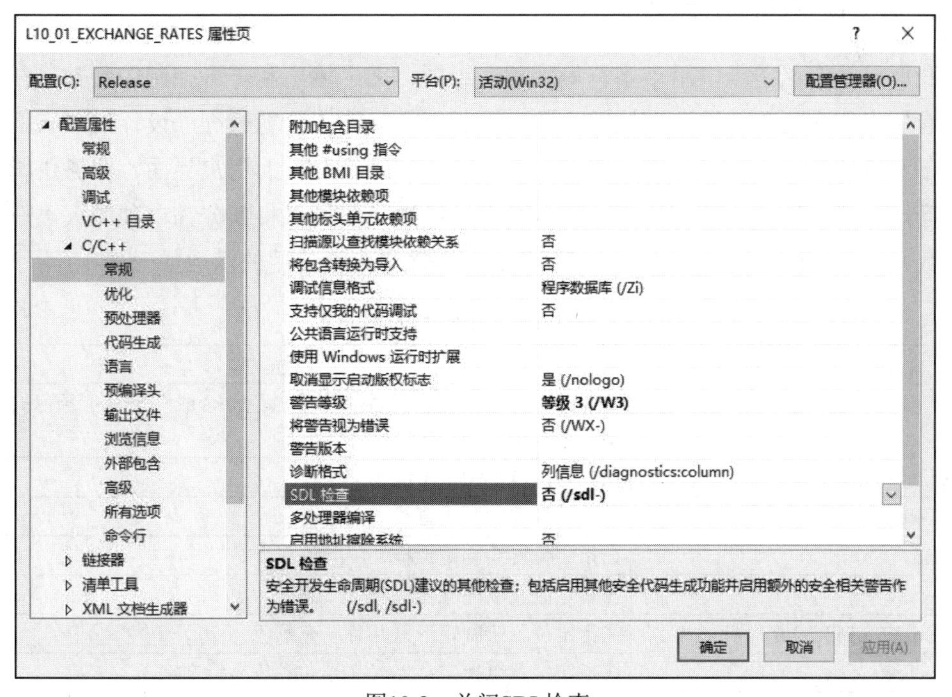

图10-2 关闭SDL检查

第2步： 在“C/C++”类目下选择“代码生成”选项，将“安全检查”项改为“禁用安全检查（/GS-）”，如图10-3所示。

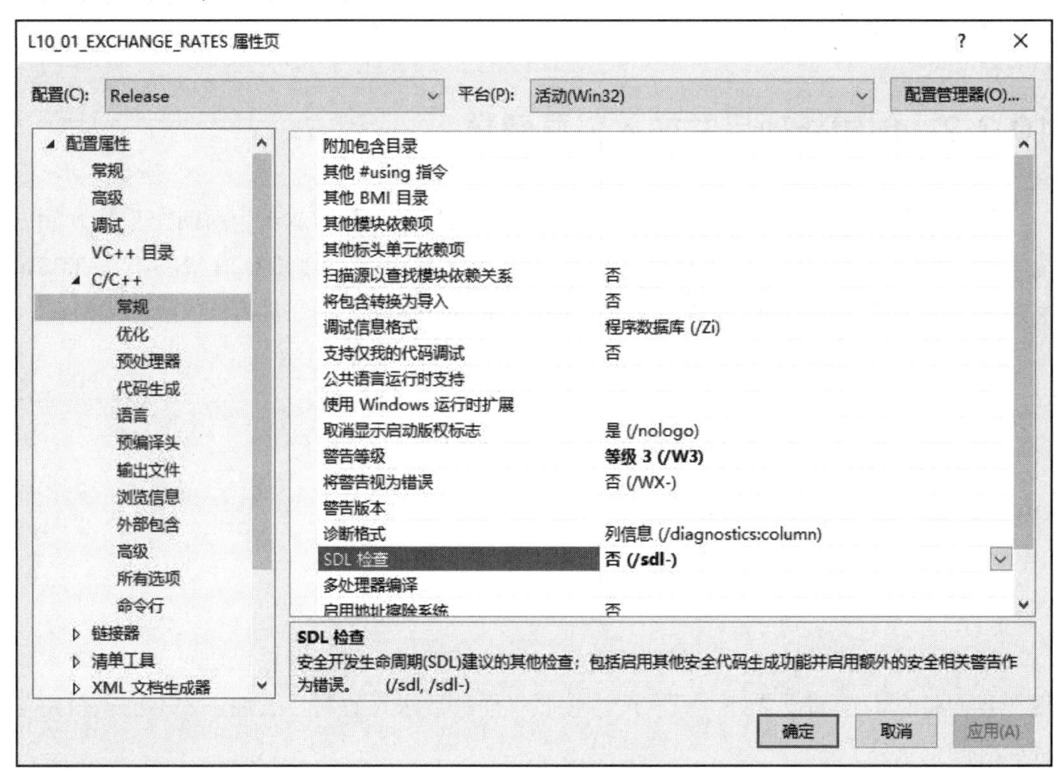

图10-3　禁用安全检查

2. 在项目中加入工具函数

我们已经定义了很多用于字符串处理、绘图、文字输出和屏幕控制的函数，在外汇牌价看板中程序还需要用。但这些函数也不是仅为外汇牌价看板程序设计的，它们也可以用于其他的项目。因此，将这些函数归类到外汇牌价看板的用户界面、业务逻辑和数据访问层都不合适。对于这些“乱七八糟”的函数我们可以将其分为单独的大类——工具函数，目前我们已经完成且在外汇牌价看板程序中需要使用的函数如表10-1所示。

表10-1　需要使用的函数

函数名	用途
rgb	将红色、绿色、蓝色三种颜色分量值组合成一个表示颜色的长整型值（RGBColor类型）
drawHorizontalLine	在指定位置绘制水平线
drawVerticalLine	在指定位置绘制垂直线
drawBox	在指定位置绘制矩形框
fillBox	在指定区域填充颜色
drawBoxWithFillColor	在指定位置绘制矩形框并且填充颜色
displayText	在指定位置以指定字体、字号和颜色显示文字

续表

函数名	用途
setFullScreenWindow	设置屏幕分辨率并初始化全屏、无边框和无按钮窗口
restorePreviousDisplayMode	恢复程序运行前屏幕分辨率模式
displayBMP	在指定位置显示BMP图像

可以看出，这些函数实现的都是与屏幕相关的控制和绘图函数，可以考虑将它们作为单独的程序模块。你可以在项目中创建screenUtiilities.h和screenUtilities.cpp这两个文件，前者用于存放类型、函数的声明，后者放入各函数的实现代码。

Utility是“工具”的意思，文件名以Utilities结尾表示文件中存放的是工具函数，screenUtilities表示这个文件中是与屏幕相关的工具函数。未来如果你要创建其他类别的工具函数，也可以这样给头文件和源程序文件命名。

screenUtilities.cpp中定义的函数和用法在前面章节中已有详细介绍和例子，此处不再赘述。

以下是screenUtilities.h文件的内容。

```
1. #pragma once
2. #include <stdio.h>
3. #include <io.h>
4. #include <graphics.h>
5.
6. //定义表示颜色的类型RGBColor
7. typedef unsigned long RGBColor;
8. //将红色、绿色、蓝色三种颜色分量值组合成一个表示颜色的整型值（RGBColor类型）
9. RGBColor rgb(unsigned char red, unsigned char green, unsigned
   char blue);
10. //在指定位置绘制水平线
11. void drawHorizontalLine(int x1, int x2, int y, RGBColor color);
12. //在指定位置绘制垂直线
13. void drawVerticalLine(int x, int y1, int y2, RGBColor color);
14. //在指定位置绘制矩形框
15. void drawBox(int left, int top, int width, int height, RGBColor
    color);
16. //在指定区域填充颜色
17. void fillBox(int left, int top, int width, int height, RGBColor
    fillColor);
18. //在指定位置绘制矩形框并且填充颜色
19. void drawBoxWithFillColor(int left, int top, int width,int height,
    RGBColor borderColor, RGBColor fillColor);
20. //在指定位置以指定字体、字号和颜色显示文字
21. void displayText(int x, int y, const char* fontname, COLORREF color,
    int height, int weight, const char* text);
22. //设置屏幕分辨率并初始化全屏、无边框和无按钮窗口
23. void setFullScreenWindow(int width, int height, COLORREF bkColor);
24. //恢复程序运行前屏幕分辨率模式
25. void restorePreviousDisplayMode();
26. //在指定位置显示BMP图像
27. int displayBMP(const char* filename, int top, int left);
```

```
28.
29. //用于存储位图文件头的结构体
30. struct BITMAP_HEADER
31. {
32.     long Size;                          //文件大小
33.     short Reserved1;                    //保留字，不考虑
34.     short Reserved2;                    //保留字，同上
35.     long OffBits;                       //实际位图数据的偏移字节数
36. };
37. typedef struct BITMAP_HEADER BitmapHeader;
38.
39. //用于存储位图详细信息的结构体
40. struct BITMAP_INFORMATION
41. {
42.     unsigned long   Size;           //位图详细信息结构的大小(固定为40字节)
43.     unsigned long   Width;          //位图宽度，单位为像素(有符号整数)
44.     unsigned long   Height;         //位图高度，单位为像素(有符号整数)
45.     short  Planes;                  //色彩平面数
46.     short  BitCount;                //每个像素所占位数，即图像的色深
47.     unsigned long   Compression; //所使用的压缩方法
48.     unsigned long   SizeImage;    //实际位图数据占用的字节数
49.     long   XPelsPerMeter;           //图像的横向分辨率
50.     long   YPelsPerMeter;           //图像的纵向分辨率
51.     unsigned long   ClrUsed;      //调色板的颜色数
52.     unsigned long   ClrImportant;//重要颜色数
53. };
54. typedef struct BITMAP_INFORMATION BitmapInformation;
55.
56. //用于存储24位色彩信息的结构体
57. struct _24BIT_PIXEL
58. {
59.     unsigned char Blue;
60.     unsigned char Green;
61.     unsigned char Red;
62. };
63. typedef struct _24BIT_PIXEL _24BitPixel;
```

以下是screenUtilities.cpp文件的内容。

```
1. #include "screenUtilities.h"
2.
3.  RGBColor rgb(unsigned char red, unsigned char green, unsigned
    char blue)
4. {
5.     return ((RGBColor)(((unsigned char)(red) | ((unsigned short)
      ((unsigned char)(green)) << 8)) | (((unsigned long)(unsigned char)
      (blue)) << 16)));
6. }
7.
8. void drawHorizontalLine(int x1, int x2, int y, RGBColor color)
9. {
10.     for (int x = x1; x <= x2; x++)
11.     {
12.         putpixel(x, y, color);
13.     }
```

```
14. }
15.
16. void drawVerticalLine(int x, int y1, int y2, RGBColor color)
17. {
18.     for (int y = y1; y <= y2; y++)
19.     {
20.         putpixel(x, y, color);
21.     }
22. }
23.
24.  void drawBox(int left, int top, int width, int height,
   RGBColor color)
25. {
26.     drawHorizontalLine(left, left + width - 1, top, color);//顶边框
27.     drawHorizontalLine(left, left + width - 1, top + height - 1,
        color);                                                  //底边框
28.     drawVerticalLine(left, top, top + height - 1, color);//左边框
29.     drawVerticalLine(left + width - 1, top, top + height - 1,
        color);                                               //右边框
30. }
31.
32. void fillBox(int left, int top, int width, int height, RGBColor
    fillColor)
33. {
34.     for (int t = top; t <= top + height - 1; t++)
35.     {
36.         drawHorizontalLine(left, left + width - 1, t, fillColor);
37.     }
38. }
39.
40. void drawBoxWithFillColor(int left, int top, int width, int
    height, RGBColor borderColor, RGBColor fillColor)
41. {
42.     drawBox(left, top, width, height, borderColor);
43.     fillBox(left + 1, top + 1, width - 2, height - 2, fillColor);
44. }
45.
46. void displayText(int x, int y, const char* fontname, COLORREF
   color, int height, int weight, const char* text)
47. {
48.     settextcolor(color);
49.     LOGFONT fontStyle;
50.     gettextstyle(&fontStyle);                         //获取当前字体设置
51.     fontStyle.lfHeight = height;                      //设置字体高度
52.     fontStyle.lfWeight = weight;                      //设置字重（加粗）
53.     _tcscpy_s(fontStyle.lfFaceName, fontname);        //设置字体
54.     fontStyle.lfQuality = ANTIALIASED_QUALITY;        //设置输出效果为抗锯齿
55.     settextstyle(&fontStyle);                         //设置字体样式
56.     outtextxy(x, y, text);                            //输出文字
57. }
58.
59. //用于保存屏幕模式信息的全局变量
60. DEVMODE _previousDisplayMode;
61. void setFullScreenWindow(int width, int height, COLORREF bkColor)
```

```
62. {
63.     //改变显示分辨率
64.     EnumDisplaySettings(0, ENUM_CURRENT_SETTINGS, &
        previousDisplayMode);
65.     DEVMODE newMode = _previousDisplayMode;
66.     newMode.dmFields = DM_PELSWIDTH | DM_PELSHEIGHT;
67.     newMode.dmPelsWidth = width;
68.     newMode.dmPelsHeight = height;
69.     ChangeDisplaySettings(&newMode, 0);
70.     //设置窗口样式（无边框、无按钮）
71.     HWND hwnd = initgraph(width, height);
72.     long windowStyle = GetWindowLong(hwnd, GWL_STYLE);
73.     SetWindowLong(hwnd, GWL_STYLE, WS_OVERLAPPED | WS_VISIBLE |
        WS_SYSMENU | WS_MINIMIZEBOX | WS_MAXIMIZEBOX | WS_CLIPCHILDREN |
        WS_CLIPSIBLINGS);
74.     SetWindowPos(hwnd, HWND_TOP, 0, 0, width, height, 0);
75.     //设置窗口背景色
76.     setbkcolor(bkColor);
77.     cleardevice();
78. }
79.
80. void restorePreviousDisplayMode()
81. {
82.     //恢复显示分辨率
83.     ChangeDisplaySettings(&_previousDisplayMode, 0);
84. }
85.
86. int displayBMP(const char* filename, int top, int left)
87. {
88.     int returnValue = -99;
89.     FILE* bmpFile = fopen(filename, "rb");
90.     if (bmpFile == NULL)
91.     {
92.         returnValue = -1;
93.     }
94.     else
95.     {
96.         long fileSize = filelength(fileno(bmpFile));
97.         void* fileData = malloc(fileSize);
98.         if (fileData == NULL)
99.         {
100.            returnValue = -2;
101.        }
102.        else
103.        {
104.            fread(fileData, fileSize, 1, bmpFile);
105.            fclose(bmpFile);
106.            char* tags = (char*)fileData;
107.            if (tags[0] == 'B' && tags[1] == 'M')
108.            {
109.                BitmapHeader* bmpHeader = (BitmapHeader*)
                    ((char*)fileData + 2);
110.                BitmapInformation* bmpInfo = (BitmapInformation*)
                    ((char*)fileData + 2 + 12);
```

```
111.        _24BitPixel* pixelData = (_24BitPixel*)(BitmapInformation*)
            ((char*)fileData + bmpHeader->OffBits);
112.            for (int y = top + bmpInfo->Height - 1; y >= top; y--)
113.                {
114.                    for (int x = left; x <= left + (int)
                    bmpInfo->Width - 1;x++)
115.                    {
116.                        putpixel(x, y, rgb(pixelData->Red, pixelData->
                        Green, pixelData->Blue));
117.                        pixelData++;
118.                    }
119.                    if (bmpInfo->Width * 3 % 4 != 0)
120.                    {
121.                        pixelData = (_24BitPixel*)((char*)pixelData +
                        (4 - bmpInfo->Width * 3 % 4));
122.                    }
123.                }
124.                returnValue = 0;
125.            }
126.            else
127.            {
128.                returnValue = -3;
129.            }
130.            free(fileData);
131.        }
132.    }
133.
134.    return returnValue;
135. }
```

将这些代码加入到项目中并确保编译通过后，我们就可以显示外汇牌价看板了。需要注意的是这些代码中存在潜在的“坑”，现在不会影响下一步的任务，但读者未来会发现它。

10.2.3 显示外汇牌价看板的固定部分

如果你已经将所需的全部函数的头文件、源程序文件加入到新项目，并且顺利编译完成，接下来可以先将外汇牌价看板中“固定”的部分完成。

所谓“固定”是指固定不变的界面元素。在前面我们列出的表现层功能中，第1～5项是固定不变的，我们可以先着手实现这些功能。

（1）将屏幕分辨率设置为1366像素×768像素；

（2）显示标题“外汇牌价”；

（3）显示副标题“EXCHANGE RATE”；

（4）显示分隔线；

（5）在分隔线下方显示一行固定的列标题，标题文字为“现汇买入价”“现钞买入价”“现汇卖出价”“现钞卖出价”和“中行折算价”。

1. 设置图形窗口大小

我们在9.5.4节中自定义的setFullScreenWindow函数可以实现改变分辨率、设置全屏窗口、改变窗口背景色的功能。但是在开发过程中如果每次程序运行都改变屏幕分辨率反而会干扰我们，例如程序中途异常退出时尚未运行到恢复分辨率的函数，这时我们就要手工将分辨率改回去。因此我们在开发阶段不改变屏幕分辨率，而是使用EasyX提供的函数初始化一个大小为1366像素×768像素的图形窗口来替代，当其他功能开发、测试完成后我们再来设置全屏窗口。以下是初始化外汇牌价看板窗口的代码。

```
1. #include <stdio.h>
2. #include "screenUtilities.h"
3.
4. int main()
5. {
6.     //初始化图形窗口
7.     initgraph(1366, 768);
8.     setbkcolor(rgb(255, 255, 255));
9.     cleardevice();
10.
11.    //等待用户输入
12.    getchar();
13.
14.    //关闭图形窗口
15.    closegraph();
16.    return 0;
17. }
```

因为第2行代码包含的头文件screenUtilities.h已经包含了graphics.h，因此无需在main.cpp中再包含这个头文件就可以直接在第7～9行、第15行调用EasyX图形库的函数。

全部程序开发完成后，我们再将这些EasyX函数库调用替换成setFullScreenWindow函数和restoreDisplayMode函数。

2. 显示标题和分隔线

在外汇牌价看板的界面中，标题和分隔线位于界面顶部，包括：

- 标题“外汇牌价”；
- 副标题“EXCHANGE RATE”；
- 分隔线。

UI设计师提供了每一个界面元素的位置、大小、字体、颜色等信息，如图10-4所示。你只需严格按照UI设计的要求分别显示每一个元素就可以了。

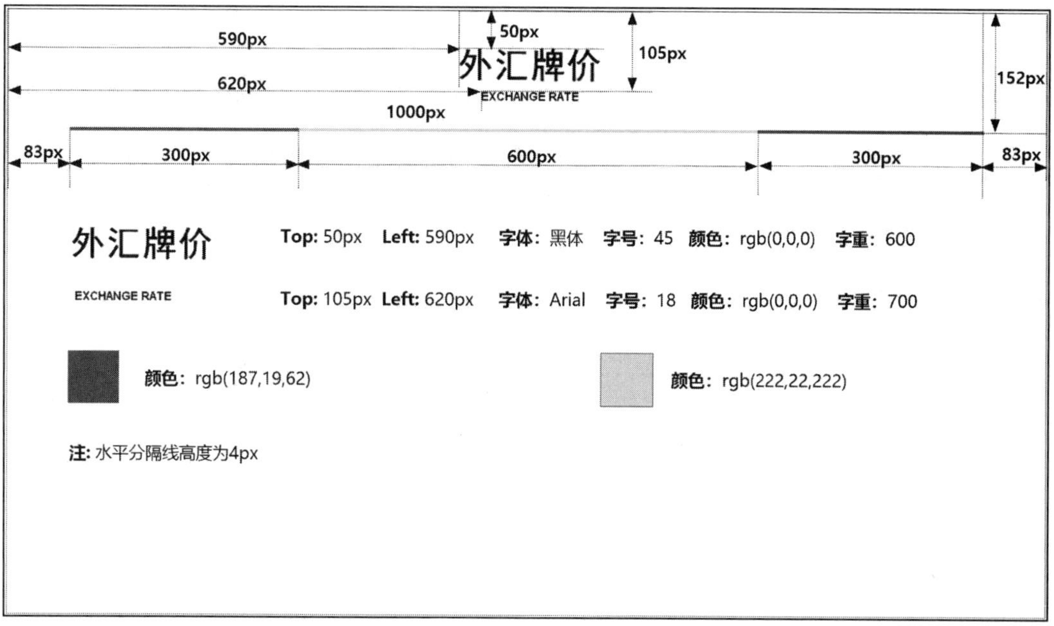

590px
50px
105px
152px
620px
外汇牌价
EXCHANGE RATE
1000px
83px 300px 600px 300px 83px

外汇牌价 Top: 50px Left: 590px 字体：黑体 字号：45 颜色：rgb(0,0,0) 字重：600

EXCHANGE RATE Top: 105px Left: 620px 字体：Arial 字号：18 颜色：rgb(0,0,0) 字重：700

颜色：rgb(187,19,62) 颜色：rgb(222,22,222)

注: 水平分隔线高度为4px

图10-4 标题和分隔线的UI设计

第1步： 显示标题“外汇牌价”。标题栏是界面上方的中文“外汇牌价”，根据设计图用之前设计的displayText函数即可完成。

```
displayText(590, 50, "黑体", rgb(0, 0, 0), 45, 600, "外汇牌价");
```

第2步： 显示副标题“EXCHANGE RATE”。

```
displayText(620, 105, "Arial", rgb(0, 0, 0), 18, 700,
"EXCHANGE RATE");
```

第3步： 显示分隔线。水平分隔线由3段不同颜色的线段组成，线段的位置、宽度、高度、颜色设计如图10-5所示。分隔线高度为4px（像素），而drawHorizontalLine函数只能绘制线宽为1px的水平线，但我们可以使用之前写过的drawBoxWithFillColor函数来绘制3个高度为4px的矩形。

```
drawBoxWithFillColor(83, 152, 300, 4, rgb(187, 19, 62),rgb(187,
19, 62));
drararawBoxWithFillColor(383, 152, 600, 4, rgb(222, 222, 222),rgb(222,
222, 222));
drararawBoxWithFillColor(983, 152, 300, 4, rgb(187, 19, 62),rgb(187,
19, 62));
```

3. 显示列标题

分隔线之下有一行文字，为“现汇买入价”“现钞买入价”“现汇卖出价”“现钞卖出价”和“中行折算价”，这些是各种外汇牌价的列标题。它们的字体、高度及位置信息如图10-5所示。

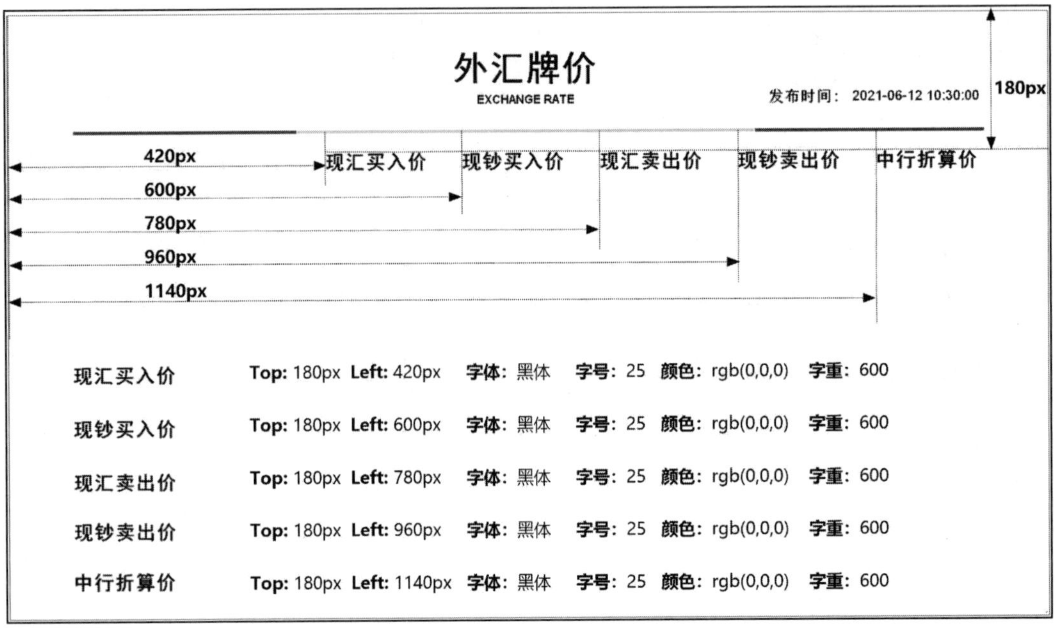

图10-5　列标题UI设计

显示列标题的实现代码如下。

```
1. displayText(420, 180, "黑体", rgb(0, 0, 0), 25, 600, "现汇买入价");
2. displayText(600, 180, "黑体", rgb(0, 0, 0), 25, 600, "现钞买入价");
3. displayText(780, 180, "黑体", rgb(0, 0, 0), 25, 600, "现汇卖出价");
4. displayText(960, 180, "黑体", rgb(0, 0, 0), 25, 600, "现钞卖出价");
5. displayText(1140, 180, "黑体", rgb(0, 0, 0), 25, 600, "中行折算价");
```

每完成一小步都验证一下程序运行的情况是个好习惯。以下是目前的代码。

```
1. #include <stdio.h>
2. #include "screenUtilities.h"
3.
4. int main()
5. {
6.     //初始化图形窗口
7.     initgraph(1366, 768);
8.     setbkcolor(rgb(255, 255, 255));
9.     cleardevice();
10.
11.     displayText(590, 50, "黑体", rgb(0, 0, 0), 45, 600, "外汇牌价");
12.     displayText(620, 105, "Arial", rgb(0, 0, 0), 18, 700,
        "EXCHANGE RATE");
13.     drawBoxWithFillColor(83, 152, 300, 4, rgb(187, 19, 62),
        rgb(187, 19, 62));
14.     drawBoxWithFillColor(383, 152, 600, 4, rgb(222, 222, 222), rgb
        (222, 222, 222));
15.     drawBoxWithFillColor(983, 152, 300, 4, rgb(187, 19, 62), rgb
        (187, 19, 62));
16.     displayText(420, 180, "黑体", rgb(0, 0, 0), 25, 600, "现汇买入价");
17.     displayText(600, 180, "黑体", rgb(0, 0, 0), 25, 600, "现钞买入价");
18.     displayText(780, 180, "黑体", rgb(0, 0, 0), 25, 600, "现汇卖出价");
19.     displayText(960, 180, "黑体", rgb(0, 0, 0), 25, 600, "现钞卖出价");
```

```
20.     displayText(1140, 180, "黑体", rgb(0, 0, 0), 25, 600, "中行折算价");
21.
22.     //等待用户输入
23.     getchar();
24.
25.     //关闭图形窗口
26.     closegraph();
27.     return 0;
28. }
```

运行程序，显示的内容如图10-6所示。

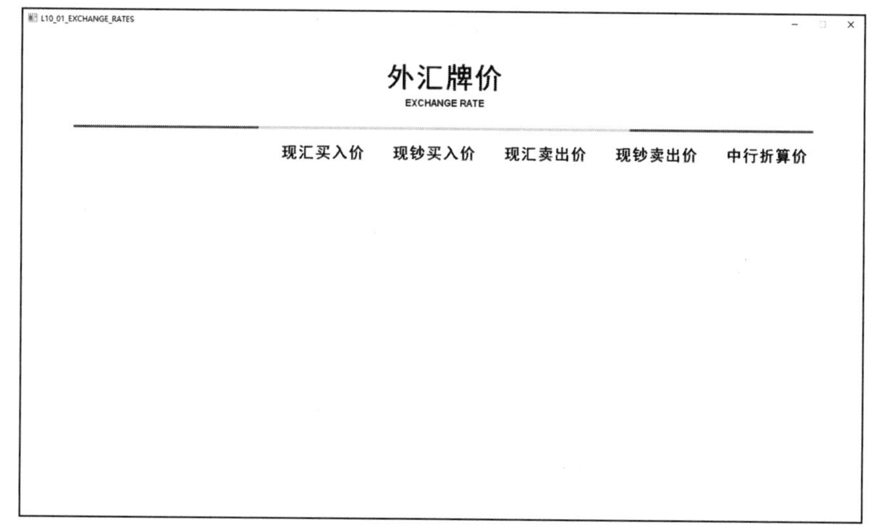

图10-6　部分界面元素

4. 定义和调用displayFixedElements函数

本着尽量减少main函数中代码的原则可以将上面显示内容的代码设计成一个函数，新函数名为displayFixedElements（意即“显示固定的元素”）。这个函数不应定义在main.cpp中，你需要在项目中增加头文件ui.h和源程序文件ui.cpp，并将这个函数的声明和定义分别加入其中。未来所有与用户界面有关的函数都可以加入其中。

头文件ui.h目前的内容如下。

```
1. #pragma once
2. #include "screenUtilities.h"
3. void displayFixedElements();
```

源文件ui.cpp目前的内容如下。

```
1. #include "ui.h"
2. void displayFixedElements()
3. {
4.     displayText(590, 50, "黑体", rgb(0, 0, 0), 45, 600, "外汇牌价");
5.     displayText(620, 105, "Arial", rgb(0, 0, 0), 18, 700,
       "EXCHANGE RATE");
6.     drawBoxWithFillColor(83, 152, 300, 4, rgb(187, 19, 62), rgb
       (187, 19, 62));
7.     drawBoxWithFillColor(383, 152, 600, 4, rgb(222, 222, 222), rgb
```

```
        (222, 222, 222));
8.      drawBoxWithFillColor(983, 152, 300, 4, rgb(187, 19, 62), rgb
        (187, 19, 62));
9.      displayText(420, 180, "黑体", rgb(0, 0, 0), 25, 600, "现汇买入价");
10.     displayText(600, 180, "黑体", rgb(0, 0, 0), 25, 600, "现钞买入价");
11.     displayText(780, 180, "黑体", rgb(0, 0, 0), 25, 600, "现汇卖出价");
12.     displayText(960, 180, "黑体", rgb(0, 0, 0), 25, 600, "现钞卖出价");
13.     displayText(1140, 180, "黑体", rgb(0, 0, 0), 25, 600, "中行折算价
");
14. }
```

在main.cpp中包含头文件ui.h，就可以调用displayFixedElements函数了。运行结果与先前的一致。

```
1. #include <stdio.h>
2. #include "screenUtilities.h"
3. #include "ui.h"
4.
5. int main()
6. {
7.      //初始化图形窗口
8.      initgraph(1366, 768);
9.      setbkcolor(rgb(255, 255, 255));
10.     cleardevice();
11.
12.     displayFixedElements();
13.
14.     //等待用户输入
15.     getchar();
16.
17.     //关闭图形窗口
18.     closegraph();
19.     return 0;
20. }
```

10.2.4 在1页中显示7行牌价

在显示完界面的固定部分后，接下来要考虑显示外汇牌价了。外汇牌价看板是要实时显示多种外币牌价的，而且还要分页显示（1页只能显示7行，共26种，分4页）。我们先来关注显示的格式，格式要求如下。

- 每一行牌价包括国旗（或行政区旗）、货币中文名称、现汇买入价、现钞买入价、现汇卖出价、现钞卖出价、中行折算价；
- 第1行牌价的国旗（或行政区旗）左上角的位置为215px（Top）、100px（Left）；
- 第1行牌价的货币名称左上角位置为230px（Top）、200px（Left）；
- 现汇买入价、现钞买入价、现汇卖出价、现钞卖出价和中行折算价显示至小数点后两位，这些价格信息在垂直方向与货币名称对齐、在水平方向与上方的列标题右对齐，列标题最右侧的水平坐标值已在图10-7中标出；

● 从第2行开始，每一行各元素的垂直坐标（Top）在上一行的基础上增加70px。

图10-7描述了各行、各列牌价数据显示时的位置。

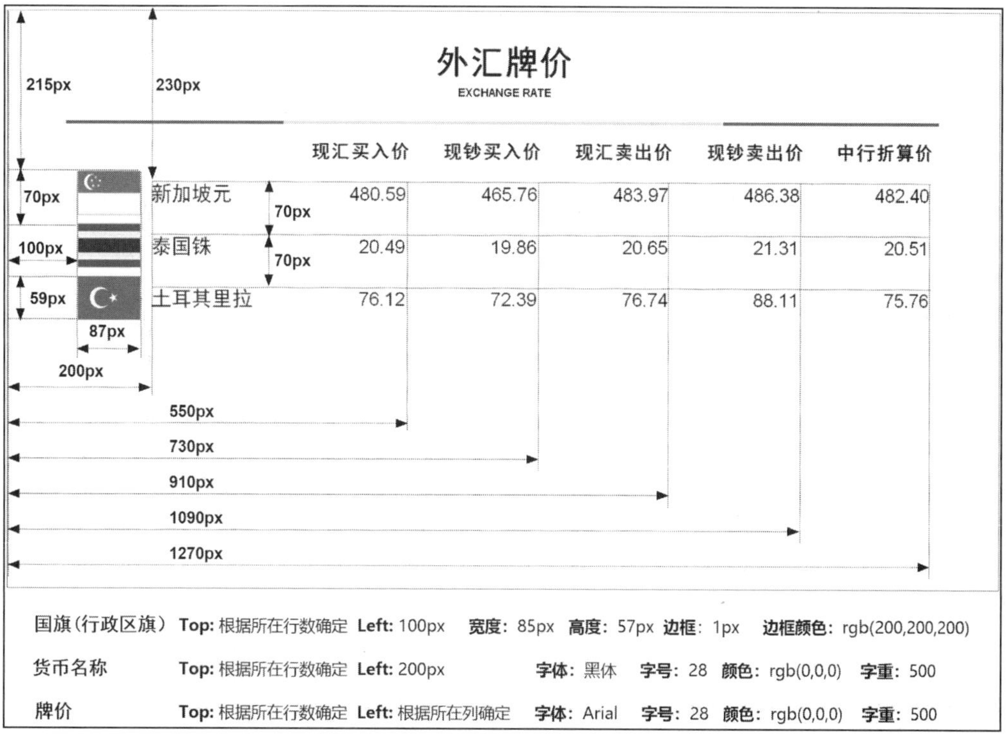

外汇牌价
EXCHANGE RATE

	现汇买入价	现钞买入价	现汇卖出价	现钞卖出价	中行折算价
新加坡元	480.59	465.76	483.97	486.38	482.40
泰国铢	20.49	19.86	20.65	21.31	20.51
土耳其里拉	76.12	72.39	76.74	88.11	75.76

215px 230px 70px 100px 59px 87px 200px 70px 70px 550px 730px 910px 1090px 1270px

国旗（行政区旗）	Top: 根据所在行数确定	Left: 100px	宽度：85px	高度：57px	边框：1px	边框颜色：rgb(200,200,200)	
货币名称	Top: 根据所在行数确定	Left: 200px	字体：黑体	字号：28	颜色：rgb(0,0,0)	字重：500	
牌价	Top: 根据所在行数确定	Left: 根据所在列确定	字体：Arial	字号：28	颜色：rgb(0,0,0)	字重：500	

图10-7　牌价显示格式

看上去很复杂，但你可以先从显示一种外汇牌价开始。

1. 显示一行外币牌价的函数——displayRate

不要一开始就想要同时显示7行牌价或者考虑分页的问题，那只会让你陷入混乱。先显示一行牌价看起来是最容易的，你可以从此处入手。一种外币牌价在UI中显示成1行，其内容分成3部分：

- 国旗（或行政区旗）；
- 货币名称；
- 牌价（含现汇买入价、现钞买入价、现汇卖出价、现钞卖出价和中行折算价）。

国旗（或行政区区旗）可以使用我们已经实现过的displayBMP函数显示，货币名称和牌价可以使用displayText函数显示，显示这3部分的代码可以放入一个新的函数displayRate[①]中（在ui.h和ui.cpp中分别声明和定义）。首先显示固定的日元牌价数据。

```
1. void displayRate()
2. {
3.     //绘制国旗（行政区旗）的边框
```

① 在7.4.3节中我们也定义过名为displayRate的函数，该函数用于在文本模式下显示一行外汇牌价。

```
4.    drawBox(100, 215, 87, 59, rgb(200, 200, 200));
5.    //显示国旗(行政区旗)图像
6.    displayBMP("D:/BC101/Resources/Flags/JPY.bmp", 216, 101);
7.    //显示货币名称
8.    displayText(200, 230, "黑体", rgb(0, 0, 0), 28, 500, "日元");
9.    //显示现汇买入价
10.    displayText(420, 230, "Arial", rgb(0, 0, 0), 28, 500,
       "5.8129");
11.    //显示现钞买入价
12.    displayText(600, 230, "Arial", rgb(0, 0, 0), 28, 500,
     "5.6323");
13.    //显示现汇卖出价
14.    displayText(780, 230, "Arial", rgb(0, 0, 0), 28, 500,
       "5.8556");
15.    //显示现钞卖出价
16.    displayText(960, 230, "Arial", rgb(0, 0, 0), 28, 500,
       "5.8647");
17.    //显示中行折算价
18.    displayText(1140, 230, "Arial", rgb(0, 0, 0), 28, 500,
       "5.837");
19. }
```

注　意

此处在显示现汇买入价、现钞买入价、现汇卖出价、现钞卖出价、中行折算价时，使用了固定的水平坐标420、600、780、960、1140，这几个坐标是与上方的列标题对齐的，显示牌价时会以左对齐方式显示。在10.2.7节中我们再来解决左对齐的问题。

然后再在main.cpp中调用新的displayRate函数（第13行）。

```
1. #include <stdio.h>
2. #include "screenUtilities.h"
3. #include "ui.h"
4.
5. int main()
6. {
7.     //初始化图形窗口
8.     initgraph(1366, 768);
9.     setbkcolor(rgb(255, 255, 255));
10.    cleardevice();
11.

12.    displayFixedElements();
13.    displayRate();
14.
15.    //等待用户输入
16.    getchar();
17.
18.    //关闭图形窗口
19.    closegraph();
20.    return 0;
21. }
```

运行程序，得到如图10-8的结果。

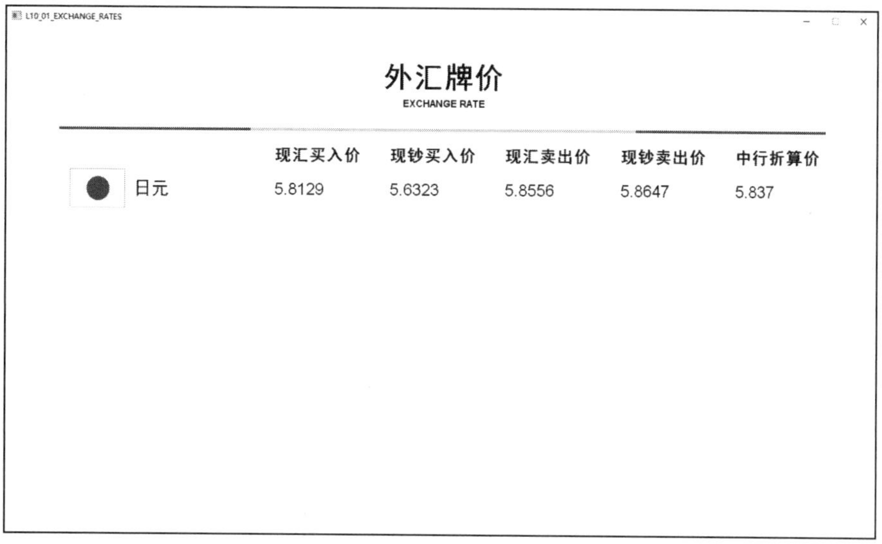

外汇牌价

EXCHANGE RATE

	现汇买入价	现钞买入价	现汇卖出价	现钞卖出价	中行折算价
日元	5.8129	5.6323	5.8556	5.8647	5.837

图10-8　显示一种牌价的外汇牌价看板

目前的displayRate函数有下列缺陷：

- 只能在页面的固定位置（第1行）显示牌价信息；
- 图片路径、货币名称、各种价格都是以固定的字符串硬编码到程序中的，不能变化；
- 外币牌价不是右对齐显示的，不符合设计要求。

基于这些缺陷，我们需要修改displayRate函数。

2. 修改displayRate函数

首先，显示的外汇牌价数据不应使用固定不变的值，而应该在调用displayRate函数时从外部传入。因此，需要给displayRate函数增加一个参数用于接收外汇牌价数据，参数的类型可以是之前定义的ExchangeRate结构体。

其次，displayRate函数只能固定地在第1行显示牌价，这也是不符合要求的。在屏幕上需要显示7行牌价，每种牌价显示在第几行应该由displayRate函数的调用代码决定，一般是在调用时传入一个数字表示行序，行序是一个整型值（而不是具体的坐标值，显示时的坐标值可以根据行序在函数内部计算得来）。

基于上面的考虑，修改函数displayRate并为它增加两个参数。

```
void displayRate(int row, ExchangeRate rate);
```

- **参数row。**在外汇牌价看板的UI设计中，屏幕最多能显示7行外汇牌价，显示每行外汇牌价时需要明确指定当前牌价显示在第几行。调用函数时，参数row的值可以为0～6。
- **参数rate。**参数rate是一个ExchangeRate结构体，其中包含了外汇牌价的全部信息，包括外币名称、货币代码以及各种价格。

有了这些信息，我们就可以实现显示外汇牌价的功能。为了使程序可以使用ExchangeRate结构体，需要在头文件ui.h中加入对BOCRates.h的引用，然后增加

displayRate函数的新参数。

```
1. #pragma once
2. #include "screenUtilities.h"
3. #include "D:/BC101/Libraries/BOCRates/BOCRates.h"
4. void displayFixedElements();
5. void displayRate(int row, ExchangeRate rate);
```

注　意

注意在ui.cpp中的displayRate函数定义中也要加入新的参数。

在开始修改displayRate之前，你可以先在main函数中加入测试代码（第14～29行），调用displayRate函数并传入结构体（注意新包含了头文件string.h）。

```
1. #include <stdio.h>
2. #include <string.h>
3. #include "screenUtilities.h"
4. #include "ui.h"
5.
6. int main()
7. {
8.     //初始化图形窗口
9.     initgraph(1366, 768);
10.    setbkcolor(rgb(255, 255, 255));
11.    cleardevice();
12.    displayFixedElements();
13.
14.    ExchangeRate jpyRate;
15.    jpyRate.BuyingRate = 5.8129;
16.    jpyRate.CashBuyingRate = 5.6323;
17.    jpyRate.SellingRate = 5.8556;
18.    jpyRate.CashSellingRate = 5.8647;
19.    jpyRate.MiddleRate = 5.837;
20.    strcpy(jpyRate.PublishTime, "2021-06-12 10:30:00");
21.    strcpy(jpyRate.CurrencyCode, "JPY");
22.    strcpy(jpyRate.CurrencyName, "日元");
23.    displayRate(0, jpyRate);
24.    displayRate(1, jpyRate);
25.    displayRate(2, jpyRate);
26.    displayRate(3, jpyRate);
27.    displayRate(4, jpyRate);
28.    displayRate(5, jpyRate);
29.    displayRate(6, jpyRate);
30.
31.
32.    //等待用户输入
33.    getchar();
34.    //关闭图形窗口
35.    closegraph();
36.    return 0;
37. }
```

我们先定义了一个结构体变量jpyRate并分别给它的成员赋值。注意第20、21、22行给结构体成员PublishTime、CurrencyCode和CurrencyName赋值的方式，因为它们是字符数组，因此此处使用库函数strcpy进行赋值（需要包含头文件string.h）。你也可以使用之前自己写的strCopy函数（参见6.2.4节）。

第23～29行连续7次调用了displayRate函数，第2个参数都是结构体变量jpyRate，而第1个参数分别为0～6，意图在第1～7行显示同一个外汇牌价。

```
23.     displayRate(0, jpyRate);
24.     displayRate(1, jpyRate);
25.     displayRate(2, jpyRate);
26.     displayRate(3, jpyRate);
27.     displayRate(4, jpyRate);
28.     displayRate(5, jpyRate);
29.     displayRate(6, jpyRate);
```

由于目前displayRate函数中的代码没有任何变化，仍然是在固定位置显示固定的牌价信息，程序运行的结果和之前看起来是一样的，如图10-9所示。

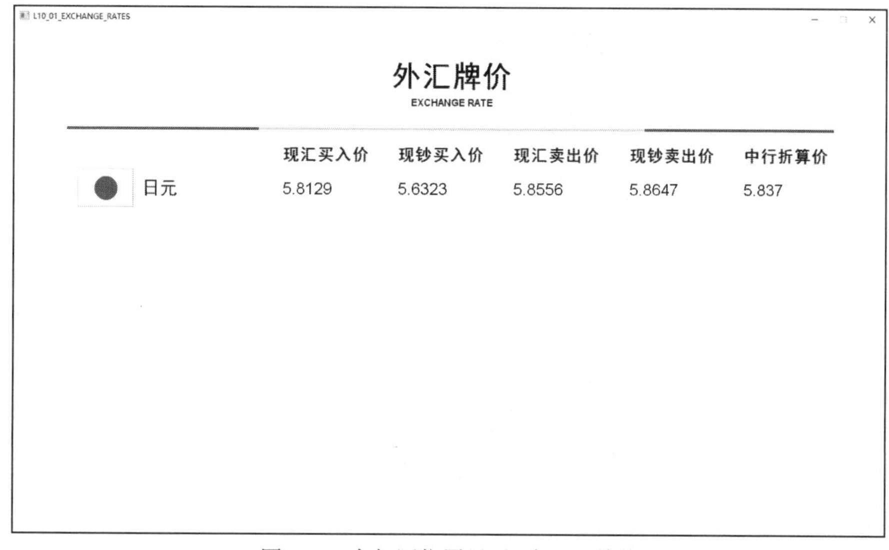

图10-9　在相同位置显示7次日元牌价

接下来就需要修改displayRate函数中的代码，使其根据传入的参数在恰当位置显示传入的牌价。

1）根据行数决定显示位置

外汇牌价看板每次最多显示7行牌价信息，在调用displayRate函数时参数row说明了当前牌价信息要显示在第几行上，你需要据此计算各元素的显示位置。

通过图10-7可以看出不同行上牌价显示位置的规则。

- 第1行牌价的国旗（或行政区旗）左上角的位置为215px（Top），100px（Left），且每一行的国旗（或行政区旗）的Left坐标不变；
- 第1行牌价的货币名称左上角位置为230px（Top），200px（Left），且每一行货币名称的Left坐标不变；
- 在不同的行上作用相同元素的水平坐标（Left）是一致，不同的是垂直坐标

（Top）；

- 每行的间距为70px（以国旗/行政区旗坐标为参考）；
- 货币名称、各种价格的文字的垂直坐标较国旗/行政区旗多15px，以实现视觉上的水平对齐。

先来观察先前在固定位置显示固定牌价的代码。下面代码中黑底白字的内容都是各元素在显示或绘制时的垂直坐标，你需要根据传入参数row来决定它们的值。

```
1. void displayRate(int row, ExchangeRate rate)
2. {
3.     drawBox(100, 215, 87, 59, rgb(200, 200, 200));
4.     displayBMP("D:/BC101/Resources/Flags/JPY.bmp", 216, 101);
5.     displayText(200, 230, "黑体", rgb(0, 0, 0), 28, 500,
       "日元");
6.     displayText(420, 230, "Arial", rgb(0, 0, 0), 28, 500,
       "5.8129");
7.     displayText(600, 230, "Arial", rgb(0, 0, 0), 28, 500,
       "5.6323");
8.     displayText(780, 230, "Arial", rgb(0, 0, 0), 28, 500,
       "5.8556");
9.     displayText(960, 230, "Arial", rgb(0, 0, 0), 28, 500,
       "5.8647");
10.    displayText(1140, 230, "Arial", rgb(0, 0, 0), 28, 500,
       "5.837");
11. }
```

我们可以修改displayRate函数，在函数一开始就根据参数row计算出该行国旗（或行政区旗）左上角的垂直坐标（第3行）。当row的值为0时计算的结果就是215；要显示第2行牌价时，计算结果就是285，以此类推。

第4行代码显示了一个灰色的矩形框，第5行代码则在矩形框内部显示了图片文件JPY.bmp。第6～11行显示货币名称和牌价时，垂直坐标都在top的基础上加15，这也是UI设计图的要求。

```
1. void displayRate(int row, ExchangeRate rate)
2. {
3.     int top = 215 + row * 70;
4.     drawBox(100, top, 87, 59, rgb(200, 200, 200));
5.     displayBMP("D:/BC101/Resources/Flags/JPY.bmp", top + 1, 101);
6.     displayText(200, top + 15, "黑体", rgb(0, 0, 0), 28, 500, "日元");
7.     displayText(420, top + 15, "Arial", rgb(0, 0, 0), 28, 500,
       "5.8129");
8.     displayText(600, top + 15, "Arial", rgb(0, 0, 0), 28, 500,
       "5.6323");
9.     displayText(780, top + 15, "Arial", rgb(0, 0, 0), 28, 500,
       "5.8556");
10.    displayText(960, top + 15, "Arial", rgb(0, 0, 0), 28, 500,
       "5.8647");
11.    displayText(1140, top + 15, "Arial", rgb(0, 0, 0), 28, 500,
       "5.837");
12. }
```

再次运行程序，你就可以看到程序显示了7行完全一样的外汇牌价数据，如图10-10所示。

图10-10　显示7行相同的外汇牌价

但是，目前所显示的数值和旗帜图案仍然是由displayRate函数中的固定的代码决定的（硬编码），而程序运行时应根据传入的参数来改变显示的内容。

2）根据货币代码显示国旗（行政区旗）

目前，显示国旗（行政区旗）的代码如下。displayBMP函数的第1个参数是一个固定的字符串常量，可以看出它是固定地显示图形文件JPY.BMP。

```
displayBMP("D:/BC101/Resources/Flags/JPY.bmp", top + 1, 101);
```

但此处的文件名应根据传入的结构体变量rate的成员CurrencyCode来确定，而不是固定的值。此时，我们需要将不同的字符串“拼接”起来，具体而言就是将目录名、货币代码、扩展名（表10-2所示）拼接到一个字符串数组里，然后再将其作为displayBMP函数的第1个参数。

表10-2　拼接文件名

目录名	货币代码	扩展名
D:\BC101\Resources\Flags\	JPY	.bmp

下面的代码实现了拼接字符串的功能。

```
1. char filename[512];
2. strcpy(filename, "D:/BC101/Resources/Flags/");
3. strcat(filename, rate.CurrencyCode);
4. strcat(filename, ".bmp");
5. displayBMP(filename, top + 1, 101);
```

我们首先定义了一个最多容纳512字符的字符数组，字符数组中的内容是不确定的。接下来使用strcpy函数将存储图片的目录名复制到这个数组里，目录名是一个字符串常量。

此时，字符数组filename中就存储了“D:/BC101/Resources/Flags/”并以“\0”结尾。接下来你需要将货币代码追加到目录名后面。C语言提供了strcat函数（头文件为string.h）用以拼接两个字符串，其功能是将后一个字符串的内容追加到前一个字符串的末尾（自动删除前一个字符串末尾的“\0”）。

在第3行代码中strcat函数会在字符数组filename中查找第1个“\0”出现的位置，然后将字符数组rate.CurrencyCode中的内容连同“\0”复制到这个位置。当rate.CurrencyCode的值为“JPY”时，执行完这行代码后filename的值为“D:/BC101/Resources/Flags/JPY”（末尾有“\0”）。第4行代码再将“.bmp”追加到filename中。

这样就根据rate.CurrencyCode生成了对应的图形文件名，将其作为displayBMP函数的参数即可。

警　告

strcat函数不会检查数组filename的大小，如果追加字符串后的内容超过数组大小，则也会产生内存访问越界的问题。因此在使用strcat之前，程序员必须谨慎考虑目标位置是否有足够的空间。

此外，strcat函数的源位置、目标位置不可重叠。

完成上面的修改后，displayRate函数目前的代码如下。

```
1. void displayRate(int row, ExchangeRate rate)
2. {
3.     int top = 215 + row * 70;
4.     drawBox(100, top, 87, 59, rgb(200, 200, 200));
5.     char filename[512];
6.     strcpy(filename, "D:/BC101/Resources/Flags/");
7.     strcat(filename, rate.CurrencyCode);
8.     strcat(filename, ".bmp");
9.     displayBMP(filename, top + 1, 101);
10.    displayText(200, top+15, "黑体", rgb(0, 0, 0), 28, 500, "日元");
11.    displayText(420, top + 15, "Arial", rgb(0, 0, 0), 28, 500,
       "5.8129");
12.    displayText(600, top + 15, "Arial", rgb(0, 0, 0), 28, 500,
       "5.6323");
13.    displayText(780, top + 15, "Arial", rgb(0, 0, 0), 28, 500,
       "5.8556");
14.    displayText(960, top + 15, "Arial", rgb(0, 0, 0), 28, 500,
       "5.8647");
15.    displayText(1140, top + 15, "Arial", rgb(0, 0, 0), 28, 500,
       "5.837");
16. }
```

由于传入的货币代码都是JPY，因此目前仍然显示日本国旗。程序的执行结果看上去没有什么变化，但在未来传入实际的牌价信息时，图片会发生变化。

3）显示牌价信息

接下来要根据参数rate显示牌价信息。首先需要对下面这行显示货币名称的代码进行修改。

```
displayText(200, top+15, "黑体", rgb(0, 0, 0), 28, 500, "日元");
```

修改后的代码如下。

```
displayText(200, top+15, "黑体", rgb(0, 0, 0), 28, 500,rate.
CurrencyName);
```

接下来你可能想把displayRate函数中显示现汇买入价的代码改为:

```
displayText(420,top + 15, "Arial", rgb(0, 0, 0), 28, 500, rate.
BuyingRate);
```

但编译器会立刻报告"'double' 类型的实参与 'const char *' 类型的形参不兼容"的错误信息，这是因为displayText的最后一个参数必须是字符串（字符串常量或字符数组的地址），而rate.BuyingRate是double型。displayText函数不接受double型数据作为要显示的文字，因此我们需要将结构体成员BuyingRate、CashBuyingRate、SellingRate、CashSellingRate、MiddleRate的值都转换为字符串后才能作为displayText函数的参数。

为何要进行类型转换?

双精度型数字5.8129和字符串常量"5.8129"在内存中是不同的表示。

数值5.8129是浮点数格式，它固定地占用8个字节且精度有限。

而字符串本质上是一个字符数组，它逐个描述字符串中每一个字符的ASCII编码。因此，在遇到只接受字符串作为参数的displayText函数时，必须先将浮点数转换成字符串（字符数组）。

C语言提供了一些专门将数值转换成字符串的函数，如表10-3所示。

表10-3 标准库中的将数值转换成字符串的函数

函数名	用途
itoa	将整型值转换为字符串
ltoa	将长整型值转换为字符串
ultoa	将无符号长整型值转换为字符串
gcvt	将浮点型数转换为字符串，按四舍五入取值
ecvt	将双精度浮点型值转换为字符串，转换结果中不包含十进制小数点

但我们不打算使用这些函数，因为C语言还提供了一个使用更方便的sprintf函数可以将各种数据格式化后存入指定的字符数组。你一定还记得最开始我们学习过的printf函数，它可以以指定格式在屏幕上显示数值，如下面的代码可以在屏幕上输出3.14。

```
printf("%.2f", 3.141592653);
```

与printf函数不同的是sprintf函数不在屏幕上输出格式化后的字符串"3.14"，而是将格式化后的字符串送入指定的字符数组。sprintf函数的原型是如下。

```
int sprintf(char *str, const char *format, …)
```

以下是调用它的例子。

```
1. char str[32];
2. sprintf(str,"%.2f", 3.141592653);
```

我们首先定义了一个32个元素的字符数组str，然后调用sprintf函数。调用时使用了3个参数：

- **存放结果的字符数组地址——str**。数组名可以被转换成数组的首地址。因此此处写str相当于数组的首地址，这个参数表示函数sprintf将把格式化完毕的字符串送入这块空间。
- **格式字符串——"%.2f"**。格式字符串是一个包含占位符的字符串。占位符是以%开始的，占位符%.2f表示将浮点数格式化后保留两位小数。格式字符串中可以包含多个占位符，占位符的使用方式和printf函数一样。
- **要格式化的数字——3.141592653**。根据格式字符串中的占位符个数，从第3个参数开始就需要一一列出与格式字符串占位符对应的参数值。这些参数值被格式化后将代入 format 参数中的占位符，参数的个数应与占位符的个数相同。

以下是一个简单的例子。

```
1. #include <stdio.h>
2. int main()
3. {
4.     char str[32];
5.     sprintf(str,"%.2f", 3.141592653);
6.     printf("字符数组str中的内容是:%s\n", str);
7.     return 0;
8. }
```

运行程序，得到如图10-11所示的结果，从中可以看到数值已被格式化。

```
Microsoft Visual Studio 调试控制台
字符数组str中的内容是:3.14

D:\BC101\Examples\Debug\L10_02_CONVERT_DOUBLE_TO_STR.exe (进程 8216)已退出，代码为 0。
```

图10-11　使用sprintf函数将浮点数转换为字符串

可以看出，sprintf可以将double型数据转换为字符串格式送入指定的字符数组中，这恰好符合displayText函数的要求。

如此一来，你可以这样修改displayRate函数：

- 先定义一个字符数组str；
- 每次要显示一个牌价之前，使用sprintf函数将牌价进行转换，再交给displayText函数进行显示。

代码如下。第2、4、6、8、10行都使用了sprintf函数格式化数值并存入字符数组str，紧接着的下一行代码使用了字符数组中的值。

```
1. char str[32];
```

```
2. sprintf(str, "%.2f", rate.BuyingRate);
3. displayText(420, top + 15, "Arial", rgb(0, 0, 0), 28, 500, str);
4. sprintf(str, "%.2f", rate.CashBuyingRate);
5. displayText(600, top + 15, "Arial", rgb(0, 0, 0), 28, 500, str);
6. sprintf(str, "%.2f", rate.SellingRate);
7. displayText(780, top + 15, "Arial", rgb(0, 0, 0), 28, 500, str);
8. sprintf(str, "%.2f", rate.CashSellingRate);
9. displayText(960, top + 15, "Arial", rgb(0, 0, 0), 28, 500, str);
10. sprintf(str, "%.2f", rate.MiddleRate);
11. displayText(1140, top + 15, "Arial", rgb(0, 0, 0), 28, 500, str);
```

这样，你就解决了显示结构体rate中双精度型数据显示的问题。现在displayRate函数基本完工。

```
1. void displayRate(int row, ExchangeRate rate)
2. {
3.     int top = 215 + row * 70;
4.     drawBox(100, top, 87, 59, rgb(200, 200, 200));
5.     char filename[512];
6.     strcpy(filename, "D:/BC101/Resources/Flags/");
7.     strcat(filename, rate.CurrencyCode);
8.     strcat(filename, ".bmp");
9.     displayBMP(filename, top + 1, 101);
10.    displayText(200, top+15, "黑体", rgb(0, 0, 0), 28, 500, rate.
       CurrencyName);
11.
12.    char str[32];
13.    sprintf(str, "%.2f", rate.BuyingRate);
14.    displayText(420, top + 15, "Arial", rgb(0, 0, 0), 28,500, str);
15.    sprintf(str, "%.2f", rate.CashBuyingRate);
16.    displayText(600, top + 15, "Arial", rgb(0, 0, 0), 28,500, str);
17.    sprintf(str, "%.2f", rate.SellingRate);
18.    displayText(780, top + 15, "Arial", rgb(0, 0, 0), 28,500, str);
19.    sprintf(str, "%.2f", rate.CashSellingRate);
20.    displayText(960, top + 15, "Arial", rgb(0, 0, 0), 28,500, str);
21.    sprintf(str, "%.2f", rate.MiddleRate);
22.    displayText(1140, top + 15, "Arial", rgb(0, 0, 0), 28,500, str);
23. }
```

目前displayRate函数显示的所有信息都由传入的参数rate决定，而不再是显示固定的牌价信息了。再次运行程序显示结果和以前一样，如图10-10所示。

3. 优化displayRate函数

程序员要时刻警惕：我的函数只做了一件事吗？

displayRate函数目前主要完成的功能是显示一种牌价信息，我们在main函数中多次调用它就可以在不同位置显示多种牌价信息。但实际上displayRate函数中还做了两项工作：

- 将浮点数转换成保留小数点后两位的字符串；
- 根据货币代码生成图片路径。

可以说这两项任务是显示牌价信息时需要的子功能，由于设计函数时原则上函数的功能应尽可能单一，因此这两项功能应考虑独立成为两个函数，然后在displayRate函数中调用。由于这两个函数都是与用户界面相关的，因此直接在ui.cpp中定义它们就可以了。

1）定义double2string函数

于是我们可以定义一个新的函数——double2string，其中的“2”在英语中与“to”谐音，很多转换类函数都在函数名里用“2”代替“to”。这个函数定义在ui.cpp中。

```
1. char* double2string(double value, char* str)
2. {
3.     sprintf(str, "%.2f", value);
4.     return str;
5. }
```

可以看出这个函数要求传入两个参数：

- 要转换的double型数值value；
- 存储转换结果字符串的地址。

第3行代码调用了sprintf函数完成了转换。第4行将存储结果的字符串地址作为函数返回值。将存储结果的地址作为函数的返回值是为了方便函数的调用者可以通过返回值直接取得结果所在的地址并进一步使用它（链式表达式）。加入了该函数后，就可以直接在displayText函数调用时使用double2string函数的返回值作为其参数，请比较它们的不同。

使用double2string函数之前的代码如下。

```
1. char str[32];
2. sprintf(str, "%.2f", rate.BuyingRate);
3. displayText(420, top + 15, "Arial", rgb(0, 0, 0), 28, 500, str);
```

使用double2string函数的代码如下。

```
1. char str[32];
2. displayText(420, top + 15, "Arial", rgb(0, 0, 0), 28, 500,
   double2string (rate.BuyingRate,str));
```

每次调用double2string函数时都将字符数组str首地址作为参数传入，该函数会将转换后的结果存入到这个字符数组中。同时double2string函数也会返回字符数组的首地址。因此可以直接将其作为displayText函数的参数。

但这样做还不是最简单的，你可能会觉得需要额外定义一个字符数组str是冗余的，可不可以在double2string函数中直接分配内存空间呢？这样代码就可以更简单了。

但这违背了一般情况下的原则——不在函数内部分配内存空间并返回它的地址。原因如下。

- **函数内部的普通变量、数组所占用的内存空间在函数执行完毕后会被释放。**因此，在double2string函数中定义一个普通字符数组并返回首地址的方法不可取。因为这个数组的内存空间在函数执行完毕后会被释放，这样到这个地址去取数据时数据可能已经被破坏。

- **在函数内部使用malloc之类的函数分配的内存空间在函数执行完毕后不会被释放，但调用者必须要记得释放。**在double2string函数中使用malloc函数分配内存存储转换后的结果并给调用者返回首地址后，不会因为函数运行完毕而释放空间。但这样做也不恰当，因为调用者必须记得释放这块空间，这同样会给调用者带来麻烦。

怎么办呢？在函数中可以定义“静态变量”。这种变量所占用的内存空间是固定不变的，不会因函数执行完毕而释放。定义“静态变量”的方法是在定义时加上static修饰符。以下是修改过的double2string函数。

```
1. const char* double2string(double value)
2. {
3.     static char result[32];
4.     sprintf(result, "%.2f", value);
5.     return result;
6. }
```

在该函数中我们不再向函数传入字符数组的地址，而是在函数内部使用static修饰符定义了一个字符数组。这个字符数组占用的空间一开始就被分配并且直至整个程序结束运行才会被释放，这样一来我们就不需要在调用double2string函数之前先单独声明一个字符数组了。代码可以直接写成如下形式。

```
displayText(420, top + 15, "Arial", rgb(0, 0, 0), 28, 500,
double2string (rate.BuyingRate));
```

需要注意的是double2string函数内部的静态数组result的内存空间是“重复使用”的，即每一次调用时之前存储的值都会被覆盖。因此下面的代码会输出两个6.28，因为字符指针a和字符指针b指向的是同一块内存空间。

```
1. char* a = double2string(3. 14);
2. char* b = double2string(6. 28);
3.
4. printf("%s\n", a);
5. printf("%s\n", b);
```

因此一般在调用这个函数后应立即使用转换的结果，否则如果其他代码再次调用了这个函数就会得到错误的结果。除此以外，在多线程的程序里“静态变量”可能是不安全的，因为这个函数可能同时运行两个以上的副本而静态变量仍然使用一块空间，这可能会导致结果错误。但由于外汇牌价看板程序不会在多个线程里使用double2string函数，因此无需顾虑这个问题。

你可能已经注意到我们还修改了double2string函数的返回值类型，之前函数的返回值类型是char*，修改后改为const char*：

```
constchar* double2string(double value)
```

这样做是为了防止函数调用者不小心通过double2string函数返回的指针来修改静态数

组result的内容——让调用者可以读取静态数组的内容但不能很方便地修改它，从而保护字符数组的内容。

2）定义getFlagFileName函数

目前，在displayRate函数中我们根据货币代码生成图片路径的代码如下。

```
1.    char filename[512];
2.    strcpy(filename, "D:/BC101/Resources/Flags/");
3.    strcat(filename, rate.CurrencyCode);
4.    strcat(filename, ".bmp");
```

这段“拼接”文件路径的代码同样可以使用一个函数来专门处理。笔者定义了一个名为getFlagFileName的函数完成同样的功能，它也使用静态局部变量。定义这个函数的代码也被加入到ui.cpp中。

```
1. const char* getFlagFileName(char* currencyCode)
2. {
3.     static char filename[512];
4.     strcpy(filename, "D:/BC101/Resources/Flags/");
5.     strcat(filename, currencyCode);
6.     strcat(filename, ".bmp");
7.     return filename;
8. }
```

在加入了这两个新的函数后，displayRate函数得到了大幅精简。以下是完整的ui.cpp文件内容。

```
1. #include "ui.h"
2. const char* double2string(double value)
3. {
4.     static char str[32];
5.     sprintf(str, "%.2f", value);
6.     return str;
7. }
8.
9. const char* getFlagFileName(char* currencyCode)
10. {
11.     static char filename[512];
12.     strcpy(filename, "D:/BC101/Resources/Flags/");
13.     strcat(filename, currencyCode);
14.     strcat(filename, ".bmp");
15.     return filename;
16. }
17.
18. void displayFixedElements()
19. {
20.     displayText(590, 50, "黑体", rgb(0, 0, 0), 45, 600, "外汇牌价");
21.     displayText(620, 105, "Arial", rgb(0, 0, 0), 18, 700,
        "EXCHANGE RATE");
22.     drawBoxWithFillColor(83, 152, 300, 4, rgb(187, 19, 62), rgb
        (187, 19, 62));
23.     drawBoxWithFillColor(383, 152, 600, 4, rgb(222, 222, 222), rgb
        (222, 222, 222));
24.     drawBoxWithFillColor(983, 152, 300, 4, rgb(187, 19, 62), rgb
```

```
          (187, 19, 62));
25.       displayText(420, 180, "黑体", rgb(0, 0, 0), 25, 600, "现汇买入价");
26.       displayText(600, 180, "黑体", rgb(0, 0, 0), 25, 600, "现钞买入价");
27.       displayText(780, 180, "黑体", rgb(0, 0, 0), 25, 600, "现汇卖出价");
28.       displayText(960, 180, "黑体", rgb(0, 0, 0), 25, 600, "现钞卖出价");
29.       displayText(1140, 180, "黑体", rgb(0, 0, 0), 25, 600, "中行折算价");
30. }
31.
32. void displayRate(int row, ExchangeRate rate)
33. {
34.       int top = 215 + row * 70;
35.       drawBox(100, top, 87, 59, rgb(200, 200, 200));
36.       displayBMP(getFlagFileName(rate.CurrencyCode), top + 1, 101);
37.       displayText(200, top+15, "黑体", rgb(0, 0, 0), 28, 500, rate.
          CurrencyName);
38.       displayText(420, top + 15, "Arial", rgb(0, 0, 0), 28, 500,
          double2string(rate.BuyingRate));
39.       displayText(600, top + 15, "Arial", rgb(0, 0, 0), 28, 500,
          double2string(rate.CashBuyingRate));
40.       displayText(780, top + 15, "Arial", rgb(0, 0, 0), 28, 500,
          double2string (rate.SellingRate));
41.       displayText(960, top + 15, "Arial", rgb(0, 0, 0), 28, 500,
          double2string (rate.CashSellingRate));
42.       displayText(1140, top + 15, "Arial", rgb(0, 0, 0), 28, 500,
          double2string (rate.MiddleRate));
43. }
```

double2string函数和getFlagFileName仅在displayRate函数中调用并且这3个函数都位于ui.cpp中。只要double2string函数和getFlagFileName函数的定义在displayRate函数之前，就无需再ui.h中声明这两个函数。

现在，我们已经可以显示7行外币牌价了。先来回顾一下main函数中目前的代码。

```
1. #include <stdio.h>
2. #include <string.h>
3. #include "screenUtilities.h"
4. #include "ui.h"
5.
6. int main()
7. {
8.       //初始化图形窗口
9.       initgraph(1366, 768);
10.      setbkcolor(rgb(255, 255, 255));
11.      cleardevice();
12.      displayFixedElements();
13.
14.      ExchangeRate jpyRate;
15.      jpyRate.BuyingRate = 5.8129;
16.      jpyRate.CashBuyingRate = 5.6323;
17.      jpyRate.SellingRate = 5.8556;
18.      jpyRate.CashSellingRate = 5.8647;
19.      jpyRate.MiddleRate = 5.837;
20.      strcpy(jpyRate.PublishTime, "2021-06-12 10:30:00");
21.      strcpy(jpyRate.CurrencyCode, "JPY");
```

```
22.     strcpy(jpyRate.CurrencyName, "日元");
23.     displayRate(0, jpyRate);
24.     displayRate(1, jpyRate);
25.     displayRate(2, jpyRate);
26.     displayRate(3, jpyRate);
27.     displayRate(4, jpyRate);
28.     displayRate(5, jpyRate);
29.     displayRate(6, jpyRate);
30.
31.     //等待用户输入
32.     getchar();
33.     //关闭图形窗口
34.     closegraph();
35.     return 0;
36. }
```

第14～29行定义一个结构体变量jpyRate后给各成员变量赋值，然后通过重复调用displayRate函数在不同行上显示了7次。

但显示固定的、硬编码的牌价总让人感觉不太踏实，所以我们可以先使用之前学习过的GetAllRates函数获得实时牌价来测试displayRate函数是否真的能工作。

注 意

此处使用GetAllRates函数获得全部牌价主要是为了测试displayRate函数，并且为下一步实现分页显示提供数据来源。

未来我们在正式设计和实现数据访问层时将改变牌价的获取方式。

10.2.5 显示实时外汇牌价

先前的程序在代码中直接输入了要显示的数据，这样做是为了聚焦于实现显示界面元素的功能。当显示牌价的功能基本完成后，我们想用真实的实时牌价数据来测试程序。

1. 调用牌价接口库获得最新的牌价数据

在7.4.5节中我们介绍过一次性获得全部外币牌价数据的方法。

第1步： 首先在ui.h头部加入对外部库BOCRates.lib的引用（第3行）。

```
1. #pragma once
2. #include "screenUtilities.h"
3. #include "D:/BC101/Libraries/BOCRates/BOCRates.h"
4. #pragma comment(lib, "D:/BC101/Libraries/BOCRates/BOCRates.lib")
5. void displayFixedElements();
6. void displayRate(int row, ExchangeRate rate);
```

第2步：和以前一样，使用外汇牌价接口库需要更改链接器设置。打开项目属性页对话框，在“链接器”类别下的“常规”选项，将“强制文件输出”选项改为“已启用（/FORCE）”，如图10-12所示。

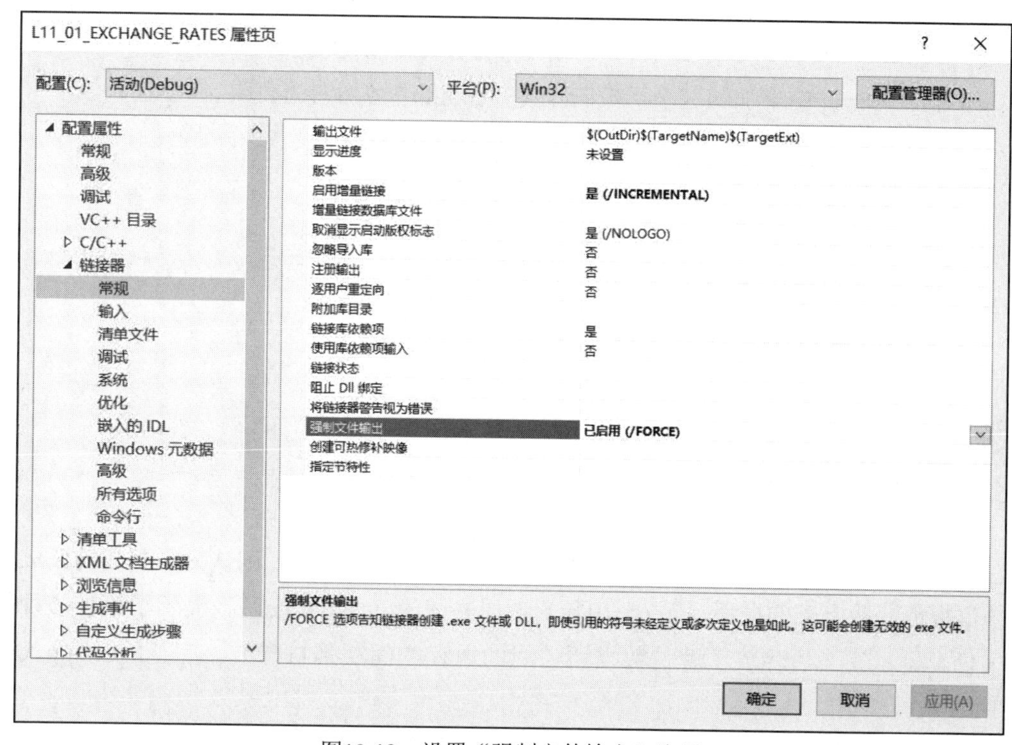

图10-12　设置“强制文件输出”选项

只有设置了链接器选项后，后面的代码才不会出现链接错误。

我们知道牌价接口库提供了GetAllRates函数用以读取全部牌价。该函数的使用方法如下。

```
1.     ExchangeRate* allRates = NULL;
2.     int count = GetAllRates(&allRates);
```

先定义一个结构体指针变量allRates并赋值为NULL，然后将指针变量的地址作为参数传入GetAllRates函数。GetAllRates函数内部会分配一块内存空间并将从网络上取得的最新的外汇牌价数据存入其中，然后将指针变量allRates指向这块空间。

在函数调用成功时，变量count中会存储外币的数量，同时allRates的值也不再为NULL。你可以基于指针allRates访问任意一种外币的牌价数据。例如要取得第1种牌价的货币名称可以使用如下表达式。

```
*allRates->CurrencyCode
```

而下面的表达式可以获得第2种牌价的货币名称。

```
*(allRates+1)->CurrecyCode
```

你也可以将allRates指向的内存区域当作一个数组来使用，在7.4.5节中我们也使用过这种方法。例如：

```
allRates[0].CurrencyCode
```

在使用GetAllRates函数取得全部外汇牌价数据后，可以使用一个判断和循环来完成第1～7种外币牌价的显示。我们新增了一个函数displayRates用于显示第1～7种牌价。相较于displayRate函数它的名称多一个s，用以说明它的作用是显示多个牌价。

你需要在ui.cpp中增加的这个函数的定义并在ui.h中增加它的声明。

```
1. void displayRates()
2. {
3.      ExchangeRate* allRates = NULL;
4.      int count = GetAllRates(&allRates);
5.      if (allRates != NULL)
6.      {
7.          for (int i = 0; i <= 6; i++)
8.          {
9.             displayRate(i, allRates[i]);
10.         }
11.         free(allRates);
12.     }
13. }
```

第5行代码判断了指针变量allRates的值，如果它不为NULL，则认为已经成功读取到了外汇牌价。接下来的循环（第7～10行）调用先前的displayRate函数显示了第1～7种外币牌价。显示完毕后释放了牌价数据所占用的内存空间（第11行）。完整的ui.cpp代码如下。

```
1. #include "ui.h"
2. const char* double2string(double value)
3. {
4.     static char str[32];
5.     sprintf(str, "%.2f", value);
6.     return str;
7. }
8.
9. const char* getFlagFileName(char* currencyCode)
10. {
11.     static char filename[512];
12.     strcpy(filename, "D:/BC101/Resources/Flags/");
13.     strcat(filename, currencyCode);
14.     strcat(filename, ".bmp");
15.     return filename;
16. }
17.
18. void displayFixedElements()
19. {
20.     displayText(590, 50, "黑体", rgb(0, 0, 0), 45, 600, "外汇牌价");
21.     displayText(620, 105, "Arial", rgb(0, 0, 0), 18, 700,
        "EXCHANGE RATE");
22.     drawBoxWithFillColor(83, 152, 300, 4, rgb(187, 19, 62), rgb
        (187, 19, 62));
23.     drawBoxWithFillColor(383, 152, 600, 4, rgb(222, 222, 222), rgb
```

```
        (222, 222, 222));
24.         drawBoxWithFillColor(983, 152, 300, 4, rgb(187, 19, 62), rgb
        (187, 19, 62));
25.         displayText(420, 180, "黑体", rgb(0, 0, 0), 25, 600, "现汇买入价");
26.         displayText(600, 180, "黑体", rgb(0, 0, 0), 25, 600, "现钞买入价");
27.         displayText(780, 180, "黑体", rgb(0, 0, 0), 25, 600, "现汇卖出价");
28.         displayText(960, 180, "黑体", rgb(0, 0, 0), 25, 600, "现钞卖出价");
29.         displayText(1140, 180, "黑体", rgb(0, 0, 0), 25, 600, "中行折算价");
30. }
31.
32. void displayRate(int row, ExchangeRate rate)
33. {
34.         int top = 215 + row * 70;
35.         drawBox(100, top, 87, 59, rgb(200, 200, 200));
36.         displayBMP(getFlagFileName(rate.CurrencyCode), top + 1, 101);
37.         displayText(200, top+15, "黑体", rgb(0, 0, 0), 28, 500, rate.
        CurrencyName);
38.         displayText(420, top + 15, "Arial", rgb(0, 0, 0), 28, 500,
        double2string (rate.BuyingRate));
39.         displayText(600, top + 15, "Arial", rgb(0, 0, 0), 28, 500,
        double2string (rate.CashBuyingRate));
40.         displayText(780, top + 15, "Arial", rgb(0, 0, 0), 28, 500,
        double2string (rate.SellingRate));
41.         displayText(960, top + 15, "Arial", rgb(0, 0, 0), 28, 500,
        double2string (rate.CashSellingRate));
42.         displayText(1140, top + 15, "Arial", rgb(0, 0, 0), 28, 500,
        double2string (rate.MiddleRate));
43. }
44.
45. void displayRates()
46. {
47.         ExchangeRate* allRates = NULL;
48.         int count = GetAllRates(&allRates);
49.         if (allRates != NULL)
50.         {
51.             for (int i = 0; i <= 6; i++)
52.             {
53.                 displayRate(i, allRates[i]);
54.             }
55.             free(allRates);
56.         }
57. }
```

这是ui.h目前的内容（新增了displayRates函数的声明）。

```
1. #pragma once
2. #include "screenUtilities.h"
3. #include "D:/BC101/Libraries/BOCRates/BOCRates.h"
4. #pragma comment(lib, "D:/BC101/Libraries/BOCRates/BOCRates.lib")
5. void displayFixedElements();
6. void displayRate(int row, ExchangeRate rate);
7. void displayRates();
```

然后将main函数中固定显示日元汇率的代码删除，换成对displayRates函数的调用。

```
1. #include <stdio.h>
2. #include <string.h>
3. #include "screenUtilities.h"
4. #include "ui.h"
5.
6. int main()
7. {
8.     //初始化图形窗口
9.     initgraph(1366, 768);
10.    setbkcolor(rgb(255, 255, 255));
11.    cleardevice();
12.    displayFixedElements();
13.    displayRates();
14.
15.    //等待用户输入
16.    getchar();
17.    //关闭图形窗口
18.    closegraph();
19.    return 0;
20. }
```

再次运行程序，得到的结果如图10-13所示。

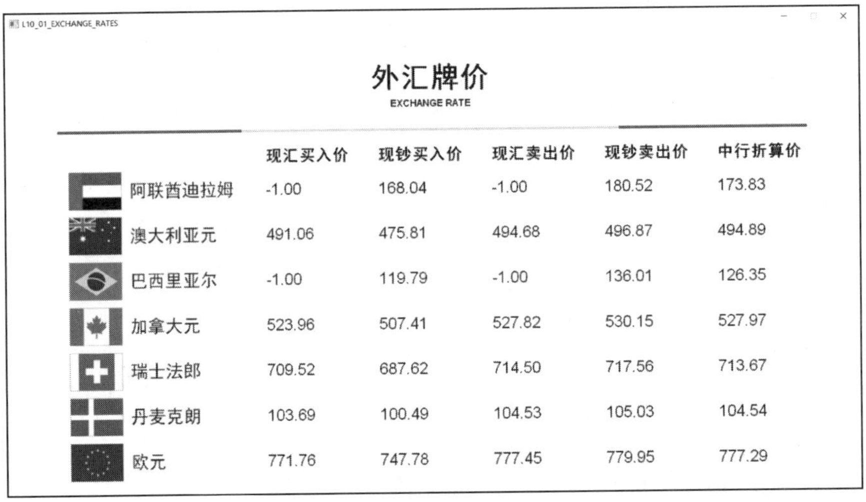

L10_01_EXCHANGE_RATES

外汇牌价

EXCHANGE RATE

	现汇买入价	现钞买入价	现汇卖出价	现钞卖出价	中行折算价
阿联酋迪拉姆	-1.00	168.04	-1.00	180.52	173.83
澳大利亚元	491.06	475.81	494.68	496.87	494.89
巴西里亚尔	-1.00	119.79	-1.00	136.01	126.35
加拿大元	523.96	507.41	527.82	530.15	527.97
瑞士法郎	709.52	687.62	714.50	717.56	713.67
丹麦克朗	103.69	100.49	104.53	105.03	104.54
欧元	771.76	747.78	777.45	779.95	777.29

图10-13 显示实时外汇牌价

虽然仍有不完美，但此时已经离最后的成功非常接近了。程序主要存在的问题如下：

- **某些牌价显示为-1.00。** 这是因为有些业务不存在，例如不存在买入阿联酋迪拉姆的现汇交易。对于这种不存在的业务价格牌价接口库约定返回-1。
- **只显示了7种牌价信息。** 外汇牌价接口库一共会返回26种外币牌价，而目前只显示了7种。根据设计要求，程序应每次显示7种牌价并持续20秒，以循环翻页的方式显示全部牌价。
- **同一列数据应右对齐。** 对于数据类型为数字的列，各行数字应该是右对齐显示。这样更容易也更符合用户的阅读习惯。

● **未显示发布时间。**根据UI设计图，窗口右上方应显示牌价发布时间。

2. 不显示值为-1的牌价

值为负数的牌价不予显示很容易实现，只需在displayRate函数中加入判断即可。修改displayRate函数，用if语句控制每个牌价是否显示。

```
1. void displayRate(int row, ExchangeRate rate)
2. {
3.     int top = 215 + row * 70;
4.     drawBox(100, top, 87, 59, rgb(200, 200, 200));
5.     displayBMP(getFlagFileName(rate.CurrencyCode), top + 1, 101);
6.     displayText(200, top+15, "黑体", rgb(0, 0, 0), 28, 500, rate.
       CurrencyName);
7.     if(rate.BuyingRate>0)displayText (420, top + 15, "Arial", rgb
       (0, 0, 0), 28, 500,double2string(rate.BuyingRate));
8.     if (rate.CashBuyingRate >= 0) displayText(600, top + 15,
       "Arial", rgb(0, 0, 0), 28, 500, double2string(rate.CashBuyingRate));
9.     if (rate.SellingRate >= 0) displayText(780, top + 15, "Arial",
       rgb(0, 0, 0), 28, 500, double2string(rate.SellingRate));
10.    if (rate.CashSellingRate >= 0) displayText(960, top + 15, "Arial",
       rgb(0, 0, 0), 28, 500, double2string(rate.CashSellingRate));
11.    if (rate.MiddleRate >= 0) displayText(1140, top + 15,
       "Arial", rgb(0, 0, 0), 28, 500, double2string(rate.MiddleRate));
12. }
```

再次运行程序，值为-1的牌价就不再显示了，如图10-14所示。

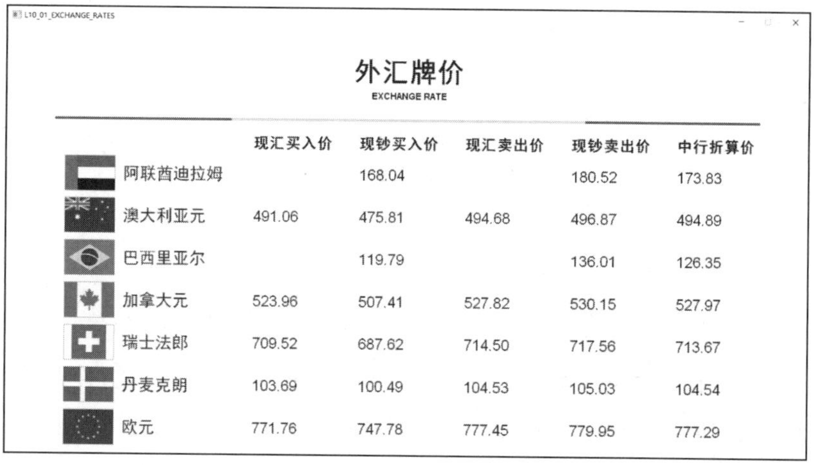

L10_01_EXCHANGE_RATES

外汇牌价

EXCHANGE RATE

	现汇买入价	现钞买入价	现汇卖出价	现钞卖出价	中行折算价
阿联酋迪拉姆		168.04		180.52	173.83
澳大利亚元	491.06	475.81	494.68	496.87	494.89
巴西里亚尔		119.79		136.01	126.35
加拿大元	523.96	507.41	527.82	530.15	527.97
瑞士法郎	709.52	687.62	714.50	717.56	713.67
丹麦克朗	103.69	100.49	104.53	105.03	104.54
欧元	771.76	747.78	777.45	779.95	777.29

图10-14　不显示为负数的牌价

10.2.6　实现分页循环显示

外汇牌价看板每页应显示7行外币牌价，20秒后切换至下一页，最后一页显示完毕后再回到第一页。除此以外，由于外汇牌价信息每隔5分钟会更新一次，程序应每隔5分钟重新调用一次GetAllRates函数以显示最新的牌价信息。

初学者在遇到这种较为复杂的需求时多半会陷入混乱，刚刚得到的成就感瞬间被新的挑战压制并完全没有思路。此时可以采用的策略是仍然是：

- 将大的问题分解成小问题，用多个小问题推动大问题的解决；
- 不要试图同时解决多个问题。

现在我们先将26种外币牌价信息分成4页循环显示。

1. 分页显示的原理和步骤

由于显示器大小和人眼阅读范围的限制，将多行数据分页显示是很常见的界面设计。GetAllRates函数将一次得到26种外汇牌价并将其存入一个“数组”[①]中，分页显示它们并不需要将数据拆分成几部分，只需实现如下功能。

- **计算总页数**。由于外汇种类有可能发生变化，因此我们不能假定牌价数据永远只有26行，数据应该分为几页应由计算得出，而不是固定的4页；
- **循环显示每一页数据**。计算出总页数后，就可以指定显示某一页的数据了。

1）计算总页数

在之前的displayRates函数中，GetAllRates函数返回了总的记录数（26），并存储到一个整形变量里，这个变量一般名为count（意即总数）或recordCount（意即记录总数，本节以后使用recordCount），然后再使用一个循环显示第1～7种外汇牌价。

```
1. void displayRates()
2. {
3.     ExchangeRate* allRates = NULL;
4.     int recordCount = GetAllRates(&allRates);
5.     if (allRates != NULL)
6.     {
7.         for (int i = 0; i <= 6; i++)
8.         {
9.             displayRate(i, allRates[i]);
10.        }
11.        free(allRates);
12.    }
13. }
```

现在我们需要修改这个函数来实现分页显示，而计算总页数是第1件要做的事。如何根据recordCount的值计算出总页数呢？设计要求每页显示7行，通过recordCount就可以计算出数据应分为多少页。但不是简单地将recordCount除以7。原因是：

- 由于recordCount是整型值，7也被编译器当作整型值，所以算术表达式recordCount / 7的结果也是整型值（26/7的值为3，会丢失除法计算的小数部分）；
- 只有在recordCount刚好是7的倍数时，recordCount / 7才能计算出正确的总页数，

① 实际上是malloc函数分配的一块内存空间，详见7.4.5节。

否则计算出的总页数会比实际需要的总页数少1。

当遇到这种较复杂的情况又不知道程序该如何写时，你可以列举几种典型的值，并计算表达式的值，如表10-4所示。

表10-4 recordCount/7的值

recordCount	表达式recordCount / 7的值	实际所需的页数
1	0	1
2	0	1
7	1	1
8	1	2
14	2	2
15	2	3
21	3	3
26	3	4

从表10-4中可以看出，当recordCount不能被7整除时，在recordCount/7的值上加1，就可以计算出实际的页数。因此计算总页数的代码可以写成这样：

```
1. int recordCount = GetAllRates(&allRates);
2. int pageCount = recordCount / 7;
3. if (recordCount %7 != 0) pageCount =pageCount + 1;
```

先将recordCount的值除以7，得到pageCount的值（可能不正确），然后用第3行代码判断recordCount是否可以被7整除，当recordCount/7的余数不为0时，在先前算得的pageCount的基础上加1即可计算出正确的总页数。

但有经验的程序员不会写这么冗余的代码，他们用一行代码即可计算出pageCount。

```
1. int recordCount = GetAllRates(&allRates);
2. int pageCount = (recordCount + 7 - 1 ) / 7;
```

想一下这是为什么？

更有经验的程序员也不会把每页记录数（7）写到表达式里，他们一般使用单独的变量存储每页记录数（第1行的pageSize）。

```
1. int pageSize = 7;
2. int recordCount = GetAllRates(&allRates);
3. int pageCount = (recordCount + pageSize - 1 ) / pageSize;
```

这样做的好处是未来如果要调整每页记录数，只需要改变变量pageSize的值就可以了。pageSize是每页记录数的意思。

到这里，我们已经计算出总页数了，它被保存在变量pageCount中，displayRates函数的代码如下。

```
1. void displayRates()
2. {
3.     ExchangeRate* allRates = NULL;
```

```
4.     int pageSize = 7;
5.     int recordCount = GetAllRates(&allRates);
6.     if (allRates != NULL)
7.     {
8.         int pageCount = (recordCount + pageSize - 1) / pageSize;
9.         //此处加入循环显示每一页外汇牌价的代码
10.         free(allRates);
11.     }
12. }
```

2）显示指定页的数据

计算出总页数后，可以基于pageCount写一个循环以显示每一页数据。在总页数确定的情况下很显然应该使用一个for循环来实现它，循环的控制变量名为pageIndex（页索引，你可以将其理解成页码），下面代码的第9～12行就是遍历每一页的循环。

```
1. void displayRates()
2. {
3.     ExchangeRate* allRates = NULL;
4.     int pageSize = 7;
5.     int recordCount = GetAllRates(&allRates);
6.     if (allRates != NULL)
7.     {
8.         int pageCount = (recordCount + pageSize - 1) / pageSize;
9.         for (int pageIndex = 0; pageIndex <= pageCount - 1;
             pageIndex++)
10.         {
11.             //此处加入显示一页外汇牌价的代码
12.         }
13.         free(allRates);
14.     }
15. }
```

不要急着在循环内部加入显示牌价数据的代码，应该考虑的是“显示一页外汇牌价”应是一个独立的功能，将其设计为函数更有利于程序的模块化。新的函数命名为displayRatesInPage（意即“在一页中显示牌价”），这个新函数调用时的代码如下（第11行）。

```
1. void displayRates()
2. {
3.     ExchangeRate* allRates = NULL;
4.     int pageSize = 7;
5.     int recordCount = GetAllRates(&allRates);
6.     if (allRates != NULL)
7.     {
8.         int pageCount = (recordCount + pageSize - 1) / pageSize;
9.         for (int pageIndex = 0; pageIndex <= pageCount - 1;
           pageIndex++)
10.         {
11.             displayRatesInPage(参数待定);
12.         }
13.         free(allRates);
14.     }
```

```
15. }
```

这个循环执行的次数与之前计算的总页数相等，每次循环时调用displayRatesInPage函数显示一页数据。

那么displayRatesInPage函数需要传入哪些参数才能显示指定页的外汇牌价呢？我们可以向它传入外汇牌价数据的首地址和当前页“页码”，在函数内部再根据首地址和页码计算出当前页数据所在的地址。displayRatesInPage函数的参数为：

- **数组首地址——ExchangeRate* records。**全部牌价数据已被存入一块内存空间中，在调用函数时传入这块空间的首地址即可，参数类型为ExchangeRate*，名为records（意即“记录”）。
- **当前页码——int pageIndex。**函数只需显示一页数据，因此需要传入要显示的页码pageIndex。pageIndex的值从0开始，可以根据pageIndex计算当前页第1行数据的地址。

至此，我们设计出了displayRatesInPage的原型，你可以将它的定义加入到源文件ui.cpp中。

```
1. void displayRatesInPage(ExchangeRate* records, int pageIndex)
2. {
3.
4. }
```

在函数内部，要先计算出当前页第1行数据所处的位置，用一行代码就可以实现。

```
ExchangeRate* firstRecordInCurrentPage = records + pageIndex * 7;
```

这里定义了一个名为firstRecordInCurrentPage的指针变量（意即“当前页第1行记录”），然后用表达式records+pageIndex*7即可计算出当前页第1行记录的内存位置（想一想这是为什么）。接下来你可以将指针firstRecordInCurrentPage作为一个数组名使用。

在displayRatesInPage函数中需要循环显示当前页的7行数据，显示的方法是调用之前使用过的displayRate函数。displayRate函数一次可以显示一行数据，因此显然也要使用一个循环来控制它运行7次（第4～7行）。

```
1. void displayRatesInPage(ExchangeRate* records, int pageIndex)
2. {
3.     ExchangeRate* firstRecordInCurrentPage = records + pageIndex* 7;
4.     for (int row = 0; row <= 6; row++)
5.     {
6.         displayRate(row, firstRecordInCurrentPage[row]);
7.     }
8. }
```

这样，你就完成了displayRatesInPage函数，它可以显示一页数据。再回到displayRates函数中调用它（第11行）。

```
1. void displayRates()
2. {
3.     ExchangeRate* allRates = NULL;
4.     int pageSize = 7;
```

```
5.      int recordCount = GetAllRates(&allRates);
6.      if (allRates != NULL)
7.      {
8.          int pageCount = (recordCount + pageSize - 1) / pageSize;
9.          for (int pageIndex = 0; pageIndex <= pageCount - 1;
            pageIndex++)
10.          {
11.              displayRatesInPage(allRates,pageIndex);
12.          }
13.          free(allRates);
14.     }
15. }
```

目前ui.cpp中的代码已改为（注意displayRatesInPage函数定义在displayRates函数之前）。

```
16. #include "ui.h"
17. const char* double2string(double value)
18. {
19.     static char str[32];
20.     sprintf(str, "%.2f", value);
21.     return str;
22. }
23.
24. const char* getFlagFileName(char* currencyCode)
25. {
26.     static char filename[512];
27.     strcpy(filename, "D:/BC101/Resources/Flags/");
28.     strcat(filename, currencyCode);
29.     strcat(filename, ".bmp");
30.     return filename;
31. }
32.
33. void displayFixedElements()
34. {
35.     displayText(590, 50, "黑体", rgb(0, 0, 0), 45, 600, "外汇牌价");
36.     displayText(620, 105, "Arial", rgb(0, 0, 0), 18, 700,
        "EXCHANGE RATE");
37.     drawBoxWithFillColor(83, 152, 300, 4, rgb(187, 19, 62), rgb
        (187, 19, 62));
38.     drawBoxWithFillColor(383, 152, 600, 4, rgb(222, 222, 222), rgb
        (222, 222, 222));
39.     drawBoxWithFillColor(983, 152, 300, 4, rgb(187, 19, 62), rgb
        (187, 19, 62));
40.     displayText(420, 180, "黑体", rgb(0, 0, 0), 25, 600, "现汇买入价");
41.     displayText(600, 180, "黑体", rgb(0, 0, 0), 25, 600, "现钞买入价");
42.     displayText(780, 180, "黑体", rgb(0, 0, 0), 25, 600, "现汇卖出价");
43.     displayText(960, 180, "黑体", rgb(0, 0, 0), 25, 600, "现钞卖出价");
44.     displayText(1140, 180, "黑体", rgb(0, 0, 0), 25, 600, "中行折算价");
45. }
46.
47. void displayRate(int row, ExchangeRate rate)
48. {
49.     int top = 215 + row * 70;
```

```
50.     drawBox(100, top, 87, 59, rgb(200, 200, 200));
51.     displayBMP(getFlagFileName(rate.CurrencyCode), top + 1, 101);
52.     displayText(200, top+15, "黑体", rgb(0, 0, 0), 28, 500, rate.
        CurrencyName);
53.     if (rate.BuyingRate >= 0) displayText(420, top + 15, "Arial",
        rgb (0, 0, 0), 28, 500,double2string(rate.BuyingRate));
54.     if (rate.CashBuyingRate >= 0) displayText(600, top + 15,
        "Arial", rgb (0, 0, 0), 28, 500, double2string
       (rate.CashBuyingRate));
55.     if (rate.SellingRate >= 0) displayText(780, top + 15,
        "Arial", rgb(0, 0, 0), 28, 500, double2string (rate.
        SellingRate));
56.     if (rate.CashSellingRate >= 0) displayText(960, top + 15,
        "Arial", rgb(0, 0, 0), 28, 500, double2string(rate.
        CashSellingRate));
57.     if (rate.MiddleRate >= 0) displayText(1140, top + 15,
        "Arial", rgb(0, 0, 0), 28, 500, double2string(rate.MiddleRate));
58. }
59.
60. void displayRatesInPage(ExchangeRate* records, int pageIndex)
61. {
62.     ExchangeRate* firstRecordInCurrentPage = records + pageIndex
        * 7;
63.     for (int row = 0; row <= 6; row++)
64.     {
65.         displayRate(row, firstRecordInCurrentPage[row]);
66.     }
67. }
68.
69. void displayRates()
70. {
71.     ExchangeRate* allRates = NULL;
72.     int pageSize = 7;
73.     int recordCount = GetAllRates(&allRates);
74.     if (allRates != NULL)
75.     {
76.         int pageCount = (recordCount + pageSize - 1) / pageSize;
77.         for (int pageIndex = 0; pageIndex <= pageCount - 1;
            pageIndex++)
78.         {
79.             displayRatesInPage(allRates,pageIndex);
80.         }
81.         free(allRates);
82.     }
83. }
```

运行程序，程序以很快的速度显示了多页数据，并且结果并不如我们想的那样正确，如图10-15所示。

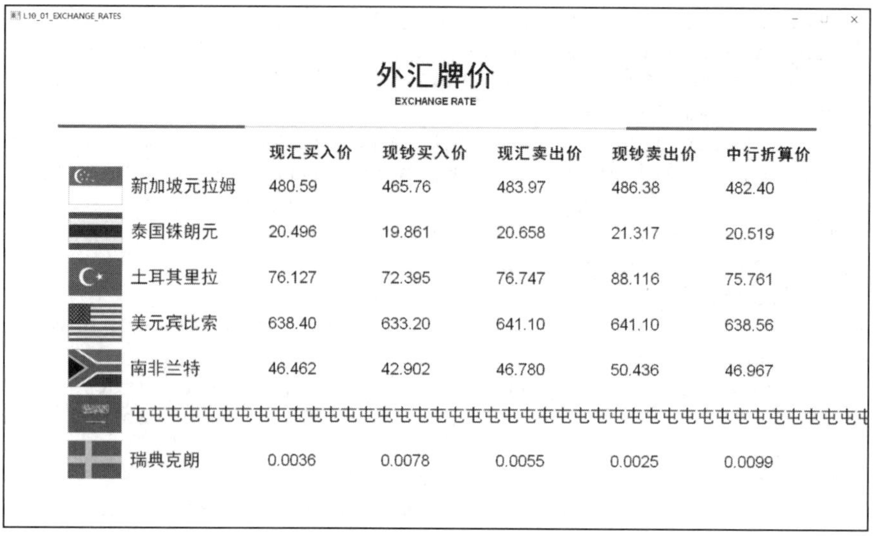

L10_01_EXCHANGE_RATES

外汇牌价
EXCHANGE RATE

	现汇买入价	现钞买入价	现汇卖出价	现钞卖出价	中行折算价
新加坡元拉姆	480.59	465.76	483.97	486.38	482.40
泰国铢朗元	20.496	19.861	20.658	21.317	20.519
土耳其里拉	76.127	72.395	76.747	88.116	75.761
美元宾比索	638.40	633.20	641.10	641.10	638.56
南非兰特	46.462	42.902	46.780	50.436	46.967
屯屯屯					
瑞典克朗	0.0036	0.0078	0.0055	0.0025	0.0099

图10-15　错误显示的外汇牌价

可以看出程序确实是在分页显示，但显示的结果完全超出意料，此时务必保持镇定。只有先仔细观察和总结程序的故障现象，才有可能找出问题。

目前程序的故障和不足体现在：

- 显示了如“新加坡元拉姆”“泰国铢朗元”“美元宾比索”这样明显错误的货币名称；
- 程序最后一页显示了两行乱码；
- 不同页之间切换速度过快。

遇到多个故障时要优先解决简单的问题。在简单问题处理完毕后，复杂问题的原因更容易找到。我们先让“翻页”动作变慢一些，便于我们观察故障现象。

3）显示完一页数据后停留20秒

在displayRates函数中我们使用了for循环显示多页数据。

```
1.  for (int pageIndex = 0; pageIndex <= pageCount - 1; pageIndex++)
2. {
3.      displayRatesInPage(allRates,pageIndex);
4.  }
```

由于此处没有做任何延时处理，在一页牌价显示完毕后立刻就显示下一页，这是不符合设计要求的。此时应在第3行后加入实现延时的代码。Windows提供了Sleep函数用于将程序执行挂起一段时间，也就是等待一段时间后再继续执行。

Sleep函数的声明被包含在头文件windows.h中，由于graphics.h已经包含了这个头文件，你无需在程序中再次包含它。调用它的方式也很简单，使用单位为毫秒的参数即可实现。

```
Sleep(1000);
```

这行代码表示延时1秒（1000毫秒）。如果要延时20秒，写成：

```
Sleep(20000);
```

或者

```
Sleep(20*1000);
```

这两者在运行效率上没有差别，虽然后者看似多了一个乘法运算，但此运算在编译阶段就可能被优化。后者的写法更容易被阅读和修改，程序员在输入程序时不用计算。

加入Sleep函数后，main函数中的循环被改为：

```
54. for (int pageIndex = 0; pageIndex <= pageCount - 1; pageIndex++)
55. {
56.     displayRatesInPage(allRates,pageIndex);
57.     Sleep(20 * 1000);
58. }
```

再次运行程序，每一页显示完毕后都会停留20秒，给了你更多观察故障现象的机会，在开发阶段你可以改成暂停3秒以免等待太久。

4）擦除先前显示的内容

加入延时代码后，你可能很快就会发现之所以出现“新加坡元拉姆”“泰国铢朗元”“美元宾比索”这样的错误货币名称，是因为显示后续页面时之前显示的内容并未全部消失。如同教师在黑板上写字之前没有擦黑板一样，新的内容和旧内容重叠到一起了。

现在，我们需要做的就是在显示每一页数据之前将这块区域清空。由于界面背景为白色，最简单的“清空”方式就是绘制一个填充色为白色的矩形框，在displayRatesInPage中加入一行实现该功能的代码即可（第62行）。

```
1. void displayRatesInPage(ExchangeRate* records, int pageIndex)
2. {
3.     drawBoxWithFillColor(0, 215, 1366, 590, RGB(255, 255, 255), RGB
       (255, 255, 255));
4.     ExchangeRate* firstRecordInCurrentPage = records + pageIndex
       * 7;
5.     for (int row = 0; row <= 6; row++)
6.     {
7.         displayRate(row, firstRecordInCurrentPage[row]);
8.     }
9. }
```

加入这行代码后，运行程序时就再也不会出现错误的货币名称了。而且由于drawBoxWithFillColor函数运行性能低下，在切换页面时还出现了类似“逐行擦除”的动态效果，我们愿意接受这个效果。

但是我们也注意到，最后一页牌价显示时出现错误，如图10-16所示。

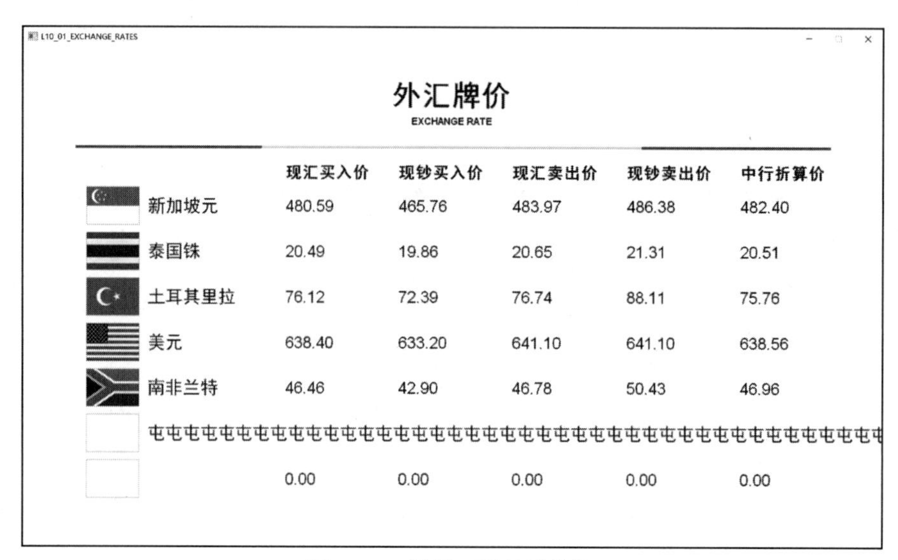

图10-16　最后一页显示错误

5）处理最后一页

很多程序员看到“屯”“烫”这样的字样时会把它们叫做“乱码”。在Visual Studio的调试模式下未初始化的栈空间用0xCC填充，而未初始化的堆空间用0xCD填充。0xCCCC和0xCDCD在中文GB 2312编码中分别对应“烫”字和“屯”字。因此，界面中出现的“屯”应该是来自堆空间（malloc函数分配的是堆空间）。

同时我们也注意到，“南非兰特”是第26种外币中的最后一种，在南非兰特之后不应再显示外币牌价了。而显示一页外汇牌价的函数是固定显示7行数据的。

```
1. void displayRatesInPage(ExchangeRate* records, int pageIndex)
2. {
3.     drawBoxWithFillColor(0, 215, 1366, 590, RGB(255, 255, 255),
       RGB(255, 255, 255));
4.     ExchangeRate* firstRecordInCurrentPage = records + pageIndex
       * 7;
5.     for (int row = 0; row <= 6; row++)
6.     {
7.         displayRate(row, firstRecordInCurrentPage[row]);
8.     }
9. }
```

当显示最后一页牌价时，如果row的值为5、6，第7行displayRate函数会试图显示并不存在的第27、28行数据。firstRecordInCurrentPage[row]指向了与牌价数据相邻的、未被初始化的堆内存空间，因此显示了一行“屯”字。

因此，在调用displayRatesInPage函数时，不一定是要显示7行的。在第1、2、3页中要显示7行，而最后一页只需要显示5行。那么displayRatesInPage函数如何才能知道本页要显示的行数呢？它需要调用者通过参数告诉它本页有几行数据。

先来修改displayRatesInPage函数，包括：

- 增加一个参数rowCount，向displayRatesInPage函数说明这一页的记录数量；

● 修改其中的for循环的终止条件，用参数rowCount（而不是固定的6）控制循环的次数。

这样一来，只要在调用displayRatesInPages函数count时先行计算出当前页的记录数并作为参数传入即可控制当前页显示的行数，就可以避免错误地访问数组以外的内存空间的问题。

```
1. void displayRatesInPage(ExchangeRate* records, int pageIndex,
   int rowCount)
2. {
3.     drawBoxWithFillColor(0, 215, 1366, 590, RGB(255, 255, 255), RGB
       (255, 255, 255));
4.     ExchangeRate* firstRecordInCurrentPage = records + pageIndex
       * 7;
5.     for (int row= 0; row <= rowCount-1; row++)
6.     {
7.         displayRate(row, firstRecordInCurrentPage[row]);
8.     }
9. }
```

不要忘记你需要在调用displayRatesInPages函数时先行计算出当前页的记录数。在displayRates函数中增加第11～19行所示的代码。

```
1. void displayRates()
2. {
3.     ExchangeRate* allRates = NULL;
4.     int pageSize = 7;
5.     int recordCount = GetAllRates(&allRates);
6.     if (allRates != NULL)
7.     {
8.         int pageCount = (recordCount + pageSize - 1) / pageSize;
9.         for (int pageIndex = 0; pageIndex <= pageCount - 1;
           pageIndex++)
10.         {
11.             int rowCountInCurrentPage = 0;
12.             if (recordCount - pageSize * pageIndex > pageSize)
13.             {
14.                 rowCountInCurrentPage = pageSize;
15.             }
16.             else
17.             {
18.                 rowCountInCurrentPage = recordCount - pageSize *
                    pageIndex;
19.             }
20.             displayRatesInPage(allRates,pageIndex,rowCountInCurretPage);
21.             Sleep(3 * 1000);
22.         }
23.         free(allRates);
24.     }
25. }
```

第11行处定义了名为rowCountInCurrentPage（意即“当前页行数”）的整型变量，表达式recordCount - pageSize * pageIndex可以计算出尚未显示的记录总数，如果这个数字大于7（pageSize），则当前页显示7行，否则就只显示余下的记录。

第12～19行代码根据条件表达式是否成立对一个变量赋不同的值。针对这种情况你还可以使用“三元表达式”来精简代码，可以将其写成（注意这是一行代码，因为排版原因被折行）：

```
int rowCountInCurrentPage=recordCount-pageSize*pageIndex >
pageSize ? pageSize : recordCount-pageSize*pageIndex;
```

赋值给rowCountInCurrentPage的值是等于号右侧三元表达式的值。三元表达式由三部分组成，每部分都是一个独立的表达式，图10-17所示为三元表达式的各组成部分。

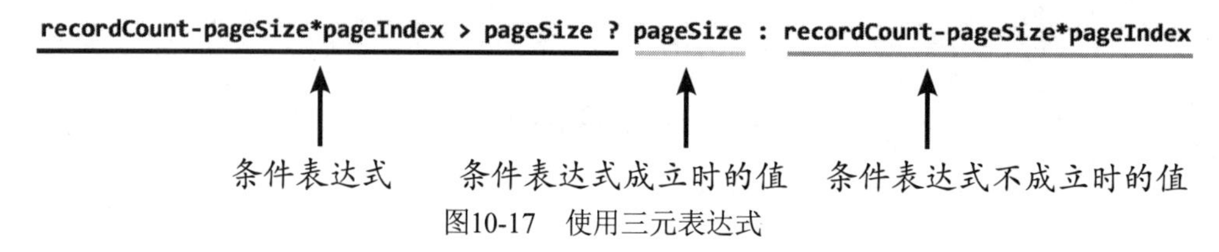

图10-17　使用三元表达式

第1部分是一个条件表达式recordCount-pageSize*pageIndex > pageSize，当这个条件成立时，三元表达式的值取问号之后表达式的值（此处为pageSize）；当第1部分的条件表达式不成立时，三元表达式的值取冒号之后的值。在程序中使用三元表达式可以大大减少根据条件给变量赋值时的代码量。

再次运行程序，最后一页只显示了5行记录，且再也没有出现“乱码”，如图10-18所示。

L10_01_EXCHANGE_RATES

外汇牌价

EXCHANGE RATE

	现汇买入价	现钞买入价	现汇卖出价	现钞卖出价	中行折算价
新加坡元	480.59	465.76	483.97	486.38	482.40
泰国铢	20.49	19.86	20.65	21.31	20.51
土耳其里拉	76.12	72.39	76.74	88.11	75.76
美元	638.40	633.20	641.10	641.10	638.56
南非兰特	46.46	42.90	46.78	50.43	46.96

图10-18　最后一页外汇牌价

2. 循环显示

但是我们也看到当最后一页显示完毕后程序就停住了，这很正常，因为main函数中的displayRates函数只显示了一轮（从第1页到第4页）。如果你让displayRates重复地执行，它就会在显示完最后一页后又回到第1页。下面的代码实现了这一功能。

```
1. #include <stdio.h>
2. #include <string.h>
```

```
3. #include "screenUtilities.h"
4. #include "ui.h"
5.
6. int main()
7. {
8.     //初始化图形窗口
9.     initgraph(1366, 768);
10.    setbkcolor(rgb(255, 255, 255));
11.    cleardevice();
12.    displayFixedElements();
13.
14.    while (1 == 1)
15.    {
16.        displayRates();
17.    }
18.
19.    //等待用户输入
20.    getchar();
21.    //关闭图形窗口
22.    closegraph();
23.    return 0;
24. }
```

第14行代码使用了一个while循环，循环的条件是1==1，由于1是永远等于1的，所以这个循环也永远不会终止。这种循环被称为“死循环”。这正是我们需要的——永远不停地显示牌价。

```
14. while (1== 1)
15. {
16.     displayAllRates(allRates, recordCount, pageSize);
17. }
```

到现在你可能会发现，只要合理地将程序划分为多个不同的函数（而不是将所有代码写在main函数中），在遇到复杂问题时就很容易找到“思路”。很多人代码写不下去并不是因为程序的功能很复杂，而是因为他们的代码乱成一团，遇到稍复杂的新增功能或修改就会无从下手。“合理地将程序划分为多个不同的函数”是一种设计能力，它需要经验的积累和反复试错。下列经验是供读者参考的。

- 当遇到一段代码实现了多个功能时，要将其划分成多个函数；
- 每个函数只实现一个功能；
- 每个函数的代码不宜超过20行，当超过20行时，你需要考虑它是否正在实现多个功能。

至此，我们已经可以将牌价数据正确地分页循环显示，离最终的目标也越来越近了。

10.2.7 其他细节问题

专业程序员和编程爱好者的区别在于，前者不仅关注功能实现，还会关注程序实现细节是否与客户期望一致；而后者在功能实现后欢呼雀跃、激动不已，从而忽略一些细节问题导致被客户批评。

在UI显示层面，目前实现的外汇牌价看板还存在两个问题：

- 外汇牌价没有右对齐显示；
- 没有在右上角显示发布时间。

1. 牌价右对齐显示

在各种表单和用户界面中，文字左对齐显示，数字、金额右对齐显示是基本常识。目前外汇牌价看板中的牌价数据与上方的列标题左对齐，水平坐标值分别是420、600、780、960和1140px，如图10-19所示。

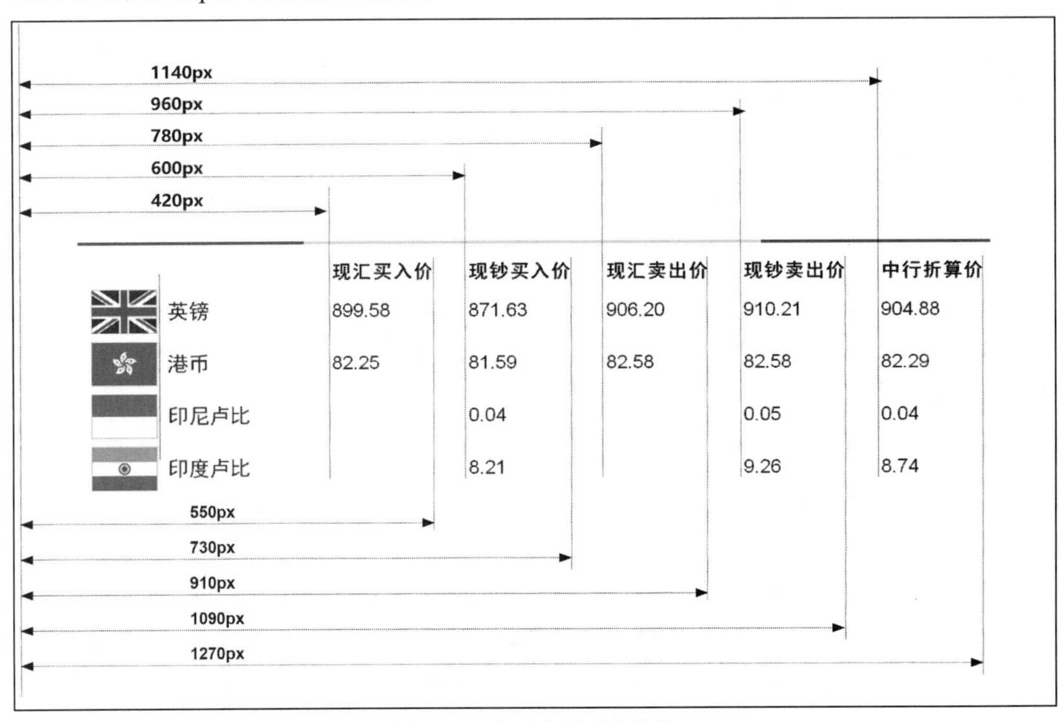

图10-19　左对齐显示的牌价

而我们要求数字是右对齐的，换句话说这5种价格数字最右侧像素的水平坐标值分别是550、730、910、1090和1270px，而displayText函数在调用时只能指定最左侧的坐标。

但这也很好解决，只要在显示每一个价格（如899.58）之前计算出这个价格中的字符数，再将字符数乘以每个字符的宽度（约为12px），就可以得出每个价格字符串显示时的宽度；再用指定的右对齐坐标值减去这个宽度，就可以得出这个价格显示时的水平坐标值。

从图10-20中可以看出计算港币的现汇买入价82.25显示时水平坐标值的方法，由于“82.25”是5个字符，显示时需要的宽度为60px，将右对齐坐标值550减去这个值，就可以得出显示时的水平位置490。

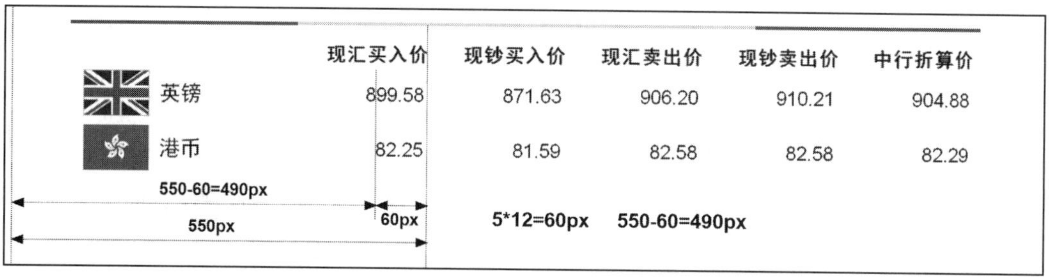

	现汇买入价	现钞买入价	现汇卖出价	现钞卖出价	中行折算价
英镑	899.58	871.63	906.20	910.21	904.88
港币	82.25	81.59	82.58	82.58	82.29

550-60=490px

550px

60px

5*12=60px

550-60=490px

图10-20　计算港币现汇买入价显示时的水平坐标

可以看出，牌价数值显示的水平坐标根据3个条件来确定。

- 该列的右对齐坐标（如550px）；
- 要显示的数值转换成字符串后的字符个数（含小数点）；
- 字符宽度（固定的12px）。

而计算方法是：

右对齐坐标-(字符个数×12)

计算的结果要作为displayText函数的第1个参数，取代原来固定的数字。

```
if (rate.BuyingRate >= 0) displayText(420, top + 15, "Arial", rgb(0, 0, 0), 28, 500,double2string(rate.BuyingRate));
```

现在你已经具备相当的编程经验了，遇到这种情况应该本能地认为应该用一个单独的函数来完成计算，而不是在displayRate函数中增加具体的计算代码。下面的函数可以实现这个功能。

```
1. int calcLeft(int rightPosition, double number)
2. {
3.     const char* str = double2string(number);
4.     int length = strlen(str);
5.     return rightPosition - length * 12;
6. }
```

函数calcLeft（意即“计算left”），传入两个参数：

- 右对齐坐标（int rightPosition）；
- 要显示的数值（double number）。

第3行代码使用先前定义的double2string函数将double型数据number转换成字符串，然后让字符指针str指向它。第4行代码调用标准库函数strlen计算这个字符串中字符的数量。你也可以使用在6.2.1节中自己写的strLength函数来完成这个计算。第5行代码根据先前明确的计算关系，计算出了这个数字显示时的水平坐标，并将其作为函数的返回值。

这个函数也应定义在ui.cpp中，然后在显示牌价的几行代码中用函数调用替换掉先前固定的值。

```
1. void displayRate(int row, ExchangeRate rate)
2. {
3.     int top = 215 + row * 70;
4.     drawBox(100, top, 87, 59, rgb(200, 200, 200));
```

```
5.      displayBMP(getFlagFileName(rate.CurrencyCode), top + 1, 101);
6.      displayText(200, top+15, "黑体", rgb(0, 0, 0), 28, 500, rate.
        CurrencyName);
7.      if (rate.BuyingRate >= 0) displayText(calcLeft(550,rate.
        BuyingRate), top + 15, "Arial", rgb(0, 0, 0), 28, 500,double2string
        (rate.BuyingRate));
8.      if (rate.CashBuyingRate >= 0) displayText(calcLeft(730,rate.
        CashBuyingRate), top + 15,"Arial", rgb(0, 0, 0), 28, 500, double2string
        (rate.CashBuyingRate));
9.      if (rate.SellingRate >= 0) displayText(calcLeft(910,rate.
        SellingRate), top + 15,"Arial", rgb(0, 0, 0), 28, 500, double2string
        (rate.SellingRate));
10.     if (rate.CashSellingRate >= 0) displayText(calcLeft(1090,rate.
        CashSellingRate), top + 15, "Arial", rgb(0, 0, 0), 28, 500,
        double2string(rate.CashSellingRate));
11.     if (rate.MiddleRate >= 0) displayText(calcLeft(1270,rate.
        MiddleRate), top + 15, "Arial", rgb(0, 0, 0), 28, 500, double2string
        (rate.MiddleRate));
12. }
```

再运行程序，即可看出外汇牌价中的价格数据都变成右对齐显示了，如图10-21所示。

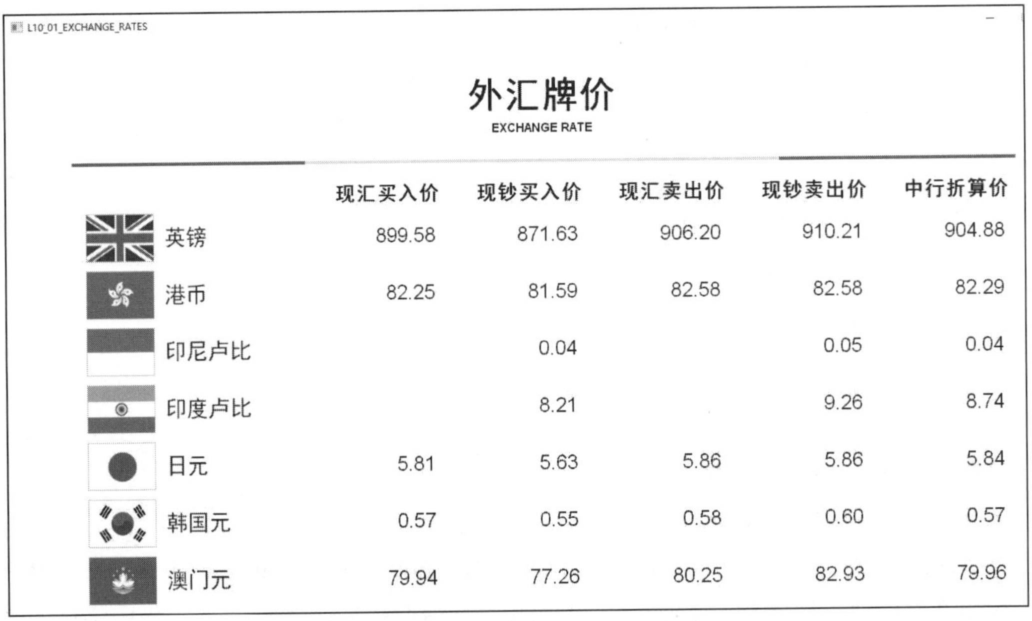

L10_01_EXCHANGE_RATES

外汇牌价

EXCHANGE RATE

	现汇买入价	现钞买入价	现汇卖出价	现钞卖出价	中行折算价
英镑	899.58	871.63	906.20	910.21	904.88
港币	82.25	81.59	82.58	82.58	82.29
印尼卢比		0.04		0.05	0.04
印度卢比		8.21		9.26	8.74
日元	5.81	5.63	5.86	5.86	5.84
韩国元	0.57	0.55	0.58	0.60	0.57
澳门元	79.94	77.26	80.25	82.93	79.96

图10-21　右对齐显示外汇牌价

以下是最新版本的ui.cpp。

```
1. #include "ui.h"
2. char* double2string(double value)
3. {
4.     static char str[32];
5.     sprintf(str, "%.2f", value);
6.     return str;
7. }
8.
```

```
9. const char* getFlagFileName(char* currencyCode)
10. {
11.     static char filename[512];
12.     strcpy(filename, "D:/BC101/Resources/Flags/");
13.     strcat(filename, currencyCode);
14.     strcat(filename, ".bmp");
15.     return filename;
16. }
17.
18. int calcLeft(int rightPosition, double number)
19. {
20.     const char* str = double2string(number);
21.     int length = strlen(str);
22.     return rightPosition - length * 12;
23. }
24.
25. void displayFixedElements()
26. {
27.     displayText(590, 50, "黑体", rgb(0, 0, 0), 45, 600, "外汇牌价");
28.     displayText(620, 105, "Arial", rgb(0, 0, 0), 18, 700,
        "EXCHANGE RATE");
29.     drawBoxWithFillColor(83, 152, 300, 4, rgb(187, 19, 62), rgb
        (187, 19, 62));
30.     drawBoxWithFillColor(383, 152, 600, 4, rgb(222, 222, 222), rgb
        (222, 222, 222));
31.     drawBoxWithFillColor(983, 152, 300, 4, rgb(187, 19, 62), rgb
        (187, 19, 62));
32.     displayText(420, 180, "黑体", rgb(0, 0, 0), 25, 600, "现汇买入价");
33.     displayText(600, 180, "黑体", rgb(0, 0, 0), 25, 600, "现钞买入价");
34.     displayText(780, 180, "黑体", rgb(0, 0, 0), 25, 600, "现汇卖出价");
35.     displayText(960, 180, "黑体", rgb(0, 0, 0), 25, 600, "现钞卖出价");
36.     displayText(1140, 180, "黑体", rgb(0, 0, 0), 25, 600, "中行折算价");
37. }
38.
39. void displayRate(int row, ExchangeRate rate)
40. {
41.     int top = 215 + row * 70;
42.     drawBox(100, top, 87, 59, rgb(200, 200, 200));
43.     displayBMP(getFlagFileName(rate.CurrencyCode), top + 1, 101);
44.     displayText(200, top+15, "黑体", rgb(0, 0, 0), 28, 500, rate.
        CurrencyName);
45.     if (rate.BuyingRate >= 0) displayText(calcLeft(550,rate.
        BuyingRate), top + 15, "Arial", rgb(0,0,0), 28, 500, double2string
        (rate.BuyingRate));
46.     if (rate.CashBuyingRate >= 0) displayText(calcLeft(730,rate.
        CashBuyingRate), top + 15, "Arial", rgb(0, 0, 0), 28, 500,
        double2string(rate.CashBuyingRate));
47.     if (rate.SellingRate >= 0) displayText(calcLeft(910,rate.
        SellingRate), top + 15, "Arial", rgb(0, 0, 0), 28, 500,
        double2string(rate.SellingRate));
48.     if (rate.CashSellingRate >= 0) displayText(calcLeft(1090,rate.
        CashSellingRate),top + 15, "Arial", rgb(0, 0, 0), 28, 500,
        double2string(rate.CashSellingRate));
```

```
49.    if (rate.MiddleRate >= 0) displayText(calcLeft(1270,rate.
       MiddleRate), top + 15, "Arial", rgb(0, 0, 0), 28, 500, double2string
       (rate.MiddleRate));
50. }
51.
52. void displayRatesInPage(ExchangeRate* records, int pageIndex,int
   rowCount)
53. {
54.     drawBoxWithFillColor(0, 215, 1366, 590, RGB(255, 255, 255),
        RGB (255, 255, 255));
55.     ExchangeRate* firstRecordInCurrentPage = records +
        pageIndex * 7;
56.     for (int row = 0; row <= rowCount-1; row++)
57.     {
58.         displayRate(row, firstRecordInCurrentPage[row]);
59.     }
60. }
61.
62. void displayRates()
63. {
64.     ExchangeRate* allRates = NULL;
65.     int pageSize = 7;
66.     int recordCount = GetAllRates(&allRates);
67.     if (allRates != NULL)
68.     {
69.         int pageCount = (recordCount + pageSize - 1) /
            pageSize;
70.         for (int pageIndex = 0; pageIndex <= pageCount - 1;
            pageIndex++)
71.         {
72.             int rowCountInCurrentPage = recordCount - pageSize *
                pageIndex>pageSize ? pageSize: recordCount- pageSize *
                pageIndex;
73.             displayRatesInPage(allRates,pageIndex,rowCountInCurren
                tPage);
74.             Sleep(3 * 1000);
75.         }
76.         free(allRates);
77.     }
78. }
```

2. 显示发布时间

外汇牌价看板的界面右上角设计了显示发布时间的功能。发布时间由固定的“发布时间：”字样和实际发布时间组成，图10-22标识了这两部分文字的显示位置、字体和字号信息。

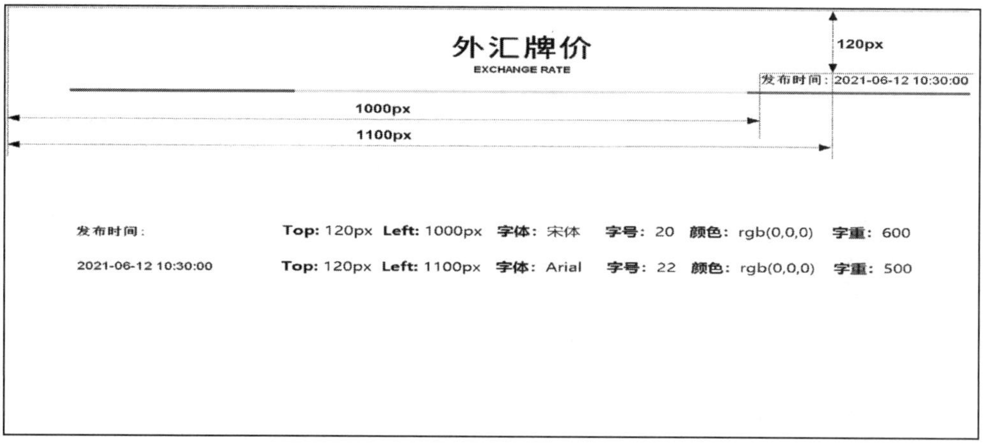

外汇牌价
EXCHANGE RATE
120px
发布时间：2021-06-12 10:30:00
1000px
1100px

发布时间： Top: 120px Left: 1000px 字体：宋体 字号：20 颜色：rgb(0,0,0) 字重：600
2021-06-12 10:30:00 Top: 120px Left: 1100px 字体：Arial 字号：22 颜色：rgb(0,0,0) 字重：500

图10-22　发布时间的显示格式

在ExchangeRate结构体中包含了字符数组PublishTime，其中存储了外币牌价的发布时间，它正是以“2021-06-12 10:30: 00”这种格式存储的字符串，因此可以直接用displayText函数显示它。显示发布时间的代码可以加在displayRates函数中，代码如下（第9、10行）。

```
1. void displayRates()
2. {
3.     ExchangeRate* allRates = NULL;
4.     int pageSize = 7;
5.     int recordCount = GetAllRates(&allRates);
6.     if (allRates != NULL)
7.     {
8.         int pageCount = (recordCount + pageSize - 1) / pageSize;
9.         displayText(1000, 120, "宋体", RGB(0, 0, 0), 20, 600, "发布时
           间:");
10.        displayText(1100, 120, "Arial", RGB(0, 0, 0), 22, 500,
           allRates[0].PublishTime);
11.        for (int pageIndex = 0; pageIndex <= pageCount - 1;
           pageIndex++)
12.        {
13.            int rowCountInCurrentPage = recordCount - pageSize *
               pageIndex > pageSize ? pageSize : recordCount - pageSize *
               pageIndex;
14.            displayRatesInPage(allRates,pageIndex,rowCountInCurren
               tPage);
15.            Sleep(3 * 1000);
16.        }
17.        free(allRates);
18.    }
19. }
```

这样我们就完成了发布时间的显示，如图10-23所示。

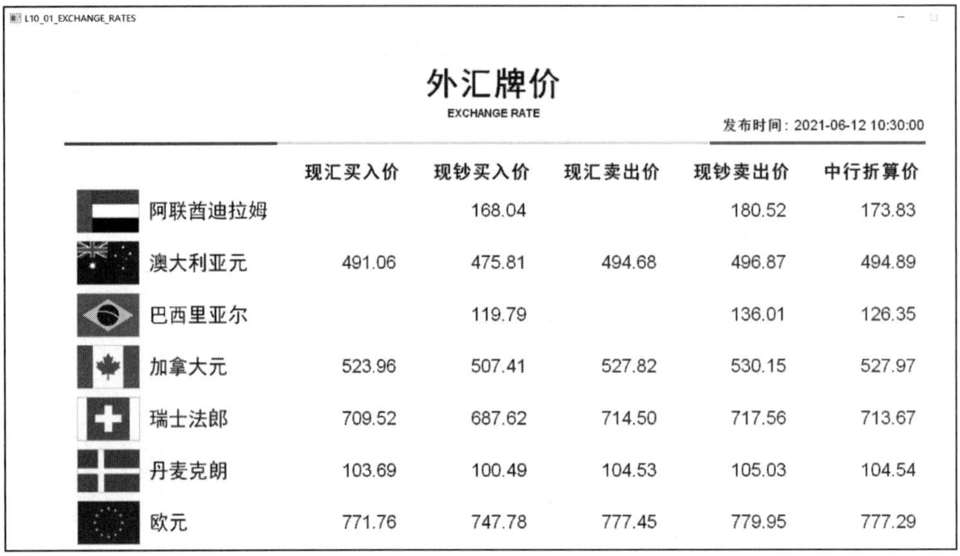

L10_01_EXCHANGE_RATES

外汇牌价

EXCHANGE RATE

发布时间：2021-06-12 10:30:00

	现汇买入价	现钞买入价	现汇卖出价	现钞卖出价	中行折算价
阿联酋迪拉姆		168.04		180.52	173.83
澳大利亚元	491.06	475.81	494.68	496.87	494.89
巴西里亚尔		119.79		136.01	126.35
加拿大元	523.96	507.41	527.82	530.15	527.97
瑞士法郎	709.52	687.62	714.50	717.56	713.67
丹麦克朗	103.69	100.49	104.53	105.03	104.54
欧元	771.76	747.78	777.45	779.95	777.29

图10-23　显示牌价发布时间

10.2.8　实现按任意键退出

目前外汇牌价看板的界面显示部分几乎已经达到交付标准。之所以说“几乎”是我们还没有提供退出程序的方法，main函数中使用一个死循环实现永远不停地分页循环显示牌价的功能。可是用户如何退出程序呢？

我们现在使用的是有边框和关闭按钮的窗口，所以在开发阶段我们习惯性地单击窗口右上角的关闭按钮就停止程序了。但是，在最后交付时我们将使用无边框的全屏窗口显示外汇牌价看板，没有关闭按钮时用户该怎样退出呢？

先来看main函数中的代码：

```
1. int main()
2. {
3.     //初始化图形窗口
4.     initgraph(1366, 768);
5.     setbkcolor(rgb(255, 255, 255));
6.     cleardevice();
7.     displayFixedElements();
8. 
9.     while (1 == 1)
10.    {
11.        displayRates();
12.    }
13. 
14.    //等待用户输入
15.    getchar();
16.    //关闭图形窗口
17.    closegraph();
18.    return 0;
19. }
```

在现在的程序中，第14行以后的代码其实从来都没有运行过，原因是前面循环条件为1==1的循环永远都不会正常终止，除非你通过关闭按钮强行关闭程序。

在正常的程序中，关闭程序要么是通过鼠标操作，要么是通过键盘操作。要实现鼠标操作关闭则必须提供一个按钮，这会破坏外汇牌价看板的UI设计。

通过键盘操作则是一个好主意，你可以和客户约定“*启动程序后按回车键就可以退出程序*”，或者“*启动程序后按任意键就可以退出程序*”。但第1种约定更为简便，它可以减少用户会问你“*哪个是任意键？*”的可能。

我们知道getchar函数可以实现检测用户是否按下回车键的功能，因为这个函数在执行时会暂停程序直至用户按下回车键，但问题在于getchar函数应该加到哪里去呢？

加在第9～12行是不行的，因为getchar函数会暂停程序，但牌价的分页循环显示不能停。那应该怎么办？可不可以有另一个程序专门监控用户有没有按回车键，当用户按下回车键后再来让9～12行的循环终止？

可以，但不是另一个“程序”，而是另一个“线程”来做这件事。

1. 进程和线程

你可能经常看到“进程”（process）这个词。例如在Windows任务管理器的“进程”选项卡中就可以看到很多正在运行的进程，如图10-24所示。

任务管理器
文件(F) 选项(O) 查看(V)
进程 性能 应用历史记录 启动 用户 详细信息 服务

名称	状态	34% CPU	36% 内存	0% 磁盘	0% 网络	0% GPU	GPU 引擎
应用 (4)							
Microsoft Visual Studio 2019...		0.7%	693.6 MB	0.1 MB/秒	0 Mbps	0%	
Microsoft Word		0.7%	156.7 MB	0 MB/秒	0 Mbps	0%	
任务管理器		3.5%	35.1 MB	0 MB/秒	0 Mbps	0%	
远程桌面连接		0%	205.7 MB	0 MB/秒	0 Mbps	0%	
后台进程 (108)							
64-bit Synaptics Pointing Enh...		0%	0.6 MB	0 MB/秒	0 Mbps	0%	
AcroTray (32 位)		0%	0.3 MB	0 MB/秒	0 Mbps	0%	
Adobe IPC Broker (32 位)		0%	1.1 MB	0 MB/秒	0 Mbps	0%	

简略信息(D)　结束任务(E)

图10-24　Windows任务管理器中的进程

此处显示的每一行都表示一个正在运行的程序。你可以把它理解成“*每一个正在运行的程序都是一个进程*”。进程又被称作“*程序的实例*”。有的程序允许同时启动多个实例，例如你可以同时启动两个QQ程序以登录不同的号码，如图10-25所示。

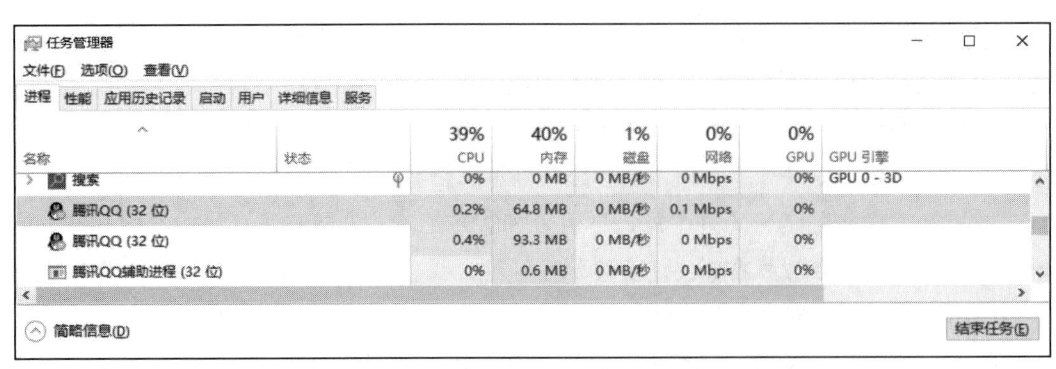

图10-25　同时启动多个实例的程序

但有的程序设计时不允许同时启动多个实例的，例如微信客户端就不允许同时启动两个微信。

进程又分为两种：单线程和多线程。我们之前编写的程序都是“单线程”的，程序从main函数的第1行代码开始按顺序运行到最后一行，在同一时间里只有一条语句被执行。而很多语言都提供“多线程”，你可以在启动程序后创建一个或多个额外的“线程（thread）”，这些线程都在一个进程内，但可以“同时”运行。此处的“同时”之所以要加上引号是因为操作系统仍然采用“分时”机制在多个线程之间轮流切换执行（每个线程执行极短的时间后切换到另一线程），所以在用户和程序员看来这些任务是同时进行的。

这样的好处是你的程序可以同时运行多个任务，类似于一个人可以“一心多用”。对于外汇牌价看板而言，可以将一个线程用于检测键盘输入，另一个线程用于显示外汇牌价，当前者检测到回车键被按下后会将另一个线程结束。

2. 增加新的线程

现在，我们需要将显示外汇牌价的代码从main函数中独立出去作为一个单独的函数，以便将其作为一个单独的线程。目前的main函数是这样的：

```
1. #include <stdio.h>
2. #include <string.h>
3. #include "screenUtilities.h"
4. #include "ui.h"
5.
6. int main()
7. {
8.     //初始化图形窗口
9.     initgraph(1366, 768);
10.    setbkcolor(rgb(255, 255, 255));
11.    cleardevice();
12.    displayFixedElements();
13.
14.    while (1 == 1)
15.    {
16.        displayRates();
17.    }
```

```
18.
19.     //等待用户输入
20.     getchar();
21.     //关闭图形窗口
22.     closegraph();
23.     return 0;
24. }
```

将第14～17行代码单独作为一个函数，名为displayThread，它的代码可以加入到ui.cpp中。

```
1. void displayThread(void* argsList)
2. {
3.     while (1 == 1)
4.     {
5.         displayRates();
6.     }
7. }
```

这个函数将作为新线程的执行代码，在声明这个函数时应注意：

- 函数的返回值类型必须为void;
- 函数必须有一个类型为void*的参数，在有必要的情况下可以通过这个参数向线程传入更多的信息。

由于你需要在main.cpp中调用这个函数，所以也需要在ui.h中加入它的声明（第8行）。

```
1. #pragma once
2. #include "screenUtilities.h"
3. #include "D:/BC101/Libraries/BOCRates/BOCRates.h"
4. #pragma comment(lib, "D:/BC101/Libraries/BOCRates/BOCRates.lib")
5. void displayFixedElements();
6. void displayRate(int row, ExchangeRate rate);
7. void displayRates();
8. void displayThread(void* argsList);
```

接下来你就可以在main函数中创建新的线程以执行displayThread函数。创建线程需要使用名为_beginthread的函数，首先要包含头文件process.h（第3行）。

```
1. #include <stdio.h>
2. #include <string.h>
3. #include <process.h>
4. #include "screenUtilities.h"
5. #include "ui.h"
6.
7. int main()
8. {
9.     //初始化图形窗口
10.    initgraph(1366, 768);
11.    setbkcolor(rgb(255, 255, 255));
12.    cleardevice();
13.    displayFixedElements();
14.    HANDLE threadForDisplay = (HANDLE)_beginthread(displayThread,
       0, NULL);
```

```
15.     CloseHandle(threadForDisplay);
16.     //等待用户输入
17.     getchar();
18.     //关闭图形窗口
19.     closegraph();
20.     return 0;
21. }
```

第14行代码调用了_beginthread的函数，它的第1个参数是函数名displayThread，表明新线程要启动这个函数，第2、3个参数分别用于指定新线程的栈大小和参数列表，此处写0和NULL即可（NULL表示不传入参数列表）。

调用了_beginthread函数后新的线程就会被单独启动并执行displayThread函数中的代码，而主线程（main函数）则继续向下执行。

_beginthread函数会返回一个句柄（HANDLE类型），未来如果你要操作这个线程时（例如要强行终止）就可以使用这个句柄。我们程序中第15行调用了CloseHandle函数关闭了线程句柄，这是因为在我们的程序中后续无需使用这个句柄（不再需要使用句柄干预这个线程）。关闭句柄可以及时释放句柄资源，但不会终止线程的运行。

在新线程开始运行后，main函数继续向下运行到第17行的getchar函数，此时会停下来等待用户按下回车键；而同时线程函数displayThread仍在忠实地、不停地运行显示牌价的死循环。当用户按下回车键后，main函数继续向下执行，当运行到最后一行return 0时，主程序结束，操作系统会回收全部程序的资源，线程函数displayThread也一起“同归于尽”了，程序结束。

这样我们就实现了一边循环显示外汇牌价，一边等待用户按下回车键来结束程序的功能。再次运行程序，只要在外汇牌价看板窗口中按下回车键，程序就退出了。“按回车键退出”的功能实现完毕。

至此，外汇牌价看板的用户界面部分实现完成。

10.3 设计和实现外汇牌价看板的数据访问层

我们始终都在使用牌价接口库中的GetAllRates函数获取实时外汇牌价数据并显示它们。这样做目前没有什么问题，但并不符合设计要求。

根据设计要求，外汇牌价看板的客户端程序应该每5分钟向服务器查询一次最新的外汇牌价数据，而目前的程序是大约每80秒就向服务器发出一次查询（每页显示20秒，共4页），这就不必要地增加了服务器的负担（牌价信息5分钟才更新一次），当客户端数量较多时服务器系统性能会大幅下降。

除此以外，有经验的工程师要考虑在实际工况中发生的情况。运行外汇牌价看板的计算机很难保证24小时不间断连接互联网，在网络暂时失去连接时如果程序仍然可以显示最后一次获取的外汇牌价，就可以带来更好的用户体验。

这些都属于“数据访问层”的功能。在此之前我们始终没有考虑这部分功能是因为要聚焦在表现层的功能实现，现在表现层功能完成了就可以考虑数据访问层的工作了。

既然属于不同层级的功能，我们就应该使用单独的头文件和源程序文件。数据访问层的英文全称是“data access layer”，因此新的头文件和源程序文件就分别命名为dal.h和dal.cpp，接下来要创建的函数将在这两个文件中声明和定义。因为还需要在ui.cpp中调用新创建的函数，因此也需要在ui.h中包含头文件dal.h。

10.3.1 设计LoadRates函数

目前，我们在displayRates函数中调用牌价接口库的GetAllRates函数实时获得牌价数据，先前说明过这是一种临时的做法。

```
1. void displayRates()
2. {
3.     ExchangeRate* allRates = NULL;
4.     int pageSize = 7;
5.     int recordCount = GetAllRates(&allRates);
6.     …以下代码略
7. }
```

根据设计要求，我们不应每次都调用GetAllRates函数获取实时牌价了。这就需要一个新的函数负责获取牌价数据（从本地磁盘或网络）。新的函数可以命名为LoadRates，在dal.h和dal.cpp中声明和定义。

LoadRates函数的参数和返回值应尽量与GetAllRates保持一致，这样就不需要对displayRates函数进行大幅修改。我们将LoadRates函数的原型定义如下。

```
int LoadRates(ExchangeRate** result)
```

和GetAllRates函数一样，调用LoadRates函数时需要传入一个指针变量的地址（参数result），这个指针变量用于存放第1条牌价数据所在的内存地址。LoadRates函数同样通过一个整型值返回函数的执行结果，表10-5是LoadRates函数的设计说明。

表10-5　设计LoadRates函数

函数名	LoadRates
头文件	dal.h
功能描述	获取全部外币牌价和外币种类总数，获取规则如下： 1.函数第1次调用时，通过GetAllRates函数获得实时外汇牌价数据，保存至本地磁盘文件，并返回数据给调用者 2.如在5分钟内再次调用本函数，则读取磁盘文件中的数据并返回；如距上次调用时间超过5分钟，则再次使用GetAllRates函数获得实时外汇牌价并返回数据 3.任何时候使用GetAllRates函数获取实时外汇牌价失败时，应从本地磁盘文件中读取最后一次获得的外汇牌价并返回其中的数据
原型（声明）	int LoadRates（ExchangeRate** result）

参数	类型	参数名	用途
	ExchangeRate**	result	用于存储数据首地址的指针变量的地址
返回值	值	含义	
	-1	获取牌价信息失败	
	其他值	外币总数	

设计好函数原型后，需要在dal.h中加入相关头文件、库引用和LoadRates函数的声明。

```
1. #pragma once
2. #include <stdio.h>
3. #include "D:/BC101/Libraries/BOCRates/BOCRates.h"
4. #pragma comment(lib, "D:/BC101/Libraries/BOCRates/BOCRates.lib")
5. int LoadRates(ExchangeRate** result);
```

dal.cpp中可以先加入对dal.h头文件、库文件的引用及尚未实现的LoadRates函数。

```
1. #include "dal.h"
2.
3. int LoadRates(ExchangeRate** result)
4. {
5.    return GetAllRates(result);
6. }
```

目前，对LoadRates函数的调用实际上是对GetAllRates函数的间接调用。

然后在ui.h中包含头文件dal.h（第4行），以便在ui.cpp中调用LoadRates函数。

```
1. #pragma once
2. #include "screenUtilities.h"
3. #include "D:/BC101/Libraries/BOCRates/BOCRates.h"
4. #include "dal.h"
5. #pragma comment(lib, "D:/BC101/Libraries/BOCRates/BOCRates.lib")
6. void displayFixedElements();
7. void displayRate(int row, ExchangeRate rate);
8. void displayRates();
9. void displayThread(void* argsList);
```

最后修改ui.cpp中的displayRates函数，将原来对GetAllRates函数的调用改为LoadRates函数。

```
1. void displayRates()
2. {
3.     ExchangeRate* allRates = NULL;
4.     int pageSize = 7;
5.     int recordCount = LoadRates(&allRates);
6.     if (allRates != NULL)
7.     {
8.         int pageCount = (recordCount + pageSize - 1) / pageSize;
9.         displayText(1000, 120, "宋体", RGB(0, 0, 0), 20, 600, "发布时
           间:");
10.        displayText(1100, 119, "Arial", RGB(0, 0, 0), 22, 500,
```

```
            allRates[0].PublishTime);
11.          for (int pageIndex = 0; pageIndex <= pageCount - 1;
             pageIndex++)
12.          {
13.             int rowCountInCurrentPage = recordCount - pageSize
                * pageIndex > pageSize ?  pageSize : recordCount -
                pageSize * pageIndex;
14.             displayRatesInPage(allRates,pageIndex,rowCountInCurrentPage);
15.             Sleep(3 * 1000);
16.          }
17.          free(allRates);
18.      }
19. }
```

做好这些准备工作后，程序应能正确编译和运行。因为目前对LoadRates函数的调用实际上还是对GetAllRates函数的调用，所以程序运行结果和以前应是一样的。

接下来仔细考虑如何真正实现LoadRates函数的功能。

10.3.2 实现LoadRates函数

函数LoadRates的功能描述为：

（1）函数第1次调用时，通过GetAllRates函数获得实时外汇牌价数据，保存至本地磁盘文件，并返回数据给调用者。

（2）如在5分钟内再次调用本函数，则读取磁盘文件中的数据并返回；如距上次调用时间超过5分钟，则再次使用GetAllRates函数获得实时外汇牌价并返回数据。

（3）任何时候使用GetAllRates函数获取实时外汇牌价失败时，应从本地磁盘文件中读取最后一次获得的外汇牌价并返回其中的数据。

需求看上去比较复杂，但我们仍然坚持“不一次解决多个问题”的原则来逐步实现它们。可以先不考虑从磁盘文件中读取牌价的功能，集中精力实现功能描述中的第1项。

1. 获取数据并保存至磁盘文件

在7.4.6节中，我们已经完成了将获取的牌价保存至磁盘文件的函数saveAllRates，可以将这个函数直接添加到目前的程序中（在dal.h中声明，在dal.cpp中定义）。

```
1. int saveAllRates(const char* fileName, const ExchangeRate* records,
  int recordCount)
2. {
3.       FILE* fp = fopen(fileName, "wb");
4.       if (fp != NULL)
5. {
6.       fwrite(records, sizeof(ExchangeRate), recordCount, fp);
7.       fclose(fp);
8.       return 0;
9. }
10. else
```

```
11. {
12.   return -1;
13. }
14. }
```

然后在LoadRates函数中增加调用saveAllRates函数的代码，保存数据到D:\Data\目录下名为Rates.dat的文件中。

```
1. int LoadRates(ExchangeRate** result)
2. {
3.     int recordCount = GetAllRates(result);
4.     if (recordCount > 0 && *result!=NULL)
5.     {
6.         saveAllRates("D:/Data/Rates.dat", *result, recordCount);
7.     }
8.     return recordCount;
9. }
```

需要注意：

- 在该函数中，传入的参数result是displayRates函数中指针变量allRates的地址（因此参数类型是ExchangeRate**）。
- 第3行代码将指针变量allRates的地址直接传入GetAllRates函数。该函数内部会分配内存空间存储牌价数据，并根据传入的指针变量allRates的地址将变量的值设置为这块空间的首地址（此处如有不清楚可复习7.4.5节）。
- 第4行代码先判断recordCount的值（GetAllRates的返回值）是否大于0。只有在recordCount的值大于0并且指针result所指向的位置的值（其实就是allRates的值）不为NULL时，才认为获取实时牌价数据成功，也才会调用saveAllRates函数保存数据。

LoadRates函数目前没有全部完成，但它可以正常获取和显示外汇牌价数据，也会在D:\Data目录下创建名为Rates.dat的数据文件并将数据保存其中。

2. 间隔5分钟读取实时牌价

再来考虑函数功能需求的第2项：如在5分钟内再次调用本函数，则读取磁盘文件中的数据并返回；如距上次调用时间超过5分钟，则再次使用GetAllRates函数获得实时外汇牌价并返回数据。

这里的关键是，需要根据距上次调用是否达到5分钟来决定是从磁盘读取数据还是从网络读取数据。那么怎么处理和判断时间呢？

在计算机中日期和时间数据的处理是比较麻烦的。你可能认为用字符串存储日期和时间就够了，例如之前我们显示的发布日期是“2021-06-12 10：30”。这种格式用于显示是没问题的，但在内部存储时就可能引起麻烦（可查阅有关“千年虫”的信息），并且不方便对日期和时间数据进行计算。

为了避免这些麻烦，日期和时间数据最好采用数字来表达。目前广泛使用的方法是如果要表达一个时间或日期数据，就计算这个时间距离1970年1月1日0时0分0秒的秒数，然后用这个秒数来表达时间和日期。例如2021年5月3日21：25：46（格林威治时间2021年5月3日13:25:46）与1970年1月1日0时0分0秒之间间隔1 620 048 346秒。需要存储这个时间时就存储数字1 620 048 346，需要显示时再根据需要将其转换成需要的格式，如2021-5-3、2021-05-03或05-03-2021等。

C语言标准库提供了一些与时间相关的函数，我们可以使用time函数获得从1970年1月1日0时0分0秒开始到现在（以格林威治标准时间为准）的秒数。例如下面的程序调用了time函数，并将其返回值赋值给整型变量seconds，然后显示了它的值。

```
1. #include <stdio.h>
2. #include <time.h>
3. int main()
4. {
5.     int seconds = 0;
6.     seconds = time(NULL);
7.     printf("自1970年1月1日至现在，已经过%d秒\n", seconds);
8.     return 0;
9. }
```

笔者在北京时间2021年5月3日21:25:46运行这个程序，得到了如图10-26的结果。

```
Microsoft Visual Studio 调试控制台
自1970年1月1日至现在，已经过1620048346秒
```

图10-26　使用time函数的例子

更多关于time函数和其他与日期、时间相关函数的信息，可自行查阅C语言标准手册。

注　意

由于32位整型（int）表示的范围有限，如果你使用int型变量存储time函数的返回值，程序在2038年1月19日 03:14:08后会产生溢出。解决方案是使用time_t类型来存储秒数，它使用64位整型来存储秒数，可以表达更大的时间范围。

借助time函数，我们就可以判断距上次调用GetAllRates函数的时间了。方法是每次调用完GetAllRates函数成功后将当前时间记录到一个变量中，下次LoadRates函数再运行时判断这个变量的值和当前时间的间隔秒数。

记录调用时间的变量应定义成一个全局变量（定义在所有函数之外，否则每次函数执行完毕它的值会丢失），同时赋初值为0，然后在实时获取牌价成功后给它赋值为当前时间（不要忘记在dal.h中增加对time.h的包含）。

```
1. #include "dal.h"
2.
3. time_t _lastRequestTime = 0;
4.
5. int LoadRates(ExchangeRate** result)
```

```
6. {
7.     int recordCount = GetAllRates(result);
8.     if (recordCount > 0 && *result!=NULL)
9.     {
10.        saveAllRates("D:/Data/Rates.dat", *result, recordCount);
11.        _lastRequestTime = time(NULL);
12.    }
13.    return recordCount;
14. }
```

第7～12行代码用于实时读取和保存牌价数据。它们只有在LoadRates函数初次执行或距离上一次调用GetAllRates函数成功超过5分钟时才应该调用，所以我们可以加入一个判断条件。下面程序的第6行用time（NULL）获取的当前时间减去上次调用时间，如果差值大于300，则执行第9～14行代码获取和保存实时牌价。当这个函数第1次被调用时因为_lastRequestTime的值为0，所以自然也会满足判断条件，从而也能实时获取和保存牌价数据。

```
1. time_t _lastRequestTime = 0;
2.
3. int LoadRates(ExchangeRate** result)
4. {
5.     int recordCount = -1;
6.     if (time(NULL) - _lastRequestTime > 5 * 60)
7.     {
8.         //当前时间距离上次调用时间超过5分钟时才实时读取牌价
9.         recordCount = GetAllRates(result);
10.        if (recordCount > 0 && *result != NULL)
11.        {
12.            saveAllRates("D:/Data/Rates.dat", *result, recordCount);
13.            _lastRequestTime = time(NULL);
14.        }
15.    }
16.
17.    return recordCount;
18. }
```

那么，当函数不是首次运行或者距离上次调用时间超过5分钟呢？此时应该从磁盘文件读取牌价数据。

3. 从磁盘文件读取牌价数据

在7.4.6节中我们介绍过从文件中读取牌价数据的方法，将其中的代码稍作改进即可写出一个独立的函数——loadRatesFromFile（意即“从文件读取牌价”）。特别需要注意的是loadRatesFromFile函数内部会分配内存空间，并且也要由调用者负责释放。

这个函数的声明和定义应加入到dal.h和dal.cpp中，你还需要在dal.h中增加对io.h和stdlib.h文件的包含，以下是dal.h的内容。

```
1. #pragma once
2. #include <stdio.h>
3. #include <stdlib.h>
```

```
4. #include <io.h>
5. #include <time.h>
6. #include "D:/BC101/Libraries/BOCRates/BOCRates.h"
7. #pragma comment(lib, "D:/BC101/Libraries/BOCRates/BOCRates.lib")
8. int LoadRates(ExchangeRate** result);
9. int saveAllRates(const char* fileName, const ExchangeRate* records,
   int recordCount);
10. int GetRatesFromFile(const char* filename, ExchangeRate** buffer);
```

加入到dal.cpp文件中的函数定义如下，实现原理不再赘述。

```
1. int GetRatesFromFile(const char* filename, ExchangeRate** buffer)
2. {
3.     int returnValue = 0;
4.     FILE* fp = fopen(filename, "rb");
5.     if (fp != NULL)
6.     {
7.         long fileSize = filelength(fileno(fp));
8.         int count = fileSize / sizeof(ExchangeRate);
9.         *buffer = (ExchangeRate*)malloc(count * sizeof(ExchangeRate));
10.         if (*buffer != NULL)
11.         {
12.             int readCount = fread(*buffer, sizeof(ExchangeRate),
                count, fp);
13.             if (readCount == count)
14.             {
15.                 returnValue = count;
16.             }
17.             else
18.             {
19.                 returnValue = -2;
20.             }
21.         }
22.         else
23.         {
24.             return -3;
25.         }
26.     }
27.     else
28.     {
29.         returnValue = -1;
30.     }
31.     return returnValue;
32. }
```

有了GetRatesFromFile函数，你就可以很轻松地改进LoadRates函数了，代码如下。当第6行的条件不成立时，调用GetRatesFromFile函数（从第16行else开始至第20行）。

```
1. time_t _lastRequestTime = 0;
2.
3. int LoadRates(ExchangeRate** result)
4. {
5.     int recordCount = -1;
6.     if (time(NULL) - _lastRequestTime > 5 * 60)
7.     {
```

```
8.          //当前时间距离上次调用时间超过5分钟时才实时读取牌价数据
9.          recordCount = GetAllRates(result);
10.          if (recordCount > 0 && *result != NULL)
11.          {
12.            saveAllRates("D:/Data/Rates.dat", *result, recordCount);
13.            _lastRequestTime = time(NULL);
14.          }
15.      }
16.      else
17.      {
18.          //距离上次调用不足5分钟，从磁盘文件读取
19.          recordCount = GetRatesFromFile("D:/Data/Rates.dat", result);
20.      }
21.
22.      return recordCount;
23. }
```

4.网络访问失败时也从文件中读取牌价

最后再来看LoadRates函数的第3项功能需求：任何时候使用GetAllRates函数获取实时外汇牌价数据失败时，应从本地磁盘文件中读取最后一次获得的外汇牌价数据。

在LoadRates函数中只有一行语句调用了GetAllRates函数，并且紧随其后就有if语句判断其是否调用成功（第10行）。当第10行语句的条件不成立时，即为GetAllRates函数获取实时牌价数据失败，于是给它加上else部分即可。

```
1. int LoadRates(ExchangeRate** result)
2. {
3.     int recordCount = -1;
4.     if (time(NULL) - _lastRequestTime > 5 * 60)
5.     {
6.         //当前时间距离上次调用时间超过5分钟时才实时读取牌价数据
7.         recordCount = GetAllRates(result);
8.         if (recordCount > 0 && *result != NULL)
9.         {
10.              saveAllRates("D:/Data/Rates.dat", *result, recordCount);
11.              _lastRequestTime = time(NULL);
12.          }
13.          else
14.          {
15.              recordCount = GetRatesFromFile("D:/Data/Rates. dat", result);
16.          }
17.     }
18.     else
19.     {
20.         //距离上次调用不足5分钟，从磁盘文件读取数据
21.         recordCount = GetRatesFromFile("D:/Data/Rates.dat", result);
22.     }
23.
24.     return recordCount;
25. }
```

测试程序是否运行正常的方法是先连接网络读取一次最新的牌价信息，确定其在

D:\Data目录下创建了Rates.txt文件；然后再断开网络并等待5分钟以上，观察其是否能显示最后一次获得的牌价信息。

最后，我们注意到在这个函数中多处使用了“D:/Data/Rates.dat”表示本地数据文件的文件名，不仅输入麻烦，未来修改时也麻烦。你可以在dal.cpp中定义一个字符指针指向一个字符串常量（第3行），用const限定程序中不允许修改字符指针的指向。

```
1. #include "dal.h"
2.
3. const char* localFileName = "D:/Data/Rates.dat";
4. time_t _lastRequestTime = 0;
5.
6. int LoadRates(ExchangeRate** result)
7. {
8.     int recordCount = -1;
9.     if (time(NULL) - _lastRequestTime > 5 * 60)
10.    {
11.        //当前时间距离上次调用时间超过5分钟时才实时读取牌价
12.        recordCount = GetAllRates(result);
13.        if (recordCount > 0 && *result != NULL)
14.        {
15.            saveAllRates(localFileName, *result, recordCount);
16.            _lastRequestTime = time(NULL);
17.        }
18.        else
19.        {
20.            recordCount = GetRatesFromFile(localFileName, result);
21.        }
22.    }
23.    else
24.    {
25.        //距离上次调用不足5分钟，从磁盘文件读取
26.        recordCount = GetRatesFromFile(localFileName, result);
27.    }
28.
29.    return recordCount;
30. }
```

至此，LoadRates函数实现完毕，它实现了获取外汇牌价的数据访问逻辑。

10.3.3 显示提示信息

目前的LoadRates函数可以尝试从网络、磁盘文件读取牌价信息。无论以那种方式读到了牌价信息，都会使recordCount的值（也就是LoadRates函数的返回值）大于0。而如果所有方法都没有读到牌价，LoadRates函数的返回值就会为负数。这种情况出现在既不能连接网络、本地磁盘上也没有上次读取成功产生的文件的情况下，在现场安装新设备时很常见。此时需要在屏幕上显示出错信息以便通知现场运维人员及时排除故障，如图10-27所示。

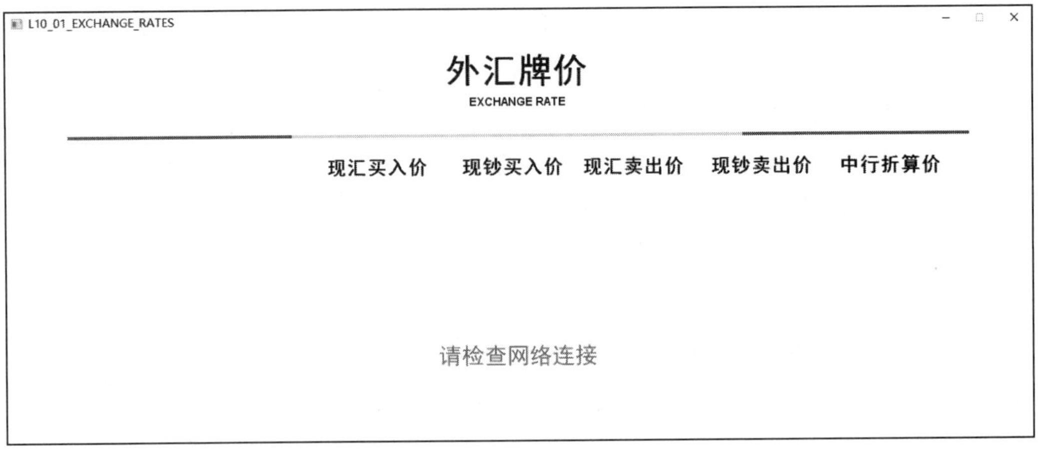

图10-27　显示提示信息

实现方法也很简单，对ui.cpp中的displayRates函数进行修改，在调用LoadRates函数后仅在指针变量allRates的值不为NULL且recordCount的值大于0时才循环显示外汇牌价信息，否则就直接显示“请检查网络连接”。

```
1. void displayRates()
2. {
3.     ExchangeRate* allRates = NULL;
4.     int pageSize = 7;
5.     int recordCount = LoadRates(&allRates);
6.     if (allRates != NULL && recordCount > 0 )
7.     {
8.       此处显示代码略……
9.
10.    }
11.    else
12.    {
13.        displayText(578, 400, "黑体", RGB(255, 0, 0), 30, 500, "请检
           查网络连接");
14.    }
15. }
```

这样就完成了在网络连接故障并且本地磁盘也没有数据文件时显示错误信息的功能。

在显示错误信息时，有可能页面上还显示着外汇牌价信息，所以也需要和以前一样清空显示区域，这需要用到10.2.6节中擦除先前显示内容的代码。

```
drawBoxWithFillColor(0, 215, 1366, 590, RGB(255, 255, 255),
RGB(255, 255, 255));
```

你可以考虑将这段代码复制过来，或者单独定义一个clearDisplayArea（意即“清空显示区域”）的函数，未来需要清空显示区域时调用这个函数就可以了。

```
1. void clearDisplayArea()
2. {
3.     drawBoxWithFillColor(0, 215, 1366, 590, RGB(255, 255, 255), RGB
       (255, 255, 255));
4. }
```

修改displayRates函数，加入clearDisplayArea函数的调用（第21行）。

```
1. void displayRates()
2. {
3.     ExchangeRate* allRates = NULL;
4.     int pageSize = 7;
5.     int recordCount = LoadRates(&allRates);
6.     if (allRates != NULL && recordCount > 0 )
7.     {
8.         int pageCount = (recordCount + pageSize - 1) / pageSize;
9.         displayText(1000, 120, "宋体", RGB(0, 0, 0), 20, 600, "发布时
           间:");
10.         displayText(1100, 119, "Arial", RGB(0, 0, 0), 22, 500,
            allRates[0].PublishTime);
11.         for (int pageIndex = 0; pageIndex <= pageCount - 1;
            pageIndex++)
12.         {
13.             int rowCountInCurrentPage = recordCount - pageSize *
                pageIndex > pageSize ? pageSize : recordCount - pageSize *
                pageIndex;
14.             displayRatesInPage(allRates,pageIndex,rowCountInCurren
                tPage);
15.             Sleep(3 * 1000);
16.         }
17.         free(allRates);
18.     }
19.     else
20.     {
21.         clearDisplayArea();
22.         displayText(578, 400, "黑体", RGB(255, 0, 0), 30, 500,
            "请检查网络连接");
23.     }
24. }
```

还可以修改displayRatesInPage函数，将其中擦除先前显示内容的那行代码换成调用clearDisplayArea函数。

此外，在调试程序时我们发现，从启动程序到牌价数据被显示出来有1～3秒界面上只显示了界面的静态部分，这可能会让用户疑惑是不是程序有问题。在这种情况下，不如在获取数据之前显示一行提示信息“正在初始化网络，请稍候……”（第11行）。

```
1. #include <stdio.h>
2. #include <string.h>
3. #include <process.h>
4. #include "screenUtilities.h"
5. #include "ui.h"
6.
7. int main()
8. {
9.     setFullScreenWindow(1366, 768, rgb(255, 255, 255));
10.     displayFixedElements();
11.     displayText(550, 400, "黑体", RGB(0, 0, 0), 28, 500, "正在初始化
        网络，请稍候……");
12.     HANDLE threadForDisplay = (HANDLE)_beginthread (displayThread,
        0, (void*)"TEST");
```

```
13.     CloseHandle(threadForDisplay);
14.     //等待用户输入
15.     getchar();
16.     //关闭图形窗口
17.     restorePreviousDisplayMode();
18.     return 0;
19. }
```

到这里程序基本开发完成，你可以测试程序在各种工况下的表现，至少包括：

- 启动程序且网络连接正常时，程序是否会按要求显示外汇牌价数据；
- 启动程序时网络连接异常且D:\Data目录下存在数据文件Rates.dat时，是否会显示数据文件中的外汇牌价数据；
- 启动程序时网络连接异常且D:\Data目录下不存在数据文件Rates.dat时，是否会显示出错信息；
- 启动程序时网络连接正常，程序连续执行10分钟，是否会更新到最新的外汇牌价数据（周末、节假日可能不会更新或更新时间较长，此时可参阅中行网站进行核对）；
- 启动程序时网络连接正常，程序连续执行10分钟，然后断开网络10分钟，程序是否会继续正常显示外汇牌价数据；
- 启动程序时网络连接正常，程序连续执行10分钟，然后断开网络10分钟后再连接上网络，程序是否会继续从网络获取最新的外汇牌价数据；
- 连续运行程序48小时，程序是否会异常退出，是否会持续更新最新牌价数据并显示出来。

在正式的软件开发过程中，测试工程师会针对不同工况编写测试用例。测试用例描述测试程序的条件和步骤并指出预期的结果，测试时根据程序的表现是否符合预期来判断测试是否通过。

软件工程师必须要以程序是否能完整地通过测试作为完成工作的标准，而不是把“看上去可以跑”的程序交给测试工程师进行测试。很多测试工程师和程序员的矛盾往往来自于此。

墨菲定律

凡是可能出错的事就一定会出错。

——墨菲定律

我们小心地测试了每一种工况，认为程序应该没有问题了。正当我们愉快地认为终于完成任务时，测试工程师过来向你反馈了一个问题——怎么内存占用越来越多？程序员的本能是回答“在我这里没有问题”“你是不是环境和我不一样”，甚至有时怀疑测试工程师的专业度。

然而现实是，程序真有问题。

10.4 消除隐蔽的隐患

10.4.1 排除内存泄漏

在我们刚刚启动程序时，程序的内存占用为6.5MB，这是一个可以接受的开销，如图10-28所示。

任务管理器

文件(F) 选项(O) 查看(V)

进程 性能 应用历史记录 启动 用户 详细信息 服务

名称	状态	100% CPU	51% 内存	0% 磁盘	0% 网络	电源使用情况	电源使用情况...
应用 (3)							
L10_01_EXCHANGE_RATES.e...		36.2%	6.5 MB	0 MB/秒	0 Mbps	高	中
Microsoft Visual Studio 2022...		3.0%	670.4 MB	0 MB/秒	0 Mbps	非常低	非常低
任务管理器		5.5%	25.5 MB	0.1 MB/秒	0 Mbps	低	非常低
后台进程 (45)							
Antimalware Service Executa...		0.9%	106.4 MB	0.1 MB/秒	0 Mbps	非常低	非常低
Application Frame Host		0%	3.3 MB	0 MB/秒	0 Mbps	非常低	非常低
COM Surrogate		0%	1.3 MB	0 MB/秒	0 Mbps	非常低	非常低
COM Surrogate		0%	1.1 MB	0 MB/秒	0 Mbps	非常低	非常低

简略信息(D) 结束任务(E)

图10-28 程序启动时的内存开销

但随着时间的推移，我们发现程序的内存占用越来越多。在程序运行20分钟后达到了21.5MB并且还在不断增加，如图10-29所示。

任务管理器

文件(F) 选项(O) 查看(V)

进程 性能 应用历史记录 启动 用户 详细信息 服务

名称	状态	46% CPU	48% 内存	0% 磁盘	0% 网络	电源使用情况	电源使用情况...
应用 (3)							
L10_01_EXCHANGE_RATES.e...		11.7%	21.5 MB	0 MB/秒	0 Mbps	低	低
Microsoft Visual Studio 2022...		6.8%	523.9 MB	0 MB/秒	0 Mbps	低	非常低
任务管理器		1.1%	25.8 MB	0 MB/秒	0 Mbps	非常低	非常低
后台进程 (41)							
Antimalware Service Executa...		0%	67.4 MB	0 MB/秒	0 Mbps	非常低	非常低
Application Frame Host		0%	2.3 MB	0 MB/秒	0 Mbps	非常低	非常低
COM Surrogate		0%	1.2 MB	0 MB/秒	0 Mbps	非常低	非常低
COM Surrogate		0%	0.7 MB	0 MB/秒	0 Mbps	非常低	非常低

简略信息(D) 结束任务(E)

图10-29 不断增长的内存开销

不要因为使用的计算机配置的内存很大而不怕内存占用增多，我们能接受它稳定地占用50MB内存但不能接受它持续地增长。因为当进程的内存占用达到极限时程序会被操作系统强行终止或者连累操作系统导致宕机，有的杀毒软件也会主动终止内存占用逐渐增加的程序。

这种情况被称为“内存泄漏”。C和C++的程序员经常被这种问题困扰，Java和C#的程序员则要轻松很多，因为他们一般不直接操作内存。

内存泄漏

内存泄漏是指代码申请了一块内存后由于错误或疏忽在使用完成后没有释放这块内存，此时操作系统认为这块内存空间还在被程序正常使用的情况。

如果这种错误只出现一次且占用的内存块较小通常不会造成不良影响，程序终止时操作系统会自动回收这块内存。

但如果存在这种错误的程序较多（或者存在错误的代码被重复执行），则会越来越多地占用内存资源，直至程序或操作系统崩溃。

当发现内存泄漏出现时排查原因是一件很麻烦的事，有时还需要用到专门的排查工具。笔者不打算在本书中介绍这部分内容，因为它需要很大的篇幅。

内存泄漏一般是因为申请内存后忘了释放，而我们目前为止只用过malloc函数申请内存，所以只要在项目中检索malloc函数调用，并检查是不是每一次申请的内存都得到了释放即可。

需要注意，在外汇牌价看板程序中有两个特殊的函数分配的内存需要由调用者释放：

- 牌价接口库中的GetAllRates函数；
- 数据访问层的GetRatesFromFile函数。

经过检查，我们发现问题出在screenUlitities.cpp中的displayBMP函数。设计这个函数是为了提高读BMP文件的效率，我们根据BMP文件大小分配了一块内存（第11行）并将BMP文件内容全部读入其中，然而在使用完这块内存中的数据后却没有语句释放它，于是就造成了内存泄漏。

```
1. int displayBMP(const char* filename, int top, int left)
2. {
3.     FILE* bmpFile = fopen(filename, "rb");
4.     if (bmpFile == NULL)
5.     {
6.         return -1;
7.     }
8.     else
9.     {
10.         long fileSize = filelength(fileno(bmpFile));
11.         void* fileData = malloc(fileSize);
12.         if (fileData == NULL)
13.         {
```

```
14.             return -2;
15.         }
16.         else
17.         {
18.             fread(fileData, fileSize, 1, bmpFile);
19.             fclose(bmpFile);
20.             char* tags = (char*)fileData;
21.             if (tags[0] == 'B' && tags[1] == 'M')
22.             {
23.                 BitmapHeader* bmpHeader = (BitmapHeader*)((char*)
                    fileData + 2);
24.                 BitmapInformation* bmpInfo = (BitmapInformation*)
                    ((char*)fileData + 2 + 12);
25.                 _24BitPixel* pixelData = (_24BitPixel*)
                    (BitmapInformation*)((char*)fileData + bmpHeader->
                    OffBits);
26.                 for (int y = top + bmpInfo->Height - 1; y >= top;
                    y--)
27.                 {
28.                     for (int x = left; x <= left + bmpInfo->Width - 1;
                        x++)
29.                     {
30.                         putpixel(x, y,rgb(pixelData->Red,pixelData->
                            Green, pixelData->Blue));
31.                         pixelData++;
32.                     }
33.                     if (bmpInfo->Width * 3 % 4 != 0)
34.                     {
35.                         pixelData = (_24BitPixel*)((char*)pixelData +
                            (4 - bmpInfo->Width * 3 % 4));
36.                     }
37.                 }
38.                 return 0;
39.             }
40.             else
41.             {
42.                 return -3;
43.             }
44.         }
45.     }
46. }
```

在合适的位置调用free函数就可以释放内存。需要注意的是该函数中有多个return语句，我们知道在执行到return语句时函数就会结束执行，因此每一个return语句之前都可能需要释放内存。观察displayBMP函数的代码：

```
18.         long fileSize = filelength(fileno(bmpFile));
19.         void* fileData = malloc(fileSize);
20.         if (fileData == NULL)
21.         {
22.             return -2;
23.         }
24.         else
25.         {
```

```
26.             fread(fileData, fileSize, 1, bmpFile);
27.             fclose(bmpFile);
28.             char* tags = (char*)fileData;
29.             if (tags[0] == 'B' && tags[1] == 'M')
30.             {
31.                 ……此处代码略
32.                 return 0;
33.             }
34.             else
35.             {
36.                 return -3;
37.             }
38.         }
```

第1个return语句（第22行）之前无需释放内存，因为此时fileData的值是NULL，只有在内存分配失败时才会执行到此处，因此无需释放。

第32、36行两个return语句执行时内存分配都是成功的，因此需要在它们之前加上free函数。

```
18.         long fileSize = filelength(fileno(bmpFile));
19.         void* fileData = malloc(fileSize);
20.         if (fileData == NULL)
21.         {
22.             return -2;
23.         }
24.         else
25.         {
26.             fread(fileData, fileSize, 1, bmpFile);
27.             fclose(bmpFile);
28.             char* tags = (char*)fileData;
29.             if (tags[0] == 'B' && tags[1] == 'M')
30.             {
31.                 ……此处代码略
32.                 free(filedata)
33.                 return 0;
34.             }
35.             else
36.             {
37.                 free(filedata)
38.                 return -3;
39.             }
40.         }
```

两次调用free函数看上去很奇怪，如果未来程序再多一个分支则还需要再调用一次free函数。在一个函数中有多个return语句并不是一个好习惯（这种情况称为“函数有多个出口”），会给程序员带来混乱。

彻底的解决方案是使用一个名为returnValue的变量存储返回值，并且只在函数的最后才返回它。将displayBMP函数改为（注意被黑底白字显示的内容）。

```
1. int displayBMP(const char* filename, int top, int left)
2. {
3.     int returnValue = -99;
```

```
4.      FILE* bmpFile = fopen(filename, "rb");
5.     if (bmpFile == NULL)
6.     {
7.         returnValue = -1;
8.     }
9.     else
10.    {
11.        long fileSize = filelength(fileno(bmpFile));
12.        void* fileData = malloc(fileSize);
13.        if (fileData == NULL)
14.        {
15.            returnValue = -2;
16.        }
17.        else
18.        {
19.            fread(fileData, fileSize, 1, bmpFile);
20.            fclose(bmpFile);
21.            char* tags = (char*)fileData;
22.            if (tags[0] == 'B' && tags[1] == 'M')
23.            {
24.                BitmapHeader* bmpHeader = (BitmapHeader*)((char*)
                   fileData + 2);
25.                BitmapInformation* bmpInfo = (BitmapInformation*)
                   ((char*)fileData + 2 + 12);
26.                _24BitPixel* pixelData = (_24BitPixel*)
                   (BitmapInformation*)((char*)fileData + bmpHeader-
                   >OffBits);
27.               for (int y = top + bmpInfo->Height - 1; y >= top; y--)
28.                {
29.                    for (int x = left; x <= left + bmpInfo->
                       Width - 1; x++)
30.                    {
31.                        putpixel(x, y, rgb(pixelData->Red, pixelData->
                           Green, pixelData->Blue));
32.                        pixelData++;
33.                    }
34.                    if (bmpInfo->Width * 3 % 4 != 0)
35.                    {
36.                        pixelData = (_24BitPixel*)((char*)
                           pixelData + (4 - bmpInfo->Width * 3 % 4));
37.                    }
38.                }
39.                returnValue = 0;
40.            }
41.            else
42.            {
43.                returnValue =-3;
44.            }
45.            free(fileData);
46.        }
47.     }
48.
49.     return returnValue;
50. }
```

程序在第3行声明了整型变量returnValue，第7、15、39、43行都是在给它赋值但没有使用return语句，在函数的最后才使用return语句返回值。

经过上面的修改，我们消除了displayBMP函数中的内存泄露，并改进了程序结构，使得函数只有一个出口，逻辑更清楚、修改更容易。再次运行程序，我们发现即使经过几小时的运行内存开销也没有增长（约6.4MB）。

10.4.2 请检查网络连接

一个问题解决了，另一个问题又会出现。这是资深程序员的经验，也是人生的真谛和乐趣所在。

当我们心满意足地看到程序运行了很久仍然在正常显示，几乎就要认定程序没有其他故障时，新的故障又出现了——程序运行几个小时后，出现如图10-30所示的错误提示，但程序没有退出。

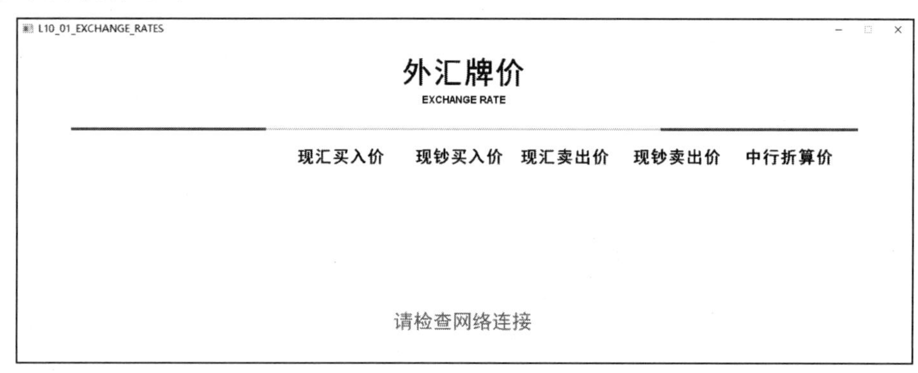

图10-30　运行70分钟后的外汇牌价看板

此时检查网络连接是完全正常的，这让我们非常疑惑，刚刚建立的成就感瞬间消失。这种类型的故障让我们很难一下就知道问题到底出在哪里，只能大概判断是在读取牌价数据时发生了错误。而且由于这个故障需要程序运行很久才会出现，因此我们也很难迅速跟踪到它，除非你打算在计算机前一动不动地观察几个小时（而且还可能观察不到）。通过网络搜索答案几乎不可能，因为几乎不会有其他人写的程序发生的错误和你的一模一样。

对于这种类型的故障，程序员们最常见的做法是“记录日志”，即在程序中认为可疑的地方加上一些额外的代码，将程序运行的状态（例如对函数的调用、变量的值、函数的返回值等）记录到文本文件中。未来在程序出现问题时查阅这些日志可以帮助你分析产生问题的原因。

除此以外，很多软件在正常运行时也需要记录日志。一些值得记录的系统动作、从其他系统接收到的信息也可以通过日志记录下来，以便程序的日常运维和排障，有时还要作为自证清白的证据。

从目前程序的逻辑上看，出现“请检查网络连接”的代码位于displayRates函数中，因为只有在这个函数的第6行if语句后的两个条件均满足时，才会出现“请检查网络连接”的提示。

```
1. void displayRates()
2. {
3.     ExchangeRate* allRates = NULL;
4.     int pageSize = 7;
5.     int recordCount = LoadRates(&allRates);
6.     if (allRates != NULL && recordCount > 0 )
7.     {
8.         int pageCount = (recordCount + pageSize - 1) / pageSize;
9.         displayText(1000, 120, "宋体", RGB(0, 0, 0), 20, 600, "发布时
           间:");
10.         displayText(1100, 119, "Arial", RGB(0, 0, 0), 22, 500,
            allRates[0].PublishTime);
11.         for (int pageIndex = 0; pageIndex <= pageCount - 1;
            pageIndex++)
12.         {
13.             int rowCountInCurrentPage = recordCount - pageSize
                * pageIndex > pageSize ?
                pageSize : recordCount - pageSize * pageIndex;
14.             displayRatesInPage(allRates,pageIndex,rowCountInCurren
                tPage);
15.             Sleep(3 * 1000);
16.         }
17.         free(allRates);
18.     }
19.     else
20.     {
21.         clearDisplayArea();
22.         displayText(578, 400, "黑体", RGB(255, 0, 0), 30, 500,
            "请检查网络连接");
23.     }
24. }
```

由于allRates和recordCount的值都是由LoadRates函数决定的，因此故障可能产生在LoadRates函数中。

因为第6行的if语句怎么看都没有问题，所以我们主要还是要在LoadRates函数中收集线索。我们需要记录LoadRates函数每一次被调用的时间，以及LoadRates函数内部的执行过程。

1. 增加记录日志的代码

记录日志也需要由程序来实现。由于在程序中有多处需要记日志，毫无疑问应该设计一个函数来实现记录日志的功能，新的函数名为AppendToSysLog。笔者在项目中增加两个文件：

- nlogUtility.h
- nlogUtility.cpp

它们分别用于存放日志记录函数的声明和定义，logUtility.h的内容如下。

```
1. #pragma once
2. #include <stdio.h>
3. #include <time.h>
4. #include <string.h>
5. void AppendToSysLog(const char* log);
```

这个文件中引用了需要使用的头文件，并声明了函数AppendToSysLog。logUtility.cpp的内容如下。

```
1. #include "logUtility.h"
2. const char* currentTime()
3. {
4.     static char result[32];
5.     time_t now = time(NULL);
6.     struct tm* tm_now = localtime(&now);
7.     sprintf(result, "%02d-%02d-%02d %02d:%02d:%02d", tm_now->tm_
       year + 1900,
8.          tm_now->tm_mon + 1,
9.          tm_now->tm_mday,
10.         tm_now->tm_hour,
11.         tm_now->tm_min,
12.         tm_now->tm_sec
13.     );
14.    return result;
15. }
16.
17. void AppendToSysLog(const char* log)
18. {
19.     char msg[4096];
20.     sprintf(msg, "%s %s\n", currentTime(), log);
21.     FILE* fp = fopen("./log.txt", "a");
22.     fwrite(msg, strlen(msg), 1, fp);
23.     fclose(fp);
24. }
```

读者可以直接从案例项目中复制这两个文件的内容，并深入了解这两个函数的实现，特别是其中对日期和数据的处理方法，此处不再赘述。

我们定义了currentTime函数和AppendToSysLog函数，前者是用于获得当前日期和时间的，以便在日志中记录时间。在AppendToSysLog中我们打开日志文件使用的代码是：

```
FILE* fp = fopen("./log.txt", "a");
```

此处的“./log.txt”是一个相对路径，“./”表示程序的工作目录，日志文件名为“log.txt”，调用时传入一个要记录的字符串即可。例如使用下面的语句：

```
AppendToSysLog("正在调用LoadRates函数");
```

当程序执行上面的代码时就可以在log.txt中记录信息了。例如：2021-08-0312：20：53 正在调用LoadRates函数。

在Visual Studio调试程序时默认的工作目录是源代码所在的目录，你可以在main.cpp所在的目录中找到log.txt。此外记录日志文件是以“追加”方式打开文件的，每次新写入的日志信息都会追加在文件末尾。

2. 加入日志记录点

由于LoadRates函数非常可疑，因此可以在displayRate函数和LoadRates函数中调用AppendToSysLog函数加入日志记录点（调用AppendToSysLog需要在ui.h和dal.h中包含logUtility.h）。

首先在displayRates函数中加入一个日志记录点（第5行），这样每次调用LoadRates函数之前会先记录下来。

```
1. void displayRates()
2. {
3.     ExchangeRate* allRates = NULL;
4.     int pageSize = 7;
5.     AppendToSysLog("正在调用LoadRates函数");
6.     int recordCount = LoadRates(&allRates);
7.     if (allRates != NULL && recordCount > 0 )
8.     {
9.         int pageCount = (recordCount + pageSize - 1) / pageSize;
10.        displayText(1000, 120, "宋体", RGB(0, 0, 0), 20, 600, "发布时
           间:");
11.         displayText(1100, 119, "Arial", RGB(0, 0, 0), 22, 500,
            allRates[0].PublishTime);
12.         for (int pageIndex = 0; pageIndex <= pageCount - 1;
            pageIndex++)
13.         {
14.             int rowCountInCurrentPage = recordCount - pageSize *
                pageIndex > pageSize ?  pageSize : recordCount - pageSize
                * pageIndex;
15.             displayRatesInPage(allRates,pageIndex,rowCountInCurrent
                Page);
16.             Sleep(3 * 1000);
17.         }
18.         free(allRates);
19.     }
20.     else
21.     {
22.         clearDisplayArea();
23.         displayText(578, 400, "黑体", RGB(255, 0, 0), 30, 500,
            "请检查网络连接");
24.     }
25. }
```

然后是LoadRates函数，其中需要增加的记录点比较多，由于某些日志信息中还需要加入变量值，因此还使用了sprintf函数用于生成动态的日志信息。第3行的字符数组用于存储sprintf函数生成的日志信息。

```
1. int LoadRates(ExchangeRate** result)
2. {
3.     char log[4096];
4.     int recordCount = -1;
5.     if (time(NULL) - _lastRequestTime > 5 * 60)
6.     {
7.         //当前时间距离上次调用时间超过5分钟,实时读取牌价
```

```
8.          AppendToSysLog("当前时间距离上次调用GetAllRates时间超过5分钟,实时读
            取牌价");
9.
10.         recordCount = GetAllRates(result);
11.         if (recordCount > 0 && *result != NULL)
12.         {
13.
14.             sprintf(log,»通过GetAllRates函数读取实时牌价成功, 成功获得%d
                条记录, 正在保存至数据文件», recordCount);
15.             AppendToSysLog(log);
16.
17.             saveAllRates(localFileName, *result, recordCount);
18.             _lastRequestTime = time(NULL);
19.         }
20.         else
21.         {
22.             AppendToSysLog("通过GetAllRates函数读取实时牌价失败, 改为从
                数据文件读取");
23.             recordCount = GetRatesFromFile(localFileName, result);
24.             sprintf(log, "从数据文件读取数据完成, 获取的记录数为:%d",
                recordCount);
25.             AppendToSysLog(log);
26.         }
27.     }
28.     else
29.     {
30.         //距离上次调用不足5分钟, 从磁盘文件读取
31.         AppendToSysLog("当前时间距离上次调用GetAllRates时间不足5分钟,从数
            据文件读取牌价");
32.         recordCount = GetRatesFromFile(localFileName, result);
33.         sprintf(log, "从数据文件读取数据完成, 获取的记录数为:%d",
            recordCount);
34.         AppendToSysLog(log);
35.     }
36.     return recordCount;
37. }
```

这些用于排查故障的日志记录点在故障排除后可以谨慎地删除。运行程序后，我们看到程序运行时开始记录日志。

```
2021-08-04 04:38:05 正在调用LoadRates函数
2021-08-04 04:38:05 当前时间距离上次调用GetAllRates时间超过5分钟,实时读取牌价
2021-08-04 04:38:06 通过GetAllRates函数读取实时牌价成功, 成功获得26条记录, 正
在保存至数据文件
2021-08-04 04:38:20 正在调用LoadRates函数
2021-08-04 04:38:20 当前时间距离上次调用GetAllRates时间不足5分钟,从数据文件读
取牌价
2021-08-04 04:38:20 从数据文件读取数据完成, 获取的记录数为:26
......
```

接下来你就可以等到故障再次出现时来查看日志。这可能需要几个小时甚至更长，但绝对不要因为故障短时间内没有重现就认为不会再出现了，因为“扫帚不到，灰尘照例不会自己跑掉”。心存侥幸只会造成损失，如果你有过刚离开客户现场下了返程飞机

就被客户的电话叫回去的体验，就会更加认同这一点。

3. 分析和解决故障

经过4小时运行，程序果然又出错了。但这次的错误表现不同，如图10-31所示。

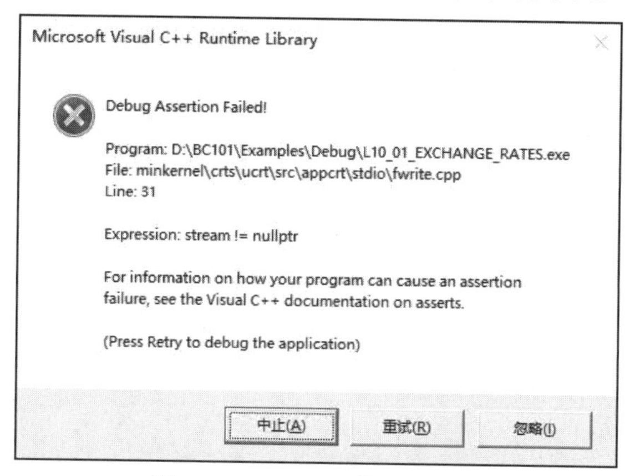

图10-31　fwrite函数调用报错

单击“忽略”按钮，代码停在名为fwrite.cpp的文件的第31行。

```
20. extern "C" size_t __cdecl fwrite(
21.     void const* const buffer,
22.     size_t      const size,
23.     size_t      const count,
24.     FILE*       const stream
25.     )
26. {
27.     if (size == 0 || count == 0)
28.         return 0;
29.
30.     // The _nolock version will do the rest of the validation.
31.     VALIDATE_RETURN(stream != nullptr, EINVAL, 0);
32.
33.     return __acrt_lock_stream_and_call(stream, [&]() -> size_t
34.     {
35.     __acrt_stdio_temporary_buffering_guard const buffering(stream);
36.
37.         return _fwrite_nolock(buffer, size, count, stream);
38.     });
39. }
```

虽然你很不想看这段不是自己写的代码（可能也看不懂），但你可以在搜索引擎中搜索这行代码。因为这行代码是微软实现fwrite函数的代码，一定不止你一个人使用，自然也不止你一个人遇到错误。

果然，你在搜索引擎上看到很多有用和无用的信息，但只要保持耐心就会发现大多数信息都指向一个线索——调用fwrite函数时最后一个参数文件句柄为NULL。文件句柄为NULL时一般是因为文件打开失败，自然不允许向文件中写入内容了。我们在最开始学习文件访问时还会加入判断文件是否打开成功的代码，例如：

```
1. FILE* fp = fopen("D:/Data/Test.txt", "w");
2. if (fp == NULL)
3. {
4.      printf("打开文件失败\n");
5.      return -1;
6. }
```

而在最近的AppendToSysLog函数中我们没有加入这种判断，因为懒或者我们认为打开工作目录下的log.txt没有失败的可能，但看样子它还是发生了。虽然下面的代码看上去很正确。

```
1. void AppendToSysLog(const char* log)
2. {
3.     char msg[4096];
4.     sprintf(msg, "%s %s\n", currentTime(), log);
5.     FILE* fp = fopen("./log.txt", "a");
6.     fwrite(msg, strlen(msg), 1, fp);
7.     fclose(fp);
8. }
```

这段代码是我们新加的，旧的问题没有解决新的问题又出现会让很多人烦躁、丧失耐心甚至绝望。此时只有坚持下去。

根据这些线索经验丰富的程序员可能会马上想到原因并且迅速解决问题，而我们没有经验。所以不如先确认是不是因为句柄为空才引起这个错误，我们在之前学过断言。

在AppendToSysLog函数中加入断言（第6行），同时不要忘了引入头文件assert.h。

```
1. void AppendToSysLog(const char* log)
2. {
3.     char msg[4096];
4.     sprintf(msg, "%s %s\n", currentTime(), log);
5.     FILE* fp = fopen("./log.txt", "a");
6.     assert(fp != NULL);
7.     fwrite(msg, strlen(msg), 1, fp);
8.     fclose(fp);
9. }
```

然后让程序开始运行，等待错误再次出现。如果程序在断言处中止，我们就可以肯定是打开文件失败导致不能写入文件了。届时你只需解决一个问题——为什么会打开文件失败？

程序又一次运行了4小时，果然程序中断在断言处并提示“句柄fp为NULL”，还是打开文件失败，我们先来分析它产生的原因。

首先，文件路径肯定是没有问题的，因为它是一个固定的文件路径（"./log.txt"）；文件的打开方式为“a”，也不会有什么问题。会不会是文件太大了呢？打开工作目录，看到log.txt只有98KB，是一个很小的文件，基本可以肯定这段代码没有问题。

排除代码的原因后还要考虑程序运行的状态，此时程序已经运行了4个小时，为什么长时间运行会导致错误？此时我们可以联想到先前内存泄漏的问题也是随着程序运行时间增长而出现的，而内存泄漏是因为我们忘记释放内存。

而文件访问有什么要释放的资源吗？我们之前讲过用完文件后要用fclose函数关闭文件，但AppendToSysLog函数中确实有关闭文件的代码（第8行）。

这个可能性看来是没有的，但是有没有可能是别的函数用完文件后没有关闭文件才导致出问题呢？于是我们检查所有文件访问的代码（你可以在当前项目中搜索所有的fopen函数），包括displayBMP函数、saveAllRates函数和GetRatesFromFile函数，发现GetRatesFromFile函数中确实没有调用fclose函数来关闭文件，于是在这个函数的第26行（文件打开成功且使用完毕时）加上关闭文件的代码。

```
1. int GetRatesFromFile(const char* filename, ExchangeRate** buffer)
2. {
3.     int returnValue = 0;
4.     FILE* fp = fopen(filename, "rb");
5.     if (fp != NULL)
6.     {
7.         long fileSize = filelength(fileno(fp));
8.         int count = fileSize / sizeof(ExchangeRate);
9.         *buffer = (ExchangeRate*)malloc(count *
           sizeof(ExchangeRate));
10.         if (*buffer != NULL)
11.         {
12.             int readCount = fread(*buffer, sizeof(ExchangeRate),
                count, fp);
13.             if (readCount == count)
14.             {
15.                 returnValue = count;
16.             }
17.             else
18.             {
19.                 returnValue = -2;
20.             }
21.         }
22.         else
23.         {
24.             return -3;
25.         }
26.         fclose(fp);
27.     }
28.     else
29.     {
30.         returnValue = -1;
31.     }
32.
33.     return returnValue;
34. }
```

重新编译程序并运行，在等待的时间里继续分析问题。

假定是因为此处没有及时关闭文件而报错，那为什么在displayBMP函数、saveAllRates函数和GetRatesFromFile函数中访问文件的代码没有报错呢？

经过阅读这几个函数的代码，我们发现在这几个函数中全部都处理了fopen函数打开文件失败的可能性，不会在文件句柄为NULL时去操作文件，因而也不会出现调用fwrite

函数或者fread函数的错误，而在AppendToSysLog函数中因为一时偷懒反而造成了问题。

那么在没有后来添加的AppendToSysLog函数的情况下，假定GetRatesFromFile函数打开文件失败了，程序会有何表现？

首先，GetAllRatesFromFile会向LoadRates函数返回-1（因为程序处理了打开文件失败的情况所以不会报错），而LoadRates函数又会将其返回给displayRates函数。在displayRates函数中如果LoadRates函数返回-1，则会显示“请检查网络连接”。

```
1. int recordCount = LoadRates(&allRates);
2. if (allRates != NULL && recordCount > 0 )
3. {
4.   ……
5. }
6. else
7. {
8.     clearDisplayArea();
9.     displayText(578, 400, "黑体", RGB(255, 0, 0), 30, 500, "请检查网络
       连接");
10. }
```

最开始的故障似乎找到了答案：因为GetRatesFromFile函数打开文件后忘了关闭，在程序运行到一定时间后因为同时打开文件过多（即使多次打开的是同一个文件）而不能继续读取数据文件，GetRatesFromFile函数返回-1，程序显示“请检查网络连接”。

那么，GetAllRatesFromFile到底打开了多少次文件呢？使用Excel分析日志，找到了508行“从数据文件读取数据完成，获取的记录数为：26”。这表明GetAllRatesFromFile函数成功打开了508次文件且没有关闭。

在VC的默认设置下可以同时打开的文件数量上限是512个，要知道标准输入输出设备也是作为文件打开的，因此中间有少许差额并不奇怪。

至此，程序出错的原因似乎已查清，重新编译程序并再次测试48小时，异常情况没有再发生。此问题成功解决。

10.5 切换和恢复屏幕分辨率

现在程序功能都已经实现并经过初步测试，我们可以将原先没有使用的设置屏幕分辨率和全屏窗口的功能打开，让程序运行在全屏窗口下。将程序的main函数改为：

```
1. #include <stdio.h>
2. #include <string.h>
3. #include <process.h>
4. #include "screenUtilities.h"
5. #include "ui.h"
6.
7. int main()
8. {
9.     setFullScreenWindow(1366, 768, rgb(255, 255, 255));
10.    displayFixedElements();
```

```
11.     HANDLE threadForDisplay = (HANDLE)_beginthread(displayThread,
        0, (void*)"TEST");
12.     CloseHandle(threadForDisplay);
13.     //等待用户输入
14.     getchar();
15.     //关闭图形窗口
16.     restorePreviousDisplayMode();
17.     return 0;
18. }
```

第9行代码负责设置屏幕分辨率为1366×768像素，第16行代码负责在程序退出时恢复原来的屏幕分辨率。

再次运行程序，你可以看到程序启动时自动切换分辨率到1366×768像素，按回车键结束程序时又切换回原始设置。

10.6 小结

在本课中，我们基本完成了外汇牌价看板程序的开发。与先前独立实现每一个小功能不同的是——在构建应用程序时应先进行系统设计，需要过将程序划分为不同的模块、规定不同模块之间的调用关系和接口标准，要点如下：

（1）大多数应用程序都可以划分为用户界面、业务逻辑和数据访问三个模块；

（2）用户界面模块是指程序与用户之间进行交互和信息交换的部分；

（3）业务逻辑模块是指实现各种业务的处理过程、方法和规则的代码；

（4）当遇到一段代码实现了多个功能时，要将其划分成多个函数；

（5）每个函数只实现一个功能；

（6）数据访问模块主要负责完成数据在本地和云端的存取，与其他系统交互数据的部分也可以作为数据访问模块的一部分；

（7）以上三个模块的开发可以同步进行，也可以开发完一个模块后再进行另一个模块的开发；

（8）程序员必须养成资源使用完毕后及时释放的习惯，否则可能引起一些意想不到的故障；

（9）对于程序运行时遇到的无法准确定位的故障，可以使用日志来记录故障发生的过程，便于排除故障。

10.7 检查表

本课完成后，应实现完整的外汇牌价看板功能。

11 | 第11课 | 达到交付标准

现在我们已经完成了外汇牌价看板项目的功能开发，程序在各种工况下都能正常运行。

很多程序员对程序的要求到这里就结束了——可以运行就好了。但是在实际工作中，完成功能开发不等于可以交付，在细微之处寻找程序的不足并主动加以改善是避免被测试人员抱怨和提高客户满意度的有效方法。

外汇牌价看板程序至少还存在如下问题：

- 程序中使用了固定的路径。例如国旗（或行政区旗）的图形文件必须保存在D:\BC101\Resources\Flags目录中，数据文件必须保存在D:\Data目录中。但极有可能用户用来安装程序的计算机上根本就没有D盘，或者D:\Data目录已经有其他用途。
- 客户不可能安装Visual Studio来运行我们的程序，我们需要制作一个安装包给他安装软件，就像我们看到的大多数商业软件一样。

在必要的情况下我们还需要完成内部测试和用户测试，编写如《安装手册》《运维和故障恢复手册》《用户手册》（或帮助文档）等文档，而后与正式和测试报告一起交付给客户，当然外汇牌价看板就不需要这些文档了。

11.1 使用相对路径

在目前的程序中，要求国旗（或行政区旗）的图形文件必须保存在D:\BC101\Resources\Flags目录中，数据文件必须保存在D:\Data目录里。在调试阶段为了减少意外使用固定的文件路径（也称绝对路径）无可厚非，但作为即将发布的产品这样做就很不专业了。

除了绝对路径，你还可以使用“相对路径”。相对路径是以程序的工作目录（有时也称当前目录）为基准指定其他文件路径的方法，例如表11-1所示。

表11-1 相对路径的含义

路径	含义
./rate.dat	表示当前目录下的rate.txt
./data/rate.dat	表示当前目录下子目录data中的rate.dat
../rate.dat	表示当前目录的上一级目录中的rate.dat
/rate.dat	表示当前目录的根目录下的rate.dat

程序的工作目录有两种情况：

- 在Visual Studio中调试程序时，程序的工作目录就是项目文件所在的目录；
- 直接运行生成的.exe文件时（而不是在Visual Studio中调试），程序的工作目录是.exe文件所在的目录。

接下来我们就要修改先前的程序，让它使用相对路径。在开始之前我打开当前项目所在的目录（D:\BC101\Examples\L10\L10_01_EXCHANGE_RATES），这个目录中存储着项目文件、源文件和一些配置文件，它是调试阶段程序的工作目录，如图11-1所示。

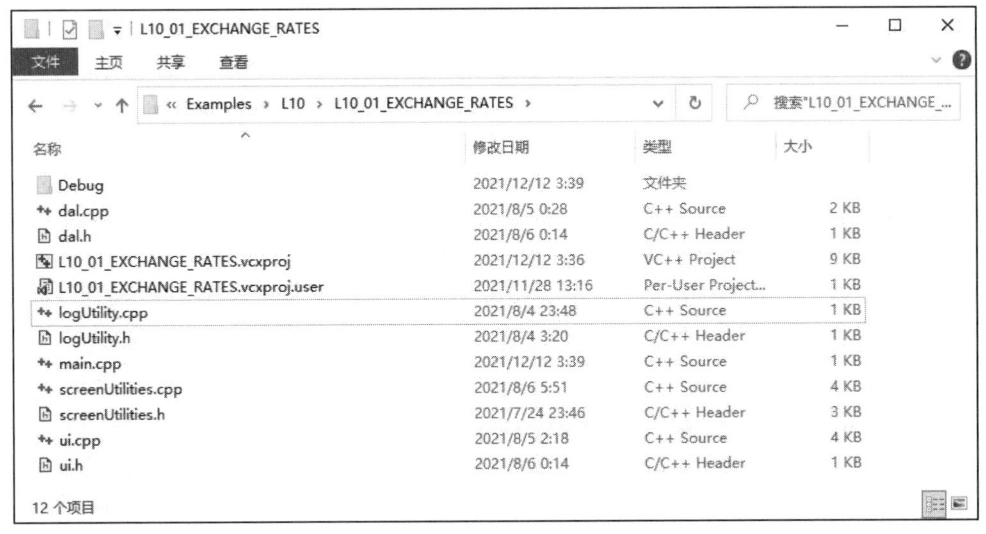

图11-1　项目所在的目录

首先创建名为Data的空文件夹，未来程序将会把汇率数据保存到这个目录中。然后将原来在D:\BC101\Resources目录下的Flags文件夹连同其中的.bmp文件复制到当前目录中，操作完成后如图11-2所示。

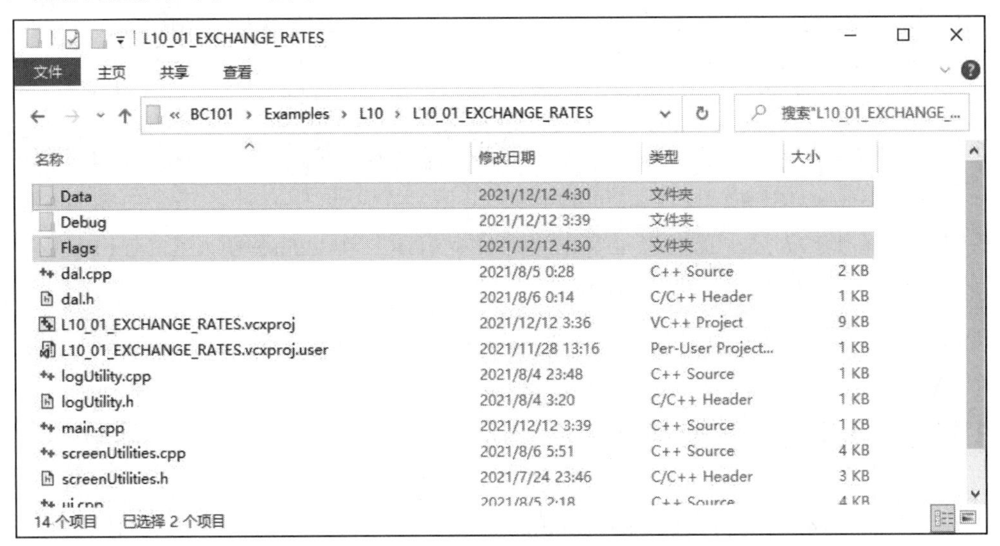

图11-2　加入了Data目录和Flags目录

做好这些准备工作后，就可以在代码中使用相对目录了。

11.1.1 修改getFlagFileName函数

getFlagFileName中指定了图形文件路径的目录名，目前是D:/BC101/Resources/Flags/。

```
1. const char* getFlagFileName(char* currencyCode)
2. {
3.     static char filename[512];
4.     strcpy(filename, "D:/BC101/Resources/Flags/");
5.     strcat(filename, currencyCode);
6.     strcat(filename, ".bmp");
7.     return filename;
8. }
```

将第4行代码中的绝对路径修改为相对路径。

```
strcpy(filename, "./Flags/");
```

未来这个函数就会拼接出类似“./Flags/JPY.bmp”这样的相对路径。

11.1.2 修改dal.cpp

在dal.cpp中，我们使用了一个字符串常量存储本地数据文件的路径。

```
3. const char* localFileName = "D:/Data/Rates.dat";
```

将其修改为相对路径：

```
3. const char* localFileName = "./Data/Rates.dat";
```

这样一来，程序就会使用工作目录中的图片文件和数据文件了。再次运行程序结果和以前一样。我们将绝对路径改为相对路径是为将来在客户机上安装软件提供方便。

你可能会疑惑，我们在程序中引用外汇牌价接口库时也使用了绝对路径，例如：

```
#include "D:/BC101/Libraries/BOCRates/BOCRates.h"
#pragma comment(lib, "D:/BC101/Libraries/BOCRates/BOCRates.lib")
```

要不要把它们也改成相对路径呢？不用，因为它是静态链接库。前面我们讲过链接器会将目标文件和静态函数库中的二进制代码合并成一个可执行文件，这个可执行文件可以脱离函数库独立执行。我们也不要求客户机上有BOCRates.h和BOCRates.lib这两个文件，因为它们已经被合并到.exe文件中了。

接下来，我们需要生成程序的“发布”版本，此时你需要了解项目的配置管理。

11.2 项目的配置管理

一直以来，我们都是通过Visual Studio工具栏上的“本地Windows调试器”按钮来调试程序，当按下这个按钮时Visual Studio会启动预处理器、编译器、链接器帮助我们生成可执行文件并运行、调试程序。

但是，现代编译器和链接器的功能是强大和复杂的，在编译、链接程序时可以使用很多选项或“开关”。程序要编译成32位程序还是64位程序，代码是否要优化，是否要进行安全检查，是否包含调试信息，如何引用其他库文件，等等，都是可以通过编译器、链接器参数来设置的。

有些程序员喜欢通过命令行的方式来输入参数，例如在编译程序时使用下面的命令行参数来开启或关闭一些功能，或者设置编译、链接的选项。

```
/JMC /permissive- /ifcOutput "Debug\" /GS /analyze- /W3 /Zc:wchar_t /
ZI /Gm- /Od /sdl- /Fd"Debug\vc142.pdb" /Zc:inline /fp:precise /D
"_DEBUG" /D "_CONSOLE" /D "_UNICODE" /D "UNICODE" /errorReport:prompt
/WX- /Zc:forScope /RTC1 /Gd /Oy- /MDd /FC /Fa"Debug\" /EHsc /nologo
/Fo"Debug\" /Fp"Debug\L09_01_PUT_PIXEL.pch" /diagnostics:column
```

大多数新手并不善于也不乐于输入这些参数，况且在项目不同阶段需要的各项参数也不同。例如在开发和测试阶段要求生成的二进制代码中包含调试信息，不希望代码被优化以便于调试；而在正式发布产品时希望优化代码以提高运行速度，不需要产生调试信息。

为了减少程序员的麻烦，Visual Studio在创建项目时会为项目创建四种已经配置好的工作环境供程序员选择，这四种环境包括：

- **DEBUG/x86**。调试模式，32位，开发、调试32位应用程序时选用，也是Visual Studio的默认工作环境。
- **DEBUG/x64**。调试模式，64位，开发、调试64位应用程序时选用。
- **Release/x86**。发布模式，32位，用于生成32位发布版程序。
- **Release/x64**。发布模式，64位，用于生成64位发布版程序。

针对大多数程序员的需要，这四种环境的参数都已经分别设置好，你只需选择一种环境就可以了。如果你对这四种环境都不满意，也可以自己设置一种工作环境来满足自己的需要。

Visual Studio 2022的默认工作环境是DEBUG/x86，在这种环境下可以开发、调试程序，生成的可执行文件既可以运行在32位系统上，也可以运行在64位系统上（64位系统向下兼容）。

这四种工作环境都已经设置好各项参数，如果你需要改变某项参数，在解决方案资源管理器的项目名称上右击，在弹出的快捷菜单中选择“属性”选项就会弹出项目属性页对话框，通过对话框顶部的“配置”和“平台”两个下拉框，可以在四种环境之间切换，查看或修改每一种工作环境的具体选项。之前我们已经多次使用过这个对话框改变Debug/Win32模式的安全检查、链接的附加依赖项等参数，如图11-3所示。

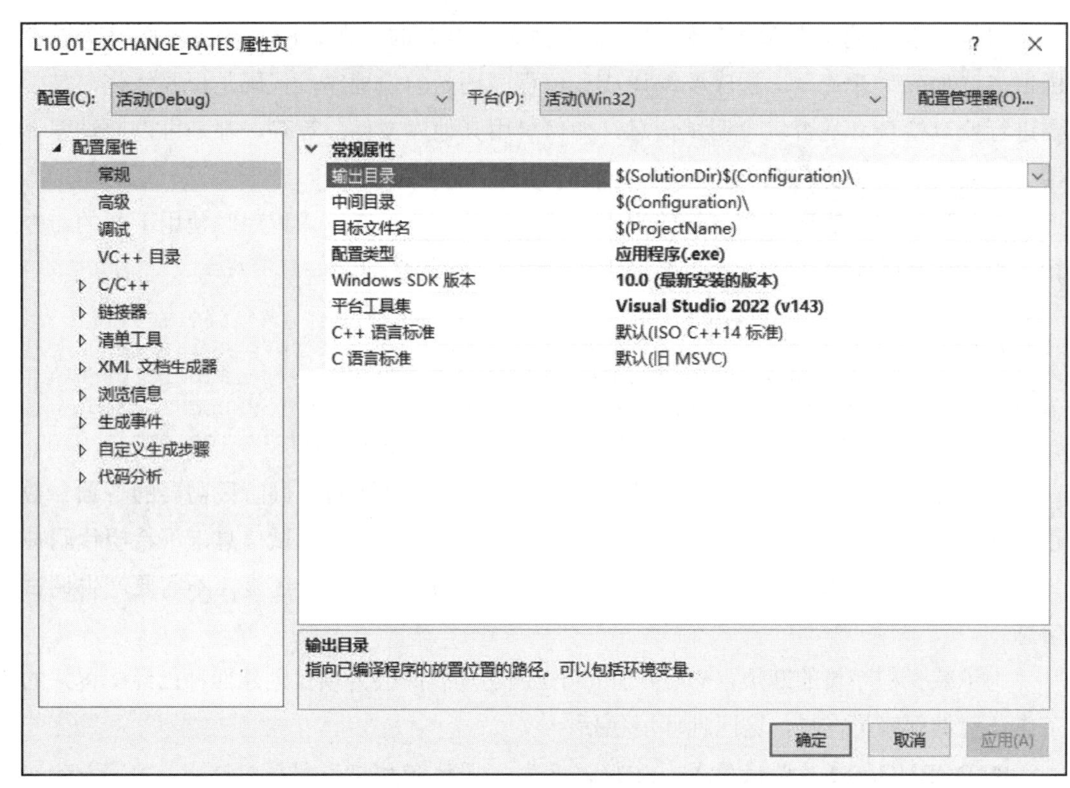

图11-3　项目的配置属性

在该对话框中，你最常进行的操作是设置项目编译、链接的选项，也可以改变项目的其他属性，例如设置项目调试时的工作目录、在项目生成前执行一些动作等。

注意，当你在顶部的“配置”和“平台”两个下拉列表中选择了一种环境后修改了选项，这个选项仅针对你选定的环境有效。例如Debug/Win32模式下的修改不会影响Release/Win32的配置内容。

那么，Debug和Release各自的x86（Win32）和x64环境有什么区别呢？

11.2.1　Debug和Release的区别

如前所述，不同的工作环境适用于不同的项目阶段。在此之前，我们调试程序时默认都使用“Debug”配置。Debug配置是Visual Studio预设的，创建项目时就有的。Debug配置中，最明显的特征是程序编译时不会被优化并且编译的二进制代码中包含调试信息，这正是项目开发、测试阶段需要的。大多数程序员在开发阶段都会选择这种模式生成、链接和调试程序并且它又是默认选项，所以我们很少感觉到它的存在。

打开外汇牌价看板的项目属性页，你可以在“C/C++”→“优化”选项的设置列表中看到“优化”属性目前是“已禁用（/Od）”状态，如图11-4所示。

图11-4　Debug配置中代码优化被禁用

在对话框的左上角的“配置”下拉列表中选择“Release”切换到Release配置，你会看到“优化”选项的默认值是“最大优化（优选速度）（/O2）”，如图11-5所示。有了编译器完成优化，程序的执行速度会快很多。

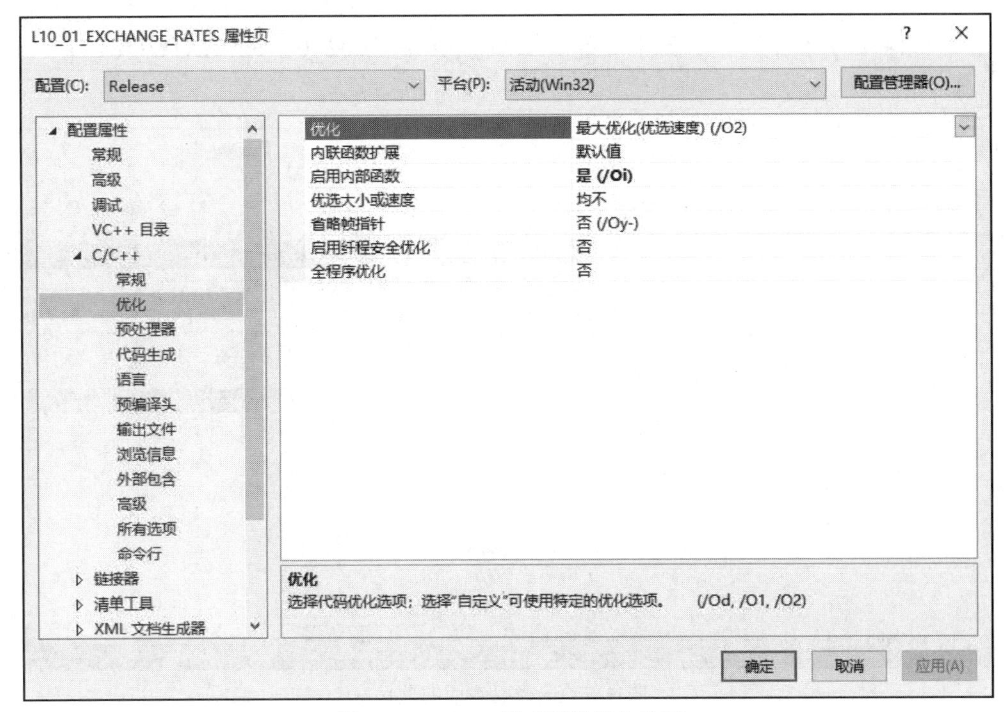

图11-5　Release模式下的优化选项

Debug模式下生成.exe文件时，.exe文件中会包含调试信息和符号表，编译时不会优化代码。对于引用到的运行库也尽可能采用它们的Debug版本，可以设置断点、单步调试。除此之外内存布局方式也有所不同，这样做都是为了方便调试程序，但这样也带来程序运行效率较低的坏处。

而Release模式下生成的.exe文件中包含调试信息和符号表，同时会优化你的代码，对于引用的运行库也会使用它们的发布版。这样一来程序运行的性能会提高，同时生成的.exe文件也较小。

11.2.2 生成程序的Release版本

那么，怎样控制Visual Studio生成Release的版本程序呢？最简单的方法是在生成项目前在工具栏中选择“Release”就可以了。例如要生成L02_01_HELLOWORLD这个项目的Release版本的方法如下。

第1步： 在Visual Studio的工具栏中选择“Release”，在其右侧的下拉列表中选择“x86”，如图11-6所示。

图11-6 选择生成模式

第2步： 在解决方案资源管理器中选择要生成的项目“L02_01_HELLOWORLD”，如图11-7所示。

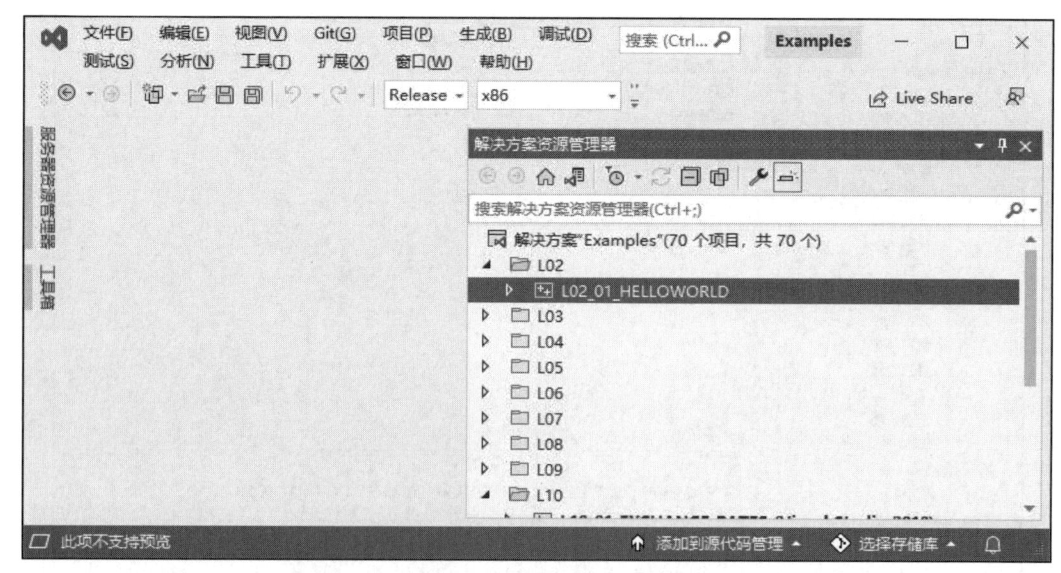

图11-7 选择要生成的项目

第3步： 在项目名称“L02_01_HELLOWORLD”上右击，在弹出的快捷菜单中选择“生成”即可，如图11-8所示。

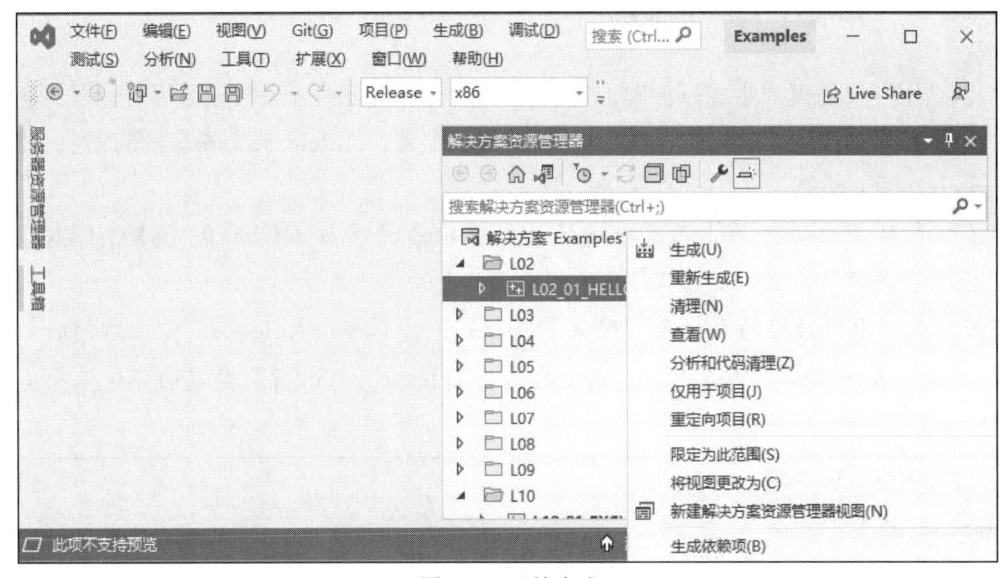

图11-8 开始生成

第4步： 在“输出”窗口中，你可以看到生成.exe文件的结果。如果你没有看到“输出”窗口，可以通过“视图”菜单选择“输出”以显示这个窗口，如图11-9所示。

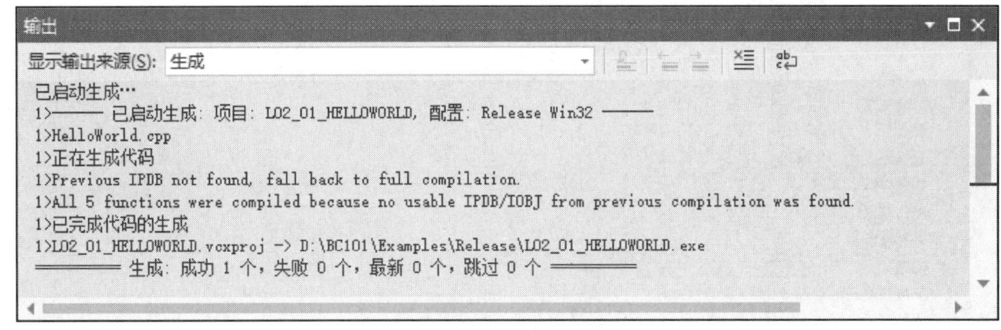

图11-9 生成结果

输出窗口中的文字如下，其中第2行末尾的“配置：Release Win32”表示正在生成这个项目的32位Release版，倒数第2行说明了生成的文件被存储在D:\BC101\Examples\Release\目录下，名为L02_01_HELLOWORLD.exe。

```
已启动生成…
1>------ 已启动生成：项目：L02_01_HELLOWORLD, 配置：Release Win32 ------
1>HelloWorld.cpp
1>正在生成代码
1>Previous IPDB not found, fall back to full compilation.
1>All 5 functions were compiled because no usable IPDB/IOBJ from
previous compilation was found.
1>已完成代码的生成
1>L02_01_HELLOWORLD.vcxproj -> D:\BC101\Examples\Release\L02_01_
HELLOWORLD.exe
========== 生成：成功 1 个，失败 0 个，最新 0 个，跳过 0 个 ==========
```

11.2.3 生成外汇牌价看板程序的Release版本

但是用同样的模式生成外汇牌价看板程序的Release版本会失败，原因是为了兼容外汇牌价接口库，我们之前修改过Debug/x86模式的配置，而Release/x86还未修改过。修改Release/x86的方法是：

第1步： 在解决方案资源管理器中选择外汇牌价看板项目（L10_01_EXCHANGE_RATES），在项目名上右击并从弹出的快捷菜单中选择“属性”。

第2步： 在弹出对话框的左上角“配置”下拉列表中选择“Release”，在右侧的“平台”下拉列表中选择“Win32”，表示要修改Release（Win32）模式的环境选项，如图11-10所示。

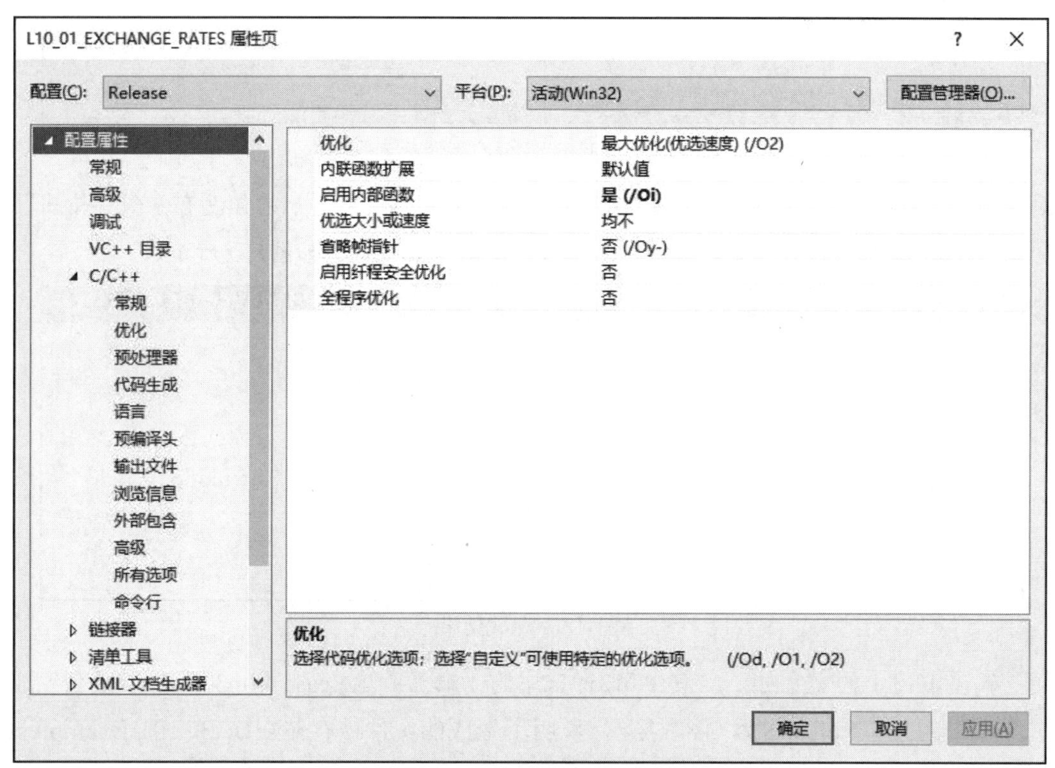

图11-10 选择Release/Win32配置

第3步： 在“配置属性”列表框中找到“高级”，将“字符集”设置成“使用多字节字符集”，如图11-11所示。

第4步： 我们不想再使用调试版本的运行库生成可执行文件，在“配置属性”列表框中“C/C++”选项下选择“代码生成”选项，将“运行库”选项改为“多线程（/MT）”，如图11-12所示。

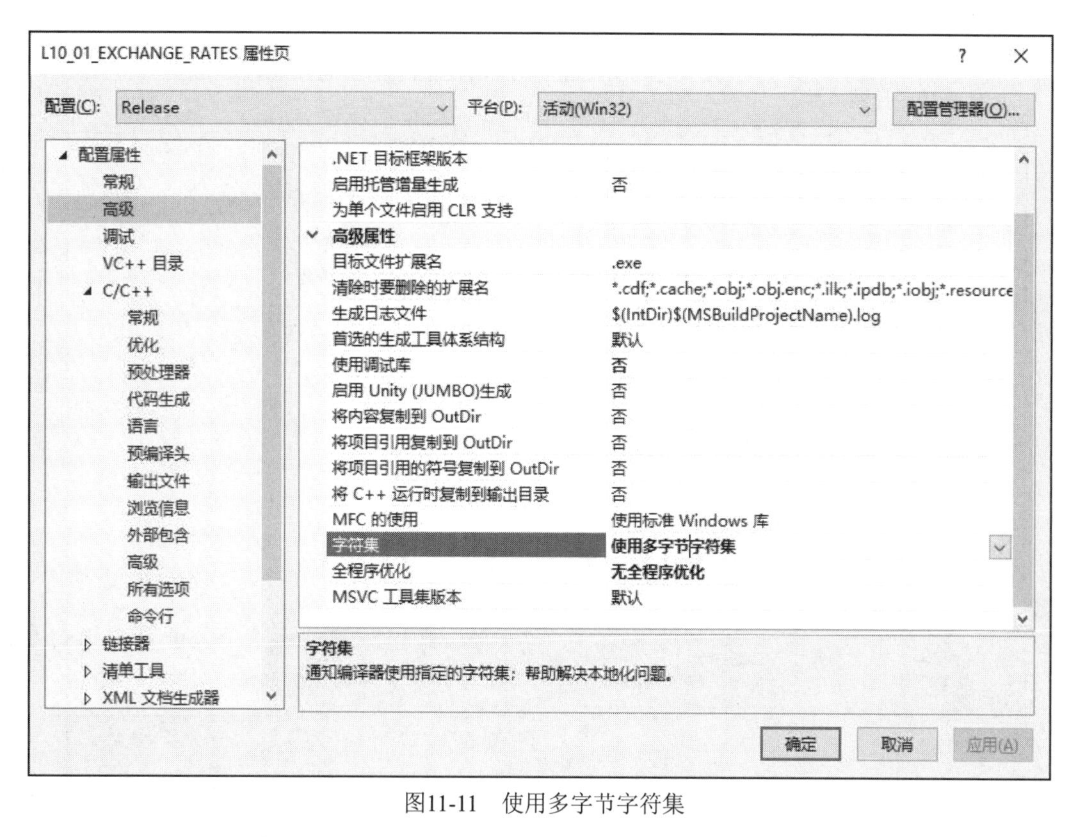

图11-11　使用多字节字符集

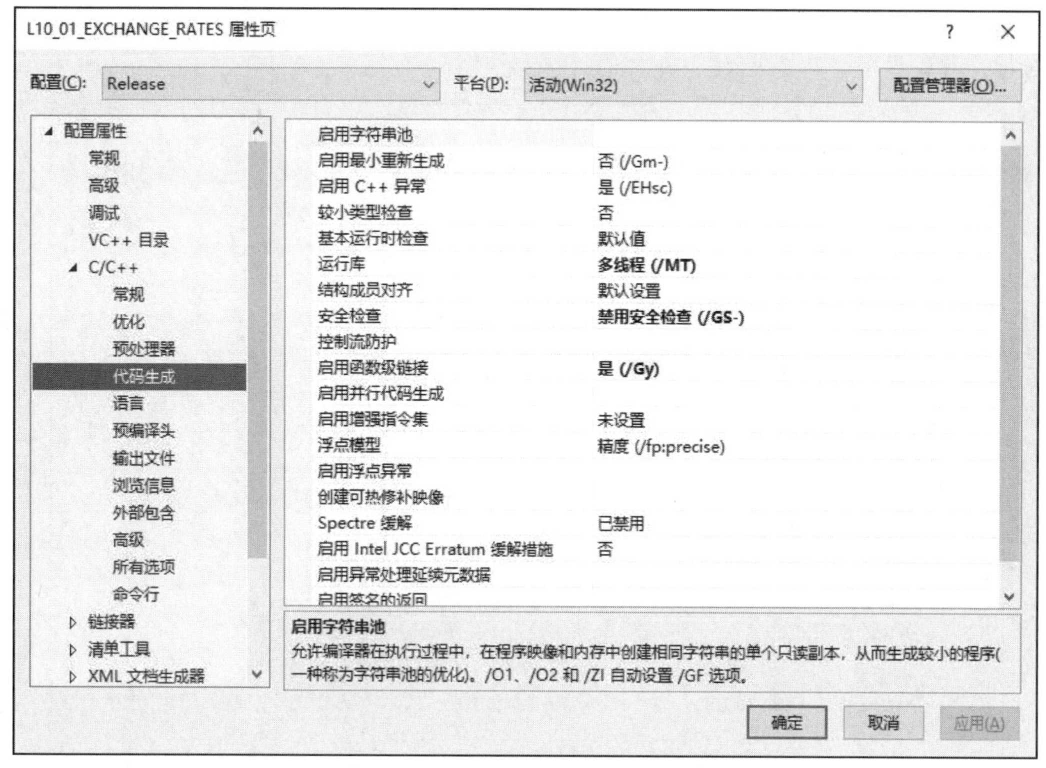

图11-12　修改Release版使用的运行库

第5步： 在“配置属性”列表框中“链接器”选项下选择“常规”选项，将“强制文件输出”选项改为“已启用（/FORCE）”，如图11-13所示。

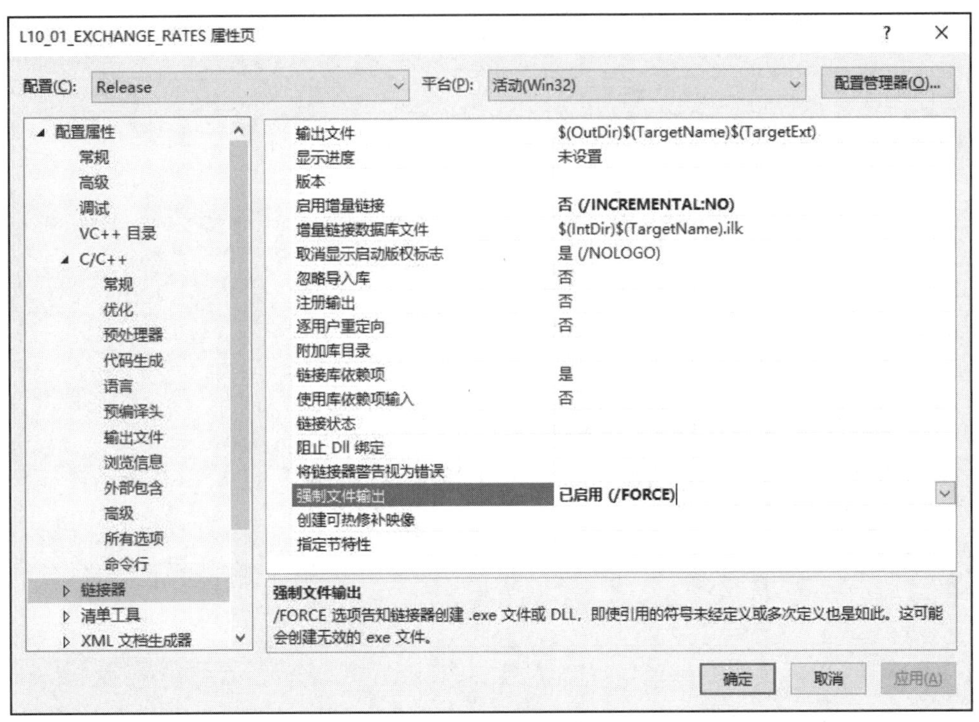

图11-13　设置强制文件输出选项

第6步：我们也不再需要生成调试信息，在“链接器”选项下选择“调试”选项，将“生成调试信息”选项改为“否”，如图11-14所示。

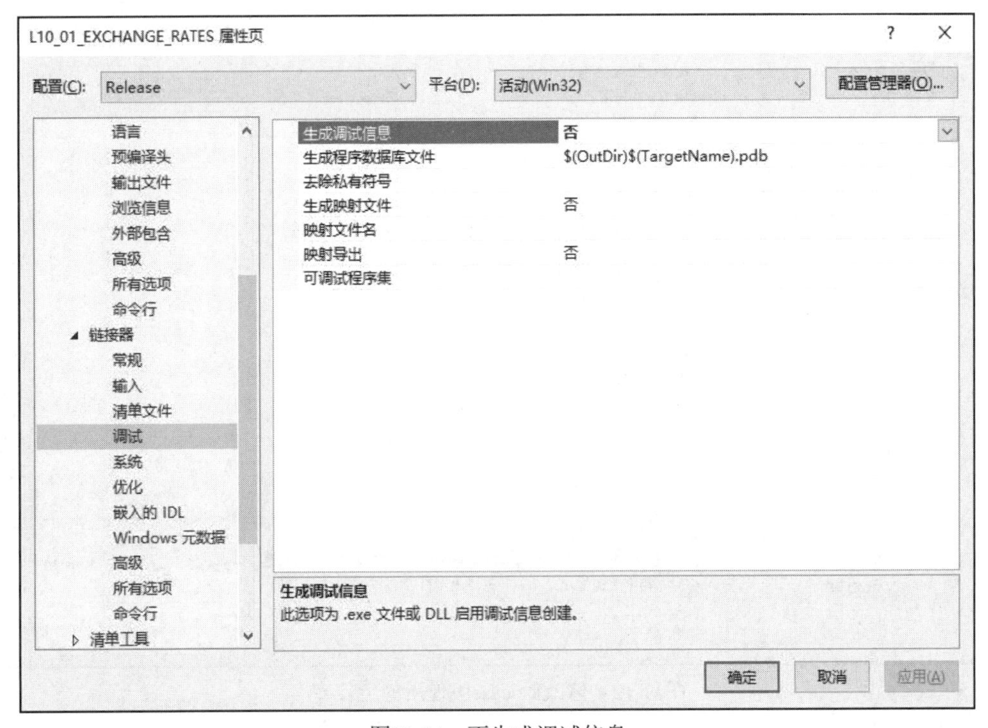

图11-14　不生成调试信息

第7步：在“C/C++”选项下选择“常规”选项，将“SDL检查”选项改为“否（/sdl-）”。

第8步：在“C/C++”选项下选择“代码生成”选项，将“安全检查”选项改为“禁用安全检查（/GS-）”。

第9步：全部修改完成后单击“确定”按钮。这样我们就对Visual Studio默认的Release/Win32配置进行了修改。

第10步：在Visual Studio工具栏上选择“Release”和“x86”选项，再在解决方案资源管理器中选择当前项目，右击，从弹出的快捷菜单中选择“生成”，即可用Release/x86模式生成可执行文件。输出窗口显示如图11-15所示的内容。

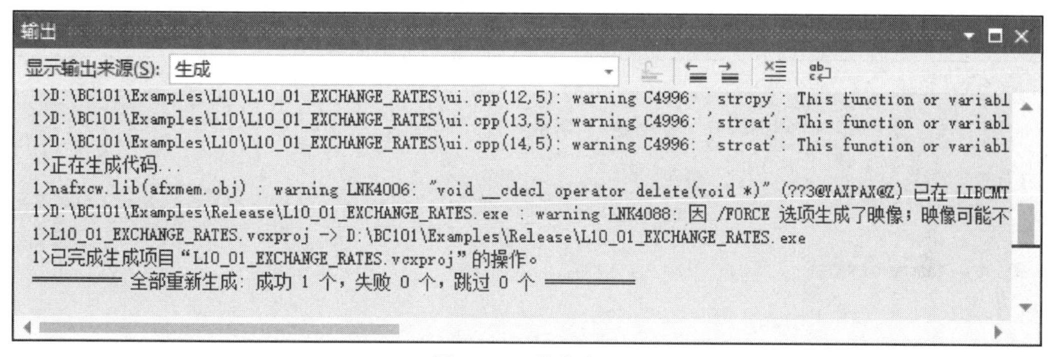

图11-15　输出窗口

通过输出窗口最后几行的内容可以看出生成的文件被存入D:\BC101\Examples\Release\目录下，文件名为L10_01_EXCHANGE_RATES.exe。

比较D:\BC101\Examples\Debug目录下的L10_01_EXCHANGE_RATES.exe，如图11-16所示，可以看出，Debug版本的.exe文件要稍大一些，而且同时还生成了程序数据库文件。而Release版本的文件要小一些，且没有程序数据库文件，如图11-17所示。

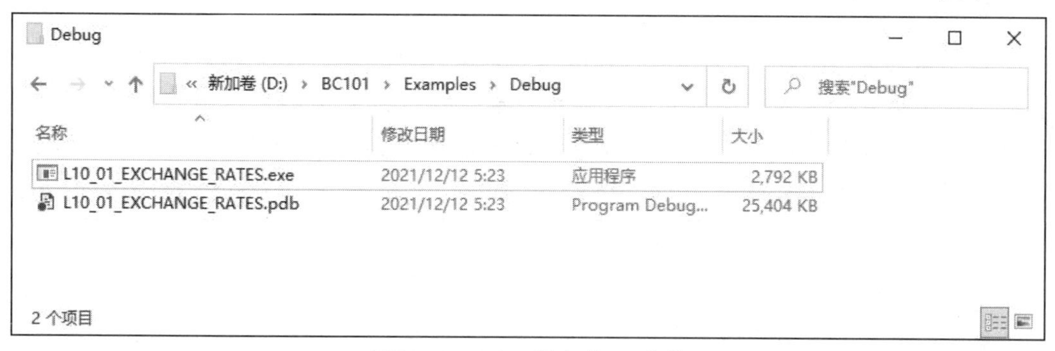

图11-16　Debug版本的.exe文件

生成.exe文件时并不会将程序运行时需要的Flags目录和Data目录自动复制到同一目录，虽然你可以直接双击运行生成的.exe文件（此时的工作目录为.exe文件所在的目录），但由于程序运行时需要的这两个目录和文件不存在，运行时会出错。

图11-17　Release版本的.exe文件

向D:\BC101\Examples\Release\目录中复制了上述两个子目录，下一步发布程序时将使用这个目录中的文件，如图11-18所示。

图11-18　向Release目录中添加运行时需要的子目录和文件

11.2.4　x86（Win32）和x64的区别

你可能会疑惑，选择生成模式时右边还有一个下拉列表，其中的选项是x86和x64，它的作用是什么？

大多数人使用的计算机、PC服务器、笔记本计算机都是使用x64（64位）处理器的，但也不排除开发的程序需要在32位处理器上运行。以32位模式编译的程序可以运行在32位和64位的系统上，但以64位模式编译的程序不能运行在32位系统上。选择以x86（32位）模式编译程序可以确保编译出来的二进制代码在32位和64位系统上都能运行。

因此，在Visual Studio 2022中有四种生成模式：

- **DEBUG /x86(win32)**。调试模式，32位，可以在32位和64位系统上运行。
- **DEBUG/x64**。调试模式，64位，仅能在64位系统上运行。
- **Release/x86(win32)** 。发布模式，32位，可以在32位和64位系统上运行。
- **Release/x64**。发布模式，64位，仅能在64位系统上运行。

可以根据需要选择不同的生成模式，必要时还可以增加自己的配置。现在，我们已经生成了需要交付给用户的文件（Release目录中），接下来需要制作一个安装程序，以便用户快速地在计算机上安装我们的产品。

11.3 制作安装程序

要发布给用户的软件包括一个执行文件和两个文件夹，如图11-19所示。

图11-19 外汇牌价看板项目的发布内容

实际上直接把这些文件分发给用户，用户双击.exe文件也可以运行外汇牌价看板程序，但这样做不符合用户的习惯，而且显得很不专业。正规的软件都提供了安装程序，在安装软件时运行Setup.exe就是在执行安装程序。使用安装程序的好处在于：

- 简化用户操作，减少人工操作引起的意外；
- 可以根据需要将程序运行时所需的动态链接库（如果有）、资源文件（如Flags目录中的图片）等一并安装到用户的计算机上；
- 可以根据需要对用户计算机进行相关的环境设置，例如配置注册表、路径等，便于程序运行。

11.3.1 安装Microsoft Visual Studio Installer Projects

由于大多数程序员在软件开发完毕后都需要制作安装程序，微软提供了安装程序的模板，程序员通过简单的操作就可以生成安装程序。默认情况下，安装Visual Studio时不会安装此模板，需要在Visual Studio添加它。添加方法如下。

第1步： 在Visual Studio的“扩展”菜单中选择“管理扩展”。

第2步： Visual Studio有很多可以安装的扩展程序。在弹出的“管理扩展”对话框右上方的搜索框中输入“installer”，可以搜索到名为“Microsoft Visual Studio Installer Projects”的扩展程序，如图11-20所示。

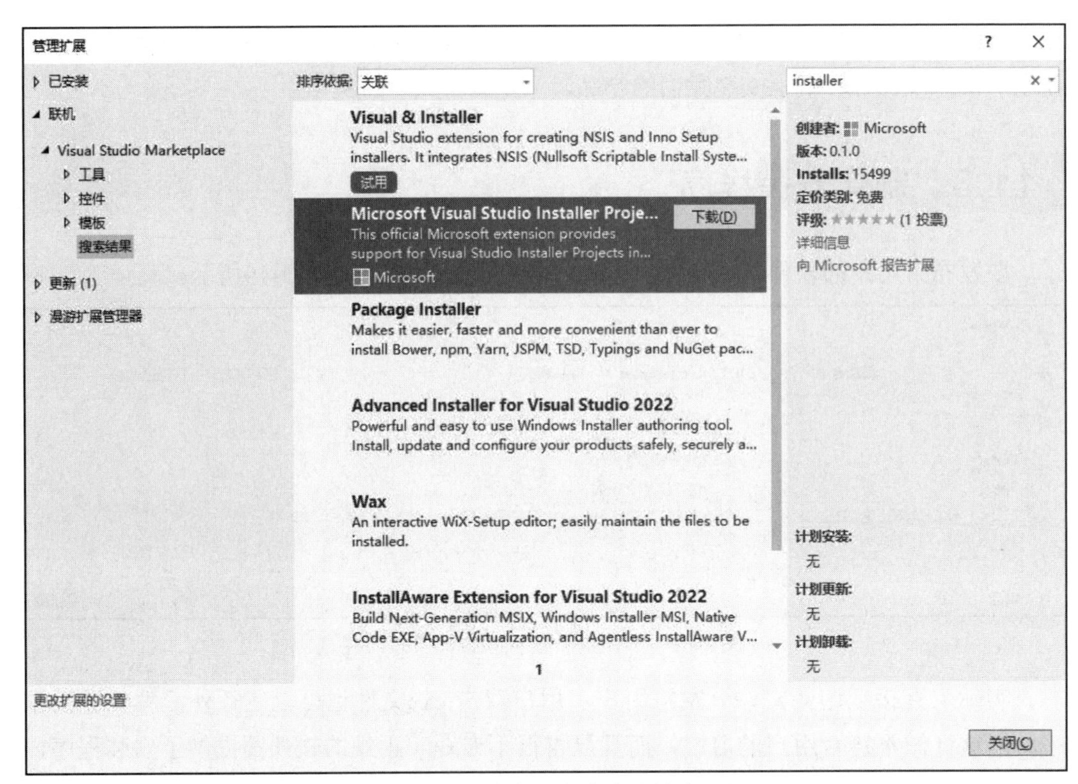

图11-20　在扩展程序库中搜索

下载遇到故障

当按下“下载”按钮下载扩展程序时，如遇到很长时间都下载不成功，可以在第2步中选择“Microsoft Visual Studio Installer Projects”后，单击对话框右侧的“详细信息”，在浏览器中打开该扩展程序所在的网站，从网站下载扩展程序后手动安装。手动安装时需退出Visual Studio 2022。

第3步：单击右侧的“下载”按钮，开始下载和安装此扩展程序，如图11-21所示。

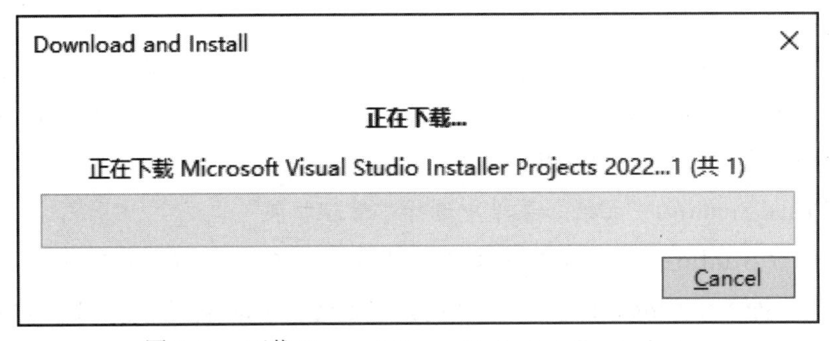

图11-21　下载Microsoft Visual Studio Installer Projects

第4步：开始安装后弹出如图11-22所示的对话框，选择要安装的产品（Visual Studio Community 2022），再单击“Install”按钮，出现图11-23所示的对话框。

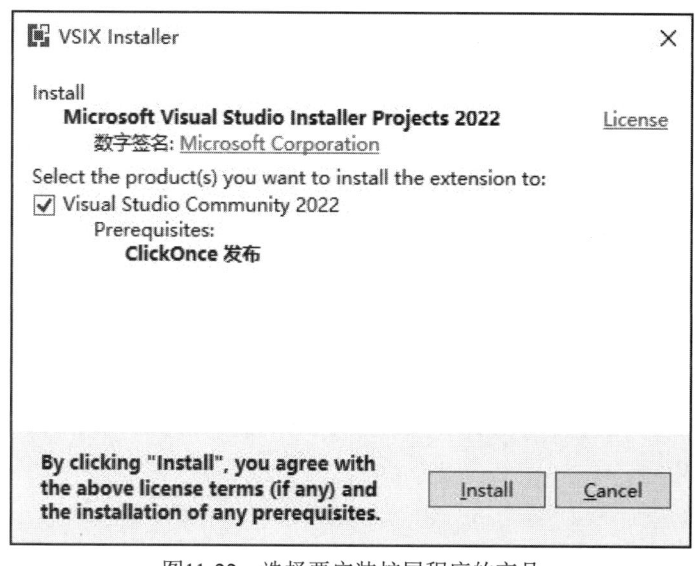

图11-22　选择要安装扩展程序的产品

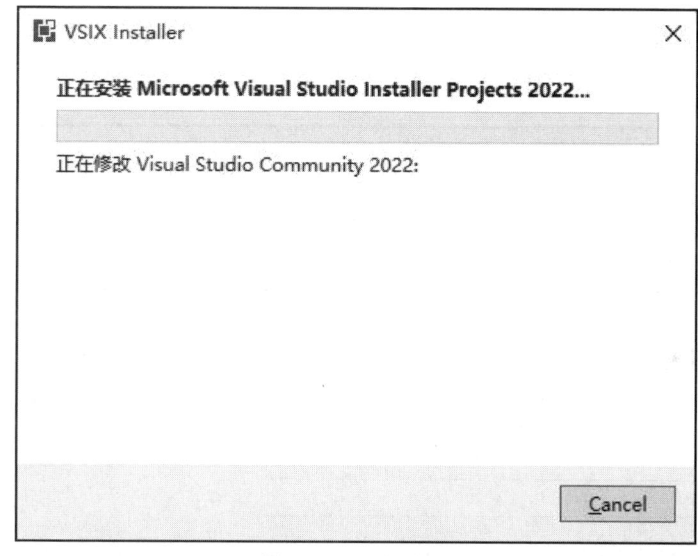

图11-23　开始安装

完成安装后，即可在Visual Studio中创建安装程序。

11.3.2　创建外汇牌价看板的安装程序

在完成扩展程序Microsoft Visual Studio Installer Projects模板的安装后，程序员需要启动Visual Studio创建新的、安装程序的项目。

第1步： 在Visual Studio的“文件”菜单中选择“新建”命令，并在菜单中选择“项目”。

第2步： 在弹出的“创建新项目”对话框中搜索“setup”，即可选择要创建的安装程序类型，如图11-24所示。

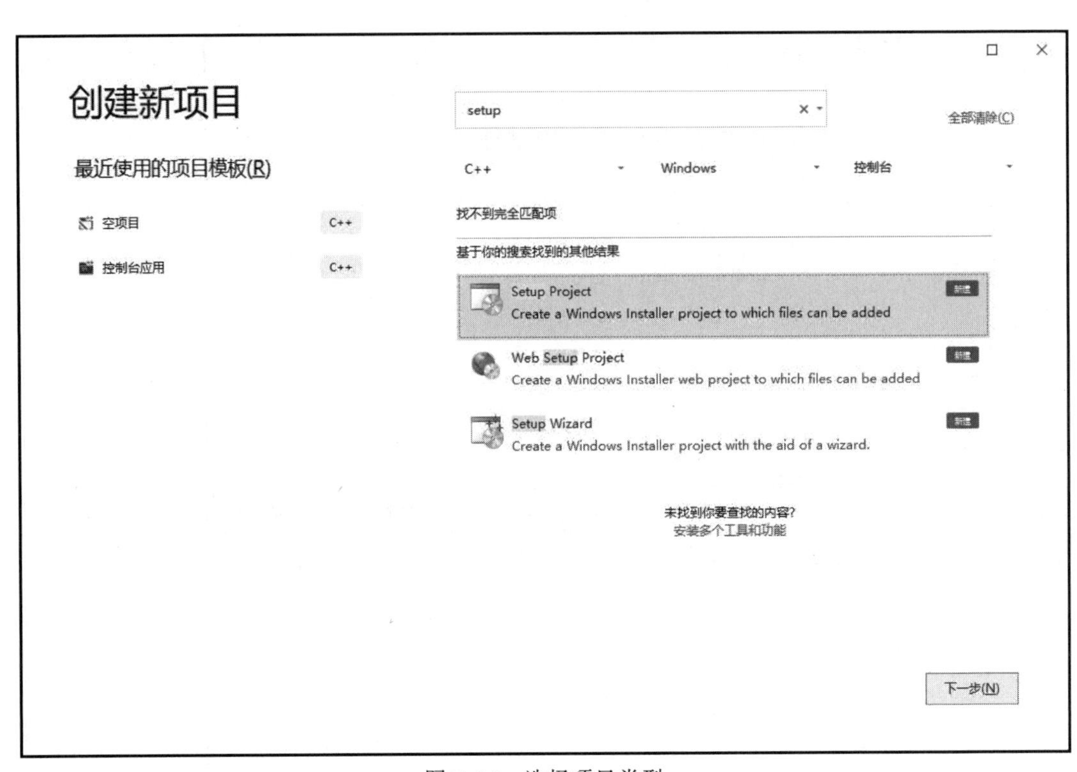

图11-24　选择项目类型

第3步：选择“Setup Project”选项，开始创建项目。需要输入安装项目的名称和项目位置，如图11-25所示。

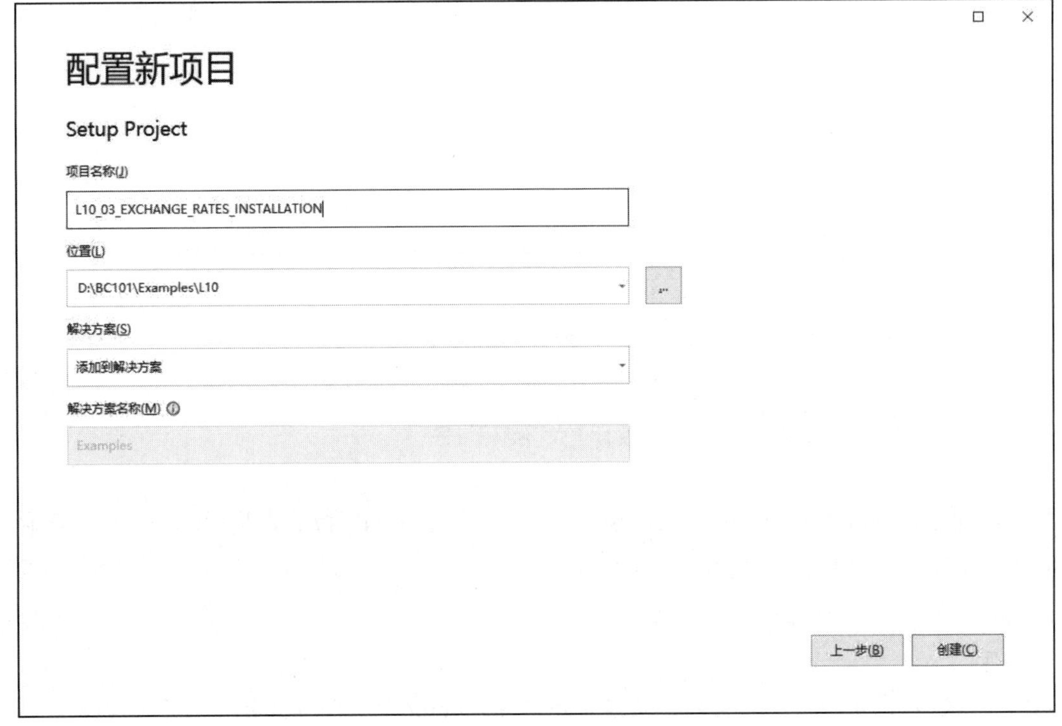

图11-25　设置项目名称和保存位置

第4步： 创建安装项目后，会默认打开安装程序的“File System（文件系统）”视图，如图11-26所示。

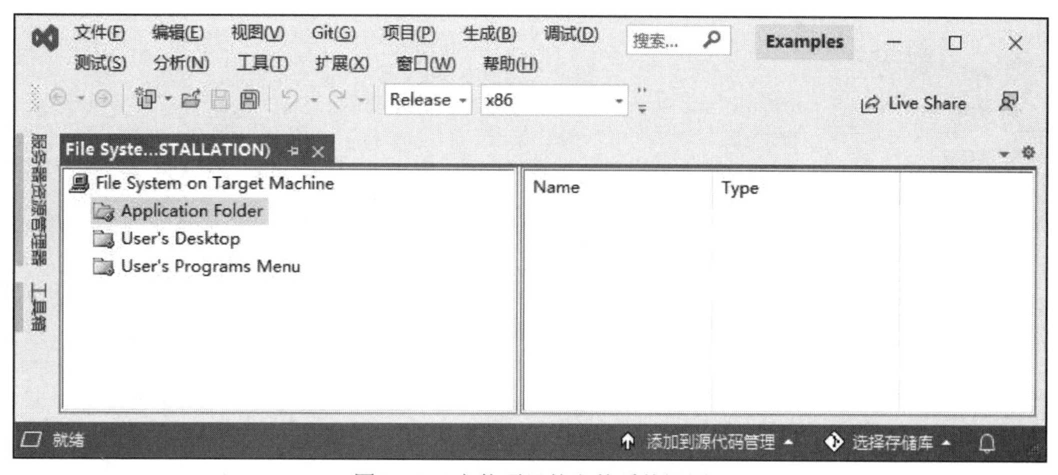

图11-26　安装项目的文件系统视图

目前打开的窗口被称为“文件系统视图”，可以在此处添加要安装到用户计算机的文件。在文件系统视图中有三个文件夹，分别是：

- **Application Folder（应用程序文件夹）**。Application Folder指程序安装的文件夹，需要将程序的执行文件加入其中。其他需要与可执行文件放在一起的文件、文件夹也应放入其中。例如外汇牌价看板运行时需要的Flags文件夹、Data文件夹均需加入其中。
- **User’s Desktop（用户桌面）**。如果需要在用户桌面上创建启动程序的快捷方式，就需要在User’s Desktop中创建快捷方式。
- **User’s Programs Menu（用户程序菜单）**。你可以在User’s Programs Menu文件夹中加入启动程序的快捷方式，这样用户在Windows的“开始”菜单中就可以找到程序启动的快捷方式。

1. 加入程序和资源文件

接下来我们就可以将外汇牌价看板的程序文件（.exe文件）和资源文件加入到Application Folder中了。

第1步： 选择左侧窗格中的“Application Folder”，在右侧的空白区域右击，在弹出的快捷菜单中选择“Add”→“文件”，定位到D:\BC101\Examples\Release目录中，如图11-27所示。

第2步： 选择“L10_01_EXCHANGE_RATES.exe”，单击“打开”按钮后文件就加入其中了，如图11-28所示。

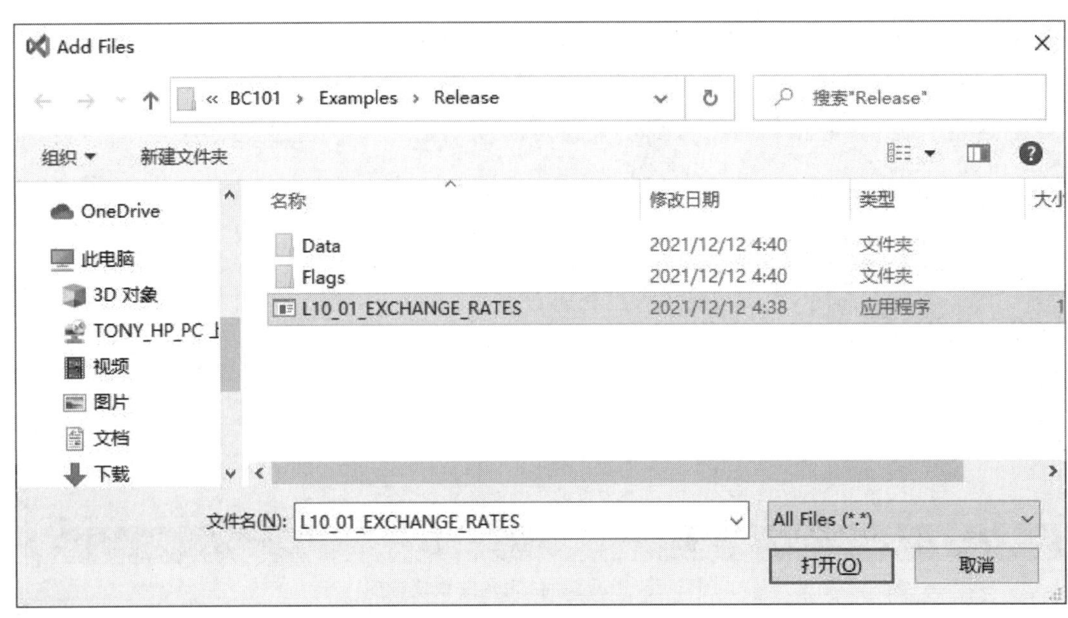

图11-27　加入. exe文件

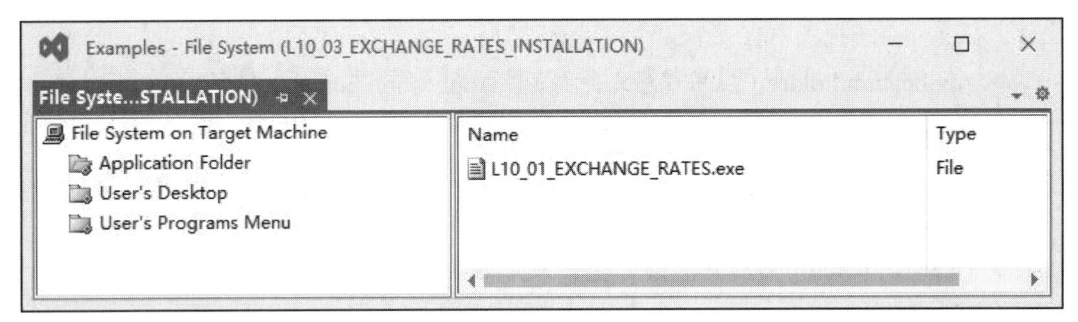

图11-28　加入.exe文件

第3步：再次在右侧的空白区域右击后，在弹出的快捷菜单中选择“Add”→“文件”，将D:\BC101\Resources\Icons目录下的exchange_rate.ico文件加入其中。这个文件将作为应用程序的图标，如图11-29所示。

图11-29　加入图标文件

第4步：在空白区域右击，在弹出的快捷菜单中选择“Add”→“Folder”来添加文件夹，将新创建的文件夹命名为Flags，如图11-30所示。

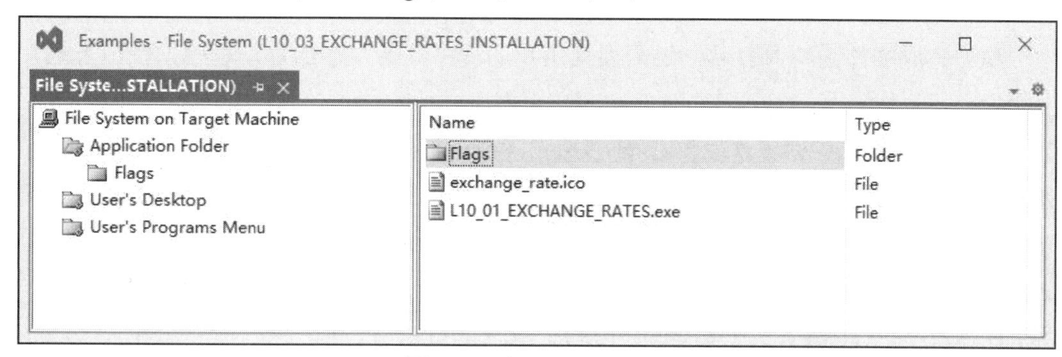

图11-30　加入Flags文件夹

第5步：选择新创建的Flags目录，再选择“Add”→“文件”，将D:\BC101\Resources\Flags目录下全部图形文件选定，将其加入到Flags目录中，添加后如图11-31所示。

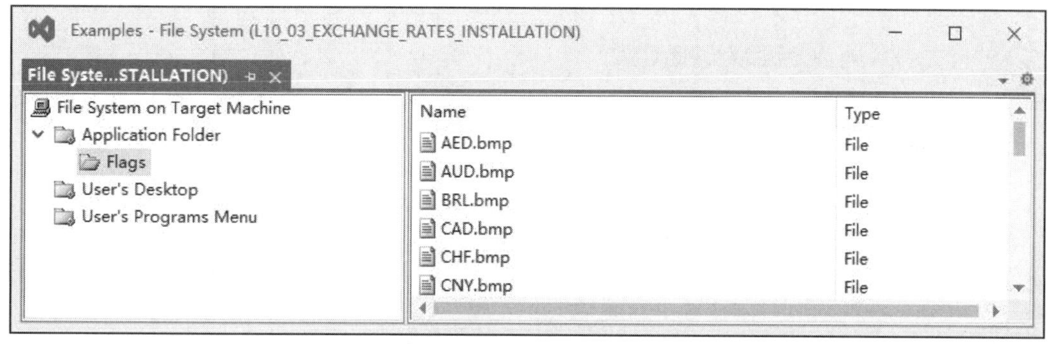

图11-31　加入图片文件

第6步：用同样的方法创建Data目录，并向其中加入外汇牌价看板先前保存的Rates.dat文件，添加后如图11-32所示。

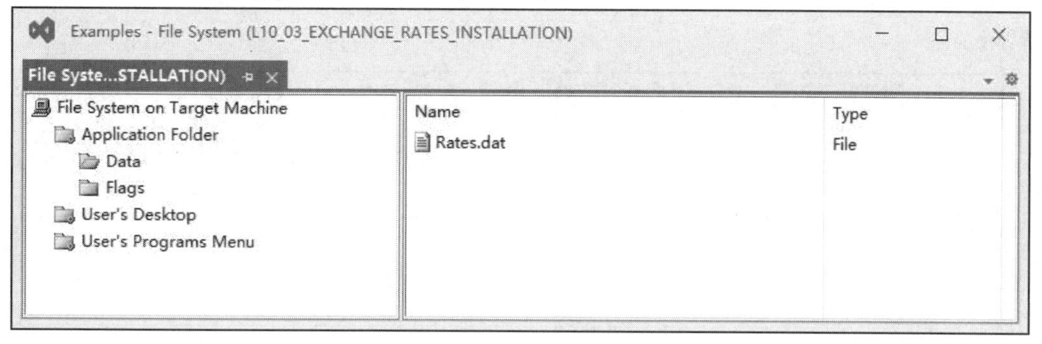

图11-32　加入数据文件

安装程序运行时会将L10_01_EXCHANGE_RATES.exe、exchange_rate.ico、Data目录和Flags目录以及其中的文件一起安装到用户的计算机上。

你可能会疑惑外汇牌价看板运行时会自动保存Rates.dat，为什么此时要向Data目录中添加一个过时的文件？这是因为如果Data目录中为空，安装程序安装时不会创建Data目录，所以只好先添加一个文件进去。

2. 增加快捷方式

添加完成文件系统内容后，还需要向用户的程序菜单中添加启动程序的快捷方式，步骤为：

第1步：在文件系统视图窗口左侧选择“User’s Programs Menu”。

第2步：在右侧空白区域右击，在弹出的快捷菜单中选择“Add”→“创建新的快捷方式”。

第3步：在弹出的对话框中双击“Application Folder”，并选择可执行文件“L10_01_EXCHANGE_RATES.exe”，如图11-33所示。

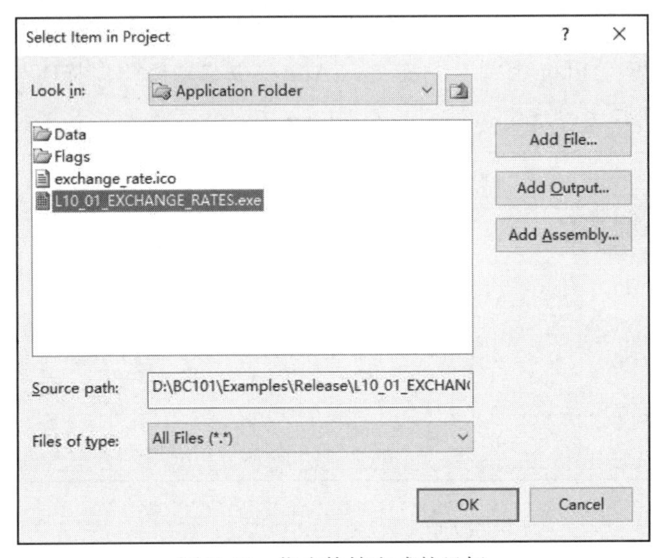

图11-33　指定快捷方式的目标

第4步：单击“OK”按钮，添加完成。添加后窗口中增加新的快捷方式，如图11-34所示。

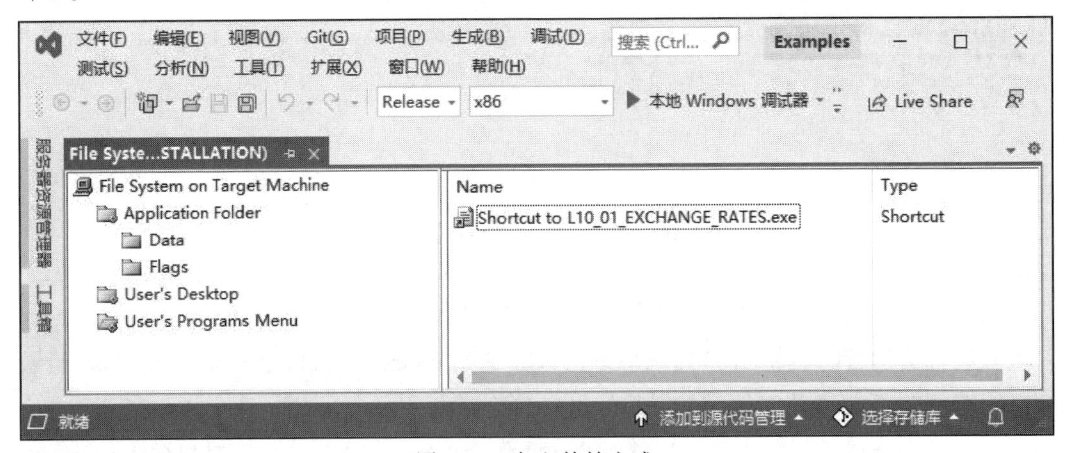

图11-34　加入快捷方式

第5步：右击新建的快捷方式，在弹出的快捷菜单中选择“重命名”，将快捷方式名称改为“外汇牌价看板”。

第6步：单击新建的快捷方式，在键盘上按F4键，弹出“属性”窗口，如图11-35所示。

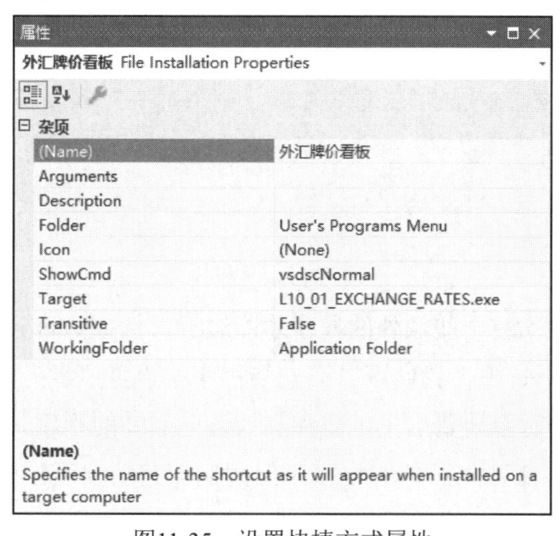

图11-35　设置快捷方式属性

第7步：单击其中的Icon选项，选择“Browse”后弹出“Icon”对话框，如图11-36所示。

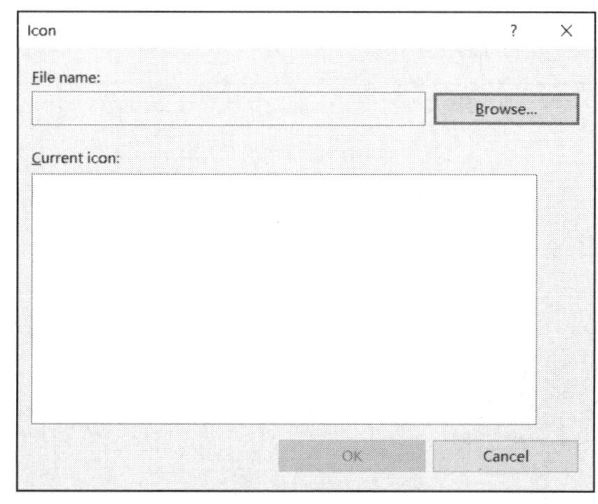

图11-36　设置图标属性

在对话框中单击“Browse”按钮，在“Application Folder”中找到刚刚添加的“exchange_rate.ico”文件，单击“OK”按钮，图标设置完成，如图11-37所示。

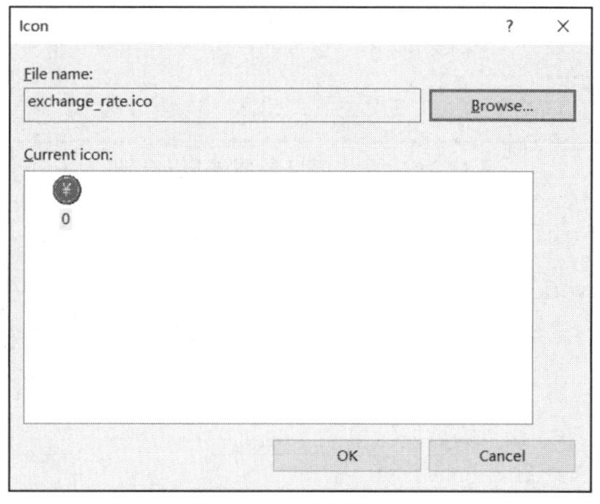

图11-37　选择图标

小知识

如果你希望程序安装完毕后在用户桌面上也创建一个快捷方式，可以在“User's Desktop”中再创建一个快捷方式。创建方法和在“User's Programs Menu”中的一样。

3. 设置项目依赖项

有的应用程序需要安装一些额外的程序才能运行，例如Microsoft .net Framework（微软.net框架）、SQL Server等。我们可以在安装程序中设置要事先安装的程序，这样用户在运行我们的安装程序时会被要求先下载和安装这些额外的程序。

外汇牌价看板不需要这些额外的程序，但我们创建的安装项目却默认要求用户安装Microsoft .net Framework 4.7.2这个无关的组件，我们需要删除这个默认设置。

第1步：在解决方案资源管理器中找到刚刚创建的安装项目L10_03_EXCHANGE_RATES_INSTALLATION并单击选择它。在该项目上右击，在弹出的快捷菜单中选择“属性”，弹出“属性页”对话框，如图11-38所示。

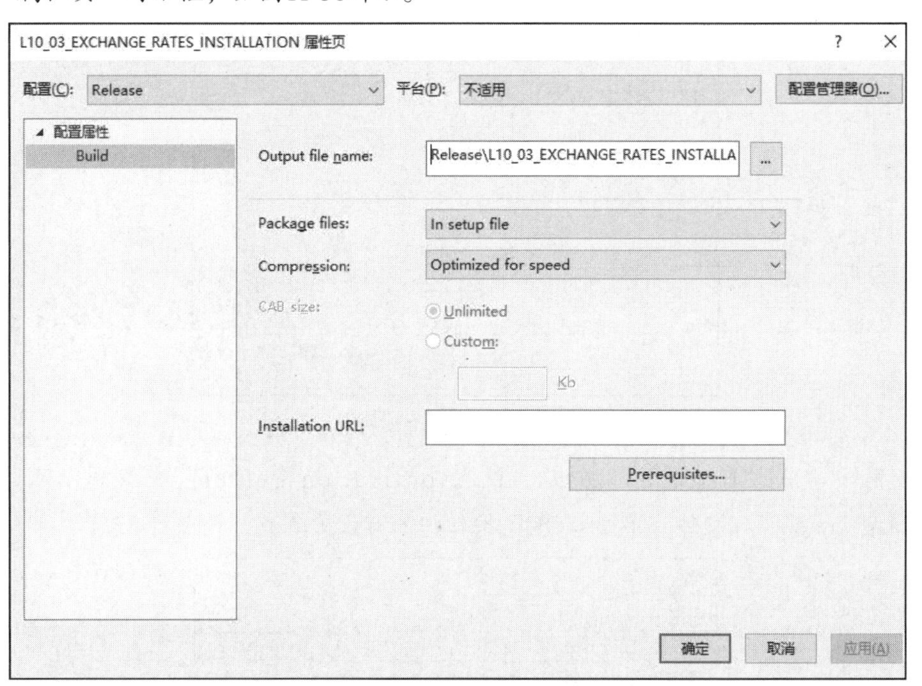

图11-38　安装项目的属性页对话框

第2步：单击“Prerequisites”按钮，在弹出的“系统必备”对话框中，取消对“Microsoft .net Framework 4.7.2（x86和x64）”复选框的选择，如图11-39所示。

经过这样的设置，未来生成的安装程序就不会要求用户安装“Microsoft .net Framework 4.7.2”了。

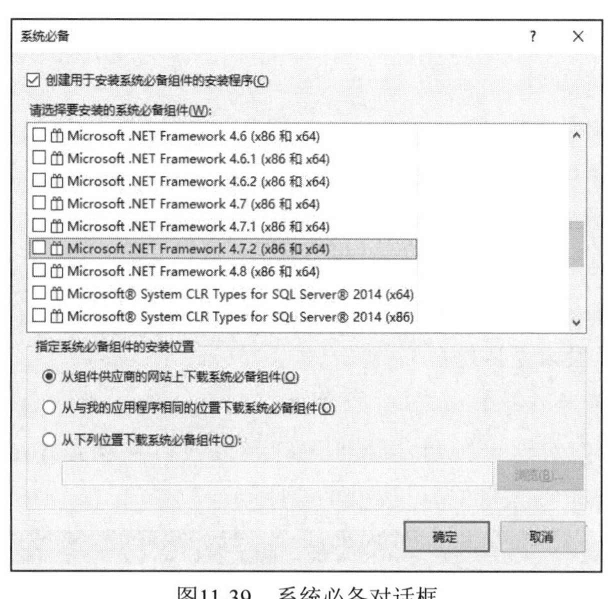

图11-39　系统必备对话框

4. 设置项目属性

接下来你需要设置项目属性，在解决方案资源管理器中找到刚刚创建的安装项目并单击选择它，然后在键盘上按F4键（不是在快捷菜单中选择“属性”），出现设置属性的对话框，如图11-40所示。

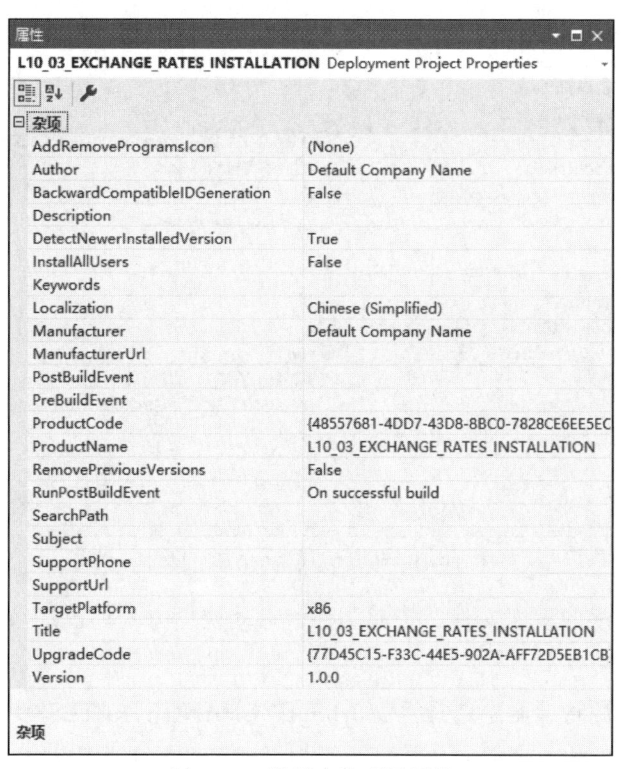

图11-40　设置安装项目属性

你可能需要修改的项目包括：

- Author（作者名）；
- Description（程序描述）；
- Manufacturer（厂商名）；
- ManufacturerUrl（厂商网址）；
- ProductName（产品名称）；
- SupportPhone（技术支持电话）；
- SupportUrl（技术支持网址）；
- Title（安装程序标题）。

在属性对话框中对这个项目的属性进行了修改，包括Author、Description、Manufacturer、Product Name和Title，如图11-41所示。

图11-41　设置完成的安装项目属性

现在，安装程序的程序文件、资源文件、启动快捷方式均已加入到安装项目中，你就可以开始生成安装包了。

在解决方案资源管理器中选择“L10_03_EXCHANGE_RATES_INSTALLATION”项目，右击，在弹出的快捷菜单中选择“生成”，即可开始生成安装文件。图11-42显示了生成的安装文件。

图11-42　生成的安装文件

L10_03_EXCHANGE_RATES_INSTALLATION.msi则是一个自解压的压缩文件，setup程序是安装时需要运行的程序，可以将这两个文件压缩成一个zip格式的压缩文件分发给用户。

警　告

在正式工作场合需要使用压缩文件时，最好仅使用zip格式的压缩文件。

这是因为其他格式的压缩文件（如.rar、.7z）需要安装专门的程序才能解压缩，在一些管理严格的环境中是不被允许的。有些计算机没有连接因特网，或者不允许插入U盘，或者特定的安全、版权策略不允许安装这些压缩软件。

而zip格式的压缩文件几乎在所有操作系统下均可解压缩，会大大减少使用压缩文件的麻烦。

11.3.3　安装外汇牌价看板程序

接下来就可以在需要部署外汇牌价看板程序的计算机上运行安装程序了。你需要在不同的操作系统上安装外汇牌价看板程序，以确保安装程序和外汇牌价看板程序可以在不同的操作系统环境下均可正常运行。

第1步： 双击setup.exe，安装程序开始运行，如图11-43所示。

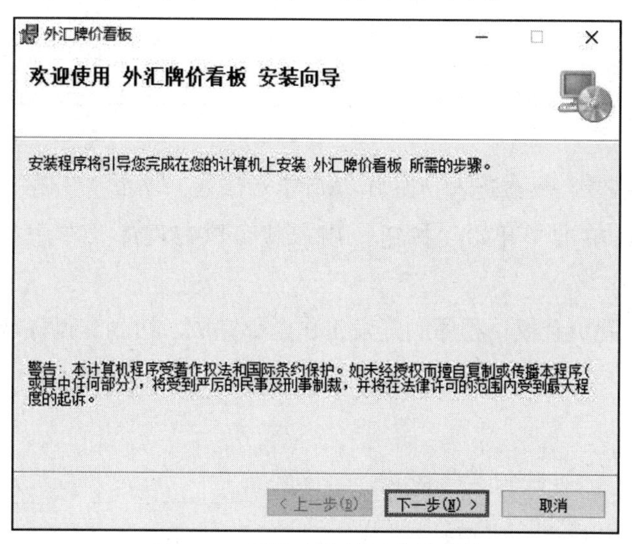

图11-43　开始安装外汇牌价看板

第2步： 单击“下一步”进入如图11-44所示的对话框，指定安装文件夹。

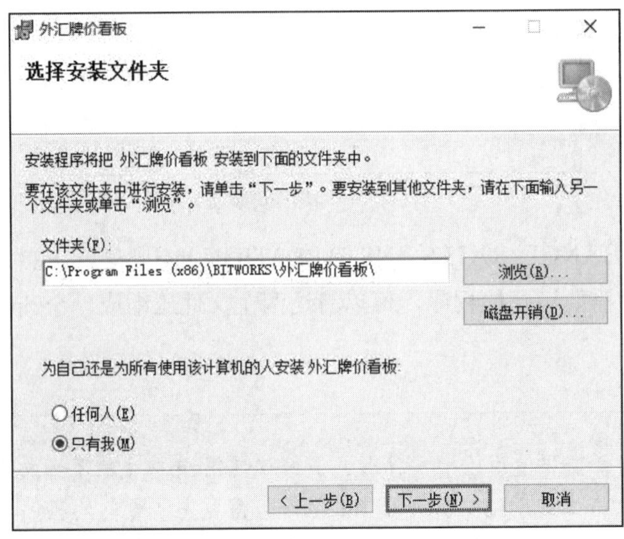

图11-44　指定安装文件夹

第3步： 单击“下一步”按钮进入如图11-45所示对话框确认安装。

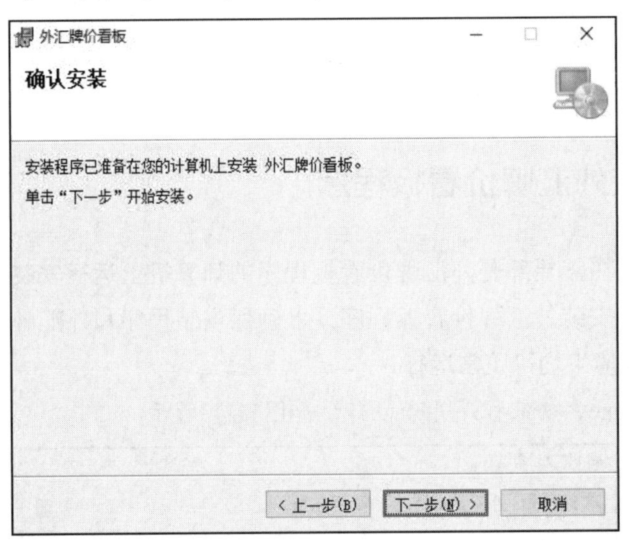

图11-45　确认安装

第4步： 单击“下一步”按钮进入如图11-46所示对话框，单击“关闭”按钮安装完成。

安装完成后，单击“开始”按钮，用户就可以在程序菜单中找到“外汇牌价看板”，并启动程序。

至此，“外汇牌价看板”程序的开发工作全部完成，达到交付标准。

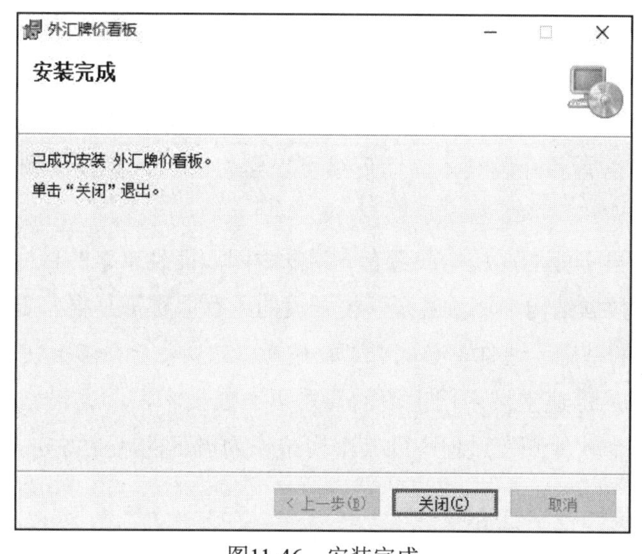

图11-46　安装完成

11.4　后续学习建议

尽管本书已经尽可能考虑了读者可能会遇到的问题并一一给出解决方案，但你在学习时仍然会遇到一些意外的情况需要自己想办法解决。坚持读到这里并完成外汇牌价看板程序的开发不是一件容易的事，读者需要祝贺自己，至少已经完整经历了一个应用程序从无到有的过程。但另一方面，完全按照一本书的指引就能完成开发任务是实际工作中不太可能发生的事，未来读者需要独立工作，但现在可能仍然没有信心去独立开发项目。

信心来自于成功的经历，特别是独立地取得成功的经历。

11.4.1　重构外汇牌价看板程序

现在读者已经完全清楚外汇牌价看板项目的用户需求并且从本书中学习到一种实现方法，但软件开发是没有标准答案的。所以，现在你可以尝试抛开本书再一次从零开始实现外汇牌价看板程序。在这个过程中不要再以本书的代码作为标准，而要尝试找出本书中各种设计和代码的不足之处，并努力改善它。

例如，在目前的设计中每次显示一轮外汇牌价都需要读取一次磁盘文件，而实际上在5分钟内磁盘文件是没有变化的，这种读取就不太有必要。这时可以考虑如何在内存中缓存获得的实时牌价，而不是每次都去读取磁盘文件。这种改善不能带来肉眼可见的效果，但却是一种更好的设计。如果读者愿意花费时间来对现在的程序进行重构，相信会遇到更多问题并一一解决它们，以便积累更多的经验和教训。

11.4.2 后续学习方向及学习建议

大多数人学习C语言是将其作为程序设计的入门课程，在完成C语言的学习之后你可能需要学习其他的语言和开发技术，而后续可以学习的知识和技术种类繁多，那应该如何选择呢？

如果你是计算机专业的在校生或者有充足的时间，而且未来的目标是成为系统级工程师，那么深入学习数据结构、算法甚至学校开设的所有课程都是很有必要的。这些课程是未来取得长足发展的基础，让你不必忧虑“程序员在35岁之后会不会失业”这样的问题。

如果你的目标是迅速掌握一门主流的开发语言或技术，并凭借它们找到工作，那么接下来需要选择一个软件开发过程中的某个岗位作为自己的就业方向。

1. 软件开发是如何分工的？

目前软件开发领域的分工已经非常细致了，不同岗位的工作领域和技能要求不同。举一个例子，人们在外卖App上浏览不同的店家，选择要订的外卖并下单、支付，直到送到订货人的手上并完成评价的一系列过程，都是由不同岗位、不同公司的程序员协同工作才完成的。

但是，无论是简单还是复杂的软件系统，程序员们编写的程序其实只做三件事：

- 从用户处得到数据或指令输入，以用户可感知的方式向他们输出信息；
- 处理用户输入的数据或执行操作；
- 实现数据存储和交换。

这其实就是我们先前讲过的“三层架构”。软件公司也是按照这样的结构来组织开发工作的。

2. 用户界面的设计——UI/交互设计师

UI设计是一件专业性极强的工作，理工专业出身的程序员设计的用户界面往往很难看。“UI设计师”或“交互设计师”是专门进行用户界面设计的设计人员，他们一般不写程序（一般也不会）。本书中的“外币牌价实时看板”的UI设计图就是由他们设计的。

用户界面的设计有两个核心：

- 视觉设计；
- 交互设计。

视觉设计是指如何让用户界面“好看”。交互设计是让用户界面“好用”。

视觉设计的产出物可以是效果图，比如用Photoshop产出的.psd文件。但是效果图是“死”的，不能真实模拟软件在操作时的步骤，所以很多交互设计师还会用诸如Axure RP之类的软件做一些以假乱真的“原型系统”。高保真的原型系统看起来和真实的软件界面一样，用户甚至可以操作它（就像它已经开发完了一样），但它只是个模型而不是真正的软件系统。原型系统的开发速度比较快，成本也比较低，它只是用来验证用户需求和用户界面交互性的工具。

程序员一般不参与视觉和交互设计的过程，UI/交互设计师做好线框图、UI设计图、原型以后程序员才开始工作。

3. 用户界面的实现——前端工程师

UI/交互设计师把线框图、UI设计图、原型设计好并通过评审以后，程序员们就可以开始工作了。现在的主流软件开发方法是将软件开发分为“前端”和“后端”两部分，前端程序员主要负责：呈现用户界面、实现用户交互、实现后端交互。

- **呈现用户界面**

UI/交互设计师提交的是UI设计图，设计图是一副静态的图片。因此需要前端工程师把设计稿“转换”成正式的用户界面代码，换句话说——用代码来描述用户界面。

如果要做的是一个网站，就需要用HTML来编写用户界面的代码，而且要确保在不同浏览器上显示出完全相同的效果。这其实有些麻烦，因为不同的浏览器都有自己的“小性子”，前端开发人员会经常被它们困扰。

App的用户界面开发与网站类似，只不过描述用户界面的不是HTML。Android和iOS的App使用不同的界面描述语言来表示用户界面，但原理基本一致。

- **实现用户交互**

只是把界面显示出来是不够的，还有一些基本的“用户交互”功能也要前端工程师实现。比如单击一个链接跳转到另一个页面，或者输入完手机号码后需要验证手机号码格式是否正确……这些都是基本的交互，在网站中一般使用JavaScript来完成。

用户交互的程序一般都运行在终端（例如手机、计算机）上。

- **实现后端交互**

终端并不能处理所有的事，比如支付宝不可能把所有的数据存在用户的手机上而是存放在公司的服务器上。运行在服务器上的程序被称为“后端”或“后台”。

因此前端程序还需要与后端进行交互。例如在一个用户注册的页面中，前端程序先用JavaScript验证了这个手机号码格式是正确的，但是并不知道这个手机号码是否被注册过。这时前端程序就需要与后端交互——把这个号码发送给后端的一个接口，后端程序检查完毕以后返回一个结果给前端程序，前端程序再告诉用户这个号码是否已经被注册过并提示进行下一步的操作。

本书介绍的外汇牌价看板程序也是通过后端的服务器联系才能取得最新的数据并显示出来。

对于Web应用程序而言，表现层主要使用的是HTML、CSS和JavaScript，程序主要在浏览器中执行。“前端工程师”主要使用的就是这些技术。如果近期目标是成为前端工程师，HTML、CSS和JavaScript就是将要学习的内容。HTML是描述界面的一种标记语言，CSS可以用于描述HTML的呈现样式（格式），JavaScript则是一种编程语言，用于控制界面和用户交互。

大多数情况下前端开发会配合一些“框架”和库来提升开发效率，但如果读者先前对前端开发一无所知，建议还是从HTML、CSS和JavaScript开始，避免一开始就被各种框架的细节干扰。

除了Web开发，移动端（手机、平板终端）程序开发也需要前端开发人员，目前可以分为Android和iOS方向。Android使用Java语言，iOS使用Objective-C和Swift语言，好在它们都是接近C语言的。这些语言可以用于开发移动端的前端程序。

前端工程师入门比较容易，经过几个月的学习就能找到工作的例子比比皆是，但成为专业和优秀的前端工程师并不是一件容易事。

4. 实现业务逻辑和数据访问——后端工程师

前端程序要验证一个手机号码是否被注册过，需要把手机号码发送给服务器，再由后端程序进行检查并返回结果给前端。

设计并实现这些接口的工程师叫做后端工程师。在程序员开工之前，系统架构师已经规定好了前端和后端是如何交互的，包括：

- 前端程序员通过何种方式调用后台接口；
- 前端程序员需要用到的每一个接口的名称和调用地址；
- 每一个接口的参数是什么（前端要传递给后端的数据有哪些）；
- 每一个接口被调用后后端要返回给前端哪些结果；

……

后端程序员的工作内容就是逐个实现这些接口，提供前端想要的数据、执行用户想要进行的操作。后端程序的主要功能是：

- 接收前端的调用；
- 向前端返回操作的结果或所需的数据；
- 从数据库中读取数据或写入数据到数据库；
- 与其他系统交互（例如接收支付宝支付成功的通知）。

相较于前端工程师，后端工程师更关注处理业务逻辑和与数据进行交互，也就是着重于“业务逻辑层”和“数据访问层”的开发。要成为后端工程师你至少需要学习一种用于后台开发的编程语言和数据库技术。

1）后端开发语言

在2021年，最流行的后端开发语言是Java。学习Java时“面向对象”将会是第一个新挑战，面向对象实质上是对函数、变量的进一步封装并采用继承、多态等方式使程序设计更接近于人类思维。它是简化系统设计的一种方式，有了C语言的经验后你可以较轻松地学习它们。除了Java语言本身，在现实的开发中Java开发者还会使用一些流行的“框架”来快速构建应用系统，例如Spring Web MVC框架可以用于开发Web应用系统。也就是说学习Java开发后端程序一方面要学习语言本身，另一方面还要学习主流的框架。

C#、Python、PHP也可以用于开发后端程序，其中PHP是入门最容易的Web后端开发技术，读者可以根据自己的实际需要（如学习周期、学习成本、个人兴趣、就业机会）来选择学习其中之一。

没有必要在“哪种语言是最好的”这样的问题上展开讨论和争论，适合自己的、能找到工作的学习方向就是最优的选择。

2）数据库技术

后端开发工程师必须学习数据库技术。在外汇牌价看板程序中，我们使用本地磁盘文件来存储获取的外汇牌价数据，但存储的数据内容相对单一、数据量也较小，数据文件也只能被一个应用程序读写，难以实现并发访问。

功能强大的C语言当然也可以处理更多数据，但要求每个程序员都去编写存取数据的代码需要付出很大代价且相互不兼容。为了解决这种问题，商业软件都需要使用专门的、通用的数据库产品来存取数据。

我们会选用一种“数据库管理系统”来管理我们要存储的数据。这些数据库管理系统是由知名厂商开发的，例如微软的Microsoft SQL Server，甲骨文公司旗下的MySQL（也有功能几乎一样的开源版本MariaDB），国产数据库产品的代表达梦（DM）被广泛应用于国内电子政务系统的开发。

对数据库系统的学习分为几个方面。

- **数据库设计方法**。上述提到的数据库产品都属于“关系型数据库”。在学习数据库时你需要学习如何设计关系型数据库，使其达到满足业务需求、减少冗余度、提高访问性能、确保数据一致性等要求。
- **数据库访问方法**。数据库是独立于应用程序的系统。在建立了数据库后你还需要学习如何在程序中访问它。数据库产品一般都会提供“驱动程序”给程序员（其实就是一些静态或动态库），需要学习如何使用这些库来连接、访问数据库，向其中存入或取出数据。在此过程中还要学习“结构化查询语言（SQL）”来对数据进行操作。
- **数据库的编程方法**。为提高数据访问效率或灵活性，还可以在数据库系统上使用特定的语言进行编程。这种编程语言也提供判断、循环这样的程序结构，并且也可以定义“函数”来实现数据操作的功能。

需要说明的是，“前端”和“后端”是不冲突的，同时掌握前端和后端技术的工程师被称为“全栈工程师”。只是由于时间和精力有限的原因，可以在下一阶段选择其中之一作为主要的学习方向。

·后 记·

从拟定本书的提纲、签订出版合同到历经三次改版直至今日完稿，不知不觉经过了三年。

因为这是一本“入门指导书”，落笔至此时并没有感到一丝的如释重负，反而多了许多惶恐，总是担心因知识浅薄而误人子弟。这篇后记之前的二十余万字相对于读者未来要学习的知识，还是单薄了一些。

支持我完成这本书的动力源自我本人在学习和教学过程中的经历。在我的第一份程序员工作中，杭州大学的周苏教授不计回报、不厌其烦地教授我程序设计和工程实践的知识，为我打开了走向软件开发技术的大门，也确定了我今后职业生涯的发展方向。在这些年的工作中，我的同事和朋友也给予我多方面的指导和帮助，让我可以心无旁骛地做自己喜欢做的工作。有幸成为教师后，课堂上年轻学生们求知若渴的目光、排除各种困难坚持学习的执着精神，使我找到工作除获取收入之外的意义。正是感念这些前辈、朋友的帮助和学生的热情，才让我屡次按压下不再写下去的念头。

感谢我的爱妻一直以来对我各方面的理解、宽容、支持和帮助，也开启了我人生新的篇章，赋予我的生活更多色彩和意义。

感谢我的儿子一直以来坚持不懈地“打断”本书的创作进程，也使我不得不一次次回过头来重新阅读先前的创作，才使本书更加完善。

人生需要感念的无法一一历数，希望这本并非完美的作品可以对一些年轻的学习者有所帮助，就甚为荣幸了。

何旭辉
2021年12月12日